近红外光谱在线仪器设备手册

Handbook of On-line Near Infrared Spectroscopy Analyzers

中国仪器仪表学会　组织编写
褚小立 张 莉 刘慧颖 主 编
尹利辉 陈 瀑 李 连 副主编

化学工业出版社
·北京·

内容简介

本书系统阐述了在线近红外光谱技术及仪器设备的工作原理、结构部件、性能指标、技术特点、运行维护要点，介绍了近红外光谱分析中的化学计量学方法与进展，并对国内外近红外光谱相关标准做了深入解读。在此基础上，详细介绍了在线近红外光谱仪器在制药、石油化工、饲料、食品等行业以及在网络实验室建设和智能制造等领域的应用案例，并对近红外光谱商品仪器的特点和应用做了汇总展示。

本书为从事近红外光谱研发、生产的技术人员和管理人员提供了通俗、全面的在线近红外光谱仪器技术资料和信息，尤其为应用领域的用户企业提供了实用的仪器设备选型参考，有助于业内人员学习、掌握、用好在线近红外光谱仪器设备。

图书在版编目（CIP）数据

近红外光谱在线仪器设备手册/中国仪器仪表学会组织编写；褚小立，张莉，刘慧颖主编. —北京：化学工业出版社，2022.9

ISBN 978-7-122-41675-9

Ⅰ.①近… Ⅱ.①中…②褚…③张…④刘… Ⅲ.①红外光谱-仪器设备-手册 Ⅳ.①O434.3-62

中国版本图书馆CIP数据核字（2022）第105424号

责任编辑：傅聪智　　文字编辑：高璟卉
责任校对：宋　夏　　装帧设计：刘丽华

出版发行：化学工业出版社（北京市东城区青年湖南街13号　邮政编码100011）
印　　装：中煤（北京）印务有限公司
710mm×1000mm　1/16　印张27½　字数526千字　2022年11月北京第1版第1次印刷

购书咨询：010-64518888　　售后服务：010-64518899
网　　址：http://www.cip.com.cn
凡购买本书，如有缺损质量问题，本社销售中心负责调换。

定　　价：198.00元

京化广临字2022-10

本书编写组名单

（以姓氏汉语拼音为序）

陈　斌　江苏大学食品与生物工程学院

陈　瀑　中国石化石油化工科学研究院

陈雅惠　中国农业大学

褚小立　中国石化石油化工科学研究院

董海平　济南弗莱德科技有限公司

杜伯会　山东省产品质量检验研究院

杜一平　华东理工大学

冯恩波　中国中化蓝星智云科技有限公司

冯艳春　中国食品药品检定研究院

韩逸陶　国家粮食和物资储备局科学研究院

李军涛　中国农业大学

李可敬　国家粮食和物资储备局科学研究院

李　连　山东大学药学院

李子文　中国食品发酵工业研究院有限公司

李宗朋　中国食品发酵工业研究院有限公司

刘慧颖　中国仪器仪表学会近红外光谱分会

刘继红　北京中仪普众技术咨询有限公司

刘燕德　华东交通大学

娄　杰　白象食品股份有限公司

罗　菲　国家粮食和物资储备局科学研究院

罗苏秦　光瞻智能科技（上海）有限公司

马雁军　上海烟草集团北京卷烟厂有限公司

倪　勇　天津九光科技发展有限责任公司

欧阳思怡　华东交通大学

潘　洋　中国中化蓝星智云科技有限公司

彭黔荣　贵州中烟工业有限责任公司

彭彦昆　中国农业大学

仇士磊　济南弗莱德科技有限公司

任　洁　中国中化蓝星智云科技有限公司

石文杰　晨光生物科技集团股份有限公司

宋春风　北京化工大学

宋晓杰　国家粮食和物资储备局科学研究院

隋　莉　新希望六和股份有限公司

孙巧凤　　山东大学药学院
滕江波　　山东省产品质量检验研究院
田　胜　　山东化学化工学会
王　东　　布鲁克（北京）科技有限公司
王观田　　华东交通大学
王　健　　中国食品发酵工业研究院有限公司
王金凤　　布鲁克（北京）科技有限公司
王　钧　　苏州泽达兴邦医药科技有限公司
文里梁　　大连达硕信息技术有限公司
吴志生　　北京中医药大学中药学院
夏攀登　　山东省产品质量检验研究院
熊雅婷　　中国食品发酵工业研究院有限公司
许育鹏　　中国石化石油化工科学研究院
杨　钢　　四川威斯派克科技公司
杨　敏　　西安建筑科技大学
杨　越　　温州大学生命与环境科学学院
杨增玲　　中国农业大学工学院
尹利辉　　中国食品药品检定研究院
原　喆　　中国农业科学院油料作物研究所
臧恒昌　　山东大学药学院
曾仲大　　大连大学 / 大连达硕信息技术有限公司
翟中华　　山东省产品质量检验研究院
张辞海　　贵州中烟工业有限责任公司
张丽英　　中国农业大学
张　莉　　中国仪器仪表学会
张良晓　　中国农业科学院油料作物研究所
张剑一　　浙江德菲洛智能机械制造有限公司
赵　乐　　中国烟草总公司郑州烟草研究院
郑金凤　　山东省产品质量检验研究院
钟　亮　　山东大学药学院
周桂勤　　光瞻智能科技（上海）有限公司
朱志强　　中国中化蓝星智云科技有限公司
邹惠玲　　山东省产品质量检验研究院
邹文博　　中国食品药品检定研究院

前言

FOREWORD

近年来，在大力提倡产业转型升级、减排增效、绿色环保的科技快速发展中，近红外光谱在线仪器作为流程工业数据信息的“传感器”和先进制造业优化控制技术的“感知器”，得到了越来越多的关注和实际应用。

为推进实施中国科学技术协会“科创中国”的技术服务，遵循“合作发展、协助共赢”的原则，中国仪器仪表学会近红外光谱分会、近红外光谱技术服务平台应产、学、研、用的科技成果转化需求，结合不同行业生产企业用户的应用示范案例，组织近红外光谱专家和仪器供应商，共同编撰《近红外光谱在线仪器设备手册》，以便于用户选择适用的在线仪器设备和指导提出科学分析解决方案。

本手册面向从事近红外光谱工作的研发、生产、应用、管理的技术人员和大专院校专业师生，重点阐述了现代近红外光谱在线仪器的工作原理、结构特征、性能特点、使用维护要点，介绍了在石油化工、制药、食品等流程工业中近红外光谱检测技术应用成果案例，有益于业内人员学习掌握如何应用好在线近红外光谱仪器设备。

本手册分为4章：概论，标准解读，应用案例，在线仪器设备汇总。参与编写的作者和单位如下：第1章褚小立、陈斌、杨越；第2章冯艳春、马雁军、李连、宋春风、杨增玲、许育鹏、臧恒昌、吴志生、王钧；第3章冯恩波、杜一平、陈瀑、韩逸陶、李连、李军涛、罗苏秦、娄杰、倪勇、彭彦昆、彭黔荣、石文杰、王东、王钧、王金凤、尹利辉、杨敏、夏攀登、熊雅婷、张良晓、臧恒昌、邹文博等；第4章包括ABB、福斯、台湾超微光学、北分瑞利、格致同德、伟创英图、滨松、布鲁克、点睛数据、国家农业信息化工程技术研究中心、谱育科技、弗莱德、晶格码、九光科技、巨哥、万通、金璋隆祥、如海光电、赛默飞、威斯派克、迅杰光远、荧飒光学、中科航谱、珀金埃尔默、昊量光电等单位。

本手册由中国仪器仪表学会组织编写，中国仪器仪表学会近红外光谱分会具体实施，中国仪器仪表学会科技服务团专家参与编写。感谢中国仪器仪表学会、天津大学精密工程与光电子工程学院徐可欣教授、山东省化学化工学会“科创中国”项目的资助，感谢近红外光谱技术服务平台的支持，感谢化学工业出版社各位编辑老师的工作。鉴于我国近红外光谱在线分析技术的迅速发展，怎样做好行业技术创新、引领向前，还需要在实践中不断摸索、完善。由于编写时间有限，疏漏之处在所难免，恳请读者批评指正。

相信本手册的出版将会为推进我国近红外光谱技术在线研究应用的深入发展，尽一份绵薄之力。

编者

2022 年 2 月 18 日

目录

CONTENTS

第1章

概论 / 001

第2章

标准解读 / 063

第 3 章
应用案例 / 122

第 4 章
商品化的仪器 / 328

Chapter

第1章 概论

1.1 在线近红外光谱分析技术概述

1.1.1 引言

1.1.1.1 近红外光谱产生机理

近红外光（NIR）是介于紫外-可见光（UV-Vis）和中红外光（MIR）之间的电磁波，其波长范围为700～2500nm（14286～4000cm^{-1}），又分为短波（700～1100nm）和长波（1100～2500nm）近红外光谱两个区域，如图1-1-1所示。以紫外-可见光谱为分析依据的仪器，光谱常以波长（单位为nm或μm）为横坐标，而由红外光谱为分析依据的仪器尤其是傅里叶型的仪器，光谱则多以波数（单位为cm^{-1}）为横坐标。

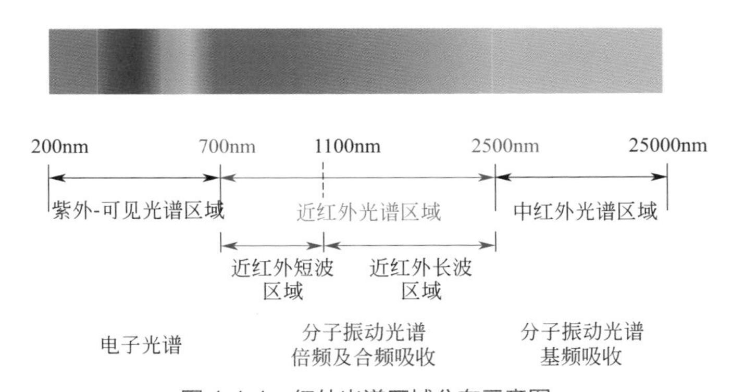

图1-1-1 红外光谱区域分布示意图

分子由通过化学键相连的原子组成，分子的运动状态包括分子的整体平动、转动、原子核间相对位置变化的振动和电子运动。分子的这三种运动状态都具有一定的能量，属于一定的能级。图1-1-2是双原子分子能级示意图，其中E_A和E_B表示不同能量的电子能级，在每个电子能级中因振动能量不同又分为若干个振动能级，v=0，1，2，3，…；在同一电子能级和同一振动能级中，还因转动能量不同分为若干个转动能级J=0，1，2，3，…。当它们受到电磁辐射的激发时，会从一个能级转移到另一个能级，称为跃迁。按量子理论，它们是不连续的，即具有量子化的性质。一个分子吸收了外来辐射之后，它的能量变化 ΔE 为其振动能变化 ΔE_v、转动能变化 ΔE_r 以及电子运动能量变化 ΔE_e 之和，即 $\Delta E=\Delta E_v+\Delta E_r+\Delta E_e$。

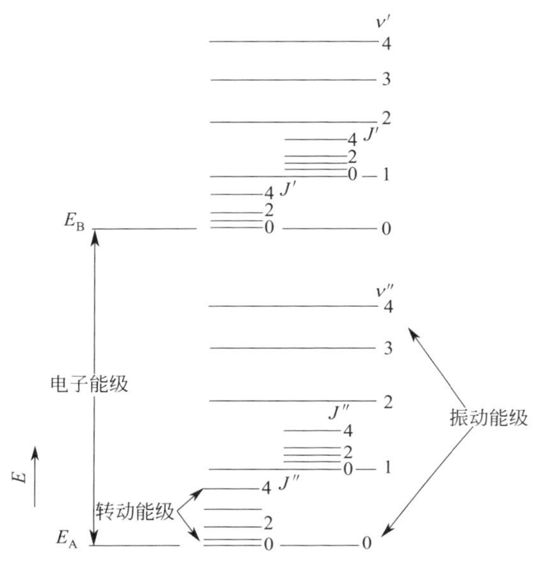

图 1-1-2　双原子分子能级示意图

当能量接近于 E_v 的中红外和近红外光谱光（$10^2 \sim 10^4 cm^{-1}$）与分子作用时，由于其能量不足以引起电子能级变化，只能引起分子振动能级变化并伴随转动能级的变化，此时，分子产生的吸收光谱称为振动 - 转动光谱或振动光谱。振动光谱以谱带形式出现。实际上，短波近红外光也能引起一些化学键上电子能级的跃迁，所以近红外光谱也包含一些因电子能级变化而产生的分子官能团的信息。

对于谐振子，振动量子数变化只能为 1 个单位（$\Delta v=\pm 1$），1 个能级以上的跃迁是禁止的。因室温下大多数分子处于基态（$v=0$），允许的跃迁 $v=0 \rightarrow v=1$ 称为基频跃迁，这种跃迁在红外吸收光谱中占主导地位，其谱带出现在中红外区域，即产生中红外光谱。其他允许的跃迁（如 $v=1 \rightarrow v=2$、$v=2 \rightarrow v=3$、…）是由激发态（$v \neq 0$）开始的跃迁，由于处于激发态的分子数相对较少，相应的谱带强度比基频吸收弱得多，通常在强度上相差 1 ～ 3 个数量级。

实际上，分子不是理想的谐振子，具有非谐性。首先，振动能级能量间隔不是等间距的，其能级间隔随着振动量子数 v 的增加而慢慢减小。其次，倍频跃迁

（$\Delta v=\pm2$ 或 $\Delta v=\pm3$），即 $v=0$ 至 $v=2$、$v=3$、$v=4$、…是允许的。但倍频吸收的频率并不恰好是基频吸收的 2、3、4、…倍，而是略小于对应的整数倍。

这可由非谐性振动的能级公式来说明：

$$E_{\mathrm{v}}=\left(v+\frac{1}{2}\right)hc\,\bar{v}-X\left(v+\frac{1}{2}\right)^{2}hc\,\bar{v}+X\left(v+\frac{1}{2}\right)^{3}hc\,\bar{v}+\cdots$$

式中，E_{v} 为 v 能级的能量值；h 为普朗克常量；$\bar{v}$为振动频率，$\frac{1}{\mathrm{s}}$；c 为光速，m/s；v 为振动量子数（v=0，1，2，…）；X 为非谐性常数（anharmonic constants），X 是很小的正数，约等于 0.01。

若只取上式的前两项，当非谐振子从 v=0 向 v=1 跃迁时，即基频振动频率为：

$$\bar{v}_{\text{非}}=\frac{\Delta E_{\mathrm{v}}}{hc}=\bar{v}-2\,\bar{v}X$$

式中，$\bar{v}$为谐振子的基频振动频率。可以看出，非谐振子的基频振动频率比谐振子的基频振动频率低 $2\,\bar{v}X$。

当非谐振子从 v=0 向 v=2 跃迁时，即一级倍频振动频率为：

$$\bar{v}_{\text{非}}^{\text{一级倍频}}=2\,\bar{v}-6\,\bar{v}X$$

当非谐振子从 v=0 向 v=3 跃迁时，即二级倍频振动频率为：

$$\bar{v}_{\text{非}}^{\text{二级倍频}}=3\,\bar{v}-12\,\bar{v}X$$

例如，游离 O—H 键的基频吸收峰约为 $3625\mathrm{cm}^{-1}$，若 X 取 0.01，则可计算出其一级倍频的预计吸收位置出现在 $7033\mathrm{cm}^{-1}$ 附近，二级倍频的预计吸收位置则出现在 $10440\mathrm{cm}^{-1}$ 附近。

组合频（合频）是指一个光子同时激发两种或多种跃迁所产生的泛频，包括二元组合频（两个基频之和$\bar{v}_1+\bar{v}_2$，）、三元组合频（三个基频之和，$\bar{v}_1+\bar{v}_2+\bar{v}_3$）以及其他类型的组合频如基频和倍频的组合频（$2\,\bar{v}_1+\bar{v}_2$）等。合频振动也是在非谐振子中才会出现，合频的频率也小于对应基频之和。

理论上，近红外光谱谱区的分子振动倍频和合频的信息量可能要比中红外的基频信息量更多，因为一些非活性的红外吸收也有可能发生倍频和合频吸收，以及出现费米共振峰。但由于倍频和合频的跃迁概率远小于基频，有实际意义的谱峰会有所减少。

基于产生的机理，可以总结出近红外光谱具有以下特性：

① 近红外光谱主要是分子基频振动的倍频和合频吸收峰，与中红外光谱（基频）相比，产生近红外光谱的概率要低 1 ～ 3 个数量级，所以，近红外光谱吸光度系数比中红外光谱低 1 ～ 3 个数量级（见表 1-1-1），在测量光谱时往往需要较长光程的测量附件。

◆ 表 1-1-1 C—H 基团各级倍频谱带的吸收强度比较

谱带	波长范围	相对强度	需用光程 /cm（对液体烃样品）
基频（ν）	3380 ~ 3510nm（2959 ~ 2849cm^{-1}）	1	0.001 ~ 0.04
第一合频	2200 ~ 2450nm（4545 ~ 4080cm^{-1}）	0.01	0.1 ~ 2
一级倍频（2ν）	1690 ~ 1755nm（5917 ~ 5698cm^{-1}）	0.01	0.1 ~ 2
二级倍频（3ν）	1127 ~ 1170nm（8873 ~ 8547cm^{-1}）	0.001	0.5 ~ 5
三级倍频（4ν）	845 ~ 878nm（11834 ~ 11390cm^{-1}）	0.0001	5 ~ 10
四级倍频（5ν）	690 ~ 770nm（14493 ~ 12987cm^{-1}）	0.00005	10 ~ 20

② 近红外光谱主要是由于分子振动的非谐振性使分子振动从基态向高能级跃迁时产生的。如表 1-1-2 所示，在近红外光谱区域最常观测到的谱带是含氢基团（C—H、N—H 和 O—H 等）的吸收峰。一方面是由于含氢基团（X—H）伸缩振动的非谐性常数非常高，相比而言，羰基（C═O）伸缩振动的非谐性较小，其倍频吸收强度就相对较低；另一方面是 X—H 伸缩振动出现在红外的高频区，且吸收最强，其倍频及其与弯曲振动的合频吸收峰恰好落入近红外光谱区（如图 1-1-3 所示）。此外，在短波近红外光谱区，还能出现化学键上 $\pi \rightarrow \pi^*$、$d \rightarrow d^*$ 等电子跃迁产生的谱带。

◆ 表 1-1-2 近红外光谱区的主要吸收谱带及其谱带位置

化学官能团	谱峰 /nm	谱峰 /cm^{-1}
酰胺的 C═O	1920	5208
聚酰胺的 C═O+N—H	1598	6258
羧酸的 C═O	1900	5263
脂肪烃的 C═O	1160	8621
醛和酮的 C═O	1450	6897
酸和酯的 C═O	1950	5128
芳基的 C—H	2188 ~ 2540	4570 ~ 3937
脂肪烃的 C—H	1410	7092
脂肪烃的 C—H	1631 ~ 1762	6131 ~ 5675
脂肪烃的 C—H	2308 ~ 2318	4333 ~ 4314
烯烃的 C—H	1620	6173
烯烃的 C—H	2170	4608
酰胺的 C—H	2300	4348
胺的 C—H	1735	5764
芳烃的 C—H	1142	8757
芳烃的 C—H	1680 ~ 1770	5952 ~ 5650
芳烃的 C—H	2477	4037
芳烃的 C—H（组合频）	1360 ~ 1446	7353 ~ 6916
纤维素的 C—H	1780	5618
醚的 C—H	1701 ~ 1733	5879 ~ 5770

续表

化学官能团	谱峰 /nm	谱峰 /cm^{-1}
卤化烃（CH_3X）的 C—H	1650 ～ 1711	6061 ～ 5845
烃的 C—H（甲基）	1705	5865
烃的 C—H（亚甲基）	1765	5666
酮的 C—H	1678 ～ 1695	5959 ～ 5900
脂类的 C—H	2310 ～ 2380	4329 ～ 4202
CH_3NO_2 中的 C—H	1654 ～ 1702	6046 ～ 5875
多糖的 C—H	2280 ～ 2352	4386 ～ 4252
硅酮（二甲基硅酮）的 C—H	1748	5721
硅酮（二甲基硅酮）的 C—H	2295	4357
异戊二烯中乙烯基和亚乙烯基的 C—H	1613 ～ 1637	6200 ～ 6109
脂肪烃甲基的 C—H	1194	8375
脂肪烃亚甲基的 C—H	1211	8258
碳水化合物的 C—H、C═O	2200	4545
脂类的 C—H、C═O	2140	4673
纤维素的 C—H、C—C	2488	4019
多醣的 C—H、C—C、C—O—C	2500	4000
醇（二醇）的 C—H、O—H	1688 ～ 1732	5924 ～ 5774
蛋白质的 C—N—C	2470	4049
酰胺的 C—N—C	2530	3953
蛋白质（或多肽）酰胺 A 和酰胺Ⅱ的 $CONH_2$	2060	4854
蛋白质的 $CONH_2$	2167 ～ 2174	4615 ～ 4600
伯酰胺的 N—H（组合频）	1463 ～ 1570	1463
酰胺、蛋白质的 N—H	1980 ～ 2060	5051 ～ 4854
聚酰胺的 N—H	1480 ～ 1618	6757 ～ 6180
伯酰胺的 N—H	1430 ～ 1490	6993 ～ 6711
伯酰胺的 N—H	1960	5102
伯酰胺的 N—H	2010 ～ 2030	4975 ～ 4926
初级芳香胺的 N—H	1963 ～ 1977	5094 ～ 5058
蛋白质、氨基酸的 N—H	2180	4587
尿素的 N—H	1500	6667
聚酰胺的 N—H、C═O	2012 ～ 2127	4970 ～ 4701
醇 R—C—O—H 中的 O—H	1580	6329
脂肪烃的 O—H	1410	7092
烷基醇（二醇）的 O—H	1460	6849
单 O—H 烷基醇的 O—H	1389	7199
纤维素的 O—H	1820	5495
液态水的 O—H（接近沸点）①	1938	5160
液态水的 O—H（接近冰点）①	1938	5160
液态水的 O—H（室温）①	1940	5155

续表

化学官能团	谱峰 /nm	谱峰 /cm^{-1}
甲醇的 O—H（无氢键键合）	1470	6803
水的 O—H	1790	5587
聚乙烯醇和水的 O—H	1942	5149
液态水的 O—H（接近沸点）②	1425	7018
液态水的 O—H（接近冰点）②	1453	6882
液态水的 O—H（室温）②	1450	6897
硫醇的 S—H	1740	5747
聚硅氧烷（二甲基硅酮）的 Si—O	1452	6887
聚硅氧烷（二甲基硅酮）的 Si—O—H+Si—O—Si	1933	5173

① 表示合频吸收。

② 表示一级倍频吸收。

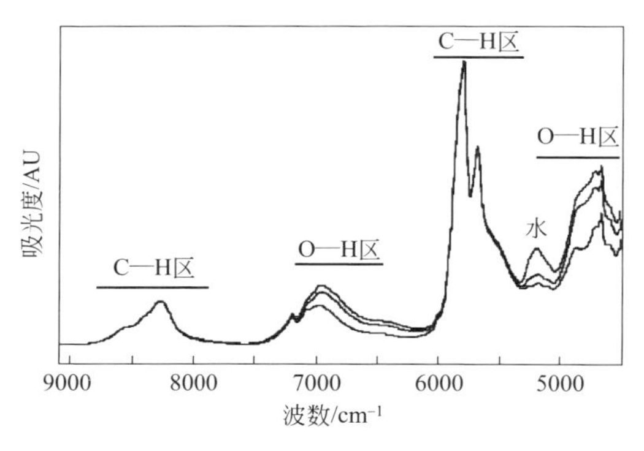

图 1-1-3 多元醇的近红外光谱

③ 与红外光谱相比，近红外光谱的谱带重叠严重，单一的谱带可能由几个基频的倍频和组合频构成，例如 $\nu_1+\nu_2$、$2\nu_2+\nu_1$ 等，很难像中红外光谱或拉曼光谱那样对其进行精确归属。因此，很少采用传统光谱学的方法将其用于分子结构的鉴定。在定量分析方面，由于近红外光谱谱带之间的重叠干扰，基于单波长的朗伯 - 比尔定律工作曲线方法往往也不能得到满意的结果。但是，不同基团（如甲基、亚甲基、苯环等）或同一基团在不同化学环境中的近红外光谱吸收波长与强度都有明显差别。近红外光谱含有丰富的结构和组成信息，与化学计量学方法配合，非常适合用于含氢有机物质如农产品、石化产品和药品等的物化参数测量。

④ 氢键的变化会改变 X—H 键的力常数，因此氢键的形成通常会使谱带频率发生位移并使谱带变宽。因组合频是两个或多个基频之和，倍频是基频的倍数，所以，氢键对组合频和倍频谱的影响要大于对基频的影响。溶剂和温度变化产生的氢键效应是近红外光谱区的一个重要特性，即溶剂稀释和温度升高引起氢

键的减弱，将使谱带向高频（短波长）发生位移。可以观测到谱带位移的幅度为 $10 \sim 100cm^{-1}$，相当于几纳米至 50nm。在使用近红外光谱进行定量和定性分析时，应注意氢键的影响。

1.1.1.2　近红外光谱分析原理

近红外光谱分析技术由光谱仪硬件、化学计量学软件和校正模型（或称分析模型、定标模型或数据库）三部分构成。近红外光谱仪硬件用于测定样品的光谱，化学计量学软件用于建立校正模型，校正模型用于待测样品的定性或定量预测分析。在线近红外光谱分析系统往往还包括取样与预处理、数据通信等部分。

（1）校正模型的建立

近红外光谱方法是一种间接的分析技术。依赖化学计量学方法建立稳健可靠、准确性高的校正模型是该技术成功应用的关键之一。如图 1-1-4 所示，光谱结合化学计量学的分析方法大都采用同一种模式，即基于一组已知样本建立分析模型，也称校正模型（calibration model）。

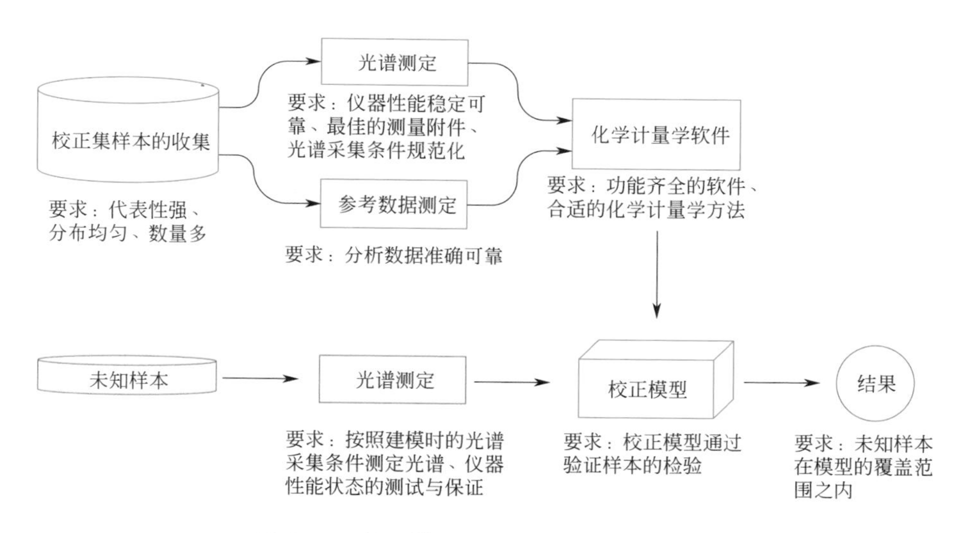

图 1-1-4　校正模型建立和未知样本预测的过程

校正模型通过化学计量学方法将光谱与样品性质直接关联得到两者之间的函数关系。模型的建立需要收集大量在组成和性质分布上具有代表性的样品（校正集样品），测量其近红外光谱并采用标准方法或参考方法测定其组成或性质数据。然后，采用化学计量学多元校正方法对光谱和性质进行关联，建立两者之间的函数关系。常用的多元校正方法包括多元线性回归（MLR）、主成分回归（PCR）、偏最小二乘回归（PLS）、局部权重回归（LWR）、人工神经网络（ANN）、拓扑（TP）方法和支持向量机（SVM）方法等。为得到稳健的分析模型，通常需要对光谱进行波段选择和数据处理，如平滑、一阶或二阶微分、标准正交变量变换（SNV）、多元散射校正（MSC）、小波变换等。对于待测样本，只需测定其光谱，根据已建的模型便可快速给出定量结果。

建立校正模型的基本步骤如下：

① 收集样本，并测定其光谱和基础数据。基础数据也称参考数据，是通过现行标准方法或常规测试方法（reference methods）测定得到的数据（也称“真值”），或通过现有鉴别方法鉴定其类别（用于建立识别模型）。

② 从收集的样本中选取有代表性的样本，将其光谱和对应的基础数据（或类别）组成校正集。

③ 对校正集的光谱进行预处理，并对波段进行选取。采用多元定量或定性方法建立初始校正模型，剔除界外样本，并反复选取不同参数建模（如波长范围、光谱预处理方法和 PLS 主因子数等），以得到优秀的校正模型。

④ 通过一组验证集样本（validation samples）对模型进行统计验证，确定最终的模型参数。

建立模型过程中涉及的每个环节都会影响分析结果的准确性，主要影响因素包括：

① 校正样本的影响。包括校正样本的代表性、数量、范围和分布等，校正样本的存放，校正样本的均匀性（如农产品样品的粒度、芽粒率、瘪粒率、水含量、颜色和杂质等），校正样本的预处理（如粉碎、切片和萃取等），校正样本基础数据的准确性等。

② 光谱采集条件的影响。包括光谱范围、分辨率、采集方式（如漫反射附件是积分球还是光纤探头、背景物质的选择、透射方式中的光程选择等）、温度、取样和装样的均匀性和一致性等。值得提出的是，每一类样品（清晰液体、混浊悬浮液、细粉末或粗颗粒）都有其最适合的测量附件，若附件选择不当，所测得的光谱质量不高，得不到样品的完整光谱信息，其最终的分析结果将不是最优的。

③ 化学计量学方法的影响。包括光谱预处理方法及其参数，波长变量的选取，校正方法及其参数（线性 / 非线性方法，欠拟合 / 过拟合判断，以及异常样本的剔除等）。

④ 光谱仪器性能（尤其是仪器的重复性和长期稳定性）的影响。包括仪器的有效波长范围、分辨率、信噪比、基线稳定性、波长的准确性和重复性、吸光度的准确性和重复性、温度适用范围和抗电压波动性能等。

（2）常规预测分析

校正模型经过验证后，便可对待测样品进行常规分析了。应完全按照校正集样本的光谱测量方式采集待测样本的光谱，如分辨率、背景采集方式、样品和环境温度、装样方式和样品预处理方式（如粉碎程度）等。采集光谱时，应先对光谱仪的状态如光源能量、波长准确性和吸光度准确性等指标进行测试，确保仪器是在正常的工作状态。在对待测样品进行定量预测分析前，应对模型的适用性进行判断，如果模型适用性判据超出了设定的阈值范围，说明所建模型不适用于该样品的定量分析。

在日常分析时，定期对模型和仪器进行检验，是对分析质量的保障和控制，是非常重要的工作。可以采用以下方式进行检验：①采用实际分析样品定期验证，如每周 2 ～ 3 次，与建立模型所用的参考方法进行对比，其绝对偏差不应超过再现性范围。另外，若引起待测样品组分发生变化的工艺条件发生较大变动，如温度、溶剂或催化剂改变时，不论模型是否适合，都应及时加样进行对比分析。②如果待测样品可以密封保存，选取 3 ～ 5 个代表性强的实际样品，进行密封保存，定期进行测量，如 2 天一次，通过质量控制图进行评估。③如果待测样品的组成体系简单，可通过配制标样，定期进行准确性验证。

检验出现不一致结果时，首先应重新多次采集光谱，进行预测分析，以确保光谱采集的正确，然后再对基础数据的准确性进行核对。若仍存在显著性差异，则需要对光谱仪的硬件进行全面的测试检查，直到找出出错原因。

1.1.1.3　近红外光谱分析技术的特点

目前，近红外光谱已经成为工农业生产过程质量监控领域中不可或缺的重要分析手段之一，这与该技术具有的本质特点是分不开的。其独有的优越性包括：

① 测试方便。由于近红外光谱吸收强度弱，对大多数类型的样品，不需进行任何处理，便可直接进行测量。不破坏试样、不用试剂、不污染环境。例如，对于液体的测量，通常可选用 2 ～ 5mm 范围光程的比色皿进行测量，相比红外光谱采用 30 ～ 50μm 光程的液体池，其装样和清洗都非常方便和快捷，甚至可以使用廉价的一次性玻璃小瓶。由于光程长，不仅对光程精度的要求显著下降，日常分析时通常也不需要对光程进行校准。而且，痕量物质对测量结果的干扰也不明显。对于固体样品，则可以采用漫透射或漫反射测量方式直接对样品进行分析。例如可直接对苹果、柑橘等水果测量，不破坏样品，不需要化学试剂，属环境友好型分析技术。

② 仪器成本低、非常适用于在线分析。近红外光波长比紫外光长，较中红外光短，所用光学材料为石英或玻璃，仪器和测量附件的价格都较低。近红外光谱光还可通过相对便宜的低羟基石英光纤进行传输，适于有毒材料或恶劣环境的远程在线分析，也使光谱仪和测量附件的设计更灵活和小型化。例如，目前有各式各样商品化光纤探头，可用于测定多种形态的样品。

③ 分析速度快，分析效率高。可在几秒内通过一张光谱，结合化学计量学模型，同时预测样品的多种组成和性质。分析结果的重复性和再现性通常优于传

统的常规分析方法。

当然，伴随着以上优点，近红外光谱分析技术也存在着以下的局限性：

① 近红外光谱定量和定性分析几乎完全依赖于校正模型，校正模型往往需要针对不同的样品类型单独建立，需花费大量人力和物力。校正模型的建立不是一劳永逸的，在实际应用中，遇到模型界外样本，需要根据待测样本的组成和性质变动，不断对校正模型进行扩充维护。对于经常性的质量控制是非常适合的，但并不适用于非常规性的分析工作。

② 校正模型要求近红外光谱仪器具有长期的稳定性，仪器的各项性能指标不能发生显著改变，而且光谱仪光路中任何一个光学部件的更换，都可能使模型失效。如果所建模型要用于不同的仪器，则要求所用的近红外光谱仪器之间有很好的一致性，否则将带来较大的甚至不可接受的预测误差。尽管模型传递技术可以在一定程度上解决这一问题，但不可避免地会降低模型的预测能力。

③ 物质一般在近红外光谱区的吸收系数较小，其检测限通常在 0.1%，对痕量分析往往并不适用。为了克服其局限性，可采用样品预处理的方法（如固相微萃取等富集方法）提高检测限，但此时近红外光谱作为检测技术可能已不是最佳的选择。

基于上述特点，近红外光谱分析技术尤其适合以下场合：

① 对天然复杂体系样品的快速、高效、无损和现场分析，如石油及其产品、农产品的多种物化指标的同时分析等。

② 高度频繁重复测量的快速分析场合，即分析对象的组成具有相对强的稳定性、一致性和重复性，如炼油厂、食品厂或制药厂的化验室。通过网络化管理，可实现大型集团企业的校正模型共享。

③ 适用于大型工业装置如炼油、化工和制药的在线实时过程分析，与过程控制和优化系统结合以带来可观的经济效益。

1.1.2 在线近红外光谱分析技术

1.1.2.1 概述

20 世纪 80 年代工业生产技术的发展十分迅速，社会对环境保护也提出了更高的要求，再加上国际间剧烈的市场竞争，要求工业生产做到既保证产品有稳定的高质量，又最大限度地降低成本。因此，在线分析技术越来越广泛地进入工业生产的各个环节。不论对于集散控制系统（DCS），还是先进过程控制（APC）或实时优化系统（RTO），快速可靠的在线分析技术都是非常关键的（图 1-1-5），它所提供的及时、准确的分析数据为稳定生产、优化操作、节能降耗起到了至关重要的作用。

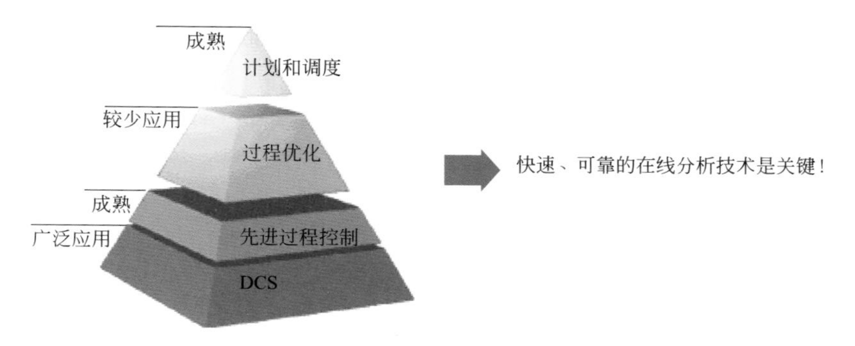

图 1-1-5　在线分析技术在过程控制中的作用

在线分析的作用可归纳为以下几个方面：

① 可实现产品的质量卡边控制操作，提高产量、降低能源消耗、减少不合格品的产量等，以获得最大的经济效益。

② 对原料和生产的中间环节进行监测，提高对生产过程的认识和了解，以保证装置的稳定生产和及时调整。

③ 对影响生产安全运行的要素进行监控，以保证生产的安全运行。

④ 对影响环保的排放口进行监控，以达到环境保护的要求。

在线分析仪与实验室光谱仪相比，具有以下三个特点：

① 从取样到数据的处理、分析结果的显示和输送全是自动进行的，即在线分析仪是完全自动化的，这主要依靠计算机的应用。

② 在线分析通常都采用侧线在线方式（on-line），需要有自动取样和样品预处理系统，它往往是在线分析仪能否快速、准确、长期稳定可靠工作的关键。

③ 许多生产过程需每天 24h 连续运行，在线分析仪也应无间断连续运行，且工作环境相对复杂，这对仪器的长期可靠性提出了更严格的要求。因此，在线分析仪大都在实验室仪器的基础上做了软硬件的技术改进，如增加密封、抗震和抗电磁干扰等硬件措施，以及增加仪器的自诊断和定期标定 / 校准等软硬件功能。

传统在线分析仪表大多是由实验室仪器改进而来的，受测量原理所限，分析速度慢、精度差，一种仪表仅能测量一种参数。如需测量多种物化参数，则要购置多台仪表，设备投资过大，仪器的易损件和消耗品多，维护量大。因此，这些仪表的实际应用效果并不理想，甚至有相当一部分被停用。

自 20 世纪 90 年代以来，在光纤、计算机、化学计量学和仪器制造等技术不断发展的带动下，出现了许多新型的在线光谱分析技术，如在线红外光谱、在线近红外光谱、在线拉曼光谱等，使原来只能在实验室中进行物质成分分析的结构复杂、体积庞大的分析仪器也能用于工业现场的实时在线分析。这类在线分析技术大都具有以下特点：①可以对多路多组分连续同时测量；②测量速度快；③多采用化学计量学方法建立分析模型，测量准确性高；④通常不需要化学试剂或特殊制样，即做到了无损分析；⑤仪器易损件和消耗品少，维护量小；⑥大多数光谱类在线分析仪可采用光纤传输技术，适用于较为苛刻的工作环境。

如图 1-1-6 所示，在线光谱分析技术的测量方式有三种：侧线在线方式（on-line）、线内（或原位）在线方式（in-line）和无接触（或线上）在线方式（non-invasive）。这三种方式的应用对象以及优缺点对比见表 1-1-3。

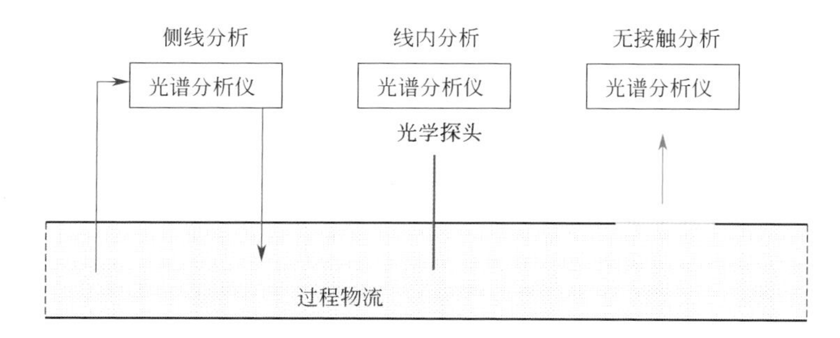

图 1-1-6 三种在线测量方式的示意图

◇ 表 1-1-3 三种在线近红外光谱测量方式的比较

在线测量方式	定义	优点	缺点	应用对象
侧线分析	通过旁路将样品引出后进行分析	可对引出的样品进行预处理，如恒温、恒压、过滤等，分析结果准确可靠，便于硬件和模型的维护	依据取样的距离和预处理的烦琐程度，分析存在滞后问题，约 30s ～ 3min	适用于对分析滞后要求不严格、可以通过旁路取样的场合
线内分析	直接将光学探头安装在生产线或特定的测样部位上	不需要取样管线和预处理系统，实时分析无取样滞后	对探头的设计和制造要求很高，以适应高温、高压和腐蚀的测量环境。分析模型的建立和数据比对较为困难。分析结果易受环境的干扰	适用于无法通过旁路取样以及对滞后要求严格的场合
无接触分析	光学探头与样品不直接接触	不对生产过程产生任何影响，实时分析，无取样滞后	分析结果易受环境和样品运动情况的影响，模型建立也相对困难	可以直接安装在传送带的上方或通过开光学视窗的方式安装在输送管道或装置上

1.1.2.2 在线近红外光谱分析系统的构成

下面以石化行业中汽油调和单元为例，介绍在线近红外光谱分析系统的主要构成以及各部分所起的作用。国际上，以在线近红外光谱分析技术结合优化控制技术形成的汽油管道调和系统被称为是现代炼油企业的标志性技术之一。

汽油调和是炼油厂生产成品汽油的最后一道工序，市场上销售的成品汽油（$90^{\#}$、$92^{\#}$ 或 $95^{\#}$ 汽油）都是由多种不同类型的汽油组分（称为调和组分，如催化裂化汽油、重整汽油和烷基化汽油等）调和生产出来的。图 1-1-7 是一个典型的汽油调和工艺流程示意图。催化汽油、重整汽油、烷基化汽油等各种汽油组分，或来自生产装置，或来自中间储罐，通过输送管线进入调和装置，以一定的比例（配方）在管道中混合均匀，生产出满足一定质量规格的成品汽油。整个汽油调和系统由工艺设施、调和优化控制软件和在线分析仪系统等构成。

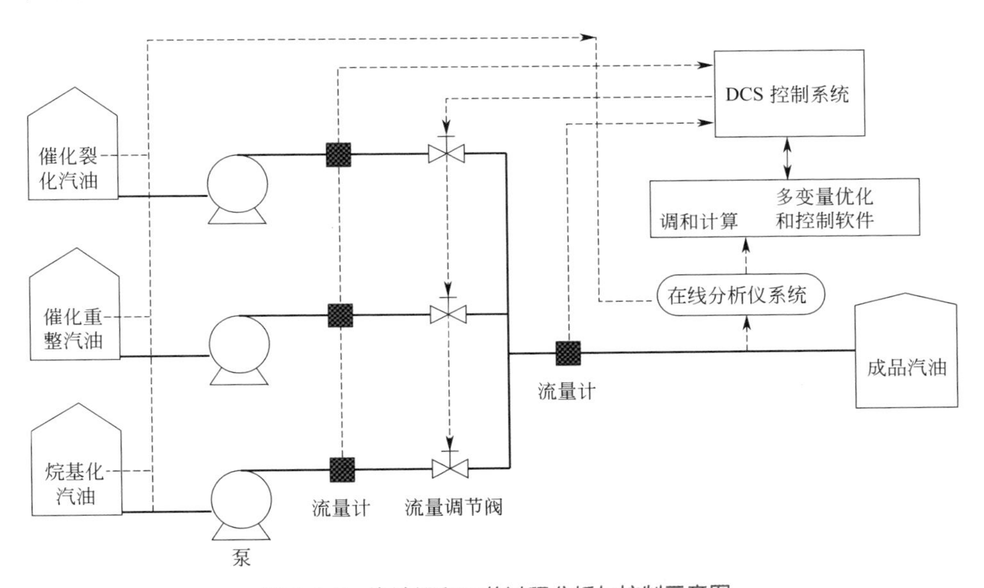

图 1-1-7 汽油调和工艺过程分析与控制示意图

工艺设施被称为汽油调和系统的“手脚”，主要包括静态混合器（调和头）、组分罐、产品罐、添加剂罐、泵、阀、流量计、DCS 控制系统（或 PLC 控制系统），以及配套管道等。为了实现管道调和的生产目的，工艺设施应具有准确性、灵活性和平稳可靠性，对各组分的流量和总用量要精确控制，因此需要高精度流量计和调节阀以及相应的控制系统能力。在生产不同牌号产品、选用不同的组分、配方时，物料的流量范围、去向等都有很大变化，要求所有相关设备如管线、泵、阀等都有很大的灵活性。

调和优化控制系统软件，简称调和软件，是汽油调和系统的关键技术之一，被称为汽油调和系统的“头脑”。它利用各种汽油组分之间的调和效应，实时优化计算出调和组分之间的相对比例，即调和配方，保证调和后的汽油产品满足质量规格要求，并使调和成本和质量过剩降低到最小。配方优化还应考虑计划排产和罐区储运要求，采用严格的非线性优化算法来求解配方优化模型。此外，实际生产中还可能需要对产品罐内存放的调和产品的性质进行控制，即产品罐累计质量控制。这种控制模式用于罐底有存油时，存在不同牌号和性质指标的成品油相互混合的情况。如果产品罐与调和系统的距离很远，则还要考虑长输管线内的存油进入产品罐后的影响。

在线分析仪系统负责实时、准确地提供各种汽油组分和产品的各项重要品质指标，例如研究法辛烷值、马达法辛烷值、烯烃含量、芳烃含量、苯含量、氧含量、蒸气压、馏程、硫含量等，被称为汽油调和系统的“眼睛”。在线分析仪系统的具体构成与技术方案需要根据炼厂调和工艺的实际需求来确定。其中，硫含量一般采用专用的在线硫分析仪，常用的技术有 X 射线荧光分析法和紫外荧光分析法，蒸气压和馏程也都有专门的在线分析仪。除此以外的多项汽油性质，都采用在线近红外光谱分析技术来完成测量。

以侧线液体测量方式为例（图 1-1-8），在线近红外光谱对样品的基本分析过程为：首先通过取样系统将样品引出，经预处理系统对样品进行必要处理后，进入检测池，在此与光谱仪经光纤传出的光发生作用，携带样品信息的光被光纤送回光谱仪进行信号处理，得到样品的光谱；再由分析模型计算出最终的分析结果，分析结果经通信模块实时送入过程控制系统（如 DCS 或 PLC）。

典型的在线近红外光谱分析系统由硬件、软件和分析模型三部分构成。硬件包括取样系统、预处理系统、光谱仪、测量附件、数据通信模块以及根据实际工作环境所需配置的防爆箱和分析小屋等辅助设备。软件包括仪器控制和测量软件、化学计量学软件和数据通信软件等。依据不同的测量对象和测量参数，还需建立专用分析模型。

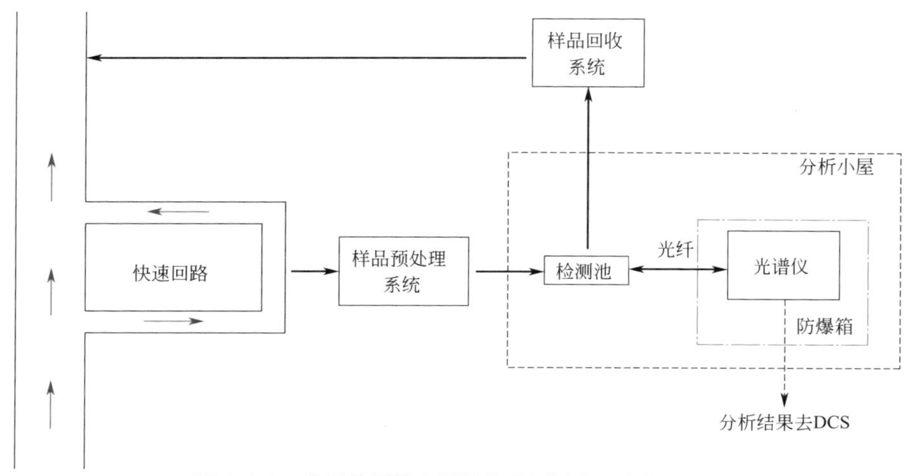

图 1-1-8 典型的侧线在线液体分析过程示意图

（1）硬件

① 光谱仪　光谱仪是整个在线分析系统的核心。目前，几乎所有类型的近红外光谱仪器，如固定波长滤光片、扫描光栅色散、固定光路阵列检测器、傅里叶变换和声光可调滤光器（AOFT）等在线近红外光谱仪，在选择在线光谱仪时，抗环境干扰以保持自身长期稳定性都是首要考虑的问题。例如，酸雾会对不同的光学元件（反射镜、滤光片和光栅等）产生不可逆的损坏，精密机械结构如光栅驱动器和过滤片轮也会受到腐蚀。近红外光谱分析属弱吸收分析，其吸光度的变化经常小于 0.001，这些光学元件的蚀斑、微小灰尘的沉积以及周围大型机械装置引起的振动都会引起近红外光谱检测信号的改变，导致校正模型逐渐失效。因此，除密封设计外，在线光谱仪的内部光学 / 机械元件都有特殊设计来保护。

② 光纤及其测量附件　近红外光谱区域的光可以用价格相对便宜的低羟基石英光纤进行有效传输，大多数在线近红外光谱分析仪都采用光纤方式来远距离传输光，它可在困难条件或危险环境以及复杂的工业生产现场中进行工作，从而使光谱仪远离测样点。光纤的使用使近红外光谱仪器的设计、制造和安装也变得极为方便。

根据测量对象的不同，有多种形式的光纤测量附件，如用于固体颗粒测量的漫反射光纤探头以及用于透明液体测量的透（反）射式光纤探头等。采用光纤技术还很易实现一台光谱仪检测多路物料（即多通道测量），如可将一根光纤分成多束分别进入多个单立的检测器，或采用光纤多路转换器将光依次切入不同的测量通道，从而提高仪器的利用效率，减少用户的投资成本。

③ 取样和样品预处理系统　对于非原位在线测量，取样系统的作用就是从现场工艺管线抽取在线分析仪表所用的样品。液体取样系统主要通过采样泵或利用取样点与回样点之间的压差来完成，固体取样系统则多通过重力、气动或传送带等方式实现。

样品预处理系统（图 1-1-9）在液体样品的过程分析（如石油产品、液态食品与药品分析）中扮演着重要的角色，其设计是否合理将直接影响分析结果的可靠性，有时甚至决定着整个分析系统的成败。在实际在线分析中，相当数量的故障和错误结果是由样品预处理系统（包括取样系统）而非光谱仪引起的。它的主要功能是控制样品的温度、压力和流速，以及脱除样品中的气泡、水分和机械杂质等影响因素，确保分析结果有效准确。对不同的测量体系，预处理系统的组成也不尽相同，一般由快速回路（减小滞后时间）、过滤（除尘、除机械杂质）、压力调节（减压或抽引）、温度调节（降温或升温）、有害或干扰成分处理（除水分等）、流量调节等组成。

样品回收系统将分析后的样品进行处理，根据具体情况，可以将这些样品重新返回主管线中或进行回收再利用处理。

图 1-1-9 样品预处理系统

模型界外样品抓样系统用来自动收集分析模型不能覆盖的样品，并通过一定的方式通知有关部门将这些样品送往中心化验室，采用标准方法分析后，进一步扩充模型的适用范围。

通常人们习惯将以上这几个部分（取样系统、样品预处理系统、样品回收系统、模型界外样品抓样系统）统称为取样和样品预处理系统。

④ 分析小屋 在一些易燃、易爆的分析场合，如化工厂和炼油厂，放置到生产现场的在线分析仪器往往需要防爆系统。防爆方式和等级可根据现场要求以及国家或企业的相关标准确定。防爆系统还为光谱仪提供接近实验室的环境条件。

现场分析小屋（图 1-1-10）可使系统设计、现场安装、连接简单方便。现场分析小屋还可提供仪器工作所需的各种气体、供电、信号电缆等公用工程，并采取防震、防静电、防尘、屏蔽、抗干扰等措施，为仪表提供良好的操作运行环境，增强系统的可靠性，确保仪表的安全正常运行。

图 1-1-10 分析小屋

（2）软件

在线近红外光谱分析系统的软件从功能方面可以划分为三个主要部分：光谱仪控制模块、化学计量学模块和数据通信模块。

① 光谱仪控制模块　光谱仪控制模块可以分为光谱的实时采集、光谱仪性能自诊断以及分析数据仪器信息的显示和存储三个主要部分。

光谱的实时采集：控制光谱仪器进行实时光谱信息采集，设定采集条件（如分辨率、扫描次数和光谱范围等）、测量时间间隔等。

光谱仪性能自诊断：对光谱仪的性能指标进行自我检测。性能指标包括波长准确性、吸光度准确性和重复性、光能量和光谱噪声等光谱仪的关键技术指标。

分析数据仪器信息的显示和存储：显示各个通道所测的当前物化性质结果及历史趋势图，存储各个通道的历史数据，显示并记录质量及模型界外点报警，以及分析小屋可燃气体等报警信息等。

② 化学计量学模块　化学计量学模块可分为以下五个主要功能。

光谱的预处理和波长范围的选择：包括微分、平滑、中心化和标准化处理等。

定量校正模型的建立：包括偏最小二乘、人工神经网络和支持向量回归等。

定性校正模型的建立：包括 SIMCA、KNN 和线性判别分析等。

模型判据的建立：包括马氏距离、光谱参差和最邻近距离等。

预测分析：调用已建模型对未知样本进行预测分析。

③ 数据通信模块　数据通信模块主要实现与控制系统（如 DCS）、操作室上位机（用于分析仪维护的计算机）以及远程监控的通信功能（图 1-1-11）。

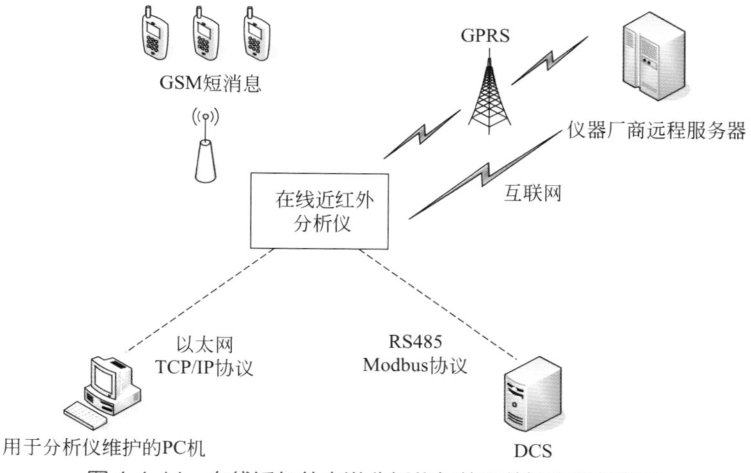

图 1-1-11　在线近红外光谱分析仪与外界数据通信示意图

在线近红外光谱分析系统与控制系统的通信包括向控制系统传送数据和接收控制系统下达的命令。向控制系统（如DCS）传送数据，包括每个通道的测量数据、模型报警、仪器状态参数、预处理参数（温度、压力和流量）、环境温度和安全情况（如可燃气体报警）等。接收控制系统（如DCS）下达的命令，包括分析仪的开启和停止、测量通道的开启和停止、通道测量的顺序、分析模型的选择等。

与操作室上位机（用于分析仪维护的计算机）的通信，包括上传光谱文件和分析数据、仪器状态参数等，下传分析模型和必要的分析仪控制命令等。

远程通信（网络化）功能，主要是现场分析仪与仪器制造商的网络服务器系统相连，实现对仪器的异地监控和维修以及对分析模型的维护、更新和数据共享等。

在线近红外光谱分析系统的软件除了以上三个主要的功能模块外，根据实际需要往往还有其他一些功能，如由气泡、电压波动等因素引起的假分析信号的识别功能、取样和样品预处理系统各单元的操作监控功能。

（3）分析模型

分析模型对近红外光谱分析技术非常关键，它将直接影响近红外光谱分析的工作效率和质量。在实际应用过程中，建立模型都是通过化学计量学软件实现的，并且有严格的规范（如GB/T 29858）。

分析模型在近红外光谱分析中处于核心地位。与实验室相比，建立一个适用范围广、稳健性好的在线近红外光谱分析模型将更为复杂。

对一般情况，在系统建立、调试初期，可利用一段时间内现场收集的有代表性样品，使用模型建立模拟系统建立一个初始模型，然后随着在线检测逐渐扩充模型。在线分析模型的建立可参照ASTM 1655方法建立，定量校正方法除常用的因子分析方法（如偏最小二乘）和人工神经网络外，也可采用基于局部样本的建模方法。该方法基于模式识别建立光谱库，根据“相同样品，相同光谱，相同性质”的原则，通过光谱的编码特征从库中搜索与待测样品匹配的光谱，给出该光谱对应的性质数据。该方法可以克服因子校正方法的频繁更新模型及针对不同类型样品建立多个模型的弊病。但其对光谱的质量有更高的要求，尤其是光谱一致性，所以，对样品预处理系统各控制指标需要更高的精度。

对在线分析，为得到安全性高的分析数据，在数据报出前，须严格按照ASTM E1655、ASTM E1790和ASTM D6122方法对模型界外样品进行识别，只有完全满足要求，即通过马氏距离、光谱残差及最邻近距离三种方法的检测时，得到的结果才认为有效。

在建立模型时，应注意模型预测精度与模型稳健性之间的冲突问题。一般来讲，若校正集中光谱采集条件（如光谱仪的环境温度、样品温度、压力和流速）完全相同，则所建模型对相同条件下采集光谱的预测准确性较高，但若采集条件发生了波动，其预测结果将会产生较大的偏差。因此，在建立模型时，往往人为地在一定范围内变动某些测试条件（如样品的温度或流速），以提高模型的稳健性和预测能力，但这样做会在一定程度上降低模型的预测精度，所以在具体的实施过程中，应对其进行折中处理。

也可将实验室建立的近红外光谱分析模型通过模型传递方法转换后用于在线分析，模型传递的方式有多种，可以将建立好的分析模型直接传递；可以将光谱在不同仪器间传递，重新建立模型；也可以将分析结果进行校正。

所建分析模型在实际使用前，应按照 ASTM E1655 和 ASTM D6122 方法对模型的有效性进行验证，并需要定期使用标准样品对其进行验证，确保分析结果的准确性。

1.1.3　光纤及其附件

在线近红外光谱仪器大都采用光纤来传输光，光纤是光导纤维（optical fiber）的简称，它可在困难条件或危险环境以及复杂的工业生产现场中进行工作，从而使光谱仪远离测样点。光纤还使光谱仪器的设计、制造和安装变得极为方便。

1.1.3.1　光纤结构及原理

如图 1-1-12 所示，光纤通常是三层圆柱状媒介，内层为纤芯，外层为包层，在包层外面还有一层保护层（如树脂涂层），其用途是保护光纤免受环境污染和机械损伤。光纤利用全反射的原理把光约束在其界面内，并引导光波沿着光纤轴线的方向前进，它的传输特性由其结构和材料决定。数值孔径和纤芯内径是光纤的两个主要参数，可反映光纤的传输特性及光纤与光源或检测器等元件耦合时的耦合效率。

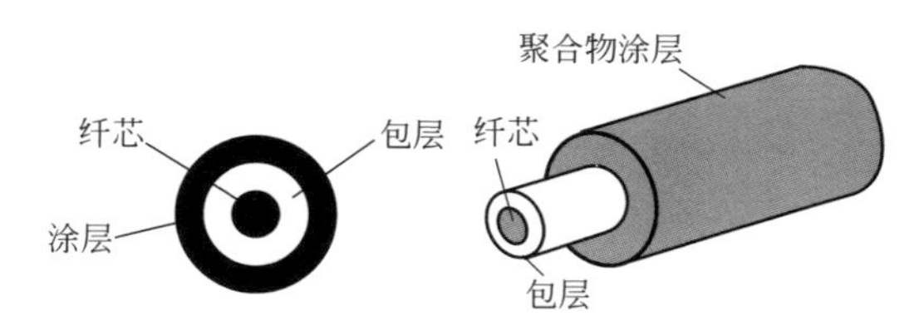

图 1-1-12　光纤内部结构示意图

如图 1-1-13 所示，n_1 和 n_2 分别为纤芯和包层的折射率，n_0 为光纤周围媒质（一般为空气）的折射率。要使光能完全限制在光纤内传输，则应使光线在纤芯 - 包层分界面上的入射角 ψ 不小于临界角 ψ_0，即：$\psi \geqslant \psi_0=\arcsin(n_2/n_1)$。

根据 $n_0\sin\varphi_0=n_1\sin\theta_0$ 及 $\theta_0=90°-\psi_0$，可推导得出：

$$n_0\sin\varphi_0 = n_1\sin\theta_0 = \sqrt{n_1^2-n_2^2}$$

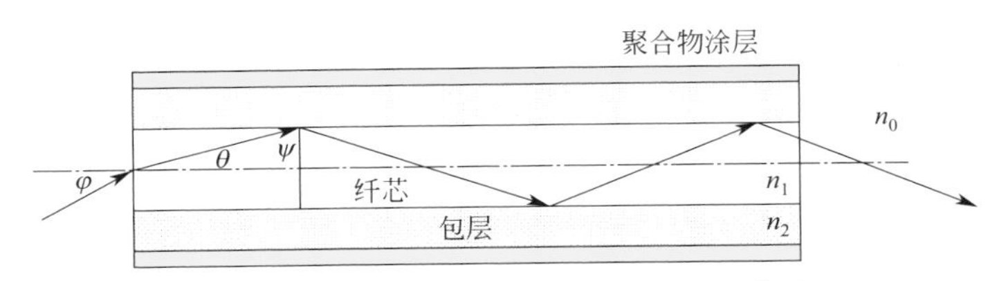

图 1-1-13 子午光线在光纤中的传播示意图

临界角 ψ_0 对应的入射角 φ_0 反映了光纤集光能力的大小。ψ_0 与 φ_0 统称为孔径角。如图 1-1-14 所示，入射到光纤端面的光并不能全部被光纤所接收传输，只有在某个角度范围内的入射光才可以，这个角度称为光纤的孔径角。文献中常采用数值孔径（NA）作为光纤集光能力的评价指标，数值孔径定义为 $n_0\sin\varphi_0$，用 NA 表示，即 NA= $\sqrt{n_1^2-n_2^2}\ /n_0$。数值孔径是表示光纤波导特性的主要参数，可反映光纤与光源或检测器等元件耦合时的耦合效率。数值孔径的大小仅决定于光纤的折射率，而与光纤的几何尺寸无关。低羟值石英光纤的数值孔径的范围一般在 0.22 ～ 0.30 之间。

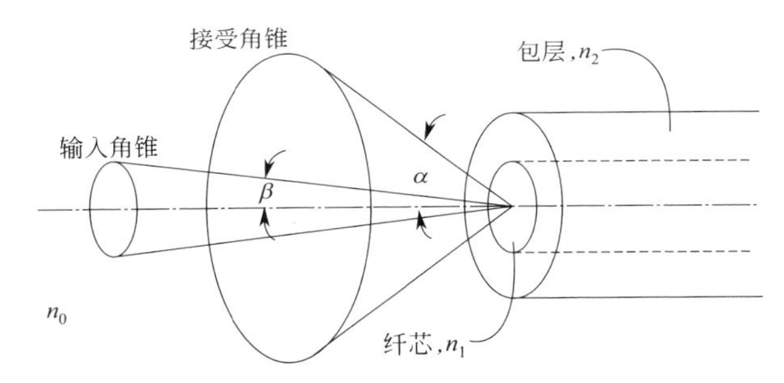

图 1-1-14 光纤可接收入射光角锥的示意图

光纤的光通量除与数值孔径有关外，还与纤芯内径有关。纤芯内径越大，光纤的光通量也越大。但纤芯内径越大，光纤越易碎，且价格也较贵。通常，用于液体透射测量的单根光纤的内径为 200 ～ 400μm，其有效传输距离可在百米以上。对于漫反射测量，为增加光通量，多采用光纤束的方式，但传输距离不宜过长，一般在 20m 以内。

在紫外、可见和近红外光谱波段通常采用石英材料或以氟化锆（ZrF_4）为材料的氟化物玻璃光纤，在红外波段可采用以硫化砷为材料的中红外硫化物玻璃光纤。在选用光纤时，需注意光纤材料自身吸收的影响。例如，图 1-1-15 为石英光纤的吸收衰减曲线，其约在 950nm、1250nm、1380nm 和 1920nm 处有吸收，且在 2200nm 以上光谱区域吸收严重，限制了石英光纤在 2200nm 以上区域的使用。

光纤敷设施工时，应注意光纤弯曲引起的光损失。光纤弯曲到一定程度后，会使传输的光不满足全反射条件而穿透包层向外泄漏。一般要求光纤最小弯曲半径为光纤内径的 500 ～ 600 倍。如对于内径为 300μm 的光纤，其最小弯曲半径不能小于 15cm，最好大于 18cm。

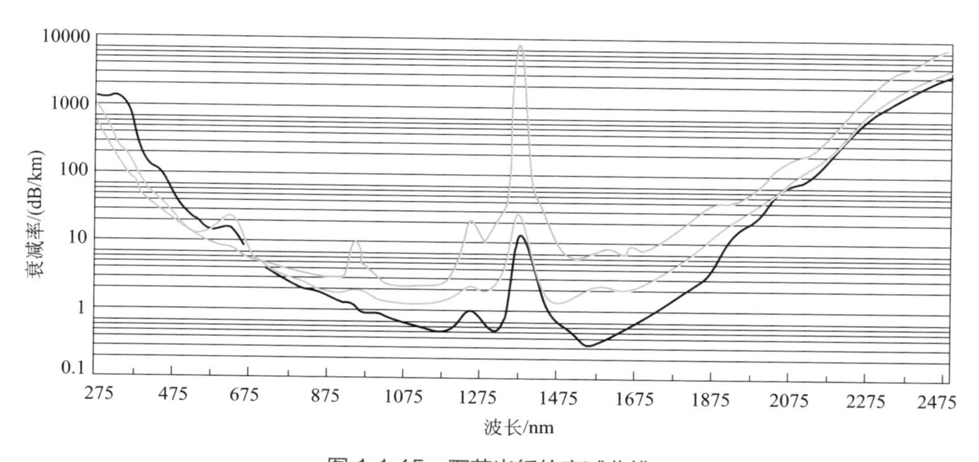

图 1-1-15 石英光纤的衰减曲线

（自上而下依次为高羟基、低羟基和超低羟基石英光纤）

衰减率（dB/km）= −10lg T[❶]

为实现光纤长距离传输及多点测量，需要将光纤与光源、光纤与光开关（optical multiplexer）以及光纤与光纤进行耦合连接。光纤耦合主要有两种方式：直接耦合和透镜耦合。光纤耦合时的光损失较大，通常都在 50% 左右，应尽可能避免光纤耦合界面的发生。如图 1-1-16 所示，光纤与光源、光谱仪或测量附件的耦合都采用 SMA 905 标准接口。

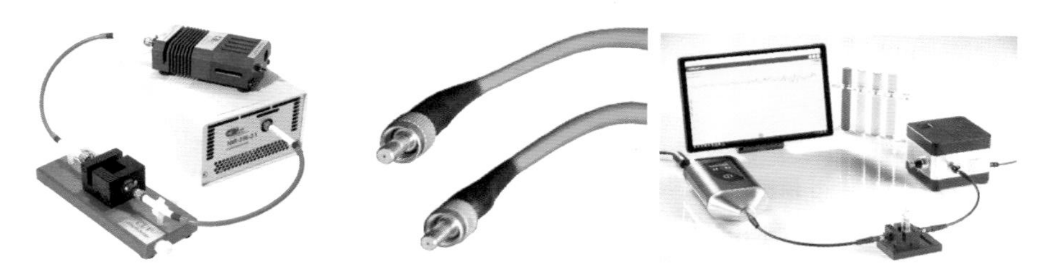

图 1-1-16 光纤与光源、光谱仪或测量附件的耦合方式

1.1.3.2 光纤附件

根据测量对象的不同，有多种形式的光纤测量附件，如用于固体颗粒测量的漫反射光纤探头（图 1-1-17）、用于液体测量的透（反）射式光纤探头（图 1-1-18）和流通池（图 1-1-19）等。每种形式的测量附件，依据不同的使用环境，其材质、

❶ 若光纤在 1380nm 处的衰减率为 10dB/km，意味着 10m 长的光纤在 1380nm 将有 0.01 的吸收（0.1 dB 的衰减），对应着 97.7% 的透射率。

结构和安装方式也不尽相同。目前世界上有多家专业的光纤及其附件生产商，提供用于分子光谱（紫外 - 可见、红外、近红外和拉曼光谱）的标准测量附件，也可按照用户的要求定做。

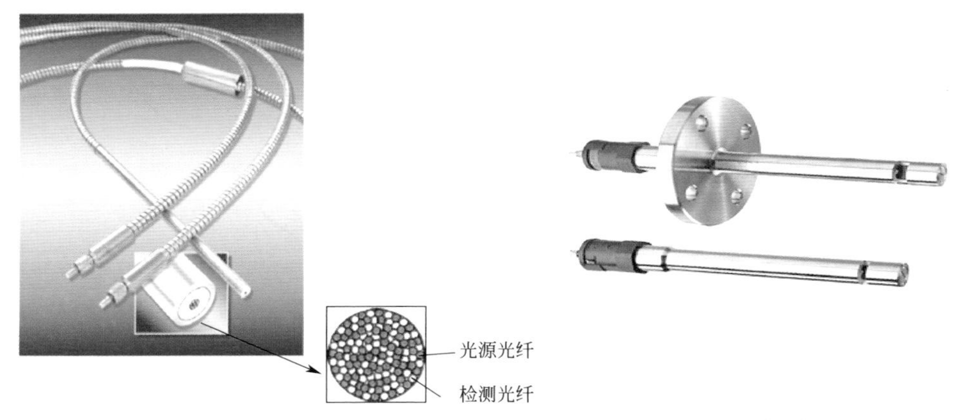

图 1-1-17 漫反射光纤探头

图 1-1-18 透（反）射式光纤探头

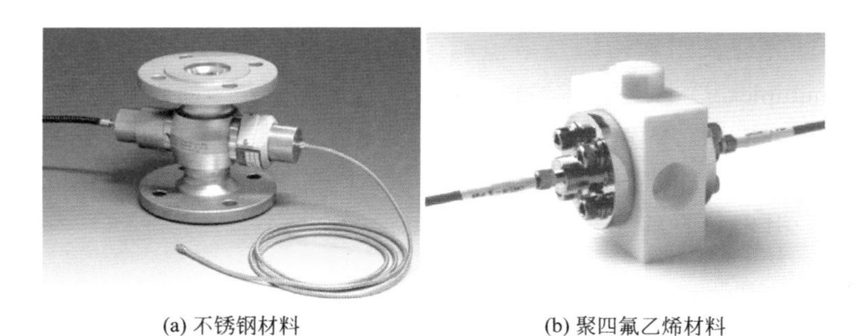

(a) 不锈钢材料 (b) 聚四氟乙烯材料

图 1-1-19 两种商品化的流通池

漫反射探头可直接插入装置或容器内，与粉末或颗粒样品直接接触进行测量，如制药过程中粉末的混合均匀度以及流化床干燥过程中的水分和溶剂含量在线检测等。通常这些探头能够自动撤回，以方便维护和清洗，有些探头还需要特殊安装，以实现与装置一起进行旋转等运动。如图 1-1-20 所示，往往在光纤探头上安装有各种类型的吹扫装置，对探头上粘连的粉末等污染物定时进行快速自动吹扫。有些光纤探头还有内置的光谱背景自动采集功能（如镀金板），定期采集在线分析仪器的光谱背景，消除非样品本身因素对光谱带来的影响。如图 1-1-21 所示，也有集光源为一体的光纤探头，用于传送带上样品的在线分析。

采用光纤技术还很易实现一台光谱仪检测多路物料（多通道测量），如可将一根光纤分成多束分别进入多个单立的检测器（图 1-1-22），或采用光纤多路转换器（光开关）将光依次切入不同的测量通道（图 1-1-23），从而提高仪器的利用效率，减少用户的投资成本。

图 1-1-20　安装在漫反射光纤探头上的吹扫装置

1—NIR 漫反射探头；2—吹扫装置；3—固定吹扫装置的螺钉；4—水平方向上的空气吹扫孔；5—垂直方向上的吹扫孔；6—水平方向上的样品溢出孔

图 1-1-21　一种集光源为一体的漫反射光纤探头

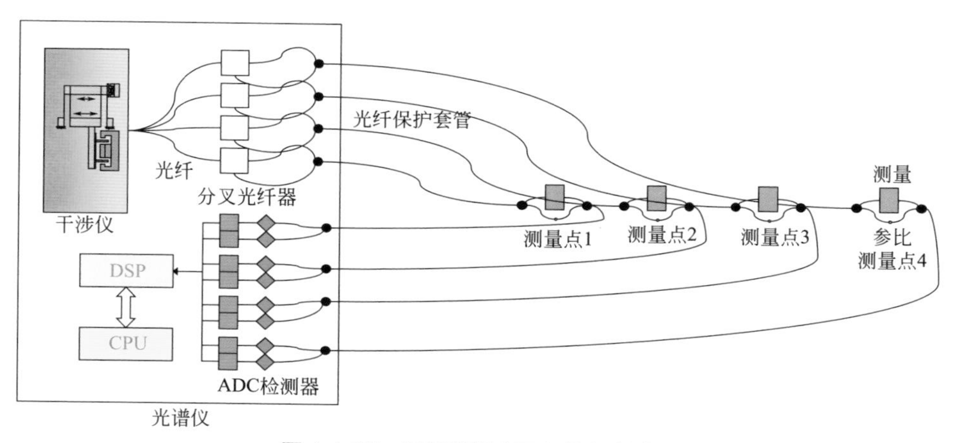

图 1-1-22　采用光纤分叉实现多路测量

1.1.4　在线近红外光谱分析仪工程项目的实施与运行

在线近红外光谱分析系统实际上是一项小的系统工程，涉及面很广，包括分析、仪表、电气、设备、工艺、计算机软件和自动化控制等诸多技术，在具体实施过程中需要集分析仪的设计选型、成套、安装、现场调试、开车、售后服务及

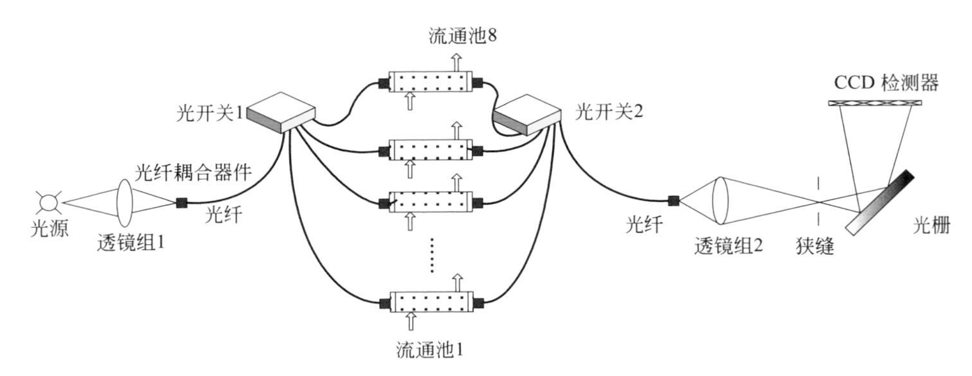

图 1-1-23 采用光开关实现多路测量

管理等因素于一体，其中任何一个环节有疏漏，都会使最终的分析结果产生偏差或错误。因此，在线近红外光谱分析仪的实施应按照工程项目管理的规程进行。主要包括以下部分。

（1）可行性研究

① 经济研究：投资成本评估（最初投资、操作费用）和预期效益。

② 技术研究：近红外光谱的分析原理、技术优缺点、与其他分析技术（如色谱、拉曼光谱、核磁和中红外光谱等）的对比。对于近红外光谱从未开展过的分析项目，需要在实验室进行可行性试验，确定在线检测安装点的位置。

③ 安全和环境影响评估。

（2）成立项目组

① 项目组成员应由用户的在线分析现场工程师、实验室分析工程师、仪表工程师、装置工艺工程师、自动化工程师和科技管理工程师等相关人员组成，组长应由工厂负责工艺或仪表的总工担任，以便对各部门进行协调，保证项目的顺利实施。仪表供应商确定后，其技术研发和现场应用人员也应加入项目组。新建厂还需设计单位相关部门（工艺和仪表等）人员的参与。

② 编制组织管理图，确定每个成员的负责领域和主管范围。

③ 项目管理制度，包括技术方案，技术文档的管理和技术保密的审批等。

（3）用户的初步设计

① 提出需求，编写需求说明书。

② 收集详细的工艺过程数据（取样点和回样点），包括样品状态、压力、温度、流速等物理量；黏度、密度、露点、泡点等物理参数；化学组成（每种成分的最小、最大、正常值）；污染物或不利条件（颗粒、毒物、腐蚀等）；待测组分或参数的变化范围、准确性要求和响应时间要求。

③ 制定项目的进度表（甘特图）。

④ 取样系统（取样点、回样点和快速回路）的初步设计，分析小屋的选址、测量方式和流路数的初步确认。

⑤ 提出环境、安全等级，以及仪器厂商认证的要求。

（4）市场调研和分析仪厂家评估

① 仪器厂商技术交流，参观厂商研发和加工车间，参观应用示范现场，并与用户进行技术交流，仪器厂商具有与本项目相同或类似的应用业务是极其重要的。

② 索要报价，制作技术和经济对比表，认真考虑售后服务和质量保证，做出最佳选择。

（5）用户和分析仪供应商共同参与的详细设计

① 取样系统：快速回路的设计图，样品输送系统计算，包括压力降和响应时间。

② 预处理系统：详细的样品预处理图，确认各模块技术指标和技术方案，非标准件的加工图。

③ 分析仪：软硬件技术方案和指标、分析参数及其技术要求。

④ 分析模型：标样收集计划和实施方案、基础数据分析方法、建模策略。

⑤ 分析小屋：设备基本布置图，地台设计施工图、与公用工程的接口标准和接线图，通风或 HVAC（加热、通风和空调）计算。

⑥ 公用工程：仪表风、氮、蒸汽、冷却水、电、数据通信等的规格；公用工程的设计、施工图。

⑦ 安全：报警和联锁、安全软硬件措施（包括防爆等级）。

（6）采购

可由用户按照详细设计要求，逐项向不同的供应商采购，也可由近红外光谱分析仪供应商总承包。包括开工、运行和维护（两年）所需的备件。签署技术协议和购销合同。

（7）开工会

① 确认工程设计方案。

② 确定系统软硬件配置和规格。

③ 核准工程接口职责。

④ 再次确认项目进度。

⑤ 确定本项目的所有供货清单，经确认的供货清单与服务条款即为生产定单。

⑥ 确认文件资料的详细内容及具体的交付时间。双方确认的文件即成为技术附件，具有合同附件的同等效力。

⑦ 在项目执行过程中，如果有必要，供、需双方还可就系统详细设计与现

场工程设计之间进行必要的协调，组织设计联络、协商处理，双方确认的文件及修改版也具有合同附件的同等效力。

（8）工厂验收测试（FAT）

各部分加工完成后，为避免现场安装调试出现较大问题，以降低开工成本、节约时间，在用户组织下，在供应商工厂进行预系统、分析仪和分析小屋等的验收测试。根据质量标准和技术指标按照审定的程序进行验收测试，测试记录应附在最终项目文档中。

（9）现场安装和调试

① 取样系统的安装与调试。

② 分析小屋的安装与调试，包括安全报警等设施。

③ 预处理系统的安装与调试及其和取样系统的对接。

④ 公用工程的施工及其和分析小屋的对接。

⑤ 光谱仪软硬件的安装调试，检测池的安装及其与光谱仪的对接。

⑥ 数据通信的对接调试，包括与 DCS、维护 PC 机和远程服务器的连接等。

⑦ 整套系统的联调。

⑧ 编写试运行、开车和停车说明书，制订应急预案。

（10）试运行

① 公用工程供给和系统送电。

② 输送管线吹扫清洗。

③ 用标样运行分析仪，并建立初步分析模型。

④ 开通整套系统流路，试运行，对分析模型进行验证和扩充。

⑤ 根据试运行情况，对出现的软硬件问题进行改进和最终调整。

⑥ 现场验收测试（SAT）。

（11）开车

在线仪表正式投入使用。

（12）技术终交和培训

① 在试运转和开车阶段，对维护人员和技术人员进行理论、实际操作和维修维护等培训。

② 完整的技术资料，包括所有设计、施工图纸，仪器说明书，质量证书和测试证书，用户手册和培训手册等文档。

③ 安全说明（高温、低温、高压、易燃、易爆、高电压、辐射或有毒等）和紧急情况应对方案。

④ 维护和操作人员的责任和工作内容。

⑤ 分析系统供应商提供终身售后服务。质保期内免费服务，质保期后按双

方商定的协议继续提供服务。

1.1.5　分析仪的运行

1.1.5.1　管理

由于在线近红外光谱分析系统是一套复杂的系统，所以，在管理模式和人员素质要求上，都有别于传统方式，不能将常规仪表或化验室的管理模式简单地套用到在线分析仪的管理上。如果这一问题得不到足够的重视，不论近红外光谱在线分析仪表在性能上有多么先进，其使用效果也不会太理想，这样的教训不在少数。

传统上往往将在线分析仪表看成是仪表专业的一个分支，采用常规仪表的管理方式由仪表车间（或相应的机构）进行管理。但是在线分析仪表运行好坏主要是该仪表是否能提供稳定准确的分析数据，尤其数据的准确性是评价在线分析仪表可信度的最重要的指标。这项工作单靠仪表专业是难以完成的，需要分析专业强有力的支持与帮助。所以，在管理模式上应采用在线分析仪表与分析化验室同处于一个部门（或者是两个部门同处于一个上级领导部门）的管理模式，使这两个专业相互支持与配合。化验室定期对在线分析仪表进行对比分析，以便仪表专业人员对在线分析仪表的运行状态进行评估，保证分析结果的准确性，同时也为在线分析仪表的维护和调校提供了依据。在线分析仪表的采用大大减轻了分析化验室的工作压力，使得在线分析仪表得到不断的发展，充分发挥其最大作用。

由于在线近红外光谱分析仪表牵涉到分析化学、光谱学、仪表自动化和化学计量学等诸多技术，所以要求管理和使用人员具有各相关专业的基础知识和基本技能，而且责任心也应较其他部门更强。在线分析仪表班组必须综合仪表、分析、电气、工艺、设备、计算机等专业人员的技术力量，形成一个良好的相互补充、相互协调、责任明晰的工作氛围，才能为在线分析仪表长期、稳定、准确地运行提供保障。

此外，需要提及的一种发展趋势是，用户不再组建自己的在线分析仪表管理和维护队伍，而是将在线分析技术这一繁杂、专业技术性很强的维护和服务任务承包给社会专业公司完整负责，以系统形式提供全方位支持，这样一方面可以保证在线分析仪的正常运行，另外还可节省和优化人力资源。应该说，这是使在线分析仪正常运行、发挥其应有效用的一种较完善方式，这一观念也正逐渐在国际大型石化等工厂得到承认和实践。

1.1.5.2　验证和维护

在分析系统安装完毕后，应按照设计说明和生产商提供的技术指标，严格对在线分析系统的软硬件进行验收，逐项验证各项指标是否满足要求，如光谱仪和样品预处理的性能是否达标、软件功能是否齐全等。

对初始分析模型的验证可参考 ASTM D6122 标准方法进行。收集至少 20 个非模型界外过程分析样品作为验证样本，且待测性质和组成的分布范围应足够宽，其标准偏差至少为所用基础测试方法再现性的 70%，然后对近红外光谱分析模型的预测值和基础测试方法得到的结果进行统计学检验分析，如相关或斜率检验（correlation/slope test）和偏差检验（bias test），只有完全通过这些检验的模型才能用于过程分析。

ASTM D6122 同时给出了在线分析过程中，对光谱仪（包括光纤探头和流通池）性能（如基线、光程、波长、分辨率和吸光度精度和线性）进行定期（最好是每天一次）检验的方法。检验使用三类样品：检验样品（check samples）、测试样品（test samples）和光学滤光片（optical filters）。其中，测试样品为模型能覆盖的在线实际分析样品，通过一定方式保存，保证其组分不随时间发生变化。检验样品则可以是纯化合物或几种化合物的混合物，但应尽可能包含在线分析样品的主要基团，如对于汽油分析，可采用甲苯作检验样品，因为其含有汽油两个重要基团——甲基和苯环。光学滤光片主要用于插入式探头的检测，其在材料上应不同于光谱仪内置的用来校正波长的滤光片。检验涉及三种方法：水平 0 检测（对光谱仪的变动进行测试，包括波长稳定性、光度噪声、基线稳定性、光谱分辨率和吸光度线性）、水平 A 检测（用数学方法比较检验样品、测试样品或光学滤光片的光谱与其历史记录光谱之间的差异）、水平 B 检测（用所建模型预测检验样品、测试样品或光学滤光片光谱，将其预测值、马氏距离和光谱残差与历史值进行比较，以检测分析仪性能的变化）。

在实际应用分析中，若连续 6 次测量光谱都为模型界外点，则必须用上述方法对仪器的性能进行检验，以确定模型界外光谱是否是由于光谱仪的变动引起的。

为保证近红外光谱在线分析数据的准确性，需要定期对其结果进行标定（ASTM D6122 建议每周一次）。可以采用两种方法来保证分析数据的准确性：一是采用标准样品，对于有些测试对象很难获得标准样品，这时可采用第二种方法，即与化验室进行数据对比，其差值应在基础测试方法要求的再现性范围内。如果差值超过范围，则需要再次采样分析，如果结果又满足了要求，说明采样或者化验室分析数据有问题，否则需要对硬件和模型进行系统检验，找出引起偏差的主要原因。而且，每隔一段时间（如 1 ～ 2 个月），要对这段的对比数据进行统计分析。可使用 ASTM D6122 推荐的三种质量控制图（单值控制图、指数权重移动平均控制图和两图移动范围控制图），即使两种方法之间的偏差满足要求，也可以根据统计结果来判断分析仪的运行状态（如是否存在系统误差等）。

在与实验室分析结果进行对比时，有几点问题应值得注意：

① 在线分析样品与实验室分析样品在时间和组成上的一致性，即两者为“同

一个”样品。

② 实验室所用的分析方法是建立近红外光谱分析模型所采用的方法。

③ 在实验室进行分析时，应尽可能用同一台设备和同一人员进行分析，如有可能应平行测定 2 ～ 3 次取平均值。

对在线近红外光谱分析系统的日常维护一般主要集中在光谱仪、样品预处理系统和分析模型三部分上。光谱仪的光源能量会随着时间的变化逐渐下降，可通过光谱信噪比测试来判断何时更换光源，更换光源后应对分析模型的有效性进行验证，确保其变动对模型没有显著影响。此外，取样 - 测样装置也应定期检查和清洗，防止光学窗片污染、刮伤或磨损等对分析结果的影响。样品预处理系统的维护包括各控制阀件和仪表工作是否正常，以及一些消耗用品如干燥剂、过滤网 / 膜等的更换。

对分析模型的修改与扩充是在线近红外光谱分析系统维护的主要内容，也是最为复杂的一个环节。一般出现模型界外样品时，需考虑模型维护问题。以下因素可能会引起模型界外样品的出现：

① 待测样品的化学组分发生了变化，如添加了新组分或原有的一种或多种组分超出了模型覆盖的范围。

② 非样品化学组成因素引起的，如固体样品的粒度分布范围的改变、液体样品存有气泡、流通池或探头被污染引起的光程变化、环境引起的光谱仪改变、光源工作异常、样品温度、压力或流速发生变化等都可能使光谱产生较大的改变，出现模型界外样品。

当发生第①种情况时，需要及时将这些样品补充到样品集中，对近红外光谱在线分析模型进行更新，扩充模型的覆盖范围。若界外样品由第②种情况引起，则需要找出问题的具体原因，加以解决，及时排除硬件故障，保证分析条件的一致性。对于样品粒度、温度、压力或流速等因素引起的界外样品，也可通过将这些变动因素引入模型的办法来解决，但这样做会降低模型的精度。

在实际工作中，管理部门应根据仪器生产商和技术研发部门以及自身的现实情况，针对日常预防性维护、定期标定、常见故障处理以及特殊故障求援实施等问题制订出详细且行之有效的工作程序和细则，以减少故障的发生，提高仪表的利用率，当仪表出现异常时问题能得到及时有效的解决。

1.2　在线近红外光谱仪器原理和技术特点

自从第一台近红外光谱仪器问世以来，随着科学技术的发展，特别是材料科学和电子计算机科学的进步，新型的光学和电子元器件层出不穷，高性能电子计算机日新月异，推动了光谱仪器从性能到功能、从实验室大型台式仪器到微小型便携式仪器、从离线仪器到在线仪器的迅速拓展延伸。

经典的实验室检测方式已经远远不能满足工农业生产实际的不同应用场景的需要，微小型便携式近红外光谱仪器、具备在线检测能力的近红外光谱仪器的研发和应用推广已经被提到议事日程。目前，微小型便携式近红外光谱仪器的工作原理多种多样，不同类型的仪器有着各自的技术特点。面对不同的应用场景，选择的近红外光谱仪器也不相同。对近红外光谱分析技术研究和应用的工程人员来说，如何选型是首先遇到的问题。

1.2.1 近红外光谱仪器的基本性能指标

1.2.1.1 仪器的波长范围

仪器的波长范围是指近红外光谱仪器有效的光谱工作范围，光谱范围主要取决于仪器的光路设计、探测器的类型以及光源。近红外光谱仪器的波长范围通常分两段，700～1100nm的短波近红外光谱区域和1100～2500nm的长波近红外光谱区域。

工作波长要根据具体检测对象的指标需要而定，一般的原则是以和检测指标变化有最大或较大相关性的波长范围为工作波长，仪器的波长范围往往决定着近红外光谱仪器的价格，在不考虑其他因素的情况下，700～1100nm短波近红外光谱仪器的价格要便宜得多；1000～1700nm的中波近红外光谱仪器的价格就要高得多；1700～2500nm的长波近红外光谱仪器更昂贵。这主要是因为探测器的基础材料不一样，短波近红外光谱仪器使用硅基（Si）的探测器，而中波和长波近红外光谱仪器主要使用铟镓砷（InGaAs）探测器，1700nm以上的长波近红外光谱仪器所使用铟镓砷探测器中的三元素比例有所不同，此外还需要采用一些附加措施才能使探测器有效工作。这里最主要的措施之一是使探测器在低温下工作，常采用二级电制冷的方案。

1.2.1.2 仪器光谱分辨率

仪器的光谱分辨率是指仪器区分两个相邻吸收峰能力的量度，通常由光谱带宽来表征，即经分光系统分成的单色光谱吸收峰最大强度一半处的宽度。

光谱分辨率主要取决于光谱仪器的分光系统，对用多通道阵列检测器的仪器，还与探测器的像素点之间的物理距离和像素点的数目有关。分光系统分光后的光谱带宽越窄，其分辨率越高。对光栅分光仪器而言，分辨率的大小还与狭缝的设计有关。

仪器的分辨率能否满足要求，要看仪器分析的对象，即分辨率的大小能否满足样品信息的提取要求。有些化合物的结构特征比较接近，要得到准确的分析结果，就要对仪器的分辨率提出较高的要求，例如二甲苯异构体的分析，一般要求仪器的分辨率好于 1nm。

选择光谱分辨率还需要从另一个角度考虑。对于一般的定量分析的应用，如果是单机建立定量校正模型，由于混合物的近红外吸收光谱基本不会出现锐利且突出的峰和谷，通常呈现出俗称为“馒头峰”的缓慢变化信息，故分辨率不是一个要求非常高的指标；如果需要校正模型能在不同仪器之间共享，仪器的分辨率将变成重要的指标之一，仪器光谱分辨率越高，为后续的模型共享（转移）的算法创造的条件就越好，模型转移的效果也就越好，当然仪器的分辨率越高，价格也越高。

1.2.1.3 波长准确度

光谱仪器波长准确度是指仪器测定标准物质某一特征谱峰的波长与该谱峰的标定波长之差。波长的准确性对保证近红外光谱仪器间的模型传递非常重要。为了保证仪器间校正模型的有效传递，波长的准确性在短波近红外光谱范围要求好于 0.5nm，长波近红外光谱范围要求好于 1.5nm。

目前有许多仪器内置了标准物质或标准光源，通过不断动态检测标准物质或标准光源的标定波长修正仪器显示波长的准确度，这样可以保证在仪器工作时的波长准确度基本保持不变，有效提高了仪器之间的波长一致性。

1.2.1.4 波长重现性

仪器波长的重现性指对样品进行多次扫描的谱峰位置间的差异，通常用多次测量某个谱峰位置的波长或波数的标准偏差表示。波长重现性是体现仪器波长稳定性的一个重要指标，也是仪器定性和定量分析时分析结果准确性和重现性的保证。一般要求仪器波长的重现性应好于 0.1nm。

对于移动光栅型光谱仪器，波长的重现性取决于多次扫描时，光栅能否回到同样的位置的精度。对于有些类型的光谱仪器，波长的重现性往往还会受到环境温度和仪器温度的影响，由于温度的变化引起仪器分光系统规律性的变化而影响到分光效果的稳定性。

1.2.1.5 吸光度准确性

吸光度准确性是指仪器对某标准物质进行透射或漫反射测量的吸光度值与该物质标定吸光度值之差。对那些直接用吸光度值进行定量的近红外光谱方法，吸光度的准确性不但直接影响测定结果的准确性，还会对校正模型在各台仪器之间的转移效果造成较大的影响。

1.2.1.6 吸光度重现性

吸光度重现性指在同一背景下对同一样品进行多次扫描，各波长点处的吸光度之间的差异。通常用多次测量某一谱峰位置所得吸光度的标准偏差表示。吸光度重现性对近红外光谱检测来说是一个很重要的指标，它直接影响模型建立的效果和测量的准确性。一般吸光度重现性应在 0.001 ～ 0.0004 之间。

吸光度的重现性是保证分析精度的基本条件，虽然后续有些光谱预处理方法可以部分降低不产生畸变的吸光度重现性误差（如工作波长上平移误差或等比例的误差等）对分析精度的影响，但是要完全消除是不可能的。

1.2.1.7 光谱信噪比

光谱信噪比是指在一定的波长范围内对同一样品进行两次检测，两次检测的光谱相除后乘 100%，即得到了常说的“100% 线”，对“100% 线”进行适当的统计计算得出仪器的光谱信噪比。光谱信噪比是体现仪器稳定性的重要指标之一。光谱仪器的信噪比计算有多种方法，其中峰 - 峰（P-P）值和均方根（RMS）值是最常用的计算方法。

仪器信噪比可以分成“0% 线”信噪比和“100% 线”信噪比，其中“0% 线”信噪比是指透过率为零（即基本不透过状态）时的信噪比。此时的信噪比实质上就是仪器在无光时的暗噪声，它决定着仪器的最低检测能力，也就是说，只有待测物质的光谱信号大于仪器无光时的暗噪声才有可能被仪器检测到信号。“100% 线”信噪比决定着仪器正常工作时的最大光谱信号的分辨能力，只有当待测物质的光谱信号变化大于“100% 线”时的噪声信号强度时才能被仪器分辨出来。

信噪比的选择与仪器的价格是息息相关的，实际使用时应该根据待测物质的最低含量和检测精度的要求选择适合的信噪比。

1.2.1.8 吸光度范围

吸光度范围也称光谱仪的动态范围，是指仪器测定可用的最高吸光度与能检测到的最低吸光度之比。该指标取决于探测器的工作范围和仪器中的信号放大电路的工作范围，吸光度范围越大，可用于检测样品的线性范围也越大。

1.2.1.9 扫描速度

扫描速度是指在规定的扫描波长范围内完成 1 次扫描所需要的时间。不同分光原理仪器完成 1 次扫描所需的时间有很大的差别。例如，电荷耦合器件（CCD 或 PAD）多通道近红外光谱仪器完成 1 次扫描最快只要 2 ～ 5μs，速度非常快；一般傅里叶变换仪器的扫描速度在 1 次 /s 左右；传统的光栅扫描型仪器的扫描速度相对较慢，扫 1 张完整的光谱基本在“分钟”级的水平。

光谱仪器的扫描速度不但与仪器的分光原理有关，常常还与扫描波长范围、数据采样间隔有关。一般情况下，扫描波长范围小、数据采样点少，完成 1 次扫描的时间就短，扫描速度就快，反之扫描速度就慢。

扫描速度的选择需要考虑到检测需要的时间，对于需要动态检测的场合，特别是在线或原位检测的场合，该指标或许是第一位需要考虑的重要指标。在线检测时，由于待测物料是移动的，此时的扫描速度必须要与物料的移动速度相匹配，如果扫描速度过慢，得到的光谱就不是物料某个检测光斑内的信息；对于原位检测，扫描速度更为重要，特别是检测高速反应的化学合成或分解过程，没有极高的扫描速度便不可能捕捉到有效的光谱变化信息。

1.2.1.10　数据采样间隔

采样间隔是指连续记录的两个光谱信号间的波长差。值得注意的是，数据采样间隔与仪器的光谱分辨率不是一回事，更不能使用数据采样间隔替代仪器的光谱分辨率。

数据采样间隔越小，样品信息越丰富，要获得和表征一个完整的光谱变化信息（峰或谷），最少需要采集 3 个数据点，也就是说起码要能采到光谱变化前、中、后的数据，才能有效表征光谱变化的状态。数据采样间隔越小，得到的光谱越光滑，越有利于校正模型的转移，但需要的光谱信息存储空间也越大，扫描速度有可能也会变慢；数据采样间隔过大，则光谱变得粗糙，样品的一些细小信息可能未捕捉到。采样间隔应既能保证光谱信息满足实际检测的需要，又能保证一定的扫描速度，需要经过仔细的理论分析和试验验证才能决定。

1.2.1.11　温度漂移

近红外光谱仪器在工作时极易受到环境温度、仪器内部温度和样品温度的影响，虽然大多数近红外光谱仪并没有明确的温度漂移对各参数影响的强制性要求，但对使用者而言，温度的影响是绕不过的问题。对于实验室仪器，因在较好的环境下工作，环境温度可以严格控制，可以通过长时间预热仪器内部温度，待达到平衡后开始工作，样品的温度可以集中摆放，等所有样品达到同样的温度后集中采集光谱。但小型和微型便携式仪器的现场检测或在线检测的工作环境难以主观控制，且常常要求快速进行样品的检测，仪器的温度和样品的温度难以控制，故在选择仪器时必须考虑温度对检测效果的影响。目前有些近红外光谱仪器内部配置有恒温装置（TEC 恒温控制系统），大多数小微型近红外光谱仪器可以选配恒温控制系统，这样就能保证仪器工作不受或少受环境温度和仪器内部温度变化的影响，保证仪器始终能在温度不变的条件下工作。

1.2.2 几种在线近红外光谱仪器原理和技术特点

便携式小微型近红外光谱仪器的发展是为了适应移动的现场快速检测的需要而兴起的，特别是随着互联网的接入，网络仪器的概念开始诞生，大大扩展了仪器的数据共享能力和数据管理能力，缩短了仪器使用者与应用专家之间的距离，促进了检测理念的升级。同时，由于小微型光谱仪器的性能不断提高，在减小仪器的体积、重量、降低使用环境的要求等方面均有进步，为实现在线检测奠定了基础。

近红外光谱仪器是分析仪器中比较特殊的一个品种。目前，实验室使用的大型台式近红外光谱仪器的主流类型是傅里叶变换型，而用于现场和在线检测的小微型近红外光谱仪器尚处于"群雄竞争"的状态。究其原因，主要是使用的场合不同、使用的目的不同、检测对象不同等，因而对仪器的基本要求各不相同，至今尚未有某种类型的近红外光谱仪器的性能和特点能适应所有应用场景的需要。如何根据不同类型近红外光谱仪器的技术特点，选择适合实用场景且能发挥最大优势的近红外光谱仪器是使用者必须考虑的问题。

据不完全统计，目前已经形成产品的不同工作原理的近红外光谱仪器的类型大约有10余种之多，特别是随着微机电（micro electromechanical system，MEMS）制造技术的发展，基于该技术的新型小微型近红外光谱仪器层出不穷。近红外光谱仪器的类型主要取决于分光原理。下面介绍几种类型近红外光谱仪器的工作原理和主要技术特点，着重关注在线近红外光谱检测系统中对MEMS仪器的要求和适用性。

1.2.2.1 滤光片型

滤光片型近红外光谱仪以干涉滤光片作为分光器件。滤光片是建立在光学薄膜干涉原理上的精密光学滤光器件，利用入射和反射之间相位差产生的干涉现象，得到相当窄带宽的单色光，其半波宽可在10nm以下，基本能达到单色器的分光质量。

固定滤光片型仪器是光谱仪器的最早设计形式，根据测定样品的光谱特征选择适当中心波长的滤光片，由光源发出的光经滤光片得到一定带宽的单色光，通过与样品作用后由探测器检测，工作原理如图1-2-1所示。这类仪器的特点是设计简单、成本低、光通量大、信号记录快、坚固耐用。因为滤光片是固定的，因此只能在独立波长下进行测定，灵活性较差，但对某简单的单一成分（如水分）的检测该类仪器是非常好的选择。

为增加不同波长的单色光，出现了可调换滤光片型仪器。该类仪器采用滤光轮，可针对特定的应用需求，在转盘上设计安装多个近红外光谱干涉滤光片（一般含有6～44片）。通过转动转盘，便可依次测量样本在多个波长处的光谱数据，灵活方便，其工作原理如图 1-2-2 所示。

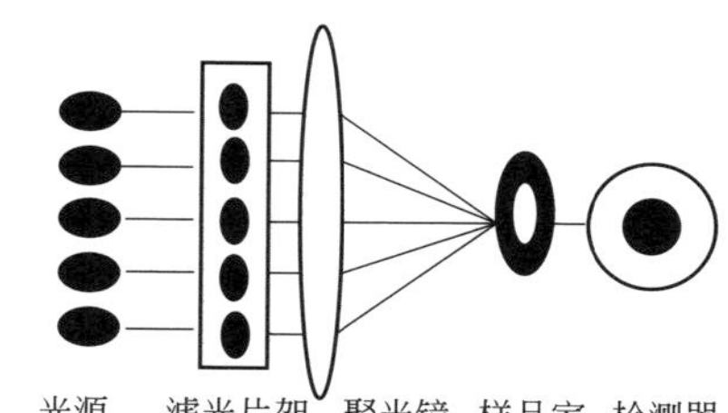

图 1-2-1　固定滤光片型近红外光谱仪的原理图

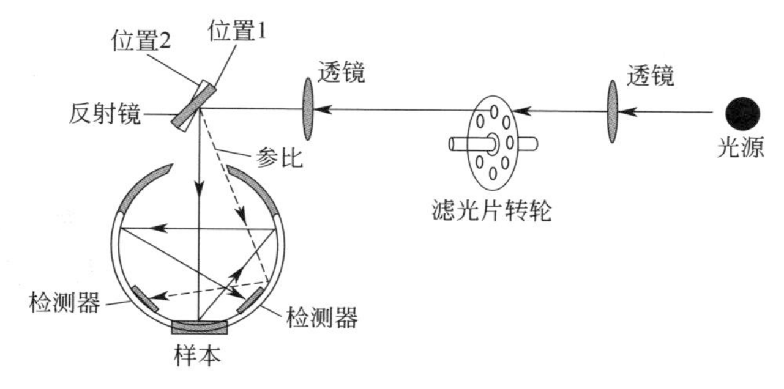

图 1-2-2　旋转盘式固定滤光片型近红外光谱仪原理图

滤光片型近红外光谱分析硬件平台体积小，可以作为专用的便携仪器，制造成本低，适合大面积推广使用。主要应用于较为简单的专用近红外光谱仪，分析一些应用相对成熟的特定项目，很难用于分析复杂体系的样品。目前，市场上此类型仪器已不多见，有些检测一些较少指标的小型近红外光谱仪器仍然有应用，如日本产的一款水果甜度检测仪上使用 4 个波长的滤光片（图 1-2-3）；早期波通公司用于粮食质量检测的仪器也是使用多片（9 ～ 12 片）滤光片组成分光系统。

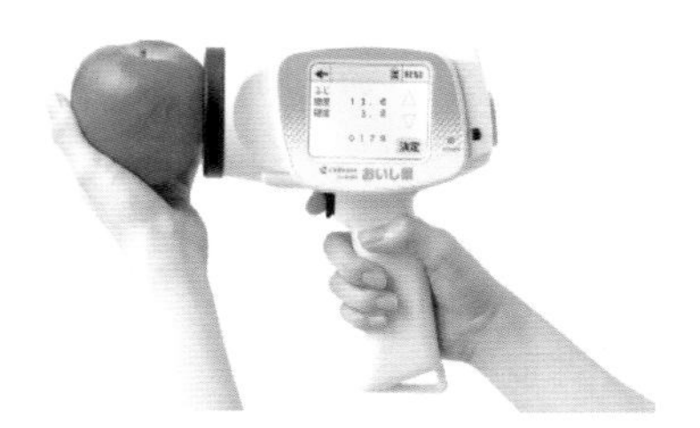

图 1-2-3　日本产水果蔬菜无损甜度检测仪

1.2.2.2　发光二极管型

发光二极管型近红外光谱仪采用 LED 或 LD（半导体激光器）作为光源。单个 LED 光源所发出的光的中心波长和带宽（30 ～ 50nm）是确定的，可以作为稳定的光源使用，也可将多个相邻波长的 LED 光源组合形成 LED 阵列，得到在确定范围内连续波长的光源。

发光二极管型近红外光谱仪的原理如图 1-2-4 所示。LED 光通过相应的窄带滤光片形成单色的近红外光谱光，经透镜汇聚到被测样品上，与样品作用后由探测器接收。LED 器件体积小、消耗低、没有移动部件、较为坚固，仅需要几个 LED 就能将光谱仪做成比其他类型仪器更小、更价廉、更精巧的过程控制仪器，适合在过程检测的在线仪器中使用，也可用于手提式仪器。但是这类仪器也有其缺点，LED 覆盖的波长数据有限，光谱分辨率差，作为单机独立建立模型使用时较好，作为多机共享模型使用时存在模型转移的问题。图 1-2-5 是 Zeltex 公司的 ZX-50IQ 手持近红外光谱谷物分析仪外形。

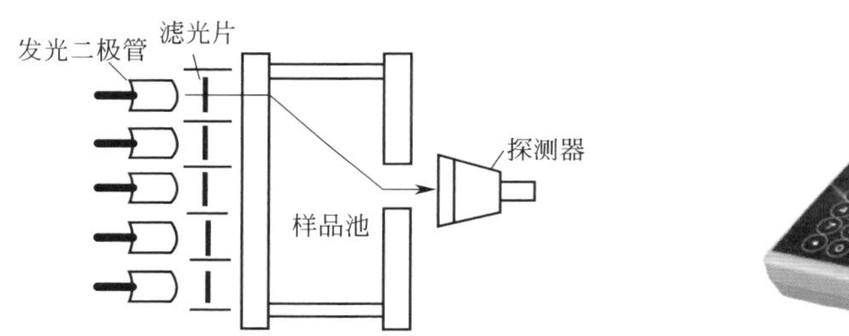

图 1-2-4 阵列 LED 型近红外光谱仪的原理图

图 1-2-5 Zeltex 公司的近红外光谱谷物分析仪

1.2.2.3 单通道光栅扫描型

单通道光栅扫描近红外光谱仪的工作原理如图 1-2-6 所示。光源发出的复合光束，经准直后通过入射狭缝，照射到单色器（光栅）上，将复合光色散为单色光；从光栅反射出的不同波长单色光的出射角度不同，通过转动光栅，使单色光按照波长的高低依次通过出射狭缝，与待测样本作用后，进入探测器检测。例如 FOSS 公司的 DS2500、DA1650 近红外光谱仪，瑞士万通公司的 XDS 系列近红外光谱仪，聚光科技的 SupNIR 系列近红外光谱仪，上海棱光科技有限公司的 S450 型都属于这类原理的产品。图 1-2-7 是 FOSS 公司代表性仪器 DS2500 系列产品，该产品已经广泛应用于饲料等行业。

与滤光片型的近红外光谱仪器相比，单通道光栅扫描近红外光谱仪器具有可实现全谱扫描、分辨率较高、仪器价位适中和便于维护等优点，但是光栅或反光镜的机械轴承长时间连续使用容易磨损，影响波长的精度和重现性，抗震性较差，图谱容易受到杂散光的干扰，扫描速度较慢，扩展性能较差，一般不适合作为在线过程分析仪器使用。

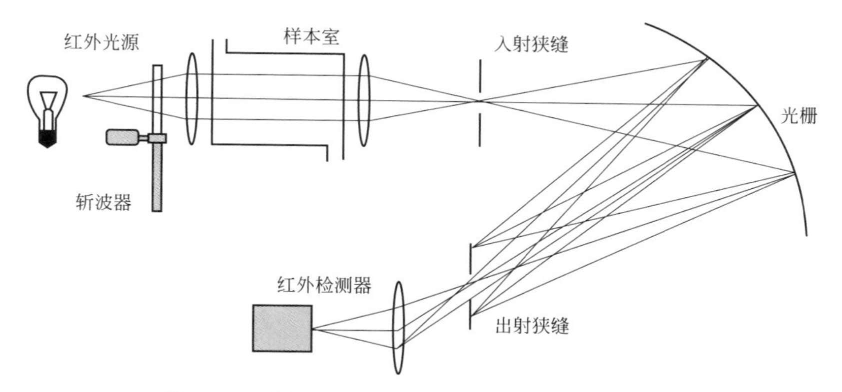

图 1-2-6　单通道光栅扫描近红外光谱仪的工作原理

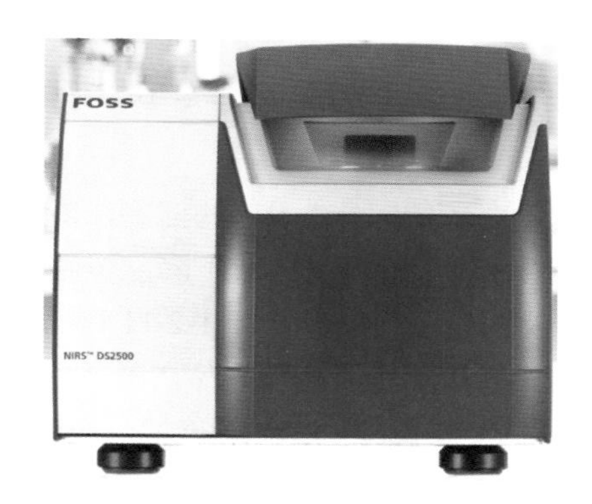

图 1-2-7　FOSS 公司 DS2500 系列产品

1.2.2.4　固定光栅阵列探测型

固定光栅阵列探测型近红外光谱仪的工作原理如图 1-2-8 所示。光源发出的复合光束经过样本后通过光纤进入仪器，由不需要转动的光栅分光，分光后的光聚焦在阵列探测器被检测。

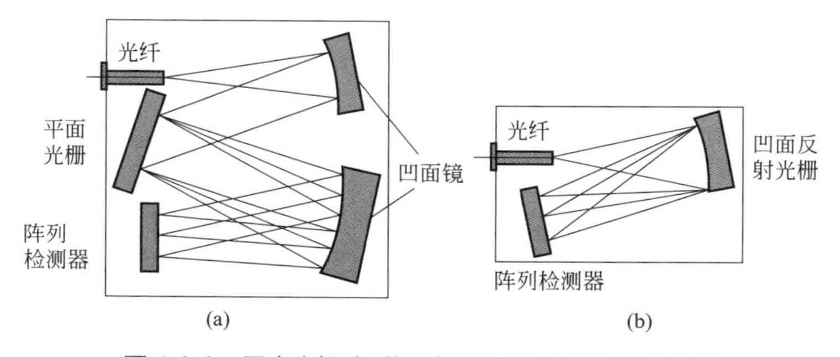

图 1-2-8　固定光栅阵列探测型近红外光谱仪工作原理

在短波区域工作的光谱仪器多采用 Si 基的 CCD 探测器，在中长波区域工作的光谱仪器则通常采用 InGaAs 基的光敏二极管阵列（photodiode array，PDA）探测器，可选的阵列探测器的像元数有 256、512、1024、2048 等几款。例如 Perten 公司的 DA7250 近红外光谱仪、海洋光学的 NIRQUEST 近红外光谱仪、台湾 OTO 公司的系列产品等都属于这类仪器。图 1-2-9 为海洋光学的 NIRQUEST 近红外光谱仪。图 1-2-10 是 PE 公司的 DA7440 在线近红外光谱分析仪。

图 1-2-9 海洋光学 NIRQUEST 近红外光谱仪

图 1-2-10 PE 公司 DA7440 在线近红外光谱分析仪

随着光栅和探测器等关键部件制造水平的提高，该类型近红外光谱仪使用的阵列探测器的性能不断提高，价格也不断下降，导致仪器的整体价格随之下降很多，各种小型化的仪器也不断问世，图 1-2-11 是德国 INSION 公司一款采用 MEMS 技术生产的固定光栅阵列探测器产品，该产品在许多在线系统中得到应用，无可动部件，使用阵列探测器，扫描速度快。波长范围为 900 ～ 1700nm，分辨率为 16nm，使用 16bit A/D 转换，信噪比可达 5000 ∶ 1，温漂为 0.05nm/℃，加上恒温控制系统，可以保证仪器在 20 ～ 35℃范围内的某个固定温度下工作，波长重复性小于 0.1nm。

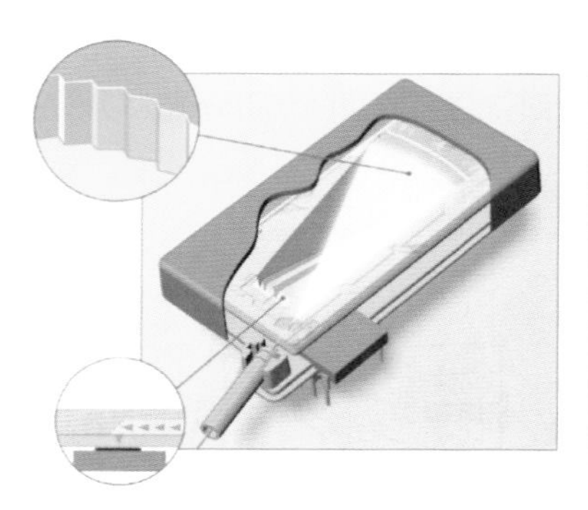

图 1-2-11 INSION 公司固定光栅产品

固定光栅阵列检测型近红外光谱仪的特点是分光系统中无可移动光学部件，抗震性好，扫描速度最快能达到每 5nm 得到 1 张光谱，非常适合在线或原位检测。但这类仪器也有很大的缺点，从结构上来讲，看似简单，但实现光学设计与整机部件的优化装配并非易事，而且分辨率相对较低。

1.2.2.5　傅里叶变换型

傅里叶变换型近红外光谱仪（FTNIR）是实验室近（中）红外光谱仪器的主流产品，由于该类仪器具有多通道测量、记录所有波长的信号、扫描速度快、测量时间短（可在 1 秒至数秒内获得光谱图，比色散型仪器快数百倍），同时具有很高的波长精度（波长精度可达 $0.5cm^{-1}$ 以上）、分辨率和信噪比，测量的精密度、重现性好，杂散光小于 0.01％等一系列优点而被广泛在实验室应用。

傅里叶变换型近红外光谱仪是利用干涉图与光谱图之间的对应关系，通过测量干涉图并对干涉图进行傅里叶积分变换的方法来测定和研究近红外光谱，因此干涉仪和傅里叶变换算法是仪器的核心。迈克尔逊干涉仪是最经典的干涉仪，许多傅里叶变换仪器都是由该干涉仪演变而来。例如 BRUKER 公司 MPA 系列傅里叶变换近红外光谱仪、Thermo Fisher 公司的 Antaris II 光谱仪、ABB 公司的 MB3600 光谱仪和瑞士 Buchi 公司的 N500 和 NIR Master 光谱仪都属于这类产品。图 1-2-12 是 BRUKER 公司 MPA 系列傅里叶变换近红外光谱仪外形图。图 1-2-13 是加拿大 ABB 公司生产的一款油脂专用 FTNIR 近红外光谱仪和在食用油脂生产过程中在线检测的解决方法。

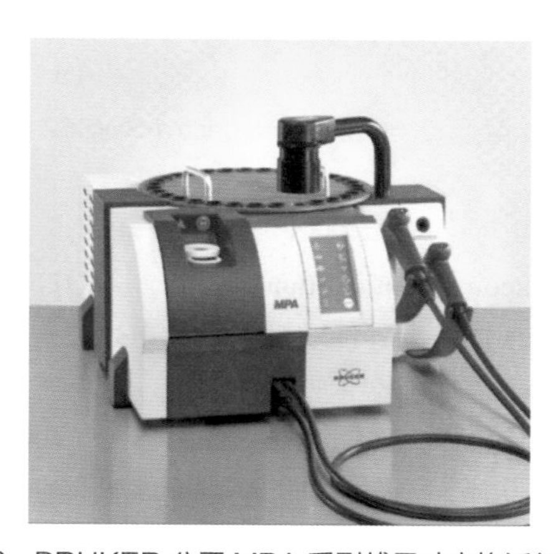

图 1-2-12　BRUKER 公司 MPA 系列傅里叶变换近红外光谱仪

国内外基于 MEMS 技术的微型傅里叶近红外光谱仪的研发方兴未艾，目前比较成熟的产品主要有日本滨松公司研发的 C15511 型 FTNIR 光谱仪，埃及 Si-ware 公司和合肥南巢（South Nest）科技生产 nanoFTIR 光谱仪等产品。图 1-2-14 是日本滨松的 C15511 和埃及 Si-Ware 的 NeoSpectra-SWS6211 型 FTNIR 光谱仪的外形图。由于该类仪器总是有移动部件存在，所以它们的抗震性有待提高，目前尚不能达到在较恶劣的环境中使用的水平。

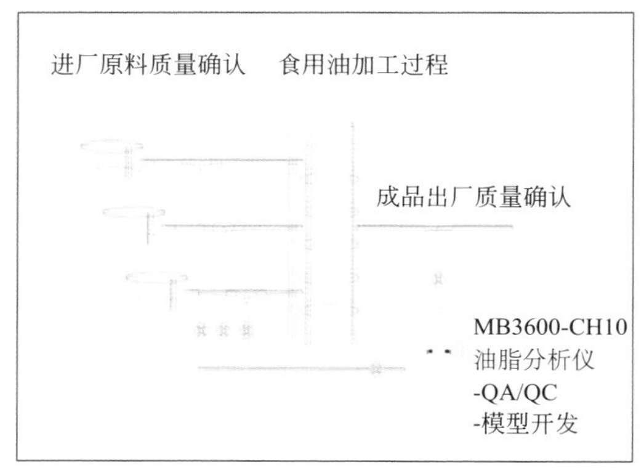

图 1-2-13 ABB 公司用于油脂的 FTNIR 分析与在线检测方案

(a) (b)

图 1-2-14 滨松 C15511 型（a）与埃及 NeoSpectra-SWS6211 型（b）FTNIR 光谱仪

1.2.2.6 声光可调滤光器型

声光可调滤光器（acousto optical tunable filter，AOTF）型近红外光谱仪以双折射晶体为分光元件，根据各向异性双折射晶体声光衍射原理制成，由双折射晶体、可调射频源、压电晶体换能器和吸声体组成。其中，双折射晶体一般采用具有较高声光品质因素和较低声衰减的双折射晶体，如 TeO_2、石英和锗等；可调射频源对压电晶体换能器提供频率可调的高频电信号激励；压电晶体换能器将高频的驱动电信号转换为在晶体内的超声波振动；吸声体则是吸收通过晶体后的声波，防止声波在晶体内发生回波。AOTF 的工作原理如图 1-2-15 所示。Brimrose 公司的 Luminar 系列近红外光谱，便是应用的此种类型分光原理，图 1-2-16 为 AOTF 代表型在线检测设备。图 1-2-17 是上海中科航谱光电有限公司研发的 NIR-Freespace 近红外光谱过程分析仪。

AOTF 型近红外光谱仪的最大特点是无机械移动部件，测量速度快、精度高、准确性好，工作的可靠性高和维修费用低，可以稳定长时间工作，体积小、重量轻，可以用于仪器的小型化。扫描速度最快可达 16000 波长点 /s，这些优点使其近年来在工业在线分析和便携式测量中得到越来越多的应用。随着加工工艺技术的提高，仪器的一致性、温度对晶体的影响等问题都会得到较大的改善。

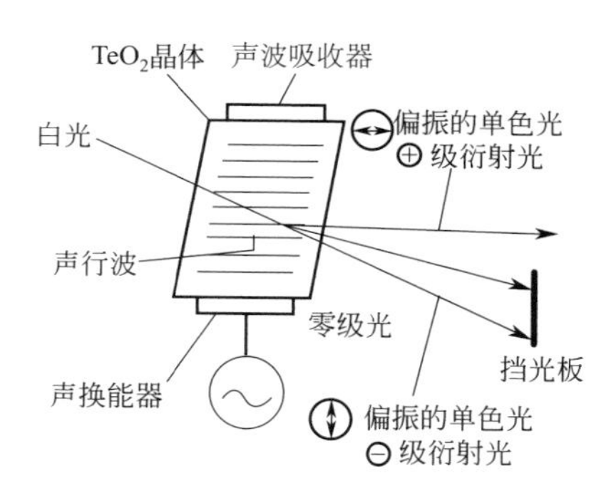

图 1-2-15　Brimrose 公司产 AOTF 仪器

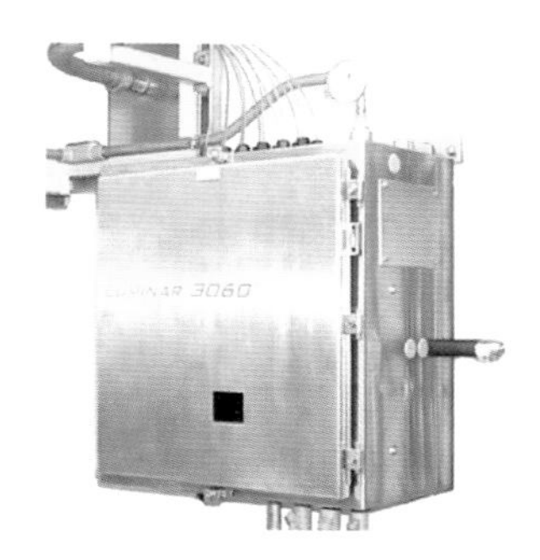

图 1-2-16　在线 AOTF 检测系统

1.2.2.7　渐变滤光片型

渐变滤光片（linear variable filter，LVF）是一种特殊的带通滤光片。使用先进的光学镀膜设计和制造技术，制作时特意在特定方向形成楔形镀层。由于通带的中心波长与膜层厚度相关，因此滤光片的穿透波长将随楔形方向线性变化。将 LVF 耦合到线性探测器阵列上组成了光谱信息的传感器。由于该类型仪器无移动部件，采用阵列式探测器，故具有优良的抗振动性和极快的扫描速度，且仪器的体积小、重量轻，具有能源消耗小的特点，是一款理想的用于在线过程检测的近红外光谱仪，也可二次开发成手持式仪器。图 1-2-18 是 LVF 光谱仪工作原理图，图 1-2-19 是 VIAVI 现场检测仪器的外形和工作场景，图 1-2-20 是 VIAVI 在线近红外光谱分析仪的外形和应用场景。

图 1-2-17 上海中科航谱光电有限公司的 NIR-Freespace 近红外光谱过程分析仪

1.2.2.8　法布里 - 珀罗变换型

法布里 - 珀罗变换（Fabry-Perot interferometer，FPI）型近红外光谱仪分光系统的核心是法布里 - 珀罗干涉仪，也经常称作法布里 - 珀罗谐振腔，这是由两块平行的窗片组成的多光束干涉仪，其中两块窗片相对的内表面都具有高反射率，当入射光的频率满足其共振条件时，其透射频谱会出现很高的峰值，对应着

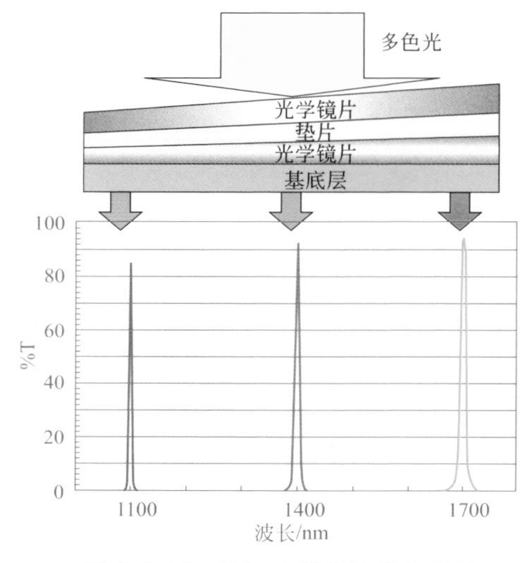

图 1-2-18 LVF 光谱仪的分光原理

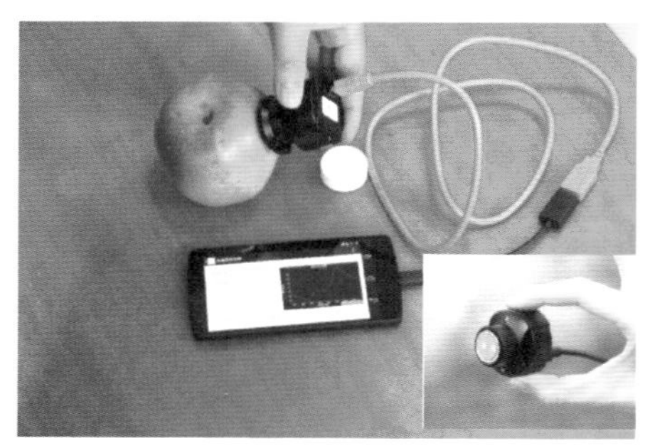

图 1-2-19 VIAVI 光谱仪的应用场景与外形

图 1-2-20 VIAVI 公司在线近红外光谱分析仪及应用场景

很高的透射率；改变两块窗片之间的距离就可获得不同频率（波长）的单色光。图 1-2-21 是该类仪器分光原理图。典型的 FPI 近红外光谱仪器产品有日本滨松的 C13272 探测器和芬兰 Spectral Engines 公司的 NIR ONE 系列光谱仪产品，图 1-2-22 和图 1-2-23 是它们的外形图。

MEMS 技术制造的 FP 腔干涉装置采用半导体工艺加工而成，系统体积小、重量轻、易于量产，Spectral Engines 公司生产的光谱仪器的重量仅为 15g，其中核心部件分光系统与探测器的重量为 1g（日本滨松公司产品），仪器内置多个温度传感器、钨灯光源和控制通信电路，集成度高、使用方便。由于 MEMS 技术的限制，单个光谱仪的工作波长只有 300 ～ 400nm 的范围，要获得完整的近红外光谱需要使用多个波长范围的光谱仪组合。检测具体物料的某个或几

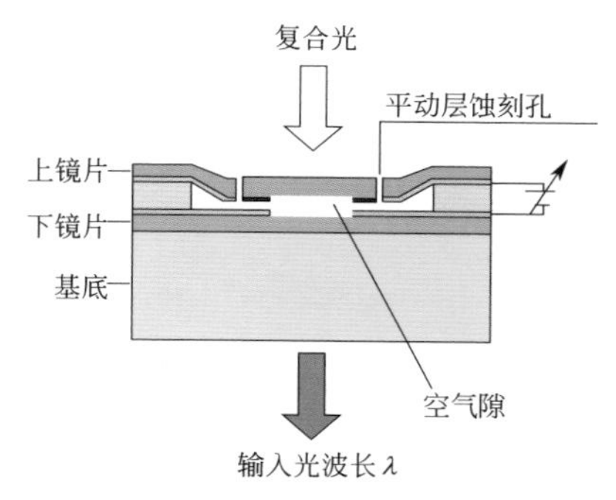

图 1-2-21 FPI 分光系统原理图

图 1-2-22 日本滨松 C13272 产品

图 1-2-23 芬兰 Spectral Engines 公司的 NIR ONE 产品

个指标，可以选择光谱信息显著的波段作为工作波长，二次开发成专用的仪器，大大降低制造成本。该类光谱仪没有移动部件（动镜的移动距离仅为纳米级），具有抗震动性较好的特点，同时能耗低，非常适合用于对扫描速度要求不高（秒级）的在线或原位检测系统中，也是手持近红外光谱仪器的优选核心部件之一。

1.2.2.9 阿达玛变换型

阿达玛变换（hadamard transform，HT）是基于平面波函数的一种变换算法。 采用该技术构成的光谱仪非常适用于频域分析，具有高信噪比、单探测器多通道同时检测（成像）能力以及能量分布均匀等优点。阿达玛变换光谱仪是一个通过光学调制过程来获取光谱信息的装置。因为使用了光栅系统，因此将常规的单狭缝出射模板代以按阿达玛矩阵循环码刻制的多条缝模板。微小型近红外光谱仪器中使用基于 MENS 技术的数字微镜阵列（DLP）组成色散光谱调制器，通过对 MEMS 微镜阵列的程序控制生成单色光输出。图 1-2-24 是该类仪器的工作原理。图 1-2-25 是美国德州仪器公司的产品。图 1-2-26 是无锡迅杰光远（IAS）公司生产的核心器件及产品。图 1-2-27 是 ISS 的液态在线和水果在线检测系统。

HT 近红外光谱仪具有制造成本低、体积小、重量轻、便于批量生产、抗震动能力强、温度适应性好等特点，光谱仪中使用的阵列式数字微镜扫描既可以实现顺序扫描、间隔扫描，也可以通过编码调制的方式实现阿达玛变换扫描，灵活方便，适用于多种场景。适用于对扫描速度要求不高（秒级）的在线或原位检测系统，更适于在微小型便携式光谱仪器中使用。

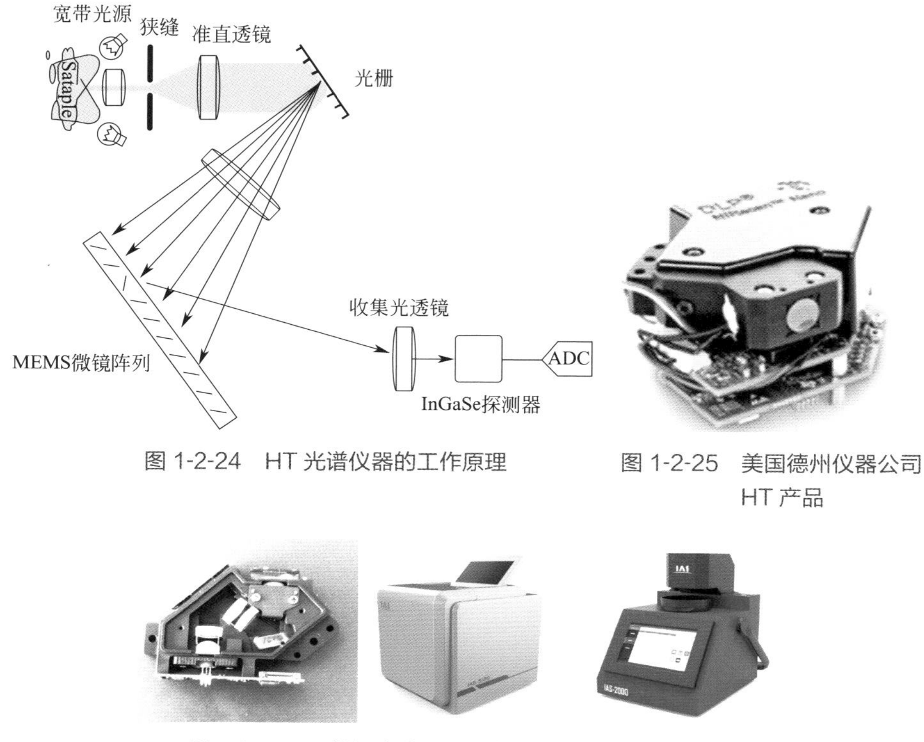

图 1-2-24　HT 光谱仪器的工作原理

图 1-2-25　美国德州仪器公司 HT 产品

图 1-2-26　无锡讯杰光远公司生产的核心部件及产品

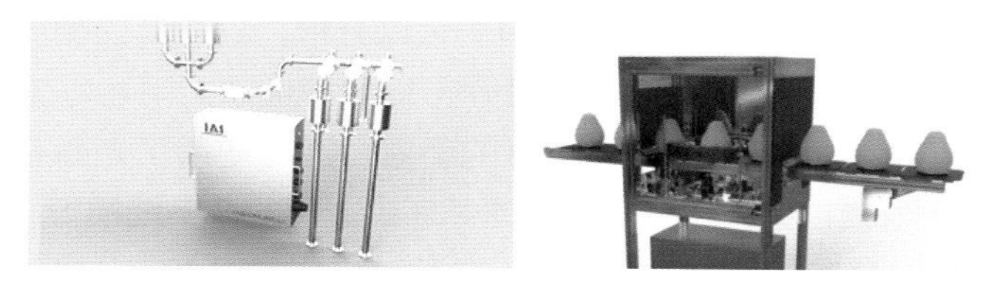

图 1-2-27　IAS 的两款在线检测系统

1.2.2.10　近红外光谱图像仪器

工作在近红外光谱区的图像检测仪器有近红外光谱摄像仪和近红外光谱高光谱仪器两种形式。

最常见的近红外光谱图像检测设备是工业和家用摄像头，目前大多数摄像系统都能在可见光和短波近红外光谱波长区工作，由于后续的计算机图像分析技术已经提供了强大的技术支持，特别是大数据与人工智能的应用，已经使得该技术在交通管理、工业安保和家庭监控中得到极广泛的应用。图 1-2-28 是两款家用摄像头和工业摄像头的外形图。

图 1-2-28　两款能在短波近红外光谱区工作的摄像头

图 1-2-29　近红外光谱相机外形和夜晚普通相机与近红外光谱相机拍摄的照片比较

近红外光谱相机的检测精度（图像的物理分辨）要高于一般的红外摄像头设备，在 900 ～ 1700nm 的工作波长范围都能接收到更丰富的近红外光谱图像信息。有些在可见光下检测不到的信息，在近红外光谱相机下可以清楚地表现出来。图 1-2-29 是工作波长 900 ～ 1700nm 的近红外光谱相机和两幅不同波长下拍摄的图像。从图中可以清楚地看到，中间的是普通相机夜晚拍摄的照片，除了灯光外其他的图像信息基本没有反映，右边的是采用近红外光谱相机拍摄的夜晚照片，上面清楚显示出包括灯光在内的环境图像信息。图 1-2-30 是在同样的外部光照的条件下，普通相机与采用近红外光谱相机拍摄的效果比较。

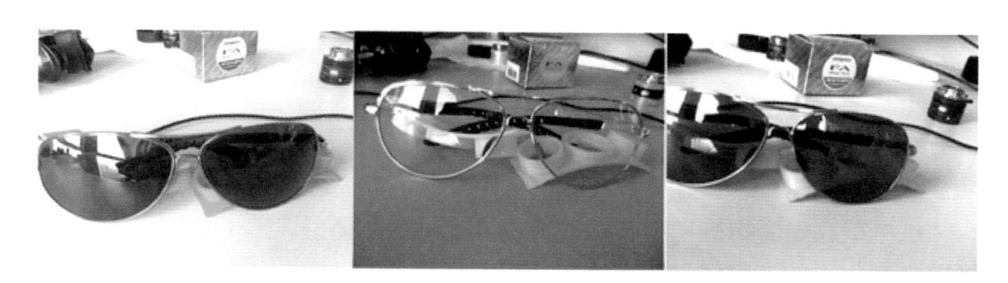

(a) 手机(可见光)　(b) 近红外相机(900～1700nm)　(c) 工业近红外相机(350～1100nm)

图 1-2-30　普通相机与近红外光谱相机拍摄的照片效果比较

近红外光谱相机常常使用在环境光线较为黑暗或在近红外光谱区域有特殊信息的在线检测设备中，其中车载行车记录仪就是实时在线检测的应用实例。

近红外光谱高光谱分析技术是建立在近红外光谱高光谱相机基础上的集探测器技术、精密光学机械、微弱信号检测、计算机技术、信息处理技术于一体的综合性分析技术。其最大特点是将成像技术与光谱探测技术结合，在对目标的空间特征成像的同时，将每个空间像元经过色散形成几十个乃至几百个窄波段（小于10nm）以进行连续的光谱覆盖。这样形成的数据可以用“三维数据块”来形象地描述，如图 1-2-31 所示。其中 x 和 y 表示二维平面像素信息坐标轴，第三维（λ 轴）是波长信息坐标轴。图像信息可以反映样本的大小、形状、缺陷等外部品质特征，由于不同成分对光谱吸收也不同，在某个特定波长下图像对某个缺陷会有较显著的反映；而光谱信息能充分反映样品内部的物理结构、化学成分的差异及成分的空间分布。这些特点使得高光谱图像技术在航天航空的遥测、土地植被分析、地标物的识别、气象分析等领域得到广泛的应用，在工业和农产品的产品内外部品质的检测方面也得到了广泛的应用。

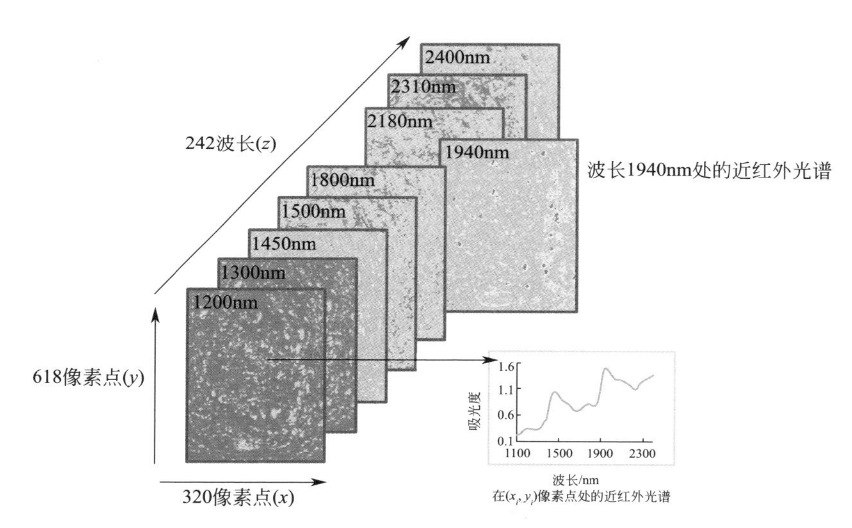

图 1-2-31 高光谱分析的工作原理示意图

在航天和航空的应用上，高光谱仪器是搭载在飞行器上的，在飞行器运动过程中实时获得高光谱图像信息，及时传递给地面系统进行图像处理和分析。图 1-2-32 是机载高光谱相机和搭载在无人飞机上的工作场景。图 1-2-33 是高光谱相机搭载在卫星上的工作场景不同波长处的同一地点的地貌图。图 1-2-34 是拍摄的某农产品的 5 个样本 450 ～ 1000nm 的高光谱图像，从中可以清楚地看到，样本 3、4 和 5 的农产品内部有虫存在，其中在 750 ～ 900nm 之间的图像中虫子的情况显示非常清晰，而在其他波长处图像显示并不明显。这是由虫子的组织结构、成分与农产品的结构、成分存在较大的差异，对不同波长的光吸收能力不一样引起的。高光谱因此广泛应用于工业和农业产品（包括食品）分析中。

图 1-2-32 近红外光谱高光谱相机与搭载的无人飞机

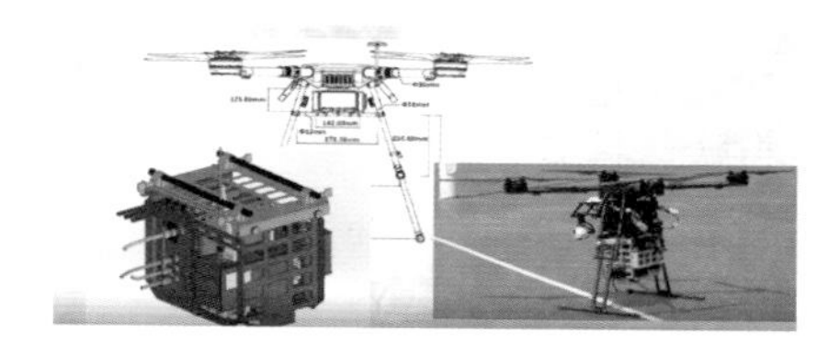
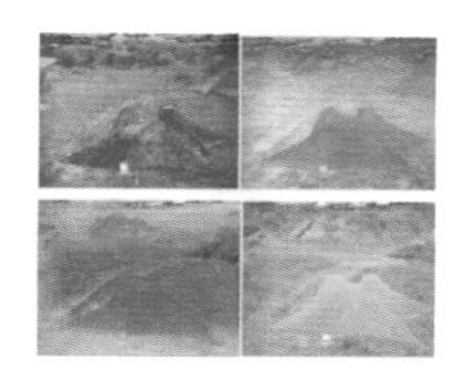

图 1-2-33 搭载高光谱相机及拍摄的不同波长处同一地点地貌图

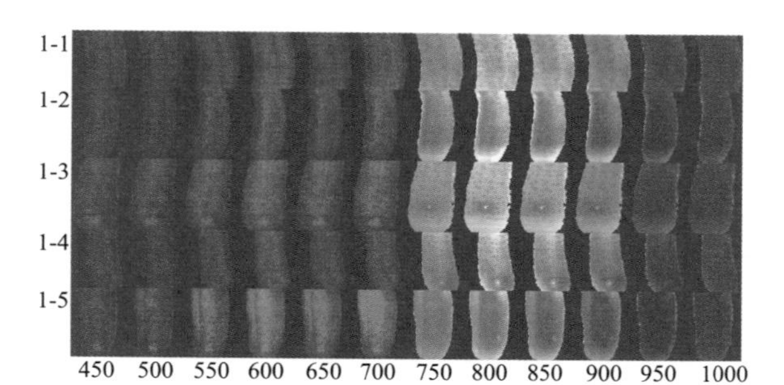

图 1-2-34 某农产品 450～1000nm 之间的高光谱图像

1.2.3 在线近红外光谱检测系统应考虑的问题

在线近红外光谱检测系统的建立和应用属于工程性应用问题，虽然作为检测系统的核心部件，光谱仪的选择起着重要的作用，但是决定检测系统能否成功运行的其他工程性问题也是不容忽视的。

对于在线近红外光谱检测系统的光谱仪选择，除了需要考虑仪器的一些基本性能指标外，还应该充分考虑到原本在仪器性能指标中一些非重要的指标，特别应该考虑仪器的可靠性、数据传输的安全性、温度适应性、湿度适应性、抗振动性、抗电源波动性、扫描速度的适配性、防爆性，等等。由于在线近红外光谱检测系统属于定制化设备，不同的应用场景其具体要求也不一样，很难套用统一的设计准则进行设计。

表 1-2-1 列出了不同分光原理的各种近红外光谱仪的技术特点，供设计在线

近红外光谱检测系统时参考。

◇ 表 1-2-1 不同类型近红外光谱仪器的特点与性能比较表

类型	特点	波长范围 /nm	分辨率	扫描速度	信噪比	抗振动性	成本
滤光片型	波长单一，光通量高	独立波长	低	快	高	中	低
发光二极管型	波长单一，光通量高	独立波长	低	快	高	好	低
单通道光栅扫描型	有移动部件，光通量低	1000～2500	中	慢	中	差	中
固定光路多通道检测型	无移动部件，光通量适中	1000～1700（可扩展到全波长）	中	快	中	好	中
傅里叶变换型	有移动部件，光通量适中	1000～2500	高	中	高	差	高
声光调制滤光器型	无移动部件，光通量适中	1000～2500	中	快	中	好	中
渐变滤光片型	无移动部件，光通量高	1000～1700	中	快	中	好	中
法布里 - 珀罗变换型	无移动部件，光通量低	300～400	中	中	中	好	低
阿达玛变换型	无移动部件，光通量高	1000～1700	中	中	高	好	低

1.2.4 在线近红外光谱检测系统应用案例

近红外光谱在线检测的物料主要有块状、小颗粒状、粉状固体与胶状、黏稠状和稀稠状液体，不同物性物料在线检测系统的组成及使用的附件选择是不同的。

1.2.4.1 块状物料的在线近红外光谱检测系统

在线近红外光谱检测系统中，针对的块状物料主要是块状的水果，目前国内外用于水果在线近红外光谱检测的工作模式主要有漫反射和漫透射两种。漫反射检测模式由于受到水果表面颜色、组分、形状、表面光洁度等因素的影响，漫反射的光中有用的能反映水果内部品质的信号光非常少，但是由于其结构相对简单，对表面状态一致性较好的薄皮水果还是有一定优势的。漫透射的检测模式又可以分为上照式和下照式两种。

图 1-2-35 是采用上照式的水果在线检测过程光路示意图。样品上方两侧安装了照射光源，在水果的下方安装了密封圈，将包括照射光源在内的全部外界光与安装检测器的空间隔绝，使得水果下部安装的探测器处于全黑的环境中，这样保证进入探测器的信号光都是水果漫透射出的信号光。图 1-2-36 是水果在线近红外

光谱检测线的实物图。

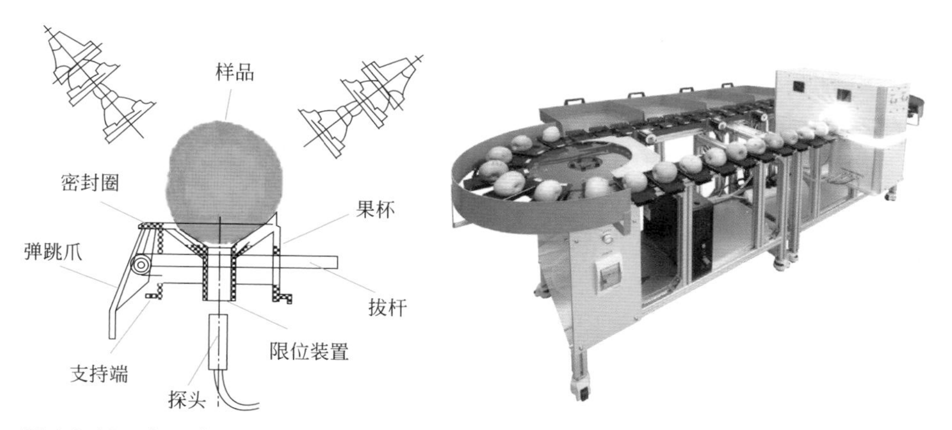

图 1-2-35 上照式近红外光谱水果在线检测系统示意图

图 1-2-36 上照式水果在线近红外光谱检测系统

下照式水果的近红外光谱在线检测系统是将光源与探测器均放置在同一侧，但是需要将光源的发射光与水果漫透射的信号光相互隔离，保证光源的光不会对信号光产生干扰。光源常常使用环形光源，从四周均匀照射到水果上，入射光通过水果的表面层进入水果内部与果肉组织相互作用，作用后的光均匀地从水果表面漫透射出来，最大限度使包含水果内部组织品质信息的信号光不受任何杂散光干扰地直接进入探测器。如图 1-2-37 是一款环形的 LED 光源，光源的波长可以通过更换或组合多种 LED 满足与探测器之间的匹配，也可以定制环形的 LED 面光源。图 1-2-38 是几种水果在下照式状态下，水果漫透射出的信号光示意图。漫透射的状态与水果的内部组织密度和对光的吸收有关。

图 1-2-37 一款环形 LED 光源

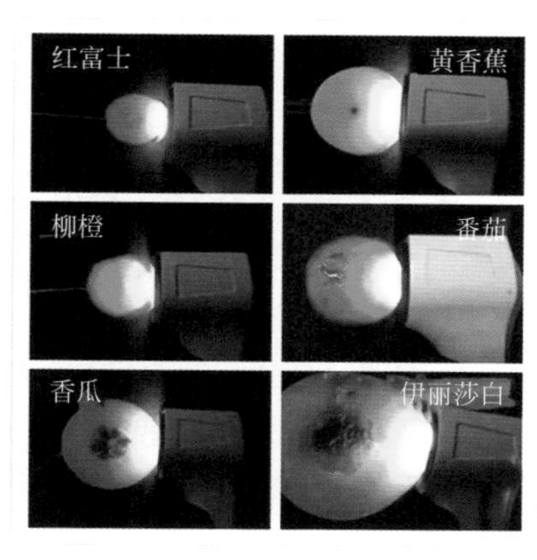

图 1-2-38 几种水果下照式漫透射状态示意图

1.2.4.2　小颗粒和粉状物料在线近红外光谱检测系统

小颗粒和粉状物料是化工、食品等行业中最常见的物料形态之一。这类物料的在线检测场景主要可以分成敞开式输送带输送在线检测、管道在线检测、各种形式生产过程的箱或罐设备的原位在线检测等。对小颗粒和粉状物料的检测一定要注意物料、光源、检测附件三者之间的空间位置配置，配置是否合理直接影响到照射光的效率、进入光谱仪的信号光的有效性和整个检测系统的信噪比，甚至直接影响整个在线检测系统的成败。

在敞开式输送带输送在线检测场景中，常使用非接触式的漫反射检测模式，采用大光斑、大功率光源照射到物料上，光谱仪器直接安装在输送带的上方，在线检测运动物料表面的漫反射信号光。图 1-2-39 是烟草行业中在线检测烟草主要成分的现场图。图 1-2-40 是光谱仪器内部光源与环绕在光源外圈均匀分布的多根用于接收物料漫反射信号光的光导纤维之间的空间位置示意图。从多根光导纤维收集的信号光经透镜聚焦到光谱仪的入射光进口。

图 1-2-39　烟草在线检测工作状态

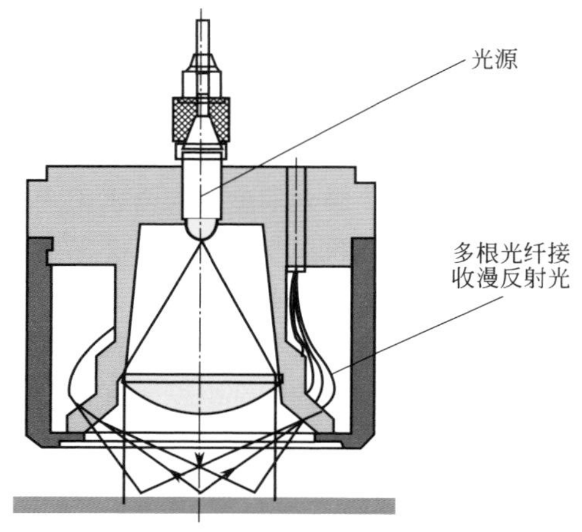

图 1-2-40　光源与光纤空间位置示意图

管道在线检测分为接触式检测和非接触式检测两种。接触式检测是将检测附件或仪器的入射光口直接深入管道中进行检测；非接触式是在管道上安装一个窗口，检测附件或光谱仪的入射光口不与物料接触。

图 1-2-41 是 PE 公司的 DA7440 在某粮食加工企业的现场安装图，属于非接触式检测。近红外光谱仪安装在溜槽上，主要测量样品的水分、蛋白质、脂肪含量等指标。在安装设备时，需要注意的是在溜槽测量位置的内侧需按“八”字汇聚样品，还需要在测量窗口的对面开取样口以方便获取样品进行化学检测。

图 1-2-42 是某药厂混合罐体上混合均匀度的检测现场照片，属于接触式检测。检测设备为 VIAVI 在线近红外光谱分析仪。安装时，近红外光谱仪的入光口

直接深入到生产设备里面。此类设备安装时，仪器尽量安装在斜面上，窗片通常选择蓝宝石窗片，其具备良好的耐磨性以及在近红外光谱范围内吸收低的优点。同时还需要注意采样窗口的位置和角度的选取，尽量避免样品堆积在窗口位置无法流动。

图 1-2-41 非接触式粮食加工中在线近红外光谱检测系统

图 1-2-42 制药行业中混合均匀度的在线近红外光谱检测系统

1.2.4.3 液体近红外光谱在线检测系统

在化工、制药、石化、食品饮料加工中，液体物料是主要的产品或在制品的形态，液体物料是近红外光谱在线检测的重要内容之一。由于液体的黏性差异极大，有些流动性非常好（以水为溶剂的高含水的物料），也有流动性不太好的胶状黏性物料，更有固液两相混合的物料。针对不同黏度、不同工作环境（主要是温度和压力）、不同溶剂的化学性质等因素建立的近红外光谱在线检测系统有着非常大的差异，选择的光导纤维探头的形式和探头的保护材质、安装形式也大相径庭。

液态物料大多采用管道输送，所以管道的近红外光谱在线检测系统是液态物料最常见的检测系统。图 1-2-43 是三种常见的管道近红外光谱在线检测模式和光导纤维探头的结构原理图。图中 A 采用多股环绕入射光光纤、单股检测光光纤的反射式检测模式；图中 B 采用 Y 形单进单出型光纤探头、透射式检测模式；图中 C 采用对射式透射检测模式，通过两组相对独立的光纤组件分别将入射光输入管道内，同时也将透过的信号光输出到管道外面的光谱仪器中。光纤组件的头部一般使用低羟基的石英棒，以实现大光斑的入射光，达到大面积接收到透射光、提高检测信号强度和提高信噪比的目的。

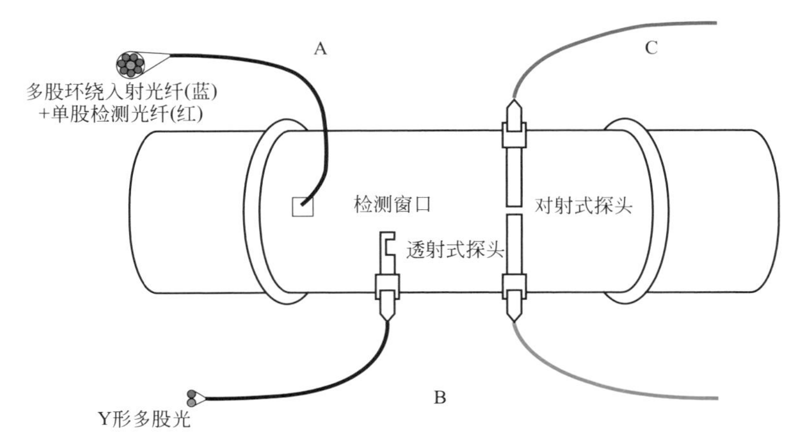

图 1-2-43 三种液态物料的管道在线检测工作模式示意图

用于液态物料近红外光谱在线检测系统的光纤探头的形式非常多。探头的设计是在线检测系统成败的关键，图 1-2-44 是几种形式的光纤探头的结构示意图，从中可以看到针对不同的应用，探头的结构是不一样的。

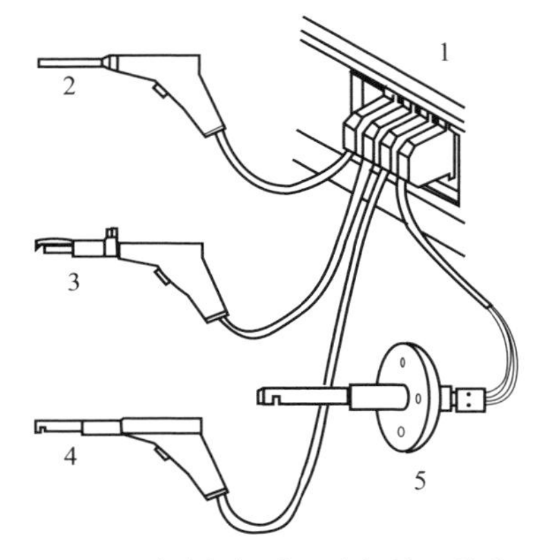

图 1-2-44 几种光纤探头及光纤接口结构示意图

1—多路光纤接口；2—可检测固体粉末的光纤探头；3—由 2 改装的可变光程液体检测探头；4—多种光程液体检测探头；5—在线检测的光纤探头

在选择光纤探头时需要注意的有下面几点：

① 光导纤维的材料需要保证工作波长的近红外光有较高效率的传输能力，同时还需要保证在工作波长范围内光纤本身不会出现较大的吸收峰（主要是羟基的吸收），因此一般都是用石英材料。对有特殊需要的地方，建议尽量采用经脱羟基处理的低羟基石英。

② 光纤探头头部的设计。光纤探头的结构强度是需要考虑的重要问题。光纤与保护外壳连接部分的材料需要与工作环境的压力、温度相适应，同时还需要

考虑被检测物料对光纤头部腐蚀的问题。

③ 对于多股光纤束，不但要考虑光纤束的股数和光纤的心径，还需要考虑光纤的排列形式，因为多股光纤输送的光是由单根光纤组成的多股光束，由于光纤的数值孔径的原因，每根光纤输出的光是有一定发散角度的，排列不合理会大大影响光的传输效率。

图 1-2-45 是两款侵入式管道液体原位近红外光谱在线检测系统的光纤探头实际应用场景。其中左图是反射式检测模式；右图是对射式透射检测模式，直接使用光纤对准进行检测。

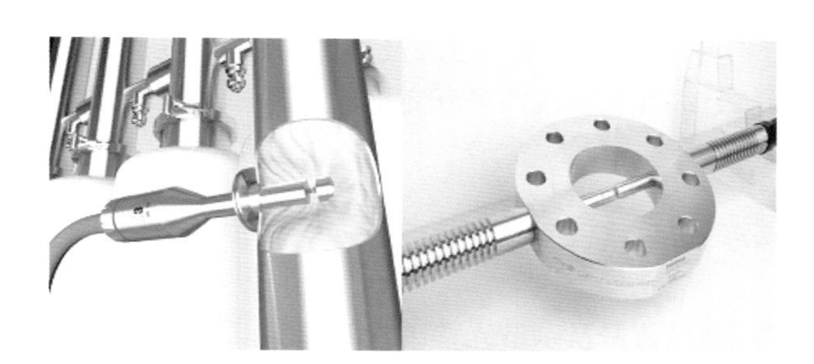

图 1-2-45 两款侵入式管道液体原位近红外光谱在线检测系统的光纤探头结构

图 1-2-46 也是一款侵入式管道液体近红外光谱在线检测结构示意图。该在线检测系统采用了芬兰 SE 公司的微型近红外光谱仪，光源使用的是 Welch Allyn 公司生产的 997418-21 型卤钨灯，工作电压 3.5V，电流 0.43A。光源发出的光通过数值孔径 0.22，心径 Φ300μm 的光纤输送到 Φ20mm 的入射石英棒，经过规定检测光程的液体后进入对直的另一根石英棒后，再经过光纤传输到微型光谱仪的入光口。最后，近红外光谱仪将物料的近红外光谱透射光谱传输给控制电脑。

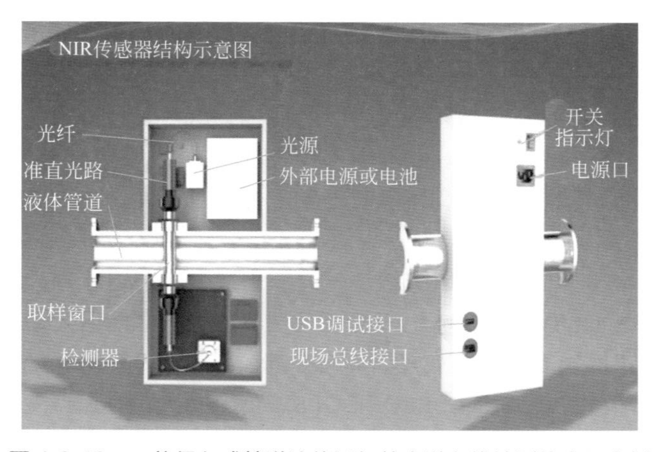

图 1-2-46 一款侵入式管道液体近红外光谱在线检测的应用实例

1.3 近红外光谱分析中的化学计量学方法与进展

化学计量学通过综合应用数学、统计学、信息理论和计算机等方法对量测数据进行处理和解析，其目标是从化学量测数据中最大可能地提取有用信息。化学计量学的发展对近红外光谱技术的广泛应用有极大的促进作用。近十年来，人工智能（机器学习和深度学习）、大数据和云计算等新兴科技迅猛发展，为化学计量学带来了新思路和新方法。应用于近红外光谱分析的新型化学计量学方法大量涌现，成为近红外光谱分析技术中的重要研究前沿和热点研究方向。本节主要介绍近红外光谱分析中的化学计量学方法及其最新研究进展，包括光谱预处理算法、变量选择算法、线性和非线性多元定量校正算法、模式识别方法、模型更新和模型传递算法。

1.3.1 光谱预处理方法

由于受噪声、样品背景及杂散光等因素的影响，近红外光谱中往往还包含除样本自身的化学信息之外的一些信息，从而降低了模型预测性能。因此有必要对光谱进行预处理，消除光谱无关信息。常用的光谱预处理方法有均值中心化、标准化、归一化、平滑（移动平均平滑和 Savitzky-Golay 卷积平滑）、导数（一阶导数、二阶导数、小波变换导数和分数阶导数）、标准正态变量变换（SNV）、多元散射校正（MSC）、傅里叶变换（FT）、小波变换（WT）、正交信号校正（OSC）和静分析信号（NAS）等。

近年来，由于在消除温度或水分的干扰方面具有独特的应用优势，外部参数正交化算法（EPO）和广义最小二乘加权算法（GLSW）得到了较为广泛的关注。EPO 是以主成分分析为基础，将近红外光谱投影于与干扰变量（如样品温度或水含量）正交的空间中达到滤除干扰的目的[1-3]。GLSW 类似于 EPO 方法，主要是通过构造滤波器消除外界干扰（如温度）对光谱的影响[4-6]。传统的多变量建模方法需要在各个变量（包括干扰变量）变化时分别采集光谱，工作量较大。而 GLSW 和 EPO 两种方法，均可以对外部干扰变量单独建立预处理模型，仅需采集一些代表性样品，不需要广泛取值，可显著降低复杂样品建模的难度。已有研究证实 GLSW 和 EPO 可以有效消除外部干扰变量对近红外光谱的影响。例如，孙翠迎等将 GLSW 和 EPO 用于温度扰动下葡萄糖水溶液光谱校正，结果显示两种方法对不同温度下的溶液光谱均有好的校正效果，葡萄糖测量精度明显提高[6]。Acharya 等比较了 OSC、EPO 和 GLSW 等几种方法在温度变化时蔗糖水溶液的偏最小二乘模型的鲁棒性，结果表明 EPO 和 GLSW 均优于 OSC[7]。李硕等采用 EPO 校正水分对土壤剖面有机碳近红外光谱预测的影响，证明其在农田和草地表层样本的水分校正效果明显[8]。葛晴对受温度干扰的光谱进行位置差分处理后使用EPO进行温度校正，然后建立PLSR模型。结果显示校正之后的模型性能明显提高，验证了该温度校正方法的有效性[9]。

1.3.2 变量选择算法

传统的近红外光谱分析模型一般均采用全谱参与建模。大量研究已经证实采用合适的波长变量选择算法提取有效变量，所建校正模型不仅复杂程度降低，其稳健性和预测精密度也往往提升较大。在此，将波长选择算法大致划分为三大类。

第一类：全局优化算法，也称为集群智能算法，如遗传算法（GA）、模拟退火算法（SAA）、蚁群优化算法（ACO）、粒子群优化算法（PSO）、随机青蛙算法（RF）、蝙蝠算法（BA）、灰狼优化器（GWO）、鲸鱼优化算法（WOA）、猫群算法（CSO）、布谷鸟搜索（CS）、禁忌搜索算法（TS）、萤火虫算法、引力搜索器（GSA）等。这些方法的构造大都基于一定的自然现象，具有强大的搜索能力并能以较大概率寻到全局最优解，其最大的特点是可以较好地保留变量间的组合优势。

第二类：变量区间选择算法。此类算法选择对象是光谱区间。其首先将光谱平均划分为若干个子区间，然后依据不同的策略优化最佳区间组合。如区间偏最小二乘（iPLS）、向后区间偏最小二乘（BiPLS）、向前区间偏最小二乘（FiPLS）、区间组合偏最小二乘（SiPLS）、区间随机蛙跳（iRF）、区间组合优化算法（ICO）和移动窗口偏最小二乘法（MWPLS）。

第三类：主要依据全谱偏最小二乘模型的一些参数（回归系数、光谱载荷权重、变量稳定性、变量投影重要性、选择比）进行波长选择的一类算法，如无消息变量剔除（UVE）[10,11]、有预测参数排序变量剔除（PPRVR）[12]、变量投影重要性方法（VIP）[13,14]、递归加权PLS（rPLS）方法[15]等。

第四类：中南大学梁逸曾教授课题组基于模型集群分析框架提出的一系列变量选择方法，如迭代保留信息变量方法（IRIV）、变量空间迭代收缩（VISSA）、变量组合集群分析（VCPA）、自举柔性收缩算法（BOSS）、Fisher最优子空间收缩（FOSS）、变量子集迭代优化（IVSO）、自加权变量组合集群分析（AWVCPA）、竞争适应重加权抽样（CARS）等算法[16,17]。IRIV和CARS受到了较为广泛的关注。IRIV是一种基于二进制采样提出的特征变量选择算法，将所有变量分为强信息变量、弱信息变量、无信息变量、干扰变量。它通过迭代的方式不断地去除无信息变量和干扰变量等对模型无用的变量，保留对模型有用的有信息变量，最后反向消除获得最佳变量集[18-20]。CARS算法是一种基于达尔文进化理论中“适者生存”的原则建立的波长变量选择方法，其主要利用指数衰减函数（EDF）和重加权采样技术（ARS）筛选PLS模型中回归系数绝对值较大的变量[21,22]。

除上述方法外，近年来一些新型变量选择方法也逐渐有所应用，如交互式自模型混合物分析方法（SIMPLISMA）、基于随机森林（RF）的Boruta算法[23,24]、最小二乘L2正则化的岭回归方法[25]，L1正则化的Lasso方法[26,27]，最小角回归方法[28,29]，使用L1、L2正则化的弹性网络（Elastic Net）方法[30,31]以及正则化偏最小二乘方法（RPLS）或稀疏偏最小二乘回归（SPLS）等[32,34]。近年来，为了实现算法之间的优势互补，不同算法的联合使用越来越多。先粗选波长变量或波长区间，再精选、优选出更有效的变量，在此基础上所建模型的预测精度往往高于基于单一变量选择方法所建的模型，如Si-IRIV，Si-CARS，Si-GA，CARS-IRIV，PLS-VIP-ACO，GA-iPLS，Si-SA，等等。

1.3.3 线性和非线性多元定量校正算法

多元定量校正是在分析仪器响应值与物质目标属性之间建立关联，是化学计量学的一个重要分支。近红外光谱分析中的多元定量校正算法一般分为线性和非线性两大类。

1.3.3.1 线性多元定量校正算法

传统的线性多元定量校正算法主要有一元线性回归、多元线性回归（MLR）、逐步线性回归、岭回归、最小角回归（LARS）、主成分回归（PCR）、偏最小二乘回归（PLSR）等。此外，Lasso回归由于具备较高的预测性能也得到了较多的应用。它是在最小二乘回归估计中引入一范数惩罚项，用于计算两个向量间的绝对误差和，使得一些对模型贡献不大的变量的回归系数压缩为0，从而去掉无用信息特征，达到稀疏化和特征选择的目的。吴珽等将Lasso算法用于近红外光谱快速预测制浆木材的物性分析上，与PLS、SVR和BP-ANN相比，Lasso算法的预测效果较好[35]。朱华等采用Lasso算法建立了近红外光谱快速测定桉树抽出物含量的分析模型，表现出了较好的处理共复线性数据的能力，可以建立准确性较好的分析模型[36]。朱红求等采用Lasso算法结合Boosting方法进行建模，使用Boosting方法建立多个欠拟合的Lasso回归子模型集，用于紫外-可见光谱定量分析高浓度锌离子和痕量钴离子的浓度，其结果优于蒙特卡洛无信息变量消除（MCUVE）-PLS及竞争性自适应重加权采样（CARS）-PLS方法[37]。

1.3.3.2 非线性多元定量校正算法

线性回归方式的多元校正方法都基于这样一个假设前提，即所研究的光谱体系具有线性加和性，即完全或近似服从朗伯-比尔定律。但在实际工作中，光谱变量与浓度或性质之间具有一定的非线性，特别是当样品的含量范围较大时，其非线性可能会更显著。另外，体系中各组分的相互作用、仪器的噪声及基线漂移等，也会引起非线性问题。遇到非线性问题。通常采用的方法是在线性模型里引进非线性项，以补偿体系中的非线性。如人工神经网络（ANN）、支持向量机（SVM）、相关向量机（RVM）、核偏最小二乘（KPLS）和高斯过程回归（GPR）等。

在非线性回归算法中，极限学习机（ELM）逐渐显示出了较好的应用潜能。它是一种单隐含层前馈神经网络（SLFNN），可以克服传统 BP-ANN 训练速度慢、易陷入局部极小点和学习率的选择敏感等缺点[38]。ELM 随机产生输入层与隐含层间的连接权值及隐含层神经元的阈值，并通过 Moore-Penrose 广义逆矩阵得到具有极小 2- 范数的输出层权重。在训练过程中无需调整，只需对隐含层神经元个数和隐含层神经元的激活函数进行设定即可获得唯一的最优解。因此与传统的 SLFNN 相比，ELM 具有参数易选择、学习速度快、泛化能力强等特点。饶利波等将堆栈自动编码器（SAE）与 ELM 联合，建立了高光谱成像预测苹果硬度的深度神经网络预测模型（SAE-ELM），其预测性能优于传统的 ELM 模型[39]。夏延秋等使用 ELM 对润滑油的红外光谱数据构建模型，可对润滑油添加剂进行有效的种类识别和含量预测[40]。王文霞等通过遗传算法对 ELM 网络的连接权值和阈值进行优化，改善了普通 ELM 连接权值和阈值的随意性所带来的预测结果的稳定性，建立了近红外光谱预测大枣水分含量的模型[41]。魏菁等采用遗传算法优化的核极限学习机建立了高光谱无损检测冷却羊肉表面细菌总数的模型，其结果优于 ELM 方法[42]。

1.3.4 模式识别方法

分子光谱分析技术在实际应用过程中，经常遇到只需要知道样品的类别或质量等级，并不需要知道样品中含有的组分数和含量的问题，即定性分析问题，这时需要用到化学计量学中的模式识别方法。模式识别方法依据学习过程（或称训练过程）可分为无监督和有监督两类。

1.3.4.1 无监督模式识别方法

常用的无监督模式识别方法有相似系数和距离法、系统聚类分析法（HCA）、*K*- 均值聚类法、模糊 *K*- 均值聚类法、高斯混合模型（GMM）、自组织神经网络等。最典型的自组织神经网络是 Kohonen 教授在 1981 年提出的 Kohonen 自组织特征映射神经网络（SOM），也称 Kohonen 网络[43]。

1.3.4.2 有监督模式识别方法

有监督模式识别方法的总体基本思路是用一组已知类别的样本作为训练集，即用已知的样本进行训练，让计算机向这些已知样本学习，这种求取分类器的模式识别方法称为“有监督的学习”。这里的训练集便是管理者，由这个训练集得到未知样本的判别模型。常见的方法有最小距离判别法、Bayes 线性判别法、Fisher 线性判别法（LDA）、线性学习机（LLM）、典型变量分析法（CVA）、*K*- 最邻近法（KNN）、势函数判别方法、SIMCA 方法、Logistic 回归（LR）、Softmax 分类器、随机森林（RF）、ANN 和 SVM 算法等。

RF 是一个包含许多决策树和投票策略的融合分类算法，属于集成算法。在这个算法中，变量和样本的使用都进行随机化，通过这种随机方式生成的大量的决策树被用于分类分析。当对未知样本进行分类预测时，随机森林将分别使用训练过程中得到的多组分类器进行预测，并选择分类器投票结果中最多的类别作为最后的结果。赖燕华采用小波变换和 RF 建立了不同霉变烟叶的近红外光谱识别模型，对未霉变样品、临近霉变样品和霉变样品的判别均取得了满意的结果[44]。李志豪等采用随机森林对易制毒化学品和易燃易爆化学品的拉曼光谱进行识别，其结果与 AdaBoost 算法相当，优于决策树、SVM 和 ANN[45]。王远等利用太赫兹时域光谱（THz-TDS）和随机森林对五种红木进行分类识别，分类准确率达到了 95% 以上[46]。Zhou 等将中红外光谱与近红外光谱进行融合、利用随机森林方法对 5 个地区的三七中药材进行识别，识别准确率为 95.6%[47]。Amjad 等利用拉曼光谱和随机森林对四种奶粉进行判别分析，平均准确率约为 94%[48]。

1.3.5 模型更新与模型传递算法

1.3.5.1 模型更新算法

校正模型的维护更新是光谱结合化学计量学分析技术的主要工作内容之一。在实际应用测试样品过程中，已建好的模型不一定能覆盖所有需要预测的样本，因此，非常有必要对模型进行更新。常见的模型更新算法有递归偏最小二乘法（RPLS）、块式递归 PLS 法、即时学习法。即时学习法是一种基于数据库的局部模型在线更新方法，其基本思想是对新样本进行实时建模，以适应最新过程状态，提高建模的预测能力[49-51]。例如，Tulsyan 等借助 JITL 建模思想和高斯过程回归方法，提出了模型自动实时校正策略，实现了模型维护的“智能化”[52]。

1.3.5.2 模型传递算法

在近红外光谱的实际应用中，在某一近红外光谱仪（称主机）上建立的校正模型，用于另一台光谱仪（称从机）时，因不同仪器所测的光谱存在一定的差异，模型不能给出正确的预测效果。解决这类问题的方法称为模型传递或模型转移方法。经典的光谱传递算法有光谱差值校正（SSC）算法、Shenk′s 算法、直接校正（DS）算法和分段直接校正（PDS）算法、SBS 算法、普鲁克分析算法、目标转换因子分析（TTFA）算法、最大似然主成分分析（MLPCA）算法等。这些方法需要一组有代表性的标样集（一般在 5 ～ 30 个样本左右），称为有标模型传递方法。此外研究者在经典算法的基础上，对它们做了很多的改进。针对 SBC 算法在解决非线性问题上存在的局限型，信晓伟等通过引入高次幂，建立主机和从机预测结果线性函数关系，并利用 Lagrange 插值法和 Newton 插值法求参数，实现了两组数据的非线性拟合[53]。曹玉婷等基于光谱空间夹角，提出了一种选择 PDS 算法参数（标样数、PLS 主因子数、窗口宽度）的方法[54]。Zhang 等利用抽样误差分布分析（SEPA）对 PDS 算法的窗口宽度和 PLS 主因子数等参数进行优化，提出了 SEPA-PDS 方法[55]。

近年来，一些新兴的模型传递算法逐渐涌现出来，例如典型相关分析（CCA）法、光谱空间转换（SST）方法、交替三线性分解（ATLD）法、多任务学习（MTL）法、广义最小二乘（GLS）法、正交投影变换（TOP）法、正交差减误差消除（EROS）算法、动态正交投影（DOP）算法等。Xu 等利用光谱空间转换（SST）算法实现了不同品种稻米单籽粒、米粉近红外光谱间的传递[56]。李阳阳等采用 SST 算法实现了复烤片烟常规化学成分的模型在不同品牌傅里叶变换近红外光谱仪器上的使用与共享[57]。Salguero-Chaparro 等采用正交投影变换（TOP）算法将光栅扫描型近红外光谱仪上的橄榄光谱传递到阵列便携型光谱仪上，建立了预测脂肪、游离酸和水分含量的分析模型[58]。Liu 等比较了 SBC、OSC、DS、PDS 和局部中心化等算法对青贮饲料近红外光谱在相同类型和不同类型近红外光谱仪上的传递效果。结果表明在光谱传递前采用 OSC 处理可得到较优的效果[59]。他们研究了不同温度和不同测量附件对稻草近红外光谱的影响，采用局部中心化方法可以在一定程度上消除温度和测量附件对光谱的影响[60]。

1.3.6 结语

化学计量学方法在近红外光谱技术的分析应用中有举足轻重的作用。近十年来，化学计量学家和研究者开发了众多新兴化学计量学方法，为实现近红外光谱技术更加广泛的应用注入了新的活力。本节综述了化学计量学算法在近红外光谱分析中的最新研究进展，包括光谱预处理、变量选择、线性和非线性多元定量校正、模式识别、模型更新与传递 5 个方面。尽管化学计量学算法的发展越来越先进，但是它在具体的应用中依然存在着一些问题，因此需要继续拓展研究，促进近红外光谱分析技术更好地发挥作用。

参考文献

[1] Roger J M，Chauchard F，Bellon-Maurel V. EPO-PLS external parameter orthogonalisation of PLS application to temperature-independent measurement of sugar content of intact fruits [J]. Chemometrics and

Intelligent Laboratory Systems，2003，66（2）：191-204.

［2］葛晴，韩同帅，刘蓉，等．基于外部参数正交的无创血糖测量温度校正［J］．光谱学与光谱分析，2020，40（5）：1483-1488.

［3］于雷，洪永胜，朱亚星，等．去除土壤水分对高光谱估算土壤有机质含量的影响［J］．光谱学与光谱分析，2017，37（7）：2146-2151.

［4］Martens H，Høy M，Wise B M，et al. Pre-whitening of data by covariance-weighted pre-processing［J］. Journal of Chemometrics，2003，17（3）：153-165.

［5］付庆波，索辉，贺馨平，等．温度影响下短波近红外光谱酒精度检测的传递校正［J］．光谱学与光谱分析，2012，32（8）：2080-2084.

［6］孙翠迎，韩同帅，郭超，等．温度干扰下的葡萄糖水溶液近红外光谱修正方法与比较［J］．光谱学与光谱分析，2017，37（11）：3391-3398.

［7］Acharya U，Walsh K，Subedi P. Robustness of partial least-squares models to change in sample temperature：1. A comparison of methods for sucrose in aqueous solution［J］. Journal of Near Infrared Spectroscopy，2014，22（4）：279.

［8］李硕，李春莲，陈颂超，等．基于野外可见近红外光谱和水分影响校正算法的土壤剖面有机碳预测［J］．光谱学与光谱分析，2021，41（4）：1234-1239.

［9］葛晴，韩同帅，刘蓉，等．基于外部参数正交的无创血糖测量温度校正［J］．光谱学与光谱分析，2020，40（5）：1483-1488.

［10］Centner V，Massart D L，Noord O D，et al. Elimination of uninformative variables for multivariate calibration［J］. Analytical Chemistry，1996，68（21）：3851-3858.

［11］Koshoubu J，Iwata T，Minami S. Application of the modified UVE-PLS method for a mid-infrared absorption spectral data set of water-ethanol mixtures［J］. Applied Spectroscopy，2000，54（1）：148-152.

［12］Andries J，Heyden Y V，Buydens L. Predictive-property-ranked variable reduction in partial least squares modelling with final complexity adapted models：Comparison of properties for ranking［J］. Analytica Chimica Acta，2013，760：34.

［13］Chong I G，Jun C H. Performance of some variable selection methods when multicollinearity is present［J］. Chemometrics and Intelligent Laboratory Systems，2005，78：103-112.

［14］贺文钦，严文娟，贺国权，等．无创血液成分检测中基于VIP分析的波长筛选［J］．光谱学与光谱分析，2016，36（4）：1080-1084.

［15］Rinnan A，Andersson M，Ridder C，et al. Recursive weighted partial least squares（rPLS）：An efficient variable selection method using PLS［J］. Journal of Chemometrics，2014，28（5）：439-447.

［16］梁逸曾，许青松．复杂体系仪器分析：白、灰、黑分析体系及其多变量解析方法［M］．北京：化学工业出版社，2012.

［17］赵环，宦克为，石晓光，等．基于自加权变量组合集群分析法的近红外光谱变量选择方法研究［J］．分析化学，2018，46（1）：136-142.

［18］Yun Y H，Wang W T，Tan M L，et al. A strategy that iteratively retains informative variables for selecting optimal variable subset in multivariate calibration［J］. Analytica Chimica Acta，2014，807（1）：36-43.

［19］于雷，章涛，朱亚星，等．基于IRIV算法优选大豆叶片高光谱特征波长变量估测Spad值［J］．农业工程学报，2018，34（16）：148-154.

［20］梁琨，刘全祥，潘磊庆，等．基于高光谱和CARS-IRIV算法的“库尔勒香梨”可溶性固形物含量检测［J］．南京农业大学学报，2018，41（4）：760-766.

［21］Li H，Liang Y，Xu Q，et al. Key wavelengths screening using competitive adaptive reweighted sampling method for multivariate calibration［J］. Analytica Chimica Acta，2009，648（1）：77-84.

[22] 张华秀，李晓宁，范伟，等. 近红外光谱结合 CARS 变量筛选方法用于液态奶中蛋白质与脂肪含量的测定 [J]. 分析测试学报，2010，29（5）：430-434.

[23] Kursa M B，Rudnicki W R. Feature selection with the boruta package [J]. Journal of Statal Software，2010，36（11）：1-13.

[24] 邵琦，陈云浩，杨淑婷，等. 基于随机森林算法的玉米品种高光谱图像鉴别 [J]. 地理与地理信息科学，2019，35（5）：34-39.

[25] 张曼，刘旭华，何雄奎，等. 岭回归在近红外光谱定量分析及最优波长选择中的应用研究 [J]. 光谱学与光谱分析，2010，30（5）：1214-1217.

[26] 梅从立，陈瑶，尹梁，等. SIPLS-LASSO 的近红外光谱特征波长选择及其应用 [J]. 光谱学与光谱分析，2018，38（2）：436-440.

[27] 李鱼强，潘天红，李浩然，等. 近红外光谱 Lasso 特征选择方法及其聚类分析应用研究 [J]. 光谱学与光谱分析，2019，39（12）：3809-3815.

[28] 颜胜科，杨辉华，胡百超，等. 基于最小角回归与 GA-PLS 的 NIR 光谱变量选择方法 [J]. 光谱学与光谱分析，2017，37（6）：1733-1738.

[29] 熊芩，张若秋，李辉，等. 最小角回归算法（LAR）结合采样误差分布分析（SEPA）建立稳健的近红外光谱分析模型 [J]. 分析测试学报，2018，37（7）：778-783.

[30] Huang X，Luo Y P，Xu Q S，et al. Elastic net wavelength interval selection based on iterative rank pls regression coefficient screening [J]. Analytical Methods，2016，9（4）：672-679.

[31] 赵安新，汤晓君，宋娅，等. 光谱分析中 Elastic Net 变量选择与降维方法 [J]. 红外与激光工程，2014，43（6）：1977-1981.

[32] 任真，李四海. 基于 L1-L2 联合范数约束的中药近红外光谱波长选择 [J]. 计算机应用与软件，2018，35（12）：105-109.

[33] Chun H，Keles S. Sparse partial least square regression for simultaneous dimension reduction and variable selection [J]. Journal of the Royal Statistical Society，2010，72（1）：3-25.

[34] 陈月东. 稀疏偏最小二乘方法用于光谱波长选择及定量分析 [J]. 计算机与应用化学，2014，31（2）：239-243.

[35] 吴珽，房桂干，梁龙，等. 四种算法用于近红外光谱测定制浆材材性的对比研究 [J]. 林产化学与工业，2016，36（6）：63-70.

[36] 朱华，吴珽，房桂干，等. 近红外光谱技术的广西速生桉抽出物含量测定与模型优化 [J]. 光谱学与光谱分析，2020，40（3）：793-798.

[37] 朱红求，周涛，李勇刚，等. 基于提升建模的锌离子与钴离子浓度紫外可见吸收光谱检测方法 [J]. 分析化学，2019，57（4）：576-582.

[38] Zheng W B，Shu H P，Tang H，et al. Spectra data classification with kernel extreme learning machine [J]. Chemometrics and Intelligent Laboratory Systems，2019，192：103815.

[39] 饶利波，庞涛，纪然仕，等. 基于高光谱成像技术结合堆栈自动编码器——极限学习机方法的苹果硬度检测 [J]. 激光与光电子学进展，2019，56（11）：113001.

[40] 夏延秋，徐大祎，冯欣，等. 基于极限学习机和优化算法的润滑油添加剂种类识别与含量预测 [J]. 摩擦学学报，2020，40（1）：97-106.

[41] 王文霞，马本学，罗秀芝，等. 近红外光谱结合变量优选和 GA-ELM 模型的干制哈密大枣水分含量研究 [J]. 光谱学与光谱分析，2020，40（2）：543-549.

[42] 魏菁，郭中华，徐静. 基于高光谱和极限学习机的冷却羊肉表面细菌总数检测 [J]. 江苏农业科学，2018，46（24）：211-214.

[43] 杨淑莹. 模式识别与智能计算 Matlab 技术实现 [M]. 3 版. 北京：电子工业出版社，2015.

[44] 赖燕华，林云，陶红，等.烟叶霉变的快速识别——基于近红外光谱与随机森林算法 [J]. 中国烟草学报，2020，26.

[45] 李志豪，沈俊，边瑞华，等.机器学习算法用于公安一线拉曼实际样本采样学习及其准确度比较 [J]. 光谱学与光谱分析，2019，39（7）：2171-2175.

[46] 王远，折帅，周南，等.基于太赫兹时域光谱技术的红木分类识别 [J]. 光谱学与光谱分析，2019，39（9）：2719-2724.

[47] Zhou Y H，Zuo Z T，Xu F R，et al. Origin identification of panax notoginseng by multi-sensor information fusion strategy of infrared spectra combined with random forest [J]. Spectrochimica Acta Part A：Molecular and Biomolecular Spectroscopy，2020，226：117619.

[48] Amjad A，Ullah R，Khan S，et al. Raman spectroscopy based analysis of milk using random forest classification [J]. Vibrational Spectroscopy，2018，99：24-129.

[49] He K X，Zhong M Y，Du W L. Weighted incremental minimax probability machine-based method for quality prediction in gasoline blending process [J]. Chemometrics and Intelligent Laboratory Systems，2020，196：103909.

[50] He K X，Qian F，Cheng H，et al. A novel adaptive algorithm with near-infrared spectroscopy and its application in online gasoline blending processes [J]. Chemometrics and Intelligent Laboratory Systems，2015，140：117-125.

[51] Ren M L，Song Y L，Chu W. An Improved locally weighted pls based on particle swarm optimization for industrial soft sensor modeling [J]. Sensors，2019，19（19）：4099.

[52] Tulsyan A，Wang T，Schorner G，et al. Automatic real-time calibration，assessment，and maintenance of generic raman models for online monitoring of cell culture processes [J]. Biotechnology and Bioengineering，2019，117（2）：406-416.

[53] 信晓伟，宫会丽，丁香乾，等.改进 S/B 算法的近红外光谱模型转移 [J]. 光谱学与光谱分析，2017，37（12）：3709-3713.

[54] 曹玉婷，袁洪福，赵众.一种新的多元校正模型分子光谱传递方法 [J]. 光谱学与光谱分析，2018，38（3）：973-981.

[55] Zhang F Y，Chen W，Zhang R Q，et al. Sampling error profile analysis for calibration transfer in multivariate calibration [J]. Chemometrics and Intelligent Laboratory Systems，2017，171（1）：234-240.

[56] Xu Z P，Fan S，Liu J，et al. A calibration transfer optimized single kernel near-infrared spectroscopic method [J]. Spectrochimica Acta Part A：Molecular and Biomolecular Spectroscopy，2019，220：117098.

[57] 李阳阳，彭黔荣，刘娜，等.复烤片烟常规化学成分的傅里叶变换近红外光谱法的模型转移 [J]. 理化检验-化学分册，2019，55（5）：497-503.

[58] Salguero-Chaparro L，Palagos B，Pena-Rodríguez F，et al. Calibration transfer of intact olive nir spectra between a pre-dispersive instrument and a portable spectrometer [J]. Comput. Electron. Agric.，2013，96：202-208.

[59] Liu X，Han L J，Y ang Z L. Transfer of near infrared spectrometric models for silage crude protein detection between different instruments [J]. Journal of Dairy Science，2011，94（11）：5599-5610.

[60] Liu X，Huang C J，Han L J. Calibration transfer of near-infrared spectrometric model for calorific v alue prediction of straw using different scanning temperatures and accessories [J]. Energy and Fuels，2015，29（10）：6450-6455.

（本章作者：1.1 节，中国石化石油化工科学研究院褚小立；1.2 节，江苏大学食品与生物工程学院陈斌；1.3 节，温州大学生命与环境科学学院杨越）

Chapter

第2章 标准解读

2.1 国内外近红外光谱标准综述

近红外光谱是介于可见光和中红外光之间的电磁波谱，波长约为780～2500nm。近红外光谱法利用分子倍频和组合频光谱，结合适当的化学计量学方法，实现对样品多种性质的无损、快速和同时测量。近红外光谱仪器种类很多，从实验室用到在线仪器、从专用仪器到便携式仪器，从大型到小型再到微型。可应用领域广泛，已在农业、石化、制药、食品等各个领域中获得广泛应用，并带来了巨大的经济效益和社会效益。各国和国际组织制定了一系列近红外光谱法标准，这些标准的制定在一定程度上反映了该方法的被认可程度和被应用的领域。本节对国内外有关近红外光谱法的标准进行了梳理，将这些标准在文中罗列以便于读者查阅，使得这些标准更便捷、高效地得到利用。

2.1.1 国际及国外标准

目前检索到的近红外光谱法相关的标准有国际标准、美国标准、欧洲标准、德国标准、日本标准、法国标准和俄罗斯标准等近47项[1-48]，具体制定情况如图2-1-1所示。

如图2-1-1所示，美国材料与试验协会ASTM标准11项[1-11]，标准涵盖面很广，包括通用方法的规范，如多元定量分析规范[1]、近红外光谱定性分析规范[2]等；又包括近红外光谱仪器的标准，如实验室、在线、旁线近红外光谱仪性能验证标准规程[3]、半球几何近红外光谱仪器反射因子传递标准的规范[4]、建立分光光度计性能测试的标准指南[5]、实验室傅里叶变换近红外光谱仪描述和测量性能的规范[6]、近红外光谱仪描述和测量性能的规范[7]等；还包括了一些具体应用方法，如聚氨基甲酸乙酯原料的标准实施规范：利用近红外光谱法测定多元醇中的羟基值[8]等。

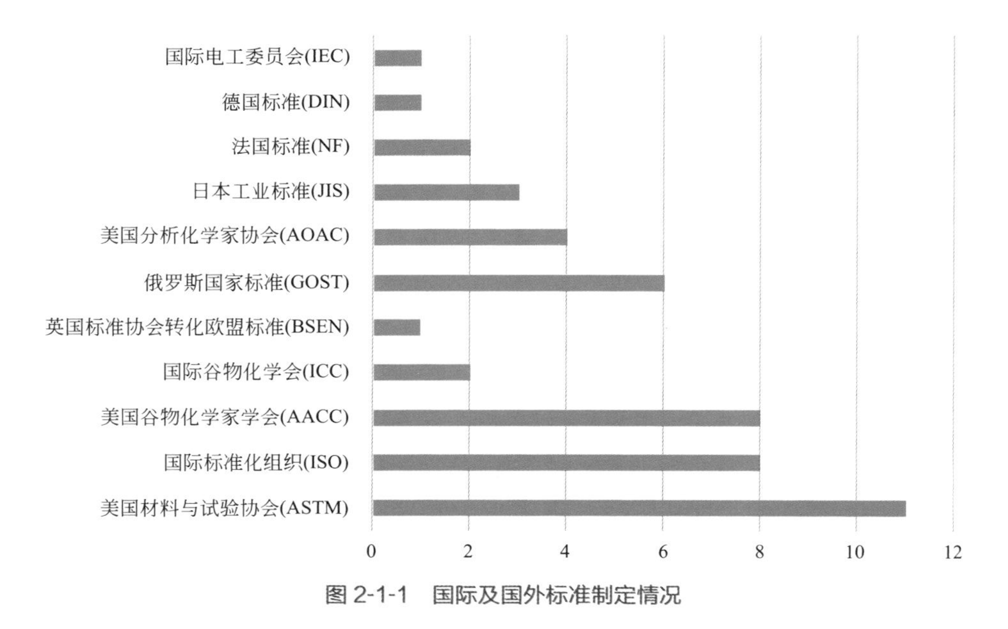

图 2-1-1 国际及国外标准制定情况

国际标准化组织（International Organization for Standardization，ISO）标准共 8 项[12-19]，其中 ISO 和欧洲标准化委员会 CEN 共同编制并同时发布实施 7 项[12-18]，TS（technology specification）技术规范类标准 2 项[15,16]。指南类标准 2 项，分别是动物饲料、谷物近红外光谱法应用指南[12]、乳制品近红外光谱法应用指南[19]。此外，也包括硬件标准：近红外光谱范围光学组件标准和应用方法类标准，如皮革表面反射率[13]、土壤中碳和氮的测定[14]、表征单壁碳纳米管[15,16]、多元醇中的羟值的测定[17]等。

美国谷物化学家学会（AACC）标准 8 项[20-27]，除了 1 项通则标准（近红外光谱方法——模型建立与维护通则[20]）之外，都是谷物成分的检测方法标准，包括小麦硬度[21]、整粒小麦蛋白[22]、小粒谷物蛋白[23]、面粉蛋白[24]、面粉灰分[25]、大豆蛋白和油脂[26]、整粒大豆蛋白和油脂及水分[27]等。国际谷物化学会 ICC 也发布了测定蛋白质和粉碎小麦及产品的光谱分析过程的标准 2 项[28,29]。此外，英国标准采用欧洲标准 BS EN 标准 1 项，也是关于整粒谷物水分和蛋白质测定的标准[30]。在谷物分析方面，目前全球约 90% 小麦的贸易是基于整粒谷物近红外光谱分析仪检测蛋白质含量进行的[31]。

俄罗斯 GOST 标准有 6 项[32-37]，都是关于油脂、饲料和海产品品质测定的标准，包括《植物油 使用近红外光谱法测定质量和安全性》[32]、《配合饲料，饲料原料 利用近红外光谱法进行粗灰分、钙和磷含量的测定》[33]、《鱼类，海产品及其制品 利用近红外光谱法进行蛋白质、脂肪、水分、磷、钙和灰分总质量分数测定方法》[34]、《饲料，混合的和动物饲料原料 利用近红外光谱法进行粗蛋白质、粗纤维和水分测定》[35]、《饲料，混合动物饲料原料　采用近红外光谱法测定代谢能》[36] 和《豆饼与豆粕 用近红外光谱法测定水分、脂肪与蛋白质》[37]。

美国分析化学家协会（AOAC）颁布实施标准 4 项 [38-41]，包括药品中的哌嗪 [38]、牧草中的酸性洗涤纤维和粗蛋白质 [39]、牧草中水分 [40]、整粒小麦粗蛋白质 [41] 的测定方法。

日本工业标准（JIS）共 3 项 [42-44]，其中代码 C 的电气电子标准 2 项，分别是光谱分析仪的测试方法 [42] 和校准方法 [43]；代码 K 的化学标准 1 项，为近红外光谱分光光度分析法通则 [44]。

法国标准（NF）2 项 [45,46] 和德国标准（DIN）1 项 [47]，分别是《工业用基础硅塑料　乙烯类含量的测定（含量大于 0.1%）　近红外光谱法》[45]、《工业用碱性硅树脂　苯基 / 硅和苯基 / 甲基比率的测定　近红外光谱测定法》[46] 和《涂料、清漆及其原材料　近红外光谱分析　一般工作原理》[47]。国际电工委员会 IEC 制定了医用近红外光谱设备的标准：功能近红外光谱（NIRS）设备的基本安全性和基本性能的特殊要求 [48]。

此外，美国药典（USP）、欧洲药典（EP）、欧盟专利药品委员会（CPMP）、欧盟兽用药品委员会（CVMP）、欧洲药品管理局（EMA）、荷兰国家公共卫生与环境研究院（RIVM）、美国食品与药品管理局等均对近红外光谱法在制药行业的应用给出了相应的指南或指导原则。

2.1.2　中国标准

中国现有近红外光谱法相关的国家标准、行业标准、地方标准、团体标准和规范性文件 79 项 [49-127]。其中，国家标准 27 项 [49-75]，涉及方法通则、术语、设备及具体指标检测方法等，其中 1 项修改采用 ISO 标准 [49]、1 项非等效采用 ISO 标准 [50]、2 项非等效采用 ASTM 标准 [50,52]、1 项等效采用 ASTM 标准 [51]、3 项修改采用 AACC 标准 [53-55]。25 项国家标准中有粮油检验标准 12 项 [53-64]，这与国际国外标准情况相当。

除了国家标准，行业针对行业内应用，也制定了大量的行业标准，涉及的行业包括纺织行业、公共安全行业、供销行业、化工行业、机械行业、林业行业、农业行业、轻工行业、电子行业和商检行业。具体情况如图 2-1-2 所示。

从图 2-1-2 中可以很明显看出，近红外光谱法在农业行业应用最为广泛，目前已制定相应行业标准 11 项 [76-86]，物料涉及饲料、苹果、牛乳、花生仁、肉、植物油料、油菜籽等；其次是商检行业标准 6 项，是进出口纺织品纤维定量分析近红外光谱法的 6 个部分 [87-92]；纺织、公共安全、供销和林业行业标准各 2

项[93-100]；电子、化工、机械和轻工行业标准各 1 项[101-104]。

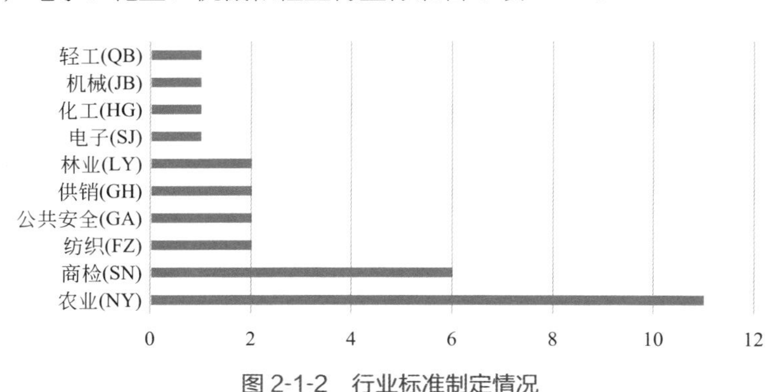

图 2-1-2 行业标准制定情况

随着近红外光谱技术的发展，很多地方政府也开始关注该技术的应用，天津市、内蒙古自治区、辽宁省、吉林省、江苏省、安徽省、江西省、山东省、湖南省、云南省都制定了相应的地方标准[105-122]。一些地方标准和国家标准在相似的方面做出了规定，但并不完全相同。例如，地方标准“DB21/T 2048—2012 饲料中粗蛋白质、粗脂肪、粗纤维、水分、钙、总磷、粗灰分、水溶性氯化物、氨基酸的测定 近红外光谱法”[108]比国家标准“GB/T 18868—2002 饲料中水分、粗蛋白质、粗纤维、粗脂肪、赖氨酸、蛋氨酸快速测定 近红外光谱法”[66]具有更广泛的应用范围，DB21/T 2048—2012 适用于复合饲料、浓缩饲料、补充精矿、饲料原料、饲料原料中粗蛋白质、粗脂肪、粗纤维、水分、钙、总磷、粗灰分、水溶性氯的测定，而 GB/T 18868—2002 适用于各种饲料原料和复合饲料中水分、粗蛋白质、粗纤维和粗脂肪的测定以及各种植物蛋白饲料原料中赖氨酸和蛋氨酸的测定。此外，他们均引用了国家标准规定的常规方法，如“GB/T 6432—2018 饲料中粗蛋白质的测定 凯氏定氮法”[123]、“GB/T 6433—2006 饲料中粗脂肪的测定”[124]、“GB/T 6434—2006 饲料中粗纤维的含量测定 过滤法”[125]、“GB/T 6435—2014 饲料中水分的测定”[126]、“GB/T 18246—2019 饲料中氨基酸的测定”[127]等。同时，地方标准还体现了地方特色产品的近红外光谱法，比如内蒙古自治区的山羊绒、吉林的人参、安徽的酒和茶叶、云南的烟草等。

根据国务院印发的《深化标准化工作改革方案》（国发〔2015〕13 号），政府主导制定的标准包括强制性国家标准和推荐性国家标准、推荐性行业标准、推荐性地方标准，这些标准侧重于保基本；市场自主制定的标准包括团体标准和企业标准，这些标准侧重于提高竞争力。我国在 2018 年和 2020 年分别制定了团体标准“T/AHFIA 008—2018 酿酒用大曲常规理化指标的快速测定方法 近红外光谱法”[128]和“T/CIS 11001—2020 中药生产过程粉体混合均匀度在线检测 近红外光谱法”[129]。

除了上述标准，我国还有制药行业的《中华人民共和国药典》、“9104　近红外分光光度法指导原则”[130]、国家计量检定规程“JJG178—2007　紫外、可见、近红外分光光度计检定规程”[131]和“JJG 001—1996　傅里叶变换红外光谱仪检定规程”[132]。

2.1.3　标准的发展

近红外光谱法最早的标准是美国分析化学家协会（AOAC）标准药品中的“哌嗪的近红外光谱法”[38]。该标准 1966 年制定，1971 年修订。除了此项标准，其余标准都是 1986 年之后制定的。近红外光谱技术从 1938 年开始被探索研究，直到 20 世纪 50 年代后期，Norris 等通过 6 个波长的窄带干涉滤光片用近红外光谱法测定了农产品中水分、蛋白质等的含量，并于 1973 年登记注册了美国专利，掀起了近红外光谱应用的高潮。随着应用研究的发展，1986 年后陆续制定了一系列标准（图 2-1-3）。

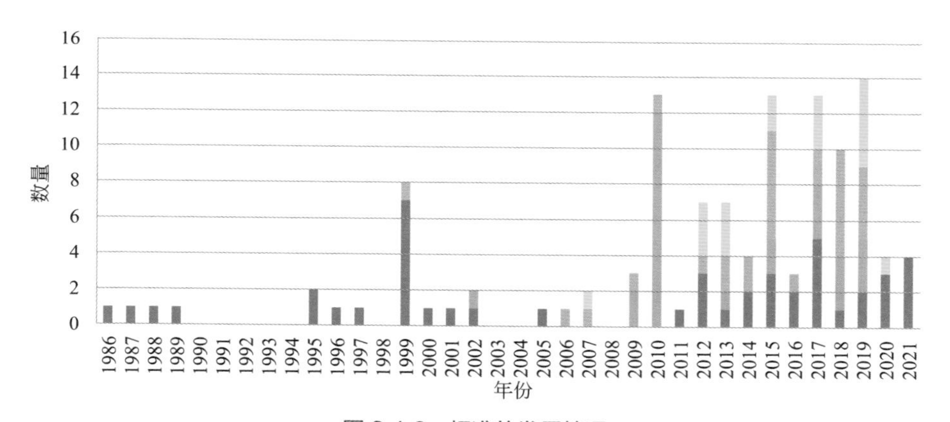

图 2-1-3　标准的发展情况

从图中可以看出，中国相关标准的制定明显落后于国际及国外标准的制定，但是发展速度较快，尤其是过去十年发展非常迅速。从 2012 年之后行业标准和地方标准的制定发展速度尤为迅速，这与近红外光谱的应用研究逐渐向细分应用领域发展的趋势一致[133-135]。

近红外光谱仪器种类繁多，无论从成本、性能还是应用场景上都具有其他技术无法比拟的优势，尤其小型、微型仪器的发展和在线近红外光谱在流程工业中的应用，将更大程度地促进近红外光谱法的发展。近红外光谱的应用研究和实际应用已经取得了丰硕成果。但是随着该技术在实际应用中的进一步推广和技术与仪器设备本身的发展，该项技术会得到更为广泛的认可，也会进一步促进相关标准的制定。

2.2 美国药典（USP）43版近红外光谱技术章节解读

近红外光谱（near-infrared spectroscopy，NIRS）技术以其分析速度快、无需样品预处理以及可以借助光纤远程操控等优点，早在20世纪90年代就已在药物分析领域崭露头角，如今已逐渐发展成为欧美制药企业常用的过程分析技术（process analytical technology，PAT）之一。不同于其他行业，制药领域由于其产品的质量与大众的健康息息相关，因此其行业规范化程度较高，为了规范和标准化药品生产过程中涉及的质量活动，各国政府的药品管理部门和制药工业协会也纷纷制定相关的标准和指导原则供广大生产、监管和使用者参考借鉴。其中美国药典（The United States Pharmacopeia，USP）发行较早，加之美国制药行业在全球处于领先地位，使得USP一直是全球制药领域所关注的重要参考依据。

USP由美国药典委员会编辑出版，是美国政府对药品生产、使用、管理、检验的法律依据。USP于2002年在USP25的通则中首次引入近红外光谱分析技术（〈1119〉Near-Infrared Spectroscopy），而后经历数版修改，已日臻完善。2019年12月，在互联网发布的最新版USP43（2020年5月1日生效）从整体构架上对NIRS进行了较大的调整，现根据个人理解对其中变化进行解读，供国内制药领域近红外光谱技术应用者参考。

USP43取消了以前版本中收录的编号为〈1119〉的近红外光谱章节（〈1119〉Near-Infrared Spectroscopy），新增了两个章节——编号为〈856〉的章节（〈856〉Near-Infrared Spectroscopy）和编号为〈1856〉的章节（〈1856〉Near-Infrared Spectroscopy-Theory and Practice）。〈856〉与〈1119〉章节相比，章节编号的前移可能意味着近红外光谱分析方法已经正式被列为法定检验方法，因此更加强调近红外光谱方法的应用如何满足合规性，重点介绍了对仪器的确认和方法验证。

在仪器确认方面，USP43〈856〉特别提出了“3Q”确认，即安装确认（installation qualification，IQ）、运行确认（operational qualification，OQ）、性能确认（performance qualification，PQ）。

IQ用于确定某个仪器按照设计和规定的方式运输并正确安装在选定的环境中，包括该环境适合于此仪器所必需的活动总汇，并以文件记录。IQ阶段是仪器的安装阶段，需要文件记录，以明确证明仪器的软件和硬件被正确安装在了既定位置。

OQ 的主要目的是检查仪器设备各个部件（包括各部分开关、功能键以及软件等）是否能够正常运行，是否具备使用者要求的功能。日常分析中不需要再进行 OQ 测试，但当仪器在移动、维修、更换主要组成部件或增加配件时，应对仪器做非例行性 OQ 确认。USP43〈856〉举例说明了 OQ 可能需要检查的项目以及可以接受的限度，包括波长准确性、光度计线性和响应稳定性以及光度计的噪声。同时，由于仪器类型和用途不同，USP43〈856〉也明确 OQ 时使用者还可以自行确定限度。对于波长准确性，USP 有专门用于波长准确性确认的标准物质，典型的限度设定如下：在 780nm 为 ±1.0nm（即 12800cm^{-1} 处为 ±16cm^{-1}）；在 1200nm 为 ±1.0nm（即 8300cm^{-1} 处 ±8cm^{-1}）；在 1600nm 为 ±1.0nm（即 6250cm^{-1} 处 ±6cm^{-1}）；在 2000nm 为 ±1.5nm（即 5000cm^{-1} 处为 ±4cm^{-1}）；在 2500nm 为 ±3.0nm（即 4000cm^{-1} 处为 ±2cm^{-1}）。对于光度计的线性，USP 建议可以测定在仪器工作范围内 4 个光度标准物质来证明近红外光谱反射率和 / 或透射率与仪器响应信号之间的线性关系，一般斜率的限度要求是 1.00±0.05，截距的限度为 0.00±0.05。对于仪器响应的长期稳定性可以比较实时测定值和最初测定值之间的差别，一般差别在 ±2% 是可以接受的。对于仪器的噪声，一般近红外光谱仪会包含内置的程序自动检查，并提供关于仪器噪声或者信噪比的报告。主要过程包含测定仪器在高低光通量时标准物质的反射率或者透射率。对于限度，不同仪器要求不同，也视仪器的使用目的而定。

PQ 是证实某个仪器持续地按照由用户定义的规范运行，并适合其预定用途的活动总汇，并以文件记录。PQ 的主要目的是检查仪器设备的整体性能是否能够一直满足用户的特定需要。如果仪器未能通过 PQ 测试，则该仪器需要维护或修理。PQ 由使用者独立完成，测试的频率取决于该仪器的耐用性（如仪器类型、使用环境等）和利用其所做检验的重要性。测试可以是不定时的，如该仪器每次使用的时候，也可以在相同间隔下定时进行。PQ 在某种意义上更接近于系统适用性实验。在 PQ 测试时除供应商提供的测试参数外，使用者还可以依据自身的需求制定附加的性能参数及要求，如可以通过比较此次实验测量的光谱（来自标准物质或者是稳定的样品）与最初测量光谱的差异来判断仪器的稳定性。但对药品的近红外光谱定性和定量分析，目前没有像高效液相色谱法那样成形的系统适用性实验具体操作流程和对使用样品的要求。且对于稳定的样品的判断没有统一的标准，使用和存储条件都有一定的限制，因此近红外光谱仪器的使用者多还是使用仪器自带的 PQ 模块和标准物质进行测试。而仪器自带的标准物质，多是用于检查波长准确性、吸光度线性以及噪声用，因此目前很多近红外光谱仪器的 OQ 和 PQ 并不一定能够界定得很清楚，但两者的目的都是使仪器性能可控、长期稳定，以保证产生数据的前后一致性。

在方法验证方面，USP43〈856〉指出如果近红外光谱法成为药典个论品种标准项下收载的一种替代性检验方法，则方法验证是必需的。鉴于近红外光谱分析为二级分析方法，因此验证方法与常规的验证也略有不同。验证的目的主要是为了证明方法满足既定的用途。近红外光谱在药物分析领域的应用大概分为三类：第一类确定药物原料或者制剂中主成分的含量，第二类确定杂质的含量或限度以及第三类定性鉴别。根据不同类型用途，可以酌情验证方法的准确度、精密度、专属性、定量限、线性、范围和粗放性。

准确度表现为实验所得结果与传统的真值或者参考值之间的接近程度。准确度验证的目的主要是证明近红外光谱结果与实际结果之间的线性关系。如果采用化学计量学方法建立模型，准确度还可以通过〈1039〉章节所述的方法来确定。对于第一、二种类型的应用，准确度的结果还可以通过回收率实验获得。在整个验证范围内，原料药回收率应为 98.0% ～ 102.0%，制剂应为 95.0% ～ 105.0%，杂质回收率应为 70.0% ～ 150.0%。限度也可以通过预测标准差（the standard error of prediction，SEP）和用于验证的参考过程的实验室标准差（the standard error of the laboratory，SEL）之间的吻合程度表示。

近红外光谱方法的精密度用在指定条件下一系列测量值的接近程度来表示。典型的精密度评价使用测量结果的相对标准偏差。近红外光谱方法要考虑两个水平的精密度：重复性和中间精密度。重复性可以通过评价一个样品重置测量位置后的多次测量结果来确定，也可以通过方差分析获得，测量过程可以是测量 6 个事先准备的独立样品（浓度在分析浓度的 100%），也可以是不同分析级别的 3 个独立样品。相对标准偏差对于原料药分析不得大于 1.0%，制剂不得大于 2.0%，杂质不得大于 20.0%。中间精密度实验者应考虑不同时间、不同仪器、不同分析人员等的影响。至少应选择其中的两项影响因素才能科学评估出中间精密度，相对标准偏差对于原料药分析不得大于 1.0%，制剂不得大于 3.0%，杂质不得大于 25.0%。

专属性验证的范围依赖于既定应用。对于近红外光谱定性鉴别，专属性需要选择一系列阴性和阳性样品来验证，样品的选择要在一定的科学和风险评估之上。对于近红外光谱定量分析，专属性验证可能包括以下操作：所选谱段是否与特性量值相关；校正模型回归分析使用的波长点或者每个主成分的载荷向量是否可以被证实与数学模型使用的光谱信息相关；校正模型中样品所包含的光谱变异是否可以被检查和解释；在规定的测量范围内物质组成的变化或者成分比例的变化对所测特性量值有没有显著性影响。对于第一、二种类型的近红外光谱应用，专属性可以通过证明符合准确性要求来证明。对于第三种类型的近红外光谱应用，近红外光谱方法对于被分析物的鉴别是通过与恰当的标准物质比较看是否一致来确认的。

近红外光谱分析方法一般为常量分析，不需要确定定量限，但是需要证明被分析特性量值的测定范围是否符合既定要求。

在近红外光谱方法的线性验证中，以往的 USP 版本仅强调要证明近红外光谱的光谱响应值与被测特性量值之间的关系，但如何测定却没有明确说明，因此很多文献对于线性的验证多采用验证近红外光谱模型预测出的特性量值结果与被测特性量值参考值或者真值之间的线性关系。USP43〈856〉中明确指出可以通过对在操作范围内不少于 5 个样品的近红外光谱响应函数与其对应的特性量值作图来完成，且一般使用相关系数和决定系数来评价线性的好坏。但是何为近红外光谱响应函数以及它是否等同于对特性量值近红外光谱模型的预测结果没有明确说明。USP43〈856〉中同时指出：对于第一种类型的近红外光谱应用，决定系数不得小于 0.995；对于第二种类型的应用，决定系数不得小于 0.99。其实，决定系数或者相关系数接近 1.00（如 0.99 或者更大）往往可以证明良好的线性关系，但是结果很低则很难区分是非线性还是由变异性造成的。另外，在该部分也明确不是所有的近红外光谱应用都需要证明线性响应。

近红外光谱分析方法的范围与特定的应用有关。范围是建立在指定操作范围内测量方法的测量能力（准确性和精密度）之上的。第一种类型的近红外光谱分析，对于 100.0% 浓度的样品可接受的限度是 80.0% ～ 120.0%。对于没有中心点的限度，验证范围是比低限低 10.0%，比高限高 10.0%。对于含量均匀性，范围是 70.0% ～ 130.0%。对于第二种类型的应用，验证限度覆盖标准限度的 50.0% ～ 120.0%。

一般在方法开发时就要确定方法的耐用性，要鉴定和表征与耐用性相关的关键测量参数。选择用于证明耐用性的近红外光谱测量参数要依据应用类型和样品与仪器的接触面。典型的测量参数包括：环境影响因素（如温度、湿度和振动）、样品温度影响因素、样品处理（如光纤探头的探测深度、样品内部的挤压程度、样品厚度等）、仪器变化的影响（如光源变化、预热时间等）。同时〈856〉也指出，由于近红外光谱仪自身性能上的差异，即使是经过验证的近红外光谱方法，可能也无法转移到所有类型的近红外光谱仪器上使用。

另外，USP43〈856〉首次引入了方法确认的具体要求。美国现行动态生产质量管理规范（cGMP）中指出，当实验室使用 USP 收录的个论分析方法时，不需要对方法进行验证，但需要对该方法进行确认，以证明该方法正如个论中所描述的，可以在合适的准确性、灵敏度和精密度条件下执行。对于定性用的近红外光谱方法，确认过程只需检查方法的专属性即可；对于定量用的近红外光谱方法，还需视情况验证方法的准确性、精密度等参数，一般验证方法和限度与方法验证相同。

USP43 新增的另一个近红外光谱相关章节为〈1856〉Near-Infrared Spectroscopy—Theory and Practice。虽然是新增章节，但内容大部分也来自被删除的〈1119〉章节，主要介绍了近红外光谱的理论背景、测量方式、影响因素、数据预处理方法、仪器、应用、方法验证和术语等。与〈856〉相比，〈1856〉更加偏重于非强制性的基础理论。相较于之前的〈1119〉章节，〈1856〉章节在基础理论方面也有一些内容的增减，主要有以下几个方面：第一，在测量模式介绍方面增加了漫反射和透反射方式的介绍。第二，更加细化了影响近红外光谱的因素，将其分为两大类，一类为环境因素（如环境的温度和湿度影响），另一类来自采样。除了〈1119〉中提到的样品温度、厚度、水分和溶剂、光学特性、存在形态以及样品的年龄等因素外，新增了采样位点的影响。第三，简单介绍了近红外光谱常用的预处理方法。第四，在仪器介绍部分新增加了近红外光谱成像技术的介绍。第五，区别于〈856〉仪器的确认部分，本章节增加了对近红外光谱仪器校准的考虑。校准和确认都是用于证明仪器合格并受控的方法，可能考察的对象也大致相同，两者的区别可能主要在于后者具有法律制约力。〈1856〉以表格的形式列出了实验室或移动的近红外光谱仪器和生产过程控制用近红外光谱仪器在采用不同采样模式时如何进行仪器的校准，也给出了具体的方法、可采用的标准物质和限度。同时，也介绍了为了检查仪器内部校准是否发生偏移还要使用外部标准物质做外部校准。另外，为确保模型传递的准确性，可能还需要做多台仪器的校准。第六，介绍了近红外光谱技术在药物分析领域的主要应用范围以及具体的建模过程。

以上是 USP43 中近红外光谱分析技术相关章节变化的一个简单介绍。新版的 USP 不仅对近红外光谱分析技术所涉及的基础理论进行了详细的说明，规范了常用术语，还为近红外光谱技术在制药领域如何开展合规性应用给出了指导原则。现行中国药典（2020 年版）虽已经收录近红外光谱分析技术，但在内容设置上，主要还是针对成品的定性和定量分析，对于仪器的确认和方法的验证要求不是十分明确，也未涉及药品生产过程的监控环节。因此，近红外光谱分析技术无论是在药物分析领域的应用环节还是监管环节，我国和欧美之间可能都存在着一定的差距。希望可以借助欧美先进的生产技术和监管经验，推动近红外光谱分析技术在我国制药生产过程的长足发展。

2.3 对欧洲药品管理局《制药工业近红外光谱分析技术使用指南》中数据采集的解读

欧洲药品管理局（european medicines agency，EMA）于 2003 年颁布了第一版的《制药工业近红外光谱技术应用、申报和变更资料要求指南的通知》（Note for guideline on the use of near infrared spectroscopy by the pharmaceutical industry and the data requirements for new submissions and variations），首次对近红外光谱分析技术在药厂中的应用给出了指南。随后于2009年、2014年颁布了第二版和第三版的应用指南。目前，EMA推荐的版本为2014年颁布的《制药工业近红外光谱技术应用、申报和变更资料要求指南》（Guideline on the use of near infrared spectroscopy by the pharmaceutical industry and the data requirements for new submissions and variations）。本节将针对2014版中关于数据采集方面的要求结合笔者在近红外光谱应用方面的实践进行解读。

2.3.1 样品制备

在进行任何NIRS测定之前，对样品在NIRS仪器上的呈现进行优化很重要。优化的变量包括采集样品的方位、样品尺寸、玻璃器皿的光学质量、温度、材料流动、光程长度和环境条件等方面，从而使样品的测量过程能够保证一致。在药物生产过程中，经常遇到的样品形式包括粉末、颗粒、液体、片剂、胶囊等。针对不同的样品形式，应该在最大限度保持其原有形式的情况下有针对性地采用不同的采样方式。例如：在进行药用原辅料的光谱采集时，通常面对的样品形式为固体粉末，可以选择直径较小的样品杯进行光谱采集；又如，采用直径1cm底部为光学玻璃的可压式样品杯，以保证样品量和压实程度的一致性。对于中药材而言，由于样品本身的差异较大，可以选择较大的样品量来实现光谱的采集。例如，可以选择将样品粉碎混合后采集光谱，也可以选择在直径5～10cm的旋转杯中采集光谱，以提高样品光谱的准确性和代表性。对于液体样品而言，光程长和温度对于光谱质量的影响是十分显著的。对于水溶液而言，在7500cm^{-1}～6000cm^{-1}处主要反映H_2O的一级倍频吸收，在5500cm^{-1}～4700cm^{-1}处则主要反映H_2O的组合频吸收。如果比色皿光程长，这两处的吸收很容易饱和，同时也有可能湮没光谱其他波段的有效信息。因此，通常选择1mm光程长比色皿采集近红外光谱，从而获得更多的有效信息。温度对于近红外光谱的影响也是十分显著的。例如，在葡萄糖浓度的测量中，即使是仅仅1℃的变化，也会引起27mmol/L的测量误差。因此，在对测量结果的要求十分精确的情况下，控制温度是十分必要的，可以采用温控样品池采集光谱。

对于在线分析方法，应该考虑到取样点的安装位置、取样点窗口能否被样品覆盖以及探头污染的清除办法等方面。以固体制剂流化床单元操作为例（图2-3-1），在取样装置位置的选取方面主要考虑：可以有效地捕捉到具有代表性的样品，能够反映整个腔体的过程状态，同时也方便收集样品进行参考数据的分析。结合文献和实际操作，一般选择与取样口水平且垂直的位置作为探头的安装位置。此处可以保证采样窗口完全被样品覆盖，同时配备压缩空气吹扫装置来保证采样探头的表面不被颗粒污染。在细胞培养、发酵等复杂过程，样品多数处于浑浊的状态，如何获取均一、有代表性的样品成为制约近红外光谱模型的又一个问题。预处理装置成为解决样品均一性的关键，通过对采样系统的加工，实现对待测样品的过滤、恒温、消泡、调速等预处理，进而解决 NIRS 在检测过程中不溶性杂质多、流量不稳定、有气泡、温度波动较大而使检测困难的问题，可以实现光谱质量的提升。

图 2-3-1 流化床在线分析光谱采集装置图

2.3.2 取样

用于校正和验证的样品应代表工业生产过程和 NIRS 方法范围内的预期变化。此类变化可包括：目标分析物的浓度、粒度、材料供应商、含水量、残留溶剂含量、基质的定性和（或）定量变化（如辅料等级、配方）、过程变化（如通过长时间获得的样品）、样品本身存放时间、温度等。例如，片剂的生产一般要求 API 的含量在标示量的 90% ～ 110%，这就要求在建立模型的过程中应包含这个变化范围，一般设计为 80%、90%、100%、110% 四个浓度即可。此时，就可以使用在研发和中试生产过程中，能够代表工业生产过程（即相同成分、工艺和质量属性）的样品构建模型。

样品验证集应完全独立于药品校正集。样品的验证集不参与模型的建立过程，在实际的操作过程中往往将收集到的样品按照一定的划分方法划分为校正集、验证集以及外部验证集。外部验证集不参与模型的建立过程，只对模型的实际预测能力进行评价。实际的生产过程往往采用正交实验设计或者其他实验设计方法，获得一个能够包含预期变化的样品集，分为校正集和验证集，验证后建立模型。利用建立的模型对正常生产批次样品进行预测，从而评价模型的实际预测能力。

2.3.3 数据预处理

由于 NIRS 受物理参数（如粒度和样品呈现形式）的影响，通常在建立校正模型之前，对原始 NIRS 进行数学处理，光谱预处理的目的是尽量减少建立校正模型前数据中无用的变化以及增强光谱特征。光谱预处理的顺序一般为基线校正、光谱散射校正、噪声消除以及归一化四个主要方面。

基线的偏移很容易导致光谱产生垂直的偏移或者产生斜率性偏移。通常通过利用减去拟合的基线的方法实现光谱的基线校正。最常用的基线校正方法是去趋势（detrending）和求导数。去趋势主要是通过拟合产生一条确定阶次的多项式光谱，然后用采集的光谱减去拟合的光谱，从而实现基线的校正。一阶导数方法可以将存在的常数求导后变为“零”，从而达到消除基线的目的。但是求导一般会降低信噪比，所以通常配合平滑来进行。

对于光谱分析技术而言，光散射现象非常常见。对于固体样品而言，颗粒对光的影响非常大，常常会产生光散射现象。即使是对于液体样品也会存在光谱的散射现象，这主要是由液体中不同分子之间可能存在的相互作用而致。常用的消除光谱散射现象的处理方法有多元散射校正（multiplicative scatter correction，MSC）和标准正态变换（standard normal variate，SNV）。MSC 主要通过数学方法将光谱中的散射信号和化学信息进行分离，并假设散射系数在光谱的所有波长点都是一样的。MSC 可以消除样品的镜面反射产生的噪声，解决漫反射产生的光谱不重复问题。

平滑是一种提高光谱信噪比的有效滤波方法。其主要的原理是认为光谱的噪声是白噪声，符合均值为零的正态分布，经过平滑以后可以有效地消除光谱的噪声。常用的用于消除噪声的方法有 Savitzky-Golay（SG）平滑、Norris 平滑两种平滑方法。

待分析样品往往也会直接影响光谱的质量。由于光谱的质量直接与待分析样品组分含量有关，因此有些重要的变量容易被很多不重要的变量所掩盖，尤其是当变量的量纲不一致的时候。采用标准化可以将每个变量的“地位”进行平均，从而有利于建立最终模型。一般用来进行标准化的方法主要有标准化（autoscaling），均值中心化（mean center）以及帕累托（pareto）等标准方法。

例如，在处理肝素中多硫酸软骨素（over sulfated chondroitin sulfate，OSCS）的鉴别研究时，可以发现肝素和 OSCS 的原始光谱十分相似，通过采用求二阶导数的处理方法，在消除基线漂移的同时可以有效提高分辨率，从而发现样品的特征峰，实现相似样品的快速鉴别。但是，在进行任何预处理时必须谨慎，因为人工干预可能会引入其他影响因素或使重要的信息发生丢失。所以，数据的任何预处理都应记录在案并加以证明。

在确定好预处理方法以后，可以研究光谱的特征变量，以期使用部分波长范围来代替完整的 NIRS 范围。如果使用部分范围，则应从科学角度对其进行证明，并提供数据以表明所有相关的化学和物理信息都包含在内。例如，在流化床混合过程中，通过采集近红外光谱后进行 SNV 预处理可以发现，在 1100nm 和 1600nm 处有 API 的特征吸收。在随后采用不同的波段选择方法进行处理后发现所选择的变量点也都涵盖两处特征吸收，表明采用的光谱范围包含 API 的化学信息。

2.3.4 分析参考方法

用于 NIRS 校准和验证的样品通常需要鉴定，或者通过参考分析方法为其赋予定量值。如果情况并非如此，则应进行解释和证明。应在相同的适当时间内，对同一样品进行参考方法和 NIRS 方法的分析。可能需要一种以上的参考分析方法来鉴定待测样品（例如对于不同等级的材料）。

通过参考方法和 NIRS 方法确定的分析物或属性可能是相同的，例如通过 NIRS 和 Karl Fischer 滴定法测定的水分含量是相同的，因为两种方法的数据都是对应于样品中存在的水。而如果参考方法采用的是干燥失重法，NIRS 和参考方法确定的分析物即是不同的，因为干燥失重百分比反映的不仅仅是水分的含量。通过参考方法和 NIRS 方法确定的属性也可能在单位方面有所不同。例如，NIRS 分析物作为浓度的函数；参考分析物作为质量的函数。应说明将一种方法的结果转换为另一种方法所需的额外测量，例如样品的质量或体积。

在采用参考分析方法时，如果参考方法是法定标准，则可以参考药典或者其他标准规定的方法直接进行测量。如果参考方法是自己建立的，则需要对建立的方法进行方法学验证，以证明参考方法的可靠性。必要时，应讨论和处理 NIRS 和参考方法之间测量误差和偏差的可能性。

2.3.5 光谱库的建立

光谱参考库的组成应涵盖 NIRS 分析技术的范围，并应遵守变更系统的操作规程（符合 GMP 要求）。样品应代表市场上销售的材料或产品，并在批号列表中列出。应将光谱编入索引，以便明确鉴别来源和产地批次。对于定性分析，如果光谱参考库可能非常大或多种多样，则将库划分为适当的“子库”以简化开发。子库的选择和子库的数量应该被描述和证明。

例如，在药厂建立药用原辅料光谱库的时候，应该充分考虑样品的化学结构信息和物理信息，从而建立主库与子库相结合的分析模式，如表 2-3-1 所示。通过表 2-3-1 所示的近红外光谱库的建立模式建立了 125 种药用原辅料的近红外光谱库，光谱库采用的是双月份谱库的维护模型，截止到目前，光谱库已经收集了超过 300 种原辅料的信息。

随着科研工作者针对 NIRS 数据收集过程中的共性技术问题的研究日趋完善，NIRS 目前面临的数据收集正逐步走向标准化和成熟化。在我国医药产业智能化生产的浪潮之下，NIRS 作为药物生产可视化的有力工具也步入快车道。通过以

NIRS 为代表的 PAT 在制药过程中的应用，可以有效地挖掘药物生产过程中质量传递的规律并进行可视化追踪，从而有效地提升人们对于制药过程的理解，更好地指导生产，从根本上保证人民的用药安全。

表 2-3-1 某药厂生产药用原辅料近红外光谱库的构建

<table>
<tr><th colspan="3">种类</th><th>项目</th><th>参数</th></tr>
<tr><td colspan="3" rowspan="5">药用原辅料光谱库</td><td>目的</td><td>正确判断所有的原辅料</td></tr>
<tr><td>光谱库构成参数</td><td>光谱范围 1100 ～ 2200nm</td></tr>
<tr><td>预处理方法</td><td>二阶导数</td></tr>
<tr><td>阈值判断方法</td><td>相关系数法</td></tr>
<tr><td>阈值</td><td>0.97</td></tr>
<tr><td rowspan="15">子集联库</td><td colspan="2" rowspan="5">不同粒度光谱库</td><td>目的</td><td>实现 5 个粒度的蔗糖的分类</td></tr>
<tr><td>光谱库构成参数</td><td>光谱范围 1100 ～ 2200nm</td></tr>
<tr><td>预处理方法</td><td>一阶导数</td></tr>
<tr><td>阈值判断方法</td><td>基于 4 个 PCs 的马氏距离</td></tr>
<tr><td>阈值</td><td>0.89</td></tr>
<tr><td rowspan="10">多晶型库</td><td rowspan="5">双乙酰麦迪霉素</td><td>目的</td><td>分辨出无定形双乙酰麦迪霉素中的结晶双乙酰麦迪霉素</td></tr>
<tr><td>光谱库构成参数</td><td>光谱范围 1100 ～ 2200nm</td></tr>
<tr><td>预处理方法</td><td>二阶导数</td></tr>
<tr><td>阈值判断方法</td><td>大于 95% 的解释方差</td></tr>
<tr><td>阈值</td><td>0.88</td></tr>
<tr><td rowspan="5">酮洛芬</td><td>目的</td><td>分辨出左旋和右旋酮洛芬</td></tr>
<tr><td>光谱库构成参数</td><td>光谱范围 1100 ～ 2200nm</td></tr>
<tr><td>预处理方法</td><td>一阶导数；二阶导数</td></tr>
<tr><td>阈值判断方法</td><td>大于 95% 的解释方差</td></tr>
<tr><td>阈值</td><td>0.87</td></tr>
</table>

2.4 《欧盟制药工业近红外光谱技术应用、申报和变更资料要求指南》的介绍

近红外光谱分析技术是一种通常需要化学计量学统计手段来实现的分析方法，在制药分析领域具有多样、广泛地应用。主要包括：原料、中间品以及终产品的鉴别、质量检查、分析以及物理化学信息的确认。NIRS 也是过程分析技术（process analytical technology，PAT）的一种主要技术，同时也可以用作实时放行策略的一部分。

NIRS 需要了解产品。ICH Q8、Q9 和 Q10 中给出的质量源于设计（quality by design，QbD）原则的应用被认为是与控制策略相称的开发和 / 或验证水平相当的。《欧盟制药工业近红外光谱技术应用、申报和变更资料要求指南》（以下简称《指南》）提供了 NIRS 在定性、定量和 PAT 应用中使用化学计量学统计方法开发、校正和验证的要求和指导原则。NIRS 技术的开发和应用是不断迭代和发展的，并且与生命周期概念的应用是相适应的。这些就会允许一些良好的变更控制的实践。考虑到 NIRS 分析方法定义的范围，关于变更控制的指南（无论是否在 GMP 规定的范围内）也一并提出。相关的定义详见《指南》的最后一部分。

2.4.1 概述

NIRS 与常规的 HPLC、GC 等分析技术不同。对于 NIRS，样品的采样附件和 / 或探头是必需的组成部分。这就使 NIRS 可以在简单样品处理（甚至无需处理）后在药物制剂或生产过程中进行快速、无损的测量。NIRS 可以通过更多具有代表性的样品来提升其对样品质量进行评估的能力。

对未知样品的近红外光谱的解释需要利用化学计量学校正模型。这些模型是通过慎重地选择具有代表性的样品来建立的，而且模型的建立需要独立的参考分析方法（通常需要对样品进行破坏来提取或分离出目标分析物，然后利用标准物质建立和验证方法）。

考虑到在使用化学计量学方法的情况下，面对原料、待测产品以及生产过程可能出现的可预见性变异，《指南》旨在阐明如何使 NIRS 在稳健运行的前提下满足药物分析过程中涉及的相关要求。

《指南》首先在第四部分描述了 NIRS 方法的基本要求。这部分内容是第五部分和第六部分关于定性、定量分析的补充。第七部分描述了对于 NIRS 方法的管理以及批准后的要求。

为了帮助说明，使用了以下关键术语。

近红外光谱采集方法（NIRS method）：主要描述影响测定待测组分的近红外光谱仪器方面的因素，包括样品测定方式和仪器参数设置等；

近红外光谱分析模型（NIRS model）：描述近红外光谱与待测组分之间的相关关系，一般采用化学计量学方法来建立；

近红外光谱分析方法（NIRS procedure）：描述在界定范围内，如何应用近红外光谱采集方法和近红外光谱分析模型。

近红外光谱分析方法的开发与应用是持续改进和发展的，各个阶段是相互依赖的，如图 2-4-1 所示。对于近红外光谱分析方法而言，有些阶段如“方法变更”或“PAT 应用阶段”并非必需，但需对缺乏的阶段进行说明。

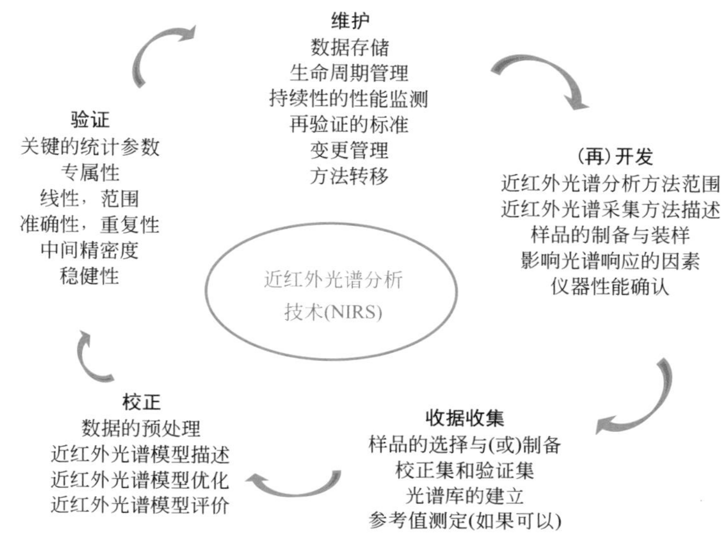

图 2-4-1 近红外光谱分析方法的开发与持续改进循环图

《指南》在 4.1.1 中介绍了通过近红外光谱分析方法范围的概念来实现持续改进和生命周期管理。当一些变更属于近红外光谱分析方法范围内时，只需要服从 GMP 即可。而当这些变更超出了近红外光谱分析方法的范围，那么就需要按照变更申请进行（第七部分）。

鉴于近红外光谱分析方法不能轻易地被官方质控实验室重复出来，因此应将相关的参考方法和相应的说明保留在授权的技术文件中以便进行重复，并且注明这些方法不能用来进行常规批次放行。

2.4.2 范围

《指南》内容涉及使用近红外光谱技术的人用或兽用药品上市许可申请和变更申请的法规要求。虽然欧洲药典对 NIRS 已经有了描述，但是仅依靠欧洲药典 2.2.40 关于 NIRS 的概述还不能够支持其作为上市许可和变更申请的方法。

《指南》列出了近红外光谱分析技术用于药物定性、定量以及 PAT 中的要求。如果进行适当的解释或具有合理的理由，也可采用《指南》以外的其他方法。《指南》中阐述的化学计量学原理也适用于其他分析技术。利用 NIRS 来实现非管理性的目的，例如进行过程知识累积等，不在《指南》的范围内。

2.4.3 法律依据

阅读《指南》时可参阅欧洲议会和理事会指令 2001/82/EC 和指令 2001/83/

EC，以及以下各项：

① 欧洲药典 2.2.40（近红外光谱分析技术）和欧洲药典 2.9.47（利用大样品数量证明制剂均一性）；

② ICH Q2（R1）分析方法验证指南（CPMP/ICH/381/95）；

③ VICH 分析方法验证指南 GL1 与 GL2（CVMP/VICH/590/98 和 CVMP/VICH/591/98）；

④ 专利药品委员会（CHMP）与兽用药品委员会（CVMP）关于在法规提交中有关工艺验证的信息和数据（EMA/CHMP/CVMP/QWP/70278/2012-Rev1）；

⑤ ICHQ8：药品研发指南；

⑥ ICHQ9：质量风险管理指南；

⑦ ICHQ10：药品质量体系指南；

⑧ ICH 对 Q8、Q9 和 Q10 有关问题的解答（CHMP/ICH/265145/2009）。

2.4.4　一般要求

以下是《指南》列出的近红外光谱分析方法的一般数据要求及所在章节。其他用于定性和定量的特别要求在《指南》的第五部分和第六部分分别给出。

① 近红外光谱分析方法的范围（4.1）[❶]；

② 校正集、校正测试集和验证集的详细组成与论证（4.2，5.2.2 和 6.1.2）；

③ 参考分析方法获得的数据（如有）（4.2.4 和 6.1.3）；

④ 近红外光谱分析方法中校正集和验证集的结果（4.4，4.5，5.3，5.4，6.2，6.3 和 6.4）；

⑤ 近红外光谱分析方法生命周期管理详细信息（第七部分）。

如果使用者希望使用《指南》未涉及的专业数据，那么这些术语应该进行充分而清晰的阐释。

2.4.4.1　开发

NIRS 在定性与定量方面具有广泛的应用，因此需要深入地理解其中涉及的物理化学基础、仪器及化学计量学原理。开发者应该明确在模型开发过程中所作的任何假设。近红外光谱信号可能归属于待测分析物，又或与光散射效应或基质成分相关。近红外光谱信号与分析物、属性或过程之间的关系应该证明是具有相关性的，同时符合近红外光谱分析方法的科学性和合理性。近红外光谱分析方法应该可以拒绝非定义范围内的其他样品（如样品超出范围或组成不正确）。

既然 NIRS 是一种快速、无损的分析技术，那么就可以通过获取更多的具有

❶ 括号中均为《指南》中的章节序号，2.4 节同。

代表性的样品来提高待测样品的预测能力。这也与 QbD 中持续改进的概念相符，应该列入近红外光谱分析方法的开发当中。

（1）近红外光谱分析方法适用范围

近红外光谱分析方法的适用范围对于促进连续提升以及从监管的角度管理未来可能的方法变更非常重要。近红外光谱分析方法的适用范围应该在任何应用中进行阐明。以下几点应该在近红外光谱分析方法适用范围研究过程中注意：

① 待测分析物、属性或生产过程事件及相关的基质；

② 分析方法的目的在原料或产品的控制策略范围之内。应该包括近红外光谱分析方法的操作范围限制，如分析物浓度、过程参数和 / 或设计空间；

③ 近红外光谱采集方法，例如实现近红外光谱测量的关键元素（4.2.1），应该包括采样方式、探头的位置以及采样方案。近红外光谱分析方法通常具有样品专属性，因此样品的类型以及特性应该予以说明（4.2.2）；

④ 近红外光谱模型，例如如何将近红外光谱数据与待测分析物或感兴趣的性质相关联，应该包括相关的统计分析阈值和 / 或属性；

⑤ 信息汇总，确保对近红外光谱分析方法进行日常的严格评价与再验证，如有需要，进行持续改进与相应的变更控制；

⑥ 如果使用了参考方法分析，需将参考方法进行详细说明，这对近红外光谱分析方法的校正与验证十分必要。

（2）近红外光谱分析方法的描述

应该提供近红外光谱仪的详细信息，包括仪器生产企业和型号、分光系统的分光原理（例如 FTNIR）、检测器的类型（例如硅、硫化铅）、光谱采集的方式（例如反射、透射、透反射）以及波长范围。

样品的制备、装样、取样装置以及分析方法中其他必要的部件和控制方法。

应该阐明每个样品的扫描次数以及光谱的预处理方法。

应该建立光谱库以及数据采集和存储的方法（4.2.5）。

（3）近红外光谱模型的描述

由于近红外光谱信息具有复杂性，利用统计软件包建立化学计量学数据分析模型也十分有必要。它可以利用光谱展现和提取出相关信息，或者表明通过参考方法获得的信号与光谱相关。

化学计量学数据分析的工作原理是在一系列校正参考数据存在的情况下将近红外光谱信号的方差和一系列潜变量或因子相关联实现的。在此过程中总是会存在某种风险，即相关性仅仅是偶然的而不是由于待测物本身的变化而产生的。因此，化学计量学模型需要通过独立的样品集来进行验证。

近红外光谱模型的详细信息应该进行描述，包括商用软件及其化学计量学算法（如 PCA 或 PLS）及可以接受的统计分析阈值。这些都应该进行说明和限制以避免在近红外光谱分析方法生命周期中发生不适宜的漂移。例如，在定量分析中，相关的统计光谱质量检测标准（4.3.1）、潜变量的数目、校正集标准偏差（SEC）和预测集标准偏差（SEP）都应该阐明。

（4）可行性研究

通常在方法建立过程中需要考虑利用近红外光谱实现待测分析的可行性。但是，这些可行性研究的结果不必进行提交。

在建立新方法时需对近红外光谱法的可行性进行研究，以考察其是否适于分析目的。可行性研究至少应包括考察合适的光谱响应值、方法专属性、样本基质的干扰等，并考察样本处理与制备的影响。

在建立近红外光谱分析方法的过程中，其他要求（如校正集和验证集）也应该在此期间进行考察。例如，对于片剂含量均匀性的检测，药片的重量也应该被考虑进来从而保证检测的是活性成分的含量而非浓度。

（5）影响近红外光谱分析方法的风险分析

根据 ICH Q9 中的相关原则和方法，对近红外光谱分析方法给出可靠结果的不利影响因素进行综合性评估是十分必要的。因为这些因素有可能导致质量评估错误或者“假阳性”。

风险评估应该涉及在建立近红外光谱分析方法和范围时所做的假设、影响响应的变量以及样品的装样。

每一种潜在的影响光谱响应的变量都应该依次进行讨论从而证明其是不重要的或者是受控的（有相应的数据支撑）。

不可能将所有的影响变量列出，但是应该包括以下几项：

① 光谱采集的环境；

② 玻璃器皿的光学性能；

③ 样品与采样附件之间的清洁程度；

④ 光程长；

⑤ 样品的光学性能、温度、厚度；

⑥ 样品流动性；

⑦ 多晶型；

⑧ 颗粒度；

⑨ 残留水分和溶剂；

⑩ 均匀性；

⑪ 样品的存放时间；

⑫ 测量时间和仪器漂移。

关键的过程参数和关键质量属性的变化也应该考虑其中。例如，对于片剂来说，颗粒干燥、水分含量控制、压片以及片剂的硬度便应考虑在内。

其他应该考虑的因素包括：光谱方面（例如分析信号对于基质和基质效应来讲是绝对值还是相对值）或模型方面（例如共线性）。

另外一个需要评估的方面是选择的样品所包含的变化信息以及其在校正集和验证集中的分布合理性。采样方案应该具有上市产品的代表性并且能够保证合理地划分校正集和验证集。

实验设计可以考虑用来进行风险识别和风险降低。

风险评估应该是一件持续进行的工作，并进行日常严格的再评估和再验证。这将有利于持续改进和必要时的变更控制。

风险评估的报告应该在申报时用来支持近红外光谱分析方法的建立与稳健性（5.4.2 和 6.4.5）。

2.4.4.2 数据采集

（1）样品制备与装样

应该对样品制备的细节进行详细的描述。在进行任何 NIRS 测定之前，对样品在近红外光谱仪器上的装样方式进行优化是很重要的。应优化的变量包括采集样品的方位、样品尺寸、玻璃器皿的光学质量、温度、材料流动性、光程长度和环境条件等方面，进而使样品的测量过程能够保证一致。

应该描述样品和 NIRS 检测器之间的采样界面。样品的装样形式对近红外光谱响应的可能影响也应该进行讨论。如果有影响，应该证明这些影响是可控的。

对于在线分析方法（例如测定混合过程的混合均匀度），应该证明样品的装样与取样装置（例如探头）是最优的。以下是在线应用的时候应该考虑的方面：

① 取样装置位置的优化；

② 有效的样品量的评估；

③ 确保采样装置的界面或者窗口被样品覆盖；

④ 有效的控制措施保证取样装置不被污染。

（2）样品总体

所有的样品应该有明确的界定，取样的方法也不应该对样品的质量产生影响或者引入偏差。

用于校正和验证的样品应代表工业生产过程和 NIRS 方法范围内的预期变化。此类变化可能包括：

① 目标分析物的浓度；

② 粒度；

③ 材料供应商；

④ 含水量；

⑤ 残留溶剂含量；

⑥ 基质中定性和（或）定量变化（例如辅料等级、配方）；

⑦ 过程变化（例如通过长时间获得的样品）；

⑧ 样品本身存放时间；

⑨ 温度。

也可以使用代表商业生产（例如相同的组成、工艺和质量属性）的研发或者中试规模的批次。

样品验证集应完全独立于校正集（5.2.2 和 6.1.2）。

校正集和验证集的结果应该也是独立的。例如，对于重复性来讲，每一次结果都应该是不包含其本身的校正集和验证集计算出来的。

（3）数据预处理

受物理参数（如粒度和样品呈现形式）的影响，通常在建立校正模型之前，对原始 NIRS 进行数学处理，光谱预处理的目的是尽量减少建立校正模型前数据中无用的变化以及增强光谱特征。在进行任何预处理的时候都应该谨慎，因为人工的干预可能会被引入或者一些有效的信息会丢失。因此所有的预处理方法都应该记录并证明其合理性。

可以用部分波长来代替整个光谱范围。如果使用部分波长范围，应该从科学的角度进行证明并给出数据证明所有相关的物理、化学信息都被包含在内了。

（4）参考方法分析

用于 NIRS 校准和验证的样品通常需要鉴别，或者通过参考分析方法为其赋予定量值。如果情况并非如此，则应进行解释和证明。应在相同的适当时间内，对同一样品进行参考方法和 NIRS 方法的分析。可能需要一种以上的参考分析方法来鉴定待测样品（例如不同等级的材料）。

通过参考方法和 NIRS 方法确定的分析物或属性可能是相同的，例如通过 NIRS 和 Karl Fischer 滴定法测定的水分含量是相同的，因为两种方法的数据都对应于样品中存在的水。而如果参考方法采用的是干燥失重法，NIRS 和参考方法确定的分析物即是不同的，因为干燥失重数据反映的不仅仅是水分的含量。

通过参考方法和 NIRS 方法确定的属性也可能在单位方面有所不同，例如，NIRS 分析物是浓度的函数；参考分析物是质量的函数。应说明将一种方法的结果转换为另一种方法所需的额外测量，例如样品的质量或体积。

对于参考分析方法的使用应该符合：

① 根据 3.2.P.5.2 的数据要求描述分析方法；

② 根据 3.2.P.5.3 的数据要求和 ICH Q2（R1）中分析方法的验证指南对分析方法的验证进行详细说明。对于兽药应用，应该参考 VICH 指南 GL1 和 GL2 分析方法（CVMP/VICH/590/98 和 CVMP/VICH/591/98）验证；

③ 满足 3.2.P.6 数据要求中对相关标准物质的要求；

④ 如果需要，近红外光谱分析方法和参考方法之间的误差和偏差应该予以讨论。

（5）光谱库的建立

光谱参考库的组成应涵盖 NIRS 分析技术的范围，并应遵守变更管理系统要求（符合 GMP 要求）。样品应代表市场上销售的材料或产品，并在批号列表中列出。应将光谱编入索引，以便明确鉴别来源和产地批次。对于定性分析，如果光谱参考库可能非常大或多种多样，则将库划分为适当的“子库”以简化开发。子集的选择和子库的数量应该被描述和证明。

2.4.4.3　数据解析

（1）光谱质量统计检验

在应用近红外光谱模型之前，采集的光谱应该进行光谱质量统计检验以确定其是否落在模型的变化范围之内。实际操作中，通常利用 Hotelling T^2 和 DModX 等方法来判断样品数据是否在预设的变化范围内或者是离群值。用于处理异常值的步骤也应该进行说明（4.3.2）。

若样本无法通过光谱质量统计检验，采用所建校正模型进行样本的检测可能得到“假阳性”或不正确的结果，因而不具有科学性。

近红外光谱质量检测可以通过计算机软件自动完成。申请人应该理解此过程并能够进行描述。描述内容应该包含为完成检测所选择的样品的详细信息及其适用性的解释。

（2）光谱数据中的离群值

在近红外光谱分析中的任何一个阶段都应该建立系统和步骤来确保离群值的确是合理的。样品数据（近红外光谱和参考值）中任何可能的离群值，无论包含在校正集、校正测试集还是验证集中，都应该进行研究并合理地排除。

近红外光谱离群值是指样品的近红外光谱与校正模型中的样品不同。这并不是指在批次生产中的不合规产品。这个离群值可能是“光谱离群值”（例如不符合光谱质量检验）、“预测离群值”（光谱符合光谱质量检验，但是预测值却不符合要求）或者光谱和预测值都偏离了近红外光谱分析方法的范围。一个近红外光谱离群值可能仍然满足待测物的要求。这种结果不一定是错误的观测值，而仅仅是与其他样本不同，并且会对分析结果产生不确定的影响。

如果一个样品因为本身的特点而被认为是离群值，那么这个样品应该用参考方法或其他分析方法进行检测和确认。确认真实性之后，该样品可以纳入光谱库，之后模型需要重新验证以便于将此变异源纳入模型。这是近红外光谱模型生命周期中的重要一环，并且可以保证分析方法实施的更新与优化。

（3）常规检测中的检验结果偏差

对于近红外光谱常规批次分析，检验结果偏差（OOS）出现通常会触发公司药品质量管理体系下的调查。拒绝或放行的决定是基于失败调查的结果的，其中失败调查也包括对参考方法的分析。

如果通过调查发现 OOS 产生的根本原因与测量（人为因素或仪器问题）或不可预见的光谱变异有关，但是通过参考分析方法发现受影响的批次符合要求，那么就可以做出样品符合要求的决定并放行。调查也有可能指示近红外光谱分析方法还没有完全地开发好。则近红外光谱分析方法应该进行再评价与更新，从而使新的变异包含进来（如近红外光谱生命周期概念所示，图 2-4-1）。

当近红外光谱分析方法处于更新状态时，应该暂停使用：制药企业可以使用参考方法或其他受控的方法。

应该避免由近红外光谱方法到参考方法的频繁更替，近红外光谱 OOS 的出现应该始终先进行调查而非立即更换参考分析方法。

2.4.4.4 校正

对于近红外光谱来讲，通常通过建立校准模型来执行校准，该校准模型将一组参考样品（参考库或校准集）的浓度或性质与吸收光谱联系起来。详细的要求在“定性分析”与“定量分析”章节。

2.4.4.5 验证

验证集数据是用来评价校正模型的适用性以及是否符合 3.2.P.5.3、ICH Q2（R1）关于分析方法验证的指南（CPMP/ICH/381/95）以及兽药应用 GL1 和 GL2 关于分析方法的验证部分（CVMP/VICH/590/98 和 CVMP/VICH/591/98）的要求。

校正模型的评价和验证可接受的标准应该参照 NIRS 的预期使用目的进行说明和论证。

对同一组样品的近红外光谱分析方法和参考分析方法的测量结果（若有）进行比较是近红外光谱方法验证的组成部分。同时还有独立的参数测定，例如中间精密度。

参考方法测量的准确性方面，例如准确度和精密度，应该在进行近红外光谱分析方法验证的时候予以考虑。

如果近红外光谱分析方法在最初的注册档案中出现了，那么使用了参考分析方法获得的验证数据也应该提交。

如果近红外光谱分析方法被注册为已经批准的参考方法的上市许可的变更，那么应该提供按照现行（V）ICH 关于分析方法验证指南中有关参考方法的验证数据的总结。

关于验证的具体要求将在“2.4.5 定性分析方法”与“2.4.6 定量分析方法”

章节中介绍。

2.4.4.6　过程分析技术近红外光谱分析方法

由于近红外光谱过程分析技术与生产过程的特性（例如采样频率与过程动态变化）相适应，所以在《指南》中对此类方法进行详细的描述并不合适。

《指南》的数据要求同样也适用于近红外光谱过程分析方法，并且近红外光谱过程分析方法所要求的数据量依赖于其使用目的和范围。用于保证近红外光谱分析方法有效和适用的标准也需证明是必要的。

近红外光谱过程分析方法应该进行详尽的描述，并且提供与 PAT 应用相关的所有信息（例如设备的空间布局、生产设备的结构特点和取样性质与范围）。

利用近红外光谱分析方法作为 PAT 应用的例子是 NIRS 用于粉末混合中混合均匀度的监测。混合过程可以通过测量近红外光谱信号（例如标准偏差）随着时间（也称移动窗口标准偏差，MBSD）的变化来进行监测，此方法已经被证明是混合均匀度监测的有效方法。

2.4.5　定性分析方法

2.4.5.1　开发

近红外光谱分析技术有着广泛的定性应用，可以分为三个主要领域：成分鉴定、质量鉴定和一致性检查。

（1）成分鉴定与质量鉴定

《指南》中仅涉及单个成分的定性时使用术语“成分鉴定”，当用来进行定性并且区分同一物质的不同等级（例如不同的粒度或不同的晶型）时，使用术语“质量鉴定”。

如果在成分鉴定和 / 或质量鉴定中使用不止一种分析方法，应该说明近红外光谱分析方法是替代的哪一种参考方法。

利用近红外光谱对一种物质（例如药物成分、辅料、混合物、药物产品或者中间品）进行成分鉴定或质量鉴定是基于将获取的光谱与多个批次多个样品的参考光谱库进行对比。有必要应用化学计量学对数据进行对比并设置阳性 / 阴性（匹配 / 不匹配）的接受标准。设置的这个标准应该给予证明。

样品的成分鉴定或质量鉴定可以在不同的阶段进行。例如，对化学品的成分鉴定或一组相关成分的成分鉴定可以在最初的阶段进行，然后用更多的可选择光谱库进行不同等级的确定。这种方法可以降低假阳性和假阴性的可能性。质量鉴定经常在样品成分鉴定之后，而质量鉴定光谱库是使用同一物质的不同等级的代表性样品建立的。

当仅使用近红外光谱分析方法不足以进行成分鉴定或质量鉴定时，近红外光谱分析方法的使用范围应该进行界定，并使其作为进行成分鉴定或质量鉴定一系列测试的一个组成部分。例如，应该使用其他的分析方法作为补充，这样同步进行检测才能保证其专属性。

（2）一致性检查（例如，PAT、动态过程监测、趋势分析或在线控制）

《指南》使用术语一致性来作为特定的标准或事件在一定程度上对相似（化学或物质属性）的特征进行确认。进行这种检查的一个应用是通过监测近红外光谱信号的变化来确定一个过程的终点。

近红外光谱分析一致性检查也称为动态过程监测、趋势分析或 PAT 分析。由于参考方法取样困难，也可以不包含参考分析方法的使用。

在校正和验证方面，一致性检查应该与质量鉴别使用相似的方法进行处理。但是，校正和验证工作的开展程度依赖于分析的目的。例如，移动块标准偏差（MBSD）方法验证主要集中在终点的判断上，需要有合理的理论基础和一定预测能力的分析证据作支撑（例如，在方法验证中建立终点与真实混合均匀性之间的关联）。

2.4.5.2 数据收集

（1）样品收集和总体

样品的选择以及光谱库的开发程度都依赖于分析方法的复杂性。所有的样品都应该用批准的参考方法进行确认，或用适合的方法进行授权（分析或相关测试的证明）。

如果实验室或中试样品用来展现样品更大的变异性，那么这些样品应该用与生产步骤相同的方法进行制备，除非另有证明。所有样本组中的生产批次与开发批次的平衡应根据常规生产中预期的变化来证明是合理的。样本的选择应该证明其足以确保常规使用的近红外光谱程序的稳健性。

对于入库物料的成分鉴定或质量鉴定的分析方法，所有相关供应商的样品都应该包含到样品库中。对于一致性检查，应该证明选择的样品数符合预测的目的。

（2）样品的组成

为了开发、优化以及验证一个典型的成分鉴定或质量鉴定的近红外光谱定性校正模型，需要三个样品集：

① 用于建立模型的校正集；

② 用于中间验证和优化模型的校正测试集（用交叉验证技术时，可以使用校正集来代替校正测试集）；

③ 用于模型外部验证的独立验证集。

此外，用于建立和验证模型的每个批次的样品数目以及批次的数量应该予以证明。

每个样品集中的样品应该具有近红外光谱分析方法范围的代表性，并且样品应该覆盖样品集中可能存在的全部变化。分析信号的强度、样品基质的复杂性和基质目标分析信号导致的干扰都应该考虑进来。总之，样品基质越复杂、带来的干扰越大，需要的样品数目就越多。

校正集包含所有建议纳入光谱库的样本。在最简单的光谱库形式中，在特定的地点使用的所有物料的样品都应该包含在一个样品库中，然后利用化学计量学方法对此样品库进行分析。由于这个大样品库不能提供足够的专属性，因此包含特定种类样品的子库经常用来保证专属性。因此，成分鉴定和质量鉴定成为一个迭代的过程。利用主光谱库来进行成分鉴定，随后进行质量鉴定（例如利用子库来进行多晶型的确认）。

通常可以利用“内部验证”的方法来选择合适的校正模型。“内部验证”是指应用重新抽样统计数据来交叉验证和提供模型性能的“内部检查”，以达到优化的目的。光谱参考库中的一个子集或多个子集用来进行一系列的统计分析，从而确定哪个校正模型（由软件自动生成）最适合现有数据。

校正测试集（替代校正集中的交叉验证）主要用来进行模型有效性的第一次“测试”或者检查。校正验证集并不代表近红外光谱分析方法里面的独立验证（近红外光谱分析方法需要完全独立的样品），因为样品是从相同的批次总体中抽选出来的。在实践中，校正集样品一般为总体样品的三分之二，校正测试集为剩余的三分之一。不是所有的情况都是如此，但是校正集中应该有足够多的样品来保证建立的模型的可靠性。申请人应该给出校正集和校正测试集中样品组成和数目合理的理由并证明其合理性。

样品外部验证集应该完全独立于建立光谱库的所有样品并且应该包含质量鉴定的阳性和阴性样品。这些样品应该不是从建立校正模型的样品中选择出来的。

一般来讲，外部验证样品应该覆盖校正模型的范围，包含商业生产中所有的变化。如果可能的话，中试和大生产的批次样品也应该包含其中。

对于一致性分析，外部验证的样品应该包含被监测的生产过程中存在的变异并给出正确的终点判断。阳性和阴性结果也应该包含在独立的验证样品中，以便保证近红外光谱分析方法适用于分析目的（例如，混合过程中的混合均匀度检测便包含未混或过混产生分层点的样品）。

2.4.5.3 校正与优化

校正模型的例子有主成分分析（PCA）、判别分析（呈线性相关或二次函数关系）、簇类的独立软模式（SIMCA）、聚类分析和相关算法（如距离匹配、休哈特图）。

对最合适的模型算法的选择主要依赖于近红外光谱分析方法的使用范围。总体而言，应该选择使用可以给出满意结果的最简单的算法。

通常来讲，在进行成分鉴定和 / 或质量鉴定时制定可接受的标准是非常必要的（例如阈值、置信限或容忍度）。接受标准应该予以证明。图表呈现可能对于支撑提供的信息非常有用（例如载荷图）。

总体来讲，对于定性分析方法的优化主要受限于模型中样品的选择、预处理方法的选择以及校正算法的选择。内部交叉验证通常用来测试或进一步优化模型。此内部验证步骤应证明光谱参考库的所有样品均根据程序范围、使用定义的验收标准进行了成分鉴定和质量鉴定。

2.4.5.4 验证

① 外部验证可以用来证明在近红外光谱分析方法的范围内，模型可以用于新样品的日常检测分析。

② 近红外光谱模型的验证应该能够证明模型中含有最小批次的样品的光谱包含在光谱库中，并且这些批次的样品可以覆盖待测物质的正常变异范围。

③ 独立验证集中样品的组成应该进行描述和论证。

④ 申请人应该证明利用已经制定和证明的接受标准的方法结合近红外光谱模型可以用于目的分析。

⑤ 替代方法和 / 或统计参数可以用来评价模型的性能。这些应该详细说明以及证明其应用目的的适用性。

⑥ 近红外光谱定性分析方法的验证应该至少包含专属性和稳健性两项。

（1）专属性

近红外光谱分析技术的专属性内容取决于其使用范围。对专属性的研究也可以用其他的分析方法作为补充（5.1）。

能够体现在光谱参考库中但是没有用来建立参考光谱库（例如不同批次、不同混合单元）的独立样品必须进行检测。所有的样品应该被准确预测（通过或拒绝，匹配或不匹配），具有潜在挑战性的样品应该被拒绝。

对于药用物质的成分鉴定或质量鉴定，其相关的存在的名字和结构类似物（若有）也应该包含在验证集中，除非证明其不存在的合理性。要有样品入库和生产单元操作的回顾性分析以证明类比和挑战对于模型的影响。

对于专属性的验证（例如在质量鉴定中）应该包括同一种物质的不同等级的样品的验证，如物料有无水分、不同的晶型、不同的粒度或不同的物料供应商。

模型结果应该可以证明对于每一个检测参数，近红外光谱分析方法与参考方法一样有效，具有足够的选择性来区分符合检测参数的批次和不符合检测参数的批次。

（2）稳健性

相关变量如温度（环境和样品的）、湿度、光学窗口测量的同一个样品的不同位置、不同的装样装置、西林瓶中样品的变化、探头的深度、不同的包装材料等产生的影响都应该进行解释、测试以及归档。仪器的变化也应该考虑作为稳健性的验证内容，如更换光源或标准物质。实验设计可以考虑用来最大化可用的信息。

2.4.6 定量分析方法

2.4.6.1 数据采集

（1）样品收集与样本总体

如果可行的话，应该将研发的批次样品扩充到实际生产批次的样品中，这些研发的样品专门用来模拟在实际中可能存在的变化限度。

在生产运行过程中，生产工艺参数被系统改变的子批次也可以被考虑来模拟这种变化。

如果需要用实验室样品来扩大生产样品图谱的狭窄范围，以便于对线性进行合理的评价，这类样品应使用相同的生产步骤进行制备，或者对影响近红外光谱模型的任何变化予以证明。

在样品集中生产批次与研发批次之间的比例应该以包含日常生产中的变异为准。

如果可行，应该保证在整个潜在的变化范围内，样品是呈均匀分布的。样品的分布应该根据分析方法的预期目的进行评估。对于建立的近红外光谱分析方法仅仅用来进行极限测试的情况（例如注射用结晶粉末的水分含量），包含更多的处于极限值附近的样品是可以接受的，也是应该进行阐明的。

考虑到待测分析物的已知近红外光谱信号、光谱的选择性和潜在的基质效应，引入不必要的相关性和系统错误这样的可能性应该予以考虑。

样本的选择及其数目应该基于分析的目的进行。可以通过合适的实验设计方法来快速有效地实现样品的选择和样本总体。

（2）校正集、校正测试集和验证集的组成

为了建立、优化和验证一个近红外光谱定量分析模型，需要有以下样品集：

① 用于建立模型的校正集；

② 用于内部验证和模型优化（可以用校正集样品进行交叉验证代替）的校正测试集；

③ 用于模型外部验证的独立验证集。

校正算法一般是基于近红外光谱方差（通过潜变量表示）与参考数据的相关性建立的。用于建立校正模型的样品数目应该远大于潜变量的数目，并且潜变量的数目应该与通过风险分析步骤发现的可测的显著性变异来源的数目相当。

用于建立一个有效的定量分析校正模型的样品数量也依赖于样品基质的复杂性，

并受待测分析物基质信号的影响。总之，样品基质越复杂，需要的样品量就越多。

《指南》的 5.2.2 部分同样适用于定量分析方法。

申请人应该对校正集和验证集样品的组成和数目予以说明，并且能够证明用于建立近红外光谱模型的这些样品包含了未来预期的变化。

申请人可以选择在模型的开发和优化过程中不适用内部验证。在这种情况下，一个校正集和独立验证集样品是最低要求。

（3）参考方法分析

近红外光谱分析方法的性能依赖于参考分析方法的性能。参考方法的精确度和准确度差会限制近红外光谱分析方法的性能。因此，重要的是确保参考分析方法的不确定性程度相对于近红外光谱分析方法的预期表现是低的。

应该对参考方法的重复性进行讨论，并且参考数据应该以图表的形式呈现出来。用于获得建模参考数据重复取平均的次数应该予以说明，并且用参考方法和近红外光谱分析方法的精密度和准确度进行证明。

如果参考分析方法测定的样品中的分析物与近红外光谱分析方法使用的是不同的函数或单位（例如质量对浓度），那么结果的赋值需要利用额外的测量进行转换并且应该进行全面的解释。

2.4.6.2 校正与优化

在获取了校正集样品匹配的光谱和参考数据后，可以使用特定的软件包建立化学计量学校正模型。这类软件根据经验将数据中的变化联系起来。这种关联的结果可以通过不同的算法（如 PLS 回归的潜变量、主成分回归的主成分数）用不同的方式呈现出来。

校准模型中使用的潜在变量的数量对于避免数据拟合不足或过度拟合以及确保模型根据程序的预期目的进行优化至关重要。

在选择使用的潜变量的数目时应该考虑以下内容：

① 共线性；

② 对分析物的光谱变化引起的数据方差的贡献最小；

③ 不是由待分析物引起的光谱变化产生的数据方差的贡献，而是由样品基质中其他成分产生的（例如辅料或其他性质）。

上述清单并非遗漏无疑，还应该考虑到风险评估和可行性研究所揭示的相关问题。

载荷图在选择潜变量数目的时候可以提供帮助。

校正模型的优化可以参考《指南》5.2.2 部分。

重新取样统计分析用于模型优化是一个快速发展的领域，而且很多适宜的统计分析过程可以用来评价欠拟合和过拟合。使用的任何处理都应该进行解释和证明。

2.4.6.3　校正模型评价

为了证明在校正模型中使用了合适的潜变量数目，应该给出校正集标准偏差（SEC）和预测集标准偏差（SEP）与潜变量数目的变化图。校正集和验证集样品的参考值和NIRS的预测值也应该通过图进行展示，标明线性、偏差、斜率以及离群值。近红外光谱预测值的残差值也应该给出，从而提供额外的线性评价方式。

对于多元逆回归（例如PLS），应该将参考值作为因变量，近红外光谱预测值作为自变量。

对于校正集和验证集，离群值应该如《指南》4.3.2所述进行评价并且给出相关的统计参数。当确认了离群值并将其从样品集中去除后，才可以进行校正集和验证集的相关处理。

建立的模型应该获得好的相关系数（接近1），同时斜率、偏差和截距与1、0、0之间没有显著差异。

对于校正集来说，SEC或者相关参数应该给出。

对于内部（交叉）验证优化方法，应该给出交叉验证标准偏差（SECV）。其他的统计参数也应该使用。任何使用的统计参数应该给出、解释并予以证明。

对于验证集来说，应该给出SEP结果。校正集的范围应该至少是SEP的10倍。

应该对模型的校正集和验证集的数据进行比较，并且讨论校正模型在适用性方面的差异。一般会给出SEP或实验室误差（SEL）。

2.4.6.4　验证

近红外光谱分析模型只适用于其验证模型中包含的变异（如定义范围）。

近红外光谱分析方法应该能够拒绝定义范围外的样品，例如OOS产品、安慰剂、包含与预期辅料不一致的质量成分的样品和含有不同的活性物质和辅料的样品。

当利用近红外光谱分析方法产生验证数据时，参考分析方法的准确性和精密度也应该考虑进来。

（1）专属性

近红外光谱分析方法应该可以在其他成分存在的情况下对目的分析物进行预测。

以下几种情况可以用来作为具备专属性的证据：

① 参考研发和风险评估的数据可以证明待测物的已知近红外光谱特征有适宜的近红外光谱响应；

② 将建立化学计量学模型的成分的载荷图与待测物的已知近红外光谱特征进行比较；

③ 统计光谱质量检验（4.3.1）；

④ 能够证明可将近红外光谱分析方法范围外的样品拒绝；

⑤ 验证集样品用来证明其准确度和稳健性。

（2）线性和范围

验证集中的样品应该分布于给定的预测范围内，进而才可以证明线性。

如果可以，近红外光谱的结果应该与参考方法的结果进行比较，对相关系数和残差分析（线性的指标）应该进行解释和证明，并提供相应的图例展示。

申请人如果使用本指南外的评价指标来决定线性，应该予以证明。

（3）准确度

准确度应该建立于近红外光谱分析方法的特定范围内，通常是通过与已经验证的参考方法的结果进行对比实现。偏差不应该与 0 具有显著性差异。

（4）精密度

应在规定范围内确定重复性和中间精密度。

应该讨论和论证近红外光谱分析方法测定精密度的适用性。

（5）稳健性

证明近红外光谱分析方法稳健性的证据应该包括样品的化学和物理变化，取样条件、样品装样以及过程参数的变化。

如果考虑到了这些，可以参考校正模型建立和优化过程产生的数据以及上述验证的数据，这些都是可以支撑稳健性的。否则，应该提供测定和确保稳健性的验证数据。

（6）检测限和定量限

提出的近红外光谱分析方法的检测限和定量限只有当被分析物被认为是杂质（例如水分）的情况下需要进行证明。

2.4.7 近红外光谱分析方法以及审批后要求

2.4.7.1 近红外光谱分析方法的管理

近红外光谱分析方法会随着时间进化。申请人应该在最初的申请中指出如何进行近红外光谱生命周期的管理，这对于近红外光谱分析方法审批后进行合适有效的使用十分必要。

近红外光谱分析方法生命周期管理应该确保近红外光谱分析方法进行定期的关键评估与再验证，并确保可以进行持续提升。且在生命周期中，如果需要，可以进行适当的变更控制。这些应该在近红外光谱分析方法范围的开发过程中予以标明（见《指南》4.1.1）。

在购买或生产新批次产品中出现新的数据时可以对近红外光谱校正模型进行更新。这被推荐作为近红外光谱分析方法持续提升的一种好方法。

近红外光谱分析范围的延伸只能通过变更申请来实现。与产品生命周期相关的变更，例如生产工艺、组成、生产地点的变化，通常也要求进行近红外光谱分析方法的更新。

2.4.7.2 批准后近红外光谱分析方法的变更

可能会影响近红外光谱分析方法的性能的变更（包括计划和非计划）都需要经再校正和 / 或再验证来证明模型能够继续适用。所有的变更都应该进行验证，并且通过验证的管理工具进行归档和记录。

（1）近红外光谱分析方法范围内的变更

一般而言，对于近红外光谱分析范围内的变更只需要适应 GMP 要求。相关的例子包括光谱库的维护和更换设备的消耗品（包括光源、取样装置、位置和软件升级等）。

变更应该进行全面归档，并且应包括适当的再验证和相似性对比报告，来表明修改后的近红外光谱分析方法与批准的方法一致。风险评估方法也应被执行，用来决定这些变更带来的风险。

对于近红外光谱定性分析方法而言，应该为每个近红外光谱分析方法和光谱参考库制定相应的变更管理测试（证明在变更的情况下近红外光谱分析方法可靠性不变的测试）。变更管理测试应该至少包括两部分样品（例如两类或两种物质）。这两部分样品的分离度是非常关键的。如果近红外光谱分析方法不符合变更管理测试（意味着分析方法不能够将两类样品进行区分），那么模型需要重新验证。变更管理测试的适用性也应该进行定期的重新评估。

近红外光谱定量分析方法应该仅用于校正模型浓度范围内以及校正集定义条件下的分析检测。可以通过模型更新向校正模型中添加样品观测值（在近红外光谱分析定义范围内的校正范围）。这种变更需要再验证，且归档要符合 GMP 检查。

（2）近红外光谱定义范围外的变更

近红外光谱分析方法批准范围外的延伸应该提交变更申请。申请应该包括更新后的近红外光谱分析方法与现行方法和 / 或参考方法之间的比较（如有）。

对于近红外光谱定性分析方法使用范围的延伸情况，例如利用已经批准的近红外光谱定性分析方法去测定其他授权药品物质和 / 或药品，提供一份符合《指南》要求的声明和更新后近红外光谱分析方法与现行分析方法之间的比较即可。

对于定量分析方法，近红外光谱分析方法范围的扩展包括样品、范围和 / 或规格限制的变更。变更申请应该包括近红外光谱模型再校正与再验证的相关证据。

2.4.7.3 近红外光谱仪器之间的转移

近红外光谱分析方法转移的目的是基于《指南》中 5.4 和 6.4 的验证参数可以确保一台仪器上生成的校正模型可以应用于另外一台。评价仪器之间相似性必须考虑以下参数：

① 硬件（例如相同的仪器类型和测量装置）；

② 软件（包括数学算法和校正模型中光谱的处理方式）；

③ 界面（例如探头、波导和光纤）；

基于近红外光谱分析方法的范围（例如定性、趋势或定量分析）和仪器之间相似的程度，近红外光谱分析方法的转移可通过选项（1）或（2）进行：

（1）适用于仅有近红外光谱分析方法的变化

用所有的仪器检测一组代表性的参考光谱的时候，可以通过软件中的数学补偿算法保证获得相同的光谱响应。通常包括偏差、斜率或矢量校正。

（2）数学补偿不足以实现的情况

① 近红外光谱模型的校正集和验证集应该在另外的仪器上进行重复和确认。

② 利用少量但是具有代表性的校正集样品在两台仪器（主机与其他仪器）上进行光谱采集，开发校正转移模型。一个选择样品的便捷方法是基于他们的杠杆值。在这个方法中，对模型有大影响的样品被选择出来。基于多元校正模型的复杂性，一小部分（相较于建立和验证初始模型的数量）代表性样品被选择出来支撑不同仪器之间的模型转移。

③ 当主仪器不再可用的情况下，应该用一定数量的样品进行证明并利用它们建立基于其他仪器的校正模型。

在（1）和（2）的情况下，将近红外光谱分析方法向另一台仪器进行转移应该以适当且具有可比性的指导文件为依据，以证明成功转移。

如果在申请人申请策略中预见到变更，近红外光谱分析方法转移的可比性指导文件可以在最初的申请中作为“审批后变更管理协议”进行申请。同样的，这个可比性指导文件可以在注册转移本身的变更申请时提交。这个文件应包括可以接受的标准，以证明结果转移是令人满意的。

2.5　美国 FDA《近红外光谱分析方法的开发与提交》工业指南解读

过程分析技术（Process Analytical Technology, PAT）是指以保证终产品质量为目的，通过对有关原料、生产中物料及工艺的关键参数和性能指标进行实时（即在工艺过程中）检测的一个集设计、分析和生产控制为一体的系统。

2004 年 9 月，美国 FDA 以工业指南的方式颁布了《创新的药物研发、生产和质量保障框架体系 -PAT》（Guidance for Industry PAT-A Framework for Innovative Pharmaceutical Development，Manufacturing，and Quality Assurance），明确指出

药物质量不是检验出来而是生产出来的，鼓励制药工业在药品生产过程中进行技术的改革和创新，并建议应积极探索过程分析技术在制药过程中的应用，通过合理的过程设计、分析与控制，增强对工艺过程的理解，降低过程不确定性和风险，并保证持续生产出满足质量要求的药品。由此拉开了 PAT 在制药领域应用的序幕。

过程分析技术不仅可以缩短工时、减少误差，还可以使监管更加有据可依，因此越来越多的欧美制药企业开始引入 PAT 以实现药品生产过程的全程监控，从而保证产品的质量。同时，为了推广和规范 PAT 技术，这些国家和地区的药品监管部门，也先后出台了许多相关的标准和指导原则（见图 2-5-1）。

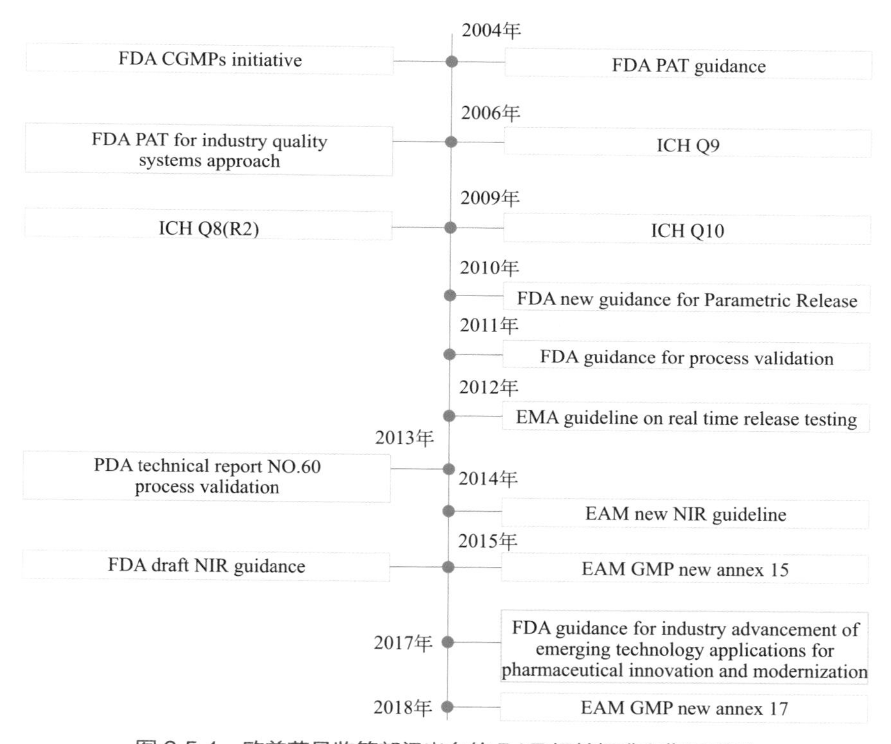

图 2-5-1　欧美药品监管部门出台的 PAT 相关标准和指导原则

目前常用的过程分析技术（PAT）有近红外光谱（NIRS）在线分析技术、拉曼光谱在线分析技术、紫外光谱在线分析技术等。其中，近红外光谱（NIRS）分析技术以其快速、高效、无需样品预处理等优点，已经被广泛应用于医药、农业、石油化工、食品等各个领域。由于无需样品预处理且可以通过光纤进行传输，近红外光谱分析技术十分适合制药过程中复杂体系的在线检测。

美国食品药品监督管理局（FDA）于 2021 年 8 月发布指南《近红外光谱分析方法的开发与提交》（Development and Submission of Near Infrared Analytical

Procedures），旨在帮助制药企业运用近红外光谱（NIRS）技术更好地保障本企业所生产药品的质量。

该指南主要说明了NIRS分析方法被用于在生产过程中评估成品制剂以及起始物料和原料药，使用略低于可见光谱的光能来评估“原料药和药品的鉴别、规格、质量、纯度和效力”。其技术优势包括速度和相对易用性；NIRS也不需要添加化学品，是一种非破坏性检测方法。尽管NIRS技术的应用并不新颖，但是FDA发布的指南草案表明其用于检验药品的质量，在制药行业的应用在不断增多。 草案中写道：“因而NIRS分析方法的开发和验证对于保证药物质量就显得尤为重要。应用这个方法的生产商需要了解哪些因素会影响该方法的性能和适用性，以及对该检验方法进行验证的方式。”此外，指南中还增加了在产品生命周期内管理NIRS的注意事项。

在指南文件中，FDA负责审查NIRS测量的一般模式，并指出利用化学计量模型的NIRS程序符合其他指南中概述的一系列概念，包括2004年发布的一篇关键指南《过程分析技术（PAT）——用于规范创新药研发、生产及质量保证的框架》。FDA指出，NIRS分析技术的使用也符合ICH Q2（R1）分析方法验证指南中的概念。定稿的NIRS指南分解了开发NIRS模型所需的步骤，考虑了如何构建校准集以及开发化学计量模型和变化率模型，还讨论了样品表达以及鉴别库和定量校准模型的内部验证。对于定性和定量NIRS分析程序的外部验证，指南尤为关注在定量NIRS工作中实现目标准确度和精密度所需的步骤。对于变化率程序的验证，指南提供了关于何时停止搅拌或混合过程以及如何证明特异性的建议。

不难看出，随着指南的发布，NIRS技术必将在今后的制药过程中得到规范化、标准化地推广应用，以达到制药模式的优化和创新，进一步保障药品的质量。

当前，智能制造已成为医药发展的重大战略，而作为保障药品疗效的药品质量控制，更成为制药企业的生命线，对制药企业的生存具有重大影响。近五年来，在线检测、过程分析技术（PAT）、质量控制体系、质量大数据、工艺优化方法等技术方向，已陆续出现在各类国家政策和国家级课题的指南之中，包括工业和信息化部（简称工信部）等六部委发布的《医药工业发展规划指南》、工信部《智能制造综合标准化与新模式应用》项目、科技部《中药先进制药与信息化技术融合示范研究》项目、中共中央国务院《关于促进中医药传承创新发展的意见》、科技部《中医药现代化研究》重点专项、科技部国家重点研发计划《制造基础技术与关键部件》、科技部国家重点研发计划《绿色生物制造》等。这些政策与课题均明确提出应用在线检测和过程分析技术，构建符合国际规范的中央生产质量标准和全过程质量控制体系，研究质量大数据驱动的产品创新设计与工艺优化方法等。由此可见，过程分析技术已成为制造业尤其是制药行业实现智能化转型不可或缺的技术手段。

2.6 近红外光谱多元校正通用建模国家标准解读

2.6.1 标准制定背景

与化学计量学方法结合的近红外光谱分析技术具有分析速度快（几秒 / 次～几分 / 次）、可同时测定多种性质（多至几十种）、适合多种物态（液体，固体、半固体和胶状类）的无损分析、灵敏度好、准确度高等优点。自二十世纪九十年代后，近红外光谱分析技术在我国获得迅速发展，现已成为一种不可或缺的重要分析技术，广泛应用于农业、食品、药品、石油化工、制药、生化、环保、刑侦缉毒、反恐、烟草、造纸、探矿、火炸药制造等领域，对提高我国现代工农业生产技术水平，提高工商法监管能力，保障国家食品药品安全，建立节能减排、绿色节约型和谐社会发挥了重要的作用。

近红外光谱分析技术包括光谱仪器、化学计量学软件和校正模型。其中，模型建立是该技术最核心的部分，模型性能直接影响着分析结果的准确度。模型建立包括建模样品收集、光谱采集、参考数据测量、建模方法和参数选择、模型性能评价等诸多环节。光谱采集精度、参考性质范围与精度、光谱信息预处理、建模参数选择等直接影响分析模型的准确性。制定近红外光谱定量和定性分析通用性指导规范，对于促进我国近红外光谱快速分析技术推广应用和健康可持续发展，满足农业、医药、石油化工、军事等领域快速检测需求具有重要意义。

为满足上述重大社会需求，2010 年至 2019 年中国仪器仪表学会近红外光谱分会组织该技术领域中“产学研用”的专家，综合了我国多年来在该领域中的研究成果与应用经验，在国家标准委立项并首次制定了我国近红外光谱分析指导性通用建模推荐性国家标准：GB/T 29858—2013《分子光谱多元校正定量分析通则》和 GB/T 37969—2019《近红外光谱定性分析通则》。标准归口于全国仪器分析测试标准化技术委员会（SAC/TC 481）。

GB/T 29858—2013 获得 2020 年中国标准创新贡献奖三等奖，基于两个标准的《近红外光谱分析技术通用建模标准的制定与应用推广》获得了 2021 年中国仪器仪表学会科学技术进步奖三等奖。

2.6.2 标准技术内容

2.6.2.1 标准内容概述

GB/T 29858—2013 于 2013 年 11 月 12 日公布，2014 年 4 月 15 日实施。该标准规定了采用分子光谱多元校正定量测定样品成（组）分浓度（含量）或样品性质的指导原则，不但适用于近红外光谱（约 780 ～ 2500nm）范围，也适用于中红外光谱（约 4000 ～ 400cm^{-1}）。标准内容涵盖了分子光谱多元校正定量分析所涉及的各个方面，包括术语与定义、方法概述、仪器、光谱测量、建模样品的选择，可行性模型的建立、数据预处理、校正模型的建立、校正模型的评价与优化方法、异常样品的统计与识别、校正模型的验证、预测值的精密度、未知样品的预测、校正模型的维护和更新、模型传递及仪器标定校正、预测误差的主要来源，并给出了分析报告、校正模型建立和验证流程，模型传递范例及不同应用领域的建模范例。

GB/T 37969—2019 于 2019 年 8 月 30 日颁布，2020 年 3 月 1 日实施。该标准规定了近红外光谱定性分析的基本原理和方法、使用软件、仪器设备、光谱测量、样品、定性分析试验步骤、试验数据处理、试验报告等内容的通用要求以及类模型（样品类属与样品近红外光谱之间的对应关系）建立验证示范实例。该标准适用于吸收范围为 12820 ～ 4000cm^{-1}（即 780 ～ 2500nm）的近红外光谱定性分析。这些内容使标准使用者能正确理解标准内容，并能快速掌握建模流程和方法，有利于标准在实际工作中的应用和推广。

2.6.2.2 标准方法

（1）GB/T 29858—2013

GB/T 29858—2013 采用化学计量学中多元校正方法建立校正模型。多元线性回归 MLR、主成分回归 PCR 和偏最小二乘法 PLS 是常用方法，适用于光谱变化与浓度或性质变化呈线性相关的体系，具有较强的模型内插或模型外推能力。神经网络等方法适用于光谱变化与浓度或性质变化呈非线性关系的体系，模型内插或模型外推能力较弱。其他多元校正方法也可以用于建立校正模型，但不能检测异常值或异常样品，也不能利用本标准的步骤进行模型验证。采用统计检验方法检测校正模型建立过程中的异常值或异常样品、模型外推得到的预测值、分子光谱多元校正分析方法重复性以及分子光谱多元校正方法与参考方法一致性。

（2）GB/T 37969—2019

GB/T 37969—2019 推荐使用 SIMCA（soft independent modeling of class analog）分类法和偏最小二乘判别分析（partial least squares discriminant analysis，PLS-DA）判别法这两种方法，为建立、验证类模型以及应用类模型判别待测样品光谱、确定样品归属类别或特征提供指导。

标准推荐的 SIMCA 和 PLS-DA 两种方法，都是基于 PCA（principal component analysis）投影方法的分类算法，是国内外使用最广泛最普遍的方法，在大多数的化学计量学软件（第三方软件或仪器公司开发的商用软件）中都编写了这两种方法。这两种方法是对天然复杂化学体系（样品）常用的定性分类方法，经多年的应用和检验，积累了不少实践成功经验，但尚未形成技术规范，这是被本标准推荐的缘由。

其他方法，如支持向量机（support vector machine，SVM）、人工神经网络（artificial neural networks，ANN）、自组织映射（self-organizing mapping，SOM）

等以及更新的方法，虽然未编入标准，但只要这些方法能解决实际问题，通过类模型有效性验证，标准规定均可使用。

（3）建立准确模型的关键因素

标准方法将分子光谱信息作为多元校正的因变量进行分析。其分析原理是：样品组成变化引起样品属性变化，自然也引起属性之一的分子光谱的变化。样品成分浓度或性质变化与对应的分子光谱变化之间存在着相关关系。

定量标准方法基于同类样品之间由于组成相对变化引起的光谱相对变化信息，建立光谱和性质之间的定量关系，即多元校正模型。影响模型准确性的关键因素主要包括光谱测量精度和建模样品参考值的精度与代表性。在 GB/T 29858—2013 标准中，光谱测量精度在“5 仪器”和“6 光谱测量”部分进行规范，从而保证光谱测量精度满足建模要求；定量分析模型中样品的代表性在“7 校正样品的选择”和“8 验证样品的选择”部分来保证；样品参考值的精度由“9 参考方法和参考值”来保证。因此，在 GB/T 29858—2013 标准中，第 5 ～ 9 节的内容是建立准确模型的关键前提条件；第 11 ～ 15 节则通过规范模型建立方法和过程，确保定量模型的准确性。

定性标准方法采用适合的模式识别方法，建立样品类属与样品近红外光谱之间的对应关系（即类模型），然后将类模型应用于待测样品的近红外光谱，通过计算确定该样品的类属或特征。对于定性分析来说，影响模型准确性的关键因素是光谱测量精密度。为了确保光谱测量精密度，GB/T 37969—2019 的关于仪器和光谱测量的内容引用了在 GB/T 29858—2013 中对仪器和光谱测量的要求，与定量标准对仪器和光谱测量的要求相同。若需要利用样品性质参考值来确定类归属，样品性质参考值的精度和代表性应该也会影响定性模型判别准确性。GB/T 37969—2019 没有涉及样品参考值，若需要，可以参考 GB/T 29858—2013 中相关要求。

GB/T 29858—2013 和 GB/T 37969—2019 两个标准的共性要求是对仪器和光谱测量的要求。

① 仪器要求　GB/T 29858—2013“5 仪器”对用来测定分子光谱的仪器种类、光谱数据、仪器关键技术指标、光谱测量软件和化学计量学软件、附件、仪器光谱测量重复性和一致性都提出了基本的指导性规范和技术要求。标准对仪器能否用于分子光谱多元校正分析和模型传递规定了评价指标。

考量仪器能否用于分子光谱的最重要指标是光谱测量重复性。一般在全波长或频率范围内，推荐不经过预处理、多次重复光谱吸光度标准偏差小于设定的光谱偏差最大限值。该限值由用户通过研究建模所用仪器的实际情况和所建模型的精密度要求来设定，以使测量光谱重复性符合模型精密度要求。

考量仪器能否用于分子光谱多元校正模型传递的最重要指标是仪器间光谱一致性。一般在全波长或频率范围内，推荐不经过预处理、仪器间多次重复光谱吸光度标准偏差小于设定的光谱偏差最大限值。该限值由用户通过研究建模所用仪器的实际情况和所建模型的精密度要求来设定，以使测量光谱重复性符合模型精密度要求。

② 光谱测量要求　GB/T 29858—2013“6　光谱测量”中提出要避免环境、样品的变化对光谱测量精密度的影响，注意仪器长期稳定性对光谱测量精密度的影响，且在测量中宜避免样品中待测成分光谱吸收强度过大或饱和产生非线性光谱响应。

③ 对样品参考值的要求　对于复杂体系的混合物（如石油化工产品等），不可能配制标样，应采集实际样品建立分子光谱多元校正模型，使用参考方法测定校正集和验证集的参考值。浓度或性质的模型预测准确度在很大程度上取决于参考值的精密度和准确度。模型预测值与参考值的差值不能超过参考方法的重复性，即使模型预测值为真值。了解参考方法的精密度或重复性对分子光谱校正模型的建立十分关键。使用重复多次测定的参考值的平均值建模，可有效提高模型精密度。为此，标准中规定了对取样、制样、样品保存的技术要求，确保测量过程和结果的偏差、精密度或重复性、可靠性符合技术要求。

样品参考值的精密度不但影响模型预测的准确性，而且是决定分子光谱分析方法准确性的依据。对于依赖于参考分析方法获得样品参考值的分子光谱分析方法，其准确度只能通过与参考分析方法的结果比对得到。因此在建立模型时，控制样品参考值的精密度尤其重要。

④ 样品的选择　对于定量和定性模型的建立，选择合适的建模样品也非常重要。两个标准都规定了样品选择规则。

在 GB/T 29858—2013 中，规定了校正集和验证集的样品化学组成和浓度范围与使用该模型预测的未知样品中化学成分及浓度范围的关系，以保证未知样品的预测是通过模型内插进行分析的。在整个变化范围内，校正集和验证集中样品的化学成分浓度是均匀分布的；校正集中的样品数量应足够多，以便能统计确定光谱变量与校正成分浓度或性质之间的关系。标准中规定了应用多元校正方法建模所需样品的数量，以确定校正样品数量是否足够。

在选择校正样品时，应进行异常样品的识别与剔除。应注意的是，剔除异常样品时可能会使一部分信息丢失，因此需谨慎剔除异常样品。为提高统计分析的可靠性，建议对每次剔除后的光谱进行检验，并将剔除的数量控制在一定的比例之内。验证集则应包含异常样品，用于检验建立模型时异常样品检测方法的有效性，判断遇到异常样品时模型出现的问题以及异常样品对模型的影响程度。

在 GB/T 37969—2019 中，规定了采用 SIMCA、PLS-DA、PCA 分类法建立类模型时，在训练集中的每一类样品的数量要求。应注意的是，对于 SIMCA 模型验证，验证集尤其包含与被验证类相近的其他类样品。异常样品为类模型不包含的样品。在验证样品中置入适量实际应用中可能遇到的异常样品，用于检验遇到异常样品时，类模型的判别能力。

2.6.3　标准特点

标准具有很好的普适性。国内外已颁布很多近红外光谱分析标准方法。这些标准通常分为两类：技术标准和应用标准。技术标准是针对光谱测量和建模制定的通用性分析规范。遵循这些标准，可以保障光谱分析结果的准确性。而应用标准则是针对具体应用需求制定的分析规范。其中，一般应用标准可引用技术标准，并根据应用需求，对具体操作（样品处理等）和分析精度指标做详细规定。GB/T 29858—2013 和 GB/T 37969—2019 分别是定量和定性分析通则标准。理论上，只要严格遵循这些标准，无论应用是什么，采用近红外光谱分析得到的结果都是准确可靠的。

标准具有显著的创新性。GB/T 29858—2013 获得 2020 年中国标准创新贡献奖三等奖，基于两个标准的《近红外光谱分析技术通用建模标准的制定与应用推广》获得了 2021 年中国仪器仪表学会科学技术进步奖三等奖。

在两个标准发布之前，国际上应用最广泛、最权威的多元分析通则是美国发布的 ASTM E1655-05《红外多元定量分析通则》（Standard Practices for Infrared Multivariate Quantitative Analysis）和 ASTM E 1790-04（Reapproved 2016）《近红外光谱定性分析通则》（Standard Practice for Near Infrared Qualitative Analysis）。但是这两个 ASTM 标准均属于教科书式，大量篇幅为原理性数学推导与解释，实际可操作性差，不易为缺乏化学计量学专业基础和近红外光谱分析知识的普通用户所掌握。GB/T 29858—2013 参考了 ASTM E1655-05；GB/T 37969—2019 主要参考了 ASTM E1790-04（Reapproved 2016），同时参考了 ASTM E1655-05 和 GB/T 29858—2013，重新起草制定了标准。两个标准建立了科学和规范的建模程序与指导原则，增加了典型的具体建模案例，使标准具有很强的可实施性，容易为用户理解与使用。此外，GB/T 37969—2019 还引入了异常样本统计识别、剔除新方法（此方法也可以用于 GB/T 29858—2013 中异常样本的统计识别、剔除）、PLS-DA 分类法、建模样本数量确定等一些分析细则，使定性分析方法更完善。另外，两个标准是我国首次制定的多元校正通用性指导规则。标准具有很好的实操性并通用易懂。以上这些技术创新克服了 ASTM E1790-04 和 ASTM E1655-05 的不足，制定的通用标准更适合于我国国情，更具有可操作性，更通俗易懂，适用范围和应用对象更广，更易推广应用。

GB/T 37969—2019 是近红外光谱定性分析标准，与 GB/T 29858—2013 定量分析标准可配套使用。两个标准组合可应用于大数据分析，通过分析历史积累的大量样本性质数据和样本光谱数据，对没有清晰类归属定义的样品明确类归属的量化性质范围。例如，在大数据分析平台下，依据多年积累的烤烟样本光谱数据和化学组成数据，可以明确烤烟成熟度（欠熟、尚熟、成熟）的化学组成范围。

2.6.4 应用情况

两个标准自颁布之日起，在农业、药品、烟草、纺织、石油化工等多个行业进行了广泛的宣贯，其技术规范在应用标准制定、应用方法开发、仪器开发、软件编制等各个方面，得到了广泛应用与推广，并成为近红外光谱分析实验室CNAS能力认可的重要支撑标准之一，对广大用户正确掌握和使用近红外光谱分析方法起到了重要的推动作用，取得了良好广泛的社会效益。

目前，GB/T 29858—2013已被13项应用标准引用，涵盖石油化工、材料、食品等领域，包括5个国家标准、2个行业标准、4个地方标准和2个团体标准。例如，肉类标准包括NY/T 3512—2019《肉中蛋白无损检测法　近红外法》，正在征求意见的《畜禽肉品质检测　近红外光谱法通则》和《畜禽肉品质检测　水分、蛋白质、挥发性盐基氮含量的测定　近红外法通则》。这些标准的实施将有助于提高我国屠宰加工行业的检测水平，为食品安全提供保障。山东省市场监管局2019年发布的6项车用汽油柴油快检的地方标准中，DB37/T 3636—2019《车用汽油快速检测方法　近红外光谱法》、DB37/T 3638—2019《车用柴油快速检测方法　近红外光谱法》和DB37/T 3640—2019《车用乙醇汽油（E10）快速检测方法　近红外光谱法》直接引用了该标准，标准的检测指标覆盖了硫含量、烯烃含量、芳烃含量、辛烷值、十六烷值、闪点等环保、安全、质量等重点指标。依据这些标准方法可以有效阻止不合格的样品流入市场，提升油品质量监管效能。其他还有GB/T 36691—2018《甲基乙烯基硅橡胶　乙烯基含量的测定　近红外光谱法》，GB/T 13892—2020《表面活性剂　碘值的测定》；GB/T 35821—2018《生物质/塑料复合材料生物质含量测定方法》；LY/T 2554—2015《木塑复合材料中生物质含量测定　傅里叶变换红外光谱法》；DB/37/T 4118—2020《柴油发动机氮氧化物还原剂-尿素水溶液（AUS 32）的快速检测方法　近红外光谱法》，T/CBJ 004—2018《固态发酵酒醅通用分析方法》和T/GZTPA 0001—2020《贵州绿茶主要化学成分的测定》。

标准在近红外光谱应用方法开发和设备、软件研发等方面也获得了广泛应用。例如，中国食品药品检定研究院将标准应用于药品近红外光谱快检技术中，用于市场监督检查，在保障人民的用药安全方面发挥了重要的作用。中国原油评价重点实验室将标准实际应用于汽油、柴油、蜡油等油品性质快速分析方法中，保证了模型的准确性和可靠性。在标准指导下建立的近红外光谱快速分析方法节约了实验室分析成本。中国石油原油评价体系建设助力炼化业务提质增效项目获得中国石油天然气集团公司2018年度科学技术进步奖三等奖，为炼厂的减员增效、提质降本提供了有力保障。北京化工大学编制了建模软件、在线分析软件和快速分析软件；参与研究的山羊绒净绒率快速检测技术获得了2017年度中国纺织工业联合会科学技术进步奖二等奖；研制的蚕蛹雌雄自动分选生产线应用于山东广通集团，每条生产线日分拣8t。大连达硕信息技术有限公司将本标准所叙述的技术规范和流程方法应用于基于全局优化策略的近红外光谱分析定量建模软件系统的开发中，实现近红外光谱模型构建过程的流程化、规范化和便利化，为近红外光谱技术的深入研究和实际应用提供最优的定量模型分析解决方案。

贵州中烟工业有限责任公司依据 GB/T 29858—2013 的技术规范，率先对烟草及烟草制品常规化学成分的检测（近红外光谱法）进行 CNAS 扩项认证，于 2020 年 12 月 30 日通过 CNAS 认证，成为中国烟草行业第一家通过 CNAS 认可的实验室。

2.7 近红外光谱相关的 ASTM 标准解读

ASTM（美国测试和材料学会）是世界上最古老的国际标准组织之一，主要开发和发布针对各种材料、产品、系统和服务的自愿性共识技术标准。目前大约有近 13000 个 ASTM 标准，ASTM 通常发布六种不同的产品标准，分别为：

① 标准试验方法（standard test method）。为鉴定、检测和评估材料、产品、系统或服务的质量、特性及参数等指标而采用的规定程序。

② 标准规范（standard specification）。针对材料、产品、系统或项目提出技术要求并给出具体说明，同时还提出了为满足该技术要求应采用的针对性程序。

③ 标准规程（standard practice）。针对一种或多种特定的操作或功能给予说明，但不产生测试结果的程序。

④ 标准术语（standard terminology）。针对名词进行描述或对定义、符号、缩略语、首字缩写进行说明。

⑤ 标准指南（standard guide）。针对某一系列进行选择或对用法进行说明。

⑥ 标准分类（standard classification），根据来源、组成、性能或用途对材料、产品、系统或特定服务进行区分和归类。

针对近红外光谱分析应用，ASTM 也发布了一系列规程和指南，接下来对其进行解读。

2.7.1 近红外光谱仪器性能评价相关的 ASTM 标准规程

ASTM E1944-98（2021）《实验室傅里叶变换近红外（FT-NIR）光谱仪的描述和测量性能的标准实践：零级和一级测试》[Standard Practice for Describing and Measuring Performance of Laboratory Fourier Transform Near-Infrared（FT-NIR）Spectrometers：Level Zero and Level One Tests]利用零级试验和一级试验来衡量实验室傅里叶变换近红外光谱仪性能。该规程适用于 800nm（12500cm^{-1}）至

1100nm（9090.9cm^{-1}）短波近红外光谱区域和1100nm（9090.9cm^{-1}）到2500nm（4000cm^{-1}）长波近红外光谱区域，主要适于气体和液体的透射测量。

以零级试验为例，推荐4cm^{-1}分辨率和30s的测量时间，以先前存储的测试结果作为比较基础，将当前结果和历史结果重叠进行可视化呈现。如果新结果和旧结果一致，报告为没变化。零级试验包括三次测试，通常在相同的条件（样品温度、吹扫时间、预热时间、分束器类型和检测器配置等）下应用同一个样品来进行。大多数现有的傅里叶变换仪器无需修改即可按照此方法进行试验。

推荐的用于零级试验的核查样品应为几个月或几年长期光谱稳定的单一纯化合物或具有明确组成的混合物。推荐的检验样品可能包括但不限于以下：对于气体，可以是在5.89torr[1]和1atm[2]下2m气室中的水蒸气，或18psi[3]压力下，10cm气室中的甲烷；对于液体，可以是光谱级的碳氢化合物（例如甲苯、癸烷和异辛烷等）或由这些纯化合物通过已知比例构成的混合物；对于固体的反射测量，通常为稀土氧化物和白色卤代烃粉末的混合物。

零级试验按如下方式进行，将上一次仪器校准时采集存储的两个光谱分别标识为参考1和参考2。参考1是傅里叶变换的空白单光束的能谱；参考2是核查样品的透射光谱。采集和储存三条测试光谱，分别记为光谱1、光谱2和光谱3。光谱1为傅里叶变换的空白单光束能谱；光谱2为光谱1采集完成后立即采集的空白单光束能谱；光谱3为光谱2采集完成后不久采集的核查样品的光谱。

通过重叠光谱1和参考1进行能量光谱测试，记录光谱1相对于参考1在95%～100%T范围内的能量比，同时记录所用光谱的采集日期和时间、实际的扫描次数和测量时间以及仪器设置条件。

通过光谱2与光谱1之比进行线性度测试，将光谱1和光谱2重叠绘制100%透射率线。

通过光谱3和光谱2（或光谱1）之比得到核查样品的透射光谱（或者反射光谱）进行核查样品测试，并沿着记录的仪器动态范围绘制核查样品光谱吸光度图。

2.7.2 近红外光谱定性定量分析相关的ASTM标准规程

ASTME1790-04《近红外光谱定性分析通则》（Standard Practice for Near Infrared Qualitative Analysis）规定了近红外光谱定性分析的基本原理和方法、使用软件、仪器设备、光谱测量、样品、定性分析试验步骤、试验数据处理、试验报告等内容的通用要求。该规程已转标为GB/T 37969—2019《近红外光谱定性分析通则》。

---

[1] 1torr=133.322Pa。
[2] 1atm=101.325Pa。
[3] 1psi=6894.757Pa。

该规程规定的近红外光谱定性分析试验步骤主要包括：

① 收集适量具有代表性的类别或特征已知的样品作为训练样品和验证样品。

② 测量光谱前，仪器应进行诊断校验，仪器校验通过后，测量训练样品和验证样品的近红外光谱，每个样品平行测量两次。

③ 将训练样品的近红外光谱进行预处理，选择合适的模式识别方法，使用计算机软件对预处理后的训练集光谱数据进行学习，通过学习过程建立类模型，然后使用验证样品的近红外光谱验证类模型，统计判别正确率，评价类模型的判别能力和有效性，决定类模型能否适用。

④ 采用通过验证的类模型对待测样品的近红外光谱进行定性判别分析，确定待测样品的归属类别或特征。

ASTME 1655-17《红外多元定量分析的标准实践》（Standard Practices for Infrared Multivariate Quantitative Analysis）规定了采用分子光谱多元校正定量测定样品成（组）分浓度（含量）或样品性质的指导原则，适用于中红外光谱（4000 ～ 400cm^{-1}）和近红外光谱（780 ～ 2500nm）范围的分子光谱的检测。该规程也已转标为 GB/T 29858—2013《分子光谱多元校正定量分析通则》。

该规程给出了基于样品成（组）分浓度或性质变化与对应的分子光谱之间的相关关系，通过采用多元校正方法建立校正模型，然后应用校正模型和未知样品光谱实现定量预测未知样品的一种或多种成（组）分浓度或性质的一种快速分析方法。

该规程为校正模型建立、校正模型验证以及使用校正模型进行预测提供指导，主要包括：

① 收集样本集。收集一组具有代表性浓度或性质变化范围的校正样品和验证样品，组成校正集和验证集。

② 采集光谱和数据预处理。使用仪器测定校正集和验证集的分子光谱，采用参考方法测定样品的浓度或性质参考值，然后将测定的光谱数据和浓度或性质参考值进行预处理。

③ 建立模型。选择合适的化学计量学方法（通常用到 MLR、PCR 和 PLS）关联预处理后的校正集样品光谱和参考方法，将得到的组成性质数据建立校正模型。

④ 验证模型。统计性地比较验证集样品预测值和参考值之间的差异，验证校正模型测试偏差以及与参考方法之间的一致性。

⑤ 使用模型。应用校正模型预测未知样品性质数据，统计性测试用于检测预测结果是否出现外推，统计性地表达红外分析的重复性以及预测值和参考值之间的一致性。

⑥ 模型维护。定期对模型进行更新。

ASTM E2617-17《根据经验获得的多变量校准验证方法》（Standard Practice for Validation of Empirically Derived Multivariate Calibrations）将多元校正模型的

验证分为四步：初始开发时期的验证、初始部署或修改之后的重新验证、持续的定期再验证、每次使用校准来估计测量之前的资质验证。

对多元校正模型进行验证时，用户有责任描述测量系统和校正产生的预测值和公认的参考方法结果之间的一致性要求。对包含多元校正模型的测量体系进行验证时，用户有责任满足任何适用的测试特性要求，包括任何安装确认（IQ）、操作确认（OQ）和性能确认（PQ）要求。这些由主管监管机构授权。质量保证或标准操作程序（SOP）由仪器设备制造商推荐。

为确保公认的参考方法所提供的参考值的可靠性，需将合适的质量控制措施应用于该参考方法。

对多元校正模型验证的目标是量化其精密度、准确度和偏差。开始验证前，用户必须根据校正模型的预期用途指出可接受的精密度和偏差。通过对一组验证样品的预测值和参考值进行统计比较，验证校正模型。验证需要足够数量的有代表性的验证样品来进行。

对于简单的体系，理想的验证样品应数量充足，样品性质变化要在建立校正模型所使用的样品相应的范围之内。样品性质变化要均匀且相互独立分布在它们各自的范围内，要有足够数量的样本来统计预测值和实测值变量之间的关系。对于复杂的混合物，获得理想的验证集比较困难，只能随着时间的推移，通过增加验证样品的离散化程度来满足。

验证校正模型所需的样本数量取决于校正的复杂性、应用校正模型的性质变化范围以及置信度。在所有情况下，建议使用至少 20 个验证样本，验证集样本应覆盖校正样品性质的范围并且应尽可能均匀地分布。

对于定量校正，验证误差由验证标准误差（SEV）和偏差给出。

验证偏差（e_v）是验证样品实测值和预测值之间差值的平均值。

$$e_v=\frac{\sum_{i=1}^{v}(\hat{v}_i-v_i)}{v}$$

式中，$\hat{v}_i$ 为第 i 个样品的预测值；v_i 为第 i 个样品参考方法的实测值；v 为验证集样品数量。

验证标准误差（SEV）和验证标准偏差（SDV）用来衡量校正模型预测结果和参考方法之间的一致性。

$$\text{SEV}=\sqrt{\frac{\sum_{i=1}^{v}(\hat{v}_i-v_i)^2}{v}}$$

$$\text{SDV}=\sqrt{\frac{\sum_{i=1}^{v}(\hat{v}_i-v_i-e_v)^2}{v}}$$

式中，$\hat{v}_i$ 为第 i 个样品的预测值；v_i 为第 i 个样品参考方法的实测值值；v 为验证集样品数量。

采用 t 检验方法确定验证集的预测值是否有显著性偏差。

$$t=\frac{e_v d_v}{\mathrm{SDV}}$$

式中，d_v 为自由度（数值上等于 v）。如果 t 值小于临界 t 值，验证误差没有显著性差异，不论验证标准误差（SEV）还是验证标准偏差（SDV），都可用来衡量校正模型预测结果和参考方法之间的一致性。

如果 t 值大于临界 t 值，验证误差有显著性差异，经验模型预测结果和参考方法结果一致，验证标准偏差（SDV）更适合用来衡量校正模型预测结果和参考方法之间的一致性。

ASTM D6342-12（2017）《根据经验获得的多变量校准验证方法》[Standard Practice for Polyurethane Raw Materials : Determining Hydroxyl Number of Polyols by Near Infrared（NIR）Spectroscopy] 中近红外光谱测定多元醇羟值的标准规范涵盖了样本选择和收集、建立近红外光谱分析模型的数据处理以及模型建立、评估和验证等一系列规则。

该标准规范可以概括为以下几点：

① 应用多元数学方法关联一组校准样品的近红外光谱吸光度值和各自的参考羟基值，然后将所得多元校准模型应用于对未知样本分析羟值。

② 用于建立校准模型的数学方法包括多元线性回归（MLR）、主成分回归（PCR）和偏最小二乘回归（PLS）。

③ 统计检验建立校正模型中的异常值，包括高杠杆样品和羟值与模型结果不一致的样品。

④ 应用一组验证样本验证校正模型，统计性比较验证集羟值预测值与参考方法实测值之间的一致性。

⑤ 给出近红外光谱方法相对于参考方法的精度和偏差计算表达式。

该方法主要用于生产聚氨酯体系的多元醇的羟值测定，适用于研究开发、质量控制、规格测试和过程控制。

应用该标准时主要误差来源于光谱测量、采样误差、校正误差和分析误差。修正后的校正标准误差（SEC）可以给出来源于校正的误差估计。

$$\mathrm{SEC}_{\mathrm{corrected}}=\mathrm{SEC}_{\mathrm{apparent}}-\frac{\sigma^2\mathrm{df}}{x_{\mathrm{df},\alpha}^2}$$

式中 $\mathrm{SEC}_{\mathrm{apparent}}$——计算的校正标准误差；

σ^2——参考方法方差；

df——计算参考方法方差 σ^2 所用参考方法实测值的自由度；

α——期望结果的不确定度；

x^2——标准统计表给定值。

值得注意的是，当近红外光谱多变量分析用于预测多元醇中的羟值时，需要使用质量控制样品定期检查，测试分析仪器和模型以确保性能不变。首先是仪器性能监测，使用自诊断功能定期检查仪器以及定期监测噪声水平和随时间的波长漂移。其次是校正模型性能监测，需要不断检验模型（和仪器）和利用新样品不断更新模型，用于检验和更新模型的样品的羟值应在原始模型范围内。

ASTM D8321-20《基于光谱法预测石油产品、液体燃料和润滑剂特性的多元分析的开发和验证的标准实施规程　测量》（Standard Practice for Development and Validation of Multivariate Analyses for Usein Predicting Properties of Petroleum Products，Liquid Fuels，and Lubricants based on SpectroscopicMeasurements）对基于红外光谱仪和拉曼光谱仪通过多元校正方法对石油产品、液体燃料（包括生物燃料和润滑油）的物理化学性质测定进行了规范。

对于红外光谱分析，该规程适用于近红外光谱区（780～2500nm）和红外区（4000～400cm^{-1}）。该规程通过多元数学方法将一组校正样品的光谱和相应的组成或性质进行关联建立多元校正模型，然后通过未知样品的光谱用该模型预测其组成或性质。用于建立和验证多元校正模型的样品组成或性质由基础分析方法（通常为 ASTM 标准测试方法）测定。

通常用于建立多元校正模型的数学方法有多元线性回归（MLR）、主成分回归（PCR）、偏最小二乘（PLS）和局部权重回归（LWR）。其他数学方法也可以用，但可能无法判别异常值，而且也可能无法通过本规范描述的程序进行验证。

在建立校正模型过程中，应用统计测试判别异常值。异常值包括高杠杆样品（具有极端组成，其光谱对用于建模的一个或多个光谱变量具有显著性贡献）、光谱残差大的样品（含有建模样品没有的成分）以及实测值和模型预测值不一致的样品。

多元校正模型的验证通过以下方式进行：用校正模型对一组验证样品进行分析，统计比较验证样品的模型预测值和实测值，考察校正模型偏差和校正模型预测值与实测值的一致性。

应注意用统计检验判断校正模型预测结果时是否存在模型外推现象。多元校正模型验证时，如果样品的杠杆值超出校正样品范围或者具有大的光谱残差，则将该光谱标记为异常值。最邻近距离异常值检验也可用来判断待分析光谱是否落入校正样品光谱所定义空间的稀疏区域。所有这些异常样品的模型预测值都不是有效的，模型性能评价时需要排除这些数据。

2.7.3 在线近红外光谱相关的 ASTM 标准规程和指南

ASTM D7825-12《通过应用过程流分析仪生成过程流属性值的标准实施

规程》（Standard Guide for Generating a Process Stream Property Value through the Application of a Process Stream Analyzer）针对通过过程分析仪得到工艺物流性质的过程给出了标准指南，整个流程见图 2-7-1。在线近红外光谱作为一种常见的过程分析仪，在具体实施应用时也需遵循此指南。该指南概括了应用在线近红外光谱分析仪对工艺物流进行分析所涉及的管线取样和样品输送（ASTM D7453）、过程分析仪的现场精密度确定（ASTM D7808）、过程分析仪校正（ASTM E1655）和过程分析仪性能验证（ASTM D6122）。

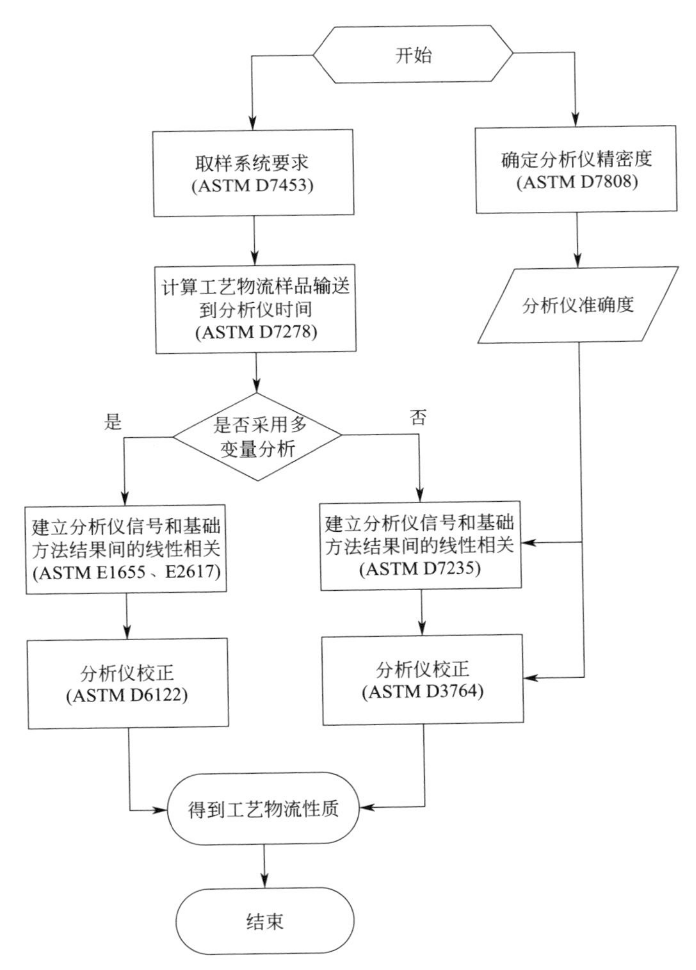

图 2-7-1　过程分析仪分析工艺物流性质流程图

ASTM D7453-18《过程流分析仪分析和过程流分析仪系统验证用石油产品取样的标准实施规程》（Standard Practice for Sampling of Petroleum Products for Analysis by Process Stream Analyzers and for Process Stream Analyzer System Validation）是用于过程分析仪分析和过程分析系统验证的石油产品取样的标准规程。该规程对过程分析仪所用到的取样系统提出了要求，通过取样系统从样品中去除沉淀物、游离水、铁锈和其他污染物；取样系统的温度和压力应调节至安全工作范围使样品不产生气泡，最终给分析仪提供合适的样品。

为了尽可能减少样品从工艺管道到分析仪入口所需的时间，在工艺管道正常运行状态下，快速回路的滞后时间应尽可能短，建议两分钟。整个过程分析仪的取样系统包括从工艺管道引出的快速回路、从快速回路中取样到分析仪的带有取样口的预处理系统。

ASTM D7808-18《确定工艺流材料上工艺流分析仪现场精度的标准实施规程》（Standard Practice for Determining the Site Precision of a Process Stream Analyzer on Process Stream Material）给出了过程分析仪的现场精密度确定的标准规程。该规程通过过程分析仪对质量控制样品的分析来计算现场精密度。应用质量控制样品完成至少为期 30 天的分析，每天分析一次，最后得到 30 个有效的分析仪预测结果，通过他们的标准偏差（σ_R）计算过程分析仪的现场精密度（$2.77\sigma_R$）。

ASTM D6122-21《多变量在线、在线、现场和实验室红外分光光度计和基于拉曼光谱仪的分析仪系统性能验证的标准实施规程》（Standard Practice for Validation of the Performance of Multivariate Online，At-Line，Field and Laboratory Infrared Spectrophotometer，and Raman Spectrometer Based Analyzer Systems）用于对实验室、现场或过程（近线或在线）红外（近红外或中红外光谱分析仪）和拉曼分析仪通过多元建模方法从光谱数据计算液体石油产品和燃料的物理、化学或质量参数的过程进行规范。

该标准规程包括仪器性能验证，校正模型对测试样品光谱的适用性验证以及由红外或拉曼测量计算的结果与开发校正模型直接测试方法所得结果之间的验证（验证两者与一致程度相关的不确定性是否满足用户指定的要求）。具体分为以下几个部分。

① 分析仪性能测试　当分析仪安装就位或主要维护完成后，执行诊断测试以证明分析仪符合制造商的规格和历史性能标准。诊断测试按以下方式进行：收集 20 个核查或测试样品的光谱，使用一个或多个 0 级、A 级或 B 级性能测试进行分析。

将初始性能测试的结果与性能测试操作限值比较，如果通过则进行下一步验证测试；如果没通过，则检查仪器安装、调整分析模型、重复初始的性能测试。

② 试用验证　一旦初始性能测试完成，收集的 15 个测试样品的光谱应用多元校正模型分析。从过程分析系统取样点取出样品，利用实验室基础方法对其性

质进行分析，比较实测值和分析仪结果之间的一致性。如果 15 个样品之间的差异不大，则执行特定水平的试用验证。如果分析仪结果与实测值之间的差异在统计控制范围内，并且没有明显的偏差，则分析仪通过试用验证。

③ 正常操作　一旦完成分析系统试用验证，则可进行过程分析系统的正常操作。首先，采集工艺物流的样品光谱，然后使用校正模型分析光谱得到一个或多个结果。在分析仪正常运行期间，如果记录的光谱不是异常值，则分析仪结果是合格的，分析仪结果和实测值之间的差异在控制范围内。如果记录的光谱是异常值，则分析仪结果是不合格的。如果在分析仪正常运行期间，连续六次连续光谱都是异常值，则要进行性能测试以确定分析仪性能是否还在控制范围内。

④ 局部和总体验证　通过一定量的独立验证样品进行分析仪结果与基础分析方法预测值之间的一致性比较即可得到总体验证。在分析仪的日常运行中，通过质量保证控制图描述分析仪结果与基础分析方法之间的一致性。

对于局部验证来说，用于建立多元模型的校正样品要有足够的组成和性质变化，且必须覆盖进行分析的样品的组成范围。通过校正标准偏差（SEC）衡量一组校正样品的基础方法实测值和分析仪结果之间的一致性。校正标准偏差包括光谱测量误差、基础方法实测值测量误差和模型误差。

在分析仪初始验证期间，可用样品的组成范围相对于校准集的范围可能较小。由于光谱测量的高精度，基础方法实测值和分析仪结果之间的平均差异可能反映了样本（或类型）特定的偏差，这种偏差在统计上是可以被观察到的，在预测值 95% 置信度范围内。

基于校正标准偏差，可以在 95% 置信度范围内计算预测值。在校正时，统计每一个非界外样品预测值和基础方法实测值之间的绝对差应在预测值 95% 置信度的范围内，如果总数小于或等于规定的最小值，则分析仪通过局部验证。

对于总体验证来说，当验证样本数量足够多，并且其组成和性质范围与建立模型的校正集相当时，则可以进行总体验证。通过对同一样品集的分析仪结果和基础分析方法所得结果之间的一致性进行评价和总体验证。对于在产品发布或产品质量认证中使用的分析仪，精密度和偏差的一致性程度通常基于标准分析方法的精密度。

ASTM D8340-20《光谱分析仪系统性能鉴定的标准实施规程》（Standard Practice for Performance-Based Qualification of Spectroscopic Analyzer Systems）通过将光谱分析系统成功使用与所涉及的样品引入、分析仪校准和分析仪验证等一系列环节组织在一起，对光谱分析系统的性能认证进行规范，整个光谱分析系统的性能认证流程见图 2-7-2。

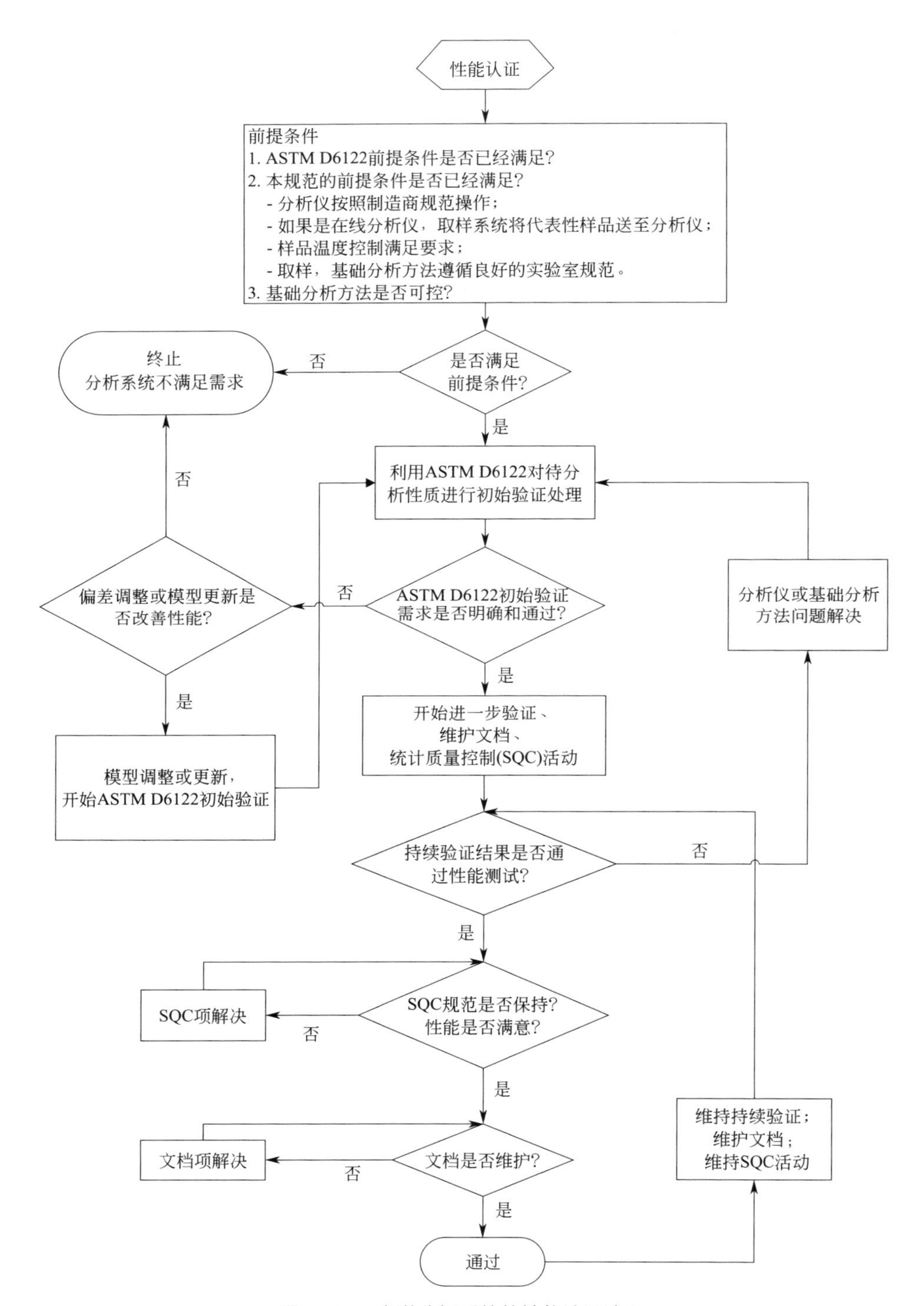

图 2-7-2 光谱分析系统的性能认证流程

参考文献

[1] ASTM Standards. Standard Practices for Infrared Multivariate Quantitative Analysis：E1655-17 [S]. West Conshohocken，PA：ASTM International，2017.

[2] ASTM Standards. Standard Practice for Near Infrared Qualitative Analysis：E1790-04（2016）[S]. West Conshohocken，PA：ASTM International，2016.

[3] ASTM Standards. Standard Practice for Validation of the Performance of Multivariate Online，At-Line，Field and Laboratory Infrared Spectrophotometer，and Raman Spectrometer Based Analyzer Systems：D6122-20a [S]. West Conshohocken，PA：ASTM International，2020.

[4] ASTM Standards. Standard Practice for Transfer Standards for Reflectance Factor for Near-Infrared Instruments Using Hemispherical Geometry：E1791-96（2014）[S]. West Conshohocken，PA：ASTM International，2014.

[5] ASTM Standards. Standard Guide for Establishing Spectrophotometer Performance Tests：E1866-97（2021）[S]. West Conshohocken，PA：ASTM International，2021.

[6] ASTM Standards. Standard Practice for Describing and Measuring Performance of Laboratory Fourier Transform Near-Infrared（FT-NIR）Spectrometers：Level Zero and Level One Tests：E1944-98（2021）[S]. West Conshohocken，PA：ASTM International，2021.

[7] ASTM Standards. Standard Practice for Describing and Measuring Performance of Ultraviolet，Visible，and Near-Infrared Spectrophotometers：E275-01 [S]. West Conshohocken，PA：ASTM International，2001.

[8] ASTM Standards. Standard Practice for Polyurethane Raw Materials：Determining Hydroxyl Number of Polyols by Near Infrared（NIR）Spectroscopy：D6342-12（2017）[S]. West Conshohocken，PA：ASTM International，2017.

[9] ASTM Standards. Standard Practice for Qualifying Spectrometers and Spectrophotometers for Use in Multivariate Analyses，Calibrated Using Surrogate Mixtures：E2056-04（2016）[S]. West Conshohocken，PA：ASTM International，2016.

[10] ASTM Standards. Standard Practice for General Techniques for Obtaining Infrared Spectra for Qualitative Analysis：E1252-98（2021）[S]. West Conshohocken，PA：ASTM International，2021.

[11] ASTM Standards. Standard Practices for Internal Reflection Spectroscopy：E573-01（2021）[S]. West Conshohocken，PA：ASTM International，2021.

[12] BSI Standards. Animal Feeding Stuffs，Cereals and Milled Cereal Products-Guidelines for the Application of Near Infrared Spectrometry：ISO 12099—2017（E）[S]. London：BSI，2017.

[13] BSI Standards. Leather-Determination of Surface Reflectance：ISO 17502—2013（E）[S]. London：BSI，2013.

[14] BSI Standards. Soil Quality-Determination of Carbon and Nitrogen by Near-Infrared Spectrometry：ISO 17184—2014（E）[S]. London：BSI，2014.

[15] BSI Standards. Nanotechnologies-Characterization of Single-wall Carbon Nanotubes using Near Infrared Photoluminescence Spectroscopy：ISO/TS 10867—2019（E）[S]. London：BSI，2019.

[16] BSI Standards. Nanotechnologies-Characterization of Single-wall Carbon Nanotubes using Ultraviolet-visible-near infrared（UV-Vis-NIR）Absorption Spectroscopy：ISO/TS 10868—2017（E）[S]. London，UK：BSI，2017.

[17] BSI Standards. Plastics-Polyols for use in the Production of Polyurethanes-Determination of Hydroxyl Number by NIR Spectroscopy：ISO 15063—2011（E）[S]. London：BSI，2011.

[18] BSI Standards. Lasers and Laser-related Equipment-Standard Optical Components-Part1：Components for the UV，Visible and Near-Infrared Spectral Ranges：ISO 11151-1—2015（E）[S]. London：BSI，2015.

[19] IDF Standards. Milk and milk products — Guidelines for the application of near infrared spectrometry：ISO 21543—2020 [IDF 201—2020] [S]. Brussels：IDF，2020.

[20] AACC Standards. Near-Infrared Methods—Guidelines for Model Development and Maintenance：AACC Method 39-00 [S]. Saint Paul：AACC，1999.

[21] AACC Standards. Near-Infrared Reflectance Method for Hardness Determination in Wheat：AACC Method 39-70A [S]. Saint Paul：AACC，1999.

[22] AACC Standards. Near-Infrared Reflectance Method for Protein Content in Whole-Grain Wheat：AACC Method 39-25 [S]. Saint Paul：AACC，1999.

[23] AACC Standards. Near-Infrared Reflectance Method for Protein Determination in Small Grains：AACC Method 39-10 [S]. Saint Paul：AACC，1999.

[24] AACC Standards. Near-Infrared Reflectance Method for Protein Determination in Wheat Flour：AACC Method 39-11 [S]. Saint Paul：AACC，1999.

[25] AACC Standards. Prediction of Ash Content in Wheat Flour—Near-Infrared Method：AACC Method 08-21 [S]. Saint Paul：AACC，2000.

[26] AACC Standards. Near-Infrared Reflectance Method for Protein and Oil Determination in Soybeans：AACC Method 39-20 [S]. Saint Paul：AACC，1999.

[27] AACC Standards. Near-Infrared Reflectance Method for Whole-Grain Analysis in Soybeans：AACC Method 39-21 [S]. Saint Paul：AACC，1999.

[28] ICC Standards. Determination of Protein by Near Infrared Reflectance（NIR）Spectroscopy：ICC-159 [S]. Vienna：ICC，1995.

[29] ICC Standards. Procedure for Near Infrared（NIR）Reflectance Analysis of Ground Wheat and Milled Wheat Products：ICC-202 [S]. Vienna：ICC，1986.

[30] CEN Standards. Cereals-Determination of Moisture and Protein-Method using Near-Infrared-Spectroscopy in Whole Kernels：BS EN 15948—2020 [S]. Brussels，CEN，2020.

[31] 褚小立，陈瀑，李敬岩，等. 近红外光谱分析技术的最新进展与展望. 分析测试学报，2020，39（10）：1181-1188.

[32] GOST Standards. Vegetable Oils. Determination of Quality and Safety by Near Infrared Spectrometry：GOST 33441—2015 [S]. Moscow：ISC，2015.

[33] GOST Standards. Compound Feeds，Feed Raw Materials. Method for Determination of Crude Ash，Calcium and Phosphorus Content by Means of NIR Spectroscopy：GOST 32041—2012 [S]. Moscow：ISC，2012.

[34] GOST Standards. Fish，marine products and products of them. Method of determination the fraction of total mass of protein，fat，water，phosphorus，calcium and ash by the near-infrared spectrometry：GOST 31795—2012 [S]. Moscow：ISC，2012.

[35] GOST Standards. Fodder，mixed and animal feed raw stuff. Spectroscopy in near infrared region method for determination of crude protein，crude fiber，crude fat and moisture：GOST 32040—2012 [S]. Moscow：ISC，2012.

[36] GOST R Standards. Fodder and mixed fodder. Spectroscopy in near infrared region method for determination of metabolizable energy：GOST 51038-97 [S]. Moscow：GOST R，1998.

[37] GOST Standards. Oil-cake and ground oil-cake. Determination of moisture，oil and protein by infrared reflectance：GOST 30131-96 [S]. Moscow：ISC，1996.

[38] AOAC Official Method. Piperazine in Drugs Near-Infrared Method：966.25 [S]. Washington DC：AOAC Internation，1966.

[39] AOAC Official Method. Fiber（Acid Detergent）and Protein（Crude）in Forages Near-Infrared Reflectance Spectroscopic Method：989.03 [S]. Washington DC：AOAC Internation，1989.

[40] AOAC Official Method. Moisture in Forage Near-Infrared Reflectance Spectroscopy：991.01 [S]. Washington DC：AOAC Internation，1991.

[41] AOAC Official Method. Protein（Crude）in Wheat Whole Grain Analysis Near-Infrared Spectroscopic Method：997.06 [S]. Washington DC：AOAC Internation，1997.

[42] JIS. Optical Spectrum Analyzers- Part 1：Test Methods：C 6183-1:2019 [S]. Tokyo：JISC，2019.

[43] JIS. Optical Spectrum Analyzers- Part 2：Calibration Method：C 6183-2:2018 [S]. Tokyo：JISC，2018.

[44] JIS. General Rules for Near-infrared Spectrophotometric Analysis：K 0134-2002 [S]. Tokyo：JISC，2002.

[45] AFNOR Standardization. Basic Silicones for Industrial Use. Determination of Vinyl Groups [Content more than 0.1 Percent（M/M）]：NF T77-155-1987 [S]. Paris：AFNOR Standardization，1987.

[46] AFNOR Standardization. Basic Silicones for Industrial Use- Determination of Ratios Phenyl/silicium and Phenyl/methyl- Near Infrared Spectrometric Method：NF T77-162-1988 [S]. Paris：AFNOR Standardization，1988.

[47] DIN. Paints，varnishes and their raw materials- Analysis by near infrared spectrometry- General working principles：55673:2017-04 [S]. Berlin：Beuth，2017.

[48] IEC. Medical Electrical Equipment- Part 2-71：Particular Requirements for the Basic Safety and Essential Performance of Functional Near-Infrared Spectroscopy（NIRS）Equipment：80601-2-71:2015 [S]. Geneva：IEC，2015.

[49] 中国国家标准化管理委员会 . 激光器和激光相关设备 标准光学元件 第 1 部分：紫外、可见和近红外光谱范围内的元件：GB/T 37396.1—2019 [S]. 北京：中国标准出版社，2019.

[50] 中国国家标准化管理委员会 . 塑料 聚醚多元醇 第 3 部分：羟值的测定：GB/T 12008.3—2009 [S]. 北京：中国标准出版社，2009.

[51] 中国国家标准化管理委员会 . 红外光谱定性分析技术通则：GB/T 32199—2015 [S]. 北京：中国标准出版社，2015.

[52] 中国国家标准化管理委员会 . 分子光谱多元校正定量分析通则：GB/T 29858—2013 [S]. 北京：中国标准出版社，2013.

[53] 中国国家标准化管理委员会 . 粮油检验 大豆粗蛋白质、粗脂肪含量的测定 近红外法：GB/T 24870—2010 [S]. 北京：中国标准出版社，2010.

[54] 中国国家标准化管理委员会 . 粮油检验 小麦粉粗蛋白质含量测定 近红外法：GB/T 24871—2010 [S]. 北京：中国标准出版社，2010.

[55] 中国国家标准化管理委员会 . 粮油检验 小麦粉灰分含量测定 近红外法：GB/T 24872—2010 [S]. 北京：中国标准出版社，2010.

[56] 中国国家标准化管理委员会 . 粮油检验 近红外光谱分析定标模型验证和网络管理与维护通用规则：GB/T 24895—2010 [S]. 北京：中国标准出版社，2010.

[57] 中国国家标准化管理委员会 . 粮油检验 稻谷水分含量测定 近红外法：GB/T 24896—2010 [S]. 北京：中国标准出版社，2010.

[58] 中国国家标准化管理委员会 . 粮油检验 稻谷粗蛋白质含量测定 近红外法：GB/T 24897—2010 [S]. 北京：中国标准出版社，2010.

[59] 中国国家标准化管理委员会 . 粮油检验 小麦水分含量测定 近红外法：GB/T 24898—2010 [S]. 北京：

中国标准出版社，2010.
[60] 中国国家标准化管理委员会 . 粮油检验 小麦粗蛋白质含量测定 近红外法：GB/T 24899—2010 [S]. 北京：中国标准出版社，2010.
[61] 中国国家标准化管理委员会 . 粮油检验 玉米水分含量测定 近红外法：GB/T 24900—2010 [S] . 北京：中国标准出版社，2010.
[62] 中国国家标准化管理委员会 . 粮油检验 玉米粗蛋白质含量测定 近红外法：GB/T 24901—2010 [S]. 北京：中国标准出版社，2010.
[63] 中国国家标准化管理委员会 . 粮油检验 玉米粗脂肪含量测定 近红外法：GB/T 24902—2010 [S] . 北京：中国标准出版社，2010.
[64] 中国国家标准化管理委员会 . 粮油检验 玉米淀粉含量测定 近红外法：GB/T 25219—2010 [S] . 北京：中国标准出版社，2010.
[65] 中国国家标准化管理委员会 . 红外光谱分析方法通则：GB/T 6040—2019 [S] . 北京：中国标准出版社，2019.
[66] 中国国家标准化管理委员会 . 饲料中水分、粗蛋白质、粗纤维、粗脂肪、赖氨酸、蛋氨酸快速测定 近红外光谱法：GB/T 18868—2002 [S] . 北京：中国标准出版社，2002.
[67] 中国国家标准化管理委员会 . 金纳米棒表征 第 1 部分 ：紫外 / 可见 / 近红外吸收光谱方法：GB/T 24369.1—2009 [S] . 北京：中国标准出版社，2009.
[68] 中国国家标准化管理委员会 . 城镇地物可见光 - 短波红外光谱反射率测量：GB/T 33988—2017 [S] . 北京：中国标准出版社，2017.
[69] 中国国家标准化管理委员会 . 珍珠粉鉴别方法 近红外光谱法：GB/T 34406—2017 [S] . 北京：中国标准出版社，2017.
[70] 中国国家标准化管理委员会 . 陆地观测卫星光学遥感器在轨场地辐射定标方法 第 1 部分：可见光近红外光谱：GB/T 34509.1—2017 [S] . 北京：中国标准出版社，2017.
[71] 中国国家标准化管理委员会 . 水体可见光 - 短波红外光谱反射率测量：GB/T 36540—2018 [S] . 北京：中国标准出版社，2018.
[72] 中国国家标准化管理委员会 . 甲基乙烯基硅橡胶 乙烯基含量的测定 近红外法：GB/T 36691—2018 [S] . 北京：中国标准出版社，2018.
[73] 中国国家标准化管理委员会 . 分析仪器性能测定术语：GB/T 32267—2015 [S] . 北京：中国标准出版社，2015.
[74] 中国国家标准化管理委员会 . 傅里叶变换显微红外光谱法识别聚合物层或夹杂物的标准规程：GB/T 35927—2018 [S] . 北京：中国标准出版社，2018.
[75] 中国国家标准化管理委员会 . 近红外光谱定性分析通则：GB/T 37969—2019 [S] . 北京：中国标准出版社，2019.
[76] 中华人民共和国农业部 . 鱼粉和反刍动物精料补充料中肉骨粉快速定性检测 近红外反射光谱法：NY/T 1423—2007 [S] . 北京：中国标准出版社，2007.
[77] 中华人民共和国农业部 . 苹果中可溶性固形物、可滴定酸无损伤快速测定 近红外光谱法：NY/T 1841—2010 [S] . 北京：中国标准出版社，2010.
[78] 中华人民共和国农业部 . 牛乳脂肪、蛋白质、乳糖、总固体的快速测定 红外光谱法：NY/T 2659—2014 [S] . 北京：中国标准出版社，2014.
[79] 中华人民共和国农业部 . 花生仁中氨基酸含量测定 近红外光谱法：NY/T 2794—2015 [S] . 北京：中国标准出版社，2015.
[80] 中华人民共和国农业部 . 肉中脂肪无损检测方法 近红外光谱法：NY/T 2797—2015 [S] . 北京：中国标

准出版社，2015.

[81] 中华人民共和国农业部 . 植物油料含油量测定 近红外光谱法：NY/T 3105—2017 [S]. 北京：中国标准出版社，2017.

[82] 中华人民共和国农业部 . 油菜籽中总酚、生育酚的测定 近红外光谱法：NY/T 3297—2018 [S]. 北京：中国标准出版社，2018.

[83] 中华人民共和国农业部 . 植物油料中粗蛋白质的测定 近红外光谱法：NY/T 3298—2018 [S]. 北京：中国标准出版社，2018.

[84] 中华人民共和国农业部 . 植物油料中油酸、亚油酸的测定 近红外光谱法：NY/T 3299—2018 [S]. 北京：中国标准出版社，2018.

[85] 中华人民共和国农业部 . 肉中蛋白无损检测法 近红外光谱法：NY/T 3512—2019 [S]. 北京：中国标准出版社，2019.

[86] 中华人民共和国农业部 . 油菜籽中芥酸、硫代葡萄糖苷的测定 近红外光谱法：NY/T 3295—2018 [S]. 北京：中国标准出版社，2018.

[87] 中国国家质量监督检验检疫总局 . 进出口纺织品纤维定量分析 近红外光谱法 第 1 部分 聚酯纤维与棉的混合物：SN/T 3896.1—2014 [S]. 北京：中国标准出版社，2014.

[88] 中国国家质量监督检验检疫总局 . 进出口纺织品 纤维定量分析近红外光谱法 第 2 部分 聚酯纤维与聚氨酯弹性纤维的混合物：SN/T 3896.2—2015 [S]. 北京：中国标准出版社，2015.

[89] 中国国家质量监督检验检疫总局 . 进出口纺织品纤维定量分析 近红外光谱法 第 3 部分 聚酰胺纤维与聚氨酯弹性纤维的混合物：SN/T 3896.3—2015 [S]. 北京：中国标准出版社，2015.

[90] 中国国家质量监督检验检疫总局 . 进出口纺织品 纤维定量分析 近红外光谱法 第 4 部分 棉与聚氨酯弹性纤维的混合物：SN/T 3896.4—2015 [S]. 北京：中国标准出版社，2015.

[91] 中国国家质量监督检验检疫总局 . 进出口纺织品 纤维定量分析 近红外光谱法 第 5 部分 聚酯纤维与粘胶纤维的混合物：SN/T 3896.5—2015 [S]. 北京：中国标准出版社，2015.

[92] 中国国家质量监督检验检疫总局 . 进出口纺织品 纤维定量分析 近红外光谱法 第 6 部分 聚酯纤维与羊毛的混合物：SN/T 3896.6—2017 [S]. 北京：中国标准出版社，2017.

[93] 中华人民共和国工业和信息化部 . 纺织品 纤维定量分析 近红外光谱法：FZ/T 01144—2018 [S]. 北京：中国标准出版社，2018.

[94] 中华人民共和国工业和信息化部 . 纺织品 竹纤维和竹浆粘胶纤维定性鉴别试验方法 近红外光谱法：FZ/T 01150—2019 [S]. 北京：中国标准出版社，2019.

[95] 中华人民共和国公安部 . 近红外光谱人脸识别设备技术要求：GA/T 1126—2013 [S]. 北京：中国标准出版社，2013.

[96] 中华人民共和国公安部 . 油漆物证的检验方法 第 2 部分 红外吸收光谱法：GA/T 823.2—2009 [S]. 北京：中国标准出版社，2009.

[97] 中华全国供销总社 . 茶多酚制品中水分、茶多酚、咖啡碱含量的近红外光谱测定法：GH/T 1259—2019 [S]. 北京：中国标准出版社，2019.

[98] 中华全国供销总社 . 固态速溶茶中水分、茶多酚、咖啡碱含量的近红外光谱测定法：GH/T 1260—2019 [S]. 北京：中国标准出版社，2019.

[99] 中国国家林业局 . 木材的近红外光谱定性分析方法：LY/T 2053—2012 [S]. 北京：中国标准出版社，2012.

[100] 中国国家林业局 . 木材综纤维素和酸不溶木质素含量测定 近红外光谱法：LY/T 2151—2013 [S]. 北京：中国标准出版社，2012.

[101] 中华人民共和国工业和信息化部 . 半导体材料杂质含量红外吸收光谱分析通用导则：SJ 20744—1999

[S]. 北京：中国标准出版社，1999.
[102] 中华人民共和国工业和信息化部. 光学功能薄膜 近红外光谱透过率的测量方法：HG/T 5077—2016 [S]. 北京：中国标准出版社，2016.
[103] 中华人民共和国工业和信息化部. 紫外、可见和近红外光谱光学滤光片：JB/T 13361—2018 [S]. 北京：中国标准出版社，2018.
[104] 中国国家发展和改革委员会. 纸张定量、水分的在线测定（近红外法）：QB/T 2812—2006 [S]. 北京：中国标准出版社，2006.
[105] 天津市质量技术监督局. 小麦、玉米粗蛋白质含量近红外光谱快速检测方法：DB12/T 347—2007 [S]. 北京：中国标准出版社，2007.
[106] 天津市市场监督管理委员会. 奶牛场粪水氮磷的测定 近红外光谱漫反射光谱法：DB12/T 955—2020 [S]. 北京：中国标准出版社，2020.
[107] 内蒙古自治区质量技术监督局. 山羊绒净绒率试验方法 近红外光谱法：DB15/T 1229—2017 [S]. 北京：中国标准出版社，2017.
[108] 辽宁省质量技术监督局. 饲料中粗蛋白质、粗脂肪、粗纤维、水溶性氯化物、氨基酸的测定近红外光谱法：DB21/T 2048—2012 [S]. 北京：中国标准出版社，2012.
[109] 吉林省质量技术监督局. 人参中灰分、水分、水不溶性固形物、水饱和丁醇提取物的无损快速测定近红外光谱法：DB22/T 1605—2012 [S]. 北京：中国标准出版社，2012.
[110] 吉林省质量技术监督局. 人参中人参多糖的无损快速测定 近红外光谱法：DB22/T 1812—2013 [S]. 北京：中国标准出版社，2013.
[111] 江苏省质量技术监督局. 棉籽油份含量无损测定 近红外光谱检测法：DB32/T 2269—2012 [S]. 北京：中国标准出版社，2012.
[112] 安徽省质量技术监督局. 固态发酵酒醅常规指标的快速测定 近红外光谱法：DB34/T 2561—2015 [S]. 北京：中国标准出版社，2015.
[113] 安徽省质量技术监督局. 茶叶中主要品质成分快速测定 近红外光谱法：DB34/T 2890—2017 [S]. 北京：中国标准出版社，2017.
[114] 安徽省质量技术监督局. 浓香型基酒主要香味成分的快速测定方法 近红外光谱法：DB34/T 3054—2017 [S]. 北京：中国标准出版社，2017.
[115] 安徽省质量技术监督局. 酿酒原料常规指标的快速测定方法 近红外光谱法：DB34/T 3561—2019 [S]. 北京：中国标准出版社，2019.
[116] 江西省市场监督管理局. 饲料中粗灰分、钙、总磷和氯化钠快速测定 近红外光谱法：DB36/T 1127—2019 [S]. 北京：中国标准出版社，2019.
[117] 山东省市场监督管理局. 车用汽油快速检测方法 近红外光谱法：DB37/T 3636—2019 [S]. 北京：中国标准出版社，2019.
[118] 山东省市场监督管理局. 车用柴油快速检测方法 近红外光谱法：DB37/T 3636—2019 [S]. 北京：中国标准出版社，2019.
[119] 山东省市场监督管理局. 车用乙醇汽油（E10）快速检测方法 近红外光谱法：DB37/T 3636—2019 [S]. 北京：中国标准出版社，2019.
[120] 湖南质量技术监督局. 饲料中氨基酸的测定 近红外光谱法：DB43/T 1065—2015 [S]. 北京：中国标准出版社，2015.
[121] 云南省质量技术监督局. 烟草及烟草制品 主要化学成分指标近红外光谱校正模型建立与验证导则：DB53/T 497—2013 [S]. 北京：中国标准出版社，2013.
[122] 云南省质量技术监督局. 烟草及烟草制品主要化学成分指标的测定 近红外光谱漫反射光谱法：DB53/

T 498—2013［S］. 北京：中国标准出版社，2013.
［123］中国国家标准化管理委员会 . 饲料中粗蛋白的测定 凯氏定氮法：GB/T 6432—2018［S］. 北京：中国标准出版社，2018.
［124］中国国家标准化管理委员会 . 饲料中粗脂肪的测定：GB/T 6433—2006［S］. 北京：中国标准出版社，2006.
［125］中国国家标准化管理委员会 . 饲料中粗纤维的含量测定 过滤法：GB/T 6434—2006［S］. 北京：中国标准出版社，2006.
［126］中国国家标准化管理委员会 . 饲料中水分的测定：GB/T 6435—2014［S］. 北京：中国标准出版社，1986.
［127］中国国家标准化管理委员会 . 饲料中氨基酸的测定：GB/T 18246—2019［S］. 北京：中国标准出版社，2019.
［128］安徽省食品行业协会 . 酿酒用大曲常规理化指标的快速测定方法 近红外光谱法：T/AHFIA 008—2018［S］. 北京：中国标准出版社，2018.
［129］中国仪器仪表学会 . 中药生产过程粉体混合均匀度在线检测 近红外光谱法：T/CIS 11001—2020［S］. 北京：中国标准出版社，2020.
［130］中国国家药典委员会 . 近红外分光光度法指导原则：中国药典 9104［S］. 北京：中国医药科技出版社，2015.
［131］中国国家质量监督检验检疫总局 . 紫外、可见、近红外分光光度计检定规程：JJG 178—2007［S］. 北京：中国标准出版社，2007.
［132］中国国家质量监督检验检疫总局 . 傅里叶变换红外光谱仪检定规程：JJG 001—1996［S］. 北京：中国标准出版社，1996.
［133］Celio P. Near infrared spectroscopy：A mature analytical technique with new perspectives – A review［J］. Analytica Chimica Acta，2018，1026：8-36.
［134］Santos C，Páscoa R N M J，Lopes J A. A review on the application of vibrational spectroscopy in the wine industry：From soil to bottle［J］. Trends in Analytical Chemistry，2017，88：100-118.
［135］Johnson J B. An overview of near-infrared spectroscopy（NIRS）for the detection of insect pests in stored grains［J］. Journal of Stored Products Research，2020，86：101558

（本章作者：2.1 节，中国农业大学工学院杨增玲；2.2 节，中国食品药品检定研究院冯艳春；2.3 节，山东大学药学院李连；2.4 节，山东大学药学院李连、臧恒昌，北京中医药大学中药学院吴志生；2.5 节，苏州泽达兴邦医药科技有限公司王钧；2.6 节，北京化工大学宋春风，上海烟草集团北京卷烟厂有限公司马雁军；2.7 节，中国石化石油化工科学研究院许育鹏）

Chapter

第3章 应用案例

3.1 分子光谱技术在化工领域中的应用现状及思考

3.1.1 概述

历经半个多世纪的发展，我国已成为世界化工产品生产大国。合成树脂、合成橡胶、合成纤维产能均居世界第一位，2019 年分别为 8595 万吨 / 年、643 万吨 / 年、6553 万吨 / 年。同时我国化工产品消费量也居世界首位，2019 年聚乙烯消费量达到 3020 万吨，约占世界总消费量的 29.5%；乙二醇消费量为 1647 万吨，占世界总消费量的 54.9%；聚丙烯消费量为 2571 万吨，占世界总消费量的 32.6%。未来，世界化工产品需求增长绝大部分将来自于发展中国家，其中我国将占到世界增量的 50% 以上。尽管我国化工行业发展非常迅速，产业链齐全，并且在不断完善成熟，但仍面临诸多挑战。在国际市场环境的新常态发展背景下，当前石化产业面临产能过剩、成本上升、效益下滑、资源环境约束等问题，我国石化行业的总资产平均回报率与国际化化工巨头相差 5% 以上。其主要原因在于我国化工行业的底层感知、控制、优化乃至上层决策的智能化程度不够，导致我国的化石能源利用率低、产品稳定性差、人工依赖程度大。

当前，世界产业变革逐步兴起，制造业价值凸显，但也面临着生产运营成本亟需降低、产品质量和价值有待提升等问题。随着数字经济的蓬勃发展，工业制造与信息技术（IT）融合程度趋于深化，推动传统产业加速变革，而制造业的高质量发展正离不开此类智能化变革。

从欧美发达国家提出“工业 4.0”“再工业化”战略，到中国大力推进的“互联网+”“中国制造 2025”，我国将信息技术与工业制造融合作为发展重点，发布了《智能制造发展规划（2016—2020 年）》《国务院关于深化“互联网 + 先进制造业”发展工业互联网的指导意见》等文件，将智能制造作为国家先进制造产业的重点突破方向，以工业互联网为网络化平台，推动工业制造向数字化、智能化转型升级。

化工企业正借助与互联网和信息技术的深度融合重塑产业链，面对国内外新一轮工业革命的洗礼以及国内企业信息化建设现状和趋势，打造“四链融合”（产融价值链、产业价值链、生态价值链、企业制造价值链，技术融合、数据融合、安全融合和创新融合）为特征的智慧企业成为化工行业发展的必然方向。化工行业作为流程工业，其囊括的智能制造实质是过程信息化与自动化的融合。其中的信息化占主导地位，而过程信息化核心则是过程信息感知技术。不同于发展成熟的过程变量（如温度、流量等）感知技术，流程工业智能制造亟待发展的信息感知技术是过程物料的组成及关键性质的过程分析技术。

分子光谱可从分子水平上反映物质的组成与结构信息，是理想的化工物料分析手段。并且随着光纤、光学材料和仪器制造技术的快速发展，分子光谱可以更加方便、快速地获取物料的光谱信息，与化学计量学结合后还可以实现物料组成和多种物化性质的实时检测（即物料信息感知技术），对于化工生产过程优化与控制具有重要作用。基于分子光谱的过程分析技术（PAT）已广泛用于石化、制药和半导体制造等流程工业领域，对工业生产质量的提升具有明显作用，有着光明的应用前景。

3.1.2　分子光谱技术在化工领域中的应用现状

3.1.2.1　概述

化工领域目前用到的分子光谱技术主要有近红外光谱、中红外光谱和拉曼光谱等。其中近红外光谱主要测量的是分子基团的合频和倍频信息，适用光程相对较长，更适合大多数有机物料的在线分析，如反应釜进出料、精馏塔进料的在线分析等；拉曼光谱测量的是分子的骨架信息，但是在有机物料的测量中常常伴有荧光效应，这限制了拉曼光谱在炼油行业的应用，但在有机硅的生产过程中，由于物料荧光效应较低，物料中的一甲基三氯硅烷、二甲基二氯硅烷、三甲基一氯硅烷等组分的拉曼光谱差异较大，使用拉曼光谱仪用于在线分析则非常合适；红外光谱主要测量的是物料的基频信息，其吸光度系数较高，但要求物料的密度较低或者光程较小，因此在化工领域一般用于气体物料的检测，如四氟乙烯等气体的在线测量，且随着 ATR 技术的发展，红外光谱技术也逐渐发展到固体、液体的便携式测量等。综上所述，任何一种技术都不是万能的，根据不同的体系选择最合适的分析技术，用最简单的方式解决在线分析问题才是分子光谱应用的根本原则。

3.1.2.2　原料检测方面的应用

化工原料的优劣不仅直接影响后续的生产工艺和产品质量，而且也关系到采购部门与上游供应商的交流，因此化工原材料进厂必须进行检验。目前所有原料都是采用抽样的方式将样品送至质检部门化验。通常纯度的检测使用色谱方法，水分检测使用卡尔费休水分仪，另外还进行色泽、杂质等检测。但是现行的检测方法耗时较长，导致运输车辆在厂区或者化工园区等待时间较长，给厂区和化工园区带来极大安全隐患，尤其在夏季，此种隐患受气温影响更甚。2020 年 7 月，山东东营出现过危化品运输车辆冒罐燃烧的情况，导致整个车辆起火爆炸，并引发周边部分车辆着火，虽然此事故发生的直接原因在于危化品车辆的乱停乱放，但是因卸车检验时间过长导致危化品车辆在园区内存停时间过长也是引发该事故的不可忽视的间接因素。

化工行业所使用的原料往往纯度较高，一般杂质含量在 0.1% 以下，而企业往往希望通过快速便携式手段测量。高测量精度条件和快速测量需求产生矛盾，因此通过建立光谱定量分析模型的方法对原料进行检测的难度较高。实际上，原材料进厂的快检与质检室常规化验不同，原材料快检并不需要绝对的化验数值，而是判断该物料是否达到进厂要求，因此使用合适的定性分析方法，如一致性检验、主成分分析等对物料的合格性进行检验是理想的原材料检测方式。其次，原材料快检并不能完全取代质检部门检验，在通过快检方式检出样品出现问题时仍需要质检部门配合做最终确认，图 3-1-1 所示为原材料快检的实施流程图。

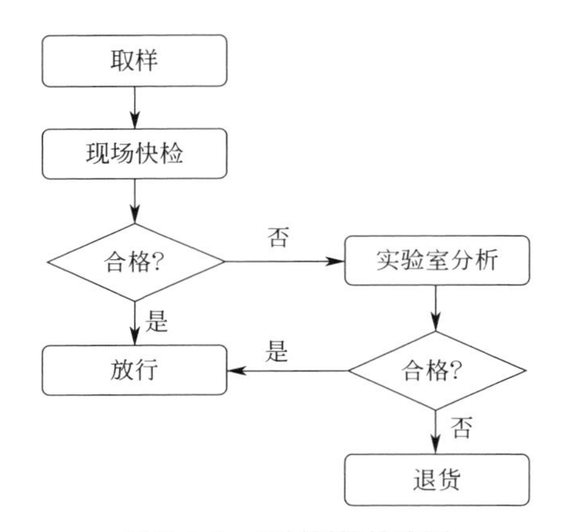

图 3-1-1　原材料快检流程

近年来发展的手持式拉曼光谱仪、手持式近红外光谱仪和便携式红外光谱仪为快检提供了重要的硬件基础。但是与食品、农业、烟草等行业不同的是，化工行业对防爆要求严格，同时对样品的取样方式也有限制。罐车上方开盖取样属于登高作业，有跌落的风险；卸料口少量取样受罐体清洁盲点影响定然存在不合格现象；卸料口大量取样则造成环境污染、物料浪费。因此仪器公司和研究院所在研发快速检测仪器和方法的同时，需要同时开发便于安装、取样、数据上传与分析的整体解决方案。

3.1.2.3　合成反应过程中的应用

化工的本质是运用化学方法改变物质组成、结构或合成新物质，化学反应是生产新物质、改变物质结构的唯一手段。通常化学反应除生成目标产物外还会产生副产物，在化工生产中主要使用转化率和选择性表征反应釜的工作效率，其中转化率可以表征反应物的转化效率，而选择性可以表征主产物的生产效率。根据反应动力学可知，高的转化率自然伴随着低的选择性，因此化工生产中通过实时观测反应过程的物质组成变化并实时改变反应条件，来平衡转化率和选择性。此外，乳液聚合、淤浆聚合等聚合反应中的体系粒径分布、分子量等物理指标也需要在线监测。

化学反应中反应物、中间产物和终产物的浓度变化都会体现在分子光谱特征吸收峰的变化中。在连续反应过程中通过监测反应釜的进出口物料组成即可实现转化率和选择性的实时监测。如图 3-1-2 所示，双酚 A 生产中，我们对 6 个反应釜的进出料口的水分、丙酮、BPA、2,4-BPA、苯酚、C3 苯酚和 IPP 7 种组分进行了实时监测，计算每个釜的转化率和选择性，不仅可以用于调节工艺参数使各个反应釜保持较高工作效率，而且通过对 6 个反应釜的进料量调节，可以充分发挥各个反应釜的能效，提高整体效率；其次，通过实时监测，还可以减少杂质的产生，使排放的杂酚量减少，降低后续处理工艺能耗；第三，双酚 A 的生产过程是过量苯酚生产工艺，实时监测苯酚和丙酮的含量，可以更精确的控制酚酮比，减少苯酚加入量，降低回收苯酚能耗；第四，根据转化率对各个反应釜进料量进行调节，可以使各个反应釜催化剂效能得以提高。据测算，单催化剂一项即可节约成本 100 万元 / 年。

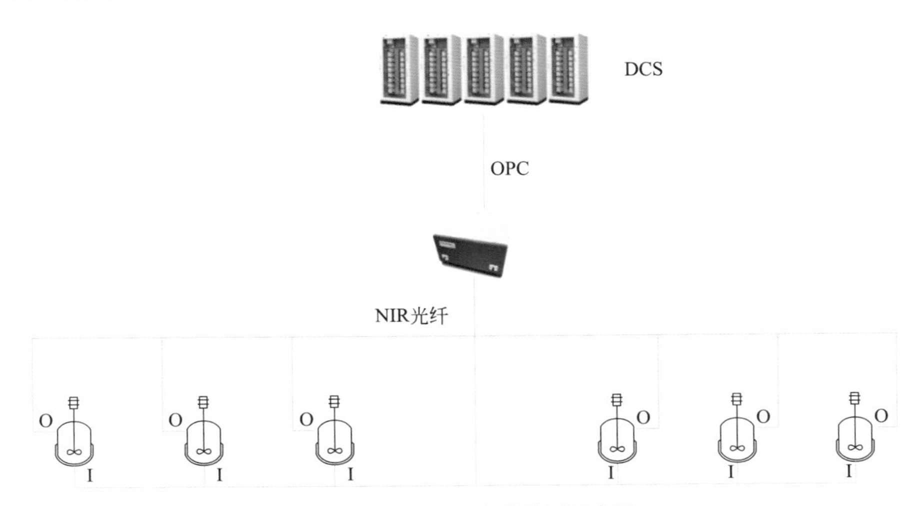

图 3-1-2 双酚 A 在线监测示意图

粒子直径（即粒径）是表征乳液聚合体系的重要指标，粒径的大小直接影响产品性能和反应效率。由于粒径的变化会引起体系对光谱散射程度的差异，并且光谱不仅含有组分信息，还包含散射信息，因此近红外光谱不仅可以监测粒径，还可以同时对转化率和残留单体含量等在线监测，是理想的乳液聚合在线测量手段。结合化学计量学方法提取光谱数据中的有用信息，还可在线测量聚合物的平均粒径。但是在目前的工业生产中，近红外光谱技术在非均相聚合中应用较少。这是因为乳液聚合在反应后期容易凝聚，并在探头表面形成乳胶膜，逐渐堵塞探头，造成光信号衰减，因此乳液聚合粒径的在线监测需要从工程方面寻找解决方案。

3.1.2.4 精馏过程中的应用

精馏作为化工生产中最常用的分离单元操作技术，在化学工业、石油化工、精细化工、煤化工、医药工业中广泛应用。与此同时，精馏也是化工生产中最大的耗能部分，提高精馏工艺、技术水平等对于降低化工过程能耗，提高生产效率具有重要意义。

大多数化工企业为了达到纯度指标要求，都是过能耗生产，而附加值相对较高的企业则选择在线色谱进行测量。在线色谱能够实时提供组分含量信息，但是存在耗费有机溶剂和耗材等问题，导致众多企业的在线色谱闲置。在线光谱技术虽然成本较低且无损快速，但是由于精馏过程的物料纯度相对较高、杂质含量较低，因此建模难度大。另外，常规提到近红外光谱、拉曼光谱等分子光谱技术时均只用于常量检测，对于微量检测适应性差，因此很多企业不会选择分子光谱用于在线分析。实际上，笼统地描述分子光谱只能用于常量检测这一说法笔者认为是不准确的，有些没有光谱吸收或者含量极低的离子可能会引起其他组分分子结构的变化，例如 Na^+ 会破坏水中的氢键，因此此类体系中近红外光谱的测量实质上是测量水分子羟基的变化，即便是浓度在 0.01% 以下的 NaCl，近红外光谱仍然可以准确定量分析。我们曾在硝基甲苯的精馏塔上做过定量分析，其中低沸物含量变化范围为 0 ～ 0.03%，预测结果表明误差基本维持在 0.01% 以内，完全满足实际的控制需求。

3.1.2.5 产品检测方面的应用

对于液体产品的纯度分析，分子光谱不具有明显优势，但是对于固体物料的物理性质检测，分子光谱可以间接地进行快速分析。例如热塑性聚合物产品需要通过熔融指数、黏度等物理性质以及断裂伸长率等力学性质的检测，共聚物还需要测量不同单体的含量等。

通常企业使用熔融指数仪和黏度法分别测量物料的熔融指数和黏度。其中，熔融指数仪是将样品放入仪器中加热到一定温度后施加一定压力，记录 10min 内挤出物料的质量作为物料的熔融指数。但是使用此方法测试后需要清洗仪器，且操作过程复杂，清洗使用的有机溶剂还会对人体造成非常大的伤害，同时清洗的洁净程度对后续样品的检测结果影响也较大。因此熔融指数仪测定的结果重复性较差，利用该数据对生产进行调节会对产品的质量控制产生较大影响。黏度测量则是称取一定量样品溶于一定溶剂中，在特定温度下测定一定体积的溶液在重力下流过一个标定好的玻璃毛细管黏度计的时间。黏度计的毛细管常数与流动时间的乘积即为该温度下待测物料的运动黏度。该方法不仅耗时较长，对产品质量控制有滞后性，而且同样需要使用有机溶剂，对人体造成伤害。

断裂伸长率是纤维受外力作用至拉断时，拉伸后的伸长长度与拉伸前长度的比值。测试时需要将试样制成哑铃状，按照 GB/T 1040.3—2006 或者 ISO 1184—1983 等标准测试。断裂伸长率的测试存在制样等操作复杂的过程，不仅浪费物料，而且制样的优劣对结果存在较大影响。

近红外光谱的重复性好，配备积分球和旋转样品杯并使用合适的数据处理方法可以实现固体物料理化性质和力学性能的快速检测。谢锦春等人使用近红外光谱仪测定了乙烯 - 醋酸乙烯共聚物的熔融指数断裂伸长率，其中熔融指数的验证标准偏差为 0.12，断裂伸长率的验证标准偏差为 27，其精密度满足标准方法的要求。笔者团队使用近红外光谱仪实现了聚苯醚物料熔融指数和黏度的快速测量，黏度测量验证标准偏差 0.572，熔融指数为 1.586，外部预测结果显示具有良好的精密度，完全满足实际的检测需求。

由于相关标准的缺失，即便光谱技术在化工固体物料产品检测方面的应用效果良好，但是现在大多此类应用主要用于反馈控制，并不能直接用于最终出厂产品的检测，因此制定相关标准是近红外光谱技术在聚合物领域推广应用的重要措施。

3.1.3　分子光谱技术在化工领域中的发展趋势

近年来，随着国家对工业互联网、智能制造的重视，各企业都非常重视数字化转型，中国中化、中石化、中石油等大型石油化工企业相继提出符合自身的数字化战略，以数字化方式赋能企业高质量发展。在工业生产过程中，基于分子光谱的感知技术可以获得物料的质量信息，是非常重要的数字化信息载体，可以覆盖化工领域的全流程应用，包括进厂原料检测、过程检测和最终产品检测。但是相比其他行业，化工行业对于分子光谱的应用相对较少，究其原因主要有以下几方面：a. 由于信息不对称，化工企业对在线分析技术尤其是基于分子光谱的过程分析技术了解相对较少；b. 化工行业，特别是大化工行业的产品附加值相对较低，对于大型分子光谱仪的成本承受能力相对较弱；c. 个别企业人员整体知识水平较低，不能完成光谱数据模型的维护工作。

笔者认为可以从四个方面展开相关工作。

（1）打破壁垒，平台化发展

目前各个仪器厂商的建模软件都有相应的版权，一台仪器只提供一个序列号，这就导致建模软件和应用软件只能在一台电脑上使用，企业工程师缺少进一步学习分子光谱建模方法以及优化模型的客观条件。实际上，笔者现在用的建模软件包括 OPUS、Unscrambler、TQ Analyst 以及其他的国产软件，各软件建模思路和数据处理方法并无显著差别。现在企业对于建模工作有需求，但是并不频繁，因此笔者认为应该打破建模工作的壁垒，基于 web 端开发云建模平台，并以租赁或者账号形式向客户提供数据处理工具，也可以为员工技术水平较低的个别企业提供人工建模服务。当然，平台化发展并不是公开客户的数据，更不能由此来收集客户的数据作为自己的资产，相反的，更应该为客户的数据安全负责。其次，云建模平台的开发需要更全面的算法，除传统的光谱预处理方法、定量分析建模方法和定性分析建模方法外，对于 SMPC、多元曲线分辨、机器学习等算法也应该适当发展，从而提供更全面的云数据处理平台服务。

（2）光谱信息直接用于生产控制

现在各企业使用在线分析技术都是利用化学计量学将光谱转变为控制工程师或操作工程师能理解的组分含量或者理化性质指标，但是建模工作烦琐、实施周期长等客观因素使很多化工企业对分子光谱技术望而却步。实际上，化工生产过程的现阶段目标是“稳”，而不是“优”，化工企业生产出稳定的产品，下游工序或者下游企业才不需要频繁调控工艺参数或者改变配方。

物料稳定意味着光谱波动小，因此以光谱稳定性为约束条件即可实现生产控制中物料稳定性的问题。一条光谱中包含几百上千个变量，将所有变量都作为约束条件并不现实，这就需要合适的变量优选算法和数据降维算法。变量优选算法可以排除大量冗余信息，笔者曾使用 UVE、CARS、反向 PLS 等算法进行变量优选，但是这些方法仍需要有相应的参考值支持。值得庆幸的是，实际应用中上述方法可以仅用少量几个样品实现变量筛选，而且效果也比较显著。对于数据降维算法，笔者曾对比使用 PCA 和 MCR-ALS 算法，其中 PCA 方法投影只对数据变化负责。相比之下，施加一定约束条件进行迭代计算的 MCR-ALS 效果更佳。以有机硅单体合成为例，企业生产的目标产物是 M2，但是体系中仍存在 M1、M3、M1H 等副产物。由于下游精馏关注的是 M2 的波动，因此使用 CARS 进行变量优选，并进行 MCR-ALS 计算，得到 M2 的变化趋势即可用于生产过程控制。

受固有思维模式影响，企业中仍习惯使用组分含量和理化性质指标进行过程控制，因此结合先进过程控制、在线分析和生产工艺打造新的控制解决方案，才是实现流程工业智能制造、为生产企业提质、增效、节能、降耗的必由之路。

（3）仪器仪表化发展趋势

目前在化工领域应用的在线近红外光谱仪和在线拉曼光谱仪仍以傅里叶型光谱仪为主，该类型的光谱仪在技术稳定性上具有一定优势，但是在价格、贸易限制、售后维护等方面劣势也很明显。工程上，傅里叶型光谱仪的应用需要布置防爆箱并配备长光纤等配件进行信号的长距离传输，实施具有一定难度。发展便于安装的、适用于化工场景的防爆型化工专用光谱仪是分子光谱仪在化工领域的应用趋势。

仪器仪表化并不意味着把光谱仪做成普通仪表，而是仍需满足稳定的测量需求，仍需定制化的数据处理，同时最好也要实现安装便携化、防爆化和低成本化。国内不少中小型企业都在开发专用光谱仪，多集中在烟草、酿酒和便携式测量，实际上不妨鼓励此类企业分配一部分精力致力于化工场景的仪表化仪器开发，也必将拥有不错的应用前景。

（4）在线分析服务发展

通常企业对温度、流量、压力和液位等传统传感器有深入了解，对物料的质量在线分析了解相对较少，而仪器行业从业者对生产工艺和控制的需求了解甚少，这就导致在某些测点所选用的在线测量手段不甚合理。比如笔者就在企业中遇见过将近红外光谱仪应用于放料终点判断，也遇见过使用折光仪测量多组分体系中的某一组分。前者是大材小用，而后者则明显导致了测量效果不佳、不能反映物料变化的结果。因此，搭建化工企业与仪器供应商间的桥梁，提供整体的优质在线分析解决方案，才能让仪器发挥更大的价值，为企业提质增效、节省成本。同时，提供优质的数据处理服务，包括建模服务、数据校准服务等，让企业现有的仪器“活”起来也是从侧面推进分子光谱仪发展的新思路。

3.2　近红外光谱在石油化工领域的应用

20 世纪 80 年代以来，随着新方法（化学计量学）、新材料（光纤等）、新器件（检测器等）和新技术（计算机）的发展和出现，近红外光谱技术从光谱分析相对落后的位置迎头赶上，崭露头角。如今经过几十年的发展，结合现代化学计量学方法的近红外光谱技术，已经成为工农业生产过程质量监控领域中不可或缺的分析手段之一，在农产品、食品、医药、石化等领域均得到了广泛应用。本节以炼油原料（原油）及石油化工产品为例，介绍了近红外光谱分析技术在石油化工领域中的应用。

3.2.1　石化产业概述

石化是石油化学工业的简称，具体是指以石油和天然气为原料，生产石油产品和石油化工产品的整个加工工业，其中也包含了原料开采的过程，即石油开采业、石油炼制业、石油化工业三大块。

如图 3-2-1 所示，石油化工加工工业主要包含炼油和化工品生产两大板块。

炼油主要是以石油和天然气为原料，生产各类燃料油、化工原料等产品，主要包括石脑油、汽油、煤油、柴油、沥青、焦炭、润滑油、液化石油气等；化工品生产主要指以部分炼油产品为原料，首先通过化学加工来生产以“三烯”（乙烯、丙烯、丁二烯）和“三苯”（苯、甲苯、二甲苯）为代表的基本化工原料，进而以这些基本化工原料生产多种有机化工原料及合成材料的过程。

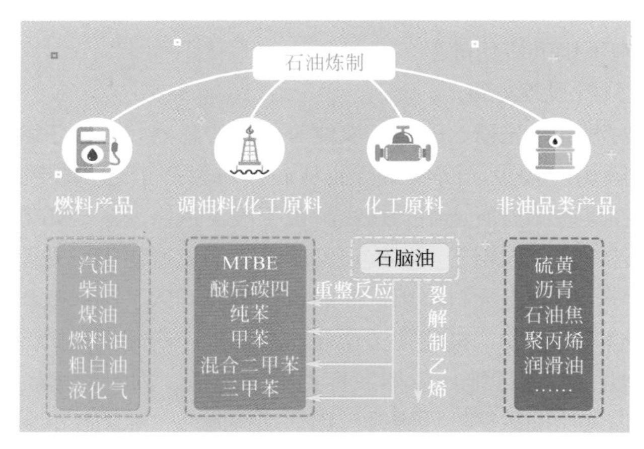

图 3-2-1　石油炼制过程示意图

3.2.2　近红外光谱在石油分析化学中的角色

石油和天然气主体为碳氢化合物，各类石化产品的主体组成物质也均为碳氢化合物，外加少量含氧、含氮、含硫等元素的化合物，然而石化产品种类繁多且分子结构千变万化，因此石油分析化学的目标就是获得石油化学组成和结构信息。石油分析测试是炼油科技与生产的眼睛，也是衡量一个国家炼油技术发展水平的主要标志之一。自 20 世纪 90 年代以来，纵观石油分析科学与技术的发展，可以看出其大致是沿着两条主线展开的：一条主线是在原有的油品族组成和结构族组成分析基础上，通过当代更为先进的分离和检测方法，对油品的化学组成进行更为详细的表征，即油品的分子水平表征技术，其主要目的是为开发分子炼油新技术提供理论和数据支持，以求索研发变革性的炼油新技术；另一条主线则是采用新的分析手段，快速甚至实时在线测定炼油工业过程各种物料的关键物化性质，即现代工业过程分析技术，其主要目的是为先进过程控制和优化技术提供更快、更全面的分析数据，从而实现炼油装置的平稳、优化运行。

分子光谱分析方法对于石化产品有机物结构非常敏感，中红外光谱、近红外光谱、拉曼光谱及核磁共振谱结合化学计量学在油品分析中均有较多的应用，但综合仪器稳定性、信号抗干扰能力、进样技术、工业应用成熟度等方面来看，对油品（包括原油、汽油、柴油和润滑油等）及化工品的快速和在线分析方面，近红外光谱是最实用、最适合工业过程控制的手段。在线近红外光谱已广泛应用于炼油领域，从原油调和、原油加工（原油蒸馏、催化裂化、催化重整和烷基化等）到成品油（汽油、柴油）调和等整个生产环节，可为实时控制和优化系统提供原料、中间产物和最终产品的物化性质，为装置的平稳操作和优化生产提供准确的分析数据，在化工品生产领域同样得到广泛应用。该技术已成为衡量现代炼化企业技术水平的一个重要标志。

3.2.3　化学计量学与石油分析

化学计量学起源于 20 世纪 70 年代，在 80、90 年代得到长足发展和应用。化学计量学利用数学、统计学和计算机等方法和手段对化学测量数据进行处理和解析，以最大限度获取有关物质的成分、结构及其他相关信息。石油组成极其复杂，需要多种近现代分析方法的量测数据进行表征，而将这些仪器的量测数据高效快速地转化为有用的特征信息，就得依靠各种化学计量学方法。

化学计量学内涵丰富，其内容几乎涵盖了化学量测的整个过程，在石油分析中，主要涉及的内容包括多元分辨、多元校正和模式识别。其中多元分辨算法主要用于处理色质联用、全二维色谱等方法得出的多维数据，近红外光谱是二维分析方法，利用的化学计量学方法以多元校正和模式识别为主。

尽管用于石油分析的化学计量学方法很多，但绝大多数处于研究探索阶段，实际应用其实不多。对于模式识别，不同类型的样品，其最佳识别算法可能会不同，以汽油为例，有研究用九种算法对不同炼厂汽油近红外光谱进行分类，结果发现 K- 邻近算法（KNN）、概率神经网络（PNN）、支持向量机（SVM）三个算法分类效率最高，其他如线性判别分析（LDA）、SIMCA 等算法则效果一般。

对于多元校正，偏最小二乘（PLS）是使用得最广泛的算法，某些非线性严重的性质也会用到人工神经网络（ANN）建模。以汽油性质预测为例，很多文献研究比对了包括 PLS、ANN、多元线性回归（MCR）、支持向量机回归（SVR）在内的多种算法，最后综合模型准确性、稳健性来看，PLS 往往是最优选择。当然也有例外，原油分析由于其特殊性，传统建模方法无法适用。因此，国内外都针对原油的近红外光谱分析开发了独特算法。

3.2.4　近红外光谱对原油及石油产品的分析应用

3.2.4.1　原油

原油性质差异巨大，从开采、贸易、流通到最后的加工，各环节均需要对相关的原油性质进行评价，而现存的 ASTM 原油评价方法需要较长的分析时间及较大的工作量，在很多场合不能满足分析时效性，原油快评技术便应运而生。近红外光谱技术由于测量方便、成本低、可用于现场或在线分析等优势成为首选（图 3-2-2）。

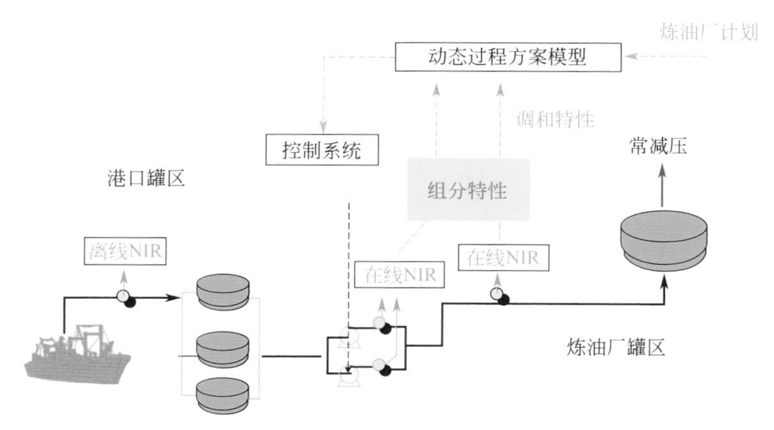

图 3-2-2 原油卸油及调和过程 NIR 应用示意图

目前，通过近红外光谱结合化学计量学方法，可直接建立原油基本性质模型，主要包含密度、残炭、酸值、硫含量、氮含量、蜡含量、胶质含量、沥青质含量、实沸点蒸馏曲线（TBP）等性质。但原油评价不仅需要测定原油的基本性质，还需要测定原油各馏分油的物化性质，分析项目近百种，采用传统的多元校正方法逐个建立校正模型非常困难。20 世纪 90 年代，出现了采用拓扑学原理建立的基于模式识别的近红外光谱油品分析技术，后来发展到利用该技术结合原油详细评价数据库，关联出原油评价所需的详评数据。该近红外光谱原油快速详评技术于近 10 年引进到国内，目前包括大连石化和金陵石化等多家炼厂都购买了该技术，用于原油调和及蒸馏工艺中。

2012 年，我国石油化工科学研究院（简称石科院，RIPP）基于国内外有代表性的 500 余种原油，建立了拥有自主知识产权的原油近红外光谱数据库，基于光谱识别和拟合专利技术，开发了原油快评系统（图 3-2-3）。近年来该系统不断完善，申请专利 20 余件，同样实现了原油各馏分详评数据的关联，形成了国产化的全套原油快速详评技术，预测准确性在传统分析方法的再现性要求之内，可在原油贸易、原油调和以及原油加工等方面发挥重要作用。

鉴于原油色深、黏稠等特性，近红外光谱原油快评技术绝大部分为离线分析技术。法国 TOPNIR 公司的原油快评成套技术在国外有在线应用案例，国内石科院和南京富岛公司合作也具备原油在线快评的实施能力。目前，国内还没有在线原油快评的实际应用，近期为配合智能炼厂建设，某些炼厂正进行常减压装置的实时优化（RTO）改造，RTO需要实时掌握进料性质，可能会引进原油在线快评技术。

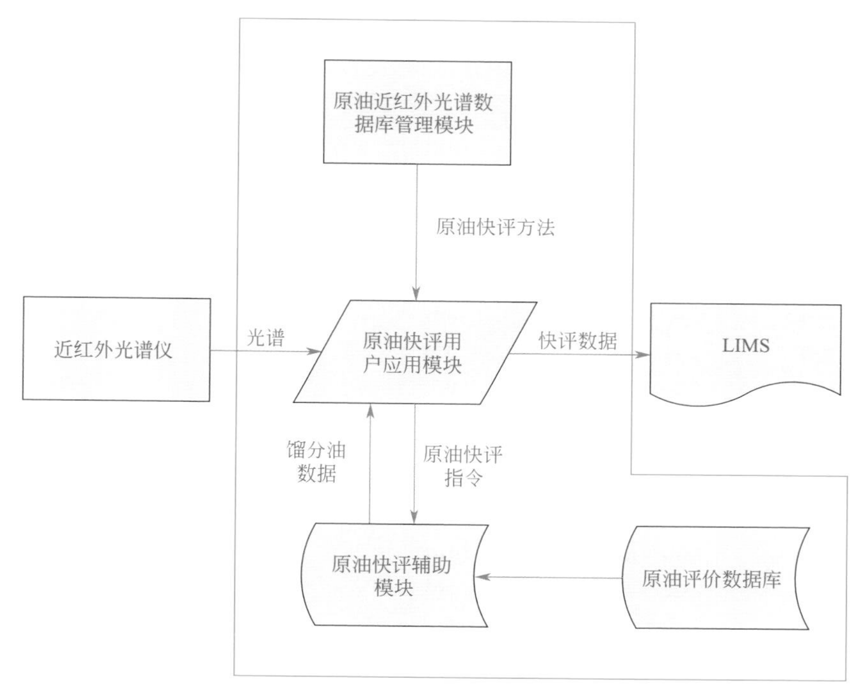

图3-2-3　RIPP原油快速评价技术流程示意图

3.2.4.2　石脑油

石脑油由原油蒸馏或石油二次加工切取相应馏分而得，其主要成分是含5～11个碳原子的链烷烃、环烷烃或芳烃。石脑油是管式炉裂解制取乙烯、丙烯，催化重整生产高辛烷值汽油组分以及制取苯、甲苯和二甲苯的重要原料；也可以用于生产溶剂油或直接作为汽油产品的调和组分。

炼厂对石脑油采取“宜油则油，宜烯则烯，宜芳则芳”的利用原则，而每种利用方式对石脑油有不同的质量技术指标要求，其中石脑油的PIONA族组成（直链烷烃、支链烷烃、环烷烃、烯烃和芳烃）无论对哪种利用方式来说都是十分重要的指标。近红外光谱技术实现了石脑油PIONA族组成的在线快速分析，可为先进控制及优化系统提供物料的实时组成数据，且数据准确性和传统色谱分析方法基本相当。除PIONA族组成数据外，近红外光谱还可分析石脑油密度、馏程、碳数分布、芳烃潜收率等性质，准确性满足工艺需求。理论上近红外光谱也可以测定更详细的基于碳数分布的PIONA组成，如C8直链烷烃、

C9 芳烃等（表 3-2-1）。但石脑油组成复杂，各碳数下不同类型化合物含量分布很不均匀，某些组分含量较低，需要采用一些专用的方法才能得到满意的预测结果。

◆ 表 3-2-1 近红外光谱和 PLS 建模预测石脑油详细烃族组成的精度

组分名称	含量范围（质量分数）/%	Repro(质量分数)/%	RMSEP（质量分数）/%	r^2max	r^2
C5 正构烷烃	6.25 ～ 17.86	0.81	0.52	0.9829	0.9443
C5 异构烷烃	4.65 ～ 17.18	0.8	0.49	0.9903	0.9712
C6 正构烷烃	5.17 ～ 12.27	0.35	0.27	0.9908	0.9550
C6 异构烷烃	5.92 ～ 15.11	0.46	0.39	0.9959	0.9766
C7 正构烷烃	2.88 ～ 7.36	0.22	0.18	0.9908	0.9546
C7 异构烷烃	3.96 ～ 10.46	0.28	0.29	0.9943	0.9521
C8 异构烷烃	1.36 ～ 6.62	0.21	0.18	0.9936	0.9663
C9 正构烷烃	0.24 ～ 5.27	0.33	0.22	0.9885	0.9583
C9 异构烷烃	0.32 ～ 5.22	0.24	0.30	0.9950	0.9412
C10 正构烷烃	0.04 ～ 2.67	0.31	0.14	0.9491	0.9201
C10 异构烷烃	0.16 ～ 5.41	0.74	0.21	0.9353	0.9602
C11 异构烷烃	0.0071 ～ 1.544	0.1862	0.0642	0.9282	0.9335
C12 异构烷烃	0.010 ～ 0.222	0.037	0.012	0.6808	0.7515
C5 环烷烃	0.522 ～ 2.316	0.037	0.076	0.9987	0.9434
C6 环烷烃	3.39 ～ 10.64	0.15	0.18	0.9968	0.9608
C7 以上环烷烃	6.40 ～ 21.82	0.41	0.65	0.9984	0.9672
苯	0.604 ～ 2.447	0.051	0.064	0.9968	0.9604
甲苯	0.631 ～ 2.164	0.059	0.064	0.9968	0.9713
C8 芳烃	0.240 ～ 3.475	0.052	0.098	0.9994	0.9839
C9 芳烃	0.15 ～ 2.93	0.26	0.14	0.9749	0.9418
C10 以上芳烃	0.052 ～ 4.65	0.66	0.25	0.8565	0.8426
烯烃	0.236 ～ 4.254	0.025	0.186	0.9999	0.9606
异戊烷	4.63 ～ 17.13	0.79	0.40	0.9908	0.9799
环戊烷	0.518 ～ 2.279	0.036	0.085	0.9987	0.9461
甲基环戊烷	1.867 ～ 7.156	0.080	0.120	0.9986	0.9766
环己烷	1.522 ～ 3.484	0.066	0.062	0.9923	0.9474
二甲苯	0.188 ～ 3.006	0.044	0.106	0.9994	0.9746
C6 烯烃	0.0127 ～ 0.3392	0.0052	0.0158	0.9994	0.9582

注：RMSEP 和 r^2 为模型验证集平均偏差及决定系数，Repro 和 r^2max 为实验室标准方法（色谱）重复性及决定系数

英国石油公司（BP）最早将近红外光谱用于乙烯裂解装置原料石脑油的 PIONA 组成在线分析，燕山石化乙烯裂解装置于 2007 年首次采用了国产在线近红外光谱技术，如今国内多家炼厂乙烯或重整装置上都拥有近红外光谱在线监测

系统，用来实时监测石脑油原料或对应产品的物性参数。除了将近红外光谱技术用于蒸汽裂解和催化重整装置进料的在线监测外，为合理利用石脑油资源，一些石化公司（如韩国 SK）还建有石脑油优化自动调和装置。该装置将在线近红外光谱技术用于调和组分和产品的 PIONA 组成、密度和馏程的分析，为优化石脑油调和实时提供数据，产生了可观的经济效益。

3.2.4.3 汽油、喷气燃料、柴油

汽油、喷气燃料（航空煤油）、柴油是使用最广泛的三种石油燃料产品，三者主要依靠馏程（碳数）区分，从轻到重依次为汽油、喷气燃料、柴油，有部分重叠。

（1）汽油

汽油是最常见且用量最大的轻质石油产品，主要成分为 C4 至 C12 的复杂烃类混合物。原油蒸馏、催化裂化、热裂化、加氢裂化、催化重整、焦化等炼油过程都产生汽油组分，但从这些装置直接生产的汽油组分不单独作为发动机燃料，而是将其按一定比例调配，辅以添加剂［如以前的甲基叔丁基醚（MTBE）和如今普遍添加的乙醇组分等］，调和成满足一定质量规格要求的商品汽油。

辛烷值是汽油最重要的质量指标，用于表征汽油的抗爆性，其分为研究法辛烷值（RON）和马达法辛烷值（MON），车用汽油牌号是按研究法辛烷值等级划分的，主要有 92、95、98 号，标号越高，抗爆性越好。传统辛烷值测定方法速度慢、成本高、所需试样量大（约 400mL），而且不适合在线分析。辛烷值与化合物结构密切相关。早在 1989 年美国就有人利用近红外光谱结合偏最小二乘方法建立了汽油辛烷值快速测定方法，从而掀起了近红外光谱在油品分析方面的研究和应用热潮。至今，近红外光谱测定汽油辛烷值仍旧是石化领域研究最广泛和深入的测试项目之一。目前成品汽油辛烷值近红外光谱分析方法 SEP 在 0.35 辛烷值单位左右。

除辛烷值外，近红外光谱还可分析汽油密度、馏程、烯烃含量、芳烃含量、苯含量、氧含量、雷氏蒸气压等性质，其分析准确性满足各项汽油生产工艺以及调和工艺的需求。如今新建炼厂基本都使用管道自动调和工艺来进行汽油调和，原来使用罐调和方式的炼厂也慢慢在升级改造为管道调和方式。该方式对调和物料和产品的实时性质监测有较高的需求，在线近红外光谱分析仪可实时、准确地为调和优化控制系统提供各种汽油组分和产品的多种关键物性（图 3-2-4）。调和优化控制系统利用各种汽油组分之间的调和效应，实时优化计算出调和组分之间的相对比例，保证调和后的汽油产品满足质量规格要求，并使调和成本和质量过剩降低到最小。

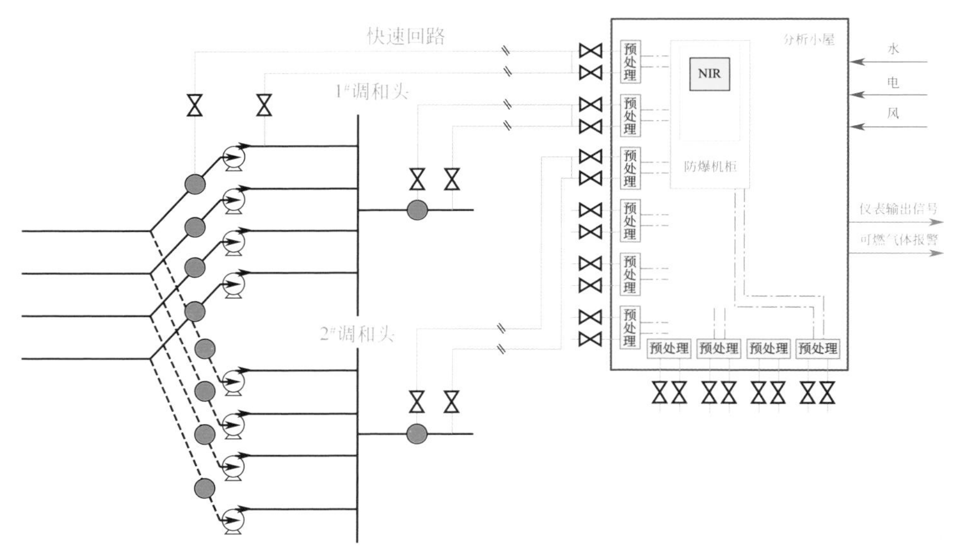

图 3-2-4 汽油调和在线近红外光谱分析系统示意图

以在线近红外光谱为主要特征的汽油优化调和系统最早于 20 世纪 90 年代在国际上出现，同时期我国兰州炼油化工总厂、大连石化等炼厂对该技术进行了引进。至 2005 年，完全由我国自主知识产权建成的含在线近红外光谱分析系统的汽油优化调和系统在中石化广州分公司正式投产运行，当年就带来了上千万元的效益。目前新建炼厂（如中科炼化、盛虹石化等）均含有汽油管道调和建设项目，荆门石化、天津石化、山东汇丰石化等企业也正在进行或已完成对原有汽油调和系统的升级改造。以上项目全部采用了在线近红外光谱分析系统。该系统运行方式一般是将调和前的各路组分汽油和调和后的成品汽油引入快速回路，经预处理后进入流通池进行光谱分析，最后返回原管线或进入回收罐；也有直接将探头插入管线无预处理直接测量的方式。目前主流还是引出式检测。

在汽油调和过程中，近红外光谱不仅可用来实时分析组分油和成品油性质，还可用于调和配方的快速设计。研究表明，利用各组分油近红外光谱按一定比例计算出的成品油近红外光谱，和用光谱仪采集的由同种组分油按相同比例调和出的实际成品油的近红外光谱，二者相似度很高，经同一模型预测出的辛烷值也很接近，证明利用组分油近红外光谱和辛烷值数据，通过计算机辅助设计调和比例，指导生产目标辛烷值成品汽油是可行的（图 3-2-5）。该技术目前仍处于研究阶段，一旦用于实际，可帮助炼厂生产调度人员方便快捷地设计调和配方，最大化提高调和效益。该技术对原油、石脑油等物料的调和同样适用。

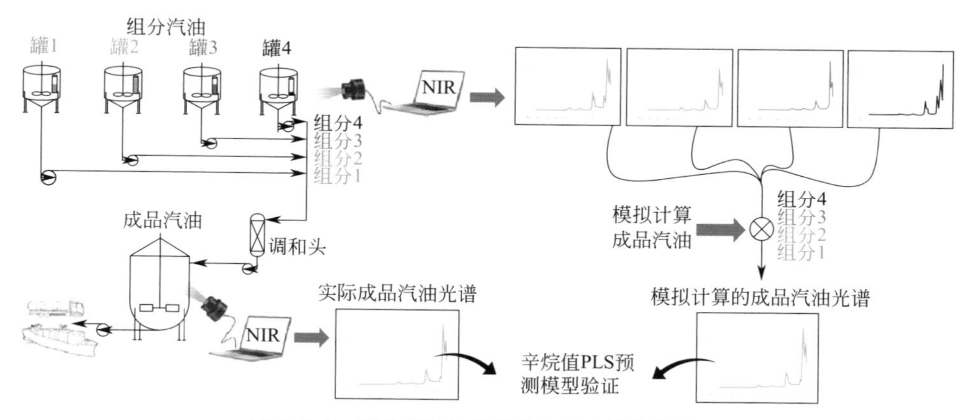

图 3-2-5　基于近红外光谱的汽油辛烷值模拟器

（2）喷气燃料

喷气发动机燃料，又称航空涡轮燃料，是一种轻质石油产品，为透明液体，由直馏馏分、加氢裂化和加氢精制等组分及必要的添加剂调和而成。喷气燃料分宽馏分型（沸点范围约 60 ～ 280℃）和煤油型（沸点范围约 150 ～ 315℃）两大类，广泛用于各种喷气式飞机。我国喷气燃料分为 5 个牌号，其中 3 号喷气燃料是现行最常用的航空燃料。

冰点和芳烃含量是 3 号喷气燃料的重要质量控制指标，近红外光谱可对其快速测定，预测冰点 SEP 约为 1.5℃，预测芳烃含量 SEP 约为 1.5%。此外，近红外光谱还可快速测定喷气燃料烯烃含量、密度、馏程、闪点、黏度等。为实现战场环境下对军用燃料的快速质量鉴定，美国从 20 世纪 90 年代初就开始尝试用近红外光谱方法对包括喷气燃料在内的军用油品进行快速分析。几年后我国石科院、中国人民解放军总后油料研究所等多家单位也陆续开展相关研究工作，针对我国的军用喷气燃料建立了近红外光谱快速分析方法。

（3）柴油

柴油分为轻柴油和重柴油，我们常说的车用柴油为轻柴油，按凝点分级，有 5 号、0 号、−10 号、−20 号、−35 号和 −50 号等 6 个牌号，主要由直馏柴油、催化柴油及焦化柴油等调和组分经必要的加氢处理后按一定比例调配而成，主要包含 10 到 24 个碳原子的各族烃类化合物。

与辛烷值类似，十六烷值是表征柴油性能的重要指标，用来衡量燃料在压燃式发动机中的发火性能。其传统测定方法存在和传统辛烷值测定方法同样的问题，而十六烷值也和化合物结构密切相关。20 世纪 90 年代初国际上就出现了近红外光谱技术快速测定柴油十六烷值的应用，随后几年我国也开始了该技术的研究与应用。现行质量规范对柴油组成尤其是芳烃成分含量作了严格要求。近红外光谱也可用于柴油详细族组成的快速分析，可预测链烷烃、一环烷烃、二环烷烃、三环烷烃、总环烷烃、烷基苯、茚满、茚类、总单环芳烃、萘、萘类、苊烯类、总双环芳烃、总多环芳烃和总芳烃的含量（图 3-2-6）。

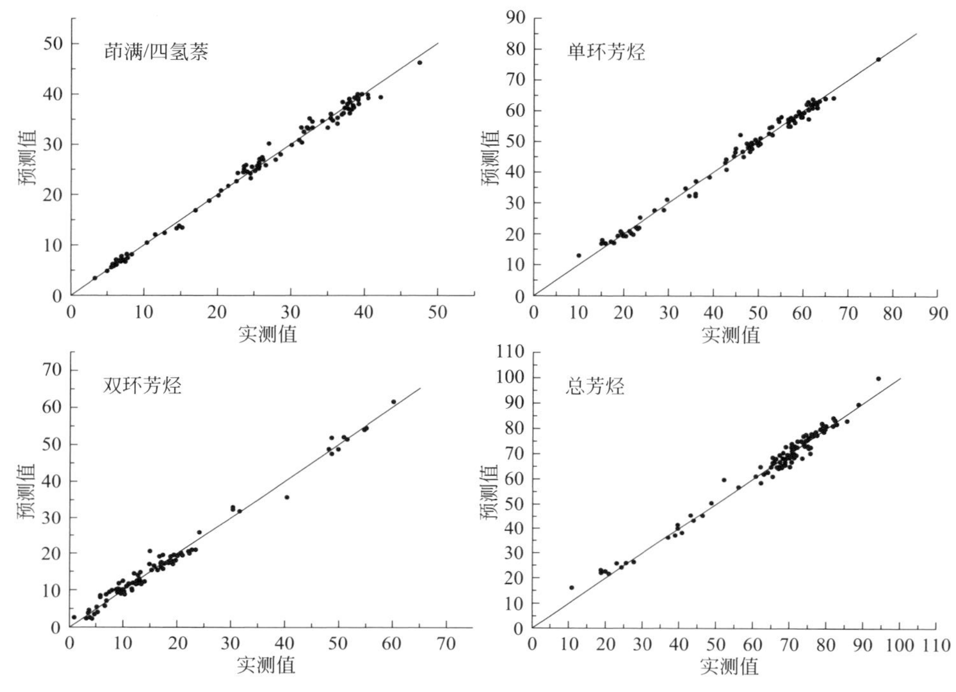

图 3-2-6 石科院开发的柴油族组成近红外光谱分析模型

除了十六烷值和组成分析外，近红外光谱还可较为准确地分析柴油密度、折射率、碳含量、氢含量、馏程、闪点、凝点和冷滤点等性质。随着烃类分子碳数及烃链长度的增加，近红外光谱对于结构变化的敏感度逐渐降低，因此分子量更大的柴油在某些和结构变化密切相关的性质分析准确性上要略逊于汽油，如馏程和十六烷值（相对于辛烷值）。柴油的闪点、凝点、冷滤点等物理性质与近红外光谱呈非线性响应，利用非线性校正方法，如人工神经网络（ANN），得到的模型效果往往要优于常用的偏最小二乘（PLS）方法。柴油生产过程中一些性质（如十六烷值、倾点、凝点等）会通过添加改进剂来改善，且添加量较低，往往在近红外光谱中无响应。因此，近红外光谱只能预测添加改进剂前的性质结果。在线近红外光谱同样可用于柴油调和中，由于柴油调和组分相对简单，且装置普及程度不如汽油调和，因此国内外柴油在线分析应用案例远少于汽油调和。

3.2.4.4 替代燃料

为缓解我国石油资源匮乏和需求之间的矛盾，实现我国长期可持续的经济发展和环境保护，需要发展内燃机替代清洁燃料以部分取代石油基燃料（即汽油和柴油）。替代燃料主要分为三大类，其中醇、醚、酯类等含氧燃料（主要包括甲醇、乙醇、二甲醚以及由植物油制取的生物柴油、生物航煤）为第一大类，但因热值相对低等原因往往和石油基燃料混兑，形成乙醇汽油、混合柴油等燃料。大量试验研究和成功实践都证明，乙醇作为汽车的代用燃料是完全可行的。目前，乙醇作为燃料应用在汽油机上的技术已经相当成熟，我国也正在全国范围内大力推行乙醇汽油，乙醇添加比例一般为 10%。生物混合柴油在世界范围内使用量正逐步增加，在美国、法国、巴西等国家应用较广泛，添加比例为 5% ～ 20%，国内目前应用不多。

近红外光谱可用于发酵生产燃料乙醇、酯化反应生产生物柴油的工艺过程。以生物柴油为例，生产生物柴油的原料种类很多，包括植物油（草本植物油、木本植物油、水生植物油）、动物油（猪油、牛油、羊油、鱼油等）和工业、餐饮废油（动植物油或脂肪酸）等。不同油脂原料生产的生物柴油在理化性质方面差异很大，决定生物柴油产品使用性能的指标有化学组成含量（脂肪酸甲酯、脂肪酸、甘油酯等）、运动黏度、酸值、碘值、闪点、冷滤点、十六烷值等等。近红外光谱可快速测定这些指标，有利于生物柴油生产过程的质量控制。

乙醇、生物柴油等替代燃料各方面性能均和石油基燃料有差异，其渗入含量对于混合燃料的理化性能（如热值、发动机腐蚀性、辛烷值、十六烷值等）有显著影响，必须保持适当比例。因此，对于混合油品中替代燃料含量的准确分析具有重要意义。色谱和光谱技术都可满足分析需求，利用近红外光谱测定乙醇汽油中乙醇及甲醇含量或混合柴油中生物柴油含量的研究及应用有很多，研究报道乙醇和甲醇含量预测 SEP 能到 0.3%，生物柴油含量预测 SEP 能到 0.15% 左右。

3.2.4.5 重油

重油通常是指原油经蒸馏，提取柴油段以上馏分后剩下的残余物，碳数更高，分子量更大，具有颜色深、黏度大等特点，具体包括润滑油基础油、渣油、沥青等。

如今国家对润滑油产品质量要求不断提升，导致对高品质润滑油基础油的需求增加，高品质润滑油基础油的生产工艺复杂，生产过程中需要及时获取蜡油（VGO）、加氢尾油和加氢基础油的组成、倾点和黏度指数分析数据，以指导工艺参数的调整，保证生产合格率。石科院在利用近红外光谱快速分析基础油原料与产物方面做了大量工作，通过优化近红外光谱的谱图采集条件，选择合适的化学计量学方法并优化分析模型，开发了基于近红外光谱预测 VGO、加氢尾油和加氢基础油性质与组成的成套分析技术，准确性满足标准方法规定的再现性要求；特别针对黏度指数和倾点这类和本身化学组成存在严重非线性关系的性质，开发了全新的数据校正方法，显著提高了预测准确性。目前黏度指数和倾点的预测准确性分别为 2 个黏度指数单位和 2℃（表 3-2-2），该技术已应用于茂名石化润滑油调和项目近红外光谱在线分析系统中。

◆ 表 3-2-2 润滑油基础油黏度指数预测结果（石科院近红外光谱模型）

项目 基础油编号	黏度指数实测值	黏度指数预测值	预测偏差	项目 某基础油窄馏分 /℃	黏度指数实测值	黏度指数预测值	预测偏差
1	121	121	0	初馏点～420	115	114	−1
2	133	132	−1	420～430	116	118	2
3	127	126	−1	430～440	120	121	1
4	124	122	−2	440～450	123	122	−1
5	126	126	0	450～460	125	123	−2
6	123	122	−1	460+	125	127	2
7	120	121	1				

渣油四组分（饱和烃、芳烃、胶质、沥青质）含量是评价重油化学组成的重要指标，近红外光谱结合 PLS 可准确分析渣油四组分，采用高温进样附件，分析速度快，SEP 在 1.5% 左右，比传统色谱柱分离方法分析效率提高很多。此外还可分析渣油密度、馏程、黏度、残炭、碳含量、氢含量、硫含量、碱性氮含量、苯胺点等性质；分析沥青蜡含量、黏度、针入度、软化点、脆点等性质。

3.2.4.6 化工品

以三烯三苯等为基本化工原料，可生产约 200 种有机化工原料及合成材料（塑料、树脂、合成纤维、合成橡胶），生产过程属于石油化工范畴，虽然这些化工品种类繁多，但相比于油品，其化学组成相对简单，且主体为含氢有机化合物，因此近红外光谱在该领域的应用也非常广泛。

近红外光谱测定多元醇类化合物羟值就是一个非常成熟的技术，其中，测定聚醚多元醇的羟值已形成 ASTM 标准方法，我国也有对应国标。羟基在近红外光谱区有丰富的信息，通过多元校正方法可以针对每一类多元醇产品建立优秀的分析模型，商品化的近红外光谱羟值分析仪已出现多年。近红外光谱还可用来测定聚丙烯熔融指数、等规指数、乙烯基含量这三个重要的工艺控制指标。多年前我国就研制出了用于聚丙烯粉料和粒料快速分析的实验室型聚丙烯专用近红外光谱分析仪，以及用于聚丙烯粉料的在线近红外光谱分析仪。近红外光谱也可用于聚氯乙烯（PVC）树脂生产过程中水含量的监控，商品化的近红外光谱在线挥发分分析仪适用于 PVC 粉、PVC 糊树脂等所含挥发分中水含量的在线监测和过程控制。在醋酸工业中，近红外光谱可用来测定醋酸、碘甲烷、碘离子、水及醋酸甲酯浓度，国内外均有较多的在线检测应用，保证了醋酸生产工艺运行的平稳性和安全性。

近红外光谱还可以测定多种聚合物中的叔胺值、酸值、水分含量等参数；实时监控高聚物合成反应过程中单体浓度，聚合物浓度、分子量和转化率，高聚物挤出前后样品化学组成等性质；结合可见光成像技术可对聚丙烯（PP）、聚乙烯（PE）、聚苯乙烯（PS）、PVC和聚对苯二甲酸乙二醇酯（PET）等废旧塑料进行现场快速或实时在线识别。此外，近红外光谱还被用于丙烯氰通过微生物法水合生成丙烯酰胺、甘油通过微生物法生成1,3-丙二醇、甲醇与C4馏分合成甲基叔丁基醚（MTBE）等工艺过程。

3.2.5 总结与展望

石油化工领域的分析对象和项目繁多，传统分析方法大多耗时长、不环保、不利于在线分析。近年来国内大力发展智能制造，石化企业也逐步向“智能工厂”转型，力推先进控制和实时优化控制技术，特别需要在线分析技术及时可靠地提供原料和成品质量信息。基于此，近红外光谱凭借其自身特点和技术优势在石化行业大有用武之地，目前在国内外炼油化工企业应用广泛，为企业带来了可观的经济和社会效益。

但是，相对于欧美等发达国家，近红外光谱在我国石化行业的普及性和投用率都有一定差距，其原因大致有两方面。

首先，我国炼油行业原料和工艺变动较为频繁，导致各线产品化学组成变化频繁，进而导致近红外光谱模型需要频繁维护，企业人员很少具备近红外光谱维护技能，只能依靠售后服务。然而销售商往往不具备较强的模型维护能力，导致近红外光谱分析系统停用。目前国内炼厂大都遇到此类问题，已经影响到行业整体对近红外光谱的认识，且这种情况不仅存在于近红外光谱技术中，在基于模型技术的低场核磁等技术中同样存在。

其次，近红外光谱分析方法目前在石化特别是炼油行业还没有相关标准（可能和炼油产品组成变化复杂导致近红外光谱方法稳健性不够有关），导致炼厂质检和化验部门无规可循，不敢使用近红外光谱出具的数据，这也在某种程度上阻碍了近红外光谱在行业的推广。值得关注的是，近红外光谱在纺织品、烟草、粮食、饲料等领域已制定了国家、行业和地方标准，有关汽、柴油近红外光谱快速检测方法的地方标准也已陆续发布，油品性质近红外光谱快速分析相关国标、行标的申报制定工作也有很多人在努力推动。

要解决以上问题，除相关部门要加快标准制定以外，更重要的是加强石化行业对近红外光谱的理解和认识，促使炼厂培养专业化人员，或者规范维保程序，将近红外光谱系统维保委托给专业公司，保证近红外光谱分析系统投用率。现有系统用好了，产生效益了，普及率自然会增加。总之，近红外光谱在国内石化行业有广阔的市场前景，但要出现井喷式的增长并发挥其应有的效果，需依靠经济发展水平和精细化管理水平的不断提高，还有较长的路要走。

3.3 近红外光谱在成品油燃料快速检测中的应用

3.3.1 研制需求和目的

成品油与人民的衣、食、住、行密切相关，在我国国民经济的发展中起着举足轻重的作用，是重要的战略物资和特殊商品，同时也是重点管理的危险化学品。我国是石油消费大国，石油消费量逐年递增，截止到 2019 年底，国内建成的炼化企业共 200 多家，一次原油加工总能力达到 8.6 亿吨。我国成品油产品质量虽逐年稳步上升，但部分地区的车用柴油、车用汽油仍存在较多质量问题，违禁添加、掺杂掺假、以假充真、以次充好等问题层出不穷，不仅对守法经营企业造成较大的影响，还严重扰乱了炼油及成品油销售行业的良性发展秩序[1]，不利于我国石化产业转型升级。

面对成品油的质量问题，传统的质量监管模式就显得滞后和乏力。成品油质量监管采用常规仪器检验存在检测周期过长、检验设备昂贵、人员劳动强度大、人员专业化要求高等情况。技术机构判定成品油质量是否合格，需要经过现场抽样、实验室检测、报告送达和异议处理等多个环节，整个程序下来约 20 天。待结果确认，成品油早已经销售一空。检验周期长和经费投入大是开展成品油监管最大的难点和堵点。因此，亟需加强、拓展成品油快速检测技术，不断革新现有的检测技术[2]，强化成品油的市场监管力度。

鉴于这种现实状况，为充分发挥成品油质量抽检在流通领域成品油质量监管中的重要作用，在山东省市场监督管理局的指导下，山东省产品质量检验研究院（简称山东省质检院）探索成品油监管新模式，制定成品油快速检测技术标准，在全省开展推广成品油质量快速检测工作。建立准确、可靠、快速的成品油现场检测技术体系对成品油供应市场健康有序发展具有重要的意义[3]。

3.3.2 检测项目设计

基于过去多年对车用燃油的质量监管经验、事故处理和环保要求等方面的考虑，山东省快速筛查技术规范选择了质量指标、安全指标和环保指标等三类指标作为快速检测项目。具体检测项目见表 3-3-1 ～表 3-3-4，表中产品以国家标准中规定的指标限值作为快速筛查项目的阈值，与国家标准保持一致。

◆ 表 3-3-1　车用汽油快速筛查阈值[4]

项目		阈值			
		89 号	92 号	95 号	98 号
研究法辛烷值（RON）	<	89	92	95	98
硫含量 /（mg/kg）	>	10			
苯含量（体积分数）/%	>	0.8			
芳烃含量（体积分数）/%	>	35			
烯烃含量（体积分数）/%	>	（ⅥA）18、（ⅥB）15			15
氧含量（质量分数）/%	>	2.7			
甲醇含量（质量分数）/%	>	0.3			
密度（20 ℃）/（kg/m³）		< 720；> 775			

◆ 表 3-3-2　车用柴油快速筛查阈值[5]

项目		阈值					
		5 号	0 号	−10 号	−20 号	−35 号	−50 号
硫含量 /（mg/kg）	>	10					
多环芳烃含量（质量分数）/%	>	7					
凝点 /℃	>	5	0	−10	−20	−35	−50
冷滤点 /℃	>	8	4	−5	−14	−29	−44
闪点（闭口）/℃	<	60			50	45	
十六烷值	<	51			49	47	
十六烷指数	<	46			46	43	
密度（20 ℃）/（kg/m³）		< 810；> 845			< 790；> 840		

◆ 表 3-3-3　车用乙醇汽油（E10）快速筛查阈值[6]

项目		阈值			
		89 号	92 号	95 号	98 号
研究法辛烷值（RON）	<	89	92	95	98
硫含量 /（mg/kg）	>	10			
乙醇含量（体积分数）/%		< 8；> 12			
其他有机含氧化合物含量（质量分数）/%	>	0.5			
苯含量（体积分数）/%	>	0.8			
芳烃含量（体积分数）/%	>	35			
烯烃含量（体积分数）/%	>	（ⅥA）18、（ⅥB）15			15
密度（20 ℃）/（kg/m³）		< 720；> 775			

◆ 表 3-3-4　柴油发动机氮氧化物还原剂 - 尿素水溶液（AUS 32）快速筛查阈值[7]

项目	阈值
尿素含量（质量分数）/%	< 31.8 或 > 33.2
密度（20 ℃）/（kg/m³）	< 1087.0 或 > 1093.0
折光率 $^{20}n_D$	< 1.3814 或 > 1.3843

续表

项目	阈值
碱度（以 NH_3 计）（质量分数）/%	＞0.2
缩二脲（质量分数）/%	＞0.3
醛类（以 HCHO 计）/（mg/kg）	＞5

3.3.3 检测仪器选型

山东省质检院经过与科研院校、石化企业诸多专家多次交流，提出基于大数据原理的新型成品油快速检测方法。近红外光谱法通过偏最小二乘法等现代化学计量学方法，建立光谱与质量指标之间的大数据定标模型，从而实现利用光谱信息对待测样品的多种质量指标的快速测定。近红外光谱分析方法应用于成品油快速检测的必要条件是稳定可靠的硬件设备和准确性高、适应性好的定标模型。

为实现车载条件下稳定工作（图 3-3-1），克服环境温湿度变化的影响因素，研发团队经过了大量的试验和筛选工作，最后发现傅里叶变换近红外光谱具有很好的车载稳定性和检测精密度。光谱系统配备有平面镜电磁驱动干涉功能的动态准直干涉仪，可以通过芯片控制保持光路的准直精度。更重要的是该设备是目前市场上为数不多采用 He-Ne 激光器的近红外光谱平台，可以使设备光路不受环境温湿度的影响。

面对成品油的来源复杂、检测数据准确性的差异筛查难、数学模型的大范围覆盖难等问题，研发团队弘扬“工匠精神”，克服重重困难，研发出建立和应用成品油数学模型的科学严谨的方案。首创模型“置信度”指标，解决了成品油数据库适应性差的问题，建立了具有实际应用价值的成品油快速检测数据库。

图 3-3-1 成品油快检车

3.3.4 规范快速检测工作流程

山东省市场监管局在滨州等市部署成品油质量快速检测试点工作，下发了《关于在滨州市沾化区开展油品质量快速检测能力建设试点工作的通知》。省市各级以及工作在一线的成品油市场监管工作人员全程参与试点工作，组织技术机构、监管部门以及成品油生产销售企业等机构多次开会讨论试点中出现的问题，逐步规范了快速检测工作流程，最终确定成品油快速检测“十步法”，形成了可推广应用的成品油快速筛查监管模式。

山东省质检院联合中石化、中石油、济南弗莱德、东营质量协会等 20 余家单位通过反复摸索实践和大量实验验证，积累了可复制、可推广的经验，逐步规范提炼出成品油快速检测技术标准和工作规范。经过技术论证、征求意见、专家评审、社会公示等规定程序，正式发布《车用汽油快速筛查技术规范》等 8 项地方标准。

3.3.4.1　成品油快速筛查“十步法”

第一步：市场监管局与检测机构共同制定快速检测方案，明确抽检的加油站数量及分布，市场监管局可指定两名具备执法资格的工作人员，与检测机构共同到加油站抽检。

第二步：到达抽检加油站，快速检测车和执法车辆停放在加油站指定位置，不得在加油区、油罐区及消防通道内停放，不得妨碍加油站正常加油作业。

第三步：实施抽检的执法人员不得少于两人，向加油站负责人或有关人员出示行政执法证件表明身份，送达市场监督管理部门出具的快检工作通知书，告知抽检性质、抽检产品范围等相关信息。

第四步：执法人员核查加油站的经营资格，如危险化学品经营许可证、营业执照、成品油零售许可证等。检查与抽检油品相关的票证账簿、货源、数量、存货量、销售量等，将相关信息记录在案，由销售者签字确认。

第五步：检测技术人员、经营者、执法人员三方共同按油品种类、牌号采样。

成品油采样有两种方法。使用加油机油枪进行取样，须从待测样品的加油枪放出 4L 后，将盛取样品的不锈钢烧杯用本次所抽样品刷洗三次，以减少上次所取样品在烧杯中的残留对本次所抽样品的影响，再抽取 300 ～ 400mL 用于快速检测；在油罐中进行取样，须使用取样器在油罐上、中、下三点分别等量取样，依次适量倒入不锈钢烧杯，合计取样 300 ～ 400mL 后混合均匀，用于快速检测。

车用尿素水溶液采样同样有两种方法。使用包装桶进行取样，须将包装桶摇晃均匀后取出 200 ～ 300mL 用于快速检测；使用加注机进行取样，须从待测样品的加注枪放出 4L 后，用所抽样品刷洗不锈钢烧杯三次，再抽取 200 ～ 300mL，用于快速检测。

第六步：快检所需样品应付费购买，检测技术人员按加油站销售价格购买样品，加油站提供正式发票。

第七步：检测技术人员按照油品快速筛查技术规范和检测方法地方标准，利用车载检测设备现场检测样品。检验结果超出标准规定阈值的，应当立即进行复检，以复检结果为准。

第八步：检测技术人员出具快速检测报告单。报告单应当内容真实齐全、数据准确、结论明确。

第九步：检测技术人员向执法人员移交快速检测报告单，由执法人员根据快检结果进行相应处置。

快检未发现问题，执法人员向加油站当场送达报告单，本次快检结束。

快检发现涉嫌质量违法，执法人员向加油站当场送达报告单，并按照《市场监督管理行政处罚程序暂行规定》的要求，现场报请市场监管局负责人批准后立案调查，立即启动执法程序，重新组织抽样检验。

检测技术人员配合执法人员，按照规定要求抽取涉嫌质量违法的油品，封存样品后送具有法定资质的检验机构进行常规实验室检测。同时，执法人员根据快检不合格项目的相关数据，现场分别采取责令停止销售、查封或者扣押等相应处置措施，防止涉嫌质量不合格油品流入消费市场。如该油品经常规实验室检测后确认质量不合格，则依法处置销售者，按照规定公示案件查处情况。

不合格油品为本行政区域以外生产者生产的，组织快检的市场监管部门要及时通报油品标称生产者所在地同级市场监督管理部门，双方配合做好溯源工作。

第十步：全部加油站快检完毕，汇总分析并上报检测结果。

3.3.4.2　加油站快速筛查案例

以在加油站进行成品油快速抽检为例。

快速检测车到达待抽检加油站后，检测技术人员打开近红外光谱等检测设备，让检测设备处于稳定平衡状态；检测技术人员抽取200mL 92号车用汽油（ⅥA）后，移取样品置于样品池中，样品注入量应满足样品池要求，并确保光度有效通过样品池且无气泡存在；打开车用汽油光谱采集仪器进行光谱采集；采集光谱后，调取车用汽油分析方法进行数据分析，得到的研究法辛烷值为91.2，数据不符合《车用汽油快速筛查技术规范》，再次复检后，仍不合格，则可认为该样品快速筛查结果不合格，立即告知执法人员与加油站负责人，执法人员现场报请市场监管局负责人批准后立案调查，立即启动执法程序。检测技术人员重新抽取2L样品，带回实验室按照国家标准规定的方法检测研究法辛烷值，24h后将结果报于市场监管局。

3.3.5　社会效益

成品油快速筛查监管模式的应用从加油站的选择、执法部门的执法流程、样品的抽取、现场快速检测流程以及现场快速检测设施等方面进行成品油快速筛查监管的现场验证工作，形成行之有效、成熟完善、操作性强的成品油快速筛查监管的标准化流程，为在全国范围内推广应用提供可复制、可借鉴、可推广的实践经验。

截至目前，山东省已有18家机构具备成品油快速检测能力，共配备25台成品油质量快速检测车，能够充分满足本省和周边省市的快速检测需要。近两年，山东省已对9000余座加油站的3万余批次成品油进行了快速检测，不合格成品油的发现并处置时间，从原来的20天缩短到15min，有效解决了成品油监管周期远长于销售周期、“检验结果出来后，所抽查产品已销售完”造成成品油难以实现有效质量监管等问题，有效防止不合格成品油流入市场，极大地提高了成品油的市场监管效力，满足国家发展和改革委员会2018年12月29日发布的公告〔2018年第16号〕“国家和地方有关职能部门加强成品油质量监督管理”的要求，贯彻落实了《国务院关于印发打赢蓝天保卫战三年行动计划的通知》的部署和要求。

山东成品油快检监管模式目前已经在全国推广。迄今为止，已有50余套成品油快检车在全国各地运行，执行涉油站点抽检任务，4年内共完成11省市的10万余批次成品油检测，不合格样品分布11省市，不合格数量超1500个，不合格样品复测准确率100%。截至2021年10月，“山东快检”成品油快检车及快检服务已覆盖到全国一半的省份。山东省、广东省、上海市、天津市、河南省、河北省、吉林省、辽宁省、湖南省、山西省、内蒙古自治区等省级市场监管局、省级环保局及省级质检院采用了“山东快检”成品油快检车。现阶段“山东快检”成品油快检车在成品油流通领域快检市场占有率达95%以上。

3.4 近红外光谱在精细化工中的应用

3.4.1 在线近红外光谱分析技术

过程分析技术（PAT）是工业界非常重要的技术，近几十年来，近红外光谱已经被广泛用作PAT，而且其应用前景非常可观。PAT的应用场所包括反应釜、搅拌罐、烘干设备、粉碎器、输送管等，近红外光谱仪器可以对这些生产单元进行在线监测，获得生产过程中的近红外光谱，通过光谱分析探测这些单元中物料的实时变化，对于生产终点判别、生产过程产品性质变化、异常事件的监测等都具有重要作用。

3.4.1.1 在线近红外光谱检测探头

探头是在线近红外光谱检测系统的核心部分之一。探头采用接触或不接触的方式，对样品进行光谱采集。它的一端连接光源和光谱仪，另一端面对样品（接触或不接触）。来自光源的近红外光谱光通过探头入射进入样品而产生近红外光谱吸收，而后通过探头返回光谱仪而记录近红外光谱。根据样品种类和检测目的的不同，探头可以分为如下几种。

（1）透反射探头

透反射模式是近红外光谱技术中测量溶液样品的一种方式。在透反射探头的一端有一个豁口，探头插入溶液样品时豁口内充满液体样品，经光纤引入探头的入射光通过溶液样品后，在豁口顶端遇到安装的反射镜反射后再次进入样品溶液，然后返回光谱仪。光两次通过样品均产生吸收信号，因此其光程是豁口内溶液样品厚度的 2 倍。将探头插入在线监测的罐或管路中，可以方便地测量溶液样品的近红外光谱。

（2）流通池

流通池是另一种测量溶液样品的在线近红外光谱探头，如图 3-4-1 所示。

流通池通常用不锈钢或特种钢材制作，有时为了防腐还用聚四氟乙烯材料制作。流通池包括相互垂直的两个通路，其一为溶液样品通路，从一个方向流向另一个方向，不影响产品溶液的正常流动；另一个通路是测定光谱的光学通路，入射光从一个端口射入流通池，中心流过的样品溶液产生吸收，透过光从另一个端口流出流通池进入光谱仪，记录近红外光谱。溶液样品通路用管道与要检测的样品通道相连接，光学通道用光纤连接到光源和光谱仪。在光学通道上与溶液相接触的位置用透明的玻璃材料把样品溶液与光学部件相隔离。根据测量要求，可以用普通玻璃、石英玻璃，或者为了耐磨也可以选用蓝宝石材料。

（3）漫反射探头

近红外光谱的漫反射测量模式是用于固体或膏状样品的一种特殊测量方式，可用于粉、块、片、丝等固体样品，以及膏、糊等半固体样品的测量。适用于很多形状或形态的样品，如水果、药片、肉类、纸张、烟叶、纺织品等平面样品，将探头直接抵在样品上进行测量；而谷物、粉末化工原料、乳类等颗粒状或半透明状样品，则将探头直接插入样品进行测量。近红外光谱漫反射光谱分析在近红外光谱分析中占有非常重要的地位，绝大多数样品，尤其是固体样品都可以通过漫反射技术直接测定光谱。漫反射模式是近红外光谱测定固体样品的重要方式，它为近红外光谱技术的应用推广做出了重要贡献。

图 3-4-2 是常见的几种用于在线近红外光谱检测的漫反射探头。通常用不锈钢材料制备探头的外套，内部为光纤。光纤分为两类，一类为用于传输来自光源的入射光光纤，另一类为用于输送从样品端透过并传输到光谱仪的漫反射光纤。一种典型的光纤设计是入射光光纤采用六条光纤，均匀分布在圆形外圈（即探头的横截面），其中心设计为漫反射光纤。漫反射探头使用非常方便，一般将探头直接插入要监测的样品中，用光纤将探头连接到光源和光谱仪上即可。

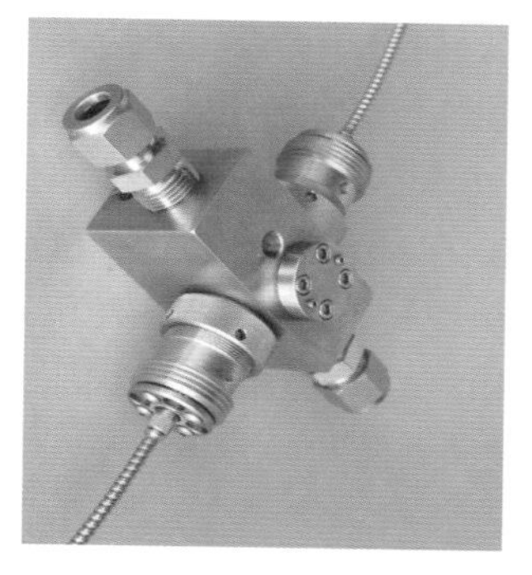

图 3-4-1　流通池

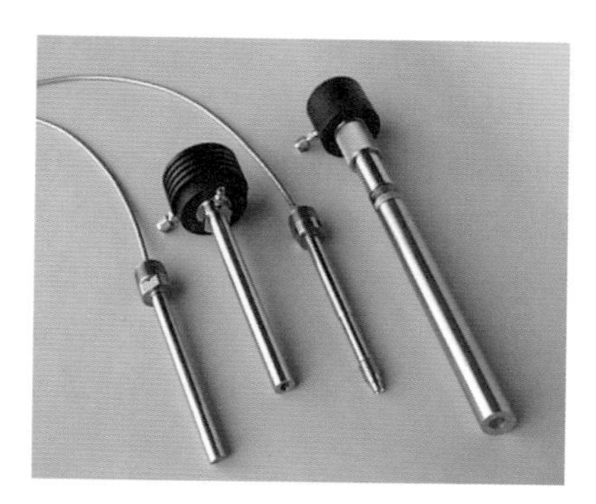

图 3-4-2　漫反射探头

3.4.1.2　在线近红外光谱监测系统的设计

在线近红外光谱监测系统包括探头、光源、光谱仪、光纤，以及配套的电源、机械部件、电脑控制等部分。其核心就是探头、光源、光谱仪、光纤。精细化工行业常常使用近红外光谱监测化学反应过程。因此，本节将以化学反应监测为例讲述在线近红外光谱监测系统中探头、光源、光谱仪和光纤的设计。图 3-4-3 所示为上述部件的一种典型设计示意图。

从图 3-4-3 可以清楚地看到，无论是在线模式和侧线模式，光源入射光通过光纤到达探头位置，被被测样本吸收后的透过光再经另一路光纤进入光谱仪记录近红外光谱。按照设定的时间定时记录样品的近红外光谱，完成化学过程的监测。

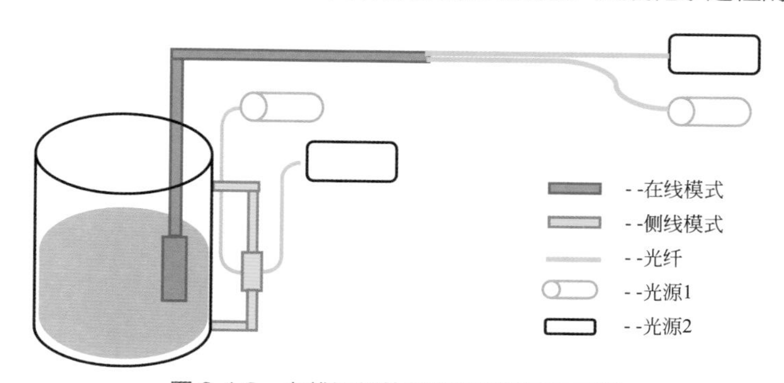

图 3-4-3　在线近红外光谱监测系统示意图

如图 3-4-3 所示的在线模式，将探头（通常采用透反射探头，也可以使用漫反射探头）插入反应罐内部与化学反应物料直接接触来测定近红外光谱。这是最理想的在线近红外光谱监测系统设计，它可以最真实地实时记录反应体系的近红外光谱。但由于探头与反应体系处于相同的环境中，反应条件很容易对探头产生影响，比如高温、高压、严重的腐蚀性、固体颗粒磨损等。因此该方式并不能适用于各种化学反应体系。

如图 3-4-3 所示的侧线模式，在反应罐侧面设置一个旁路，反应液从一端流入旁路，再从另一端流回反应罐，探头安装在旁路上完成近红外光谱的测量。根据在线监测要求，可以对旁路进行特定的设计，如恒温、减压、过滤固体颗粒等，避免反应体系对探头和光谱测量的影响。这种方式在实际应用领域应用最多。

在在线近红外光谱监测系统设计时，还应考虑一些配套设施和使用方法，保证光谱的检测不受各种条件的影响。比如降温和恒温系统，降压和稳压系统，管道堵塞和探头污染的清洁系统，防止光谱窗口玻璃划伤的保护系统等。

3.4.1.3 在线近红外光谱分析的建模和应用

跟其他近红外光谱分析技术一样，在线近红外光谱分析也需要建立近红外光谱与被测组分浓度之间的定量分析模型，即建模。建模通常包括如下部分：

① 光谱测量和浓度测量　在化学过程中除了实时记录近红外光谱外（用 X 表示），还需要同时采集化学过程的样品（要保证光谱测量和取样的同时性），利用常规方法对样品进行分析，获得被测组分的浓度（用 y 表示）。

② 光谱处理　根据需要对光谱 X 进行光谱处理，如平滑、求导、多元散射校正、标准正态变换、异常样本去除等，还可以进行波长选择。

③ 建模和模型评价　用偏最小二乘法建立 X 与 y 的定量分析模型。利用交互检验方法确定最佳的因子数，并确定回归系数。考察模型的预测误差和相关系数，系统和科学地评价所建立模型的预测能力。只有模型的预测能力满足生产要求时才可以将模型应用到实际的在线监测中。

④ 模型的维护　随着在线监测过程的使用，模型有可能会发生一定程度的变化。应该定期考察模型的预测能力，当发生变化导致模型预测能力不能满足要求时要对模型进行维护，保证模型能正确地预测在线监测过程。

3.4.2 在线近红外光谱在精细化工中的应用

3.4.2.1 在线近红外光谱监测在精细化工中的重要作用

精细化工是精细化学品工业（fine chemical industry）的简称，是石油和化学工业领域的新兴产业。与大宗化工产品相比较，精细化工行业具有投资效益高、利润率高、附加值高、高新技术应用程度高的特点。精细化学品是针对特定应用和作用而开发的，具有特定的功能性和专用性，因此精细化工对工农业和人民生活的方方面面具有直接而且重要的影响。精细化学品的生产过程主要由化学合成、剂型加工和商品化三部分组成。每个过程又包含有各种化学的、物理的、生理的、技术的、经济的要求。因此，精细化工行业是高技术密集型的产业。精细化工产品主要包括表面活性剂、涂料、胶黏剂、化妆品、香料、食品添加剂、合成材料助剂、精细高分子材料、染料与颜料、电子材料化学品、油田化学品、皮革化学品、水处理剂、感光材料、纸张化学品、药物和农药等。

精细化工产品生产的核心部分是化学合成，涉及的化学反应绝大多数都是有机合成反应，比如卤化、磺化、酯化、氧化、还原、烷基化、酰化、缩合、羟基化、硝化、氨解等单元反应。这些化学反应涉及的无论是反应物和生成物，还是中间产物，基本都具有近红外光谱信号。化学反应过程中进行在线监测，所获得的近红外光谱能够很好地反映反应过程各个组分的浓度变化，这对于研究化学反应过程、监控反应过程以及对反应终点的精准判断等都具有重要意义。因此，在线近红外光谱技术在精细化工领域得到了广泛应用，而且前景美好。

分离提纯在精细化学品生产过程中也是必不可少的。同样，在线近红外光谱技术也可以应用在分离提纯过程监控中，对于提高产品质量、节能降耗都具有重要意义。此外，精细化学品生产也需要协同其他化工操作，如干燥、混合、成型等。这些操作同样也可以应用在线近红外光谱技术。

由于单元反应多、原料复杂、中间过程控制严格、产品质量要求高等特点，精细化工的整个生产过程都需要多领域、多学科的高技术支持。在生产上常常需要各种现代仪器分析技术，而 PAT 是精细化工产品生产的重要组成部分，因此在线近红外光谱技术在该领域大有用武之地。

3.4.2.2 在线近红外光谱技术在卤化反应监测中的应用

本节以苯的氯化反应为例，以近红外光谱技术为监测手段，介绍近红外光谱在精细化工反应过程的在线监测技术。

（1）反应原理

苯与氯气发生芳环取代卤化反应，生产氯代苯，包括一氯代苯、二氯代苯等。

$$Ar—H+Cl_2 \longrightarrow Ar—Cl+HCl$$

式中，Ar—H 为芳香烃；Ar—Cl 为其卤化产物。

这个反应是生产氯代苯的基本反应，应用广泛。在实际生产过程中很多反应条件影响产品的质量，对生产过程进行监测是品质监控的重要环节。

（2）近红外光谱监测系统

图 3-4-4 为该反应监测系统示意图和实物照片。

该实例是苯氯化反应中的一个环节。如图 3-4-4 所示，反应釜中产物经管路流入储罐，在管路中接一个流通池［见图 3-4-4（c）的实物照片］，流通池连接两根光纤；光源、光谱仪，以及配套设备安装在防爆箱内［见图 3-4-4（b）］，光源和光谱仪用光纤连接到流通池；来自光源的近红外光经光纤进入流通池，被管路中的反应产物吸收，透过光经另一路光纤流入光谱仪，测量近红外光谱。该实例采用小型光纤光谱仪，置于防爆箱内，安装在流通池附近，用较短的光纤就可以连接到流通池；光谱仪产生的光谱电信号经专用的信号传输电缆长距离传输到专用的分析小房中，连接到计算机上，获得近红外光谱。在实际应用中，也有采用长距离的光纤连接到流通池，而光谱仪放置在分析小房中的情况。

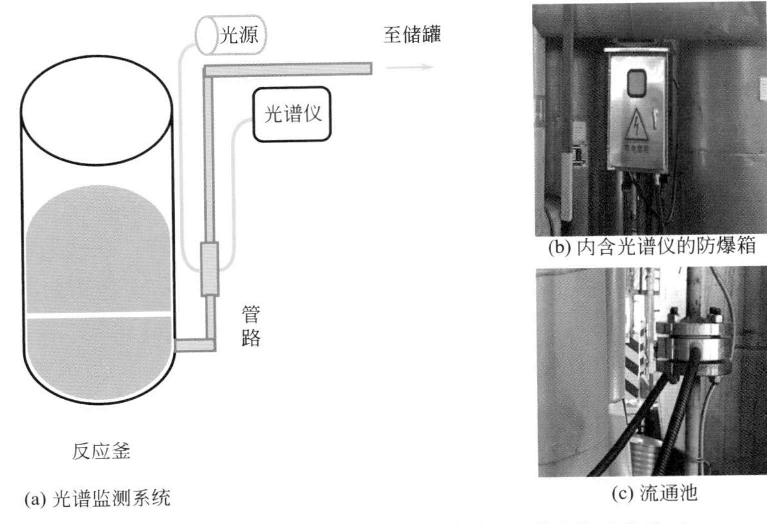

(a) 光谱监测系统　(b) 内含光谱仪的防爆箱　(c) 流通池

图 3-4-4　氯化反应在线近红外光谱监测示意图和实物照片

（3）近红外光谱和组分含量的测定

利用上述在线近红外光谱监测系统对苯氯化反应进行在线检测，采样间隔为1min，连续检测1244min，光谱波长范围为843～1893nm。根据该公司现行检测方法，同时对三个氯代苯组分指标（组分1、组分2和组分3）进行测量，获得它们的含量数据。

光谱数据X：维数为1244×128，其中的1244表示样本数，128为波长数；

含量数据y：维数为1244×3，1244同样是样本数，得到的三列数据分别为组分1、组分2和组分3的含量（%），3个组分的含量范围分别为77.5%～92.2%、0～1.5%、6.7%～21.4%。图3-4-5给出了光谱和含量信息，样本号实际就是监测时间。

（4）近红外光谱分析模型的建立

在线近红外光谱分析的建模过程与离线方式的近红外光谱分析方法是一样的，本节不再赘述，只给出结果。

样本总数为1244个，用前1000个样本作为校正集建立PLS模型，后面的244个样本作为预测集用于模型的评价。在用校正集进行交互检验时，将前后10个样本去除后每间隔3个样品取一个作为交互检验集样本，共323个。下面以组分1为例说明建模结果。

根据交互检验结果采用11个PLS因子建立PLS模型。校正集的均方根误差

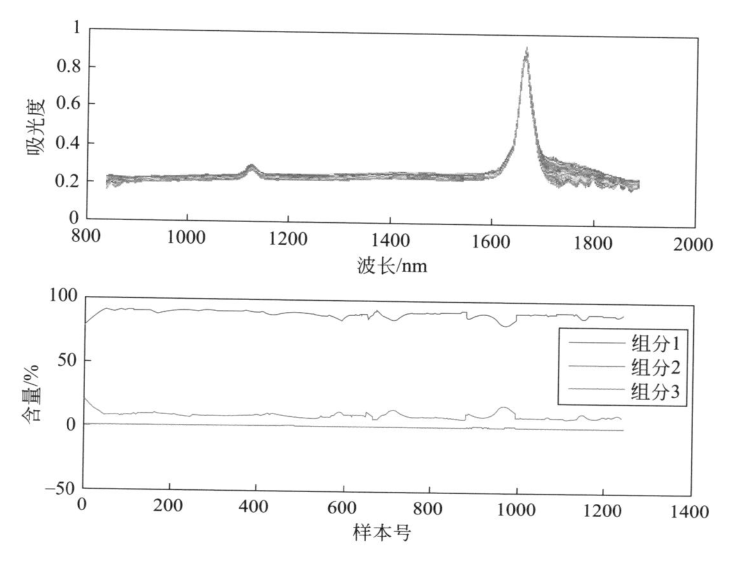

图 3-4-5　所有样品的光谱和三个组分的含量变化

RMSEC 为 0.175，预测集均方根误差 RMSEP 为 0.265，两个集合的相关系数分别为 0.997 和 0.963，模型预测精度很高。校正集和预测集各个样本的预测值对真实值作图如图 3-4-6 所示。图 3-4-7 给出了所有样本（前 1000 个样本为校正集，后 244 个为预测集）的真实值和预测值。可以发现预测结果与真实结果非常吻合。

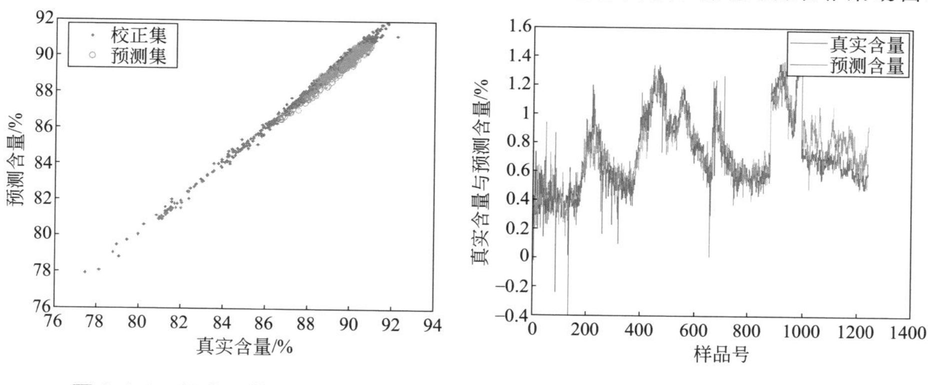

图 3-4-6　组分 1 的预测值对真实值

图 3-4-7　所有样本组分 1 预测含量与真实含量结果比较

另外，组分 2 和组分 3 的模型预测结果如图 3-4-8 和图 3-4-9 所示。

所有样本中三个组分预测结果比较发现，组分 1 的预测误差最小，其次为组分 3，组分 2 的预测误差最大。这主要是因为三个组分的含量范围不同，组分 1 含量最高，预测精度最高，而组分 2 含量最低，因此误差较大。

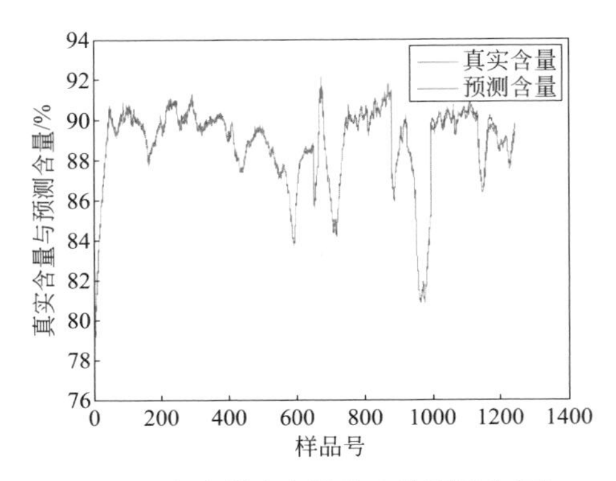

图 3-4-8 所有样本中组分 2 的预测含量与真实含量结果比较

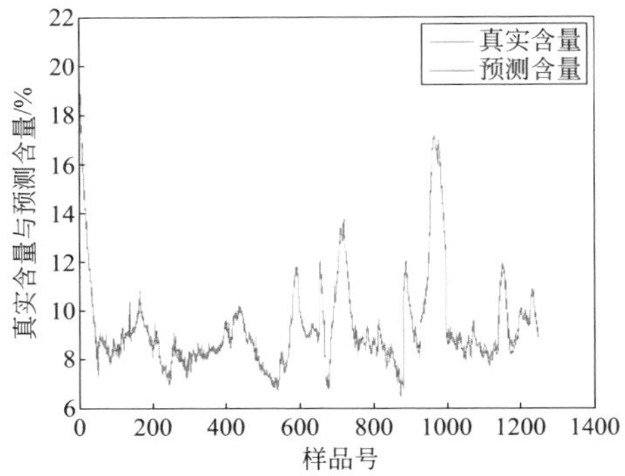

图 3-4-9 所有样本中组分 3 的预测含量与真实含量结果比较

3.4.3 近红外光谱技术在精细化工过程分析中的应用展望

近红外光谱技术在精细化工的过程分析中具有重要作用，但在国内该技术的应用却很不平衡，普及率远未达到其应该具有的程度。今后的发展将主要体现在对该技术的推广、完善，以及新仪器和新技术的应用等方面。

（1）在线近红外光谱技术的推广

精细化工行业是国民经济的支柱性产业，产业覆盖面大、产品种类繁多、产品质量要求高。这些特点都要求精细化工产品的生产过程必须严格控制，这就为近红外光谱技术的过程分析带来了机遇。但直到今天，这种应用还很有限，真正在生产中依靠或使用在线近红外光谱技术的企业还很少。笔者认为有如下原因：众多企业对近红外光谱技术了解不够；企业领导重视不够；近红外光谱技术应用的示范性工作做得不够；现有近红外光谱仪器和配套设备的适用性不强；有别于传统仪器分析的近红外光谱分析方法有待进一步改进和被接受。因此，近红外光谱技术的发展趋势之一就是解决上述问题，这也是广大近红外光谱研究人员和应用推广人员的光荣历史使命。

（2）在线近红外光谱设备和分析方法的进一步完善

虽然近几十年来近红外光谱仪器发生了翻天覆地的变化，近红外光谱分析方法也给仪器分析领域带来了不同于传统的新思路和新成果，但是在线近红外光谱与离线近红外光谱在仪器设备和测量方法上还有很多不同之处。另外，近红外光谱分析方法以多元校正为基础，与传统光谱分析方法具有本质区别，而且计算方法要复杂很多，对分析人员的数学和计算机基础要求也高很多。这些都为在线近红外光谱技术的推广和普及带来了不小的难度。解决上述问题，即完善仪器设备这个硬件问题和改进分析方法这个软件问题，使其更适合在线近红外光谱技术的应用，是另一个发展趋势。

① 重视开发通用的工业在线近红外光谱仪器及其配套设备　在线近红外光谱技术的硬件除了近红外光谱仪器以外，还包括配套的检测探头以及辅助装置，如管路、泵、阀门、滤网等。工业过程监测不同于实验室的光谱测量，它具有更高的要求，比如抗震、耐温、防腐、防爆等，这就导致光谱仪器和配套设备需要考虑现场的实际情况，加大了在线近红外光谱技术的使用难度。目前，在线近红外光谱的硬件设施往往根据现场条件和用户要求进行专门的设计，这又导致其难以推广到其他厂家和用户，加大了在线近红外光谱技术的推广难度和成本。为了解决这个问题，必须设计通用设备，使其在应用上可经直接或较小改动后应用于多家企业、多种生产工序甚至多个行业。

② 近红外光谱分析方法的改进　多元校正是目前近红外光谱分析的基本方法，但这种方法还没有广泛地为广大用户所掌握和接受，因此在近红外光谱技术的应用中，用户必不可少地要依赖“专家”进行建模，这对近红外光谱技术的推广造成了很大的障碍。对于建模，目前还存在很多问题，甚至有些应用错误地使用建模方法、建立错误的模型，这是很危险的，有可能影响用户对近红外光谱技术的信任。解决这个问题的基本方法是通过培训、辅导等方式，加强化学计量学方法，尤其是应用于近红外光谱分析中的化学计量学方法的普及。另外，对建模方法进行改进，比如开发自动建模或智能建模等算法和软件，是另一种非常值得尝试的方法。

（3）新仪器和新技术的应用

近红外光谱技术不同于传统光谱分析技术，它给人们“与众不同”“焕然一新”“令人惊奇”，甚至“瞠目结舌”的感觉。无需制样、无损检测、快速检测等优点已经让人们对该技术刮目相看。如今，互联网技术、大数据分析技术、人工智能技术等已经在近红外光谱分析领域慢慢拓展开来，给人们另一次“与众不同”的感觉。未来，我们非常期待微小的（比如纽扣大小）或更小的近红外光谱仪的诞生，它将能安装在手机上。就像手机的照相功能对照相机行业造成巨大冲击一样，手机的近红外光谱功能对人类生活一定是革命性的影响。当然，上述的各种新技术同样也会大大促进在线近红外光谱技术的发展。

3.5 近红外光谱在生物基新材料行业中的应用

3.5.1 生物基新材料及其特点

生物基材料，是指利用生物质为原料或（和）经由生物制造得到的材料，包括以生物质为原料或（和）经由生物合成、生物加工、生物炼制过程制备得到的生物醇、有机酸、烷烃、烯烃等基础生物基化学品和糖工程产品，也包括生物基聚合物、生物基塑料、生物基化学纤维、生物基橡胶、生物基涂料、生物基材料助剂、生物基复合材料及各类生物基材料制得的制品。其原料主要包括含淀粉类作物（内含可进行糖转化的淀粉基质的材料，如小麦、淀粉等）、含纤维类农作物（如树木、玉米秸秆、甘蔗渣等）、含脂肪类废弃物（如动物脂肪、地沟油等）及其他动植物残体。常见产品有生物燃料、沼气、燃料乙醇、生物柴油和生物塑料。

主要特点有：

① 原料成本低，来源广泛，是现代循环经济重要的一环。随着煤炭、石油等不可再生能源的消耗，人类面临严重的能源危机，发展可替代的再生能源势在必行，甚至关乎人类的未来。生物基新材料在其中占有重要一环，如每年利用我国产生秸秆的 50%，即相当于 5000 万吨石油的能源当量。

② 发展生物基新材料产业是我国正在努力实现的“碳中和，碳达峰”的重要助力。生物基新材料的制造和生产也会产生二氧化碳，但其原料的生产过程将大幅度消耗二氧化碳，相比于单纯产生二氧化碳的石化原料，将大幅减少碳排放。

③ 是现代工业低碳环保的要求。基于生物基材料工业生产的可降解塑料的降解时间，已经从以石油为基础材料的石化产品的几十年甚至上百年，大幅缩短为几年甚至几个月，极大减少了地球的环境压力和污染。生物基新材料已经列入国家重点优先发展的项目。

④ 生物材料还具有石化材料所不具有的独特优点。如以生物基技术生产的纺织纤维具有透气、不易燃、保暖等特点，广泛应用于高档时装面料和高档装饰材料。

⑤ 生物基新材料是农产品深加工和石油化工行业的结合，相对于已经有百年以上发展历史的农产品深加工和石油化工行业，生物基新材料行业还很年轻，所使用的原料许多还处于研发试验阶段，所使用的工艺还处于探索改进阶段。相较于前两个行业正大步迈入或已经实现工业 4.0，该行业还处于工业 1.0 ～ 2.0 阶段，亟需在工艺和生产制造向生产智造转变方面有所突破。

近红外光谱技术是利用有机大分子的分子键对光子的吸收作用来检测分子含量及与其相关的物理特性的技术。近些年。随着计算机技术和化学计量学的发展，近红外光谱技术得到了越来越多的应用，特别在农产品深加工和石油化工领域应用十分广泛。在两者结合的生物基新材料行业，近红外光谱检测技术也发展迅速，特别是在线近红外光谱技术的应用中，可以推进行业生产的研发和工艺改进升级，实现弯道超车，助力尽快进入智能化制造的工业 4.0 阶段。

生物基新材料的行业特点决定了其工艺的复杂性，其生产工艺主要包括原料收购、物理分离、发酵、提纯、反应、精炼、烘干和制粒等多个环节。在线检测除了原料和终端产品以外，在生产的各个环节都有检测和控制要求。下面列举一些实际应用案例（可能不够全面，但很典型）介绍在线近红外光谱检测技术在生物基新材料生产过程中的应用。

3.5.2 近红外光谱在生物基新材料分析中的应用

3.5.2.1 聚乳酸生产环节

聚乳酸是一种以可再生植物资源为原料，经过化学合成制备而得的热塑性生物降解高分子。聚乳酸的原料乳酸是由玉米、马铃薯等可再生资源提取出的淀粉经发酵得到的，乳酸经过进一步聚合而成为聚乳酸。聚乳酸制品废弃后在土壤或水中，数天内会在微生物、水、酸和碱等作用下彻底分解，随后在光合作用下，又成为淀粉的起始原料，不会对环境产生污染，是一种完全自然循环型的可生物降解材料。有研究表明，聚乳酸在环境中的整个循环过程所释放的 CO_2 量为负值，即玉米等植被在生长过程中所吸收的 CO_2 量要高于生产过程中所释放的量，与石油高分子材料相比更具有减少温室气体排放的优势。

聚乳酸的原料乳酸由微生物发酵制得，其主要工艺为发酵，像发酵过程中的 OD 值（反映菌体含量）、氨氮、总氮、还原糖、总糖、目标产物、前体含量、乙酸、乳酸、甲醇、效价等，都可以用近红外光谱分析仪作为传感器来测定。在发酵使用中，在线近红外光谱分析技术的作用是：

① 现代智能制造和工业 4.0 的关键环节。

② 由粗放式一次性投料，向精确化流程工艺转变的需要。

③ 缩短发酵周期，提高产率和收率，节省能源成本等。

④ 发酵曲线的可视化数据为优化工艺，调整工艺条件、原料配比提供科学指导。

⑤ 节约劳动力，提高效率，节省试剂，减少污染。

乳酸发酵过程中控制点多，而如何去调整工艺，须实时知道发酵罐中主要物质浓度。传统方法是取样到实验室，进行湿化学方法分析，滞后性严重，不能及时进行工艺调整。而在线近红外光谱分析可以实时检测发酵罐中的各物质浓度，进而可以及时进行工艺调整。在乳酸生产过程中，需要监控的指标有菌体含量，葡萄糖含量，乳酸含量、钙含量。表 3-5-1 和图 3-5-1 分别是在某乳酸发酵企业成功应用近红外光谱的各指标统计结果和曲线图。该应用的仪器现场安装见图 3-5-2。

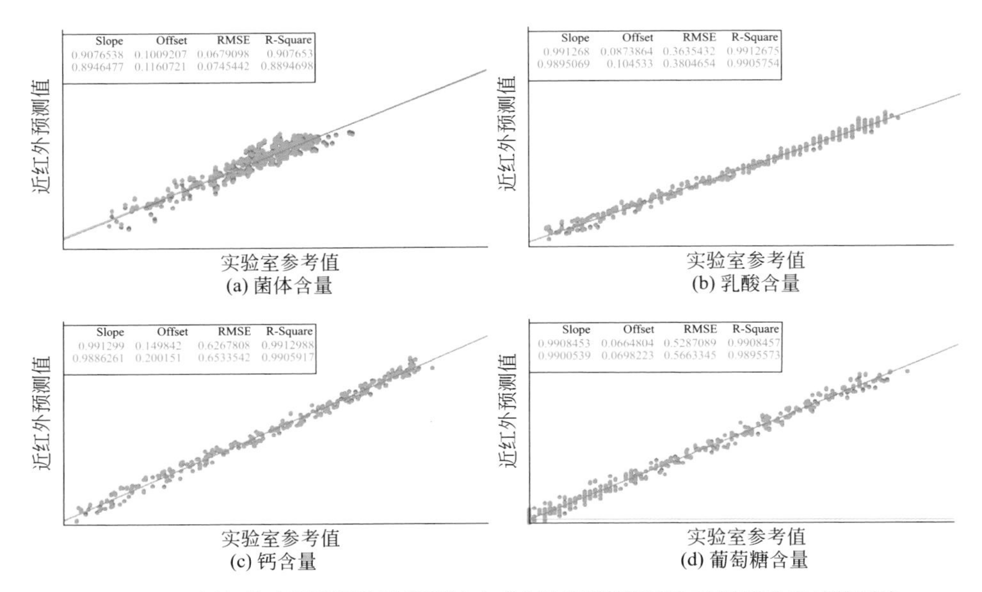

图 3-5-1　近红外光谱预测乳酸发酵液中成分浓度的预测值与实验室参考值的对比

图 3-5-2　乳酸发酵过程中的在线近红外光谱分析

◇ 表 3-5-1　乳酸发酵液建模样品数量及其参数

项目	样品数量	定标范围 /%	标准偏差（SEP）	相关系数（R^2）
OD 值	206	0.55 ～ 1.3	0.063	0.917
钙含量	209	4 ～ 28	0.565	0.992
乳酸含量	205	2 ～ 16	0.321	0.992
葡萄糖含量	208	0 ～ 17	0.587	0.988

3.5.2.2　生物基 PET 材料生产环节

PET（聚对苯二甲酸二醇酯，俗称涤纶树脂）是乳白色或浅黄色、高度结晶的聚合物，表面平滑有光泽。在较宽的温度范围内具有优良的物理机械性能。初期的石化产品 PET 几乎都用于合成纤维（我国俗称涤纶、的确良）。PET 分为纤维级聚酯切片和非纤维级聚酯切片。纤维级聚酯用于制造涤纶短纤维和涤纶长丝，是供给涤纶纤维企业加工纤维及相关产品的原料。涤纶是化纤中产量最大的品种。非纤维级聚酯还有瓶类、薄膜等用途，广泛应用于包装、电子电器、医疗卫生、建筑、汽车等领域，其中包装是聚酯最大的非纤维级聚酯应用市场，同时也是 PET 增长最快的领域。以上为传统化工行业 PET 粒子的相关知识，但现代生物基纤维材料技术改变了 PET 粒子的成分，是基于发酵生产的生物基材料加入少量 PET 材料进行重新聚合反应后生成的新的生物基 PET 材料。与此同时，要求原 PET 粒子优良的物理特性能够保持。这样既可以发挥新材料独有特性的优势，又能保证其原有的应用不受影响，因此在线实时检测 PET 粒子的水分和特性黏度意义重大。

PET 粒子的含水量要控制在 800μg/g 以下以保证其熔融拉丝后的物理特性满足要求，而传统的卡尔费休方法取样麻烦，检测时间长，检测结果不具有代表性，对生产过程的水分控制几乎没有指导价值。所以通常企业为了保证产品质量，不得不进行过度质量控制，这样虽然对收率没有太大影响，但耗费了更多的能量，也降低了效率，从而增加了成本。PET 粒子的特性黏度决定其用途，企业对其特性黏度在线监控也意义重大。通过现场安装实际应用，在线近红外光谱可以比较准确地实时检测这两个参数，从而对生物基新材料的终端产品也起到很好的监控作用。图 3-5-3 是近红外光谱预测 PET 粒子水分和特性黏度的曲线图，图 3-5-4 是 PET 粒子现场检测安装图。

3.5.2.3　燃料乙醇生产环节

燃料乙醇作为资源丰富、积炭少、可减少温室气体排放及使用方便的优良燃油品质改善剂及清洁可再生能源，已成为国内外关注并推广使用的绿色燃料。随着石油价格不断攀涨和能源危机及环境污染等问题的凸显，能源多元化战略已成为我国能源可持续发展的一个重要方向。

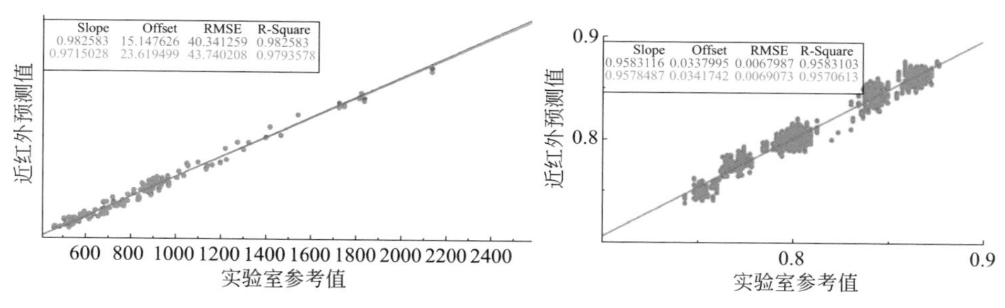

图 3-5-3　近红外光谱预测 PET 粒子水分（μg/g）和特性黏度预测值与参考值的对比

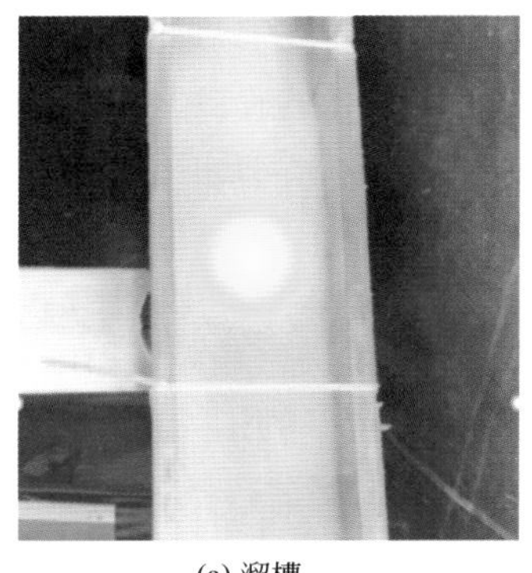

(a) 溜槽

(b) 振动筛

图 3-5-4　近红外光谱在线检测 PET 粒子现场安装图

燃料乙醇生产方法主要是以干法工艺为主，即以农产品、农副产品及植物为原料，经过粉碎、搅拌、蒸煮、糖化、发酵、蒸馏等工艺转化为乙醇。

以玉米原料为例（图 3-5-5），将玉米粉碎以后，加水搅拌制成浆状。加酶后，淀粉转化为糖。玉米浆蒸煮、冷却后，转入发酵工序。添加酵母后，糖开始转化为乙醇。发酵后，酒分和酒糟分离，然后酒分经蒸馏和脱水，最终制得乙醇。

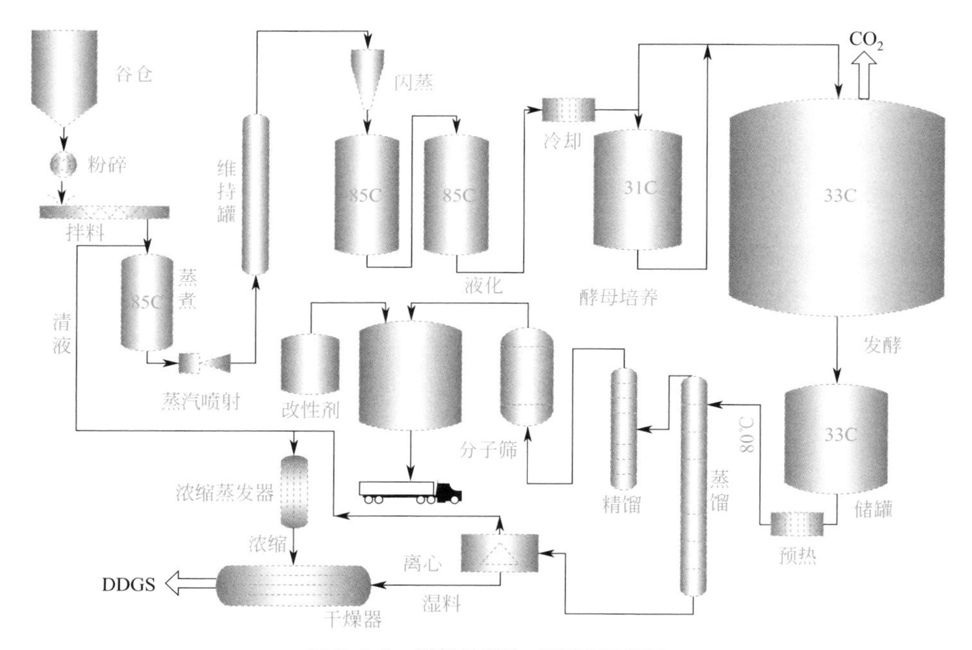

图 3-5-5　燃料乙醇生成流程示意图

① 近红外光谱分析仪在原粮收储过程的应用　燃料乙醇的原粮包括玉米、小麦、稻米等陈粮。原粮在收购过程中，可安装在线近红外光谱分析仪，实时检

测其中水分、蛋白质、脂肪、纤维、淀粉、灰分等参数。

原粮的在线实时检测可以指导原粮的收购价格。传统原粮的收购通过抽检方式检测水分、容重等指标指导收购价；在线近红外光谱通过大数据全部快速检测所有收购原粮中水分、容重等参数，更加客观指导收购价格。另外，通过对所有原料进行检测，可以客观准确地判断是否掺假、品种纯度以及根据检测结果进行分仓储存。通过检测原粮中淀粉、蛋白质等参数，可以指导后期生产，控制酶等添加，优化生产工艺，大致估算出收率，带来精细化控制的额外收益。

② 在线近红外光谱分析仪在粉浆过程的应用　粉浆过程是将原粮粉碎后搅拌、蒸煮，糊化的过程。主要检测黏度、还原糖、外观糖（锤度）、干物质等参数，控制料水比，实时指导生产工艺。通过在线近红外光谱分析仪的实时检测，避免了重复送样、检测的过程，节省了劳动力和劳动时间。

③ 近红外光谱分析仪在液化过程的应用　液化过程是添加淀粉酶，将长链淀粉糖转化为短链糖的过程，主要检测黏度、还原糖、干物质等参数。通过在线近红外光谱分析仪的实时检测，可控制酶的添加量，既使反应充分，又避免原料的浪费。实时指导生产工艺、优化工艺。

④ 近红外光谱分析仪在发酵过程的应用　发酵过程是转化为乙醇的工艺，主要检测外观糖（锤度）、光密度、还原糖、酸度、乙醇含量等参数。在线近红外光谱分析仪通过对OD值、还原糖和酸度的检测，可实时监控发酵过程，指导发酵工艺。同时，实时检测目标发酵产物酒分，掌握发酵转化率。具体来说，过程检测控制液化、糖化、发酵过程中低聚糖组分［葡萄糖（DP1）、麦芽糖（DP2）、麦芽三糖（DP3）、DP4+（四糖以上，十糖以下的低聚糖）、果糖］在物料中的组分含量。乳酸、醋酸、丙三醇、乙醇是发酵过程中预发、主发、酵母醪工艺运行过程关键因素，对掌握不同发酵途径、染菌情况、酵母成长、作用、衰退及转化酒精的收率至关重要。还原糖、酒分、挥发酸、锤度、pH值是过程产物的常规控制指标。表3-5-2为某燃料乙醇生产过程中使用近红外光谱检测各参数的模型统计。

◆表3-5-2　主发酵罐的近红外光谱检测成分及其模型参数

成分	定标范围	标准偏差（SEP）	相关系数（R^2）
糖度	11.1～14.8	0.57	0.977
麦芽糖	7.25～13.48	0.73	0.822
麦芽三糖	0.07～0.18	0.01	0.894
麦芽四糖	33.6～46.5	0.98	0.850
葡萄糖	35.1～63.5	1.02	0.946
丙三醇	4.5～5.5	0.20	0.973
乙醇	58.0～66.0	0.60	0.930

⑤ 在线近红外光谱分析仪在副产品 DDGS 的应用　发酵副产物 DDGS 可作为饲料原料，受到饲料企业的广泛应用。如图 3-5-6 所示，在线近红外光谱分析仪可安装于副产品烘干后方位置，实时检测其中水分含量，实时指导水分的控制工艺，保证产品质量合格。同时，可将检测数据传输到用户 DCS 系统，实现水分含量的自动化控制。在线近红外光谱分析仪也可安装于打包位置，实时检测其中水分、蛋白质、脂肪、灰分等参数，实时监控产品参数质量，并为下游企业的定价提供依据。

(a) 仪器安装在DDGS管束出口

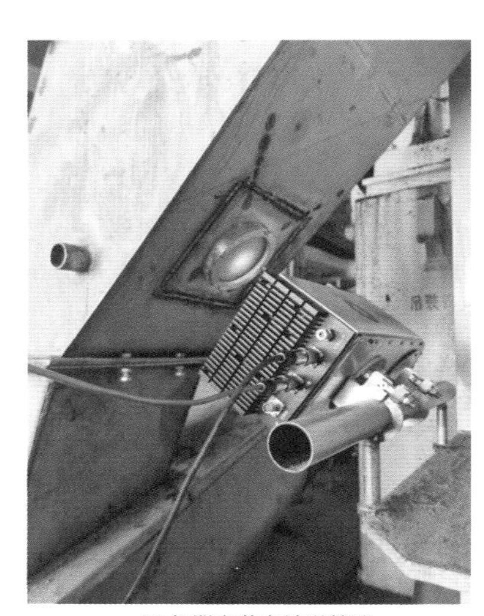

(b) 仪器安装在输送管路

图 3-5-6　近红外光谱在线检测 DDGS 的现场安装图

3.5.3　总结与展望

（1）生物基新材料行业属于新兴的正蓬勃发展的朝阳行业，在线近红外光谱在该行业必将伴随着行业的发展迎来自己发展的春天。

（2）该行业是农产品和石油化工的结合产业，工艺复杂，要求检测和控制的点很多，在线近红外光谱作为智能化生产的数据信息传感器，具有广阔的应用空间。

（3）在线近红外光谱分析技术在生物基新材料领域的应用是近 10 年国内外同步发展起来的，在国内的一些应用已经走在了发达国家的前面。相信经过努力，这一领域将和其他相关技术一起走在世界前沿。

（4）在线近红外光谱是一种间接的检测技术，需要建模和维护。但该领域因为科技含量较高，和其他行业比起来对数据保密性的要求更高，且各家的原料、催化剂、生产工艺都有较大的不同。因此，需要企业建立自己的数据模型库，前期工作量较大，使用中还要进行定期标定维护，需相关人员长期努力学习和工作。

3.6 近红外光谱分析技术在其他化工领域中的应用

随着对生产力要求的不断提高，现代企业一般要求对生产过程的物化参数进行监测，传统方法大都为离线分析的方法，即人工采集生产过程样品送至实验室进行化验分析，这种方法通常比较耗时耗力，且往往无法对不合格或是劣质产品的生产过程进行全面系统的溯源分析。而过程分析（process analytical，PA）是指应用现场实时分析仪器与化学计量学方法对无法用常规的物理变量（温度、压力、流量等）演变得到的化学和物理属性、过程信息进行监测和检验，可以对生产过程进行实时有效的监测[8,9]。近20年来，过程分析已经逐步应用到各个领域，包括化工、石油、农业和食品、制药、电子工业以及服务行业，例如能源和公共事业（水、污水处理等）。其中近红外光谱分析技术因具有快速、无损、样品预处理简单、预测成本低、多组分同时测定、非常适合在线分析的特点，成为过程分析家族的主力军。

3.6.1 近红外光谱在化工分析化学中的角色

化工和石化行业的QA/QC是一项复杂的任务。为了保证客户满意度，产品需要始终符合特定的规格。通常，需要使用专用仪器和复杂的工作流程来分析许多不同的参数；此外，效率也非常关键，生产团队往往需要在几分钟内得出结果，而不是几小时。近红外光谱分析技术可以帮助其简化实验室中的分析程序，通常只需一次测量即可分析许多不同的参数，测试结果精度高，且无需任何样品制备过程，从而节省人力和物力成本，在真正意义上满足了实时、快速的现代质控要求。

投资近红外光谱分析技术是有充分理由的。即使与实验室中已经建立的分析技术相比，从长远来看，它也具有节省资金的巨大潜力。如图3-6-1所示，该图显示了常规离线分析方法HPLC和在线傅里叶变换近红外光谱仪的成本比较。在线近红外光谱分析技术费用包括设备维护费用、实验室费用、方法开发费用；常规离线分析方法费用包括失败批次成本和未实现利润、实验室人力物力和维护成本。该分析基于布鲁克化工行业客户的真实数据，7个月内实现了投资回报（ROI），并在随后的几年中实现了可观的利润增长。经过初始投资（包括近红外光谱仪的成本以及校准开发），从第2年开始，就可以节省大量成本，而这种计算只是将劳动力和消耗品考虑在内。其实还可以通过许多不同的方式实现更多的节省：①节省宝贵的时间。近红外光谱分析几乎不需要额外的样品制备，无需称量，无需稀释，只需将样品装入杯子或小瓶中即可进行测量。②提高质量控制。由于与其他几种方法相比，多组分近红外光谱分析的速度更高，因此可以在给定时间运行更多的测试。这种严格的高频率控制保证了产品质量更好，而成本高昂的不合格批次更少。③更好地利用企业的“内部才能”。通过使用FT-NIR光谱仪，可以将实验室人员从烦琐且耗时的分析中解放出来，从而能够执行更具挑战性和盈利能力的事务上，这将提高实验室的整体效率和水平。

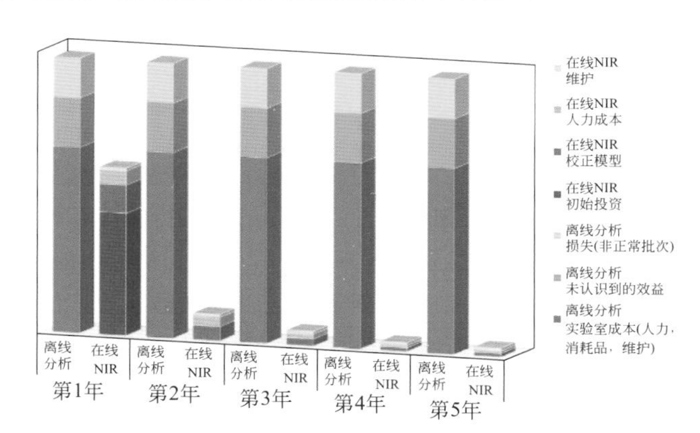

图 3-6-1　近红外光谱与传统化学离线分析的投资回报对比图

3.6.2　近红外光谱在化工行业中的应用分析

近年来，基于化工产品有丰富的近红外光谱吸收官能团，近红外光谱分析技术在化学工业中的应用越来越广泛。对于生产企业，可以用于进货原料的定性和定量分析、有机溶剂的鉴别以及物质理化参数的测量，例如胺值、羟值、酸值、碘值、过氧化值等。而在复杂的化学品生产过程中，产品控制、职业安全和工厂安全的要求也是积极严格的。FT-NIR光谱仪可以通过光纤探头直接安装于生产线的各类设备上，帮助企业实现监控、控制和自动化生产。例如可以对酯化、水解、环氧、加氢等生产过程进行在线定性或定量的反应监测和终点判断。在高聚物化工行业，常用于羟值、酸值、密度、黏度、聚合度及稳定剂、残留单体、末端基含量的测定。典型应用包括多元醇和聚酯中的酸值和羟值测定，聚氨酯中的胺值、NCO、水分测定，聚苯乙烯中的橡胶和乙苯含量测定等。近红外光谱技术还可以用于聚合物物理指标的检测，例如密度、分子量、熔融指数、熔点、立体规整度、黏度等。在半导体湿电子化学品行业，近红外光谱常用于清洗液、蚀刻液、光刻胶显影液、光刻胶剥离液等混合溶液中成分含量的快速测量。

3.6.2.1　聚氨酯行业应用

聚氨酯是最重要的六大合成材料之一。特别是国内建筑节能、汽车工业、高铁、地铁、家电、新能源和环保等产业的快速发展，极大地拉动了聚氨酯产品的需求，使中国成为世界聚氨酯产业发展和需求量增长最快的国家。其中，异氰酸酯（MDI和TDI）是聚氨酯生产的关键原料，MDI和TDI可互为替代品。此外，聚氨酯材料及异氰酸酯原料的强劲发展也带动了国内多元醇的消费和产能的不断扩大。目前近红外光谱分析技术已经广泛用于聚氨酯原料和生产工艺过程中各类指标的快速检测，例如NCO、水分、环氧乙烷、MDI异构体含量及羟值、酸值等。

聚醚多元醇主要是由环氧丙烷、环氧乙烷等原料经过聚合反应而制得的分子末端带有羟基基团的聚合物。羟值是聚醚多元醇工厂进行生产控制的重要手段，在多元醇合成过程中，近红外光谱在线测定聚合物的羟值，实时监控合成反应程度，及时判断聚合反应的终点。美国材料与试验协会（ASTM）早在2008年即颁布了《聚氨基甲酸乙酯原料的标准实施规程：利用近红外光谱（NIR）法测定多元醇中的羟基值》[Standard Practice for Polyurethane Raw Materials: Determining Hydroxyl Number of Polyols by Near Infrared（NIR）Spectroscopy]，标准号为ASTM D 6342-08。

聚氨酯是由双或多官能团烷醇与异氰酸酯在催化剂及各种添加剂的作用下，在反应器内发生聚合反应形成的。在这个过程中，必须频繁测定异氰酸酯和多元醇等反应活性基团的含量，以确保得到的生成物体系中含有过量异氰酸酯用于后续处理，从而完成反应。这些余下的反应活性的异氰酸酯官能团以“%NCO”计量。这个值对于下一个生产工序十分重要，可用于计算完成反应所需的合适的固化剂量，同时生产出高质量聚氨酯材料。然而，异氰酸酯是潜在的有害物质，处理时必须极为小心谨慎，因而分析采样会存在困难。在线检测解决方案可以最大限度地降低与采样有关的职业安全与健康（occupational health and safety，OSH）风险。不仅如此，全过程的质量控制有助于加深对生产过程的理解，降低返工风险或处置成本。其中预聚物通常是液体，因此，非常容易采用光纤透射探头进行在线分析，这种探头的耐受温度范围高达300℃或者更高。如图3-6-2所示，一般每台在线近红外光谱仪可以监测多个测量点，对聚氨酯生产过程工艺进行及时监控，从而优化该项目的投资回报。

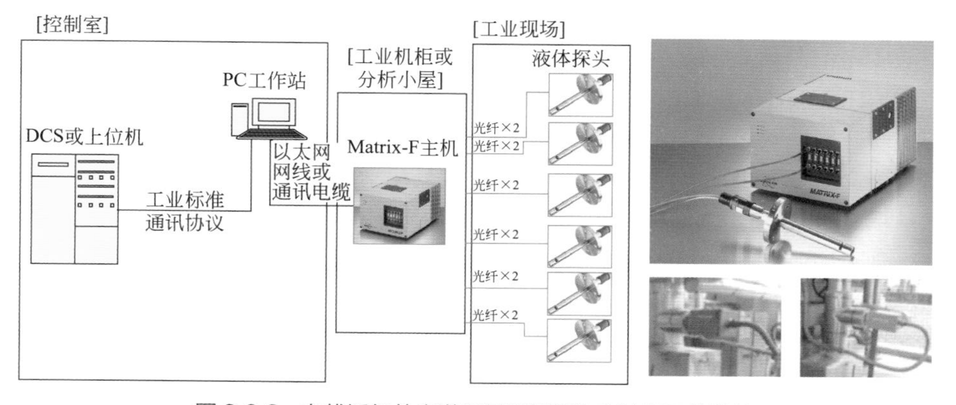

图3-6-2 在线近红外光谱用于聚氨酯生产过程工艺监控

3.6.2.2　半导体湿电子化学品行业应用

半导体与我们日常生活的联系比以往任何时候都要更加密不可分。以它们作为基础材料的微芯片或计算机芯片关联着所有现代技术。越来越多的消费品日益变得具有“智慧”，如冰箱、洗衣机、热水器，等等。为了实现这样的智能化，它们必须配备单片机、电路板和计算机芯片，这些进一步推动了对半导体的需求。要保持竞争力，必须优化生产工艺，最大限度地确保生产符合技术规范。近红外光谱结合多元分析技术可以应用于半导体生产过程中的多个不同阶段，例如清洗液、蚀刻液、光刻胶显影液、光刻胶剥离液等，堪称实现这个目标的完美在线检测工具。NIR 透射探头浸入液池，光谱仪发出的近红外光谱光通过光纤传输至探头与样品作用后，再返回检测器。取样点与所安装的光谱仪之间的距离可以超过 100m。半导体生产过程中要使用高腐蚀性化学品，因此，如图 3-6-3 所示，NIR 探头通常由 PTFE 材质制成并带有蓝宝石窗口，以确保较长的使用寿命。

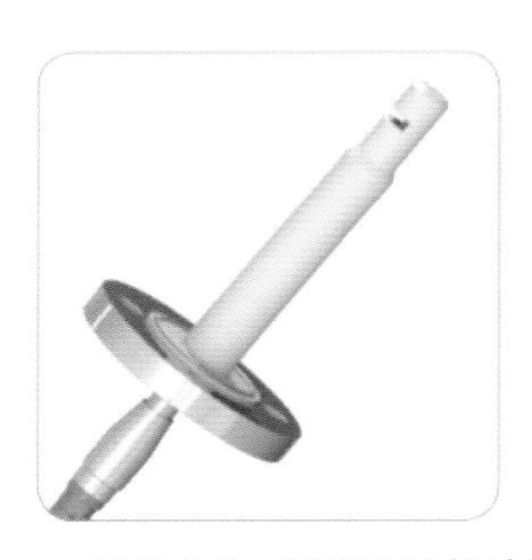
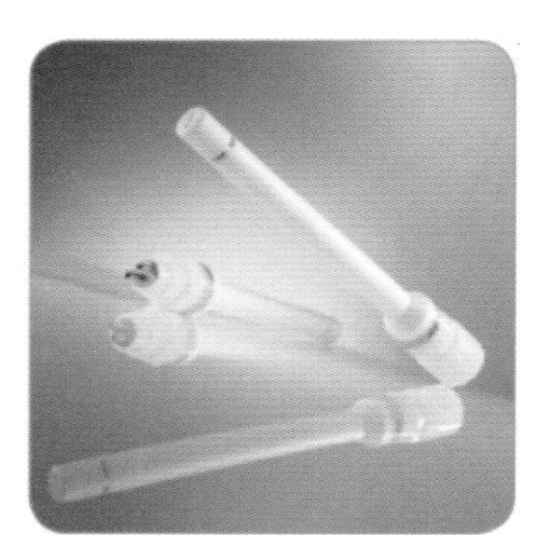

图 3-6-3　PTFE 原位检测近红外光谱仪探头示例

考虑到半导体蚀刻液具有高腐蚀性，取样危险，生产过程无法实时了解槽液中各组分的消耗量。采用近红外光谱分析技术，通过建立混酸各指标成分近红外光谱定量分析模型，可以在线、实时、动态监测槽液中各组分的含量及其动态变化趋势。操作工可根据近红外光谱监测结果及时补充某种消耗殆尽的组分，保证槽液中各组分含量满足生产应用要求，检测的指标包括 CH_3COOH、H_3PO_4、冰醋酸、HNO_3、H_2O、HF、HCl、H_2O_2、NH_4OH、H_2SO_4、乙二醇等。未引入近红外光谱分析技术之前，当槽液中化学药液固定使用一段时间后，无论化学药液中各组分含量是多少，都会加入全新的桶装成品化学药液。在线近红外光谱分析技术从根本上解决了槽液的加液时间点问题，操作工可根据近红外光谱监测结果，准确判断加液时间点，补充已无法满足生产应用的组分。该方式大大提高了化学药液的利用率，且很大程度上降低了生产成本，减少了废液的产生。

3.6.2.3　农药与肥料行业应用

农药，根据美国环保署的定义，是指任何能够预防、摧毁、驱逐或减轻害虫的物质或混合物。农药可以是化学物质、生物（如病毒或细菌）、杀菌剂、抗感染剂，或者是任何能够对抗害虫的手段。农药广泛用于农林牧业生产、环境和家庭卫生除害防疫、工业品防霉与防蛀等。多年以来，农药对控制病虫草害、保护农作物安全生长、提高作物产量、促进国民经济持续稳定发展等都发挥了极其重要的作用。农药品种很多，按原料来源可分为矿物源农药（无机农药）、生物源农药（天然有机物、微生物、抗生素等）及化学合成农药；按化学结构分，主要有有机氯、有机磷、有机氮、有机硫、氨基甲酸酯、拟除虫菊酯、酰胺类化合物、脲类化合物、醚类化合物、酚类化合物、苯氧羧酸类、脒类、三唑类、杂环类、苯甲酸类、有机金属化合物类等，它们都是有机合成农药。在农药生产企业，工厂品控常用气相色谱或液相色谱方法。由于杀虫剂、除草剂或植物营养剂的种类异常复杂，气相和液相色谱的分析时间较长，每天都要消耗大量的人力、试剂成本。近 10 年来，很多植保企业采用近红外光谱技术来快速对杀虫剂、除草剂和营养剂中的主要或有效成分进行定量分析，以取代传统的气、液相色谱分析手段。通过建立不同种类的农药品种定量模型，可分别快速定量测量菊酯类、有机氯、有机磷、有机氮、有机硫、氨基甲酸酯等指标。

吡虫啉是烟碱类超高效杀虫剂，具有广谱、高效、低毒、低残留，害虫不易产生抗性，对人、畜、植物安全等特点。吡虫啉原料生产工艺比较复杂，其上游中间体质量会影响下游中间体，从而影响最终产品的质量。在此生产过程中，关键质量成分的定量分析主要采用色谱法，但是该方法前处理过程复杂，耗时长，而且仅限于实验室分析，无法满足实时监测的要求。尤其是 2- 氯 -5- 氯甲基吡啶常温下易结晶凝固且味辛辣，仅取样工作便是极大的挑战。范长春等[10,11]用在线近红外光谱仪结合实验室分析数据对吡虫啉原药生产过程中烯胺精馏、吡啶酮精馏、吡啶酮二氯乙烷溶液配制、2- 氯 -5- 氯甲基吡啶提纯等工艺建立了近红外光谱定量模型，所建模型相关数据结果如表 3-6-1 所示。模型投入运用后能够实时监测样品质量变化趋势，模型效果较好，对最终产品质量起到了指导意义。目前，作者已经建立了吡虫啉原料生产工艺过程中中间体、成品等近红外光谱快速定量分析方法，近红外光谱离线分析和在线分析齐头并进，减少了样品取样、送样、分析等人工成本，减少了物料排放处理的损失、还提升了人员职业健康及环境保护水平。

◆ 表 3-6-1　吡虫啉原药生产过程吗啉、烯胺、吡啶酮、二氯的近红外光谱定量分析模型参数表

组分	光谱预处理	R^2	RMSECV
吗啉	SNV+ 一阶导数	0.998	1.46
烯胺	SNV	0.9969	1.25
吡啶酮	一阶导数	0.9549	0.56
二氯	一阶导数	0.8366	0.4

农药有效成分含量不足和农药有效成分滥用是农药质量不合格的最主要原因，但是缺乏农药的快速分析方法。Armenta Sergio 等[12]早在 2008 年时已经研究了近红外光谱分析方法用于测定市售 11 种农药固体制剂的可行性。研究对象包括节嘧磺隆、噻嗪酮、氯磺隆、环丙氨嗪、丁酰肼、敌草隆（二氯苯二甲脲）、苯氧威、异菌脲、甲霜灵、腐霉利和三环唑。研究表明，近红外光谱分析方法预测值与色谱法获得的结果相当，可以用于这些市售农药的快速测定。闵顺耕等[13-15]在近红外光谱分析技术检测农药技术方面也做了大量的工作，分别建立了苯醚甲环唑乳油中嘧菌酯、乳油中高效盖草能、敌杀死乳油中溴氰菊酯等近红外光谱定量分析模型，为商品农药制剂中有效成分含量的快速测定提供了有效的手段。

肥料是一类用于调节植物营养与培肥改土的一类物质。2018 年，全球使用了近 2 亿吨肥料，以使农业适应不断增长的粮食需求。世界上 50% 的农业收成只能通过施肥来实现，为了在未来实现这些收获，需要专门的肥料来满足不同的需求。肥料可以根据其效果（速效或长期）、成分（矿物质或有机物质）或形式（固体或液体）来区分。根据土壤状况和植物需求，需要矿物质和其他养分的特殊组合来达到增产增收的目的。

为了确保分布均匀、可重复施肥以及易于处理，固体肥料通常以颗粒形式生产。对于颗粒肥料的生产，可以通过近红外光谱在原料进入工艺之前测试原料的成分，或者检测混合或制粒后的最终产品，从而确保最佳的产品控制。目前近红外光谱仪已经开发出非接触式的探头检测方式，如图 3-6-4 所示。这种类型的探头可以安装在传送带上、溜槽上或通过法兰安装到反应器上，从而无接触地测量移动中的固体肥料。

图 3-6-4 非接触式近红外光谱仪探头用于移动固体颗粒测量示意图

虽然近红外光谱主要用于有机物质的分析，但它也可以用来检测矿物质的含量，因为它们对近红外光谱水分吸收峰的形状有影响。可以建立肥料颗粒中总氮、总磷的近红外光谱定量分析模型，快速分析肥料中氮磷含量，也可以快速检测水溶性钾的含量。除了总和参数（例如总氮）外，还可以确定单个组分，例如铵氮或硝酸盐氮等。此外，近红外光谱也可以测定添加的矿物质或元素，例如钙或镁。

3.6.2.4　日化、表面活性剂行业应用

表面活性剂是洗涤剂配方中的主要组分，是指加入少量便能使其溶液体系的界面状态发生明显变化的物质，可降低两种液体或液体 - 固体间的表面张力。表面活性剂被誉为“工业味精”，品类多达数千种，表面活性剂行业下游应用非常广泛，涉及国民经济的各个领域，如洗涤剂、化妆品、纺织、食品加工、个人护理、水处理、涂料、建筑、油漆、纺织、印染等。目前在洗涤剂和个人护理领域应用最为广泛，表面活性剂是洗涤剂配方中的主要组分，其主要产品包括牙膏、洗发水、沐浴露、洗衣粉、液体洗涤剂、餐具洗涤剂以及各种工业用或家庭用清洗用品；表面活性剂在化妆品中有着多种重要应用，主要产品包括面霜、油膏和糊状化妆品、润肤水等。

受全球新冠病毒疫情影响，洗手液、消毒液等个人洗护及消杀类产品需求大增，甚至出现断货。表面活性剂作为洗手液等洗护产品的最主要原材料，市场需求量很大，因此产品质量直接关系到消费者的身体健康。如图 3-6-5 所示，近红外光谱仪配置对应的采样模块，可以用于表面活性剂类型样品的检测，快速、无损测量羟值、碘值、不饱和度、胺值、皂化值、水分含量等。国内众多表面活性剂企业已采用近红外光谱分析方法进行产品质控，但是缺乏标准的支持。为此，表面活性剂行业协会历时多年对近红外光谱分析技术进行方法学的验证，最终发布了表面活性剂行业近红外光谱检测国标和行标，为生产企业质控和产品放行提供了有利的法规依据，包括 GB/T 7383—2020《非离子表面活性剂羟值的测定》、GB/T 13892—2020《表面活性剂碘值的测定》和 HG/T 3505—2020《表面活性剂皂化值的测定》。此外，近红外光谱分析技术也可用于洗涤剂和化妆品中有效成分含量、游离脂肪酸、pH 值等的快速测定，分析样品种类有洗衣粉、洗手液、洗发水、香皂、沐浴露、消毒水、牙膏、护肤品等。

近红外光谱分析技术在化工行业的应用遍地开花，除上述应用外，近红外光谱还可以用于生物燃料类物质合成 1,3- 丙二醇的 pH 值和甘油、1,3- 丙二醇含量的测定，燃料酒精的原料淀粉、水分、含油量、蛋白质及成品酒精的快速测定。在造纸行业，纤维含量、填料、胶黏剂和湿强树脂、硅含量、重量、厚度、湿延展度等也可以使用近红外光谱进行测定。

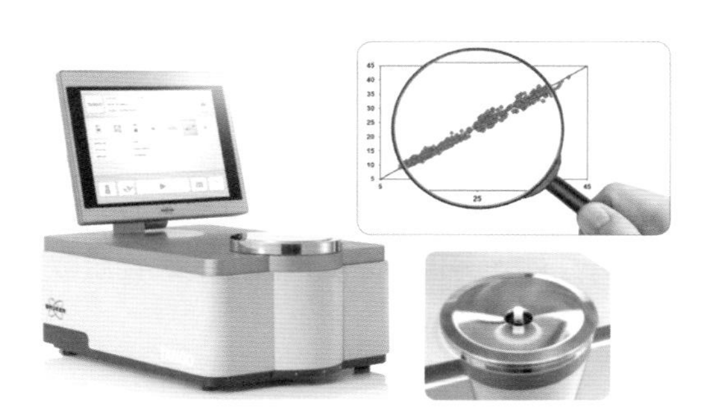

图 3-6-5　近红外光谱仪用于表面活性剂检测

3.6.3　总结与展望

近红外光谱是化学、石化或聚合物行业实验室或在线分析的理想工具，该技术在化工行业的应用领域是多方面的，例如小分子的化学反应、聚合物合成到精炼过程的监控。反应监控可以对反应过程进行精确控制，例如对重要的中间体进行定量分析或对副产品进行检测，可显著提高反应产率，防止错误生产批次的发生。此外，使用在线近红外光谱分析技术解决方案，不需要泵送或转移危险样品到分析仪，最大限度地降低了工厂操作人员和实验室人员的安全风险。常规分析的成本（消耗品，维护和人工成本）中，通常必须增加不合格批次及其处置所造成的未实现的利润和损失。而近红外光谱在线分析只需要光谱仪、过程探头和附件的初始投资，以及用于模型开发的人工成本，但运行过程中人工和维护成本可以忽略不计。另外，通过近红外光谱分析技术提供的理化信息还可以优化过程，最大程度提高反应产率，并防止不合格批次的产生。

3.7　近红外光谱在地矿遥测中的应用

3.7.1　在地质矿产岩心编录中的应用

3.7.1.1　矿物的近红外光谱特征及岩心光谱扫描原理

物体的光谱属性和它的内部成分、结构及其理化性质关系密切，包括某些含铁、含碳氧基、含羟基矿物，其光谱主要是由其内部的电子跃迁、晶体场效应的相互作用以及它的分子键的振动能级跃迁所决定。对于前者的相互作用，主要是受电荷的转移、晶体场的作用以及色心的影响等。其中，离子能级的跃迁会使吸收特征出现改变，由此带来相应的晶体场作用。而反射光谱主要受矿物个体的差异影响，与具体的粒径没有关联。在晶体场作用环节，铁离子作用显著。它不仅在地球上广为存在，而且二价与三价铁离子可以置换自然界中的二价镁离子与三价铝离子。此时，电子从其中的一个原子迁往另外一个原子，便会对光谱带来影响。譬如 Fe-O 的电子转移，就会导致光谱吸收位置朝着紫外方向偏移。而反射光谱所对应的吸收边缘则受到半高宽的影响，入射的光子必须有足够的能量，才能使价带电子进入导带区。在波长方向上反射光的迅速增加与带隙能量具有关联性。譬如某些物质存在着离子缺失结构，那么此时就会捕获电子，CaF_2 中的 F^- 丢失，就会被相关的电子取代。此时，就会带来红绿吸收，由此产生紫色，进而构成色心。物质的分子振动也会对光谱属性带来影响。根据经典力学观点，分子振动可以使用基频、倍频与组合频等频率来进行描述。分子之间双原子的伸缩振动就是所谓的振动基频；因为原子之间的不协调振动，相应的分子根据基频的整数倍进行振动跃迁，这就是所谓的分子振动的倍频；而如果分子存在着数种频率的振动，那么在某种条件下产生了耦合效应，由此生成的最终频率就是组合频[25]。通常，固体物质的振动处于超过 2500nm 的区间，而 Si—O 与 Al—O 分子的振动，其波长区域就约为 10000nm。而水分子则有三种振动波长，分别为 2660nm、2740nm 与 6080nm。正是这些物质在微观形态上的差异，才使实现光谱遥感技术具备物理基础。

前述矿物近红外光谱吸收机制主要有两种：第一，金属阳离子在可见光区域的电子过程；第二，阴离子集团在近红外光谱区域的振动过程。对蚀变矿物而言，其可见光 - 近红外光谱区域对应的官能团主要包括氢氧根阴离子、碳酸根阴离子，二价与三价铁离子等。

对于铁离子而言，其为地壳中广为存在之物，其光谱吸收特征，属于典型的晶体场效应。所以，有关该离子的光谱吸收峰，就成了矿物光谱分析较为常用的波段。其中，二价与三价铁离子对应的特征吸收峰分别为 600 ～ 800nm ；900 ～ 1500nm，具体可参见图 3-7-1。

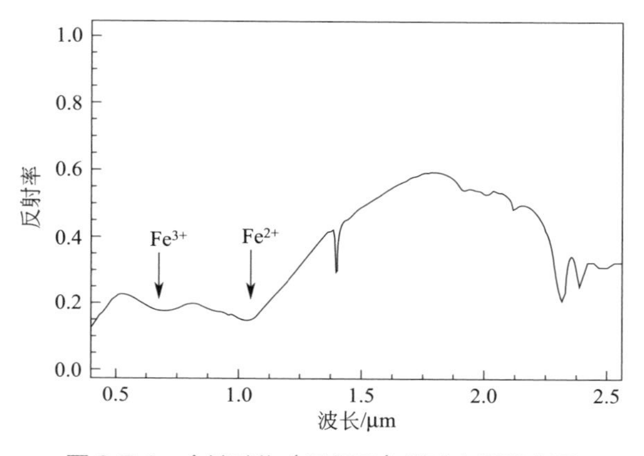

图 3-7-1　含铁矿物（阳起石）岩矿光谱示意图

对于羟基阴离子基团而言，该基团中的分子振动并不是典型的简谐振动，而是一种非谐振子。因此，除去基频跃迁之外，也就是 2770nm 的伸展振动之外，还有另外一种跃迁，那就是从基态跃迁至第二激发态，由此便会形成一级倍频吸收峰（2v）。这表明，可见光 - 近红外光谱的倍频吸收特征位于 1400nm 之处。所有含水矿物，内部都有羟基基团，它们在 1400nm 与 1900nm 附近区域皆有吸收峰。

吸附水：属于孤立水分子，具有吸收弱，谱带宽缓等属性。譬如蛋白石，其中的吸附水会填充于球粒空隙之中，对应的吸收峰分别为 1414nm 与 1924nm。

晶格水：吸收强、谱带具有一定的宽缓性。譬如石膏，其 SO_4^{2-} 与 Ca^{2+} 之间通过水连接，由此构成双层，对应的吸收峰分别为 1444nm、1747nm、1935nm 与 2216nm。此时，层间水处于整体结构层，由此构成连接层，对应的吸收峰分别为 1424nm、1915nm 与 2135nm。而结构水参与晶格，此时的位置固定。譬如高岭石，它的吸收峰就分别为 1403.5nm、1825nm、1905nm、2205nm、2315nm 与 2375nm。

对于 OH^- 基团而言，该基团主要有 2210nm 与 2340nm 附近区域的 Al—OH 与 OH^-，这种矿物的近红外光谱吸收峰主要通过 M—OH 键的弯曲与非谐振动所对应的组合频所形成。

对于 Al—OH 矿物而言，其显著特征吸收峰主要出于 2150 ～ 2220nm 附近区域，是最大吸收峰。另外在其两侧，还存在着显著的次一级吸收峰，因此会构成相应的二元结构，具体可参见图 3-7-2。而针对那些含有 OH^- 的矿物，其吸收特征可参见表 3-7-1。

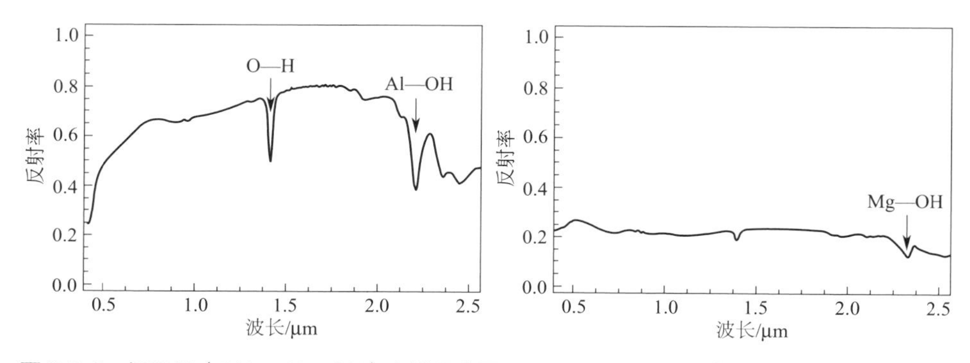

图 3-7-2　绢云母（OH^-、Al—OH）光谱示意图　图 3-7-3　蛇纹石（Mg—OH）光谱示意图

◇ 表 3-7-1　几种常见的 Al—OH 矿物吸收峰位置

矿物	锂绿泥石	明矾石	伊利石	蒙脱石	叶蜡石	黄玉	高岭石	白云母	埃洛石	累托石
特征吸收 /nm	2176、2366	2166、2326	2216、2356	2206、2216	2166、2316	2086、2156、2216	2206、2166	2196、2226、2356	2216、2356	2196

2340nm 附近的 OH^- 矿物最显著的吸收峰在 2300 ～ 2390nm 附近区间（图 3-7-3）。含有这种羟基的矿物吸收峰位置如表 3-7-2 所示。

◇ 表 3-7-2　几种常见的 Mg—OH 矿物吸收峰位置

矿物	黑云母	锂皂石	滑石	透闪石	金云母	蛇纹石	水镁石	阳起石
特征吸收 /nm	2336	2306	2316	2316	2326	2326	2316	2316

对于碳酸根基团而言，该离子基团的振动吸收峰处于 5130 ～ 6450nm 区域，而在 1880nm、2000nm、2160nm 与 2350nm 这几个附近区域，显示有 4 个二级倍频吸收峰，在 2350nm 附近的吸收峰称为主吸收峰，存在着左缓右陡的外形，具体可参见表 3-7-3、图 3-7-4。

◇ 表 3-7-3　主要碳酸盐吸收峰位置

结构类型	晶体结构	矿物	化学式	CO_3^{2-} 含量（质量分数）/%	特征谱带 /nm				
					1	2	3	4	5
孔雀石族	单斜晶系	孔雀石	$Cu_2(CO_3)(OH)_2$	19.90	2205	2356	2216	—	2286
		蓝铜矿	$Cu(CO_3)_2(OH)_2$	25.53	—	2366	2206	2417	2266
方解石族	三方晶系	菱铁矿	$FeCO_3$	37.99	—	2346	1926	2527	—
		菱锰矿	$MnCO_3$	38.29	1896	2366	2006	—	2176
		方解石	$CaCO_3$	43.97	1876	2336	1996	2527	2166
		白云石	$CaMgCO_3$	47.33	1866	2316	1986	2527	2146
		菱镁矿	$MgCO_3$	52.19	1976	2306	1916	2495	—
文石族	斜方晶系	毒重石	$BaCO_3$	22.30	1916	2385	2046	—	2206
		菱锶矿	$SrCO_3$	29.81	1883	2346	2016	—	2176

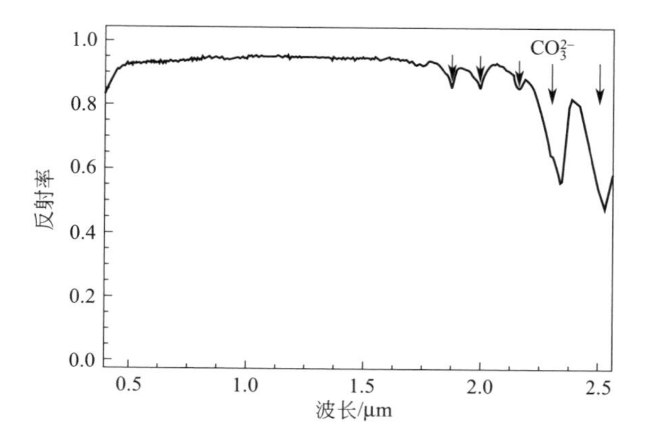

图 3-7-4　方解石（$CaCO_3$）光谱示意图

这项技术正是基于矿物的近红外光谱反射光谱特征信息，采集和分析岩心、矿石碎屑和粉末样品的近红外光谱反射光谱，结合光谱分析算法，实现矿物的在线识别，同时获得样品的高分辨率高光谱图像，方便岩心的数字化存档（图 3-7-5）。

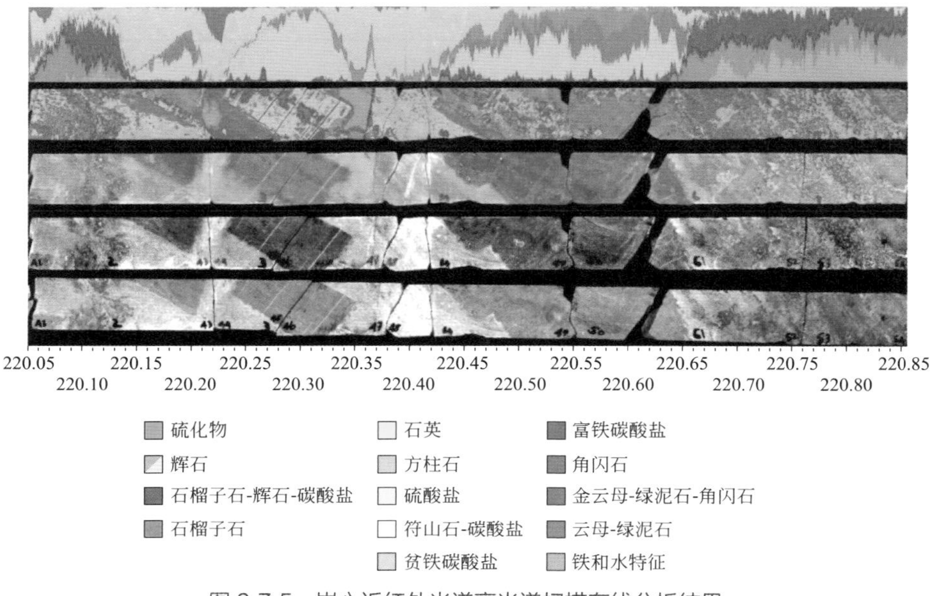

图 3-7-5 岩心近红外光谱高光谱扫描在线分析结果

3.7.1.2 主要的岩心近红外光谱扫描设备

（1）SisuROCK 高光谱成像岩心扫描系统

SisuROCK 是芬兰 SPECIM 公司专门针对岩心以及其他地质矿石样品开发的高速推扫式高光谱成像分析工作站，设备操作简单，自动化程度高，具有对单个岩心以及整箱岩心进行高速高光谱数据采集的模式，非常适合地质矿产用户的应用。

应用特点主要包括：

① 快速　SisuROCK 岩心扫描系统会进行全尺寸扫描，只需要几秒就可以扫描整盘岩心的图像。从搬运岩心托盘到完成扫描流程，不超过 2min，一天可以扫描几百盒岩心。

② 完整性和重现性　地质样品高光谱成像是 100% 可重现的方法，始终能获得完整且相同的结果。使用 SisuROCK 岩心扫描系统，可以获得岩心的数字化数据，无需到现场查看岩心。

③ 通用　通过使用不同波长的高光谱相机，可以解决一系列地质问题。它能够采集 RGB、VNIR、SWIR、MWIR、LWIR 数据，即使是沉积岩也能获得很好的效果。

④ 可靠 SisuROCK 岩心扫描系统非常可靠，可以承担常年重复的扫描工作，几乎不需要额外的系统维护。

（2）Hylogger 高光谱岩心扫描测试系统

① 系统组成 高光谱岩心扫描系统正是基于反射光谱分析技术，利用光谱仪测量样品在一定波长范围的反射波谱，并依据其光谱诊断性特征来识别不同的矿物。主要由 5 部分组成：ASD 光谱仪——测量样品 VNIR 到 SWIR 范围（350 ～ 2500nm）的光谱数据；岩心 / 切片托盘模式的自动化移动样品台；数字线扫描相机——获取高分辨率的彩色图像；激光表面测度仪——定位扫描岩心的长度；系统控制主机和机械装置。

② 系统工作流程 将装有岩心的标准样品盒放于自动移动平台上；设定控制主机的数据采集模式；测量的原始数据汇总到控制主机，并在 TSG 软件中分析处理，最终形成矿物学信息。

系统平均每天记录 500 ～ 700m 岩心；系统含两种测试模式，在岩心模式下每隔 8mm 连续采样；在切片托盘模式下以 25mm 间隔采样（图 3-7-6）。

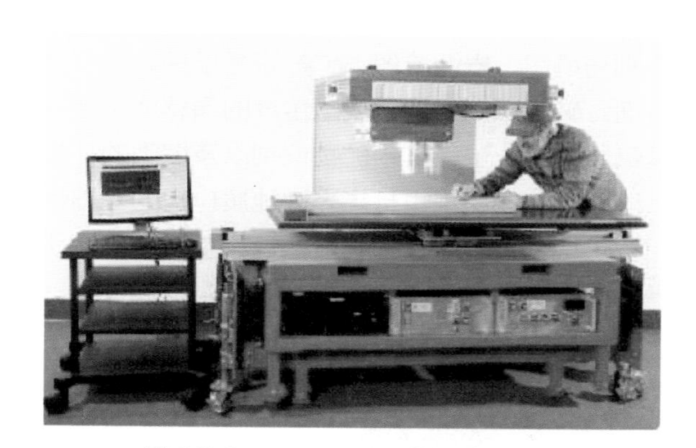

图 3-7-6 Hylogger 工作场景示意图

③ 可识别矿物种类 高光谱岩心扫描系统对样品的采集波谱范围在 VNIR 到 SWIR，可以探测一系列矿物。包括铁氧化物矿物（赤铁矿，针铁矿）；铝氢氧化物矿物（钠云母，白云母，伊利石，叶蜡石，高岭石等）；硫酸盐矿物（明矾石，黄钾铁钒，石膏）；铁氢氧化物矿物（皂石，绿脱石）；镁氢氧化物矿物（绿泥石，金云母，叶蛇纹石，透闪石，角闪石等）；碳酸盐矿物（方解石，白云石，铁白云石，菱镁矿等）。

④ 系统优势 提供岩心 / 岩屑等样品的高密度红外光谱自动扫描测试技术，以大数据的统计学为手段，剔除随机波动，近实时在线分析岩石矿物的变化趋势，提高岩心编录的客观性和效率；提供一种无损的岩心和切片测量技术，样品在原始样品盒即可进行测量；最大化昂贵的钻井程序价值；生成长期有效的数字

化岩心档案和影像，建立岩心样品数据库；增强矿物学、岩土工程和地质冶金工程间的联系，实现更有效的勘探、采矿和加工策略，从而降低成本。

⑤ 应用领域 用于地质勘查领域，可以提高地质编录效率，建立岩心等样品数据库；用于矿产和石油勘探领域，为地质勘探工程提供有关岩心等地质样品的光谱数据和矿物自动识别结果；用于采矿和岩土工程领域，可以为矿山技术人员提供大量矿物共生组合关系信息，建立矿石系统模型；用于矿物加工工程领域，可以在矿石进入加工厂前，作为监测矿物成分的一个分支。

3.7.2 近红外光谱高光谱在遥感地质矿产调查中的应用

3.7.2.1 近红外光谱高光谱遥感地质矿产的应用原理

成像光谱仪的光谱分辨率和空间分辨率不断提高，高光谱遥感广泛地应用于地质调查、植被研究、海洋遥感、农业遥感、大气及环境遥感等领域中，并发挥着越来越重要的作用。其中，区域地质制图和矿产勘探是高光谱技术主要的应用领域之一，也是高光谱遥感应用中最成功的一个领域。高光谱遥感在地质应用中主要体现在矿物识别与填图、岩性填图、矿产资源勘探、矿业环境监测、矿山生态恢复和评价等方面。矿物识别是实现我国传统的遥感地质填图由岩性填图到矿物填图最重要也是最关键的一步。其中矿物识别以及识别的种类和精度将关系到矿物填图的成败。同时，矿物识别也是高光谱地质应用的基础和核心，从宏观和区域上为地质应用提供地物组成分布的物质信息，实现遥感地质应用由多光谱的定性描述向高光谱定量物质组成鉴别的飞跃（图 3-7-7）。

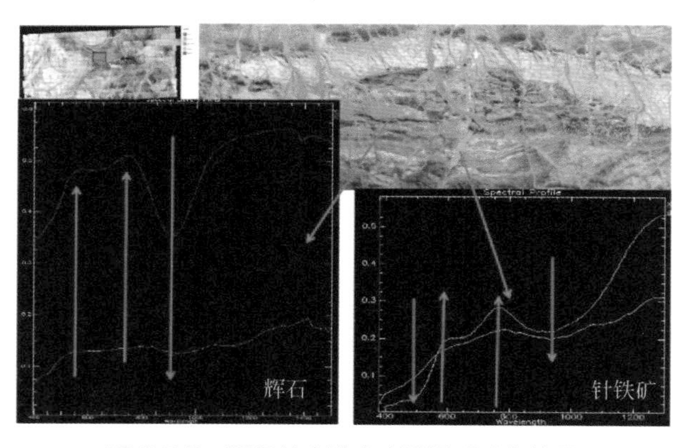

图 3-7-7 近红外光谱高光谱遥感矿物填图

3.7.2.2 主要的机载高光谱传感器及参数

目前，国内外地质矿产调查领域使用率较高的机载高光谱传感器包括澳大利亚集成光电公司研发的 HyMap 机载成像光谱仪、加拿大 ITRES 公司研制的 CASI、SASI、TASI 航空高光谱传感器，以及美国 NASA 下属喷气动力研究室研制的 AVIRIS 机载可见光 - 近红外光谱成像光谱仪。

（1）HyMap 机载成像光谱仪

成像光谱就是在特定光谱域以高光谱分辨率同时获得连续的地物光谱图像，定量分析地球表层生物、物理、化学过程与参数。高光谱分辨率成像光谱遥感起源于地质矿物识别填图研究，逐渐扩展为植被生态、海洋海岸水色、冰雪、土壤以及大气的研究中。

HyMap 机载成像光谱系统（图 3-7-8）由澳大利亚集成光电公司研制生产，HyVista 公司投入商业性运营。该系统利用航空飞机搭载平台，实时获取目标像元的空间信息和光谱分布，是世界上先进的实用型航空高光谱成像仪的代表。该系统由中科遥感率先引进国内，全面负责 HyMap 系统在中国区的推广应用。

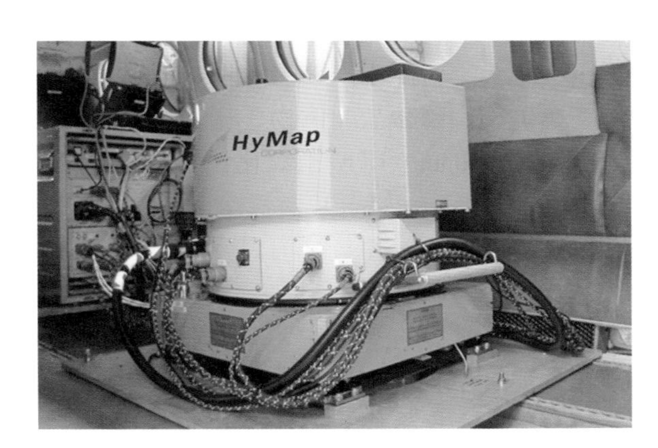

图 3-7-8　HyMap 航空高光谱成像仪

HyMap 机载成像光谱系统主要由成像光谱仪主机、POS 系统、陀螺稳定平台、定标设备、数据采集和管理系统、数据存储和控制系统、高光谱图像处理软件组成。

① HyMap 高光谱数据采集与处理流程　流程包括项目任务书、仪器调试、航飞设计、航飞实施、数据存储、数据检查和补飞、数据预处理、光谱和图像分析、专题信息产品等。

② HyMap 系统数据产品和服务　高光谱遥感能够提供图像每个像元连接光谱信息，使一些在常规波段遥感中不能被探测到的物质，在高光谱遥感中能够被探测，具有广阔的应用前景，目前广泛应用于地质、海洋、林业、农业、环境、水利、石油等领域。HyMap 高光谱扫描仪自运营至今，数据采集面积已经超过

1000000km²。其中，HyMap 系统以在地质领域的应用服务最为广泛。

③ 高光谱在地质领域的应用服务　高光谱技术作为高效的地质调查和矿山监测手段，可以为用户提供近地表微观的矿物分布信息、宏观的地质构造信息，以及其相关的生态环境等信息。在地质领域的应用主要包含矿物精细识别、蚀变矿物和矿化带探测、地质成因信息探测、矿业环境监测、矿山生态恢复和评价等。

④ HyMap 在地质方面的应用优势　光谱响应范围宽，在可见光到短波红外区域成像；波段宽度窄（15nm 左右），获取目标的连续光谱信息，提高目标地物定量分析的精度和可靠性；机载高光谱成像系统具有高的空间分辨率和高光谱分辨率，与其他成像光谱系统相比，具有极高的信噪比（800∶1），数据质量可靠；视场角达 60°～70°，具有较大的航带幅宽；数据量化级别高，达 16bit，增强了目标地物的细节识别能力；高效的数据采集效率，每天采集约 800～2500km²，节约时间和成本；具有专业的数据预处理软件、无缝拼接软件和矿物填图软件。

⑤ HyMap 高光谱影像可识别矿物　短波红外区域（1000～2500nm）可识别烃类物质、含羟基类矿物、磷酸盐类矿物、硫酸盐类矿物、碳酸盐类矿物。近红外光谱区域（400～1000nm）可识别氧化铁和含铁矿物、稀土矿物、植被等。

⑥ 应用案例

a. 在地质领域的应用案例 1

项目概况：Namibia Haib 地区的早元古代斑岩铜矿 HyMap 地质调查（图 3-7-9）；获取时间 2006 年；地面分辨率 5m。

项目目的：结合 HyMap 高光谱数据，对该地区进行矿物填图，直观解释近地表矿物分布（图 3-7-10），并识别斑岩系统的蚀变带特征（图 3-7-11、图 3-7-12），有助于进一步找矿勘探工作部署。

图 3-7-9　斑岩系统工作区照片

图 3-7-10　108-28-3 波段彩色合成图

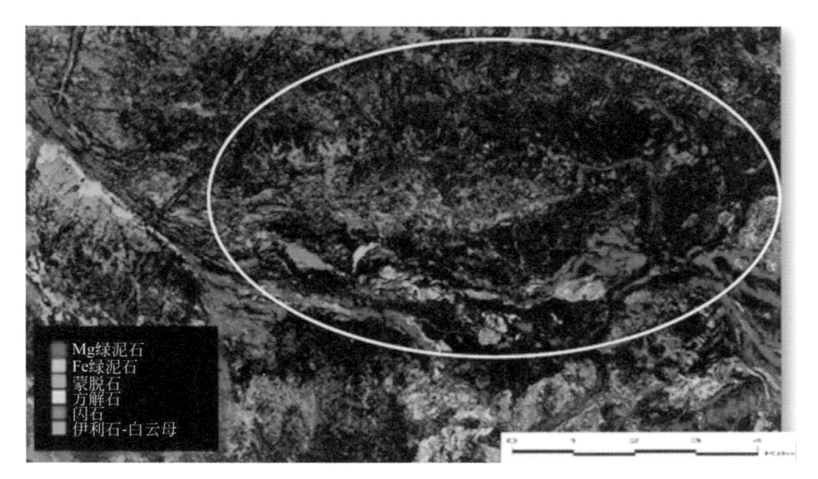

图 3-7-11　青磐岩化蚀变带

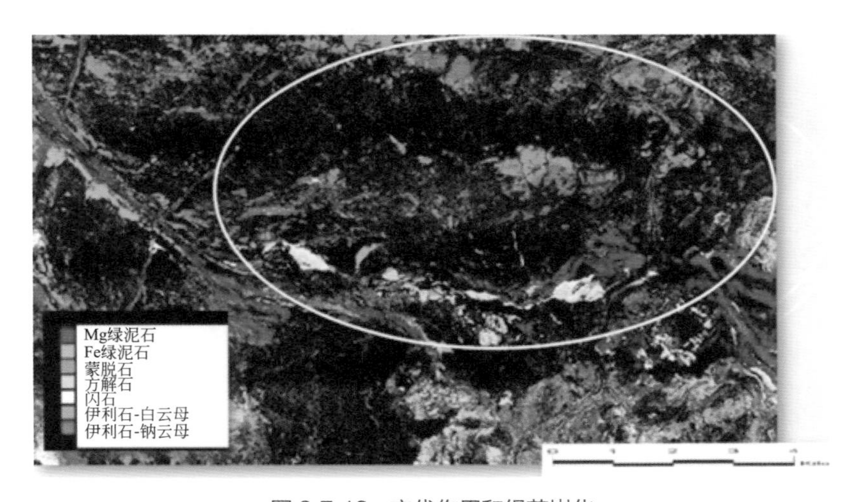

图 3-7-12　交代作用和绢英岩化

b. 在地质领域的应用案例 2

项目概况：澳大利亚 Pine Creek 地区的金伯利岩矿 HyMap 地质调查（图 3-7-13），获取时间 2005 年；地面分辨率约 5m。

项目目的：利用 HyMap 高光谱数据，提取与成矿相关的岩体信息，为进一步找矿勘探服务，缩小找矿远景区（图 3-7-14）。

（2）CASI、SASI 与 TASI 系列航空高光谱成像仪

CASI、SASI 与 TASI 系列是由加拿大 ITRES 公司研制生产的航空高光谱成像仪。产品广泛应用于环境、工业、探测、无人机及快速响应制图领域。

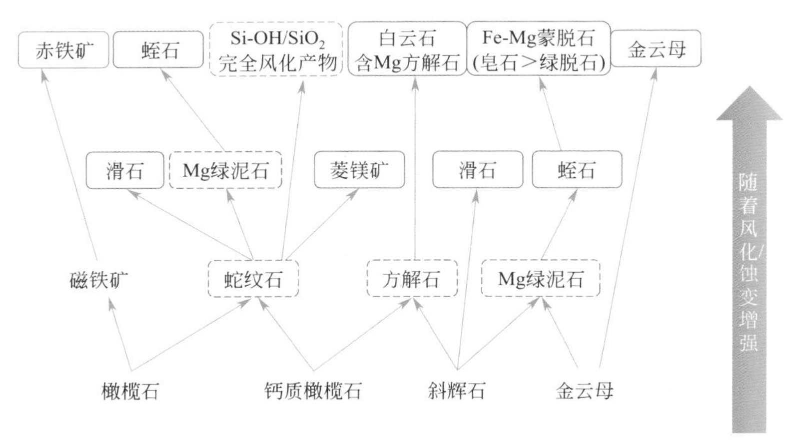

图 3-7-13 蚀变矿物韵律示意图

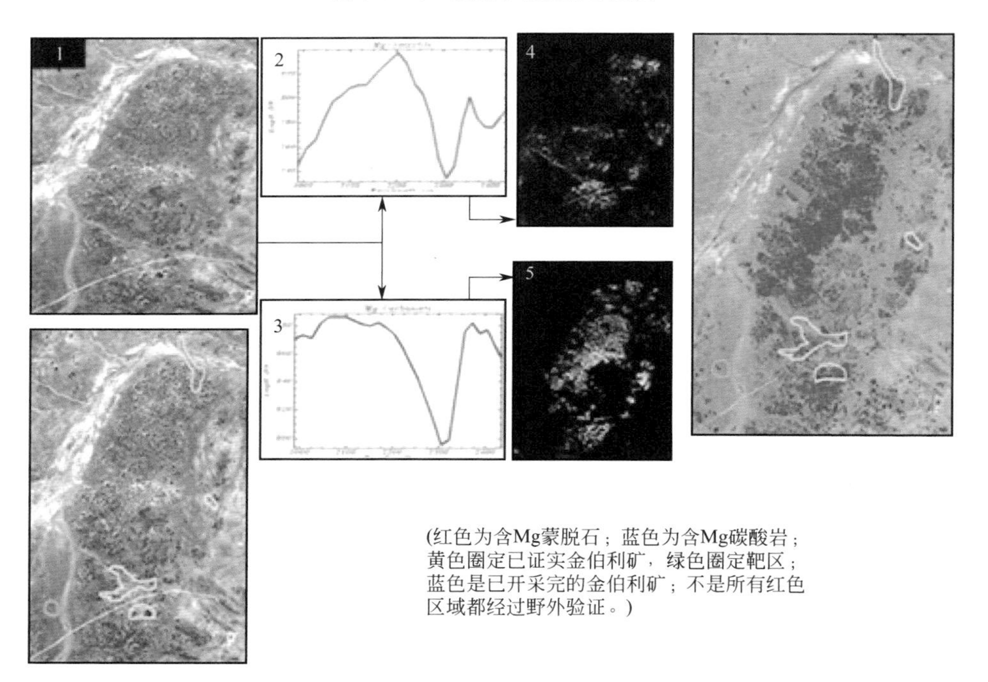

图 3-7-14 HyMap 探测金伯利岩矿床

ITRES 高性能的机载高光谱成像仪和热红外成像仪采用了定制的衍射光装置。严格的环境控制、快速硬件模型和固态可移除记录单元以及强大的控制与处理软件使其拥有更高的成像精度和分辨率，覆盖了 UV（紫外）、VNIR（可见 - 近红外光谱）、SWIR（短波红外）、MWIR（中波红外）和 LWIR（长波红外）等电磁波谱范围，形成 CASI、SASI、MASI、TASI 等多款多范围的高光谱相机，在获取高性能参数的同时，结构更紧凑，重量更轻，并可搭载GNSS惯导系统和LiDar系统。

CASI传感器产品的应用领域包括植被分类、物种入侵监测、光学水质、珊瑚礁、湿地、森林、农业、变化检测、环境影响评估、带状管线制图与监测等。

SASI-1000A（短波红外）是一款波段范围为950～2500nm的航空高光谱相机，具有256个波段，能够对大多数含羟基和碳酸盐的矿物进行识别。应用领域包括合成材料、地质、矿物、水污染、植被形态检测。

（3）AVIRIS机载可见光-近红外光谱成像光谱仪

AVIRIS是指机载可见光近红外光谱成像光谱传感器（airborne visible infrared imaging spectrometer），是由美国NASA下属的喷气动力实验室（JPL）开发和维护的光谱成像设备。

① AVIRIS-Classic　AVIRIS是地球遥感领域的先进设备。其具备一个独特的光学传感器，能够采集波长在400～2500nm范围内的上行光谱辐亮度信息，并进行辐亮度矫正，最终生成具有224个连续光谱通道（波段）的高光谱图像。

② AVIRIS-NG　AVIRIS-NG是用来采集太阳反射光谱范围内的高信噪比连续光谱图像，其数据可以广泛运用于生态环境、土壤地质、内陆湖泊、冰雪、生物质燃烧、大气、环境污染、农业等多种研究中。

AVIRIS-NG能够以5nm的光谱分辨率采集波长在380～2510nm范围的连续光谱图像。目前，该设备已经成功搭载在Twin Otter平台上，以0.3～4m的空间分辨率采集了光谱图像数据，单条扫描线包含600个像素。AVIRIS-NG的跨条带（cross-track）光谱一致性优于95%，且光谱维IFOV一致性优于95%。

3.7.3 选矿物料中矿石、废料的在线识别

近红外光谱在线矿石分选设备是根据用户设定的矿石参数，经过近红外光谱高光谱影像识别后，按照参数的设定得出定性分析结果，确定每块矿石是否是所需矿石。这类近红外光谱矿石智能分选设备适用于对矿石进行快速初步筛选，能够自动、快速筛选出所需种类的矿石，大量的废石被筛除，大大降低了矿业过程下游工序（处理、研磨、浮选）的处理费用，节能降耗，使矿山企业大幅降低成本（图3-7-15）。

SpecimONE光谱成像平台是Specim推出的革命性高光谱工业级别应用系统。能够对不同材料的光谱特征进行分类，并将分类模型实时应用到整个在线系统中。整套系统是由高光谱成像传感器、模型分类软件和图像处理单元三部分组成，不需要深入的光谱成像和编码工作，使得整套系统快捷高效。

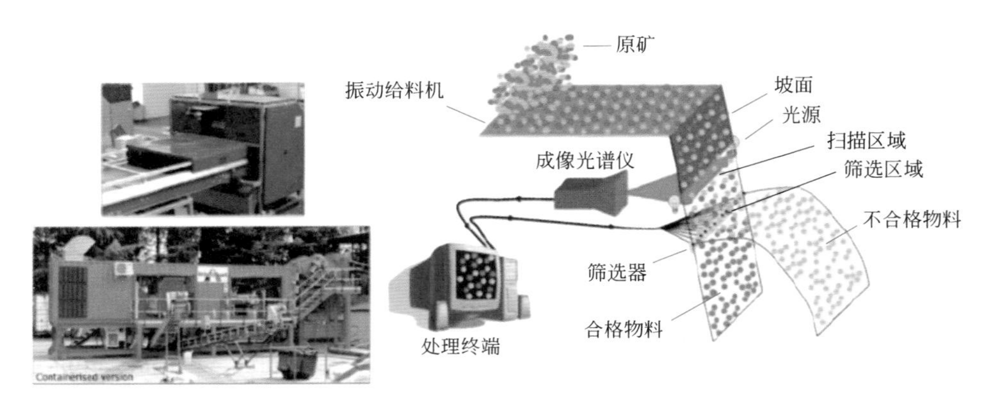

图 3-7-15 近红外光谱在线矿石分选设备示意图

SpecimONE 分选系统包括工业级推扫式 FX 系列高光谱相机、SpecimINSIGHT 分类模型软件、SpecimCUBE 数据处理单元。

（1）FX 系列高光谱相机

Specim FX 系列是专为工业领域应用而设计的高光谱成像相机，其高频率特点完美满足了工业领域对扫描速度的要求，坚固的结构和紧凑的机身也使其安装场景更加灵活。

① 多波段选择：400 ～ 1000nm、900 ～ 1700nm、2.7 ～ 5.3μm。

② 高帧频、高信噪比及高灵敏度。

③ 体积小、重量轻。

④ 适用各种环境。

（2）SpecimINSIGHT 分类模型软件

SpecimINSIGHT 是高光谱图像数据的离线处理软件，用户可在其中实现浏览查看样本数据、训练分类模型、验证分类效果等操作，以建立应用程序供实时检测使用。软件支持查看光谱曲线和散点图及时空序列信息，还包含偏最小二乘法判别分析（PLS-DA）、主成分分析（PCA）和光谱角制图（SAM）等多种算法，便于用户快速得到准确的运算结果。

（3）SpecimCUBE 数据处理单元

SpecimCUBE 是根据分类模型进行在线运算的高性能硬件平台，包含 Nvidia 开发的芯片系统 Xavier 及配套优化软件，可对工业流水线级的高通量数据进行快速处理。

SpecimONE 分选系统应用于工业流水线在线分拣（垃圾分选、塑料分选、食品检测）领域，如生产线质量控制［图 3-7-16（a）］；废弃物回收利用［图 3-7-16（b）］；机器视觉应用；医学制药；环境监测；其他高通量应用领域等。

(a) 生产线质量控制

(b) 废弃物回收利用

图 3-7-16　SpecimONE 高光谱成像自动在线分选系统的应用

3.8 近红外光谱在线水果品质分选技术及应用

3.8.1 水果近红外光谱检测技术原理

近红外光谱检测技术在水果和蔬菜外观（如表面缺陷、表面色泽）和内部成分（如可溶性固形物、糖度、坚实度、酸度和干物质含量）等方面的检测具有快速和无损检测的优点。近红外光谱检测技术在其他种类农产品品质检测中的应用同样非常广泛，主要包括农产品内部品质的检测、内部成分的定量分析等。一般固体样品既可以用反射又可以用透射法测量，粉状物料检测多用长波近红外反射法，液体样品多用短波近红外透射法。同样地，近红外光谱对鲜果的动态检测中，其主要的检测方式为漫反射、透射和漫透射三种，如图 3-8-1 所示。

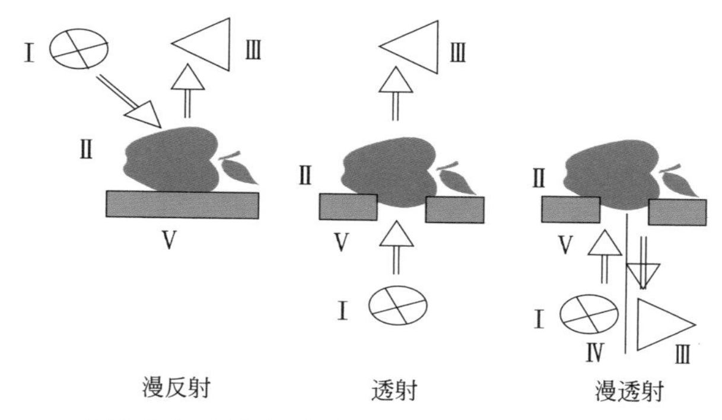

图 3-8-1　近红外动态在线光谱采集的三种方式

Ⅰ—光源；Ⅱ—样品；Ⅲ—检测器；Ⅳ—挡光板；Ⅴ—承载台

3.8.1.1 漫反射检测方式

反射检测方式是将检测器和光源置于样品同一侧，检测器所接收的光是样品以各种方式反射回来的光。物体对光的反射又分为规则反射（镜面反射）与漫反射。规则反射指光在物体表面按入射角等于反射角的反射定律发生的反射，其光谱信息最易获取且反射率较高，能够用于生产分级线上，但校正模型易受样品表面特性影响而变化，针对不同类型样品，需要修正其校正模型。漫反射检测方式是光照射到物体后，在物体表面或内部发生方向不确定的反射。应用漫反射光进行检测的方式称为漫反射光检测，它是一种介于反射与透射之间的检测方式，其特点是接收的光谱信息反映样品内部组织特性。因此，国内外大多数研究学者均采用漫反射光检测方式进行基础研究。

3.8.1.2　透射检测方式

透射检测方式是将待测样品置于光源与检测器之间，检测器所接受的光是透射光或与样品分子相互作用后的光，其特点是不容易受样品表面特性的影响，接收的光谱信息能够反映样品内部组织信息。但光透射样品的数量少，需要较高能量的光源，因此较难应用在动态生产分级线上。透射方式下，光源与检测器在样品的两侧，所采集的是完全穿透样品后的光谱信息，基本上反应样品内部品质信息。

3.8.1.3　漫透射检测方式

漫透射检测方式主要是由多个光源组合成光源系统对样品不同位置进行照射，检测器可以接收到样品大部分品质信息，可以很有效地检测样品内部品质。如图 3-8-2 所示。卤素灯产生的光照，射入水果后产生一定的折射，有一部分漫透射光像水一样漫过果肉，从水果的底部渗出。在果杯与水果接触的地方布置一层橡胶垫圈，既可以避免对果皮较薄的薄皮易损果造成机械损伤，又可以起到密封的作用，使得果杯底部的光纤接收端接收到的光谱信息全部都是透过被检测的水果所产生，没有外界杂散光的干扰。

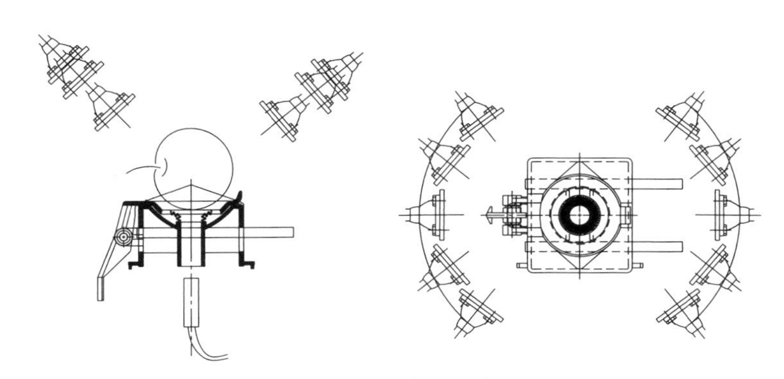

图 3-8-2　漫透射光路布置图

不同的检测方式利用的波长范围也不同。波长利用范围大致分为特征波长、短波（760～1100nm）、中波（1100～1800nm）、长波（1100～2400nm）和全波 5 种。特征波长用于特定成分、质构的测量分析；短波常结合透射或漫透射方式，测量对象多为单个物料的深层特征，以获取内部或深层信息为主；长波多与漫反射方式并用，以获取浅层信息，如苹果、桃等的糖度，在水果品质近红外光谱检测的相关研究中，有较多应用。

3.8.2　水果近红外光谱检测关键技术

3.8.2.1　非均匀强散射物料内部品质预测“双模型比”校正新策略

开展光在果肉组织中的散射和吸收特性研究，通过引入光散射参数来描述水果内部组织物理变化与其内部组分定量分析和组织特性定性分类之间的关系，构建水果全透射的水果品质预测模型和光散射参数预测模型，提出“双模型比”校正新策略，达到消除水果物理差异（如果肉颗粒大小、密度等）对内部品质分析结果的影响，最终形成一套水果内部品质评估高精度和高稳定性分析新方法。

3.8.2.2　水果近红外漫透射在线无损检测机理与方法

开展水果内部糖酸度分布规律、近红外漫透射光在水果内部的传输特性研究，设计用于漫透射检测方式的“光源 - 检测器 - 侧翻果盘”组合式检测机构；开展水果内部缺陷近红外漫透射光谱无损在线识别方法，并建立光谱响应特征与水果品质属性的线性相关关系。

3.8.2.3　有效光谱信息在线实时提取方法

针对水果近红外谱峰重叠、解释度低等问题，开展有效光谱信息迭代加权偏最小二乘提取方法，克服传统删减变量方法影响模型稳健性的缺点，提高数学模型稳健性。针对高速分选数学模型精度低的问题，研究基于小波变换的多尺度权重回归建模方法，结合“协同作用，权重叠加”的建模思想，提高水果内部品质的稳健性和鲁棒性。针对果实在线姿态变化引起的光谱变异问题，研究特征波长选择结合融合模型策略的姿态补偿方法。针对水果尺寸引起的光谱浮动问题，开展多因子融合数学模型研究，提高模型的适用范围。

3.8.2.4　高速实时分选协同控制方法

针对水果高速运动偏差造成采集伪谱、控制时序紊乱等难题，研究基于水果位置精确定位、光谱采集适时触发和高速准确低损卸果的高速分选协同控制方法，提高智能分选装备的稳定性。针对光源强度变化影响检测精度的问题，研究“手动 - 自动”双闭环的光源稳定性控制方法，解决传统光源稳定控制响应时间长、控制精度等技术难点。针对机械零部件及果实镜面反射杂散光影响检测精度的问题，研究果盘位置沿圆弧连续提升的杂散光简易消除方法，达到提高水果漫透射光谱信噪比的目的。

3.8.2.5 水果多指标同步检测通用数学模型

研究水果有效光谱信息迭代加权偏最小二乘提取算法，提取水果有效信息；分析带包装水果漫透射光谱变异特性，开展基于目标背景自动扣除和 ROI 自适应选取的基体效应消除方法研究；设计基于 Jaccard 系数的水果内部品质检测模型稳定性评价标准，研究基于小波变换的多模型共识建模算法，提高模型的稳健性和鲁棒性。

3.8.2.6 水果品质检测模型传递方法

光谱仪的内部硬件差异、检测环境温度差异以及水果采集年份或产地不同等情况均会对模型预测结果产生影响，导致基于主仪器光谱建立的模型直接用于其他从仪器预测性能下降。针对此问题，开展模型传递方法研究，提出一种基于相对误差分析（relative error analysis，REA）的优化方法，筛选主、从仪器间光谱响应一致且稳定的波段并用于模型传递，在传统模型传递算法的基础上进一步优化转移效果。

3.8.3 近红外在线水果品质分选装备应用案例

本节介绍了 5 种水果（赣南脐橙、鸭梨、柚子、苹果、西甜瓜）的近红外在线品质检测与分选装备。水果动态在线检测与分选装置由机械传送系统、光谱采集处理系统、自动控制系统三部分构成。机械传送系统主要完成水果的输送、旋转，电磁阀上电将水果送入相应分级口；光谱采集处理系统主要完成水果光谱采集、实时处理、形成分级指令并送入自动控制系统；自动控制系统完成动态移动水果队列编码、发送光谱采集触发信号至光谱仪、接收分级指令并给旋转电磁阀上电。柚子动态在线检测与分选装置还配备了自动上料清洗装置，通过滚筒上料装置和毛刷清洗装置完成蜜柚的自动上料和清洗。

3.8.3.1 赣南脐橙动态在线检测与分选装备

该装备解决了脐橙果皮厚、透光性差等问题。装备分选速度达 5~6 个 /s，糖度精度达到 0.5°Brix 以内，见表 3-8-1。质量精度达到 ±1g，检测指标包含了糖度、酸度、硬度、大小颜色、重量、缺陷、干物质等。现场分选装备见图 3-8-3。

◆ 表 3-8-1　不同糖度区间分选准确率

项目	< 9/°Brix	9 ~ 11/°Brix	12 ~ 14/°Brix	> 14/°Brix	总计
正确次数	36	68	74	38	216
错误次数	2	3	4	2	11
准确率	94.4%	95.6%	94.6%	94.7%	94.9%

图 3-8-3　赣南脐橙分选现场

3.8.3.2　鸭梨动态在线检测与分选装备

该装备解决了梨的易损及内部黑心检测等问题，同时也解决了鸭梨果皮厚、透光性差等问题。装备单线分选速度达 5~8 个 /s，糖度精度达到 0.5°Brix 以内，质量精度达到 ±1g。检测指标包含了糖度、酸度、硬度、大小颜色、重量、缺陷、干物质等。分选现场见图 3-8-4。

图 3-8-4　鸭梨分选现场

3.8.3.3　柚子动态在线检测与分选装备

该装备解决了柚子皮厚，透光性差等问题。装备单线分选速度达 3~4 个 /s，糖度精度达到 1°Brix 以内，质量精度达到 ±1g。检测指标包含了糖度、酸度、硬度、大小颜色、重量、缺陷、干物质等。其分选装备见图 3-8-5、图 3-8-6。

图 3-8-5 井冈蜜柚分选现场

图 3-8-6 上饶马家柚分选现场

3.8.3.4 苹果内外品质智能化分选装备

该装备解决了苹果各向异性、阴阳面糖度差异大等问题。检测指标有重量、尺寸、颜色、瑕疵、糖度、内部缺陷等，每个通道分选速度达到 3 ～ 5 个 /s，最多可设置 4 通道，重量分选精度达 ±2%，糖度分选精度达 ±0.5°Brix。该装备配备柔性果盘，全程防护零损伤，具有独立二维码并可溯源；同时可选配功能有自动上料设备、自动贴标机、在线除尘设备、全表自检测设备、自动开箱机、自动封箱机、自动装箱设备、机器人码垛。分选装备如图 3-8-7 所示。

图 3-8-7 陕西中润公司分选现场

3.8.3.5 西甜瓜内外品质智能化分选装备

检测指标有重量、尺寸、颜色、瑕疵、糖度、内部缺陷等，每个通道分选速度 1 个 /s，重量分选精度达 ±1%，糖度分选精度达 ±1°Brix。该装备配备柔性果盘，全程防护零损伤，具有独立二维码并可溯源；同时可选配功能有自动上料设备、自动贴标机、在线除尘设备、全表自检测设备、自动开箱机、自动封箱机、自动装箱设备、机器人码垛。分选装备如图 3-8-8 所示。

图 3-8-8 西瓜分选现场

3.8.4 水果无损检测技术发展趋势

近红外光谱检测技术在水果和蔬菜外观如表面缺陷、表面色泽和内部成分如可溶性固形物、糖度、坚实度、酸度和干物质含量检测等方面具有快速和无损检测的优点。但单一的检测技术已经无法满足对水果品质的全面检测，采用多源信息融合的方式可以全方面多角度地获取水果品质相关特征信息，对无损检测的精度及稳定性会有很大提升。现有的无损检测多源信息融合大多聚焦于水果大小、形状、颜色等外部特征，对水果内部品质检测技术的融合应用仍然较少，多源信息融合是水果品质无损检测技术发展的必然趋势。

随着计算机技术和光电传感器技术的不断发展，水果无损检测技术的发展趋势主要有以下五个方面：

① 高精度　检测精度向高精度方向发展，纳米、亚纳米高精度的检测新技术是发展热点之一。

② 智能化、自动化　检测系统向智能化方向发展，实现信息感知、定量决策、智能控制。

③ 数字化　检测结果数字化，实现在线测量与智能控制一体化方向发展。

④ 多元化　检测仪器的检测功能向综合性、多参数、多维测量等多元化方向发展，并向人们无法触及的领域发展。

⑤ 微型化　检测系统朝着小型、快速的微型光机电检测系统发展。

3.9 饲料行业近红外光谱分析数据准确性的把控与技术应用

从 1980 年到 2018 年，我国粮食和饲料的年平均增长率分别为 1.95% 和 15.51%，饲料的年平均增长率远高于粮食，使得饲料资源供需矛盾日益突出。

2021年3月15日，为推进饲料中玉米豆粕减量替代，促进饲料粮保供稳市，农业农村部畜牧兽医局下发了关于推进玉米豆粕减量替代工作的通知，研究制定了《饲料中玉米豆粕减量替代工作方案》。在这些大背景下，如何高效利用饲料原料资源是一个亟需解决的问题。影响饲料利用效率的主要因素分为以下三点：①饲料抗营养因子；②原料中养分变异（尤其是有效养分）；③猪的生理与健康状况。目前，通过对原料进行适当加工、预消化处理能够在很大程度上降低抗营养因子水平，从而减少或消除对动物健康和饲料利用效率的影响。因此，在保证猪的生理与健康状况的基础上，如何准确地了解饲料原料中养分，尤其是有效养分的变异，是提高饲料利用效率的重要一点。

在日常的生产实践中，针对所采用的饲料原料（以玉米为例），在饲喂和配制成全价饲料之前，需回答几个问题。其含什么？含多少？多少是有效的？如何能够快速、准确地测定？

现阶段，饲料原料养分含量的获取方式主要有化学分析、生物学效价评定和近红外光谱法。

化学分析技术包含常规分析技术和高级分析技术两个方面，其中，常规分析技术主要是指根据化学滴定（酸碱滴定、氧化还原滴定和电位滴定等）、比色法、重量法和酶消化法等分析原理，借助常规仪器、器皿（如分析天平、酸度计、滴定管、电位滴定仪、干燥箱、高温电炉、水浴锅、凯氏定氮装置或脂肪分析仪索氏抽提装置、纤维分析仪或抽滤装置）等小型仪器进行分析。常规分析适合于饲料中大量成分的准确定量、定性分析，具有分析成本低、易操作掌握、重复性好的优点，容易普及。

在饲料分析中，粗蛋白质、水分、钙、磷、粗纤维、粗脂肪、粗灰分、淀粉、酸性洗涤纤维、中性洗涤纤维、淀粉糊化度、水溶性氯化物、脲酶活性、体外胃蛋白酶消化率、加工指标和部分饲料添加剂有效成分等均采用常规化学分析方法进行测定。高级分析技术是针对常规化学分析技术而言的，饲料中氨基酸、维生素、微量元素、添加剂有效成分、绝大多数饲料安全指标等的分析需借助高级饲料分析技术来完成。饲料高级分析技术包括样品的复杂前处理技术和待测组分的分离检测技术，后者必须借助现代大型分析仪器，如高效液相色谱、原子吸收光谱仪、氨基酸自动分析仪、薄层色谱、液相色谱质谱仪和气相色谱质谱仪等进行，仪器分析的准确度、精确度和灵敏度非常高，检测限可达mg/kg、g/kg，甚至ng/kg水平。但设备昂贵，对实验室的设施条件要求也较高。近红外光谱法也属于高级分析技术范畴。

生物学效价评定需采用“真猪”和“整猪”，并结合有效养分（消化能、代谢能、净能和可消化氨基酸等）和常规养分数据，建立饲料原料中有效成分的动态预测模型，从而为快速、准确配制饲料奠定基础。此外，近红外光谱法也被创新性地应用到原料有效成分的快速预测当中。

农业农村部饲料工业中心饲料原料数据库团队在李德发院士的带领下，一直致力于猪饲料资源高效利用技术研究与应用。通过完成 200 多个玉米的营养价值评价，发现粗蛋白含量的最小值、最大值和平均值分别为 7.80%、11.00% 和 9.41%，变异系数为 7.63%；生长猪消化能的最小值、最大值和平均值分别为 3105kcal/kg、3793kcal/kg 和 3403kcal/kg❶，变异系数为 5.59%；赖氨酸消化率的最小值、最大值和平均值分别为 72%、90% 和 78%，变异系数为 7.42%。三种养分含量均存在较大变异。其中，消化能最小值和最大值之间相差高达 688kcal/kg，如何准确挖掘该能量差异对玉米资源的高效利用和饲料配方的精准配制具有十分重要的意义。目前，在制作配方时，所采用的数据库标准中通常仅给出饲料原料中常规成分、氨基酸及有效能成分的平均含量，而没有体现出不同来源原料在营养价值上的差异，用平均值配制日粮无疑会降低饲料成品品质或造成饲料原料的浪费。由此可见，产地、品种、烘干温度、储藏时间等因素均会影响玉米的养分含量；饲料原料养分含量变异严重影响饲料配方的准确性；准确、快速获取原料中有效养分参数是饲料资源高效利用的基础。

以玉米为例，可以测算玉米能值精准测定的经济学价值。几年前，笔者做了相关推算，当时，全国有 1 亿多吨玉米用于饲料生产，如果每千克玉米节约 100kcal 能量，每年可节约 300 万吨玉米，则按推算时的玉米价格（2500 元 /t）来计算，每年可节约 75 亿元。以新希望六和集团为例，假设玉米价格为 2.5 元 / 千克，能量误差为 100kcal/kg，以 1200 万吨的饲料产量计，可为其节省 5.3 亿元成本（图 3-9-1）。目前，新希望六和集团饲料产量已超过 2000 万吨，其所带来的成本节省数字更加巨大。

目的：

每批次，每个地区，每个干燥方式，每个品种的玉米，对靶动物的能值均不同。建立玉米对猪有效能值的动态预测回归方程，测定一到两个常规养分，即时在饲料厂估测出贴近实际的能值，用于当日饲粮配制生产，才能真正做到精准配制，提高玉米饲料资源利用率。

意义：

填补国内饲料企业玉米有效能值现场测定的空白，实现猪饲料玉米有效能值的动态评定和饲料的精准配制。

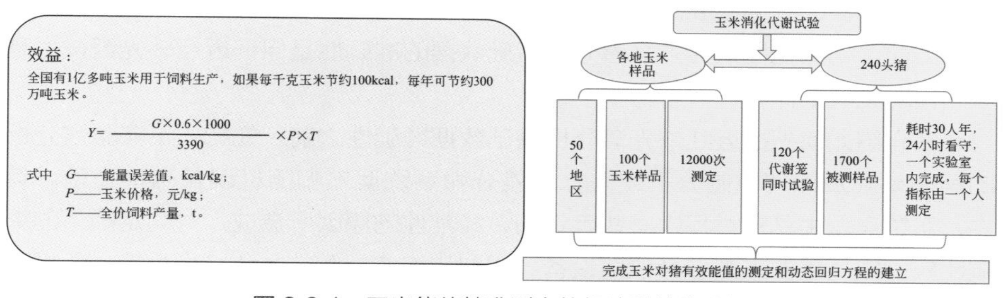

图 3-9-1 玉米能值精准测定的经济学价值分析

❶ 1kcal=4186.8kJ。

上述流程图给出的是完成玉米对猪有效能值的测定和动态回归方程的建立项目中所进行的工作。首先从全国范围内 50 个地区采集 100 个具有代表性的玉米样品，共进行 12000 次测定。采用 240 头猪，共使用 120 个代谢笼同时测定，过程中收集 1700 个样品用于相关指标的测定。采用 24h 值守的方式收集试验期内猪所排全部粪样，每个检测指标由专人负责且在同一个具有双认证资质的实验室内完成。整个项目耗时 30 人年（即若由 30 个人完成需 1 年的时间或由 1 人完成需 30 年的时间）。

猪饲料原料营养成分含量的测定主要分为常规化学成分和有效养分的测定。其中，常规养分的测定采用经典的湿化学分析方法，这些方法耗时、耗力、耗材、测定结果易受仪器操作人员的影响、分析过程使用的化学试剂易造成环境污染。有效养分主要通过动物试验的方式进行测定，其试验要求高、周期长，需要相应的动物条件与设备，使得饲料厂或畜禽养殖企业无法通过日常的检测获取相关数据。因此，寻找一种快速、准确评价饲料原料营养品质的手段是十分必要的。

近红外光谱技术以其快速、无损、成本低、多组分同时检测等优点，已被广泛地应用于动物饲料营养成分的快速预测当中，并已逐步成为饲料生产中的一种日常检测手段。

影响近红外光谱定标模型准确性的因素主要包括以下几个方面：

① 定标样品的数量、来源、成分含量与变异　样品数量一般至少 100 ～ 150 个，且其来源要求广泛，需考虑品种、产地、加工方式及储存方式等多种因素，以使其涵盖待测指标的所有含量范围。含量变异尽量大，且分布均匀。

② 定标样品的物理性状　如粒度（大小、分布和密度等）、含水量、颜色及杂质含量。

③ 参比数据准确性　相关数据需采用标准测定方法，依照标准操作过程进行测定。

④ 近红外光谱仪器的稳定性及操作环境　包括软件和硬件性能、预热时间（一般在 30 min 以上）、环境温度、湿度及噪声等。

其中，参比数据的准确性直接影响近红外光谱定标模型的建立和后期应用效果。因此，如何把控近红外光谱分析基础数据的准确性是保证近红外光谱技术高效利用的先决条件。

在介绍如何把控近红外光谱分析基础数据准确性之前，先看一下实验室分析的误差来源及如何控制分析误差。误差分为系统误差和随机误差两种类型。其中，系统误差由测定过程中某些确定的、经常性的原因所造成，对测定结果的影响比较固定。主要来源包括仪器设备、试剂和溶液、测定方法、人员等。随机误差由一些偶然的、外部的因素引起，分析过程中导致随机误差的因素不确定。随机误差有时大，有时小，有时正，有时负，从而导致分析结果比实际偏高或偏低。在实际生产过程中，通常通过控制误差来进行质量保证（quality assurance，QA）和质量控制（quality control，QC）。

检测分析工作的五大要素包括人员、仪器设备、检测方法、设施与环境、实验材料（样品、检验水、试剂和溶液等），简称人、机、法、环、料。人员是开展分析工作的首要条件，其基本素质和技能水平直接影响实验室的检测能力和水平。饲料检验化验员是指从事饲料的原料、中间产品及最终产品检验、化验分析的人员，其职业等级分为初级（国家职业资格五级）、中级（国家职业资格四级）及高级（国家职业资格三级）。饲料检验化验员需遵守职业的基本要求，具有职业道德及职业基本知识，具备职业操守。应遵纪守法，爱岗敬业；坚持原则，实事求是；钻研业务，团结协作；执行规程，注重安全。应具备相关基础知识，包括法律、法规基本知识和基础理论知识（如动物营养学和饲料学、实验室知识[1]、分析化学、饲料加工工艺等）。最后，还需满足相关工作要求。

仪器设备是饲料分析过程的主要工具，其性能与分析结果的可靠性和重现性密切相关。仪器设备的配备需满足检验项目的要求，性能需满足检验要求（灵敏度高、稳定性好），且需在一定范围内、按照一定的方式和周期进行检定或校正。范围涵盖分析天平、分光光度计、色谱仪等精密仪器，以及滴定管、移液管、容量瓶等器皿。常规仪器（分光光度计、分析天平等）的检定周期为1年，大型仪器设备（高效液相色谱仪等）的检定周期为2～3年。

分析工作中采用的检验方法主要来源于国家、行业和企业标准，国际组织ISO、AOAC等，其他国家和地区的官方方法及文献方法等。原则上优先选用国家标准、行业标准或国际标准，选用标准方法以外的方法时应注意首先考虑方法准确性，其次是分析速度、操作难易程度及成本等，且使用前应对方法的准确性进行实际评价。同时，保证设施与环境相适宜，包括温度、湿度、光照、洁净度、空气质量等。

实验材料主要包括样品、水、试剂、溶液、气体和其他耗材。在样品的采集、运输和保存过程中，采样方法应正确，使采集样品有代表性，采集样品的数量应满足检验项目的需求，运输保存过程应避免交叉污染或成分变化。样品制备时，粒度等应能满足待测成分的测定要求，避免待测成分被破坏或发生变化，避免发生交叉污染，且微生物指标测定用样品不应进行制备。分析用水的水质必须满足分析方法的要求，必要时应对水进行重新煮沸等特殊处理。一级水（超纯水）用于色谱等仪器分析，二级水（去离子水或重蒸馏水）用于微量元素分析，三级水（蒸馏水）用于常规分析。化学试剂的等级需依照实际用途进行选择，一级（优级纯，GR）属于保证试剂，多用于色谱分析等，二级（分析纯，AR）属

[1] 指实验室的设计、运行、维护、日常管理，仪器设备的正确使用，试剂耗材的合理使用，实验室的规范操作，实验室注意事项等。

于分析试剂，用于常规分析等，三级（化学纯，CP）纯度低，用于要求较低的分析工作，四级（实验纯，LR）试剂纯度较低，饲料分析中很少使用。标准滴定溶液的配制与标定要严格按照相关要求进行，其他溶液的配制严格按照检测方法中溶液配制的步骤进行，存放在适宜的容器中，标明溶液的配制日期和有效期。除另有说明外，“溶液”均指水溶液；每批测定应一次性配制足够的试剂溶液；配制标准溶液，标准品或基准试剂称量务必准确。应制定实验室管理制度或管理体系。

实验室分析中有效的质量控制主要从以下四个方面进行：a. 实验室间能力比对；b. 实验室内部人员间能力比对；c. 同一指标不同方法间结果比对；d. 同一人员不同时间比对。

下面介绍的是笔者团队在保证近红外光谱分析数据准确性和技术应用方面所做的工作：

为保证饲料原料有效养分数据的准确性，制定了猪饲料营养价值评价规程，所有动物试验均按照此标准操作规程完成。同时，为了提高消化代谢试验测定数据的精准度，进行了大量的方法学研究，如基础日粮比较、替代比例研究、动物适应期研究、适宜收粪时间研究、粪的干燥方法研究（烘干与冻干）及内标日粮的引入等。除此之外，样品采集过程中，需按照饲料原料样品描述（FSE）范本，详细记录以下五个因素：a. 名称，分类，编码，物理化学特征；b. 种属，工艺与处理方法，等级；c. 产地（原料、加工方法）；d. 栽培季节，采样、储存时间；e. 采样人（单位），制样人，责任人。通过代表性样品的详细信息来精确定位原料，并辅助解释其营养成分和生物价值，有助于研究成果应用于生产实践。

由李德发院士主持的中国猪饲料原料动态数据库工程，为近红外光谱定标模型的构建提供了精准的常规成分和有效养分数据（见图 3-9-2）。在整个系统工程中，化学分析均是在具有双认证资质的实验室、采用标准作业程序 SOP 进行。消化代谢试验依照欧洲生物评价方法、SOP 评价方法和农业农村部饲料工业中心所建立的标准评价规程进行。其测定结果的准确性通过定向设计试验研究方案，在拥有 500 头基础母猪的中国农业大学丰宁动物试验基地进行验证。同时，净能和可消化氨基酸含量的准确测定也保证了其优良近红外光谱模型的建立。除此之外，在饲料原料动态数据库工程的基础之上，李德发院士主持修订了 2020 年最新版的《中国猪营养需要》。

在获取精准的基础数据后，农业农村部饲料工业中心近红外光谱技术团队开展了快速检测体系的建设与应用工作。经过不懈的努力，建立了 14 种猪常用饲料原料（包括玉米、豆粕、小麦、高粱、大麦、玉米 DDGS、全脂米糠、麦麸、玉米蛋白粉、玉米胚芽粕、花生粕、棉籽粕、菜籽粕、次粉）营养品质（含常规养分、有效能和可消化氨基酸）的近红外光谱快速预测体系，并致力于该体系在整个饲料行业的推广与应用，从而促进饲料原料的高效利用和饲料配方的精准配制。在体系的构建过程中，除近红外光谱定标模型的建立外，从化学计量学和 MATLAB 程序设计两方面进行了方法学研究，开发新定标与变量选择方法和模型转移方法。同时，关注新的具有代表性样品的补充，以达到定标模型优化的目的。以 14 种猪常用原料有效能近红外光谱定标结果为例，均取得了理想的定标效果。

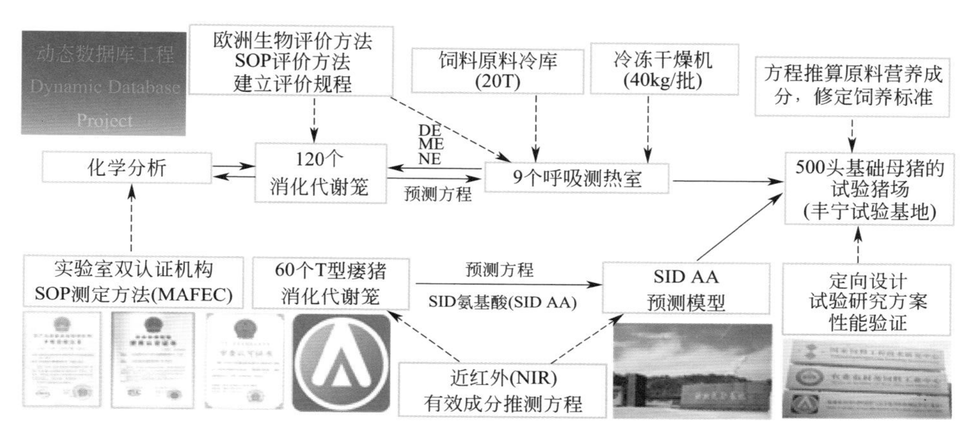

图 3-9-2 中国猪饲料原料动态数据库工程框架图

下面介绍两个近红外光谱有效能快速预测模型应用案例。

① 高品质玉米的选种与饲用。通过前期广泛收集不同种植地区、种植品种、施肥方式、种植模式的玉米样品，使用近红外光谱技术分析其消化能（DE）和代谢能（ME）含量，比较差异，确定不同种植地区的优势玉米品种和不同品种玉米的优势种植地区，结合政策性征地或合作社模式和统一种植管理模式，推广优势品种玉米的规模化种植，从而生产出品种单一、质量稳定、产量充足、干燥与存储方式标准化的玉米饲料原料资源。通过后期持续、稳定供应给饲料企业高能量、高品质的玉米源，达到精准配制日粮、降低饲料生产成本的目的。同时，通过与市场普通玉米的能值比较，实现品质分级、差异化利用和商品溢价。

② 饲料原料营养价值评定与饲料的精准配制。采用近红外光谱快检体系对饲料企业所用饲料原料进行日常检测和质量控制，开展营养品质的实时监测。通过检测常用饲料原料的营养品质指标（常规和有效养分），挖掘营养品质变异，鉴别异常样品，实现原料质量分级利用。在实时获取饲料原料营养品质数据的基础上，结合动态需要量模型和农业农村部饲料工业中心 FeedSaas 大数据平台，推动饲料的精准配制，从而保证饲料质量、稳定产品品质，提高原料利用效率。同时，通过饲料产品质量追踪和实际应用效果反馈，优化近红外光谱快检体系性能，以期更好地服务于饲料集团原料的高效利用和日粮的精准配制。除此之外，

近红外光谱技术在饲料添加剂有效养分的快速检测方面也有可观的应用前景。笔者实验室利用近红外光谱技术开展“肌神”产品中胍基乙酸含量、“如能”产品中胆汁酸含量、酵母细胞壁中 β- 葡聚糖和甘露聚糖、木聚糖酶酶活性的快速检测工作，均取得比较理想的效果。

定标模型的网络化管理是近红外光谱快速检测体系在饲料集团内部推广应用的有力助手，其将定标模型的构建和优化任务限定于集团中心实验室。各分、子公司充当使用者。在定标模型的网络化应用过程中，管理者（中心实验室）与使用者间应保持良性互动，中心实验室统一定标、发放模型，进行使用监督，使用者定期反馈结果，定标中心通过结果分析优化模型，改善体系应用效果（图 3-9-3）。

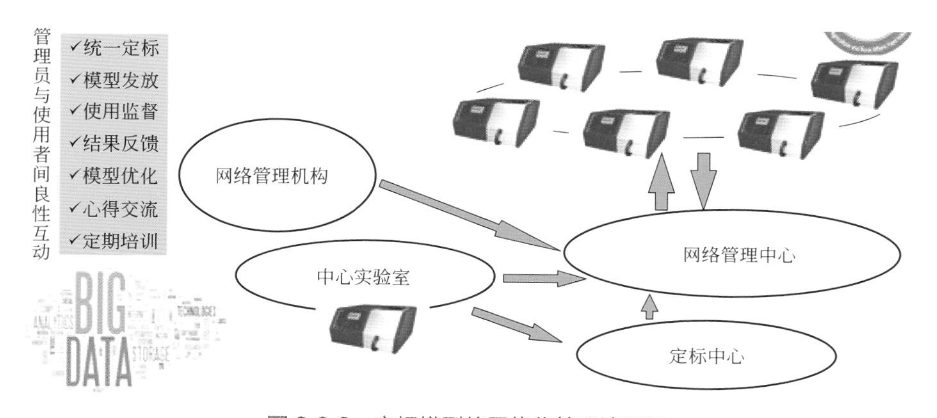

图 3-9-3 定标模型的网络化管理流程图

随着近红外光谱技术的发展和在饲料行业应用的逐渐成熟，在线近红外光谱技术已成为饲料行业的关注热点。在线近红外光谱技术采用先进的近红外光谱设备，精准、高效地完成检测，能够实现在线实时、快速地获取饲料生产过程中原料与成品中各营养素实测数据；快速接入大数据平台，在线动态显示并监控饲料产品品质，降低饲料生产成本，保证饲料产品质量；在线控制与调整饲料配方，减少人工误差，提高检验效率。北京中农联成技术有限公司自 2015 年起，以湖南伟业动物营养集团股份有限公司饲料生产车间为基地，联合农业农村部饲料工业中心、国防科技大学和布鲁克（北京）科技有限公司，开展了在线近红外光谱技术在饲料生产中的应用研究。其间，从监控点的选择、光纤探头的合理安装、实时在线样品的采集、在线模型的构建和优化、在线检测数据的应用等多方面进行了系统研究，形成了在线近红外光谱技术在饲料行业应用与推广的标准操作规程。该品质过程控制模式具有实时、高效、无损、绿色、环保、智能等特点，结合可视化和数字化管理，实现了饲料生产企业的智能化，有利于助推降本、提质、增效。

2020 年 12 月，中国仪器仪表学会、湖南省饲料工业协会联合湖南伟业动物营养集团股份有限公司和北京中农联成技术有限公司成立了中国饲料行业近红外光谱技术过程控制应用示范基地（国内首家），充分肯定了该模式在饲料企业智能化生产和提质、降本、增效方面取得的成果和示范效应。成立了由 12 名来自科技界、产业界专家和政府部门领导组成的中国仪器仪表学会科技服务团，助推在线近红外光谱技术在行业的推广与应用（图 3-9-4）。

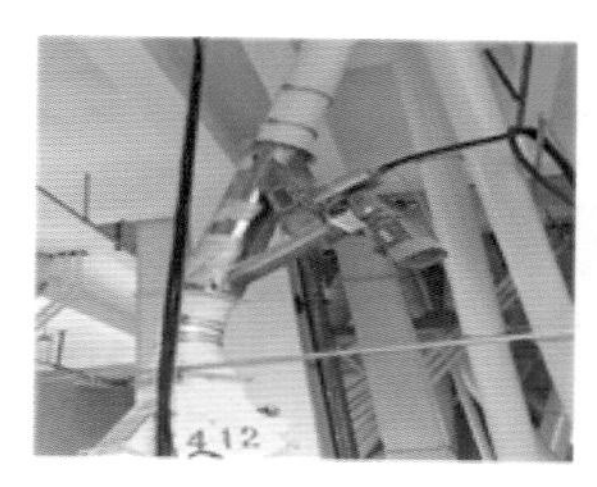

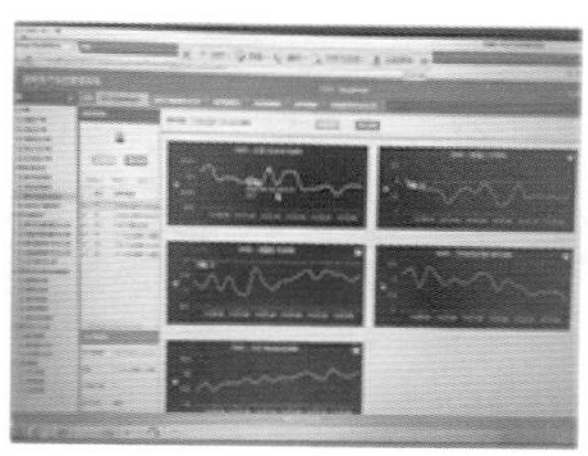

图 3-9-4 在线近红外光谱探头安装与数据显示和示范基地建设

为了进一步集成农业农村部饲料工业中心在动态数据库工程和近红外光谱快速预测体系方面的研究成果，成立了国家饲料工程技术研究中心饲料行业近红外光谱创新中心（NIRSaas）和国家饲料工程技术研究中心饲料营养大数据平台（FeedSaas）。饲料行业近红外光谱创新中心开展了仪器性能验证、制备了近红外光谱专用标准样品，首创了猪饲料有效养分预测模型与体系，尝试了在线近红外光谱技术与饲料生产“智能化”。拟发起近红外光谱分析技术在饲料行业中的应用团体标准，着力解决近红外光谱在饲料领域的标准化应用。2021 年 4 月 17 日，农业农村部在重庆举行饲料原料营养价值数据库及应用平台（FeedSaas）发布会。会上，李德发院士介绍了中国饲料营养大数据平台 FeedSaas 的基本情况（图 3-9-5）。会议指出，农业农村部成立全国动物营养指导委员会，构建我们自己的饲料原料营养价值库，这是整个行业从依赖国外数据到自主构建的巨大转变。因此，一方面将调整入口饲料配方结构，推进玉米豆粕减量替代；另一方面，加快研究符合中国本土特色的饲料配方技术，充分利用本土饲料资源，促进饲料行业绿色高质量发展。

NIRSaas 与 FeedSaas 的融合，必将成为精准动物营养解决方案（PANSaas）的有力抓手，是节粮减排、实施“双碳”战略的科学路径（图 3-9-6）。同时，与优秀近红外光谱设备制造企业联合创建的创新实验室，必定会进一步推动近红外光谱技术在饲料行业的全面应用。

近红外光谱快速预测体系的建立与应用能够实现实时品控、发掘变异，促进饲料原料资源合理利用；推进精准配方，降本、提质、增效；创新、助力节粮减排、“双碳”战略；助推中国饲料产业的“智能化”。

图 3-9-5　饲料原料营养价值数据库及应用平台（FeedSaas）发布会

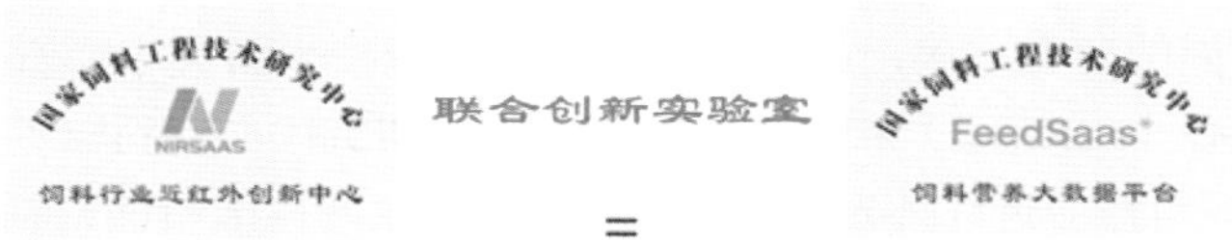

=

PANSaas

(Precision Animal Nutrition Software as a Service)

精准动物营养解决方案

图 3-9-6　精准动物营养解决方案

3.10　近红外光谱在饲料企业中的应用实践

饲料行业已将近红外光谱分析技术广泛应用于饲料原料验收和成品出厂检测。近红外光谱检测体系的有效运行大幅提高了工作效率、降低了生产风险、减少了水电资源及危险化学试剂的消耗，给企业带来了实实在在的效益。

十年前，饲料厂门口常见大货车排长队的景象。原料检测合格后方可进入卸货流程，成品检测合格才能出厂，而化验时间往往需要 6h 以上，化验室门口常见焦急等待的货车司机。现在通过近红外光谱进行分析，5min 就能完成样品的制备和扫描，分析数据全面准确。大幅提高了原料验收、成品出厂的效率。节省了大量的物流资源。表 3-10-1 列出了饲料厂主要检测指标的基本耗时，采用近红外光谱的分析方法，可在 5min 内完成多项目的预测分析。

◆ 表 3-10-1 饲料及饲料原料几种检测方法的基本耗时

检测项目	标准方法	耗时 /h
水分	GB/T 6435—2014《饲料水分和其他挥发性物质含量测定》	6
粗蛋白质	GB/T 6432—2018《饲料中粗蛋白测定方法 凯氏定氮法》	4
粗脂肪	GB/T 6433—2006《饲料粗脂肪测定方法》	8
粗纤维	GB/T 6434—2006《饲料中粗纤维的含量测定 过滤法》	12
氨基酸分析	GB/T 18246—2019《饲料中氨基酸的测定》	48

粗蛋白质是饲料原料和成品的重要检测指标。采用凯氏定氮法进行粗蛋白质的检测，每年需消耗浓硫酸约为 115L（通常每日需要进行 4 组粗蛋白质的检测，每组 8 个样品，每个样品需要使用浓硫酸 12mL，每日需消耗 384mL 浓硫酸。以一年 300 个工作日计算，约为 115.2L）。如饲料集团有 200 个近红外光谱实验室，则年可节约 2.3 万升的浓硫酸。表 3-10-2，粗略地计算了近红外光谱检测体系的贡献。

◆ 表 3-10-2 近红外光谱检测体系价值贡献核算

项目	核算方式	核算结果
节省浓硫酸的使用	200（工厂数）×384mL/ 天 ×300 天	23040L（约 4.6 万瓶浓硫酸）
减少化验试剂、电费、水费消耗 / 万元	200×2	400
数据价值 / 万元	200×10	20000

3.10.1 近红外光谱分析设备的选择

饲料行业需要进行检测分析的原料品种众多且检测项目庞杂。饲料厂的工作环境相对粗放，震动源较多。大型货车引起的地面震动、车间生产带来的机械噪声都会对近红外光谱的光谱质量造成影响。因此需要配置稳定性能好的近红外光谱分析仪。

近红外光谱仪按分光原理可分为滤光片型、光栅色散型、傅里叶变换型及声光可调滤光器型等。饲料行业主要应用类型是光栅型和傅里叶变换型。20 世纪 90 年代，同一型号近红外光谱分析设备往往台间差较大，需要进行主机和子机的设置，设备间进行模型传递需先进行标准化工作，将子机光谱向主机光谱校准。子机在运行过程中如发生漂移，则需要再次进行标准化工作。这是早期近红外光谱管理最为痛苦的工作，虽然有各种处理方法进行近红外光谱模型的转移，但具体的实施需要消耗大量的人力、物力，而且差异难以避免，周而复始。这也是近红外光谱在饲料行业推广应用的瓶颈。

随着技术的迭代，现在很多近红外光谱分析设备已经实现了台间光谱的自动校准，很好地控制了设备间的台间差。实现了不需要设置主机子机，模型可以直接在同种型号的设备间进行传递。这一点极大地促进了饲料行业近红外光谱分析技术集团化的应用。

3.10.2 饲料行业近红外光谱分析可参考的标准

饲料行业现有的近红外光谱检测标准有 GB/T 18868—2002《饲料中水分、粗蛋白质、粗纤维、粗脂肪、赖氨酸、蛋氨酸快速测定近红外光谱法》。在粮油检测方面我国已经颁布了十余项国家标准，如 GB/T 24870—2010《粮油检验 大豆粗蛋白质、粗脂肪含量的测定　近红外光谱法》等。这些检验标准有力地支持了饲料行业近红外光谱应用技术的发展。此外，GB/T 24895—2010《粮油检验　近红外分析定标模型验证和网络管理与维护通用规则》、GB/T 29858—2013《分子光谱多元校正定量分析通则》完整地为近红外光谱技术从业人员提供了建模技术方案和方法。在国际上，农业方面也有诸多的近红外光谱分析标准，如 AACC Method 39-00.01《近红外法——模型建立及维护指南》（Near-Infrared Methods——Guidelines for Model Development and Maintenance）、ISO 12099：2017《动物饲料、谷物及谷物精制料的近红外光谱分析 应用指南》等。《饲料的近红外光谱分析应用指南》和《傅里叶变换近红外光谱仪技术通则》等行业标准、团体标准也即将发布。

3.10.3 饲料及饲料原料近红外光谱建模关键控制点

集团化管理的饲料企业大多建立了自己的近红外光谱管理团队，建立了较为全面的近红外光谱预测模型，涵盖了大宗原料、饲料成品、油脂、维生素单体、维生素预混料等产品。预测参数包括常规营养指标、各种氨基酸、脂肪酸以及部分加工指标和抗营养指标。中小型饲料企业对近红外光谱模型的需求，主要由仪器厂家提供，也有部分公司采用第三方检测技术服务公司的近红外光谱建模服务。

饲料产品组成成分复杂，配方调整频繁，因此对饲料成品的近红外光谱预测能力有很强的即时性需求。为了能够及时适应产品的变化，需要及时根据配方的调整进行模型的验证和更新，对于集团化企业，成立区域中心实验室，负责优化本区域内的产品近红外光谱模型尤为重要。

由于大宗饲料原料产品组成和工艺相对稳定，近红外光谱预测模型也有比较稳定的表现。在建立大宗原料近红外光谱模型时要关注定标样品的代表性，且需要划定适当的组分浓度变化范围。在饲料原料的定标过程中需要先进行样品的真伪鉴别，避免掺假样品进入定标数据库。定标样品收集过程中可通过不同年份、季节、产区、品种、加工工艺、生产厂家等因素进行选择，也可通过样品组分浓度或样品光谱的差异性进行筛选。样品光谱的采集要关注光谱信息的稳定准确，样品的粉碎粒度及均匀度对近红外光谱光的信号强度有很大的影响。要注意样品的粉碎制备过程不应出现样品性质的变化，样品粉碎后需混合混匀。可以根据样品状态和可接受的偏差设计样品光谱的采集方案，如均匀度好的颗粒饲料和原料

（玉米、小麦等），可设计颗粒样品和 / 或粉碎样品扫描方案，采集两种样品状态的光谱，建立颗粒样品和 / 或粉碎样品的近红外光谱预测模型。对于均匀度较差的样品（如玉米蛋白粉、棉粕等）需要进行样品粉碎混匀，以保证样品组分的均匀性，进而提高光谱的稳定性和模型预测结果的准确性。

理化分析数据的准确度是近红外光谱预测能力的关键影响因素。所以在进行化学数据采集之前，需要先对实验室的理化检测能力进行考核评估。实验室管理状况、检测人员技能、检测方法、化学分析设备的性能等都是不确定度的来源。可通过人员比对、留样复测、能力验证、测量审核等方式来确定实验室的分析能力。建模人员需要熟悉理化分析方法和测量值的不确定度等内容，才能对定标模型的预测性能有合理把握。

近红外光谱分析操作过程简单，仍需要规范操作。近红外光谱扫描过程易产生的误差主要源自样品制备、环境控制及扫描过程。样品粉碎粒度需统一要求，环境控制包括设备环境和样品环境。在冬季，样品需要回温再进行扫描，扫描前应混匀样品。需注意扫描窗口的清洁，遗落的粉尘对分析结果将产生影响。

对于大规模应用近红外光谱分析设备的集团企业，统一建立近红外光谱模型并实施管理无疑是最经济和有效的方式。

3.10.4　近红外光谱预测能力准确度的评价

近红外光谱预测模型是以理化分析数据为基础建立的，所以近红外光谱的预测方法通常被视为二级检测方法。近红外光谱预测结果准不准？这曾经是饲料行业的一个疑问。

这主要取决于两个方面，一是光谱信息的稳定准确，二是近红外光谱建模实验室理化分析数据的准确、可追溯。这两个因素共同影响近红外光谱预测结果的不确定度。随着近红外光谱设备生产技术的发展，光谱性能越来越稳定，建模实验室的数据分析能力成为关键因素。

为了客观评价近红外光谱预测结果的准确性，我们借鉴 CNAS 实验室能力验证的方法，开展实验室 - 近红外光谱结果比对工作。通过对人员理化检测数据和 NIR 预测数据的比对统计，评价近红外光谱的预测性能。即通过分发比对样品到若干个 NIR 实验室和具有良好分析能力的理化分析实验室。比较 2 种分析方法的中位值和标准四分位距，来监控近红外光谱预测结果的准确度和精确度。

如表 3-10-3 所示，比对实验数据由 50 个工厂实验室分别进行理化分析及 NIR 预测所得。

◇ 表 3-10-3　化学分析值与 NIR 预测值比对

比对样品粗蛋白质含量 /%	化学分析		NIR 预测	
	中位值	NIQR	中位值	NIQR
玉米	7.89	0.11	8.00	0.07
小麦	13.58	0.16	13.70	0.15
酒糟	27.95	0.19	27.70	0.21
豆粕	46.67	0.23	46.50	0.12
菜粕	37.22	0.30	37.10	0.20
玉米蛋白粉	57.85	0.26	57.73	0.20

由表 3-10-3 可见，两种方法的中位值非常接近，可以说明所监控近红外光谱预测结果的准确度满意。近红外光谱方法 NIQR 值小于化学分析方法的 NIQR 值，说明近红外光谱方法预测结果的变异度更小。可以客观地说，在有效的近红外光谱管理体系内，近红外光谱预测的结果往往更加可靠。采用实验室比对的方法监控近红外光谱的预测效果需要有能力的组织单位，集团化企业可以联合企业内外的优秀实验室开展此项工作。

在近红外光谱预测能力评价的参数中，独立验证样品作为评价模型质量的重要参数需要具有独立、准确、匹配的特点。验证样品理化分析数据应严谨准确以防错误评价近红外光谱模型的预测能力。这一点，在近红外光谱网络化应用过程中尤为重要。实验室分析能力不稳定或存在较大的系统偏差、自身认识不足的情况下开展验证工作往往会导致错误的评价结论。

3.10.5　饲料行业的近红外光谱预测参数

近年来，各科研单位和生产企业在近红外光谱定标数据库的建设方面做了大量工作。饲料大宗原料的定量预测模型包括对水分、粗蛋白质、粗脂肪、粗纤维、中性洗涤纤维、酸性洗涤纤维、淀粉、氢氧化钾蛋白溶解度、赖氨酸、蛋氨酸等的预测；在维生素、氨基酸等添加剂定性定量预测方面也有单位进行了研究和应用；在原料表观代谢能、消化能的预测模型建立方面亦取得了丰硕的研究成果。对饲料成品的近红外光谱主要用于预测常规营养组分（如水分、粗蛋白质、粗脂肪、粗纤维等）。

近红外光谱分析通常属于常量分析，由于近红外光谱具有吸收弱、摩尔吸光系数低的特点，0.1% 的含量是天然产物近红外光谱定量分析公认的检测限，对于农药残留以及三聚氰胺、霉菌毒素等微量成分的直接测定是近红外光谱分析技术力所不及的。虽然某些项目在特殊的实验设计过程中得到了理想的实验结果，但在工业化的生产中却难以实现应用。采用真实的样品而不是特殊制备的样品建立模型是实现生产应用的关键。此外，不注重近红外光谱分析的基础原理，仅仅基于化学计量学算法做出的模型会给生产带来不可估量的风险。如采用近红外光谱预测饲料成品中钙的含量，建立一个能够提供预测的模型并不难，但由于饲料中的钙来源复杂：石粉、磷酸氢钙等矿物原料，肉骨粉等动物原料，玉米等植物原料都含有钙源，钙存在形式的多样性导致近红外光谱法无法准确预测饲料中钙含量。当生产过程中发生配料错误等问题的时候，近红外光谱预测值没有能力给出足够的警示，易造成严重的市场问题。采用近红外光谱分析的目的不是提供大量数据，而是要通过数据进行生产过程的监控，促进产品品质的提升。所以，一定要符合近红外光谱的基础原理，科学地进行方案设计，合理地进行实验验证。

3.10.6　近红外光谱网络化管理

近红外光谱网络化管理是指利用互联网、服务器或其他方式将多台近红外光谱分析设备连接为一个整体的质量分析系统。近红外光谱网络化管理的主要目的是用于仪器性能的日常管理和定标模型的更新。饲料厂终端产生的数据可以实时传递至服务器和管理人员可以调取、查看产生的数据光谱并进行统计分析，实现近红外光谱预测效果的实时监控，也为饲料原料精细化利用提供了数据基础。如采购部可以利用近红外光谱分析结果得到原料质量的综合分析报告；生产部可以及时监控产品质量；技术部可以实现原料分析数据与饲料配方软件的对接，为配方调整提供实时有效的数据以利于实现精细化生产。

3.10.7　在线近红外光谱在饲料行业中的应用展望

近红外光谱应用的最大价值在于原料营养价值的深度挖掘。同一配方下，饲料原料营养浓度的变化造成了饲料产品的质量波动。由于饲料产品的复杂性，通过在线近红外光谱实现产品的调整是非常困难的。饲料配方需要的平衡要素有氮平衡、能量平衡、氨基酸平衡等。某单一原料的用量变化会带动整个平衡体系的变化，所以在线近红外光谱在饲料厂的应用难度远比豆粕厂等饲料原料厂家更大。

现阶段在线近红外光谱能够监控单一原料的变异范围。对变异度高的饲料原料设计在线分析的采样点，超出预设范围时发送信号给配方师或现场品管，由相应的授权人员进行微调。在线近红外光谱可以监控生产过程，当出现配料精度问题或是产品指标不合格时可以及时发送警告。通过这些环节的控制，帮助饲料配方精准实现。

已有研究单位和企业尝试在饲料生产线中使用在线近红外光谱对生产关键控制点进行监控，根据监测数据，进行配方系统的自动微调，这将是饲料生产方式的一场革命。随着行业的发展、生产技术和近红外光谱应用技术的更新，在线近红外光谱必然会普及。通过在线分析实现对饲料原料的实时监测，监测数据反馈到饲料配方体系中实现自动化微调。这对饲料原料物尽其用、精准饲料配方、稳定产品质量均具有重要的意义。

3.11 近红外光谱在食用禽畜产品检测中的应用

近红外光谱是物质中分子与近红外光谱光相互作用，使得分子振动能级与转动能级发生变化而产生的吸收光谱。该光谱中的吸收峰主要来自分子基频振动的倍频与合频，其中反映了丰富的物质信息，但因此也会产生严重的谱带重叠现象，对于精确区分各种物质具有一定困难。

畜产品是我国农产品中一个很重要的组成部分，食用畜产品是指可食用的动物产品及其直接加工品。按照每年畜牧业统计的内容，主要食用畜产品包括畜肉、禽蛋、奶产品、蜂产品和部分副产品。每一种畜产品中都包含各种复杂物质，物质中相同或不同基团都处于不同的化学环境中，因此每种不同的畜产品所产生的近红外光谱吸收波长与强度都具有一定的差异。由于在近红外光谱区域常常可以观测到物质中含氢基团的谱带，因此结合化学计量学方法，近红外光谱技术能够有效检测畜产品中含氢有机物，如蛋白质、脂肪、乳糖、维生素等。本章中主要介绍近红外光谱技术对肉品、禽蛋和奶产品品质检测的研究与应用。

3.11.1 肉品检测

随着我国人均生活水平的提高，人们对农畜产品的数量需求已逐渐转化为对其品质安全的需求，肉品的品质直接影响着人们的购买意向与市场价格。在这个快速发展的时代，传统的肉质评价方法、仪器分析和感官分析已因其耗时、费力而逐渐被淘汰。近红外光谱技术作为一种快速、绿色、灵敏的检测技术，已逐渐被越来越多的人所关注。本节中主要论述近红外光谱感知技术在检测生鲜肉营养品质、感官品质和肉制品加工与检测三个方面中的研究与应用。

3.11.1.1 生鲜肉营养品质检测

生鲜肉营养品质主是指肉中所包含的水分、蛋白质、脂质、肉浸出物、维生素、微量的矿物质等化学物质的含量。

其中水分包括自由水、结合水和不易流动水三部分，一般在猪肉中占63%，其理化值可根据国标 GB 5009.3—2016《食品安全国家标准 食品中水分的测定》的方法获得。蛋白质是一种非常复杂的有机化合物，种类繁多，其在生鲜肉中含量大概为 18% ～ 20%，其主要包括碳、氢、氧、氮四种元素，大部分还包含硫、磷、铁等元素。不同生鲜肉中脂质含量大不相同，其占比在 1% ～ 20% 不等。肉浸出物主要是指除蛋白质、盐类、维生素外能溶于水的浸出性物质，包括含氮浸出物和无氮浸出物，其中含氮浸出物质是肉香气的主要来源，无氮浸出物主要是指肉中的糖类化合物和有机酸。此外，肉中含有丰富的 B 族维生素，肌肉中含有丰富的矿物质。这些物质都直接或间接地影响着肉质的各方面品质，如肉的系水力和其水分含量便直接影响着肉的食用品质。脂质含量的多少直接影响到肉质的多汁性与嫩度，同时还影响着肉质的大理石花纹等感官品质。近红外光谱技术通过检测不同化学物质中官能团所产生的吸收光谱的差异对其所富含的营养物质进行定性或定量分析，进而能够很好地评价肉的营养价值。

由于近红外光谱光对含氢官能团比较敏感，畜肉中所带有的水分会对信号造成极大的干扰。因此，当前很多人致力于研究如何减少或避免水对该项技术应用的影响。Puneet 等通过融合多种散射校正技术，很大程度降低了预测肉水分、蛋白质和脂肪含量的近红外光谱预测模型的误差与偏差[16]。Andueza 等研究了近红外光谱技术对检测新鲜肉与冷冻肉中脂肪酸含量的性能差异。结果表明，新鲜与冰冻牛肉中脂肪酸含量都能通过近红外光谱技术检测出来，但由于新鲜肉中水分含量较多，对有效信号的干扰比较大，因此在冷冻肉中脂肪酸检测限更低[17]。

此外，由于不同种类肉质、相同种类不同生长环境肉质、相同肉质不同储存环境等都会影响肉品中水分、蛋白质、脂质等特性与含量的变化，因此可结合近红外光谱技术快速准确地对肉品进行鉴别分类。唐鸣等综合使用小波变换和聚类分析的方法对注水牛肉光谱特征进行提取，并将数据构成目标矩阵，建立不同识别模型。运行结果显示：正常肉和注水肉在 1818 ～ 1842nm 波段体现出了较为不同的吸收特点，此模型对肉品是否注水的总体识别率达 90. 48%[18]。Silva 等使用便携式近红外光谱仪检测鸡肉、猪肉、牛肉按不同比例二元混合与三元混合所制成的样品，结果发现：猪肉在 1100 nm 处的吸光度强度最低，在 1200 nm 处的强度最高，而鸡肉在 1400 nm 处的强度最高，牛肉在 1250 nm 处的强度最低[19]。光谱差异表明不同动物肌肉组织之间存在明显的组成差异，这些小的组成差异可能足以在混合产品中预测单个种类的混合比例。

案例：Parastar 等将便携式手持式近红外光谱与随机子空间判别集成算法相结合，开发了一种可通过透明包装或直接在鸡肉上测量 NIR 光谱的方法。随机子空间判别集成算法先将 NIR 光谱随机分为多个随机空间，再对每个子空间进行判别分类，最后取平均值得出全光谱的单个分类模型[20]。该种方法不仅可以区分新鲜与解冻肉，还能判别不同生长条件的鸡肉。但是，此种方法在实际环境中对未知品种肉类进行分类还不是十分适用。后续还需建立新类别的肉种分类模型，或建立新光谱与已知类别光谱间的联系进行筛选分类。

关于近红外光谱技术对肉质中水分、蛋白质、脂质的定量分析，总结归纳了部分研究成果（见表 3-11-1）。从表中数据看，因为不同样品的预处理方式、数据预处理方法与建模方法不同，其结果会产生一定差异。

◇ 表 3-11-1　NIRS 检测肉品化学成分分析总结

指标 / 种类	光谱范围 /nm	数据预处理方法	建模方法	R^2/ SEC/SECV/SEP (%)	参考文献
			1. 蛋白质		
牛肉					
搅碎牛肉	1000 ～ 1799	—	ANN	0.91/0.39/—/0.39	[21]
均质牛肉	950 ～ 1650	MSC+1st	PLS	0.93/1.24/—/—	[22]
块状牛肉	1000 ～ 1799	—	ANN	0.91/0.45/—/0.48	[21]
猪肉					
绞碎猪肉	400 ～ 2500	SNV+DT	MPLS	0.91/0.47/0.50/—	[23]
绞碎猪肉	1100 ～ 2500	MSC	LS-SVM	0.64/1.77/1.95/1.52	[24]
绞碎猪肉	900 ～ 1700	—	PLS	092/0.32/0.36/0.40	[25]
均质猪肉	350 ～ 1100	MSC+1st	PLS	0.82/0.47/—/0.41	[26]
块状猪肉	900 ～ 1700	—	PLS	0.85/0.28/0.46/0.50	[25]
羊肉					
冻干羊肉	1100 ～ 2500	—	PLS	0.99/1.42/—/0.92	[27]
均质羊肉	900 ～ 1700	—	PLS	0.76/0.27/0.33/0.34	[28]
搅碎羊肉	4000 ～ 10000	2st	PLS	0.93/0.80/—/—	[29]
鸡肉					
冻干鸡肉	1100 ～ 2498	SNV+DT	MPLS	0.91/0.71/0.74/—	[30]
			2. 脂肪		
牛肉					
搅碎牛肉	1000 ～ 1799	—	ANN	0.94/0.45/—/0.55	[21]
均质牛肉	950 ～ 1650	MSC+1st	PLS	0.92/0.22/—/—	[22]
块状牛肉	1000 ～ 1799	—	ANN	0.87/0.65/—/0.73	[21]
猪肉					
绞碎猪肉	400 ～ 2500	SNV+DT	MPLS	0.98/0.33/0.36/—	[23]
绞碎猪肉	1100 ～ 2500	SNV	LS-SVM	0.94/1.32/2.32/1.37	[24]
绞碎猪肉	900 ～ 1700	—	PLS	0.94/0.34/0.39/0.42	[25]
均质猪肉	350 ～ 1100	MSC+1st	PLS	0.85/0.07/—/0.09	[26]
块状猪肉	900 ～ 1700	—	PLS	0.80/0.52/0.68/0.76	[25]

续表

指标 / 种类	光谱范围 /nm	数据预处理方法	建模方法	R^2/ SEC/SECV/SEP (%)	参考文献
羊肉					
冻干羊肉	1100 ～ 2500	—	PLS	1.00/0.66/0.43/—	[27]
均质羊肉	900 ～ 1700	—	PLS	0.94/0.28/0.35/0.40	[28]
搅碎羊肉	4000 ～ 10000	1st	PLS	0.94/4.7/—/—	[29]
鸡肉					
冻干鸡肉	1100 ～ 2498	DT	MPLS	0.99/0.19/0.24/—	[30]
3. 水分					
牛肉					
搅碎牛肉	1000 ～ 1799	—	ANN	0.88/0.65/—/0.70	[21]
均质牛肉	950 ～ 1650	MSC+1st	PLS	0.95/0.31/—/—	[22]
块状牛肉	1000 ～ 1799	—	ANN	0.86/0.61/—/0.49	[21]
猪肉					
绞碎猪肉	400 ～ 2500	SNV+DT	MPLS	0.97/0.37/0.42/—	[23]
绞碎猪肉	1100 ～ 2500	OSC	LS-SVM	0.92/1.86/2.68/2.27	[24]
绞碎猪肉	900 ～ 1700	—	PLS	0.88/0.64/0.76/0.62	[25]
均质猪肉	350 ～ 1100	MSC+1st	PLS	0.83/0.76/—/0.78	[26]
块状猪肉	900 ～ 1700	—	PLS	0.70/0.49/0.62/0.92	[25]
羊肉					
均质羊肉	900 ～ 1700	—	PLS	0.94/0.35/0.42/0.51	[28]
搅碎羊肉	4000 ～ 10000	1st	PLS	0.92/0.04/—/—	[29]

3.11.1.2　生鲜肉感官品质检测

肉的感观品质是指肌肉的颜色与 pH 值、系水力、嫩度、新鲜度、大理石纹、香味及多汁性等。其中肉的色调和颜色参数取决于肌红蛋白的氧化状态，亮度和色度参数分别取决于总肌红蛋白含量和氧合肌红蛋白含量。肉的 pH 值影响着肉的颜色、嫩度、风味、系水力和货架期等。系水力是直接影响肉品的烹饪损失的重要因素，其理化值可通过质构仪进行测试。此外，肉的嫩度由肉质中肌肉纤维结构所决定，较嫩的肉肌节长度较长，反之则较短。肉的新鲜度主要通过可挥发性盐基氮这一指标来表示。通过将获得的理化值与近红外光谱特征光谱结合，用化学计量学方法进行分析，可获得肉质品质快速、无损品质检测的预测模型。

口感较硬的肉质中肌节较短，使得光线比具有较长肌节长度的嫩样品更容易穿透。此外，老化肉中游离水含量多于较嫩样品，会产生更高强度的氢氧基团振动峰。因此使用近红外光谱透射技术能够有效预测肉质的嫩度。Qu 等以猪肉中可挥发性盐基氮和 pH 值作为新鲜度评价指标，提出了一种基于变量选择的多指标统计信息融合建模方法来评价猪肉新鲜度。利用这种方法建立的预测 TVB-N

含量与 pH 值的模型预测相关性系数和均方根误差分别为 0.8618 和 3.910，0.9379 和 0.1046 [31]。Ouyang 等研究了便携式近红外光谱仪预测未经解冻的冷冻猪肉样品中总挥发性盐基氮含量，采用二阶导数算法进行光谱预处理，结合随机蛙式偏最小二乘法进行变量选择，最终建立的模型预测相关性系数高达 0.9669，且具有一定稳定性 [32]。

案例一：Bonin 等直接在牛胴体上采集其第五与第六根肋骨间胸最长肌可见 - 近红外光谱图像，并与其嫩度（剪切值）理化值进行主成分分析和偏最小二乘回归分析。结果表明：在新鲜、完整牛肉样品上收集的光谱可以更准确地预测其剪切值 [33]。这是由于均质肉中肌纤维结构被破坏，其产生内反射效应所表现出的吸光率低于完整肉。这为近红外光谱技术在屠宰场中胴体肉质检测应用提供了理论依据。

案例二：Fernández-Barroso 等通过使用近红外光谱技术来评估露天自由放养伊比利亚猪的肉质性状，包括其肌红蛋白含量、离心力损失、剪切力、结构剖面分析以及颜色参数。该研究在反射模式下收集完整肉与切碎肉光谱数据，与传统化学技术分析结果相结合，通过偏最小二乘回归分析对每种性状分别开发各自最优校准模型。最终结果表明：相同条件下，完整肉吸光度略多于切碎肉，但二者各种性状都无法获得很好的预测模型，因此，想要同时量化 NIRS 分析的多个性状是十分困难的。但是，利用一般模型对其相关肉质进行粗略分类是可行的，相对较优校准模型用于代替传统检测方法是十分有利的 [34]。

3.11.1.3 肉制品质量评估

近红外光谱技术除了运用于原料肉品质检测外，还多用于各种肉制品质量评估。其检测、建模方法与生鲜肉无太大区别，各屠宰场、肉制品加工厂、肉制品批发与零售企业等都可通过近红外光谱检测技术来检测肉制品商品质量，并在生产过程中实时监测产品中水分、蛋白质、脂质等含量，进一步提高产品质量。

案例一：Dias 等通过 NIRS 技术分析不同部位牛肉样品与用于制作汉堡的碎肉混合物中水分、脂肪和粗蛋白质含量。结果表明：使用 SNV 数据处理方法的水分预测模型的性能并不是很理想，其中 R^2_{cv}=0.72，RPD=2.18；而使用与水分相同的处理方法，脂肪校准产生了最佳结果，其中 R^2_{cv}=0.93，RPD=6.13；此外，使用一阶导数预处理方法使蛋白质的校准结果实现了 R^2_{cv}=0.89，RPD=2.58。这证明了近红外光谱技术对汉堡品质分类具有一定的可行性 [35]。

案例二：Achata 等研究了基于可见 - 近红外光谱的高光谱成像系统，结合化学计量学方法对腌制与非腌制猪腰肉进行分类，并成功预测了其所采用的腌制盐浓度，利用偏最小二乘回归算法建立了高性能分类与评估模型 [36]。

3.11.2　禽蛋检测

禽蛋是指各种可食用鸟类所生产的蛋，主要包括鸡蛋、鸭蛋、鹅蛋、鹌鹑蛋、鸵鸟蛋等。鸡蛋是生活中最常见的一种，随着人们生活水平的提高，鸡蛋几乎每天都会出现在人们的饭桌上。一是因为其价格便宜，二是因为鸡蛋中除了富含大量的蛋白质外，还包含其他丰富的人们所需要的营养物质。随着鸡蛋市场的打开，土鸡蛋、高碘蛋、高锌蛋、低胆固醇蛋等各种类型的蛋出现在人们生活中。由于同一类禽蛋的外观极其相似，无法通过肉眼判断其新鲜度、产地、营养价值等。因此开发一种快速、无损、便携、绿色的检测禽蛋新鲜度、判别禽蛋品种的方法尤为重要。

3.11.2.1　新鲜度检测

新鲜禽蛋中清蛋白含量较高，酸碱度偏低。随着存放时间的累加，空气经过蛋壳进入鸡蛋内部，使其清蛋白逐渐降解，pH 值与蛋黄含水量不断增加。禽蛋的内部品质在产蛋后不久便开始恶化，因此对市场上所售卖的禽蛋进行实时新鲜度检测尤其重要。在破坏性方法中，用于测定鸡蛋质量的最广泛使用的参数是蛋壳强度和厚度、内部气泡大小、蛋白 / 蛋黄比、白蛋白折射率和 pH 值、蛋黄颜色和形状以及卵黄膜的强度 [37,38]。利用这些方法可以获得较为准确的禽蛋新鲜度等级，利用这些传统方法获得的理化值，与近红外光谱技术所获得的数据处理后建立模型，可实现快速检测鸡蛋内、外部品质等级，进而在无损条件下判别各类禽蛋新鲜度。

案例一：Dong 等利用可见近红外光谱技术在鸡蛋赤道区获得了两个品种的透射光谱，通过偏最小二乘回归建模与斜率偏差校正，利用一种品种鸡蛋校正模型去预测另一品种鸡蛋新鲜度，获得了相对较高的相关性系数与较低的验证偏差。该研究表明，可于实验室测量单个品种，建立其庞大的鸡蛋新鲜度数据库，该数据库可直接用于新品种鸡蛋在线检测 [39]。

案例二：Cruz-Tirado 等利用便携式光谱仪在 900 ～ 1700nm 的波长范围内采集鸡蛋中部、顶部与底部光谱，利用哈夫单位对鸡蛋新鲜度进行理化值评价，通过偏最小二乘回归算法与最小二乘支持向量机回归算法对鸡蛋新鲜度进行建模评价。该研究结果表明，鸡蛋的中间部位为获取光谱的最佳位置，但结合其他部分共同分析能够增加其预测的准确性。此外，小型便携式近红外光谱仪作为一种经济高效且可靠的设备，可用于实际生产中检测鸡蛋新鲜度，其精度可与台式光谱仪相媲美 [40]。

案例三：Brasil 等结合机器学习，研究便携式近红外光谱仪在预测鹌鹑蛋新鲜度方面相关性能。通过比较哈夫单位、蛋黄指数与鹌鹑蛋质量指数，分别利用偏最小二乘回归法与支持向量机回归法进行建模分析。结果表明，利用支持向量机回归法对鹌鹑蛋蛋黄和蛋白质量指数建立新鲜度预测模型能够获得最佳性能，对超过 80% 的样本进行了正确分类。这使得便携式近红外光谱仪能够在禽蛋储存过程中对其新鲜度进行实时监测，在以后近红外光谱检测技术中，便携式光谱仪具有一定的发展潜力[41]。

3.11.2.2 品种鉴别

随着人们对食品安全关注度的提高，越来越多的人对鸡蛋来源更加重视。欧盟法规中，明确将鸡蛋来源分为四种鸡舍系统：有机饲养、自由放养、谷仓饲养、笼子闭养。但我国并未对鸡蛋进行正规分类，大概可将鸡蛋分为三种，土鸡蛋、饲料蛋和人造鸡蛋。长期食用饲料蛋与人造鸡蛋会对人体健康造成伤害。但是，市场上许多不良商家为获取高额利润，常将饲料蛋与人造鸡蛋贴上高质量蛋标签进行售卖。因此，为满足人们对真实、高质量鸡蛋的需求，研究一种便携式、用于鸡蛋包装生产线或鸡蛋售卖处的快速无损检测设备十分重要。

案例一：Puertas 等利用紫外 - 可见 - 近红外光谱技术对来自不同养殖系统的四种鸡蛋进行检测，结合蛋黄脂质提取物含量，采用二次判别统计分析方法，成功对所有鸡蛋进行了分类，准确度高达 100%。此外，单使用近红外光谱检测范围区域获得的光谱信息取得了减少样品数量后的最佳效果[42]。

案例二：鸡蛋按其用途分类主要可以分为普通鸡蛋与种鸡蛋两种。前者多为未受精鸡蛋，用于人们的日常食用，而后者必须为受精蛋，用于小鸡的孵育。种鸡蛋的胚胎发育过程耗能、耗时，若能在孵化早期及时判别未受精种鸡蛋，不仅可以避免未受精种鸡蛋失去食用价值造成浪费，而且可以防止在孵育过程中未受精种鸡蛋的腐败霉变影响其他正常受精鸡蛋的胚胎发育。在此背景下，张伏等利用可见 - 近红外光谱检测系统采集种蛋壳漫反射光谱强度，使用 440.27 ～ 874.6nm 波段光谱信号对种鸡蛋进行判别。结果发现，利用 S-G 平滑与标准正态变量两种预处理方式在鸡蛋赤道处判别准确率均可达 91% 以上[43]。该研究表明，近红外光谱技术对鸡蛋受精情况判别仍具有一定可行性。

对禽蛋营养品质的相关研究，目前大多致力于检测禽蛋中所富含的胆固醇、蛋白质与脂质含量。表 3-11-2 为禽蛋中部分化学物质研究总结。

◇ 表 3-11-2 NIRS 检测禽蛋化学成分分析总结

指标 / 种类		光谱范围 / nm	数据预处理方法	建模方法	R^2/ SEC/SECV/SEP /%	参考文献
胆固醇	鸡蛋黄	190 ～ 2500	PCA+SNV+SG	ANN	0.95/0.46/—/—	[44]
	鸡蛋黄	190 ～ 2500	SG+1st	PLS	0.93/0.82/—/—	[45]
蛋白质	鸡蛋黄	950 ～ 1650	1st+CARS	PLS	0.84/0.30/—/0.36	[46]
	鸡蛋清	950 ～ 1650	SNV+1st+CARS	PLS	0.92/0.48/—/0.33	[46]
脂肪	鸡蛋黄	950 ～ 1650	SNV+1st+CARS	PLS	0.94/0.48/—/0.53	[46]

3.11.3 奶产品光谱检测

随着社会的不断发展，鲜奶与各种奶制品在我们的生活中已随处可见，人们对各种奶产品的消费量也在不断增加。但由于我国对奶和众多奶制品质量安全监测力度和水平不够，使得我国奶产品品质安全成为制约乳业发展和对外竞争的一个重大因素。

近红外光谱检测技术自20世纪70年代后期首次应用于乳制品行业以来，已被确定为对各种乳制品进行成分分析的强大分析技术[47]。该技术可以克服传统分析方法耗时、复杂、效率低、易产生二次污染等缺点，提供一种快速、无损、成本效益高和环境友好的解决方案，以满足快节奏的加工供应链的要求。

3.11.3.1 生鲜奶

牛奶等各种鲜奶因富含多种营养物质而被越来越多的人所喜爱。同时，作为众多乳制品质量好坏的影响源头，其品质受到了人们与各大乳制品企业的重点关注。从牛奶等鲜奶化学成分上看，主要有蛋白质、脂质、水分、乳糖、维生素和矿物质六种。鲜奶是否安全，主要取决于生产鲜奶的动物是否健康。因此，体细胞含量的高低作为牛与其他产奶动物的健康状况指标之一，其含量也成为了乳制品企业关注的一项重要指标。

案例：Pereira等利用近红外光谱技术对在纯山羊奶中掺牛奶的检测进行了研究。掺假奶中蛋白质与脂质的含量会发生一定程度的变化，研究中，采用*i*SPA-PLS-DA算法与7点窗口移动均值平滑和基线偏移校正相结合的方法，使所建立模型在预测能力方面取得了最佳性能，所有纯山羊奶均被准确识别，60个测试集中只有一个被错误分类[48]。

3.11.3.2 乳制品

在乳制品行业中，为保证生产产品时各环节达到所需质量要求，常安装pH、温度、压力和流量等各种PAT仪表工具在加工生产线的关键控制点上，用来提供生产过程的实时操作信息[49]。近几十年来，乳制品加工商已将实时测量制品中各种化学成分含量视为生产环节中必不可少的一个重要组成部分[50]。根据Pu等的报道：近红外光谱可应用于整个乳制品加工链，即检查农场和牛奶摄入点的生奶质量；用于对生产线沿线产品的表面、内部和整体品质进行在线检测；在QA/QC实验室进行例行离线质量测量；确定最终产品是否符合质量规格[51]。

案例：Ejeahalaka等研究了在40℃下储存7周的7个尼日利亚加脂奶粉品牌的样品完整性和质量动态变化情况。结合近红外光谱技术分析，发现光谱中不存在显著的三聚氰胺和尿素吸收峰，且蛋白质含量低于允许限度。此外，在研究加脂奶粉质量随存储时间的动态变化过程中发现，氢氧官能团的峰值吸光度随储存时间的延长而增强，色氨酸含量在存储过程中显著下降[52]。该项研究证明了近红外光谱技术在筛选化学掺杂物和监测脱脂奶粉在不同环境压力下质量动态变化方面的应用潜力。

对于奶和奶制品中营养物质的定量检测，根据光谱范围、数据预处理方法以及建模方法的不同，其获得模型的性能也各不相同。表 3-11-3 主要总结了近红外光谱技术在奶及奶制品成分分析方面的部分研究成果。

◇ 表 3-11-3　NIRS 检测奶及奶制品化学成分分析总结

指标 / 种类		光谱范围 / nm	数据预处理方法	建模方法	R^2/ SEC/SECV/SEP /%	参考文献
蛋白质	牛奶	700 ～ 1100	MSC+1st	PLS	0.99/0.28/—/0.15	[53]
		600 ～ 1000	—	PLS	0.91/—/—/0.08	[54]
		1000 ～ 1700	SG+1st	PLS	1.00/0.05/—/0.04	[55]
		851 ～ 1649	—	PLS	0.96/—/0.07/0.07	[56]
	驴奶	800 ～ 2500	—	PLS	—/0.20/0.24/0.24	[57]
	奶粉	780 ～ 2800	—	PLS	0.98/0.59/—/0.67	[58]
		1000 ～ 2500	MSC	PLS	—/0.36/—/0.43	[59]
		700 ～ 1075	SNV	LS—SVM	0.93/0.30/—/0.31	[60]
		1000 ～ 2500	MSC+1st+PCA	GA—PLS+PC—ANN	0.99/0.19/—/0.24	[61]
	奶酪	1000 ～ 2500	MSC+1st	PLS	0.98/0.37/—/0.19	[62]
脂肪	牛奶	700 ～ 1100	MSC+1st	PLS	0.96/0.33/—/0.19	[53]
		600 ～ 1000	—	PLS	0.99/—/—/0.06	[54]
		1000 ～ 1700	SNV	PLS	0.94/0.12/—/0.10	[55]
		851 ～ 1649	—	PLS	1.00/—/0.03/0.03	[56]
	驴奶	800 ～ 2500	—	PLS	—/0.49/0.74/0.43	[57]
	奶粉	780 ～ 2800	MSC	PLS	1.00/0.54/—/0.68	[58]
		700 ～ 1075	SNV	LS—SVM	0.95/0.39/—/0.42	[60]
	奶酪	1000 ～ 2500	MSC+1st+SG	PLS	0.97/0.26/—/0.33	[62]
乳糖	牛奶	700 ～ 1100	MSC	PLS	0.84/0.15/—/0.13	[53]
		1000 ～ 1700	SG+1st	PLS	0.92/0.09/—/0.12	[55]
		851 ～ 1649	—	PLS	0.81/—/0.08/0.09	[56]
	奶粉	780 ～ 2800	MMN	PLS	1.00/0.79/—/1.15	[57]
		700 ～ 1075	SNV	LS—SVM	0.90/0.91/—/1.00	[60]

3.11.4　畜产品的近红外光谱检测应用案例

案例一：王建伟等联合杭州娃哈哈集团有限公司，研究了一种基于近红外光谱分析技术快速在线检测 AD 钙奶中蛋白质、酸度和糖度的分析方法。利用近红外光谱仪采集 AD 钙奶样品的漫反射光谱，采用偏最小二乘回归法建立相应的近红外光谱模型，所建立的蛋白质、酸度、糖度模型的预测决定系数 Rp^2 分别为 0.94、0.98 和 0.97，预测均方根误差 RMSEP 分别为 0.012、0.665 和 0.114 [63]。该方法应用于实际检测的效果显著，克服了传统国标检测蛋白质、酸度、糖度含量时耗时耗力的难点，对实际生产检测过程中提高检测效率，降低检测成本具有十分重要的意义。

案例二：Wang 等开发了一种基于双波段可见 - 近红外光谱的便携式光学检测装置，对猪肉多种品质属性进行了实时同步检测。研究中先将两个单独的光谱区域融合成一个覆盖整个可见光、近红外光谱区域的连续光谱区域，然后对颜色属性（L^*，a^*，b^*）、pH 值、总挥发性盐基氮、脂肪和蛋白质建立了独立的最优预测模型，最后提出了一种改进的竞争自适应重加权采样算法为猪肉中每个属性选择特定波长。根据研究中提出的“响应校正”方法，该装置可以促进多个属性同时检测，极大提升了便携式检测装置的使用性能 [64]。

3.11.5　应用现状与分析

近红外光谱在食品检测上已有了几十年的历史，如今，开发一种小型化便携式近红外光谱检测方法已逐渐成为大趋势，这大大加速了肉品原位检测的发展。Kartakoullis 等通过研究，验证了智能手机控制的近红外光谱仪与台式光谱仪相比，在不同温度下预测咸肉碎肉中脂肪、水分、蛋白质等含量仍具有一定可行性，并且其精度可与台式光谱仪相媲美 [65]。通过研究小型化便携式近红外光谱检测方法，人们对食品安全的实时监督成为可能。但想要构建理想的便携式近红外光谱检测系统，还有许多问题亟需解决。

案例一：Patel 等通过来自不同农场、品种、性别的 97 头纯种牛中获取的 194 条肋骨，测试了三款不同技术特征 NIR 仪器，即 Vis-NIRS、Micro-NIRS、NIRS。该项研究检测了牛肉中蛋白质、水分、脂质、胆固醇等化学成分和牛肉质量、剪切力、颜色等特征。结论分析表明：即使非常简单、便宜的手持式仪器也可以有效地用于屠宰场和肉类加工厂的实际工作条件，且可直接在肌肉表面采集光谱，无需对肉类样品进行预处理 [66]。

案例二：Savoia 等将便携式和手持式近红外光谱仪在预测屠宰场肉质性状上的性能进行了对比分析，发现这两种光谱仪都能很好地预测肉品颜色特征、pH 值、蒸煮损失和净化损失 [67]。但是 Vis-NIRS 需要物理支撑，如果长时间使用，还需要连接到外部电源或补充电池，而 Micro-NIRS 的尺寸和重量与计算机鼠标相似，并且直接在肌肉表面上操作，可通过 USB 电缆连接到便携式计算机或平板电脑。

大量研究表明，微型近红外光谱仪在未来食品在线、即时监测领域中具有广阔的应用前景。但是肉品作为一种比较特殊的样品，它的光谱图像会随着时间的变化而发生较大变化。利用近红外光谱检测技术只能获得当前肉品有效信息，对于其后续屠宰后加工无法获得良好的可重复性。并且由于获取的光谱信息时刻处于动态变化过程中，因此仅仅用 R^2 或 RSME 值去评价一个模型的好坏是不准确的。但是，通过进一步测试这些模型的预测性能，将数据模型运用于动物种群遗传改良当中十分具有前景。

3.12 近红外光谱在粮食收储中的应用与发展趋势

粮食安全是关系国计民生的重大战略性问题，是国家安全的根基。国家已连续多年将粮食安全问题置于中央一号文件的突出位置。“十三五”时期，我国粮食产量稳定在 1.3 万亿斤[❶]以上，连年丰收、库存充实、供应充裕、市场稳定，粮食安全形势持续向好。2020 年开始，新冠肺炎疫情对全球粮食生产和供应造成全面冲击，我国政府迅速启动粮食应急措施，保障农民持续生产，推进粮食加工企业复工复产，使我国粮食生产有条不紊，实现“十七连丰”。2020 年全国粮食总产量 13390 亿斤，比上年增加 113 亿斤，增长 0.9%，人均粮食占有量 470 公斤以上，远高于国际 400 公斤的平均水平[68]。粮食和重要农副产品的稳定生产与有序供给为确保国家粮食安全提供了坚实支撑，也为社会和经济的平稳运行提供了基础保障[69]。中国作为拥有十四亿人口的大国，粮食安全这根弦在任何时刻都应紧绷、不可放松，立足国内保障粮食供给，必须时刻将饭碗牢牢端在我们自己手中。

3.12.1 “十四五”时期近红外光谱快检技术对粮食收储的支撑潜力

2021 年是“十四五”开局之年，《中华人民共和国国民经济和社会发展第十四个五年规划和二〇三五年远景目标纲要》（以下简称《纲要》）展示了“十四五”时期国家对粮食安全保障的理念基础、整体框架、具体行动，体现出党中央对国家粮食安全一如既往、一以贯之的重视[70]。《纲要》首次将粮食综合生产能力作为安全保障类约束性指标，对保障粮食安全作出系统谋划和全面部署，把实施国家粮食安全战略在强化国家经济安全保障专章作了专节规定，对深入推进优质粮食工程、节粮减损内容进行具体规定，并从粮食的产、购、储、加、销体系的各个环节提出总体安排[71]。

❶ 1 斤＝0.5 千克。

3.12.1.1　快检技术大规模应用是应对粮食收储高压态势的必然要求

“十三五”时期，全国各地积极落实粮食储备任务，储备规模持续增大。2018 年全国共有标准粮食仓房仓容 6.7 亿吨，简易仓容 2.4 亿吨，预计到 2025 年建设标准粮食仓房仓容 8.1 亿吨，解决粮食高库存压力将是保障我国粮食安全的长期重要议题[72]。为此在 2015 年，国家发展改革委、原国家粮食局和财政部就联合发布《粮食收储供应安全保障工程建设规划（2015—2020 年）》，提出“粮安工程”概念，并将“智能储粮”作为“粮安工程”的重要支撑手段（详见《关于进一步加强粮库智能化升级改造项目建设管理工作的函》），要求从“提高粮食质量检验检测技术”“建立粮食质量风险监测网络”和“完善粮食质量评价标准”等几个方面实施“智能储粮”工作。随着上一个五年计划的顺利完成，2021 年的《纲要》中明确提出改革完善中央储备粮管理制度，提高粮食储备调控能力，以“六大提升行动”为重点深入推进优质粮食工程，实现粮食分级收购、分类储存，加快粮食产业高质量发展，这些均需要以提高粮食安全检验监测能力为前提和基础，进一步健全粮食质量安全检验监测体系[71]。一是收购粮食质量检测。我国各地粮库要求严格执行储备粮“入库一批、检验一批”制度。每到收粮旺季，企业、粮库收购量大，市场收购主体多，需要经过专业检验来确定粮食质量和等级是否合格，而粮食收购时间紧迫，因此检验检测的速度和质量是影响粮食收购任务的两个关键因素。二是储备粮食质量监管。为全面保障我国粮食储备安全，一般通过日常监督、专项抽查及第三方检测等方式进行监管检测。从粮食扦样到出具报告，耗时较长、检测量大，同时还要确保数据的真实性和准确性。

目前我国粮食行业的生产仍以小规模生产模式为主，在收购、储备、流转等环节，交易量大、检测频次密集的供需不平衡问题尤为突出。保证粮食入库和仓储监管效率就成为重中之重[72]。现有粮食收储质量安全指标检测方法及市场检测能力存在检测效率低、检测尺度不一致、检测结果客观性不足的问题，难以满足粮食收储和流通环节对检测效率的高要求。快速检测技术具有耗时短、操作简单、分析成本相对较低、易于普及和推广等优点，适用于大量粮食入库检测和快速筛查，已成为粮食承储企业和粮食检验机构的重点研究方向，在粮食收储过程中具有十分广泛的应用前景和基础[73]。

3.12.1.2　近红外光谱快检技术是实现粮食收储指标全面可靠的必然举措

粮食理化检测数据不仅是评价粮食质量品质的重要指标，同时也是粮食储备安全的重要参考。常规检测方法难以突破低效、检测指标单一的局限。目前，我国粮食收购中稻谷、小麦、玉米的定等指标分别为出糙率和容重，入库和仓储环节会检测水分、杂质、不完善粒、脂肪酸值、面筋吸水量等指标，同时为了满足加工和消费者需求还会对蛋白质、粗脂肪、纤维素、淀粉、灰分等营养指标进行测定。上述指标的常规检测分析参照国家和行业检测方法标准，多采用滴定法、称量法、燃烧法等物理、化学检测技术等进行含量测定，存在前处理操作复杂、检测耗时长、人工效率低等问题，难以保证检测效率、检测尺度统一和检测结果的客观性。随着科技发展，一些易操作、准确性高的新型检测技术逐渐在粮食检测工作中得到应用。例如快速水分测定仪、凯氏定氮仪、全自动脂肪酸值测定仪等，能够在一定程度上减轻检验员压力，提高检测效率，但这些仪器仍主要集中在实验室操作，且检测指标单一，无法实现多目标物同时测定[73]。近年，随着光谱科学和化学计量学的快速发展，近红外光谱技术在我国检验检测领域迅猛发展。操作简单、携带方便的近红外光谱仪能够实现粮食无损、快速、多指标同时分析，已广泛应用到粮食收储加工等环节，基本满足粮食收储检测需求[74]。

3.12.1.3 近红外光谱快检技术在实现粮食实时在线监测方面具有巨大潜力

粮食收储工作时间短、检量大、指标多、准确性和精密度要求高，质量控制环节复杂多样，人工参与程度高，仅能多参数快速筛选的检测仪器已无法满足粮食流通安全检测需求，非人工依赖的自动在线监测设备将是未来行业工作研究重点[75]。同时，我国正面临粮库智能化建设的攻坚阶段，“互联网 +”与高科技仪器检测的强强联合是未来行业发展的必然趋势[76]。近红外光谱分析技术具有响应速度快、无需样品特殊预处理等优势，在粮食质量品质分析中已初步实现了连续分析和自动控制，同时随着光电技术、信号处理技术和计算机技术的发展，国内外的研究重点正将近红外光谱分析技术从实验室转向在线网络应用，并已取得了阶段性成果，有望为粮食实时在线监测提供更广阔的应用前景。

3.12.2 近红外光谱快检技术在粮食质量分析中的应用

近红外光谱分析是基于物质分子振动性质建立起来的一种分析方法。一方面，近红外光谱受含氢基团 X—H（X 为 C、N、O）倍频和合频吸收的重叠主导，通过记录分子中单个化学键振动的倍频和合频信息，综合反映物质化学成分信息；另一方面，近红外光谱也受到物质的颗粒、质地、构成等物理因素影响，通过分析光透过物质的散射程度差异，继而得出包括产地、品种、虫害及转基因等物质信息[74]。因此，通过光谱解析结合化学计量学方法可实现粮食化学成分的含量分析、掺混掺假鉴别及转基因识别等。

3.12.2.1 粮食基础质量指标的分析

近年来，近红外光谱技术的应用已覆盖我国四大主粮和其加工食品，可对多种粮食种类的多项质量品质指标进行测定。但实际应用中，尤其是粮食收储工作对该方法的可比性、稳定性、准确性提出了更高要求，因此近红外光谱检测方法的标准化和规范化尤为重要。目前我国粮食领域近红外光谱标准共14项，其中通用标准2项，方法标准12项（国家推荐性标准11项，地区标准1项），包括小麦的水分、粗蛋白质，小麦粉的粗蛋白质、灰分，稻谷的水分、粗蛋白质，玉米的水分、粗蛋白质、粗脂肪、淀粉，大豆的粗蛋白质、粗脂肪等指标含量的测定，具体见表3-12-1。现有粮油近红外光谱检测方法标准体系已成为粮食收储监测的有力工具，但从指标种类来看，还未能覆盖所有粮食收储的重要和关键指标类型，这已成为制约近红外光谱技术广泛应用于粮食收储工作的主要短板。

◆ 表3-12-1 粮食行业近红外光谱方法相关标准

粮食种类	水分	粗蛋白质	粗脂肪	灰分	淀粉
小麦	GB/T 24898—2010	GB/T 24899—2010 DB12/T 347—2007			
小麦粉		GB/T 24871—2010		GB/T 24872—2010	
玉米	GB/T 24900—2010	GB/T 24901—2010 DB12/T 347—2007	GB/T 24902—2010		GB/T 25219—2010
稻谷	GB/T 24896—2010	GB/T 24897—2010			
大豆		GB/T 24870—2010	GB/T 24870—2010		

注：

GB/T 24898—2010《粮油检验 小麦水分含量测定 近红外光谱法》；
GB/T 24899—2010《粮油检验 小麦粗蛋白质含量测定 近红外光谱法》；
GB/T 24900—2010《粮油检验 玉米水分含量测定 近红外光谱法》；
GB/T 24901—2010《粮油检验 玉米粗蛋白质含量测定 近红外光谱法》；
GB/T 24902—2010《粮油检验 玉米粗脂肪含量测定 近红外光谱法》；
GB/T 25219—2010《粮油检验 玉米淀粉含量测定 近红外光谱法》；
GB/T 24896—2010《粮油检验 稻谷水分含量测定 近红外光谱法》；
GB/T 24897—2010《粮油检验 稻谷粗蛋白质含量测定 近红外光谱法》；
GB/T 24870—2010《粮油检验 大豆粗蛋白质、粗脂肪含量的测定 近红外光谱法》；
GB/T 24871—2010《粮油检验 小麦粉粗蛋白质含量测定 近红外光谱法》；
GB/T 24872—2010《粮油检验 小麦粉灰分含量测定 近红外光谱法》；
DB12/T 347—2007《小麦、玉米粗蛋白质含量近红外光谱快速检测方法》。

3.12.2.2 粮食掺混掺假鉴别与转基因特征识别

除了粮食收储和监管中要求持续监测的质量品质指标外，实际上近红外光谱检测技术已在粮食掺混掺假鉴别与转基因识别上展现了极大的应用前景，国内外许多研究团队已开展初步研究，建立了相关模型并进行方法学探索[77]。粮食掺混掺假鉴别方面，为了获得更大利润，近年来粮食掺混掺假行为层出不穷，方式多种多样，主要有优质粮与普通粮的互混、不同生产年度新旧粮食互混、杂质等异物混入增加质量等，给粮食收储工作带来极大难度，严重损害国家、仓储企业、农民和消费者的利益，对粮食掺混掺假鉴别很有必要[72]。目前，近红外光谱快检技术已在粮食品种鉴定和产地来源的甄别方面展现出一定可行性和优势，但由于建模样品的来源、数量和代表性等方面不够全面完善，相关方法、模型、仪器还有很大的提升空间。据公开报道，在选取适当样品种类和适量样品数量条件下，利用近红外光谱技术建立的大米、稻谷品种识别预测模型具有很好的预测效果[78,79]；在对不同小麦产地产品近红外光谱分析中，构建的模型对同一年份的小麦产地识别效果较好，但由于不同年份小麦的近红外光谱差异较大，用某一年的样品构建的模型预测另外一年的小麦产地效果不太理想[80]。转基因粮食作物识别方面，目前，转基因食品是食品领域的热点和焦点问题，其安全性一直饱受争议。我国对转基因粮食及其制品一直持谨慎态度，尤其是随着转基因大豆、玉米和其加工品不断涌现，亟待加快粮食行业转基因成分检测进程及标准化。相比现有较为成熟的以导入外源基因特定 DNA 序列为检测对象的 PCR 检测法和针对导入外源基因表达的蛋白质鉴定法来说，近红外光谱技术是一种极具潜力的粮食转基因特征识别方法，具有快速、无损的优势。目前利用近红外光谱分析技术已实现了对不同品种转基因粮食作物的识别鉴定。多数结果显示，经可靠和一定数量样本训练集建立起的模型在测试集中表现了较高的正确识别率[81,82]，但同样受制于样品训练集的质量，该方法暂未得到大规模推广应用。

3.12.3　近红外光谱快检技术在粮食收储在线质量监控中的实际应用

粮食收储任务具有检量大、时间短、指标多等特点，且传统收购模式标准不易统一，多依靠经验主观判断，近红外光谱技术的多元集成、在线化发展以及网络平台建设有望对粮食收购质量和工作效率的提升带来突破性飞跃。

3.12.3.1　粮食收储多元模块集成专用分析仪

针对我国粮食收储行业的应用场景及特点，国内已有多款用于粮食收储品质测定的近红外光谱分析仪，能够快速装样及检测，多采用样品全盘面积扫描方式，能够提高粮食颗粒类不均匀样品的代表性，测量结果准确[83]。同时，为了真正实现粮食收购的一机多用，针对粮食收储标准中容重、杂质等关键定等必检指标仍无法采用近红外光谱技术进行分析的瓶颈，国内外多家企业已研制了基于粮食收储工作的多元模块快检专用分析仪。该类专用分析仪集成近红外光谱分析模块、容重测定模块、杂质分析模块和工控机模块，能够满足粮食收储中基本所有关键指标的同时测定。此外，具备网络连接功能，不仅方便仪器日常维护和模型升级服务，且利于收储企业和监管部门的集中跟踪管理[75,77]。

3.12.3.2 粮食收储自动在线质量检测系统

目前国内近红外光谱分析技术已在粮食行业得到广泛应用，多主要集中在化验室内，一些大型粮食加工企业、港口散粮公司已开始使用近红外光谱在线分析技术来监测物料特性并用于生产指导，而粮食收储系统尚未规模化和系统化，利用在线近红外光谱分析仪器对收储粮食进行实时分析和分类管理仍处于初步尝试阶段[75-77]。如已有粮食贸易公司构建了粮食自动在线收购系统（图3-12-1），该系统包括自动扦样设备、运输模块、自动接收和整理样品模块、粮食定等分级专用检测设备、检测报告自动生成和确认系统等。其中粮食定等分级专用检测设备一般是在上述介绍的多元模块快检专用分析仪的基础上的再升级和再改进，其核心模块之一就是近红外光谱分析仪。可见能够无损快速分析且多指标同时测定的近红外光谱技术在整个自动在线收购系统中起到了至关重要的作用，其分析结果的准确性和精密度直接影响系统的执行效果和效率。

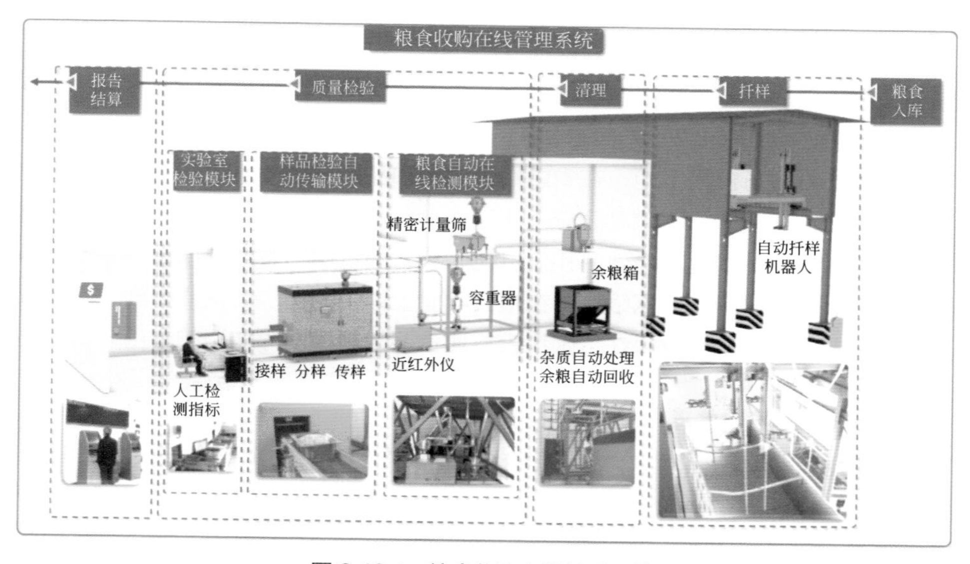

图3-12-1 粮食收购在线管理系统

从仓储收购企业实际应用反馈来看，传统收储工作中需使用至少3种以上仪器进行粮食收购指标的检验。2个化验员每个样品需要5min以上，且人为录入数据；应用该系统后，样品快速传递，自动检验3min分钟即可完成，全程无人操作，数据自动关联、实时保存，卖粮人可自助操作登记、全程可视，检验结果实时生成，系统可与从车辆入厂到称重、检验、监卸、结算、离厂全流程无缝对接，收购每车粮食的时间从20min降低到8min，不仅节省时间、减少人力、提升效率，更重要的是检测数据的精准度和可比性大大提升，同时真正实现了物理空间和电子信息的双重屏蔽，从根本上避免人为干预和作弊的可能，杜绝“人情粮”，在一定程度上实现了粮食收购全流程责任追溯，切实保障粮食买卖双方的利益。

3.12.3.3 粮食收储近红外光谱网络平台

随着仪器制造水平的提高、计算机网络技术的发展以及化学计量学软件算法支持，网络化技术有望将近红外光谱优势在实际收储应用中发挥到最大。法国、德国、丹麦、瑞典等国家早在 20 世纪 90 年代就开始着手建立近红外光谱网络。目前近红外光谱网络已几乎覆盖所有粮食收购点，较好地解决了粮食收购现场快速检测的问题，已成为发达国家实现谷物收购优质优价、定等分级、分类储存和公平交易的主要手段。我国近红外光谱网络起步较晚，2008 年，由国家农业信息化工程技术研究中心牵头建立了覆盖我国粮食主产区的谷物近红外光谱分析网络，在网仪器 53 台。该网络结合 GPS 定位采样技术和 GPS 技术，利用近红外光谱网络对我国小麦主产区的小麦品质分布进行监测，构建了不同区域的小麦品质分布图，用于指导收购。但该网络缺乏统一的远程网络管理平台，难以实时监控所有入网仪器信息及其数据库[84]。近年，我国许多拥有自主核心技术的近红外光谱企业致力于粮食收储网络平台的配套建设。有网络化平台在某省 13 个市级粮食检测中心站进行应用示范，在省内粮食会检和品质调查测报工作中实现 1 周内完成 600 多份样品的品质检测分析。该网络平台真正实现了仪器和数据的统一监控及管理，在提升粮食质检效率和信息化水平方面发挥了重要支撑作用。虽然多地先后开展了近红外光谱网络技术在粮食收储工作中的初步尝试并得到较好的应用效果，但目前仍未建立可在全国粮食行业普遍大规模发挥作用的专用分析网络管理平台。

3.12.4 近红外光谱快检技术在粮食收储工作中的应用瓶颈及发展趋势

粮食收购和仓储工作检样量大、时效性强、准确性严格，现代近红外光谱分析技术在粮食收储时展现了它无可争议的快速无损、多元分析、可比一致、操作便捷等优越性，已广泛用于粮食及其制品成分的定量分析以及品种、产地的鉴别和转基因特征识别等研究领域[73,74]。虽然近红外光谱快检技术仍主要集中应用在实验室场景的粮食品质测定上，还未在全国粮食行业范围内大规模推广应用，但随着基础模型、在线监控、过程控制、网络平台的不断完善和更迭，近红外光谱快检技术有望为粮食收储工作中品质在线自动监控与集中管理开发新的思路[75-77]。针对目前近红外光谱快检技术用于粮食收储工作存在的具体现实问题，笔者对其未来的发展趋势和应用前景提出几点展望：

（1）基于收储粮食质量要求拓展近红外光谱检测指标类型，加快完善标准体系

粮食领域对质量品质关键成分定量分析的近红外光谱快检技术相对成熟，但由于模型的局限性，绝大多数还处于实验室研究阶段。2010年发布的系列粮食近红外光谱方法检测标准中虽然涉及四大原粮和一种加工制品的至少2种品质指标，但并未全部覆盖粮食收储中定等分级的重要指标，仅对三种原粮的水分指标进行了检测方法标准的制定，主要原因就是个别指标与近红外光谱的量化关系仍无法准确建立。为充分发挥近红外光谱快检技术在粮食行业应用优势，有必要基于收购和仓储工作中原粮标准及质量品质指标要求，充分论证并建立收储粮食质量指标需求全覆盖的近红外光谱检测指标库，加快研究具体化学测量值与近红外光谱间的匹配性和相关性，并进一步制定细化相关检测方法标准，完善近红外光谱技术标准体系，服务国家粮食收储工作。

（2）构建近红外光谱粮食标准样品库，持续完善数据模型

光谱数据模型是近红外光谱快检技术的核心，直接关系到该技术实际应用范围和检测质量效率等，也是长期以来限制其在各个行业领域应用推广的重要因素之一，同时也是粮食收储行业中实际应用的难点和关键。一是保证粮食样品的“质”和“量”。即一方面提高粮食样品获取的代表性。我国幅员辽阔，粮食及其制品种类丰富、品种繁多，加之水文条件等种植环境、产区产地来源、收获年度和季节等差异，以及加工后的物理和化学特性变化等情况，筛选具有代表性的样品难度极大，因此建模训练集的质量是重点和前提。针对以上情况，可按地域、品种建立多个稳健性佳、适用性广的数据模型，以满足不同地区、不同对象的实际检测需求。另一方面保证适当数量的粮食样品。一般来说，建模数据量越大其结果相关性越好。同时，需要一定数量的测试集，有时还需多级测试。然而，随着研究的深入，近红外光谱建模数据量也并非越多越好，样品数据量越多，带来的干扰因素、异常误差就会越多，不仅增加了数据建模的复杂程度，同时也降低了模型的预测性能。因此除了保证粮食样品的“质”外，还需充分平衡“量”。二是建立准确可溯的近红外光谱粮食标准样品库。近红外光谱数据模型质量不仅需要大量代表样品，其化学值的准确性也是重要影响因素，而粮食质量品质指标的测定工作量大、人工依赖性高、结果可比性差，亟需针对粮食近红外光谱建模特点，组织开展粮食相关指标的系统测定工作，并建立粮食近红外光谱标准样品库，为数据建模提供足够的具有准确化学值的粮食样品，保证测定结果的可溯性。三是突破不同产品数据模型不匹配的壁垒。目前国内近红外光谱快检产品多根据具体单一仪器进行光谱采集，即便样品训练集一样，也会导致不同产品的模型相互独立、无法通用，不仅增加了建模工作的重复性，也不利于粮食收储工作

对近红外光谱快检产品的集中大规模应用。因此近红外光谱产品的建模有必要在面向此类重大民生问题时，更注重通用性和普适性。四是持续完善和修正数据模型。建立完成模型并不代表一劳永逸，粮食新品种、产地来源、生产年份、加工条件等样品代表性以及仪器状态的变化均会影响模型质量，模型的持续维护、优化和修正必不可少。

（3）研发用于粮食收储场景的专用近红外光谱集成快检产品，加快推进仪器小型化和便携化

粮食收购和仓储工作特点决定了粮食质量品质测定的主要目标就是现场原位的快速检测，因此近红外光谱仪的小型化和便携化必将是未来发展趋势之一。同时针对粮食定等分级指标要求，集成应用多项检测技术，如品质外观分析技术、色选技术、新鲜度测定技术等，进一步改进和优化各模块联合应用性能，研制适用于粮食收储工作的专用化近红外光谱集成快检产品也将具有良好发展前景。

（4）建立粮食收储近红外光谱自动在线监测技术，搭建全国范围内的网络化应用平台

从近红外光谱技术的应用效果看，其在自动在线监测方面具有突出优势，特别是配备完善的网络平台后，更加具有远程监控的应用优势。在国外，近红外光谱在线监测和网络技术已在粮食收购、储藏、精深加工等各个环节广泛应用并得到长足发展。随着我国信息化、智能化粮库建设不断推进，将近红外自动监测外节点与数据中心概念联合研发应用推广是未来近红外光谱技术发展的重要方向之一，粮食行业仓储系统与加工企业对于生产的自动化程度及数据管理的客观需求正在逐步提升。一是联合多元模块的近红外光谱在线自动检测技术。近红外光谱快检技术虽具有快速、无损、多目标分析的优势，但要完成整个粮食收储链条上的在线自动化监测，实现真正意义上的粮食成分检测和过程质量控制等在线实时分析，自动采样、样品运输、清杂筛样、数据传输、生成报告等模块的成熟及联合应用必不可少。二是联合多机构的全国系统性近红外光谱网络监管平台。配套近红外光谱技术网络平台建设应具有规模性和系统性，覆盖一定职能和执行单位，由国家相关管理部门等组织牵头单位（网络管理中心）、研究机构（建模中心）、行业检验监测机构（标准化学实验室）、仪器厂商和用户共同联合组建。搭建的全国性近红外光谱网络监控平台可减少检验化验人员的岗位设置与劳动强度，提高数据的处理量与准确性，并能实时指导生产操作，为仓储和加工企业带来良好经济效益，有望对粮食行业中购、储、加、销等环节的质量监管发挥至关重要的积极作用，助力“五优联动”。此外，近红外光谱网络建设也是实施和推进我国粮食近红外光谱分析相关标准的重要内容。

（5）建立近红外光谱快检产品粮食收储适用性验证技术，加快完善方法评价

机制和体系

我国近红外光谱快检产品性能从一定程度上体现我国近红外光谱分析技术的发展水平，开展产品质量的验证工作是评价该仪器在粮食收储行业适用、可行的前提。一是近红外光谱技术与其他快检方法评价的差异性。一般来说，化学快检方法评价技术可分为定性和定量，国内外不同领域有大量相关方法可供参考，针对不同需求，不仅数据计算方法不同，指标体系都差异巨大，但总体上评估对象均是检测结果，评价参数包括正确度、精密度和稳定性等。不同于其他快检技术的直接定值法，近红外光谱快检技术的最大特点是建立在数据模型基础上的间接定值法，检测结果的质量很大程度上由模型质量决定，因此该技术评价方法的对象之一是数据模型，仅通过检测结果说明技术的优劣不够客观和完整，这就需要针对数据模型建立一套科学可行、量化可比的评价指标及统计方法。二是近红外光谱快检技术评价机制在粮食收储工作应用的适用性。目前我国发布了GB/T 24895—2010《粮油检验 近红外光谱分析定标模型验证和网络管理与维护通用规则》，对近红外光谱仪在粮油产品中的检验进行了规范，但在一定程度上并不适用于我国粮食收储工作，相关指标类型和阈值范围并未完全参照粮食收购定等分级要求而制定，而且还面临着相同指标在不同地域、针对不同品种要求不一的难题，该标准在实际粮食收储应用过程中的促进作用并不明显。因此有必要在现有近红外光谱分析定标模型验证标准的基础上，更加细化近红外光谱快检产品用于不同粮食工作环节的验证评价要求，并在行业内规范形成系统的评价工作机制、细化流程，要求全国收购环节质量检测体系内应用的近红外光谱仪器均需通过国家标准适用性、可行性验证测试并长效监管。

3.13 近红外光谱在油料油脂品质检测中的应用

我国作为油料生产和消费大国，油料产品是人们膳食结构中不可或缺的组成部分，它为人体提供能量、必需脂肪酸等营养成分和脂溶性维生素、植物甾醇、类胡萝卜素等功能成分，同时也是食品和饲料工业的重要基础原料，其品质安全对人类健康有着重要的影响。油料作为食用植物油的原料，其质量安全是食品安全的重要决定性基础。近年来，全世界对食品安全问题的关注程度也在不断提高，农产品质量安全受到了高度重视。加入世界贸易组织（WTO）后，中国的农产品走向世界的关税壁垒将逐渐被技术壁垒所取代。常用的品质指标检测手段主要是以分析化学为理论基础的色谱法及光谱法，是样品前处理和仪器检测结合的经典检测手段。但是此类方法大多耗时较长，对样品有损且步骤烦琐，不适用于现场检测也不能满足当今大商品交易流通背景下日益增长的检测需求。以近红外光谱为代表的快速无损检测技术，因此得到了广泛的关注，众多学者也在相关领域开展了相应的研究工作。由于对检测精度的要求越来越高，建立精确度更高的预测模型也成为了当下的研究热门。

3.13.1 基于近红外光谱的食用植物油多元掺伪鉴别

食用油为人类提供了能量、必需脂肪酸，植物甾醇、维生素 E 等丰富的营养功能成分。其中，亚麻籽油、橄榄油、花生油因其较高的营养价值和药用价值作为高级食用植物油受到广大消费者的青睐，其市场销售价格往往高于普通食用油。由于利益驱使下的食用油掺伪普遍存在，食用植物油真实性问题已成为消费者和产业高度关注的难点问题。因此，建立一种有效的食用油真实性鉴别方法具有重要意义。而现有食用植物油的国家或行业标准规定了食用植物油需要符合的各项质量指标，并明确规定了食用植物油中不得掺有其他食用油和非食用油，不得添加任何香精和香料；应标注产品的加工方式及对应的质量等级以及产品原料的生产国名。标准中规定的特征指标，如折光指数、相对密度、碘值、皂化值、不皂化物等特征性不强，受品种、加工和贮藏时间影响较大，而脂肪酸组成仅给出每个脂肪酸相对含量范围，而非特征组成，无法有效区分真伪食用植物油。与此同时，为了满足当今我国食用油加工销售分散模式下的市场现状，建立快速、简便且无损的食用植物油真实性鉴别技术十分必要。近红外光谱是典型的快速无损检测技术，在食用植物油真实性鉴别方面广为应用。然而，现有方法均需结合化学计量学方法建立食用油真实性鉴别模型以实现对未知样品的判定。传统化学计量学方法建模过程中需要足够量的食用植物油和对应掺入廉价油脂的食用植物油样品，由于随着掺入廉价油脂的种类增加，掺伪的种类呈现爆炸式增长，考虑到成本和可操作性，现有的方法往往仅能实现食用植物油中掺入某一种或两种已知廉价油脂的有效鉴别[85,86]。显然，这些技术具有很大的局限性，不法商贩仅需同时掺入两种以上的廉价油脂或直接掺入混合油脂（例如废弃油脂）即可规避以上鉴别技术。因此，亟需发展一种食用植物油多元掺伪鉴别技术。借助单纯形线性规划理论，以亚麻籽油为例，以掺伪和被掺伪食用植物油的纯油近红外光谱信息结合正交校正的偏最小二乘判别分析（Orth-PLSDA）变量选择方法[87]，选取对分类贡献最大的重要变量，采用单类偏最小二乘法（OCPLS）[88]建模方法建立了高价食用植物油的单类分类模型，实现了几类潜在掺伪食用油以任意比例掺杂的多元掺伪鉴别，为保障食用植物油真实性提供了有力的技术支撑。

该研究从市场上收集到不同产地不同品牌的具有代表性的纯亚麻籽油样本 33

个（用 K-S 算法以 6 : 4 的比例分为训练集样本 20 个，验证集样本 13 个），棉籽油、大豆油、菜籽油、玉米油及葵花籽油样本各 9 个（其中 3 个用于掺伪油样的制备，另外 6 个用于重要变量的选取）。分别将棉籽油、大豆油、菜籽油、玉米油及葵花籽油各 3 个以 5% 的比例加入亚麻籽油中，共计 15 个样品。另外将大豆油、菜籽油、玉米油（各 6 份）以 1 : 1 : 0、1 : 0 : 1、0 : 1 : 1、1 : 1 : 1 四种不同比例，掺伪量为 5% 掺入亚麻籽油中，共计 36 个样本。向 20 份亚麻籽油样本中掺入比例为 1 : 1 : 1 : 1 : 1 的棉籽油、大豆油、菜籽油、玉米油及葵花籽油，掺伪量为 5%，共计 20 个样本[89]。总计配制掺假样品 71 个。油脂样品均置于 16℃恒温样品间进行保存。

Antaris II 傅里叶变换近红外光谱仪（美国赛默飞公司，扫描光谱范围为 4000 ～ 10000cm^{-1}）；旋涡混匀器（意大利 VELP 公司），2mm 玻璃比色皿（宜兴市晶科光学仪器有限公司）。采集温度为 16℃，近红外光谱测定范围为 4000 ～ 10000 cm^{-1}，扫描次数 32 次，分辨率为 3.857cm^{-1}，样品池光程为 2mm，测量方式为透射。每个样品采集三次，取其平均光谱备用。在 Matlab R2014a 中对原始近红外光谱进行数据预处理。该研究采用已有文献对比报道过的标准正态变换（standard normal variation，SNV）和一阶导数（first derivative，1st Der）方法对近红外光谱进行预处理。标准正态变换方法认为每一个光谱中，各波长点的吸光度值应满足一定的分布，通过这一假设对每一条光谱进行预处理，使其尽可能接近“理想”光谱，而一阶导数是为了消除背景的常数平移。

单类分类方法仅将一个范围内的样品作为靶标，当样品在这个范围之外时将视为掺伪样品。所以单类分类方法对保证多元掺伪鉴别是十分实用的。通常判定为如图 3-13-1 所示的左下和右下两个象限中时的样品被认为是真实样本。在变量选择前，采用全谱信息进行建模发现结果并不理想，掺伪样本并不能被准确鉴别出（图 3-13-1）。这是由于在变量选择前，近红外光谱包含了许多冗余且没有意义的信息，所以变量选择对于亚麻籽油多元掺伪鉴别模型的建立显得尤为重要。

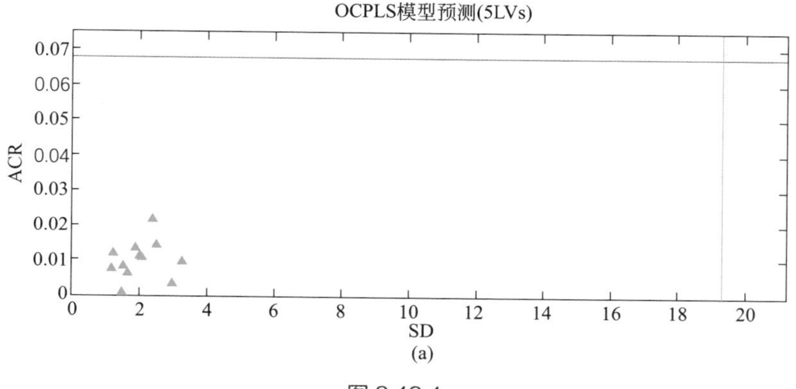

图 3-13-1

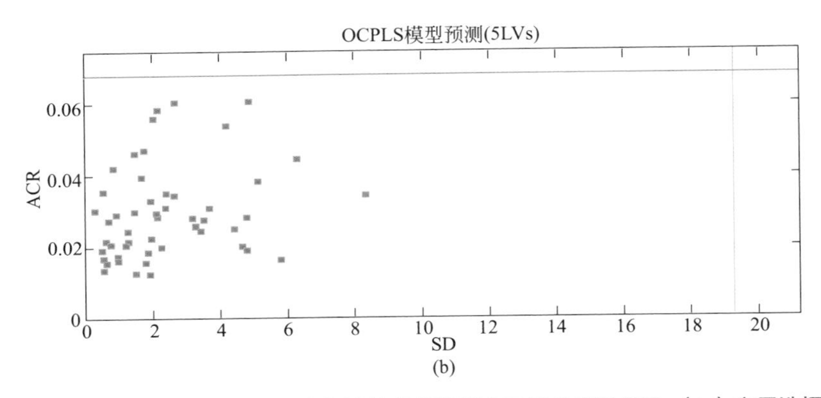

图 3-13-1 （a）变量选择前真实亚麻籽油的单类偏最小二乘分析得分图；（b）变量选择前掺伪亚麻籽油的单类偏最小二乘分析得分图[89]

但如果采用掺伪亚麻籽油的信息进行波长筛选，就无法实现多元掺伪的鉴别，则又回归到和以往文献中报道方法一样，仅能实现指定比例和掺伪种类的掺伪鉴别。因此，结合单纯形线性规划理论，采用纯油信息进行变量选择，运用 Orth-PLSDA 方法对 20 个训练集中的亚麻籽油及 30 个其他种类食用油纯油进行预处理，再利用 MetaboAnalyst 3.0 数据处理平台进行 Log 转化和 Pareto 标度化预处理之后，结合正交偏最小二乘 - 判别分析对光谱信息进行变量选择得到如图 3-13-2 所示[89]。基于 Orth-PLSDA 的模型中，相关系数 R^2X、R^2Y 和 Q^2 分别为 0.913、0.994 和 0.994。在图 3-13-2 中，X 轴代表拟合协方差向量，用 p[1] 表示，Y 轴代表相关系数向量，用 p(corr)[1] 表示。

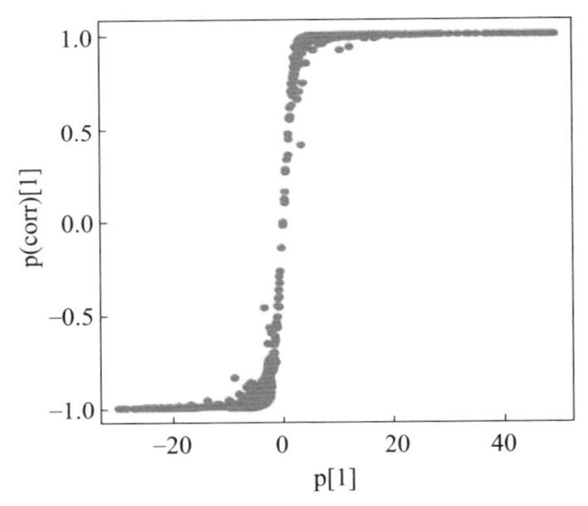

图 3-13-2 变量选择基于正交偏最小二乘 - 判别分析的变量重要性图[89]

采用选择变量后所筛选出的 184 个特征波长结合训练集中的亚麻籽油的数据矩阵建立单类分类鉴别模型。采用传统 leave-K-out 交叉检验（LKOCV）是为了选择 OCPLS 中的显著成分和预估残差的标准差。在传统交叉检验中被排除在外的对象数量称为参数 K，该研究中 K=10。利用训练集中的 20 个真实亚麻籽油的近红外光谱信息进行建模，图 3-13-3（a）中红色点代表训练集的样品。用独立验证集对模型进行评价，图 3-13-3（a）中绿色的倒三角形代表验证集中真实的亚麻籽油样本，图 3-13-3（b）中绿色的正三角形代表验证集中掺伪亚麻籽油样本。

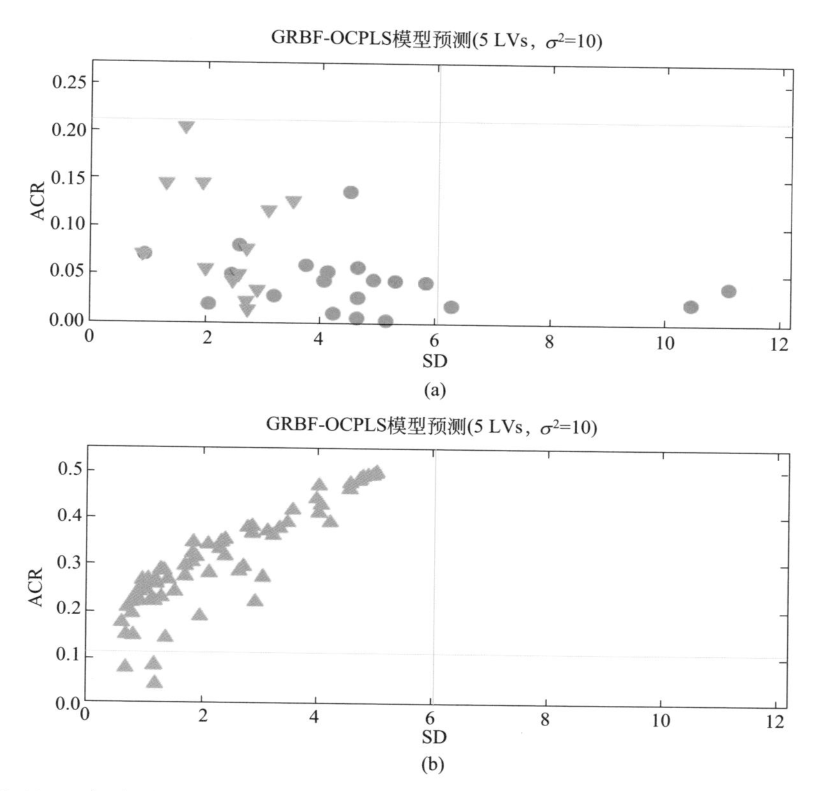

图 3-13-3 （a）纯亚麻籽油的 OCPLS 判定图；（b）掺伪亚麻籽油的 OCPLS 判定图

根据 OCPLS 模型中得分距离（score distance，SD）和绝对中心残差（absolute centered residual，ACR）对样本进行判定，如前文所述，样本位于左上和右上的两个区域被判定为掺伪亚麻籽油，反之则判定为真实亚麻籽油。从图 3-13-3 可以看出，采用独立验证集进行了模型验证，其中真实亚麻籽油判定正确率为 100%（13/13），掺伪亚麻籽油（一元、二元、多元）判定正确率达到 95.77%（68/71）。

近年来，受利益驱使的食用植物油掺伪频发，在市场上出现的食用植物油掺伪现象，通常情况下掺伪的种类和比例都是未知的，而现有的两类或者多类分类方法仅能鉴别已知种类和比例的掺伪。因此该研究运用单纯形线性规划理论，利用掺伪油的纯油近红外光谱信息和正交校正的偏最小二乘判别分析（Orth-PLSDA）进行变量选择，同时结合单类分类方法（OCPLS）建立鉴别模型，从而达到鉴别多种食用油以任意比例掺伪的目的。

该研究选取易被掺伪的亚麻籽油为例，结合单纯形线性规划理论通过在纯亚麻籽油中掺入一定比例的其他低价油（棉籽油、大豆油、菜籽油、玉米油和葵花籽油），利用正交校正的偏最小二乘方法进行判别分析（Orth-PLS），结合掺伪油的纯油信息选取了184个特征波长作为重要变量，建立了基于近红外光谱的单类偏最小二乘（OCPLS）多元目标掺伪鉴别模型。结果表明，当掺伪量大于等于5%时，真实亚麻籽油的正确判别率达到100%，亚麻籽油掺伪鉴别的正确判别率高达95.77%。由于该研究采用的单类分类模型结合单纯形线性规划理论，并采用独立验证集及真实的掺伪样品对其进行检验，与传统的多类判别分析相比，该模型可以检测棉籽油、大豆油、菜籽油、玉米油和葵花籽油以任意比例掺入亚麻籽油的掺伪样本。

由此可以看出，OCPLS方法可以成功用于食用植物油多元掺伪的鉴别，可以鉴别指定种类内任意掺伪比例的掺伪样品。近红外光谱技术作为一种快速、无损检测技术手段，能够满足当今中国分散模式市场经济，适用于现场初筛。因此该方法为食用植物油多元掺伪鉴别提供了一种新的思路和技术支撑。

3.13.2 基于近红外光谱的油菜籽中脂肪酸的快速检测

油菜是世界上主要的油料作物之一[90]。我国油菜传统是以油用为主，饲用为辅。菜籽油是我国自产食用植物油的第一大来源，占国产食用植物油的50%以上；油菜饼粕每年可提供600多万吨的饲料蛋白[91]。此外，油菜可被开发利用作蔬菜、蜜源、保健食品（花粉）、旅游观赏、青饲料、绿肥、土壤修复作物等，在国民经济中发挥着越来越重要的作用[92,93]。近年来，我国油菜产业总体上稳中有升，产量和品质显著提高。但受目前我国油菜种植效益低、劳动力成本上升等因素的影响，与其他作物一样，油菜产业亟需优化产业结构、提质增效。对于把控油菜的品质就显得尤为重要。传统的品质指标检测方法大多是以样品前处理和仪器分析结合的化学分析方法。该类方法耗时长，有损且成本较高。对于当今中国的市场经济以及育种领域而言，受到地区和样品量的影响，这类方法具有一定的局限性。因此为给市场科研提供相应的技术支撑，开展油菜品质快速无损检测技术的研究十分必要。

脂肪酸是油料品质的一个重要品质指标，油菜籽中油酸和芥酸的含量更是育种专家、生产者和商家着重关注的对象。高建芹等[94]建立了油菜籽中油酸、芥酸和含油量的近红外光谱预测模型，定标方程决定系数为0.9792、0.9924和0.9749，预测结果中平均绝对误差为2.31%、0.29%、0.76%。杨传得等[95]选用了高油酸花生以及普通花生为对象建立了花生中油酸、亚油酸、棕榈酸的速测模型，模型决定系数分别为94.67、95.72、86.36，预测结果偏差为−4.399～4.838、−2.011～1.874、−1.247～1.438。在这些以前的研究报道中，基于近红外光谱技术对油料中脂肪酸含量的预测都是对脂肪酸相对含量直接建立模型，但是相对含量并不符合朗伯比尔定律，含油量的影响往往被忽视，因为相同脂肪酸相对含量的油菜籽会因其含油量的不同使得脂肪酸绝对含量有所差异。近红外光谱反映的往往是其绝对含量的信息，因此过去利用相对含量直接进行建模，可能是导致以往模型准确性和稳定性并不理想的主要原因。本研究结合油菜籽中含油量将脂肪酸相对含量转化为绝对含量进行预测，再通过平均分子量和含油量将结果转为相对含量来提高模型的稳定性和准确度。结合 CARS 算法进行特征波长的选择，采用偏最小二乘法（partial least squares，PLS）构建预测模型，实现油菜籽中主要脂肪酸的快速检测。

从全国油菜籽主要产区收集具有时间、地域及品种代表性的 510 份样品，每份样品取一定量经粉碎研磨过筛后备用，剩余完整颗粒用自封袋包装单独保存置于 16℃恒温样品间。所有实验样品均经过相应的预处理步骤，如除杂去生霉等。试剂配制参考 GB/T 17376—2008 和 GB/T 17377—2008。

分别称取 0.40 g 油菜籽样品于 10mL 刻度试管中，加入 2mL 石油醚 - 乙醚溶液，再加入 1mL 0.4mol/L KOH-CH_3OH 溶液，涡旋混匀，静置反应 2h；再次涡旋混匀，加入 2 ～ 3mL 蒸馏水，静置过夜；取上层有机相 200μL，用石油醚稀释至 1mL 后进行分析。采用气相色谱法测定油菜籽脂肪酸组成。色谱条件：DB-23 色谱柱（30m×0.25mm×0.25μm）；载气为氮气流量 180mL/min，氢气流量 30mL/min；空气流量 400mL/min；进样量 1μL；分流比 150∶1；气化温度 250℃；检测器温度 280℃；色谱柱初始温度为 100℃，保持 0.2min，以 10℃/min 程序升温至 215℃，保持 0.1min，接着以 2℃/min 升至 224℃，保持 0.2min。定性方法采取与标样气相图谱保留时间进行比较鉴定，采用峰面积归一法进行定量。含油量的测定参照农业行业标准 NY/T 1285—2007。

近红外光谱数据采集温度为 16℃，近红外光谱测定范围为 4000 ～ 10000 cm^{-1}，扫描次数 64 次，分辨率为 3.857cm^{-1}，测量方式为反射。每个样品采集 3 次，取其平均光谱备用。在 Matlab R2014a 中对原始近红外光谱进行数据预处理。本研究采用已有文献对比报道过的标准正态变换（standard normal variation，SNV）和二阶导数（second derivative，2st Der）方法对近红外光谱进行预处理。标准正态变换方法认为每一个光谱中，各波长点的吸光度值应满足一定的分布，通过这一假设对每一条光谱进行预处理，使其尽可能接近“理想”光谱，而二阶导数是为了消除背景的线性漂移。

整理实验室 2016 年至 2017 年油菜籽数据库，选取具有代表性的样品 510 份。由上文中的方法提到油菜籽中 10 种主要脂肪酸（油酸、芥酸、棕榈酸、硬脂酸、亚油酸、亚麻酸、花生酸、花生一烯酸、花生二烯酸、二十四碳一烯酸）的相对含量和含油量信息，将其脂肪酸相对含量利用下面的步骤转化为绝对含量：

$$100\text{mg 油菜籽} \xrightarrow{\times\text{含油量(质量分数)}} \text{油脂含量 } w\text{ g} \xrightarrow{\text{估算}} \text{甘油酯含量 } w_1\text{ g}$$

$\xrightarrow{\times 标准转化系数}$脂肪酸甲酯含量 w_2 g $\xrightarrow{\div 加权平均分子量 M}$脂肪酸甲酯总物质的量$\frac{w_2}{M}$（转化系数 Z，建模预测）$\xrightarrow{\times 某脂肪酸相对含量}$某脂肪酸物质的量（脂肪酸绝对含量，建模预测）

Z 表示对脂肪酸相对含量和绝对含量相互转化的校正系数。为得到准确度更高的模型，本研究采用预测相关系数 Z 来替代预测含油量和平均分子量。为了减少模型迭代乘积上对于绝对误差的扩大，本研究对校正因子进行了“减一”的处理使原有的乘积上的迭代转化为加减法上的迭代。将上述 10 种主要脂肪酸相对含量分别转化为绝对含量，同时和校正系数分别存为建立模型所用的矩阵 Y，其范围如表 3-13-1 所示。

◆ 表 3-13-1 油菜籽中脂肪酸含量及其校正系数范围

化学值	样品集	相对含量（质量分数）/%		绝对含量（质量分数）/%	
		范围	平均值	范围	平均值
棕榈酸	训练集	2.90 ～ 5.50	4.12	0.40 ～ 0.83	0.62
	测试集	2.94 ～ 4.80	4.20	0.40 ～ 0.80	0.6
硬脂酸	训练集	0.89 ～ 3.20	2.04	0.11 ～ 0.52	0.31
	测试集	1.10 ～ 2.82	2.06	0.15 ～ 0.47	0.32
油酸	训练集	12.47 ～ 72.14	56.72	1.55 ～ 12.19	8.50
	测试集	18.56 ～ 69.87	58.33	2.35 ～ 12.18	9.13
亚油酸	训练集	11.20 ～ 20.90	17.00	1.51 ～ 3.62	2.55
	测试集	11.66 ～ 20.90	17.51	1.61 ～ 3.63	2.67
亚麻酸	训练集	4.29 ～ 10.60	8.42	0.90 ～ 1.68	1.27
	测试集	6.90 ～ 10.20	8.75	0.99 ～ 1.58	1.29
花生酸	训练集	0.40 ～ 1.00	0.62	0.06 ～ 0.16	0.09
	测试集	0.42 ～ 0.90	0.71	0.06 ～ 0.13	0.09
花生一烯酸	训练集	0.80 ～ 15.30	3.81	0.11 ～ 2.42	0.59
	测试集	0.90 ～ 14.80	3.60	0.13 ～ 2.27	0.45
花生二烯酸	训练集	n.d. ～ 0.60	0.16	n.d. ～ 0.10	0.02
	测试集	n.d. ～ 0.47	0.15	n.d. ～ 0.06	0.02
芥酸	训练集	n.d. ～ 47.80	5.93	n.d. ～ 7.36	0.93
	测试集	n.d. ～ 33.25	4.63	n.d. ～ 5.26	0.58
二十四碳一烯酸	训练集	n.d. ～ 1.08	0.26	n.d. ～ 0.15	0.04
	测试集	n.d. ～ 0.81	0.23	n.d. ～ 0.11	0.03
校正系数	训练集	—	—	4.52 ～ 7.19	5.65
	测试集	—	—	4.51 ～ 6.99	5.63

由表 3-13-2 可以看出，所选油菜籽样本的 10 种脂肪酸组成分布较广，覆盖范围较大，用于建立预测模型适用性较好。采集上述样品的近红外光谱，每个样本采集 3 次，取其平均光谱备用。直观上看，油菜籽的吸收峰主要在

1150 ~ 1250nm，1470 ~ 1540nm，1670 ~ 2200n 和 2300 ~ 2400nm 这四个波段。主要是由于油菜籽中主要以粗脂肪和粗蛋白成分为主，因此在吸收峰上是反映的 C—C、C═C、C—H 基团对近红外光谱光的吸收。在 Matlab R2014a 数据处理软件中对原始光谱进行二阶导数求导和标准正态变换两步预处理步骤。

针对油菜籽中 10 种主要脂肪酸和校正系数 Z 分别采用 CARS 方法进行其特征波长的选择。该种模型的通用参数采用蒙特卡洛交互检验（MCCV），预处理方法为中心化（center），MCCV 运行次数为 10000 次。各个指标建立的变量选择模型中，主要参数包括主成分个数（optPC），决定系数最大值（Q^2_{max}），内部交互验证均方差（RMSECV）及选择出的特征波长个数，如表 3-13-2 所示。

◆ 表 3-13-2 油菜籽中脂肪酸绝对含量及校正系数 Z 变量选择模型参数

指标	optPC	RMSECV	Q^2_{max}	重要变量的个数
棕榈酸	15	0.02	0.9157	208
硬脂酸	16	0.02	0.8728	199
油酸	27	0.42	0.9634	170
亚油酸	28	0.08	0.9569	142
亚麻酸	38	0.05	0.8930	195
花生酸	24	0.01	0.8093	164
花生一烯酸	27	0.23	0.8649	186
花生二烯酸	25	0.01	0.8681	118
芥酸	26	0.27	0.9651	188
二十四碳一烯酸	48	0.01	0.9309	177
校正系数 Z	45	0.19	0.9694	293

从表 3-13-2 可知，各项指标的变量选择模型得到了较为完整的建立，模型决定系数 Q^2_{max} 均高于 0.8093，因各指标本身的化学结构不同而使近红外光谱所对应反映出的重量也有所差异。

利用训练集中的 408 份油菜籽样品，结合上一节对各指标选择的特征波长，对前文中提到的指标进行 PLS 预测模型的构建，同时基于蒙特卡洛交互检验的偏最小二乘算法选择 PLS 预测模型对应的主成分数并进行内部检验。通用参数的设置情况如下：预处理方法为中心化（center），MCCV 运行次数为 10000 次，内部检验训练集比例设置为 0.8。

构建的模型和内部检验结果所包含的主要参数有主成分个数（optPC），模型决定系数 R^2，内部交互验证均方差（RMSECV），蒙特卡洛交互检验决定系数最大值（Q^2_{max}）。其结果如下表 3-13-3 所示。

◇表 3-13-3　油菜籽中脂肪酸绝对含量及校正系数 Z 的 PLS 预测模型参数

指标	optPC	R^2	RMSECV	Q^2_{max}
棕榈酸	26	0.9745	0.02	0.9017
硬脂酸	25	0.9208	0.02	0.8598
油酸	26	0.9871	0.44	0.9583
亚油酸	28	0.9825	0.09	0.9516
亚麻酸	38	0.9219	0.05	0.8647
花生酸	24	0.9096	0.01	0.7933
花生一烯酸	26	0.9209	0.23	0.8562
花生二烯酸	24	0.9264	0.01	0.8603
芥酸	26	0.9888	0.28	0.9613
二十四碳一烯酸	42	0.9785	0.01	0.9159
校正系数 Z	28	0.9868	0.16	0.9525

由表 3-13-3 可知，油菜籽中 10 种主要脂肪酸的绝对含量及校正系数 Z 的 PLS 预测模型拟合程度较好，决定系数 R^2 均高于 0.9096。其中花生酸、花生一烯酸、花生二烯酸的模型相较于其他指标模型较差，主要是由于这些脂肪酸在油菜籽中的含量相对较低，含量分布不够均匀。

采用独立验证集（即验证集中 102 份样品近红外光谱数据）对模型进行外部验证，结合偏最小二乘算法（PLS）预测验证集中油菜籽样本的脂肪酸绝对含量及校正系数 Z。再将脂肪酸绝对含量结合校正系数 Z 转化为相对含量，与真实值结果比较计算其绝对误差。为了更好地比较这种通过转化预测脂肪酸的形式，采用同样的变量选择以及建模方法对油菜籽中脂肪酸相对含量进行了直接预测，并计算其绝对误差。同时根据 GB/T 17377—2008《动植物油脂 脂肪酸甲酯的气相色谱分析》对检测结果的重复性和再现性进行要求（即重复性要求为：质量分数大于 5% 的组分，绝对差值小于 1%；质量分数小于 5% 的组分，绝对差值小于 0.2%。再现性要求为：质量分数大于 5% 的组分，绝对差值小于 3%；质量分数小于 5% 的组分，绝对差值小于 0.5%。）对外部验证集预测结果进行评价，结果以达到上述要求的结果占比表示。上述结果如表 3-13-4 所示。

由表 3-13-4 可以看出，经过该转化方法预测油菜籽中的脂肪酸含量，相较于转化前直接预测结果降低了最大绝对误差，提高了 GB/T 17377—2008 对模型的重复性和再现性的评价。转化后的所有指标预测结果都已基本达到国标中对检测结果再现性的要求，以油酸、芥酸、棕榈酸、亚油酸的预测模型体现得最为明显。如前所述，油菜籽中油酸、芥酸品质指标是市面上对油菜籽进行质量评价时最为常用也最为关键的两项。本研究方法能够有效提高油菜籽中脂肪酸基于近红外光谱的预测模型的准确度和精度，为育种专家、商家和市场监管部门提供了有力的适用于现场检测的快速无损品质检测技术新思路。

◆ 表 3-13-4　油菜籽中脂肪酸 PLS 预测模型的独立验证绝对误差

指标	绝对含量误差最大值 /%	相对含量最大绝对误差 /%		重复性 /%		再现性 /%	
		转化前	转化后	转化前	转化后	转化前	转化后
棕榈酸	0.08	1.02	0.57	52.18	73.53	75.11	98.04
硬脂酸	0.11	1.83	1.13	40.18	53.68	61.25	83.16
油酸	0.98	10.32	7.20	37.86	51.43	60.33	95.71
亚油酸	0.43	3.73	2.80	58.79	80.77	90.48	100
亚麻酸	0.17	1.80	1.06	72.23	98.02	95.23	100
花生酸	0.06	0.93	0.42	59.23	76.77	89.55	100
花生一烯酸	0.50	4.35	3.20	41.61	67.37	83.77	93.69
花生二烯酸	0.15	2.08	1.34	59.65	80.60	90.68	100
芥酸	0.62	8.26	5.80	51.72	76.58	85.12	94.23
二十四碳一烯酸	0.18	0.86	0.57	42.33	82.32	89.74	100

3.13.3　在线近红外光谱技术在油料油脂质量检测中的应用

成品油脂的品质是油脂检测核心的部分。传统的检测方法过程烦琐、影响因素较多。比如在碘值测定中，光线和水分对测定结果影响很大，需要放置在暗处，防止 ICl 见光分解，且要求所有器皿清洁干燥，否则测定结果不准。应用成熟的模型预测油脂的成分含量能够大大降低环境和人为因素的影响，检测过程趋于简单、易操作。现在近红外光谱主要应用于检测油脂的碘值、过氧化值、皂化值、色度、酸价、熔点、反式脂肪酸比、硬脂比以及游离脂肪酸、脂肪酸构成（硬脂酸、油酸、亚油酸、亚麻酸）、水分含量等指标。

成品油脂组分检测对于调和油的生产尤为重要。调和油是根据使用需要，将两种以上经精炼的油脂，按比例调配制成的食用油，其中重要的组分必须符合相关国家标准。一般选用精炼大豆油、菜籽油、花生油、葵花籽油、棉籽油等为主要原料，还可配有精炼过的米糠油、玉米胚油、油茶籽油、红花籽油、小麦胚油等特种油脂。调和油的发展前景很好，是最受消费者喜爱的油品之一。

（1）油脂副产物品质在线分析

油脂生产过程中产生的大量副产品，比如豆粕、菜粕等，这些产品都是固体颗粒和粉末状的形态，可以用积分球漫反射检测，还可以应用近红外光谱进行在线检测。图 3-13-4 是近红外光谱检测油菜籽，图 3-13-5 是在线近红外光谱检测豆粕品质，图 3-13-6 是脂肪在线检测值与湿法检测值的对比，图 3-13-7 是豆油压榨生产中的近红外光谱监测点。由于这些样品都是饲料的原料，应用近红外光谱检测其中各成分的含量，出售时可以做到按质定价。

图 3-13-4 近红外光谱仪检测油菜籽颗粒　　图 3-13-5 在线近红外光谱检测豆粕

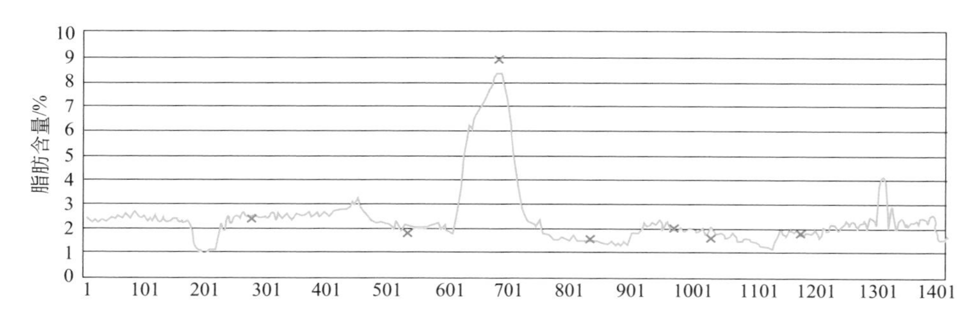

图 3-13-6 豆粕脂肪的在线检测值和湿法检测值（红点）对比图

（2）在线监控油脂纯化过程

原料经过粉碎提取得到毛油，要最终进入食用油市场，还需要经过脱蜡、脱胶、脱酸、漂白、氢化等一系列过程。随着光纤技术的发展，近红外光谱在线监控可以延伸到恶劣的环境中进行分析检测。尽管油脂的纯化过程条件比较严酷，但也能通过光纤在线监控整个流程。在线近红外光谱仪可以监控多个反应和工艺流程，监控油脂纯化过程中的相关指标，能够指导改进工艺。比如控制脱酸过程中的加碱量，漂白过程中监控色度控制漂白剂的量等。图 3-13-8 是某油脂企业在线近红外光谱检测的实际安装图。

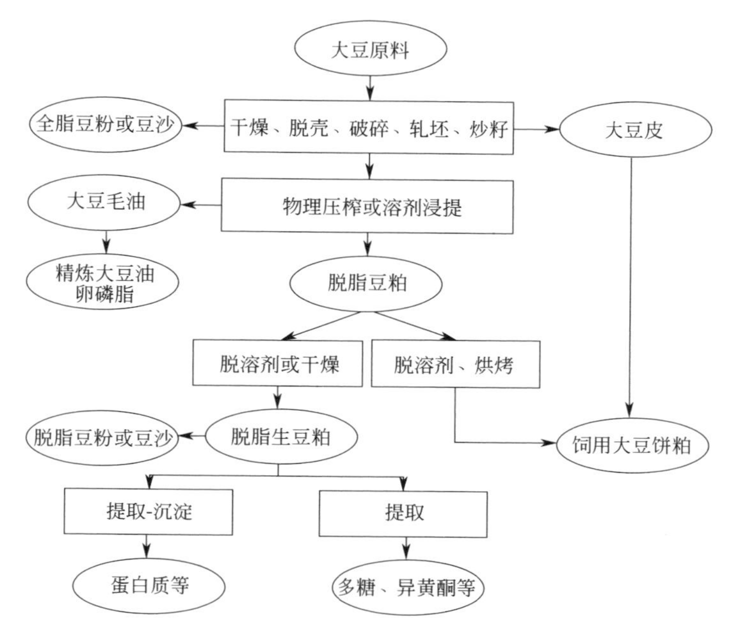

图 3-13-7　豆油压榨生产中的近红外光谱监测点

图 3-13-8　现场的在线近红外光谱仪（红圈内的为近红外光谱主机和光纤）

3.14 近红外光谱在面粉及方便食品加工中的应用

3.14.1 概述

民以食为天，食以安为先。国民赖以生存的物质基础——面粉，关系着民生和社会稳定，所以品质要稳定，安全要符合。制粉生产过程是个动态的过程，各种参数不断变化，产品品质也随之波动，为稳定品质、保障安全，快速及时的检测结果有效指导生产、服务生产，使波动及时回归正常，使制程控制能力稳定在标准范围内是企业生产的控制关键。随着生产自动化、智能化程度的不断提高，食品工业企业已经基本完成由手工作坊生产向机械化、智能化生产的转变。然而，作为食品工业企业生产重要的一个环节，绝大多数食品检测、监测仍多采用国标法检测。国标法检测的缺点为检测周期长、检验成本高、人员技能要求高、环境污染严重等。这一系列问题严重制约食品企业库存周转率、企业的生产效率、效益。要稳定产品品质、提升产品质量、时时掌控生产过程品质状况，离线和在线检测技术应用势在必行，近红外光谱快速检测技术便应时而生并成功应用。

2008 年近红外光谱检测技术成功引入白象食品股份有限公司，应用到方便面成品、原料、半成品等理化检测方面，检测效率大幅提升，库存周转基本做到零库存，检验成本得到有效控制，企业的综合效益得到提升改善。

近红外光谱快速检测技术的成功引入，使理化检测出现了一个划时代的变革，检验从事后检测转向事前预防，使企业生产由管结果转变到管过程，真正做到了预防为主、及时发现、及时纠偏。在当今先进的产品质量管理方法中，过程统计控制是尤为重要和普遍应用的，制粉过程控制得好，生产效率高、经济效益好，品质自然稳定有保障。近红外光谱快速检测技术在整个面粉生产过程中起到关键作用。

3.14.2 方便面生产中的应用

3.14.2.1 在线分析

方便面生产过程中，一个关键控制点是煎炸油品质，关键控制指标为酸价、过氧化值、极性组分，这关系到方便面品质、货架期及食品安全。在此环节，近红外光谱在线检测系统能够有效实时监控生产过程（图 3-14-1 和图 3-14-2），实现了产品关键工艺环节中质量的实时动态在线监测，降低了工艺运行过程中质量参数波动性，提高了方便面生产过程的质量控制能力，有效降低质量成本和制造成本。

图 3-14-1 油炸工序在线监测实例图（红圈中为在线近红外仪器安装位置）

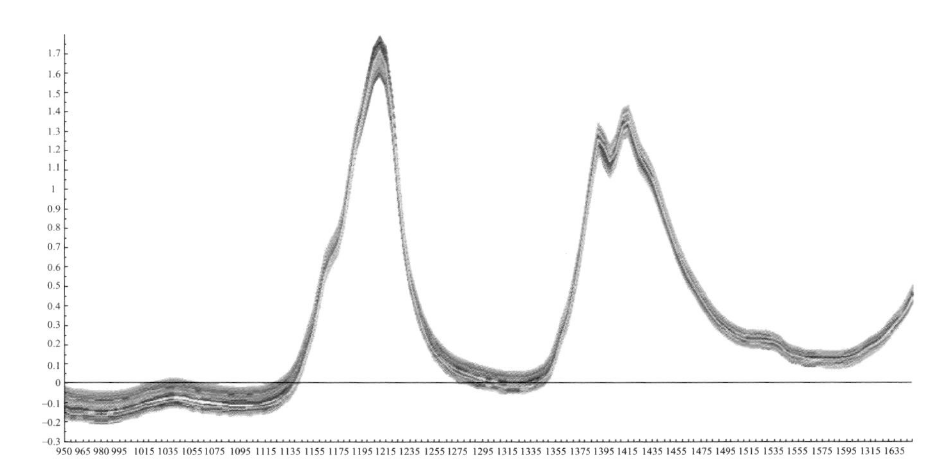

图 3-14-2　煎炸油近红外光谱原始光谱

经过数据收集建模，对近红外光谱模型效果的两个重要参数（RMSE、R^2）评价，见图 3-14-3。酸价（AV）在线近红外光谱模型 RMSE=0.02，R^2=0.94，因子数 =5；极性组分（TPM）在线近红外光谱模型 RMSE=0.23，R^2=0.87，因子数 =7；过氧化值（POV）在线近红外光谱模型 RMSE=0.16，R^2=0.80。

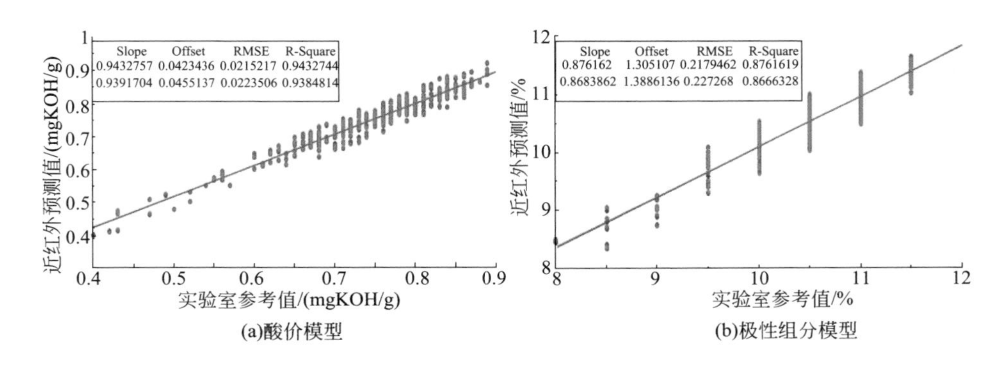

图 3-14-3　近红外光谱建模效果图

应用上述建立模型进行在线检测数据与国标法比对验证近 90 个样品，表 3-14-1 给出了部分样品的对比结果，评估在线近红外光谱仪检测油锅中煎炸油成分参数 AV、POV 和 TPM 的精确度。删除极个别异常值后，计算三个成分 AV、POV 和 TPM 实际验证的化学值与近红外光谱值之间的预测标准偏差 SEP 分别为 0.03、0.19 和 0.28。虽然过氧化值的相关性系数 0.80，理论上不符合要求，但是经过上机测试，将实际测试值与国标法比对，差异符合重复性要求。

◇表 3-14-1 部分近红外光谱模型的验证结果

样品编号	酸值 AV			过氧化值 POV			主组分 TPM		
	NIR	LAB	NIR-LAB	NIR	LAB	NIR-LAB	NIR	LAB	NIR-LAB
2021/11/2 14:48	0.76	0.75	0.01	1.82	1.80	0.02	10.6	10.5	0.1
2021/11/2 18:59	0.88	0.86	0.02	1.47	1.70	−0.23	11.4	11.5	−0.1
2021/11/2 22:44	0.70	0.68	0.02	1.97	2.10	−0.13	10.3	10.0	0.3
2021/11/3 2:44	0.75	0.74	0.01	1.76	2.00	−0.24	10.6	10.5	0.1
2021/11/3 6:48	0.83	0.84	−0.01	1.49	1.40	0.09	11.1	11.0	0.1
2021/11/3 10:48	0.82	0.85	−0.03	1.49	1.30	0.19	11.0	11.0	0.0
2021/11/3 14:50	0.71	0.73	−0.02	1.69	1.80	−0.11	10.3	10.5	−0.2
2021/11/3 18:53	0.83	0.84	−0.01	1.30	1.40	−0.10	11.1	11.0	0.1
2021/11/3 22:44	0.69	0.68	0.01	1.73	2.00	−0.27	10.2	10.0	0.2
2021/11/4 2:45	0.76	0.77	−0.01	1.55	1.50	0.05	10.6	10.5	0.1
2021/11/4 6:50	0.81	0.83	−0.02	1.55	1.60	−0.05	10.9	11.0	−0.1
2021/11/4 10:49	0.77	0.83	−0.06	1.45	1.30	0.15	10.7	11.0	−0.3
2021/11/4 14:48	0.76	0.80	−0.04	1.36	1.20	0.16	10.6	11.0	−0.4
2021/11/4 18:49	0.81	0.82	−0.01	1.43	1.40	0.03	11.0	11.0	0.0
2021/11/4 22:42	0.82	0.83	−0.01	1.62	1.60	0.02	11.0	11.0	0.0
2021/11/5 2:42	0.76	0.74	0.02	2.02	1.90	0.12	10.7	10.5	0.2
2021/11/5 6:47	0.74	0.77	−0.03	1.76	1.80	−0.04	10.5	11.0	−0.5
2021/11/5 10:48	0.79	0.82	−0.03	1.82	1.70	0.12	10.9	11.0	−0.1

评价模型效果好坏，用 RMSE（预测标准偏差）和 R^2 来判定，不能一味地追求相关性接近“1”，偏差接近“0”。若因未达到此要求，删除大量数据，会导致模型所有参数很好，而实际应用时却错误百出、检测结果差异超出标准要求甚至给出错误结果，导致模型不能使用甚至怀疑近红外光谱检测技术。模型效果好坏最好以实际应用结果为准。

以上应用实例表明，在线近红外光谱分析仪可准确、稳定地预测油锅内煎炸油各项监控成分的含量变化，指导生产，提升加工过程中的控制能力。

3.14.2.2 离线分析

近红外光谱技术在方便面中的离线检测主要应用于成品出厂和原料验收。方便面生产过程中，原料品种繁多，品质参差不齐，特别是农副产品，品质波动较大，不便于管理。而近红外光谱检测技术能够满足快速、无损、无毒、在线或现场检测，其检测结果的准确性得到方便面行业一致认可和好评。目前，近红外光谱分析技术在方便面中主要有在线分析技术和离线分析技术，生产过程中用这些技术检测的品种和项目见表 3-14-2。

◆ 表 3-14-2　方便面生产中检测品种和项目

分类	品种	检测项目
方便食品类	方便面、挂面、麻花等	水分、酸价、过氧化值、盐、脂肪、IOD 值
谷粉类	小麦粉、淀粉、谷朊粉、糯米粉、变性淀粉	水分、灰分、蛋白质、脂肪酸值、湿面筋
油脂	棕榈油、菜籽油、色拉油、芝麻油、大豆油等	酸价、过氧化值、碘价
脱水原料类	脱水胡萝卜、脱水高丽菜、脱水葱、脱水香菜等	水分、灰分、DE 值、盐、氨基酸态氮
调味品	醋、酱油、豆瓣酱、辣椒酱、味精、白糖、鸡精、酱料包、粉料包、骨汤包等	蛋白质、氨基酸态氮、总酸、谷氨酸钠、固形物、脂肪、白糖含量
添加剂	酵母精、磷酸盐类、面体改良剂、柠檬酸、乳酸、酸度调节剂等	乳酸、水分、盐
香精	液体油状香精、粉体香精、膏体香精等	酸价、过氧化值、水分、蛋白质、氨基酸态氮、脂肪、盐
生鲜类	葱、姜、蒜、萝卜、芹菜、生鲜肉等	水分、灰分、酸不溶灰分、挥发性盐基氮
香辛料	大茴、花椒、肉蔻、草蔻、香叶、辣椒、孜然、小茴香、桂皮、豆蔻等	水分、挥发油、色价、辣椒素
腌制类	酸豆角、酸菜、泡姜、泡椒	总酸、盐

3.14.3　面粉加工中的应用

3.14.3.1　原粮验收

原粮品质决定面粉品质，在设备工艺水平接近的情况下，原粮品质决定企业命运。利用近红外光谱快速检测技术，建立优质优价、以质论价的原粮收购体系。原粮到货取样，分样后，1min 内测定小麦水分、湿面筋、蛋白质、沉降值、吸水率、硬度等各项指标，根据检测结果入库不同原粮仓，便于管理及后期配麦使用（见图 3-14-4），保证小麦采购品质，进而保障面粉质量，为社会和食品企业供应优质合格的面粉。

图 3-14-4　小麦离线检验用于原粮验收

3.14.3.2　配麦

配麦工作是整个面粉生产的开始，但却决定着整个面粉生产流程的终点。如小麦流量决定清理设备的运转效果，原粮水分决定润麦加水量，容重决定制粉出粉率和产量，面筋蛋白决定面粉品质。因此，面粉生产过程中对小麦搭配工作的监督、检测是非常重要的环节和关键控制点。近红外光谱快速检测技术能够在1min内快速给出结果，依据结果判定配比是否达到预期设定指标，及时准确指导配麦，见图3-14-5。

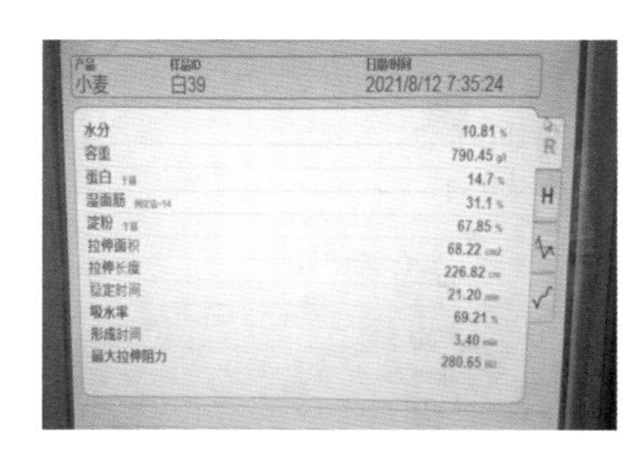

图3-14-5　配麦后快速检测指标结果

3.14.3.3　控制润麦效果

小麦经过配比、清理、筛打进入润麦环节，润麦加水量依据水分检测结果进行计算，加水量多少直接关系到润麦效果好坏，好的润麦效果对下一步骤的制粉工序具有重要作用，对麸皮大小、糊粉层刮拨效果、破损淀粉含量等起关键作用，见图3-14-6。

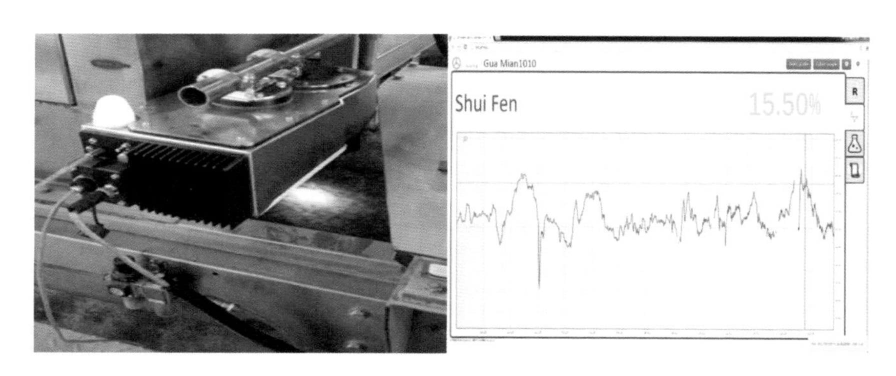

图3-14-6　润麦绞龙在线检测

3.14.3.4　制粉过程

近红外光谱能够准确测定面粉、次粉、麸皮及各路粉流的水分、灰分、蛋白质等各项指标。定时对面粉进行取样检测，若发现结果异常，应及时对经常波动的粉路进行多次取样测定，及时准确判定问题粉路，选择性对问题粉流进行调整，使生产趋于稳定正常。

面粉企业定期会对工艺参数进行测定，对筛网配备是否合理进行诊断和调整，特别是季节更替时，及时调整工艺参数极为重要。使用传统方法对粉路进行定点测定，短则几天，多则十几天，而应用近红外光谱快速检测技术跟踪检测，仅需 2～3h 就可以完成从取样到出具结果的过程。根据结果绘制制程能力控制图，判定制程控制能力是否满足设计要求，进而有方向地进行调整，满足设计要求，见图 3-14-7。

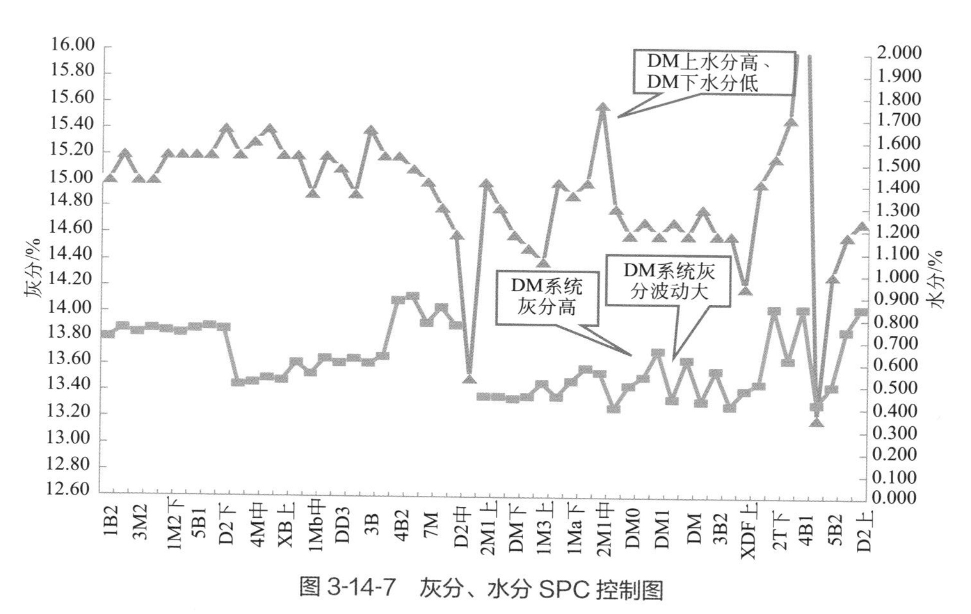

图 3-14-7 灰分、水分 SPC 控制图

利用近红外光谱技术对面粉生产过程进行终点判断，有助于及时、准确地识别过程终点，减少了检测时间，大大降低了能源损耗，提高了原料利用率，保证了产品质量均一稳定，为面粉产品质量的提升奠定了理论基础。

3.14.4 应用管理和经济效益

时常听到“近红外光谱检测结果不准确、不好用”的说法，其实近红外光谱本身不具备检测能力，它主要靠我们给它输入的模型曲线信息进行判定。只要给它提供的模型曲线足够准确，它反馈的结果就准确。所以要更好地应用近红外光谱，日常要做好使用管理。

① 数据收集　样品收集阈值覆盖要广、样品处理粒度大小要全覆盖、参与人员要广、装样疏密要全覆盖、季节覆盖要广等。只有做到广泛收集，才会使样

品信息更具有代表性，检测结果才更趋于国标值、更准确。

② 模型建立　模型曲线建立不是一劳永逸的，要定期进行更新维护。科技的发展，样品不断更新换代；工艺的创新，样品内部结构不断发生变化；季节的更替，温湿度外界环境随之而变；仪器的使用过程中，内部配件及光能也有变化。所以检测过程中，不断收集新的数据，建立更新的模型曲线，才能更好地为检测服务。

③ 过程管理　快速检测都建立在国标法基础之上，所以近红外光谱技术使用过程中，应定期与国标法进行比对，发现偏移，及时纠偏。近红外光谱数据的好坏，关键在管理，能做到定期比对、使用监督、日常维护等，就能最大限度地发挥其功能，更好地为生产质量控制管理服务。

近红外光谱分析技术在面粉和方便面加工行业得到广泛应用，在原料小麦验收、过程控制、成品检验方面充分发挥了近红外光谱检测技术简便、快速、准确、无损的特点。保证原粮品质，稳定生产过程，提高制程控制能力，减少不良品产生，可为提高面粉企业的经济效益提供可靠的技术支持和保证，为面粉企业的良性可持续发展保驾护航，为人们的食品安全及生活需要保驾护航。相信近红外光谱快速检测技术在食品检测领域具有广阔的发展应用前景。

3.14.5　应用需求

根据方便面和面粉加工中的应用实践，提出以下应用需求：

① 操作智能化、简单化　目前离线近红外光谱仪器操作附件较多、数据检索复杂、建议未来仪器操作趋于傻瓜化，使新人经简单培训都可入门操作。

② 在线仪器开发应用平民化　随着人们品质意识增强，劳动力成本提升，在线仪器检测需求尤为突出。首先希望各仪器公司开发的在线检测仪器价位低，一般食品企业能够用得起。其次希望在线检测仪器维护便捷，环境适应能力广。

③ 建模软件提供无偿化　目前各近红外光谱仪器厂家检测软件需要购买，这严重制约近红外光谱仪器推广使用，制约着近红外光谱技术发展。

④ 模型建立中文化　目前各近红外光谱仪器建模软件均为英文版，使用起来比较费劲，不便于推广使用，更不便于一些小的食品企业应用。

⑤ 手持式、便捷式型号开发　目前在线仪器均固定安装在生产线仪器设备上，需要对现有设备进行改装。如能生产移动式、手持式等便携型号的近红外光谱仪，更适合于方便食品生产企业。

⑥ 检测广度进一步拓展　目前近红外光谱检测主要应用于常量检测，建议检测限向微量和痕量方向拓展，如真菌毒素、农药残留、添加剂等。

3.15 在线近红外光谱在植物提取生产过程中的应用

3.15.1 概述

植物提取物是以植物的根、茎、花、叶、果实等为原料，经过物理化学提取分离过程，定向获取和浓集植物中的某一种或多种有效成分，不改变其有效成分结构而形成的产品。其相关产品广泛应用在食品、饮料、医药、保健品、化妆品、饲料等行业。

我国的植物提取物来源于中药行业，总体发展时间相对较晚。20 世纪 70 年代，一些中草药工厂开始使用机械设备提取活性成分。直到在 20 世纪 90 年代，人们开始趋向于使用天然植物类的产品，植物提取物行业渐入佳境。到了 21 世纪，随着更先进的提取方法（如酶法提取，超声、超临界提取，膜分离技术，微波萃取技术等）的应用，提取物的得率得到极大提升，我国的植物提取物行业进入黄金发展期。

我国可供提取的植物种类超过 300 种，根据活性成分含量可分为有效单体提取、标准提取和比例提取三类。按有效成分分为苷、酸、多酚、多糖、萜类、黄酮、生物碱等。按照产品形态可分为植物油、浸膏、粉、晶状体等。根据植物提取物的使用可分为天然色素制品类、中药提取物制品、提取物制品类和浓缩制品类。我国提取物出口排名前十的品种包括甜菊提取物、桉叶油、薄荷醇、辣椒色素、万寿菊提取物、甘草提取物、越橘提取物、银杏液汁及浸膏、水飞蓟提取物和芦丁。

3.15.2 近红外光谱在植物提取物生产过程中的发展

植物提取物生产与现代中药生产过程比较相近，主要包括萃取、沉降（离心）、分离、浓缩、结晶、喷雾、调配等环节。与现代中药相比，植物提取物生产有两个特点。首先，植物提取物生产规模一般较大，因此，植物提取物生产对于在线过程监测的需求更紧迫。其次，植物提取物与中药相比，受到监管的力度相对较小，相关的在线检测技术更容易得到应用。植物提取物原料成分复杂，由于传统的产品质量控制方式无法及时、全面获取相关数据，导致生产过程中存在各种问题（如有效成分提取不充分、产品质量不稳定、反应机理不明确、危害成分迁移不确定、工艺适用性差等）。因此植物提取行业亟需发展快速、信息全面的近红外光谱在线检测技术。

关于近红外光谱在植物提取物生产中的应用研究得也比较广泛。李彤彤等研究验证了近红外光谱法检测白芍水提过程中芍药苷等物质浓度的可行性，为天然植物提取过程有效成分在线监测提供了实验依据。华海敏等研究了近红外光谱在茯苓多糖提取过程中的应用，对植物提取萃取环节在线监控进行了探索。刘荣华等利用近红外光谱法对中药参之灵口服液在浓缩过程中的多个参数进行监测，可以保证产品质量，提高生产效率。李文龙等对复方阿胶口服液的醇沉过程建立多变量统计过程控制模型，可对异常的批次有效监测，保证产品批次间一致性。高乐乐、臧恒昌等研究了近红外光谱在甜菊糖生产过程质量分析中的应用，为植物提取树脂吸附、洗脱等环节的控制提供了参考。马丽娟、吴志生等研究了金银花生产过程中乙醇浓度的检测，为近红外光谱在植物提取溶剂浓度检测方面提供了依据。杨伟根等研究了茶粕中茶皂素、蛋白质、水分的近红外光谱检测方法，为植物提取物料粕的检测提供了参考。

如表 3-15-1 所示，近红外光谱技术在植物提取行业越来越多的应用，极大地提高了植物提取行业对产品质量的控制水平，增强了生产工艺的调控能力，提高了生产效率。与此同时，近红外光谱在植物提取行业的应用也存在着一些瓶颈与限制。主要有以下几点：

① 植物提取过程中需要用到有机溶剂，因此对于检测仪器要求防爆。当前化工行业主要采用的措施是建立防爆小屋，通过光纤的方式连接检测，这无疑增加了仪器的成本。

② 天然植物成分复杂，往往需要比较大的样品量才能起到有效指导作用。而且植物成分容易受到地域、品种和年份的影响，模型的更新、维护工作量大，对具体技术人员的能力要求也高。

③ 植物提取物有效成分往往按含量进行交易，由于货值的不同，当前在线近红外光谱更多地应用在过程控制环节，在一些高价值品种的原料采购、最终产品销售上的应用受到限制。

◆ 表 3-15-1 近红外光谱在植物提取生产监测过程中的应用实例

实施品种	工段	检测指标
辣椒红	萃取、调配	色价
甜叶菊	萃取、吸附、解析	TSG、RA
金银花	乙醇提取、精制	乙醇
干姜	蒸馏提取	姜粉
茯苓多糖	碱水提取	茯苓多糖
菊粉	纳滤膜分离、离子色谱	还原糖
益气复脉	冻干	水分
山楂叶提取物	制粒	水分
黄芪提取物	成品	黄芪多糖
茶粕	萃取	茶皂素、蛋白质、水分

3.15.3　近红外光谱在植物提取生产中的应用实例

3.15.3.1　溶剂浓度的在线检测

植物提取物生产流程见图 3-15-1。溶剂是植物提取物行业的主要生产要素，在植物提取的萃取、浓缩、分离、解析等各环节均对溶剂浓度有不同的要求。植物中有效成分溶解性可以分为水溶、醇溶和油溶。根据相似相溶原理，针对不同性质的原料，需要采用不同的溶剂进行提取，溶剂浓度不仅会影响到提取效率，也会影响到产品的品质。

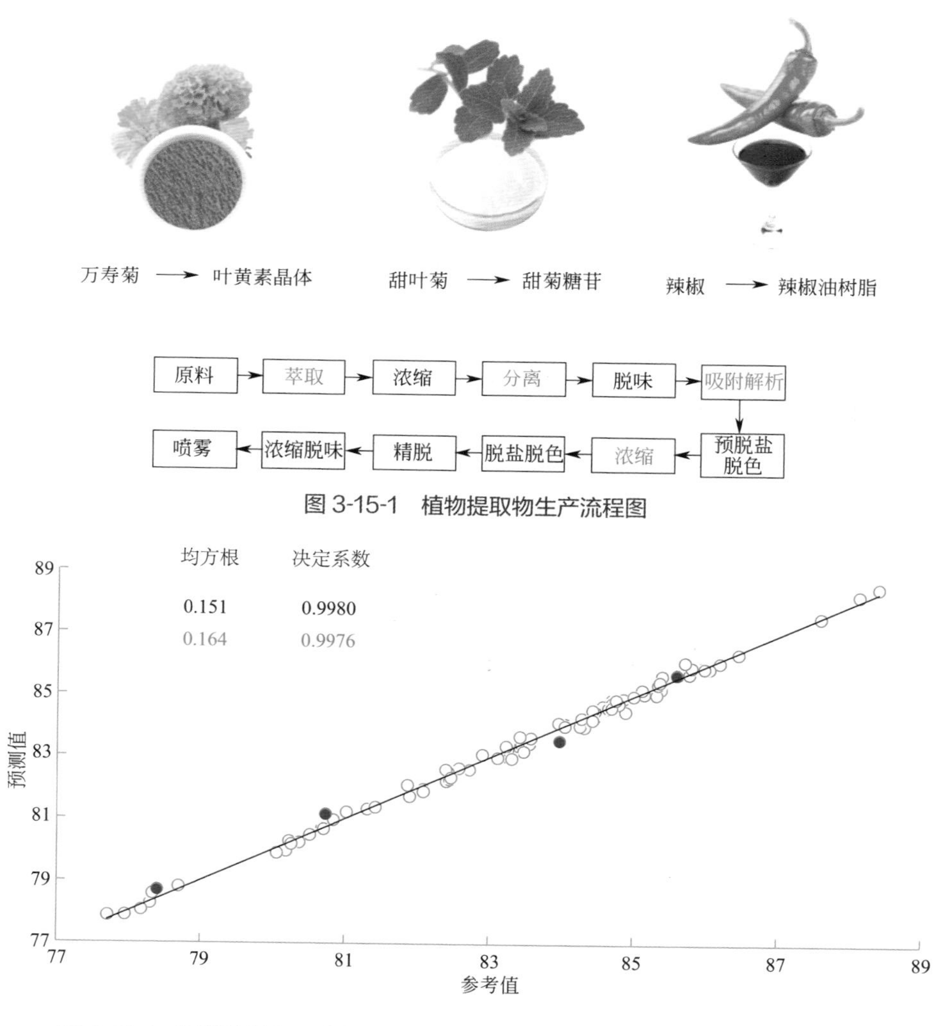

图 3-15-1　植物提取物生产流程图

图 3-15-2　甜菊糖结晶原液中甲醇浓度离线近红外光谱预测值与化学值的拟合曲线（主因子数 -5）

溶剂浓度的在线检测方式主要有密度计、折光仪和近红外光谱仪等。密度计主要适用于干净的单一醇类溶剂的在线检测，折光仪适用于低度醇溶液和混合溶剂比例的检测。在植物提取生产过程中，更多情况下需要对含有物料的溶剂进行浓度的检测，由于不同物料含量对于密度和折率的影响较大，用密度计、折光仪均不能很好地解决这类问题，近红外光谱在预测溶剂浓度时，不受物料含量影响，有着独特的优势（见图 3-15-2）。

实际上，对于单一溶剂或者混合溶剂比例，近红外光谱也可以很精确地在线检测，比如对酒精度数的检测在白酒行业已经有广泛的应用。用户们可以根据具体需求，选择最具性价比的测控方式。

3.15.3.2 有效成分含量的在线检测

植物提取物原料和成品交易大多是以有效成分含量核算的，有效成分含量也是植物提取生产过程中重要的控制指标，有效成分的收率直接影响到企业生产利润，因此对于生产过程中有效成分含量的在线监控是近红外光谱应用的重要研究方向。

图 3-15-3 调配车间辣椒红在线检测安装图

辣椒红色素（辣椒红）是以辣椒为原料，经过提取、分离、精制后得到的深红色油状液体，是主要的天然红色素着色剂，被广泛应用在榨菜、方便面酱包、肉制品、化妆品中。为了实现辣椒红调配过程的监测，晨光生物与热电、蔡司等仪器厂家进行合作，进行了辣椒红色素在线检测方法的开发（见图 3-15-3），实现了调配工段辣椒红的快速检测与控制，调配效率从每批次十几个小时缩减到几个小时（见图 3-15-4）。

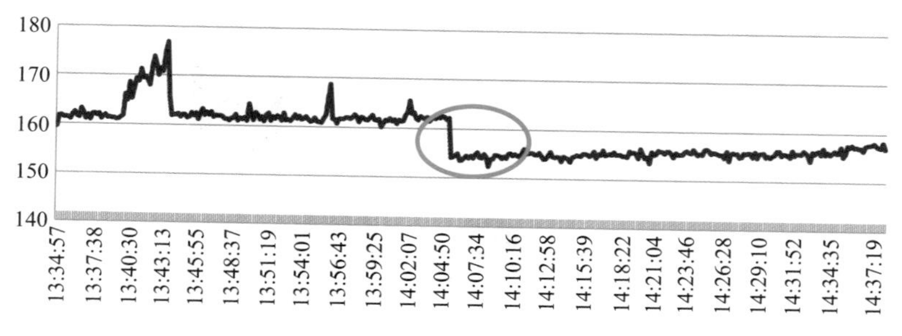

图 3-15-4　辣椒红在线调配线监测结果图

甜菊糖作为一种新型甜味剂已广泛应用于食品行业，在饮品、甜品、乳制品以及减肥等功能性食品中均有使用。甜菊糖的生产工艺大致可分为提取、分离、纯化、精制等步骤。为了稳定后续提取、分离工艺，对投入的原料成分含量具有一定的要求，需要搭配混匀后投料。晨光生物通过在线近红外光谱在线监测投入原料的 TSG、RA、绿原酸含量和水分含量，实现了稳定生产、及时核算的效果（见图 3-15-5）。

图 3-15-5　生产人员查看在线近红外光谱检测甜菊糖原料情况

3.15.4　总结与展望

植物提取属于传统的流程型制造行业，虽然当前我国在相关领域已经处于领先水平，但是伴随着外围经济环境不确定性的增加，行业的进一步发展也存在着诸多的风险。如图 3-15-6 所示，为了降低发展的不确定性，保持综合竞争力，数字化改革是植物提取物行业不可避免的选择。与其他在线检测技术相比，近红外光谱可获取物料的全息分子光谱信息，近红外光谱在线检测技术以其快速、无损、一测多评等优势在植提数字化生产过程控制中有着不可替代的作用，可以最大限度帮助企业提升获取物料数据的能力，具有较高的性价比和可拓展性。

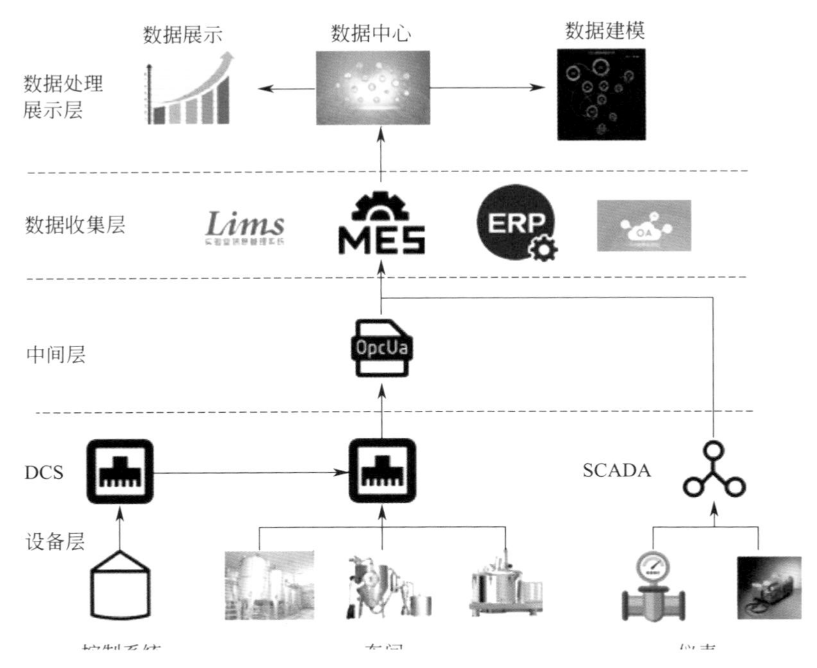

图 3-15-6　植物提取数字化生产车间架构图

植物提取物生产借助近红外光谱在线监测，可以有效提升产品质量。之前我们主要以有效成分的含量来评价产品质量，实际上，其他成分的含量对于产品的性质和稳定性也有很大影响。借助近红外光谱数据，我们可以优化不同产品的质量控制标准，评价标准从单一指标评价向综合指标评价发展。

另外，食品添加剂是植物提取物的一个重要用途，同一种食品添加剂最终要应用到不同的终产品上。如辣椒红色素可以应用在肉制品、水产品、糕点、饮料、化妆品中，在不同的应用场景下对于产品的性质要求是有很大差异的。发展专用型产品是企业提高客户黏性的有效手段，而通过近红外光谱建立专用产品指纹图谱库可以有效保障产品应用效果和稳定性。

工艺适用性差是植物提取生产过程中经常遇到的问题，其根本原因是我们对不同的原料采用了相同的生产工艺，得到的产品性质自然就会有差别。通过对原料数据、产品数据、生产要素数据的及时获取、建模、分析、及时的优化、调整生产工艺，甚至可以根据生产订单需求，智能选择最佳生产工艺。做到柔性化、智能化生产是近红外光谱在植物提取物行业应用的一个重要方向。

总之，近红外光谱在植物提取生产过程中的应用是全方位、可持续拓展的，对于行业的数字化改革具有重要的意义。

3.16 近红外光谱在白酒生产中的应用

3.16.1 概述

中国白酒是以粮谷为主要原料，以大曲、小曲、麸曲、酶制剂及酵母等为糖化发酵剂，经蒸煮、糖化、发酵、蒸馏、陈酿、勾调而成的蒸馏酒[96]。随着白酒酿造工业进入新的发展阶段，为更好满足消费者不断升级的消费需求和企业自身对产品质量和技术创新的追求，亟需引入对全过程、全方位质量控制的新技术。近红外光谱技术由于具有快速、准确、可在线检测等特点，20 年来逐步被白酒行业所了解认识，并应用于从原料到产品的全过程质量控制。

1998 年，罗红群等[97] 利用乙醇在近红外光谱区 1382nm、1691nm 和 1730nm 的吸光度值，采用多波长叠加近红外光谱吸收光谱法测定酒精饮料中乙醇的含量。

2002 年，逯家辉等[98] 首开先河，将近红外光谱法同化学计量学技术相结合建立了白酒中乙醇含量定量校正模型，并用于白酒中乙醇含量的测定。

2003 年，赵东等[99] 首次将近红外光谱技术应用于白酒的酒醅分析，建立了酒醅的水分、酸度、淀粉和还原糖的定量分析模型，并将其应用于生产检测。与传统化学检测相比，近红外光谱检测一个样品仅需要不到 5min 就可以完成，且不消耗任何化学试剂，无需样品的前处理，效率是常规检测的 60 倍，为发酵过程控制提供及时、可靠的数据，降低生产成本，还解决了传统化学分析中带来的化学污染等问题。

2005 年，王莉等[100] 建立了采用近红外光谱透射光谱与气相色谱分析相结合的方式鉴定真假茅台酒的方法及流程。以茅台酒为基础，以其他酱香型酒为参考建立了近红外光谱指纹模型和气相色谱指纹模型，应用这两个模型成功实现了模拟辨别真假样品，鉴定结果与感官品评结果和实际结果相一致。

随后，科研人员不断尝试将近红外光谱技术与白酒生产相结合，主要在以下三个方面进行了应用：

① 用于白酒酿造原料进厂验收环节 建立了原料中水分、淀粉、蛋白质、脂肪等含量的检测模型[101-103]。如图 3-16-1 所示，检测结果符合原料验收要求，不仅可以提高检测速度，还可以加大检验覆盖面。

② 用于发酵过程控制环节 针对制酒过程控制，建立了出入窖酒醅中水分、淀粉、酸度、还原糖、酒精含量的检测模型[104,105]，见图 3-16-2；针对大曲质量品质鉴别项目，建立了大曲水分、酸度、淀粉、糖化力等指标的定量分析模型[106-108]，这些模型测量精确度能够满足实际生产需要。

③ 用于基酒及成品酒品质分析 在基酒蒸馏分段摘酒和分型定级应用方面，建立了基酒等级鉴别模型和原酒中酒精度等指标[109-111]，如图 3-16-3 所示。

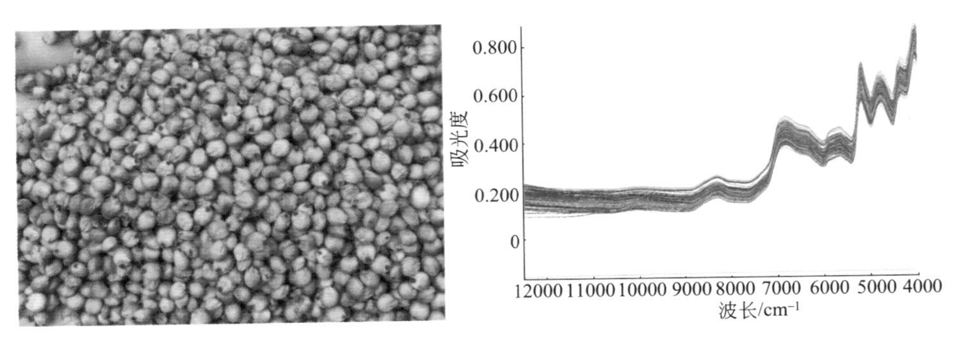

图 3-16-1 高粱样品及其近红外光谱图

图 3-16-2 白酒酒醅及其近红外光谱图

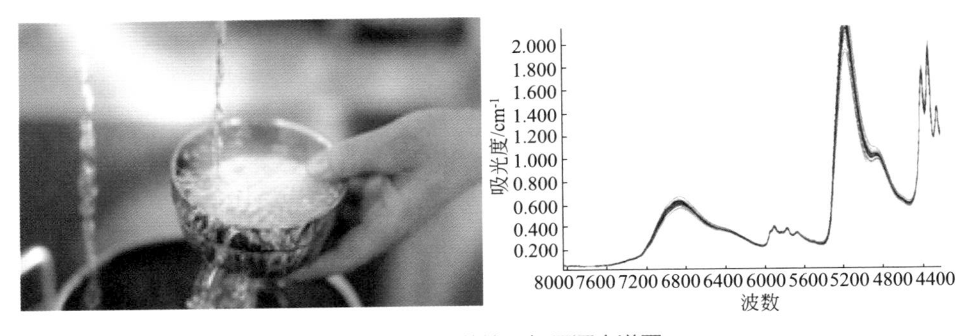

图 3-16-3 看花摘酒与原酒光谱图

在成品酒品质分析方面，建立了白酒中的酒精度、总酸、总酯、醇类、酯类、醛酮类等成分的近红外光谱预测模型[112,113]。经过验证，模型具有较高的精密度和良好的稳定性，能满足生产中相关指标的快速检测要求；在真假酒鉴别方面，采用近红外光谱技术对不同风格白酒进行了鉴别研究[114,115]。结果表明，采用定性判别分析可以实现浓香白酒品牌的快速判定以及区分不同风格和不同批次的酱香型白酒。

3.16.2 近红外光谱在酱香型白酒生产中的应用实例

3.16.2.1 引入近红外光谱技术的原因

酱香型白酒作为传统的发酵产品，对生产过程的管控主要以酿酒工人的经验判断为主，理化检测数据为辅。随着白酒生产向数字化、自动化、智能化转型升级，发酵过程中理化检测数据在生产管控中的作用愈发重要。然而，传统理化检测耗时长与反馈数据实时性之间的矛盾，以及生产规模扩大与检测效率低、覆盖面窄之间的矛盾日益突出，亟需引入快检技术。

近红外光谱技术作为一种先进、成熟、绿色无污染的快检技术，非常符合白酒生产在制品大批量、快速检测的需求，同时也符合绿色生产的要求。

3.16.2.2 建模过程及结果验证

为建立适合酱香型白酒糟醅中水分、酸度、淀粉、糖分等成分含量的近红外光谱定量分析模型，需要针对酱香型白酒的生产工艺特点选取有代表性的建模样本。酱香型白酒生产工艺复杂、周期长，酒醅有七个轮次、时间跨度长达一年、感官性状差异明显，因此选择以轮次进行划分，建立适用于某轮次酒醅的校正模型。

以五点取样法获取酿酒车间每个轮次的入窖及出窖的酒醅，采用丹麦福斯公司生产的 DS2500F 型近红外光谱仪扫描收集酒醅光谱信息，每个样品测量 3 次，酒醅及其光谱见图 3-16-4。根据食品安全国家标准 GB 5009.3—2016《食品中水分的测定》、GB 5009.239—2016《食品酸度的测定》、GB 5009.9—2016《食品中淀粉的测定》、GB 5009.7—2016《食品中还原糖的测定》获取水分、酸度、淀粉、还原糖等指标的检测数据。利用仪器自带的 WinISI 计量软件通过偏最小二乘法建立定量模型。根据中国酒业协会发布的标准 T/CBJ 004—2018《固态发酵酒醅通用分析方法》的要求评价建立的近红外光谱模型精确性。

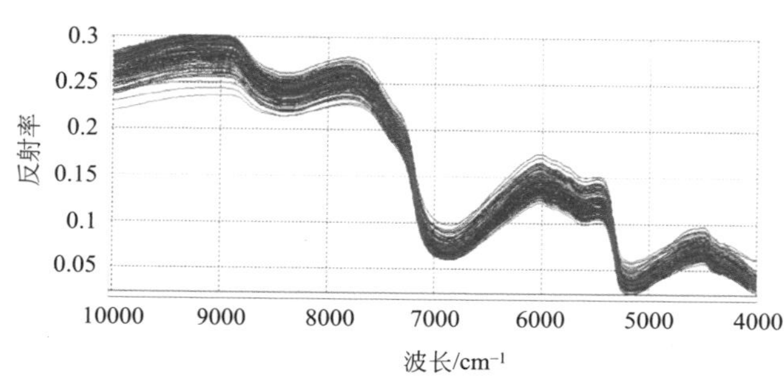

图 3-16-4 酱香型白酒酒醅及近红外光谱

随机选取 80 个入窖样品，使用上述模型进行预测，同时通过常规方法获取标准值，最后计算预测值与标准值之间的标准差，结果见表3-16-1。模型各项指标的SEP值均能满足相关标准的要求，说明该模型能够对酱香型白酒酒醅的组分实现较为准确的预测。

◆ 表3-16-1 近红外光谱模型预测值与常规方法测定值之间标准差与标准要求

项目	单轮次模型预测	标准要求模型标准差（SEP）
水分/%	0.60	≤ 1.00
酸度/（mmol/10g）	0.11	≤ 0.30
淀粉/%	0.63	≤ 1.50
糖分/%	0.16	≤ 0.30

3.16.3 近红外光谱在白酒行业中的应用展望

中国白酒发展的真正动力是科学技术的进步[116]。进入新世纪，为推动白酒行业现代化生产发展进程，中国酒业协会于2010年提出“中国白酒158计划”，旨在推进我国白酒传统生产方式机械化升级，进而推动整个行业向信息化、智能化转型。随着自动化技术、工业机器人、在线检测、传感器等先进科技应用到白酒生产过程中，推动制曲机械化、上甑蒸馏机械化、灌装、包装、成品库智能管理等取得了一定的进展，但中国白酒在基础研究领域还很薄弱，新的检测技术、在线检测技术才起步，有效数据的积累也刚开始。其中近红外光谱技术在白酒行业的应用还处于初级阶段，在未来，结合装备制造、大数据、物联网等技术充分发挥其在线检测的优势，将极大提升质量控制的水平。

3.16.3.1 原料质量控制

目前，白酒企业对酿酒原料的控制主要采用抽样回实验室进行理化检测，虽然进行了近红外光谱技术在原料检测方面的应用研究，但无法及时将检测数据与库房管理系统进行整合，通过引入近红外光谱在线分析系统，有望实现原料的直接收储入库和储存管理，对出现异常的原料可及时处理。

3.16.3.2 制酒、制曲发酵过程控制

（1）制酒发酵过程

目前白酒企业开展了近红外光谱技术在酒醅理化检测、基酒理化指标检测以及自动摘酒装置等单元级设备改造中的研究，未来将应用到整个酿造环节。通过建立生产数据管理系统，自动采集安装于自动化生产设备上的近红外光谱与其他传感器的数据，实现润粮、蒸馏摘酒、摊晾拌曲、出入窖控制、窖内发酵控制的自动化。

（2）制曲发酵过程

大曲制作包括配料和拌和，要求拌和均匀、曲坯水分符合企业控制要求。通

过在自动加水拌料设备上安装近红外光谱在线检测设备，实现制曲拌料均匀性和曲坯水分自动控制。

制作完成的大曲需要在发酵仓培养，出仓后再经一段时间的储存。可采用便携式近红外光谱仪进行水分、酸度、糖化力等指标的检测，随时对大曲培养、储存过程进行控制。

（3）白酒品质分析

将近红外光谱应用于小样调味样品的检测，通过分析白酒中部分香味成分的量比关系，保证勾兑的稳定和时效；应用于大罐勾兑环节，可快速测定酒精度和判定混匀程度；应用于市场打假环节，可提高鉴别的准确率和保证时效性。

当新技术可以改造和提升传统工艺时，我们也必须紧紧拥抱新技术：让传统的更传统，让现代的更现代。

3.17 基于近红外光谱的白酒在线精准化摘酒技术

3.17.1 概述

白酒作为我国传统的蒸馏酒，也是世界六大蒸馏酒之一。白酒的酿造在我国已经持续了数千年，它不仅仅是一种商品，在人民生活和社交礼仪中占重要地位，也是中华民族的传统文化遗产。作为我国特有的蒸馏酒品种，白酒拥有广泛而稳定的消费群体，是国民经济中的重要组成部分，因此白酒产品的质量与安全尤为重要。

“产香靠发酵，提香靠蒸馏，摘出好酒靠摘酒工。”量质摘酒是白酒酿造工艺中一项重要的工艺操作[117]。量质摘酒是把酒头摘出后，边摘边尝，准确分级。而不同的量质摘酒工艺方法对白酒的质量有很大的影响。目前，酿酒操作人员在摘酒过程中广泛采用“看花摘酒”来掌握酒度高低。基于各种浓度酒精和水的混合溶液在一定压力和温度下的表面张力不同，酒精所产生的泡沫由于表面张力小而容易消散，相反，水的相对密度大于酒精，张力大，水花的消散速度慢原理，通过酒花、酒体味、香气变化的传统经验进行摘酒，根据酒花的形状、大小、持续时间，来判断酒液中酒精含量的高低。但是，传统摘酒方法存在以下缺点：a. 操作人员的经验判断存在较大感官差异性，摘酒的好坏较大程度影响优质酒的得率。b. 随着蒸馏温度的升高，酒精浓度逐渐降低，酒精产生的酒花的消散速度不断减慢。在流酒过程中，酒花与水花在交替时变化较快，人与人之间的经验判断存在较大差异性，有可能导致优段酒与低质酒互混的情况，影响酒质。

虽然，近年来关于摘酒工艺及装置的研究有一定的进展，但对于白酒酿造摘酒工艺而言，并未打破靠经验“看花摘酒”的传统，仍存在着优质酒出酒率低、对摘酒工人的个人经验依赖性强等一系列问题，并不能满足白酒企业对于稳定、快速及精准摘酒的迫切需求，是白酒工业自动化、智能化生产过程的一个难题。因此，针对目前研究现状，需要研究一种新的在线快速自动化精准的摘酒技术，以满足白酒企业的生产及质量控制和提高生产效率的要求。

近红外光谱分析技术是近年来迅速发展的可实现快速检测的稳定分析技术。在国外已经被成功地引入多类食品的质量检测[118]，甚至在引入过程分析技术后成功地从实验室应用过渡到生产，在从原材料直至酿造过程中的每一个环节都实施了监控[113,119]，做到了减少浪费，提高生产率及产品质量。

该研究将白酒品评技术、过程分析技术和在线近红外光谱分析技术三者结合。依据摘酒师的感官评定结果及核心组分含量情况，研究白酒摘酒过程中酒中特征组分的变化趋势；利用光谱技术，及时、准确地判断新酒的品质变化，整体把握白酒蒸馏摘酒过程中酒质自身特性；在现代化学计量学方法的辅助下，模拟传统工艺中的“看花摘酒”过程，及时、准确地判断新酒的品质变化，实现在线精准分质、量化摘酒。从生产过程上进行质量稳定性控制，为企业质量自控能力的建设提供技术支撑，进而提高产品的质量，对整个白酒行业的发展具有积极推动作用。

3.17.2 基于近红外光谱的在线精准化摘酒技术应用研究

3.17.2.1 传统摘酒工艺简介

3.17.2.1.1 “看花摘酒”

摘酒工凭经验观察酒液流入容器时激起的泡沫的大小来判断酒精度的高低，这一过程即为“看花摘酒”，下表 3-17-1 是对酒花种类的划分。

◇表 3-17-1 酒花分类

酒花名称	酒花状态	酒精度（体积分数）/%
大青花	大如黄豆，清亮透明，整齐一致，消散过程极快	65 ～ 75
小青花	绿豆大小，透明整齐，逐渐细碎，消散过程比大青花慢	50 ～ 65
云花	米粒大小，相互重叠（可重叠 2 ～ 3 层），保留时间约 2min	40 ～ 50
二花	大小不一，颜色暗淡，皮厚，呈沫状粘连，存在时间长，消散过程较慢	5 ～ 40
油花	大小如小米的 1/4，布满液面，大多为高级脂肪酸形成的油珠	＜ 5

3.17.2.1.2 量质摘酒

从全部白酒蒸馏成分里辨别酒头和酒尾，然后摘取优质酒和主体酒的方法。在蒸馏过程中，不同的时间段所蒸馏出的酒的物质成分不同，香味也不同，从而引起了酒质的差异。酒液流出后，先掐头去尾，然后通过一闻、二看、三品，将原酒按等级分类。

3.17.2.1.3 分段摘酒

将整个蒸馏白酒过程分为酒头、中段酒和酒尾3段。在蒸馏工艺开始时，首先馏出的酒精度较高的酒水混合物即为酒头，总量较少，含有丰富的乙醛、乙缩醛、乙酸乙酯等低沸点易挥发的醛酸酯类物质及大量芳香性物质，成分复杂，香气突出，一般不能直接饮用，只作为调香原料，也谓调香酒；中段酒后摘取的酒水混合物即为酒尾，酒尾酒精度较低，通常低于40%（体积分数），中段酒的成分包含有机酸类、酯类以及醇类和部分醛类，表面有油状物。酒尾富含有机酸和醛类物质，具有强烈的酸味和刺激性臭味。酒尾的总量较少，约是全部馏分总量的1/4。

3.17.2.2 近红外光谱在线精准摘酒技术特征

在线精准化摘酒技术，充分考虑摘酒环节白酒品质的分析特点，模拟品酒师感官品评工作流程，实现对摘酒过程中不同品质酒体的判别区分。其技术特征表现在：

① 以在线的方式获得样品光谱，原位获得分析结果，便利地实现设备和工业生产过程的耦合，完成量质摘酒的自动化、智能化，提高了生产效率和产品质量，减少了对人员的依赖性，促进了白酒生产行业的工业自动化进程。

② 结合近红外光谱技术、化学计量学方法，模拟摘酒师的感官工作流程，通过特征光谱波段筛选、预处理优化、信息压缩提取等方法开发了光谱信息和感官品评结果建模的方法，实现了摘酒过程的机器学习。

③ 为摘酒过程酒质的区分提供了更全面的质量指标，研究了核心组分含量、摘酒师的感官评定、光谱技术三者结合的在线精准化摘酒分级技术，可同时进行酒精度、总酸、己酸乙酯、乳酸乙酯、乙酸乙酯、乙酸、己酸、乙醛、乙缩醛、正丙醇等理化指标的快速分析和感官结果的判别，可及时、准确地判断新酒的优劣品质，实现精准分质、量化摘酒。

3.17.2.3 近红外光谱在线摘酒自动化系统开发

3.17.2.3.1 在线近红外光谱采集

对于白酒等液体样品，采集模式有透射、透反射两种。经过项目组实验，结合前期研究成果，确定在1mm光程下采用透射的方式在线获得白酒光谱，以保证谱图信息的完整性。考虑到白酒生产车间湿度大、温度高，原酒酒精度高，要求光谱采集装置坚固稳定、无污染、耐腐蚀。经过多次改进，最终选择不锈钢作材料制作基础结构，石英棒、光纤作为光路传输介质。

3.17.2.3.2 摘酒分级模型的建立

（1）基础数据获得

① 取样 选取有代表性的酿造生产车间，对生产车间的数个酒罐进行取样，以扩展模型样品多样性，摘酒时要求流速保持均匀一致。每取一个样品点，同时取一个该样品点的混合样品作为品评依据。考虑到白酒实际生产状况，主要针对断酒尾环节进行研究。打开光谱仪，设备将进行连续扫描并自动按时间顺序记录光谱数据。取样在酒头结束后开始进行，并密集集中在断花点附近，自断花前后不少于 10L 内，每隔 2L 取 100mL 的样品（点样品），并记录此时的取样具体时间，同时将该间隔段原酒倒入酒罐，混匀后取一个 200mL 的样品（混合样品）。

② 感官品评 组织经验丰富的品酒员对混合酒样进行品评，通过品评交流定出最佳段位点，找出断酒尾的最佳点。

③ 理化分析 采集的所有点样品将进行酒精度、总酸、己酸乙酯、乳酸乙酯、乙酸乙酯、乙酸、己酸、乙醛、乙缩醛、正丙醇等理化指标的分析检测，方法参考 GB/T 10345—2007。

（2）模型建立、验证及优化

对收集的近红外光谱进行降噪预处理；筛选出与酒类品质因子高度相关的关键波长点，建立摘酒判别模型，并在数据分析方法优化、检测方法优化、建模方法优化、样本域拓展与优化、酒类光谱特征指标优化的基础上，反复对定性（量）判别模型的准确性、实用性进行提高。该研究分别采用判别因子法及 *K* 系数法共同构建摘酒分级模型。

① 判别因子法 模拟品酒师摘酒分级流程，依据将感官点作为酒质控制点建立模型。将已知类别的样品作为模型的校正集与验证集，将不同类别（感官点前后）的原酒样品分别存放于独立的数据库中，以类别变量代表两种类别原酒样品，将感官点前的原酒样品以 1 表示，感官点后的原酒样品以 2 表示，采用外部验证校正方式，对两类样品建立判别模型。

模型建立后，根据模型的计算结果，计算出判别分析结果的阈值为 1.5，如果预测值大于 1.5 就判别为 2，即为感官点后的原酒样品；如果预测值小于 1.5 就判别为 1，即为感官点前的原酒样品。

由感官点上下各三点绘制出的判别模型（判别因子法）效果如图 3-17-1 所示。图 3-17-1 中红色横线（纵坐标等于 1.5）为判别基准线，距品评点前 6L 处（+6L 点）低于界限点的样品量（即正确判断）占 100.0%，前 4L 处（+4L 点）样品量占 100.0%，前 2L 处（+2L 点）样品量占 95.2%；距品评点后 2L 处（−2L 点）高于界限点的样品量（即正确判断）占 90.5%，后 4L 处（−4L 点）样品量占 100.0%，后 6L 处（−6L 点）样品量占 100.0%。

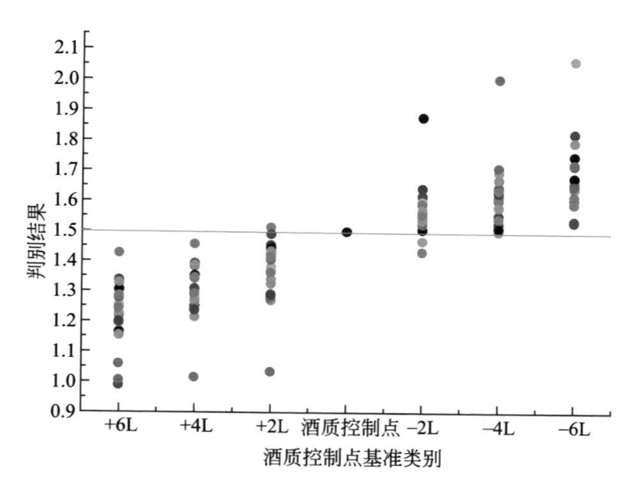

图 3-17-1　摘酒分级模型（判别因子法）测试结果（图中圆点表示摘酒过程样本点）

整体测试结果显示建立的摘酒分级模型（判别因子法）可将判别误差控制在酒质控制点（感官分级点）前后 2L 范围内，并且分级正确率均高于 90%，证明模型的分级准确率高，稳定性良好。

② K 系数法　依据品酒师的感官分析结果，结合原酒酒精度、总酸、乙酸、乳酸乙酯、己酸乙酯、正丙醇、异丙醇、丁酸、己酸等指标的变化趋势，重新构建了精准摘酒的关键判别系数 K。随着蒸馏的进行，系数 K 越来越小，达到设定界限（K=0.019），即为酒质控制点。

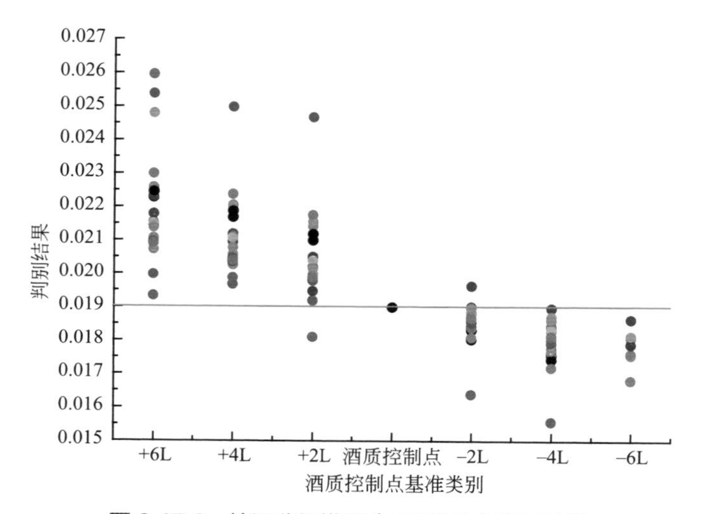

图 3-17-2　摘酒分级模型（K 系数法）测试结果

由感官点上下各三点绘制出的判别模型（K 系数法）效果如图 3-17-2 所示。

图 3-17-2 中红色横线为判别基准线，距品评点前 6L 处（+6L 点）高于界限点的样品量（即正确判断）占 100.0%，前 4L 处（+4L 点）样品量占 100.0%，前 2L 处（+2L 点）样品量占 95.0%；距品评点后 2L 处（−2L 点）低于界限点的样品量（即正确判断）占 90.0%，后 4L 处（−4L 点）样品量占 100.0%，后 6L 处（−6L 点）样品量占 100.0%。

整体测试结果显示，建立的摘酒分级模型（*K* 系数法）同样可将判别误差控制在酒质控制点（感官分级点）前后 2L 范围内，并且分级正确率均高于 90%，证明模型的分级准确率高，稳定性良好。

3.17.2.3.3 在线摘酒自动化系统整体架构开发

在线自动化摘酒系统包括安装在出酒口的仪器终端、服务器端以及相应的通信网络。仪器终端完成测量、分析、监控等功能，测量数据通过通信网络实时反馈回到服务器端，在服务器端监控全部数据，为使用者提供决策参考。

系统部署如图 3-17-3 所示，控制流程如下：蒸馏器中的酒在流出时，经过插在流出管道中的测量探头，由在线光谱采集探头实时获得样品的光谱信息，光谱仪获得光谱信息并完成样品的质量分析和判别，数据通过网络系统传入服务器，服务器及时处理这些信息并发送指令到电磁阀分流器的控制系统上指导操作，从而经由分流器依次流入不同等级的贮酒罐中，实现自动化的分管道入库工作。在显示终端可以看到全部数据的实时变化以及趋势变化，以及各个模块的运行状等。

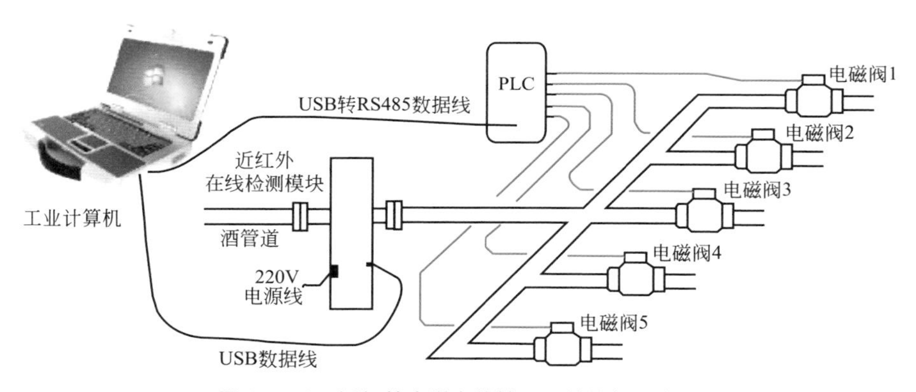

图 3-17-3 近红外光谱在线摘酒系统构架示意图

在线自动化摘酒系统应具备良好的可靠性，在满足自动摘酒功能的同时，要保证整个系统运行的稳定性与连续工作的可靠性；自动摘酒系统是传统人工摘酒工艺的合理升级与改造，不仅要能降低劳动强度，提高摘酒效率和成品率，与此同时应考虑整个系统的经济性和实用性要求。另外，在进行自动摘酒系统的设计时，应考虑生产者对管理便利性的需求，要确保操作员工使用方便顺手，以及控制系统能够流畅和稳定工作，从而提高工作效率，改善员工的工作环境。

3.17.3 应用前景

基于近红外光谱分析技术的在线量质摘酒方法的推广，将完善国内白酒企业的摘酒技术，满足我国白酒企业对于在线自动化摘酒方面的迫切需要，从而实现摘酒环节的实时、在线、快速控制。

对该研究成果的实施应用，一方面能够降低企业的检测成本、提高企业的利润率，促进企业检测技术更新换代，增强企业的核心竞争力；另一面能够提高产品的质量水平、特别是优质酒的产量，提升企业的质量安全保障能力以及行业的整体技术水平。此外，可以改善摘酒技术在国内的现状，增强白酒企业竞争力，进而提高在国际市场上的占有率。基于近红外光谱分析技术的在线量质摘酒方法的推广，不仅推动了社会经济的发展，也带动了国内白酒行业技术水平的发展。

该研究成果主要面向国内白酒生产企业，对其酿酒过程中摘酒环节的稳定性控制、产品品质的提升具有重要的现实意义，符合国家产业发展政策，符合我国立足于完善自身产业结构，保护传统优秀白酒品牌和种类的要求。该成果的实施对我国白酒产品的出口也具有技术支撑和促进作用。

3.18 过程分析技术在固体制剂连续制造中的质量控制策略与商业化实施

传统上国内药品制造一直非常保守，即使高度专业化的产品生产，老式的批量制造（batch manufacturing）模式仍然占据主导地位。批量制造是一个多步骤的过程，在每个工艺步骤之后，生产通常会暂停以测试样品的质量，有时物料可以储存在容器中或运送到另一个设施以完成下一步制造。因此处理时间可能会数周甚至数月，并且还有可能给对环境敏感的活性药物成分（active pharmaceutical ingredients，API）带来质量风险。相比之下，连续制造（continuous manufacturing，CM）是在同一设施内实现不间断药物制造的过程，各步骤之间没有停顿，并且消除了分离中间体的程序。在连续制造中，物料通过完全集成设备的装配线，节省操作时间并降低人为错误发生的可能性。连续制造还具有额外的优点，包括自动监控所涉及的各个设备，在故障发生之前进行问题检测并实时监控。制药行业现在也开始寻求连续制造药品的优势。在连续制造中，生产成品药品所需的所有单元操作都在一个车间内进行，即单一控制系统。而传统的批量制造则是各种操作工艺（例如混合、称重、压片和包衣）在不同的时间点及不同的车间进行（图 3-18-1）。

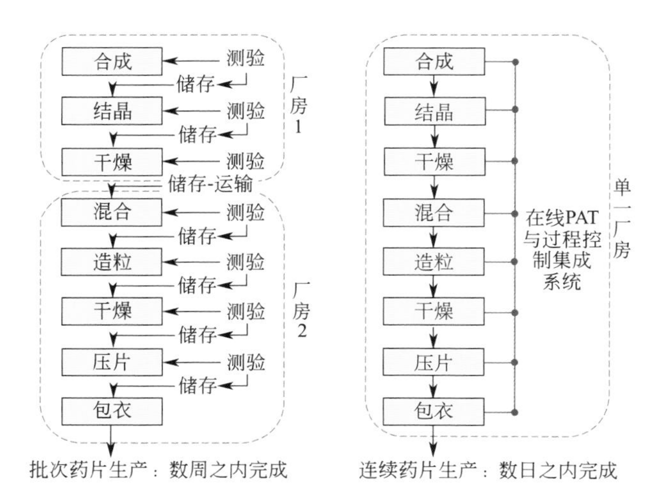

图 3-18-1 制药工艺批次制造与连续制造的流程比较

食品、化学和石化行业早已采用了高效的连续化技术来安全地生产他们的产品。在制药领域，若实施连续制造作为一种常规方法，则需要相关行业、监管机构、学术机构和设备制造商之间的充分了解与合作。依据美国食品和药物管理局（food and drug administration，FDA）的定义，“连续制造”工艺是指物料连续地投入并在工艺中完成转换，同时加工后的物料被连续地从系统中移除。虽然该描述可以应用于单个操作工序或由一系列操作工序组成的制造过程，但连续制造是由一系列两个或更多操作工序组成的整体工艺。美国联邦法 21 CFR 210.3 中定义了批次为特定数量的药物或其他物料，预期在指定的限制内具有均匀的特性和质量，并在同一制造周期内根据单一制造订单生产；因此美国 FDA 认为批次是指物料的数量，并未指定制造方式。由此可见，连续生产的规模可依据生产时间而不是设备尺寸决定。一般情况下连续制造可长期运行 120h，运行期间以 50kg/h 的定额流量，实现制造 6000kg 的成品，约等同于 1500 万片主要成分为 400mg 的片剂。事实上，一些制药设备本身已是以连续运行为主，例如制剂的压片机和连续化发酵罐。但湿式制粒机、包衣机及化学合成反应等其他设备或产品必须进行改造以便符合连续生产。图 3-18-2 显示的是典型固体制剂连续制造的直接压片工艺流程。

连续制造为制药行业的改进与创新提供了多种机会。

① 具有精简步骤的集成过程。例如更安全，具有更快的响应时间内，更高效、更短时间内完成检测。

② 设备体积小巧。例如具有可能更小量 API 的要求，更高的操作灵活性，更低的成本，更加环保的优势。

③ 具有基于质量源于设计的先进的产品开发方法。

④ 实时获得产品质量信息。

⑤ 更容易改变规模以适应供应需求。

由此可见，连续制造能够确保时间、金钱和物料的最少浪费。物料没有等待时间，并且在此过程中不会停止运送。作为连续制造的产品数量可以通过时间戳、产生的物料量或使用的物料量来定义，因此比批量生产更具效益。主要是连续制造可以更准确地跟踪产品流，从而实现质量控制，精确定位和隔离确切的缺陷物料[120-122]。然而在常规化操作过程中，连续投入的物料属性、工艺条件和环境因素可能存在瞬时工艺波动，因此实时监测质量属性与调整操作参数极为关键。依据美国 FDA 建议，在连续制造过程中必须制定控制策略，制造商应考虑连续生产工艺中预期和发生意外的变化[1]。其中控制策略的定义为对当前产品和对工艺理解的一系列有计划的控制措施，可确保工艺性能和产品质量。因此控制的对象包括与原料药和制剂组分相关的参数和特性、工艺和设备运行条件，在线控制，成品质量标准和相关分析方法以及方法的监测与控制频率等（参考 ICH Q10）。而 FDA 鼓励的过程分析技术（PAT），就是通过实时监控和过程控制策略使具有预定质量属性的产品达到一致性要求[123]。具体内容包括满足关键质量属性（critical quality attribute，CQA）的标准来确保所需产品质量的性质；进一步监控会影响质量属性的关键过程参数（critical process parameter，CPP）以确保生产出期望质量的产品。而这些变量均是设计控制策略所必须考虑的重点。实施 PAT 可进一步促成连续制造，具体包括：①集成化　提供关键过程测量以集成到在线控制系统中；②数据化　借收集数据过程可详细理解过程性能，协助工艺改进和建立模型；③控制化　实现异常事件的早期诊断与实时控制。而过程分析技术是在连续制造上的应用扩展，可进阶到产品实时放行（real time release）决策，符合 FDA 和 ICH Q8 指南鼓励实时放行测试（real time release testing，RTRT）方法的期待。因此从实践意义上，连续制造技术要求在整个产品生命周期中采用全面的整体控制策略，以可重复性和一致性的标准确保在产品放行时和整个产品保质期内符合预期产品质量[124,125]。因此基于过程分析技术的连续制造技术的控制策略已从传统制药生产上的“可有可无”升级到“必须配置”的层

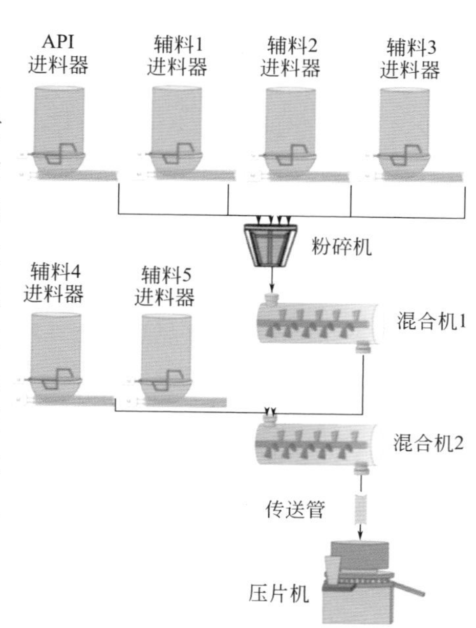

图 3-18-2　典型固体制剂连续制造的直接压片工艺流程

级上。

3.18.1 连续制造中的过程分析技术

3.18.1.1 动态采样挑战

在美国 FDA 推出使用过程分析技术用于药品制造的倡议之后，创新传感技术在过去几年中得到迅猛发展。然而这些技术的开发大部分是基于批量生产，且以生产粉末物料或最终产品是静态并且可以多次测量为主。将过程分析技术纳入药物生产的连续过程，其挑战主要在于必须将传感器、分析仪重新配置到连续框架中，且粉末或液体流是以动态形式呈现，如何实现动态测量及使抽样具有代表性是必须重视的难题。如何改造设备以便使过程分析技术设备收集到正确的数据是连续制造面对的重点考虑之一。一些简单测量（例如流量，压力和温度）可由线上传感器很容易地获得。其他一些复杂的测量，需要创新性的设计，如在线近红外光谱测量时，须改造采样探头与处理设备的物理接口。图 3-18-4 示范了在线近红外光谱探头可大面积窗口测量粉末的混合均匀性。基本上采样探头在测量任何物料的主要成分时必须考虑以下几项关键重点：a. 避免物料覆盖到测量探头窗口；b. 确定实际测量样本量，例如在收集光谱期间测量粉末取样重量或体积；c. 优化探头的装设位置，确定探头不会阻挡或影响粉末流；同时应该放置在可测量到移动粉末流，而不是只测到黏着在漏斗壁上的粉末（即应在通道内发生流动）；d. 选定的取样量或频率应具代表性，采用适当的统计方法证明采样与其衍生方法（例如置信度和覆盖范围）的分析合理性（例如置信度和覆盖范围）。当前 PAT 所需探头可商业化订制，一般粉末包覆探头的解决方案包括自动刮除、空气吹扫或自动清洗等。使用者可以通过消除附着探头窗口的解决方案来提高其在线检测的高效性。Sierra-Vegaa 等人在其研究中，使用近红外光谱法评估连续直接压片工艺混合均匀性的取样位置。该研究包括开发两种在线偏最小二乘校正模型，一种是在混合过程后的过渡滑槽中，另一种是在压片机的进料架中。实验结果表明，在连续搅拌器的旋转速度下，粉末的药物浓度明显受到影响。滑槽中的粉末均匀性不能代表片剂的含量均匀性。该研究证明了进料架内的混合效应有助于降低粉末混合物的不均匀性[126]。

3.18.1.2 分析工具

过程分析技术框架体系中要求实现快速采集信息、增强工艺理解、实施连续改进和降低风险，建议工具包括：a. 多元数学统计手段（如实验统计设计、响应曲面法、过程模拟和模式识别软件）的应用，及对产品和过程变量进行鉴定和评价的多元统计工具（如化学计量学）；b. 光谱仪器，如近红外光谱，中红外、拉曼光谱，质谱和高效色谱等，能够进行无损检测并能提供待加工物料的生物、物理及化学特性有关信息的过程分析仪器（参考图 3-18-3）；c. 保证对所有关键质量属性的有效控制，包含过程监测和控制策略的过程控制手段；d. 连续改进和知识管理。对数据采集和分析得到的知识积累，可作为批准后工艺变动的建议与评价依据。由此可见，PAT 项目开展必须是“软（件）硬（件）兼施”。在固体制剂连续制造中多半采用快速近红外光谱（例如二极管阵列）与拉曼光谱仪；而 API 合成的流动化学上，则多半运用中红外、拉曼光谱仪或小型核磁共振仪等。在工具安装时也须评估流量扰动时测量时间与流量差距、探头的数量与位置、探头失效或探头维护等多种因素。一般 PAT 信号受可变流量和粉末密度影响，使得准确计算移动粉末的效力非常具有挑战性。长时间（通常为 3 至 5 天）的连续测量需要仪器具有高度基线稳定性和特殊探头技术以防止粉末在探头上积聚。

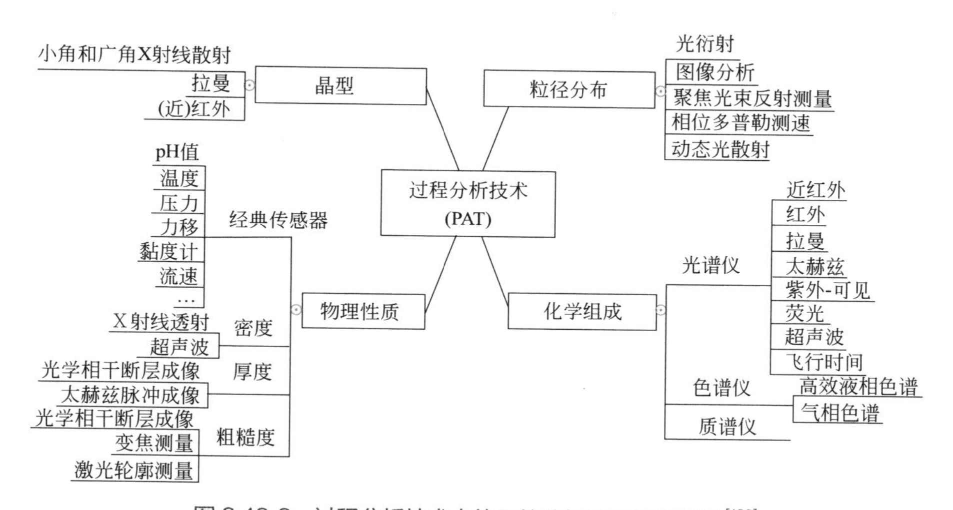

图 3-18-3　过程分析技术中使用的分析仪器与传感器[120]

在线光谱分析时对预测模型的优化，多倾向采用大样本量的统计建模方法来改进。然而在建模过程中为了降低主要成分药品的消耗，避免大生产的额外资源浪费，可考虑采用更多的可变通方案建立稳健模型。例如美国礼来公司 Hetrick 与 Shi 等人为了更有效地开发近红外光谱，定量 API 的 PLS 校正模型，创新开发了使用小尺度“离线进料架桌”的方法收集更具代表性的校准光谱。据估计，进料架桌上进行校准可达到相同的模型稳健性，但所消耗的活性药物成分比在完整的 CM 工艺设备上进行校准时减少 95%。此外，借助模拟整个连续制造过程中压片机进料架中粉末差异，可获取影响连续制造过程设备预期的动态变化。该文进一步描述了各种光谱预处理方法对多变量模型的误差统计的影响。进料架桌方法成功用于连续药品生产过程中压片机进料架的过程监控，证明了光谱监测中的小尺度进料架桌与完整大生产连续制造过程之间的等效性（图 3-18-4）[127]。

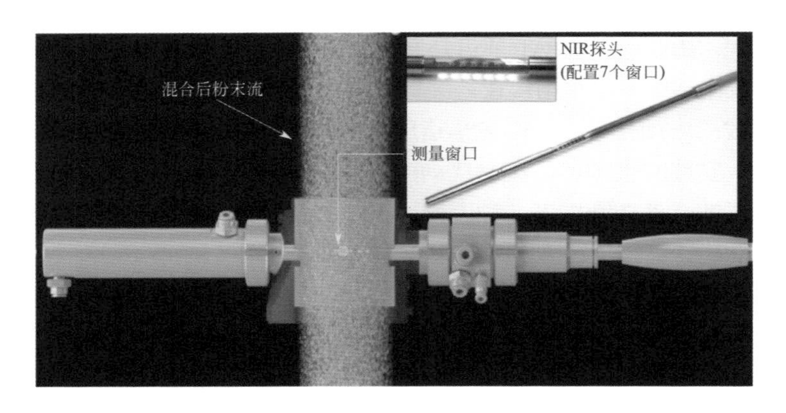

图 3-18-4 连续混合后粉末的在线 NIR 监控（特制 NIR 探头采用 7 个窗口可覆盖约 60 mm 长度，采集光谱具有代表性）

3.18.1.3 模型的分类与风险考虑

连续制造过程变化性源于关键工艺参数（CPP）和关键物料属性（critical material attribute，CMA），这些变化将影响关键质量属性（CQA）和整体过程性能。完全实现理解工艺的特性，包括区别和解释产生可变性的所有关键来源；过程中能控制可变性；根据所用物料、工艺流程参数、生产环境和其他情况等所建立的设计范围，可准确且可靠地预测出产品质量属性。在固体制剂连续制造上，应事先鉴别各单元操作的原料与质量属性以及相对应的操作条件并以此为施行重点（图 3-18-5）。表 3-18-1 列出了固体制剂连续制造生产中实施 PAT 的工具及实施重点。如何具体从关键物料属性、关键工艺参数与过程分析数据中预测关键质量属性并立即做出控制决定是关键，而且要能够兼顾预测模型理论、开发流程与验证原则的正确性。如果设计适当，稳健及可靠的模型预测可以使得工艺过程始终保持在受控状态。一般作为控制策略的模型有三种类别，分为机理模型、经验模型和两者结合的混合模型。在连续制造领域中，可以见到这 3 种模型均有应用。机理模型是以科学依据理解变量之间关系，可用于识别和表征关键工艺参数和质量属性的变化。建模以决定性演算为主，以第一原则、基础理论或基于物理原理为依据。一般多采用总体平衡模型（population balance model），配合停留时间分布（residence time distribution）的计算判断，可用于测量连续混料器中的粉体流量与控制物料均匀分布。经验模型则是通过经验认识关系，建模以数据为依据，工具包括统计分析、实验设计、多变量分析与机器学习。典型的例子是运用近红外光谱方法，结合工艺过程监测的多变量数据分析模型。而混合式模型结合了机理模型与经验模型，配合经验式化学计量学模型。开发模型时须依据科学合理的原则和条件，并能够反映常规商业化大生产的规模。一般应用在连续制造的 PAT 模型，多为中影响（例如中控）或高影响模型（例如实时放行测试）。注意，传统的建模策略可能需要仔细评估，尤其是样品的代表性。例如在动态流动条件下，无法将单一测量点的 NIR 数据与总体取样参考样品的液相分析结果相关联。

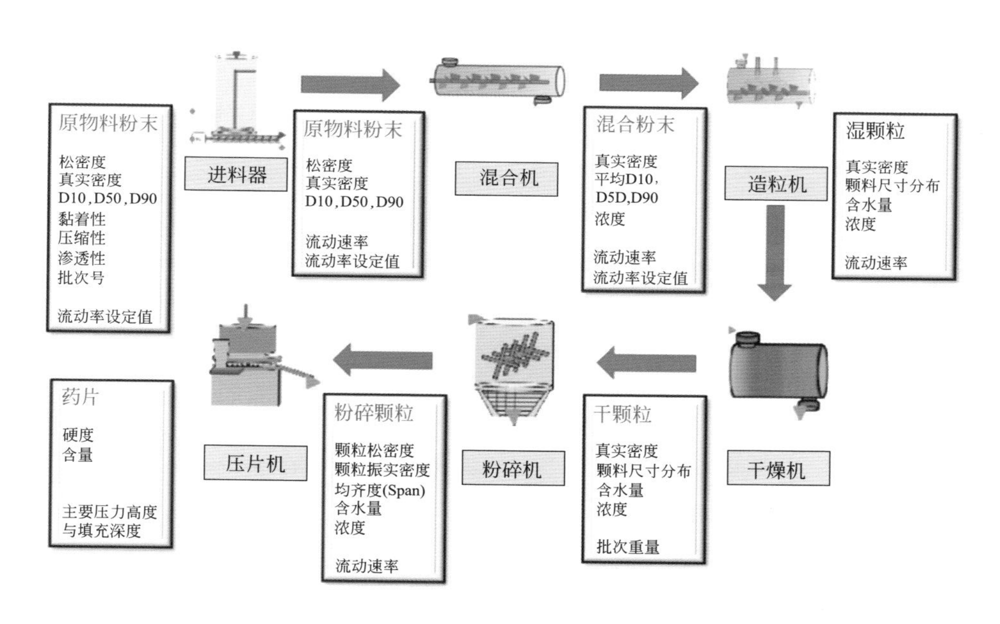

图 3-18-5　连续制造流程的质量属性与控制参数

◆ 表 3-18-1　固体制剂连续制造生产中实施 PAT 的工具及实施重点

关键质量属性（CQA）		PAT 工具	采样方式考虑重点
连续混合	API（%）或辅料（%）	近红外光谱 - 漫反射探头，近红外光谱采谱速率必须快速（至少 1s）	探头检测滑槽内粉末，须注意 API 浓度变化有限
		近红外光谱 - 漫反射多窗口探头	在粉末流动时检测，探头采用多窗口设计，加强样品代表性
		近红外光谱 - 漫反射探头	在连续搅拌器出口处测量

续表

关键质量属性（CQA）		PAT 工具	采样方式考虑重点
干法滚压式造粒	带材密度、含水量、抗拉强度	近红外光谱 - 漫反射探头，微波共振传感	非接触式测量带材的中间处，在线预测与离线测量值之间存在较大差异
	粒径	近红外光谱 - 漫反射探头	注意颗粒可能覆盖采样窗口或探头
	主要成分 API（%）	近红外光谱 - 漫反射探头	注意保持探头和薄片之间的距离不变；不同配方的物理特性可能需要不同的模型
双螺杆挤压造粒	颗粒尺寸（D10，D50，D90）	高速成像相机；聚焦束反射测量仪（FBRM）	摄像机安装在滑槽粉末上方；在粉碎后实施在线测量；注意粉体覆盖采样窗口
	主要成分 API（%）	近红外光谱，拉曼光谱	拉曼光谱的测量不必接触样品
	含水量	近红外光谱	
喷雾干燥	粒径分布	激光衍射仪	在线测量时，须区别聚集体与微球；在线测量期间窗口可能被粉体覆盖
直接压片	主要成分 API（%）	近红外光谱 - 漫反射探头，近红外光谱采谱速率必须快速（至少 1s）；拉曼光谱仪	在线测量 - 邻近药片出口外（注意需要在与过程相同的条件下收集校准光谱）
			在线测量 - 测量压片完成的每个单独的片剂（注意可能无法检验所有药片）
			在线测量 - 置于在压片机内的进料架（feed frame），直接位于桨轮上方（注意须考虑“样本体积”定义和计算测量的药片数量）

3.18.1.4 PAT 和过程控制系统集成

在现代商业化批次处理过程中，制药单元操作大多以“自动化孤岛”的模式运行，但连续制造的目标是通过使用总体过程控制系统将多个单元控制在同一个单元内。在进入工业 4.0 的前提下，制药行业正在从人工决策的控制转向先进的过程控制，其中以过程数据和建模软件实现自动控制过程化，以集成 PAT 方法为连续过程中的监测工具，进一步将监测数据整合到过程控制中。当连续过程与实时分布式控制系统集成时，可参考其他化工行业中成功使用的“闭环过程”架构，借助闭合循环过程系统可保证所需预定产品质量的实现。因此在前馈、反馈或闭环控制系统中，实现关键工艺参数动态调整并回馈到控制器中，确保过程保持在规格之内，可实时测量原始和中间 CMA、CPP 及最终产品关键质量属性参数（图 3-18-6）。Singh 等人在连续进料器和搅拌器系统中设计了集成控制硬件和软件，在搅拌器出口处采用 PAT 系统读取近红外光谱数据并配合多变量分析模型执行主成分分析并借助偏最小二乘方法提供主成分浓度和相对标准偏差值。这些关键质量属性作为过程控制系统中模型预测控制（model predictive control，MPC）的输入值。在此设计中，MPC概念包括线性过程模型与当前过程测量（配合PAT）的组合，以预测未来既定步骤的过程输出。在该研究中使用两组关键质量属性输入值来驱动进料比例和搅拌器速度。MPC的进料比例输出产生进料器的流量设定值，然后由从属比例-积分-微分控制器（proportional integral derivative，PID）控制。最终实施的控制方案利用PAT数据管理系统来集成数字自动化系统[128]。美国新泽西Rutgers大学特别成立C-SOPS研究中心专注于与大型制药公司合作，以特定配方作为案例研究，用以建立将光谱数据用于实时放行测试的知识工具箱。他们与英国GSK公司进一步在进料器和连续双螺杆制粒机的单元操作上设计了控制回路，其中回馈线由内置比例-积分-微分控制器和前馈、反馈控制器组成。设计重点是以前馈控制器在排除对产品扰动的影响，同时再以反馈控制器纠正过程扰动。自仿真研究证明，基于在线近红外光谱测量API的MPC表现比PID控制器更好[129]。因此整合过程控制的挑战是确认PAT仪器和设备数据可以无缝接轨闭环控制。其目的是完全实现制药智能化主动控制，确保预期生产结果并支持实时放行策略。例如美国辉瑞公司的Chantix药品，其申报的实时放行应用程序已在所有主要市场和世界其他大部分地区完成。辉瑞公司相信实时放行测试的价值在于取样送到实验室的传统测试将会减少，人力与资源成本将降低，有助于实现供应链现代化，灵活应对市场操作，并保持较低的库存量。

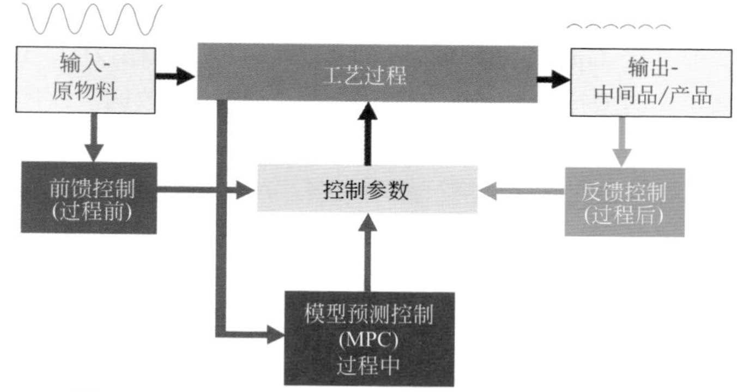

图3-18-6 典型PAT过程控制前馈、反馈系统示意图

3.18.1.5 过程监控的控制策略与实时放行

制药生产过程必须配合有效的控制策略，其目的是取得投入物料、中间体和成品中监控工艺参数和属性的实时信息，并在物料移送中可以检测瞬时干扰和工艺偏差，实现更准确的主动工艺控制，降低这些潜在干扰产品质量的风险。美国食品和药物管理局的Lee等人在讨论连续制造的质量重点中，具体说明了三种不同等级的控制策略。

① 一级控制　主动性自动控制。利用过程控制系统实时监控物料的质量属

性。自动调整过程参数反应干扰，确保质量属性始终符合既定的验收标准。例如，NIR 混合监测并反馈控制进料过程中的物料主要成分。

② 二级控制　选择性分析控制。包括适宜的最终产品测试以及在已建立的设计空间内灵活操控原物料属性和工艺参数。产品和工艺理解可借助建立多变量设计空间而识别可能影响产品质量的原物料和工艺可变性的潜在来源。例如，使用过程监控来移除不合格物料。

③ 三级控制　传统性规格控制。由于对原物料和工艺可变性如何影响产品质量的理解可能有限，因此控制须依赖严格约束的物料属性和过程参数，并通过广泛的最终产品测试降低放行劣质产品的风险。三级控制通常不适于连续制造的监控，部分原因是制造期间存在瞬态过程扰动的风险。

多数连续制造系统的特征混合模式采用一级与二级的混合控制策略，并结合不同控制水平的方法。方法包括过程参数限制（设定点和警报）、过程监视（包括 PAT 数据）、过程控制（反馈和前馈）、物料移除和实时放行测试的集成。中控分析过程中，评估物料在过程中的变化并确定其一致性的警告限制。实施上则着重在中控范围内采取控制措施，确保符合验收标准以及在中控验收标准内设置调整工艺的限制措施，并加以实时监控。其目标是唯有通过中控的物料才可在批次分析中放行。如果物料的可追溯性方法、过程监控和物料移除机制已建立，生产过程中即可实现隔离和去除不符合中控验收标准的物料且不致影响该批次的其他部分。

在质量源于设计（quality by design，QbD）与 PAT 的倡议中，ICH Q8 制剂开发文件定义了实时放行测试（RTRT）原则：基于过程数据，评估与确保中间品和最终产品的质量。这些数据可用于构建反馈和前馈控制回路。这意味着当完全理解工艺并且可以随时确保最终产品质量时，产品可以在生产后直接放行到市场。运用成熟的过程分析技术可保证产品质量，在生产后直接放行产品，而不是在批次完成后再等待产品测试完成后做出决定。实时放行可以用于批次生产，因为批次中若没有偏差，则可以直接放行。而在连续制造中的实时放行，则是在没有偏差的情况下实现连续放行产品。从运行角度而言，在线测量可识别不合规格的产品，并允许在产品超出规格之前将其隔离甚至识别其相应关键质量属性的变化。从过程理解的内涵而言，实时放行测验还应评估在多批次生产中阶段性观察到的关键质量属性的差异，以确定其在批次内和批次间的差异性，作为持续改良的依据。从研发目标上而言，实时放行测验实施前，其相关方法开发、模型验证及控制步骤必须完全确立，系统中的所有 PAT 工具都已安装并检验，必要时需了解系统的开环动态，并估计必要的时间滞留常数。从法规角度而言，如果将在线 PAT 方法作为常规方法（无备选方案）提交给药监部门，药企应制定实时放行测验计划，内容包括解决 PAT 数据中的潜在差距问题，描述当 PAT 分析仪无法使用（例如 PAT 设备失效故障）时的后续操作等要点。虽然连续生产工艺并不一定涵盖实时放行测验，但欧美药监部门鼓励制药行业实施部分或全部成品质量属性的实时放行检测，尤其是鼓励大型创新药厂将实时放行作为连续制造商业化后高效率与经济效益的重要目标。

3.18.2　固体制剂连续制造的 PAT 实施概况

通过连续过程制造固体口服药物产品是欧美药企新药开发与应用的重点，而国内药企也逐步展开评估与应用。在固体制剂连续制造中，物料将定期计量加入过程中，并重复生成产品。进入过程中的物料通常具有较短的停留时间（residence time）以转换成所需产品（例如药物、中间体、药物产品混合物、成品剂型）。因此原物料的特性与进料过程是关键操作，其重点包括：a. 限制进料在上限和下限附近，以生产符合质量的原料；b. 评估操作变化的影响（例如在进料器补充期间从重量转换为体积流量）；c. 评估辅料进料变化对产品性能（例如溶出度）的影响。由于所需的物料是不间断生产的，因此进料期间须不断确认物料质量，必要时应调整其工艺参数以保持一致的产品质量。通常整体系统中的传送过程可能引起一定程度的扰动（例如粉末的分离或聚集），过程中物料沿着管线传送后，系统中产生的扰动将随着传送而趋于平缓。在解决方案中，系统对扰动的动态行为除了利用在线光谱分析外，尚可通过停留时间分布（residence time distribution，RTD）方法评估物料流动趋势，确定其数学机理模型。例如 Jakob 等人开发三种常用连续工艺（直接压片、湿法制粒、热熔挤出）的数学模型，根据从进料器数据计算的 API 浓度预测混合步骤后的 API 浓度。这项研究提出了一种软传感器（soft sensor）模型，该模型捕获了上述三条生产线的混合步骤的停留时间分布，允许整体分析系统并支持整体控制策略的开发。在适合条件下，开发停留时间分布模型可替代昂贵的 NIR 设备，甚至可提供已装置 NIR 仪器后可能的故障或信号漂移信息[130]。

使用近红外光谱监测旋转式压片机中的进料架内循环粉末的活性成分已成为新兴的 PAT 应用项目，原因是可直接检视粉末物料在压片前的质量情况。设计上是将 NIR 探头安装在进料架上，紧接在压片模具的填充器之前，可在片剂压片过程前进行活性成分测定，计算压成片剂的物料测量值（图 3-18-7）。美国礼来公司与辉瑞公司的研究报告表明，压片过程参数（包括桨轮转速和 NIR 探头位置）必须针对不同压片机的几何形状进行优化，以确保 NIR 过程信息可与片剂活性成分相关。他们认为在线 NIR 技术可用于鉴定粉末从中间散装容器（intermediate bulk container，IBC）排放粉末期间的分离情况，进一步理解在进料架内粉末混合的动力学，并可成为压片过程中故障检测片剂的诊断工具。该 PAT 应用还可以与压片机控制系统集成，成为片剂通过或拒绝的装置，也可以进行在进料架内连续监测粉末循环中活性成分和均匀性的实时放行测试[131]。

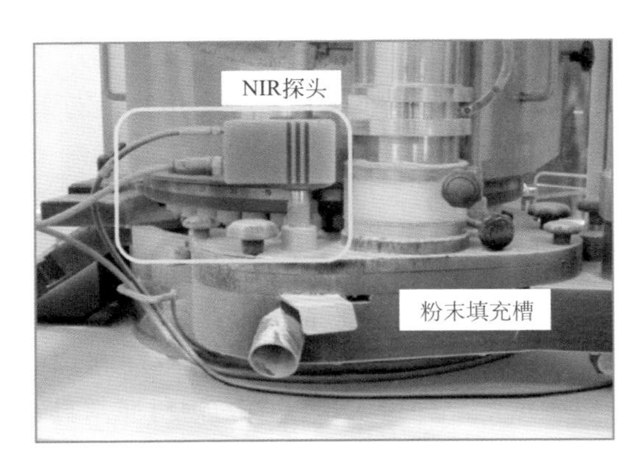

图 3-18-7 在线 NIR 直接位于桨轮上方的压片机内进料架内监控压片前粉末的 API 或辅料成分

截至目前，采用 PAT 技术的连续生产实施上，至少已有 8 种新药通过欧美或日本药监部门的审批程序。2015 年美国福泰公司（Vertex）提交第一个新药申请（new drug application，NDA），获批使用连续制造技术生产，并为此在美国波士顿附近建造了一个占地 370m^2 的连续生产车间。申请的 Orkambi 药品是基于 PAT 控制策略生产的连续制造药物产品，是含有两种活性药物成分（lumacaftor 和 ivacaftor）的固定剂量组合片剂。福泰公司以连续制造和 PAT 用于控制和实时产品放行，已经通过欧美药监部门检查和审批。此连续制造的工艺是将辅料连续分配、混合、湿法制粒、干燥、粉碎、终混、压片和薄膜包衣。据报道，有三条生产线采用连续湿法制粒工艺，不同生产线所用的 PAT 系统和功能略有差异。图 3-18-8 表示一个生产现场连续模式下的操作系统，包含从单个组件进料到薄膜包装的药片单元操作。表 3-18-2 中也列出 PAT 工具和相关的测量结果与放行标准。福泰公司将各个测量结果组合在一个控制策略中，该策略允许连续监控整个过程。这样可以根据需要进行工艺调整，以确保物料符合规范，并可隔离不合格物料或中间产品。此外福泰公司的囊性纤维化三联疗法 Trikafta 于 2019 年 10 月获批。在此申报中，采用 PAT 技术有助于 FDA 认同申报者的产品质量一致性和即时控制能力，可促使注册流程的简化，审评批准时间从一般 10 个月降低至 3 个月。

◆ 表 3-18-2 福泰公司（Vertex）在固体制剂连续制造工艺上运用 PAT 工具和用于中控（IPC）和实时放行测试（RTRT）测量的例子

单元操作	PAT 工具或检测项目	测量目的	IPC 或 RTRT
配料	近红外光谱仪	鉴别与物料性质	无
混合	近红外光谱仪	混合成分浓度	IPC
造粒前混合	进料器质量流量的减重量	重量分析	IPC

续表

单元操作	PAT 工具或检测项目	测量目的	IPC 或 RTRT
干燥	温度仪	颗粒温度	IPC
	近红外光谱仪	颗粒水含量	IPC
	激光衍射仪	颗粒粒径分布	RTRT
造料后混合	进料器质量流量的减重量	重量分析	IPC
	减重量与近红外光谱仪	终混成分浓度	IPC
	近红外光谱仪	终混水含量	IPC、RTRT
压片	拉曼光谱仪	API 晶型，API 的定性鉴别	RTRT
	重量、厚度与硬度	片剂重量、厚度与硬度	IPC、RTRT

图 3-18-8 美国福泰公司的连续制造平台与相关 PAT 设备示意图

1—临线 NIR 光谱仪（检测原物料属性）；2—NIR 光谱仪（检测混合粉末中 API 含量）；
3—NIR 光谱仪与激光衍射仪（检测颗粒性质）；4—NIR 光谱仪（检测终混后含量与水分）；
5—拉曼光谱仪和 NIR 光谱仪（检测药片性质）；6—拉曼光谱仪（检测包衣膜厚度）

2016 年美国 Janssen 公司出品的 Prezista®600mg 片剂是第一个从批次制造变更成连续制造过程的新药补充批准。Janssen 选择直接压片的连续制造技术，药片采用直接压片的连续制造平台生产。原物料真空输送到进料器及混合、压片和包衣的系统，在采用全自动和 PAT 控制的连续过程中进行，其中混合均匀度由在线多探头阵列近红外光谱监控，含量均匀度由临线近红外光谱预测。与批次生产比较，连续制造产生 1000kg 产品所需时间从传统的 13 天缩短至 2 天内，而设施面积仅占传统批次生产的一半，其中测试和放行时间也从 30 天缩短至 5 天[132]，由此可证明连续制造的经济效益非常可观。

美国礼来公司的 Verzenio 产品则是在 2017 年获得 FDA 批准连续制造。其系统是一个半集成的直接压片连续制造平台，包括高精度的粉末进料、混合和压片。独特的创新升降系统支持主流程系列，便于操作、清洁和转换。礼来公司开发并部署进料架 PAT 工具，达到实时确认药品连续制造过程中 API 在最终混合物中的浓度。此处的 PAT 工具是指能够测量粉末形式的 API 浓度的近红外光谱技术。其实时放行测验的控制策略包括确保在进料框架内收集片剂并使片剂重量和近红外光谱预测的 API 浓度（混合均匀性）处于预定的限制之内，超出这些限制的可疑药片通过压片机的卸料斜槽触发自动清除。

美国辉瑞公司在 2015 年就开发出原型阶段的便携式、连续式、微型和模块化（portable，continuous，miniature and modular，PCMM）连续制造系统，使用 GEA 药机厂的 ConSigma 处理系统。该系统可以使用 G-CON POD 预制洁净室并安装“集箱”设施。此设计连同需要的 PAT 仪器可以在一个地点实现快速安装，必要时可将系统移动到另一个地点。辉瑞公司于 2015 年在康涅狄格州格罗顿安装了第一台 PCMM 装置，2018 年在德国弗莱堡安装了相同的加工设备。在 PAT 系统设计上，辉瑞公司运用近红外光谱仪监控连续混合过程与旋转式压片机进料架内粉末的活性成分，从而保证所得片剂含量的均匀性（图 3-18-9）。他们所研发的 Daurismo ™（glasdegib）在 2018 年获得美国 FDA 新药申请（NDA）批准。

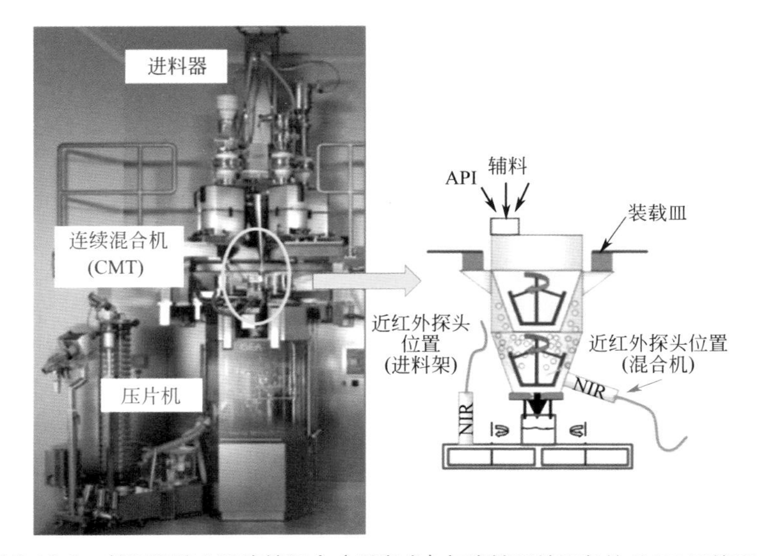

图 3-18-9 美国辉瑞公司连续混合（垂直式）与直接压片设备的 PAT 系统设计

3.18.3 总结与展望

连续制造比传统的药物批次生产具有显著的自动化监控与质量一致性优势，符合制药工业 4.0 的概念。在欧美监管部门、高校研究中心、先进制药公司和药机设备供应商的共同努力下已发布了连续制造药物的新范例。但是在连续制造的具体实施上必须调研配方选择、工艺设计、设备开发、工艺放大、过程控制、在线质量保证以及新兴技术的经济成本等因素。值得关注的连续制造控制策略必须配合 PAT 技术的运用，以完成工艺开发、质量改进和产品生命周期管理等关键内容。PAT 在连续制造中的核心角色为其工艺控制策略，研究人员应该评估最适合监测所需关键属性的 PAT 工具，并熟悉其技术与商业化成熟度。实时分析可应用多变量数据分析，过程模型的风险评价，前馈、反馈或闭环监控和大型数据库管理，以进行中控或实时放行测试。由于 PAT 是门多元化学科，为促进该领域的发展，需要吸引具有多学科和工程背景的专家，此外还需运用各种软、硬件并符合规范要求。未来 PAT 应用范例将会持续增长而运用经验也更为成熟，商业化硬件可以即插即用，预测模型可以转移，为制药连续或批次制造工艺问题提供更专业的解决方案。与此同时，如何在国内制药行业上将 PAT 变得更容易在车间实现，并合于法规或标准要求，将会是行业、监管与学术界积极努力的方向。

3.19 在线近红外光谱在中药生产过程中的应用

3.19.1 中药生产过程现状

中药是我国独具特色和优势的民族产业，其在生物医药领域中具有重要的战略地位，并已逐渐发展成为我国制药经济的重要支柱之一。中药工业化生产流程融合了原料控制、生产控制、质量检测等多个步骤流程，具有工艺过程复杂、步骤烦琐、影响因素多、非线性及交互作用效应显著等技术特点。对于中药质量控制，国内的重点大多聚焦于药材和成品上，却忽略了生产过程及其中间体的质量控制；长期以来一直依靠人工抽样分析和离线检测对中间产品和最终产品的质量进行评估。这种检测方式具有耗时长、主观因素强、检测结果滞后于生产过程等缺点，难以依据实时质量波动情况来指导生产过程，进行及时调整。据了解，近年来由于质量问题导致中间产物或最终产品返工或报废的现象常有发生。

3.19.2 近红外光谱在中药生产过程中的发展

近年来，在线检测、过程分析技术（PAT）、质量控制体系等技术逐渐深入生产过程中，通过合理的过程设计、分析与控制，增强对工艺过程的理解，降低过程不确定性和风险，以此来保证最终产品的质量。目前常用的过程分析技术有近红外光谱在线分析技术、拉曼光谱在线分析技术、在线紫外光谱分析技术等。其中，近红外光谱分析技术具有快速、高效、无需样品预处理等优势。由于无需样品预处理且近红外光谱可以通过光纤进行传输，近红外光谱分析技术十分适合复杂中药的原料药材质量快速分析以及体系生产过程的在线检测（图 3-19-1），包括药材产地鉴别、有效组分含量测定和制药过程的在线检测和监控。自“十三五”规划以来，泽达兴邦医药科技有限公司在中药生产领域已与众多“医药工业百强”企业合作成功实施了众多案例，如表 3-19-1 所示。

◆ 表 3-19-1 PAT 在中药生产监测过程中的实施实例（泽达兴邦医药科技有限公司）

客户单位	实施品种	说明
扬子江	蓝芩口服液	离线、在线
上药杏灵	银杏酮酯	离线、在线
九芝堂	六味地黄丸、驴胶补血颗粒	离线、在线
江苏康缘	热毒宁、桂枝茯苓	离线、在线
华润三九（本溪）	气滞胃痛颗粒	离线、在线
华润三九（枣庄）	感冒灵颗粒	离线、在线
绿叶制药	罗替戈汀	离线、在线
太极集团	藿香正气口服液	离线、在线
北大维信	血脂康	离线、在线
广东众生	复方脑栓通	离线、在线
翔宇制药	复方红衣补血口服液	离线、在线

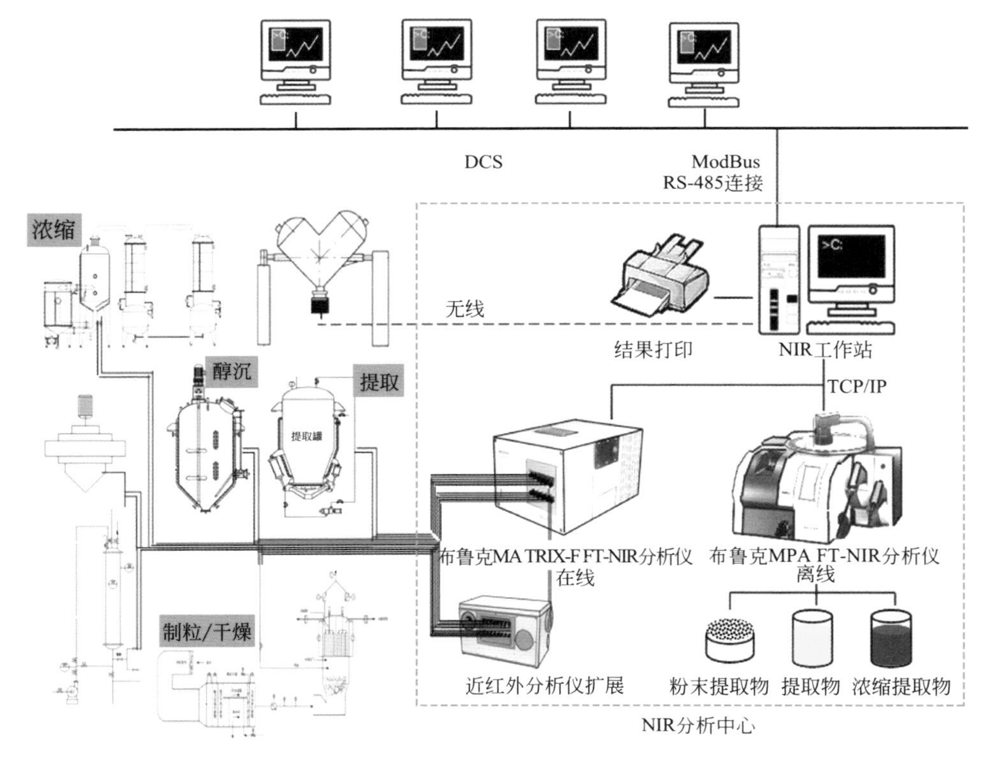

图 3-19-1 中药生产过程近红外光谱在线检测系统

3.19.3　近红外光谱在中药生产中的应用实例

3.19.3.1　华润三九感冒灵颗粒——浓缩、总混工段

感冒灵颗粒功效为辛热解表，清热镇痛，其由三叉苦、岗梅、金盏银盘、野菊等中药材构成，被广泛用于治疗因感冒引起的头疼、发热、鼻塞、流涕、咽痛等症状。野菊花中的蒙花苷等有效成分是感冒灵颗粒质量的重要检测指标，其生产过程复杂，因此保证每一个工艺环节产品质量的稳定是最终产品有效的依靠。但是目前的分析方法存在耗时、信息滞后等缺点，严重影响了产品的质量，增加了生产成本，亟待开发一种快速、准确的检测技术。

目前，近红外光谱检测技术已经逐渐从离线实验或者小规模的模拟实验向大生产过程的在线监测发展。与前者相比，近红外光谱在线监测技术更具有实际指导意义，在保证对象中的指标可以用于建立准确的定量模型基础之上，还能够对生产过程的质量进行监控。泽达兴邦医药科技有限公司在国家工信部智能制造新模式应用课题的项目中，以华润三九的感冒灵颗粒、感冒清热颗粒、小儿感冒颗粒等公司重点产品，建立关键生产工艺环节生产过程快速检测和在线质量检测系统，并与 SCADA 系统集成，建立质量数据库。其中，包括对感冒灵颗粒、感冒清热颗粒和小儿感冒颗粒三种药物中流浸膏中有效成分和固含量、半成品中有效成分、原药材的水分和浸出物、浓缩液有效成分和浸出物等物质的快速测定和实时监测。

在项目实施过程中，近红外光谱检测系统能够有效应用于感冒灵颗粒的生产过程，实现了产品关键工艺环节中间体质量的实时动态在线监测，降低了工艺运行过程中间体质量波动性，提高了中成药生产全过程的质量控制水平。图 3-19-2 展示的是近红外光谱技术与感冒灵颗粒制粒总混工序的结合应用，以其半成品为

文件名	样品名	方法	组分	预测	真实值	单位	马氏距离	范围	组分值密度
2008003-1.0	Test	小儿感冒颗粒浓缩固含量模型.q2	固含量	20.67	19.73	%	0.11	0.47	0.65
2008003-2.1	Test	小儿感冒颗粒浓缩固含量模型.q2	固含量	30.01	30.46	%	0.011	0.47	1.62
2008003-3.1	Test	小儿感冒颗粒浓缩固含量模型.q2	固含量	34.18	34.02	%	0.03	0.47	0.76
2008004-1.0	Test	小儿感冒颗粒浓缩固含量模型.q2	固含量	29.67	29.26	%	0.051	0.47	1.67
2008004-2.0	Test	小儿感冒颗粒浓缩固含量模型.q2	固含量	30.30	30.21	%	0.0094	0.47	3
2008004-3.1	Test	小儿感冒颗粒浓缩固含量模型.q2	固含量	31.46	31.54	%	0.028	0.47	3.72
2008004-4.0	Test	小儿感冒颗粒浓缩固含量模型.q2	固含量	32.60	32.63	%	0.028	0.47	20.12
2008004-5.0	Test	小儿感冒颗粒浓缩固含量模型.q2	固含量	32.79	33.13	%	0.04	0.47	19.87
2009002-1.0	Test	小儿感冒颗粒浓缩固含量模型.q2	固含量	26.64	27.03	%	0.022	0.47	0.67
2009002-2.0	Test	小儿感冒颗粒浓缩固含量模型.q2	固含量	26.74	27.25	%	0.024	0.47	0.78
2009002-3.1	Test	小儿感冒颗粒浓缩固含量模型.q2	固含量	27.87	27.50	%	0.025	0.47	0.73
2009002-4.1	Test	小儿感冒颗粒浓缩固含量模型.q2	固含量	27.87	27.72	%	0.025	0.47	0.73
2009002-5.0	Test	小儿感冒颗粒浓缩固含量模型.q2	固含量	28.14	28.05	%	0.024	0.47	0.78

图 3-19-2　小儿感冒灵颗粒浓缩固含量在线检测现场及效果图

例，针对蒙花苷、对乙酰氨基酚、咖啡因、马来酸氯苯那敏含量所建立模型预测结果令人满意，其相关系数 R 分别为 0.9757、09523、0.9705、0.9803，RMSEP 分别为 0.0115、0.219、0.202、0.126，均能够满足感冒灵颗粒半成品实时分析的精度要求。

3.19.3.2　上海上药集团银杏酮酯——柱层析工段

银杏酮酯为银杏叶的提取物，为棕黄色至黄棕色的粉末，其主要活性物质为黄酮醇苷及萜类内酯，临床上主要用于血瘀型的胸痹、冠心病心绞痛以及血瘀型的轻度脑动脉硬化引起的眩晕，能增加脑血流量，降低脑血管的阻力，改善脑血管的循环功能，保护脑细胞，稳定细胞膜，使脑细胞避免缺血所致的损害。还可扩张冠状动脉，增加冠状动脉的血流量，改善心脏的供血，防止心绞痛以及心肌梗死的形成。但是其原料药材来源广泛，品种繁多；同一品种药材因其生长条件、采收季节、加工方式及贮藏条件的不同而在质量上存在差异，其中药制剂成品也存在一定的质量差异。传统的质量评价方法步骤较为烦琐，耗时较长，不利于大批量的快速质量检测。因此，选取一种分析快速、样品无损、方法简单的分析技术将能够大大减少生产过程质量检测时间与人工成本，减少产品等待放行时间。

为了实现银杏酮酯生产过程的智能监测，泽达兴邦医药科技有限公司与上海上药集团合作了银杏酮酯 PAT 项目。在项目实施过程中建立了实现大品种银杏药材、中间体（提取液、浓缩液、醇沉液、层析液、干燥物）及成品质量指标的在线及离线快速检测方法，实现全生命周期质量快速检测与控制，解决了现有检测模式存在的结果滞后、分析时间长、效率偏低等问题。以大品种银杏酮酯层析过程为例，将层析过程与在线检测技术相结合，实现了层析过程药液质量指标的实时快速检测，可用于生产过程实时采集药液质量数据。图 3-19-3 和图 3-19-4 展示了层析过程的在线检测安装图以及层析过程在线监测结果。结合 DCS 系统采集的工艺数据，为构建工艺和质量数据库提供数据来源，同时为后期生产线进行工艺与质量信息的数据挖掘奠定技术基础。

图 3-19-3　层析工段在线检测现场安装图

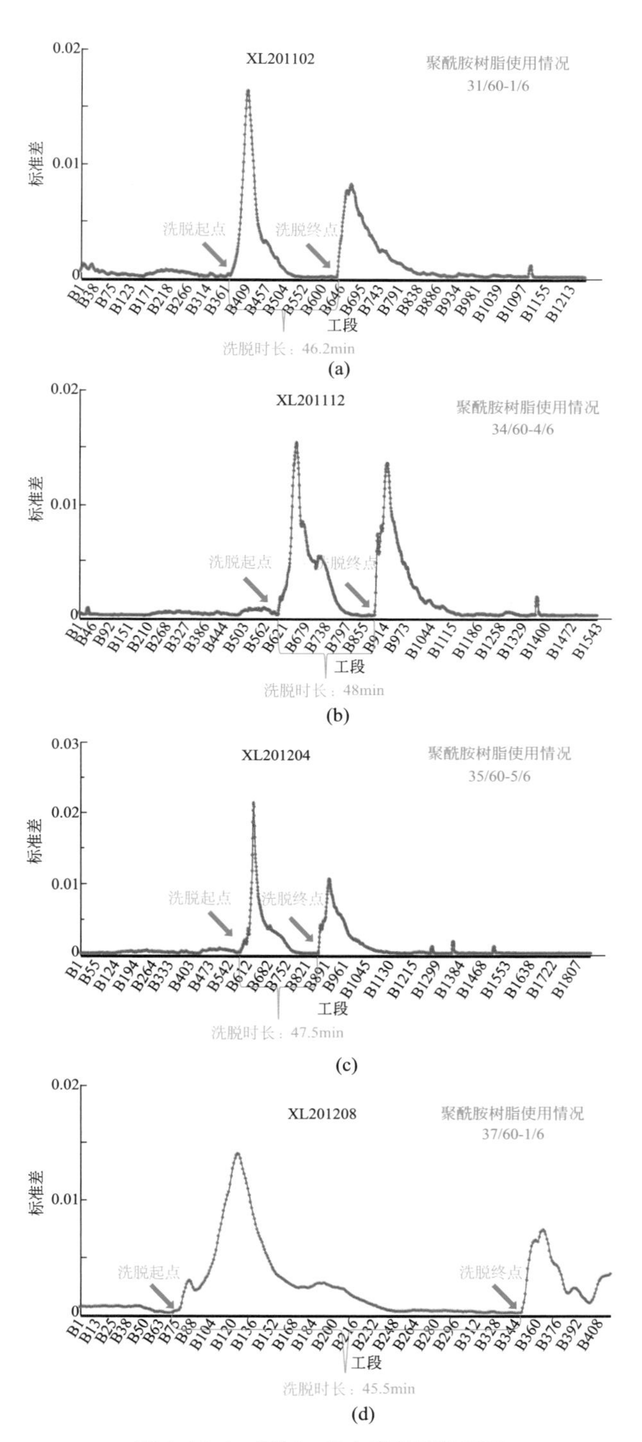

图 3-19-4　层析工段在线监测结果图

3.19.4　经济效益

近红外光谱在线检测技术的应用可以减少检化验人员的岗位设置与劳动强度，提高数据的处理量与准确性并能实时指导生产操作，在一定程度上降低了加工生产能耗，缩短了中药的生产周期，为企业带来良好的经济效益，具有非常广阔的应用前景。以上述银杏酮酯为例，醇沉、柱层析生产过程的终点判断是中药制药过程中的常见问题，传统的中药生产过程终点判断方法主观性强且无实际理论依据。通过建立银杏酮酯层析工段的MBSD定性模型追踪不同生产批次，可以得到银杏酮酯层析工段洗脱过程的实时预测图。结合工艺，可将模型分为静置工段、水洗工段、洗脱阶段、乙醇回收阶段。由预测图可以明显看出洗脱工段的起点与终点，说明该模型可以判断洗脱起点与终点。利用近红外光谱技术对中药生产过程进行终点判断有助于及时、准确地识别过程终点，减少了收集时间，大大降低了能源损耗，提高原料利用率，保证产品质量的均一稳定，为银杏酮酯产品质量的提升奠定了理论基础。

3.19.5　总结与展望

针对中药生产领域，近红外光谱技术的应用还存在一些局限性。近红外光谱作为一种分析技术，对所建立的模型依赖性较高，生产批次间的差异以及生产时间的不同均会影响模型的可靠性，因此模型的更新以及不同近红外光谱设备之间的模型传递仍是目前需要解决的问题之一。同时，中药制药过程涉及的化学物质种类相对较多，原料可能存在较大变异，常需要监控多个CPP或CQA，过程监测难度大，工艺控制相对复杂，不可控因素较多；而且目前中药原料的近红外光谱检测过程往往需要对原料进行打粉处理，能否实现完全无需预处理的近红外光谱在线检测也是值得研究的问题。

连续制造作为未来药品制造的发展趋势，药品开发者和制造商们对此表现出极大的兴趣。图3-19-5为中药颗粒的连续制造（以三九感冒灵为例）概念图，设计连续配料、连续制软材、连续制粒、连续干燥、连续过筛、连续总混工序，通过设备和控制系统设计，使得每一单元操作之间物料或产品不间断通过。通过实时监测和控制将制软材颗粒、干燥颗粒、总混颗粒后测得的水分、对乙酰氨基酚、马来酸氯苯那敏、咖啡因等构成实时联动的反馈控制系统，并结合物料的物理和化学性质，生成模拟出用于放行的数据模型，并对包装后的制剂进行实时放行检验。

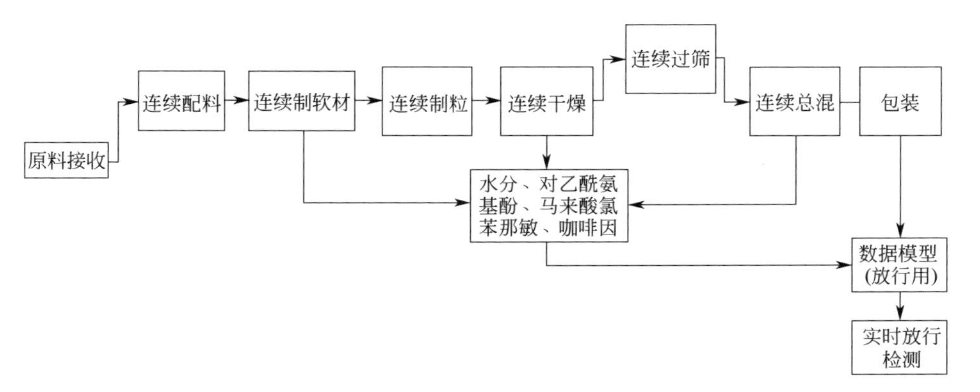

图 3-19-5　颗粒剂的连续制造概念图

与西药相比，中药的药材原产物具有质量波动较大的特点，不同批次中药质量差异在一定程度上影响了中药临床药效的稳定发挥，“均化”指导原则的提出旨在为不同批次的合格处方药味等按适当比例投料并到达预期质量目标。此外，随着数据技术和网络技术的发展，数据智能化概念与近红外光谱节点进行联合应用是未来近红外光谱技术发展的重要方向之一，通过近红外光谱在线监测技术为连续制造过程中药品关键质量属性的在线实时监测提供了更多选择，支撑中药生产由批次制造逐步向连续制造方向发展。

3.20　近红外光谱在药用原辅料和流化床制粒环节中的应用研究

3.20.1　概述

随着我国医药健康产业的快速发展，其在我国国民经济中发挥着越来越重要的作用。与此同时，也发生了诸如“毒胶囊”“齐二药”等药害事件，这就对我国药品生产的过程质量监管提出了更高的要求。近红外光谱分析技术因其快速、无损、准确等优点在制药行业中也逐渐成长为过程分析的主力军。本节主要针对其在原辅料快速分析、制粒过程在线监测两个关键环节进行介绍。

3.20.2　近红外光谱在药用原辅料快速检测中的应用

药用原辅料的入库是制剂生产的起点，也是质量检测中最为关键的环节之一，我国药品生产质量管理规范（good manufacturing practice，GMP）要求采取核对或检验等适当的措施，确认每一包装内的原辅料正确无误，以此来保障原辅料的质量。欧洲药品管理局（european medicines agency，EMA）制定了制药工业近红外光谱技术应用、申报和变更资料要求指南，对近红外光谱方法的应用进行了详细的描述。我国目前也亟需建立药用原辅料的快速质量分析技术体系。

本案例选择了 17 种药用辅料和 76 种药用原料建立药用原辅料近红外光谱库。具体的技术路线如图 3-20-1 所示。首先利用每种原辅料光谱中的 7 张光谱作为校正集，进行相应预处理，以得到的光谱内部相关系数确定每种辅料的主库的阈值，以此相关系数阈值为辅料一级识别体系的判断依据。以剩余 3 张光谱为验证集进行预测，依据相关系数的阈值判断样品的归属，归属于多个种类的利用 PLS-DA 子库继续分析，进一步确定样品信息。建立好的主库与子库分别用于验证集样品的验证。

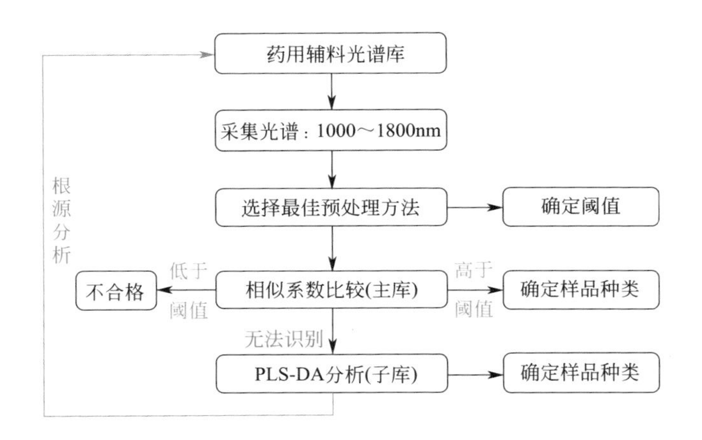

图 3-20-1　药用原辅料快速检测技术路线图

将辅料的标准光谱图经一阶导数 Savitzky-Golay 平滑（平滑点数 13，多项式阶次 2）预处理，计算预处理后 17 种辅料的标准谱图之间的相关关系，确定判别阈值，结果见表 3-20-1。

◆ 表 3-20-1　17 种药用辅料的阈值信息表

名称	阈值	名称	阈值
碳酸氢钠	0.97	预胶化淀粉	0.97
甘露醇	0.97	玉米淀粉	0.97
低取代羟丙甲纤维素	0.97	阿司帕坦	0.93
糊精	0.97	交联羧甲纤维素钠	0.87

续表

名称	阈值	名称	阈值
PH101	0.97	十二烷基硫酸钠	0.96
PH102	0.97	蔗糖	0.81
羟丙甲纤维素	0.96	β- 环糊精	0.97
CMS	0.97	磺丁基 -β- 环糊精	0.97
硬脂酸镁	0.97		

药用辅料识别体系建立的方法主要依靠了光谱间的相关系数值以及常用的 PLS-DA 定性分析方法。相关系数法计算简便可以快速计算出大量的数据，但仅靠光谱矩阵的简单计算，对比较相似的样品无法正确区分；PLS-DA 是常用的定性判别分析方法，准确率较高，但此方法要建立定性模型使用，若样品量太大则运行十分麻烦。本研究将两种方法相结合，先利用相关系数法做出初步的筛选，剩余不易区分的样品再用 PLS-DA 方法做出准确分析，达到了十分理想的结果。

将 76 种原料的标准光谱图经一阶导数 Savitzky-Golay 平滑（平滑点数 13，多项式阶次 2）预处理，计算预处理后原料的标准谱图之间的相关关系，确定判别阈值，结果见表 3-20-2。

◆ 表 3-20-2　药用原料的阈值信息表

名称	阈值	名称	阈值
三甲基苯甲醛	0.96	头孢噻吩钠	0.97
N- 乙基双氧哌嗪	0.97	头孢噻肟钠	0.97
他唑巴坦	0.85	头孢曲松钠	0.97
多索茶碱	0.97	头孢米诺钠	0.97
异辛酸钠	0.97	头孢西丁钠	0.97
甘氨酸单铵盐	0.97	链霉素	0.97
托烷司琼	0.95	苯唑西林钠	0.97
曲美他嗪	0.97	阿洛西林钠	0.97
雷尼替丁	0.97	氨基氢霉烷酸	0.90
丙帕他莫	0.97	哌拉西林钠	0.96
赖氨匹林	0.97	头孢匹胺	0.97
氨甲环酸	0.97	头孢哌酮钠舒巴坦钠	0.97
精氨酸阿司匹林	0.97	林可霉素	0.97
茶碱	0.97	庆大霉素	0.97
盐酸二甲双胍	0.97	美洛西林钠	0.97

续表

名称	阈值	名称	阈值
艾地苯醌	0.93	阿莫西林克拉维酸钾	0.97
氨磺必利	0.89	哌拉西林钠唑巴坦钠	0.97
奥沙利铂	0.90	哌拉西林钠舒巴坦钠	0.97
奥替拉西钾	0.97	氨苄西林钠舒巴坦钠	0.97
盐酸格拉司琼	0.96	磺苄西林钠	0.97
盐酸吉西他滨	0.91	美洛西林钠舒巴坦钠	0.97
左西孟旦	0.94	阿莫西林钠舒巴坦钠	0.97
吉美嘧啶	0.97	青霉素钠	0.97
卡铂	0.93	甲硝唑	0.97
卡培他滨	0.96	头孢哌酮酯	0.97
卡维地洛	0.93	头孢噻肟酸	0.97
马来酸伊索拉定	0.94	头孢丙烯	0.96
顺铂	0.84	维生素 C	0.97
佐匹克隆	0.97	蛋氨酸	0.93
盐酸昂丹司琼	0.92	赖氨酸	0.97
盐酸罗哌卡因	0.91	胞磷胆碱钠	0.97
盐酸帕洛诺司琼	0.92	格列吡嗪	0.97
氨苄西林	0.97	门冬氨酸钾	0.97
阿莫西林	0.97	门冬氨酸镁	0.97
头孢他啶	0.97	肝素钠	0.95
头孢匹胺钠	0.97	精氨酸	0.97
头孢呋辛钠	0.97	鲨鱼硫酸软骨素	0.97
头孢唑林钠	0.97	猪硫酸软骨素	0.97

原料药快速识别体系同样采用相关系数结合 PLS-DA 的方法建立。药用原辅料是药品生产过程中的基础物质，也是药品质量的关键影响因素，其快速检测给制药企业带来了巨大的挑战。近几年国家提出了实行药品与药用原辅料和包装材料关联审批。如何低成本、准确而快速地监管原辅料是十分关键的问题。对药用原辅料建立近红外光谱快速分析体系，将有效推动国产近红外光谱仪服务于药品生产行业，为广大人民群众的用药安全提供保障。

3.20.3 近红外光谱在流化床制粒过程中的应用

流化床作为集混合、制粒、干燥于一体的半连续化生产仪器，以其高效、快速的制粒特点受到制药行业的青睐，流化床制粒过程中（见图 3-20-2）颗粒的关键质量属性（critical quality attributes，CQAs）包括含水量、粒径、堆密度。含水量对颗粒的流动性、可压性以及药物的稳定性会产生影响；粒径和堆密度均会影响颗粒流动性和片剂均一性，也能间接导致片剂崩解和影响溶解性。因此，对制粒干燥过程中的 CQAs 进行监测十分必要，而传统的制粒终点判定是基于出口空气温度或物料温度的。达到某一温度时，通过离线采集样品，进行水分及其它属性的测量。这种终点测试方法耗时长、破坏样品，并且易造成材料的浪费。NIRS 作为最常见的过程分析技术（PAT），被广泛用于实时监测制粒过程中物料的变化状态，实现对物料粒径、水分、堆密度等属性的在线预测。

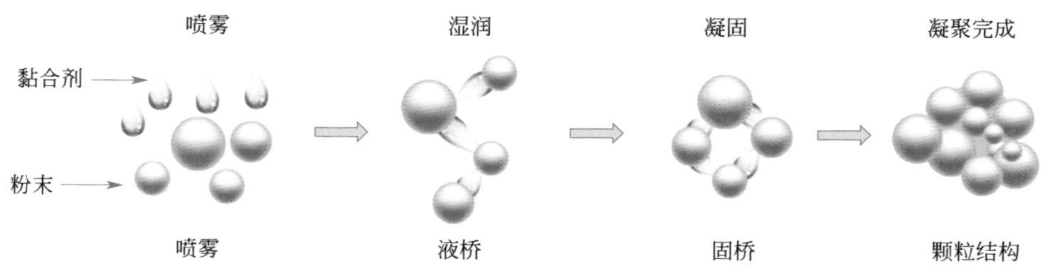

图 3-20-2　流化床造粒过程示意图

本应用案例采用便携式近红外光谱仪，结合化学计量学方法，对流化床制粒过程中的 CQAs（水分、粒径）进行在线监测和控制。通过实验设计，考察了工艺因素、配方因素，建立了水分和粒径偏最小二乘（PLS）预测模型并验证了其稳健性。力求从过程和工艺上保证产品质量，更好地监测流化床制粒生产过程，实现“质量源于设计”（QbD）的生产理念，从而提升流化床制粒的质量分析与控制水平，形成一套智能质量控制关键技术，为整个固体制剂药物生产过程的质量监控提供借鉴和技术手段。

3.20.3.1　含水量近红外光谱定量模型的建立与评价

由于近红外光谱对水响应度很高，因此选择全波段建模。为了消除背景干扰的同时降低噪声的影响，本文对比了不同预处理方法下的建模效果，将验证集和测试集组成集合，同时用于验证模型的准确性。光谱最佳的预处理方法为一阶导数 +Savitzky-Golay（平滑点数 3，多项式阶次 1）+ 中心化，使用留一法（交叉验证法），选择 2 个潜变量建立 PLS 模型（如图 3-20-3 所示）。模型评价参数 R^2_{cal}、R^2_{cv}、R^2_{p}、RMSEC、RMSECV、RMSEP 分别为 0.9768、0.9758、0.9702、0.3089%、0.3164%、0.3564%；RPD 值 5.80 ＞ 5，证明该模型质量非常好。

3.20.3.2　粒径 D50 近红外光谱定量模型的建立与评价

颗粒大小的变化可以通过监测光谱基线的变化来测量，但是因为流化床制粒过程中，基线漂移严重，无法区分是因为光程变化还是粒径变化引起的基线漂移。为了提高 D50 模型质量，探究了不同的预处理方法下模型的预测效果，发

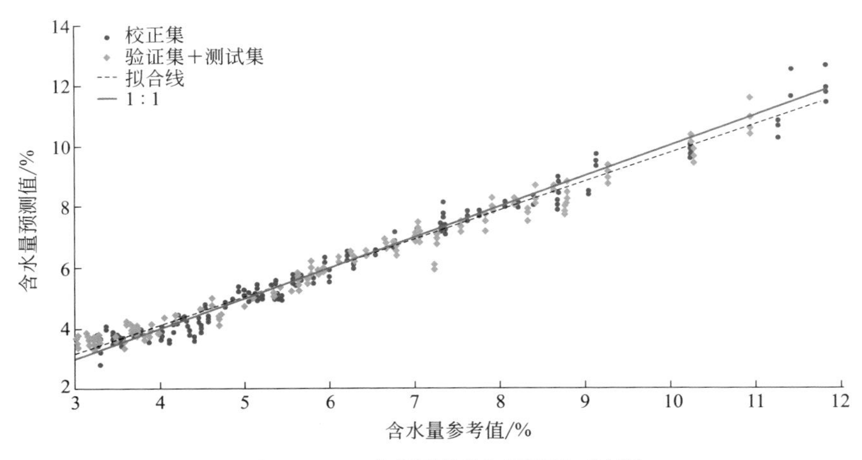

图 3-20-3　水分测量值和预测值对比图

现模型最佳预处理方法为 SNV+CWT（小波函数，尺度系数 16）+ 中心化方法处理原始光谱。SNV 主要用来消除由于光程等外界因素引起的基线变化；CWT 主要用来增强光谱分辨率，放大由于粒径变化引起的其它光谱特性变化。选择 7 个潜变量建立 PLS 模型（如图 3-20-4 所示）。模型评价参数 R^2_{cal}、R^2_{cv}、R^2_{p}、RMSEC、RMSECV、RMSEP 分别为 0.8578、0.8419、0.8818、29.3342μm、31.0487μm、24.7263μm。虽然 D_{50} 模型预测 R^2 较低，但是 RPD 值 2.91 ＞ 2，该模型是可靠的。

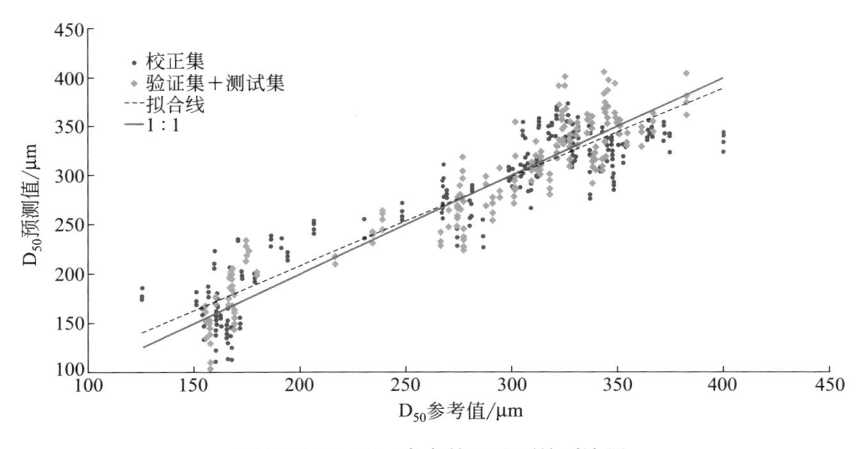

图 3-20-4　D_{50} 参考值和预测值对比图

本案例建立了流化床制粒过程中水分和粒径 D_{50} 的 PLS 预测模型并验证了其稳健性。好的模型能够很好地用于监测流化床制粒过程，能够为后续流化床制粒控制过程提供准确的数据。

3.20.4　总结与展望

NIRS 在制药生产中逐渐展现出其作为快速质量分析工具的优势，同时其积累的大量光谱数据为生产过程的理解与优化提供了支撑，为生产过程的持续提升奠定了坚实的基础。同时，我国药品监督管理局药品审评中心也公开征求 ICH 指导原则《Q13：原料药和制剂的连续制造》意见，其中更是提到了 NIRS 作为连续制造的 PAT 工具用于实现药品生产的质量放行，这也为我国制药企业应用 NIRS 提供了一定的政策基础。综上所述，NIRS 将在未来的制药生产过程中发挥越来越重要的作用。

3.21　近红外光谱网络化应用与网络实验室的建设

近红外光谱在微型化、智能化和网络化等方面，正在持续取得快速进展[133，134]。近红外光谱与网络技术具有紧密结合的巨大潜力，前者作为数据采集的“传感器”，为实际应用场景的网络化、便捷化提供所需的数据支持；后者则通过网络化的形式获取与集中管控数据，构建数据基础设施与底层框架，为近红外光谱大数据及其人工智能分析提供前提条件。不难看出，二者的融合，可望极好地放大近红外光谱技术的长处，补齐在数据建模分析等方面的短板，从而促进其更大应用与发展[135]。

近红外光谱的网络化可从基于 Intranet 的局域网近红外光谱网络，以及基于 Internet 的互联网近红外光谱网络两方面展开，分别对应近红外光谱技术在企业内以及行业内（企业间），或者对应同一集团内基于 Internet 的不同子公司或多个工厂的应用。

基于 Intranet 的局域网近红外光谱网络对布设在生产各阶段的近红外光谱仪进行集成管控，前端光谱仪节点采集与传输光谱数据，后端计算机集中存储管理与建模分析光谱数据。此类型近红外光谱网络具有分布范围小、光谱仪型号单一、数据单向流通、前端节点不具备数据处理能力等特点，一般应用于企业内部。

基于 Internet 的互联网近红外光谱网络将近红外光谱仪以及与之直连的计算机作为网络终端节点，实现各地光谱仪的网络化连接与网络化应用，具有分布广、光谱仪型号多样、数据与模型双向流通、前端节点具备一定数据分析处理能力等特点。其优势主要体现在海量光谱数据的集中管控与共享、中心建模，甚至面向大数据分析与人工智能等方面，一般应用于行业内或者地域分布较为宽广的集团公司，其整体框架如图 3-21-1 所示。

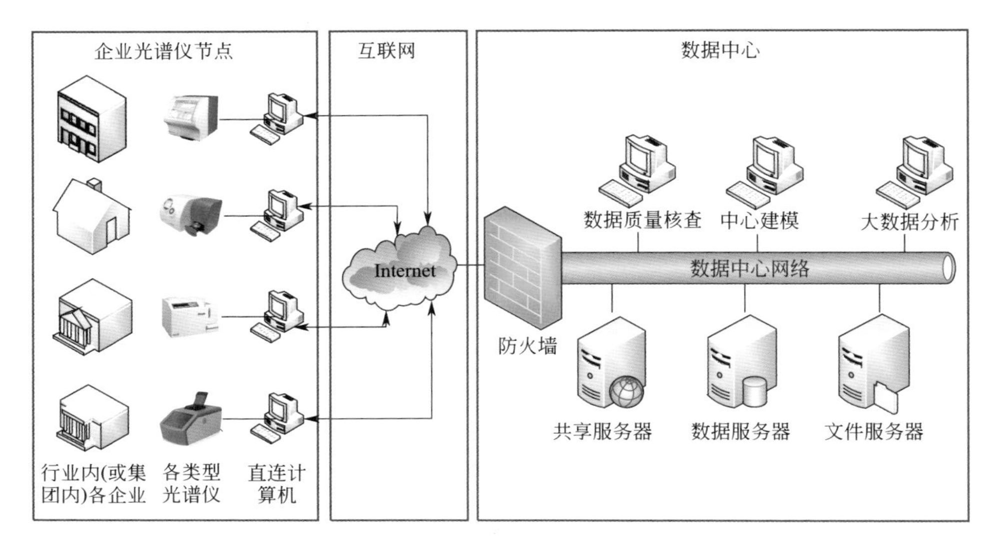

图 3-21-1 基于 Internet 的互联网近红外光谱网络

由上可知，基于 Intranet 的互联网近红外光谱网络，将传统上一台仪器连接一台电脑的光谱仪单点直连模式，转变为多对一的网络连接模式，即多台光谱仪对应一个网络的控制模式，除了数据存储管理等方面以外，在数据分析处理，模型构建以及成果应用等方面，与传统近红外光谱分析并无本质区别。而基于 Internet 的互联网近红外光谱网络则可更广泛地采集光谱数据，采集行业内海量数据，支持大数据分析场景分析与应用，提升光谱数据应用效果与价值，这也是当前近红外光谱技术网络化的重要方向。

由于近红外光谱网络的诸多优势，其已得到较为广泛的应用。例如，FOSS 公司构建的谷物近红外光谱网络[136，137]，Provimi 集团建立的饲料近红外光谱网络。在国内，中国农业大学较早开始农业领域的近红外光谱网络系统的构建。此后，国家农业信息化工程研究中心联合相关科研单位构建了谷物近红外光谱分析网络系统。同时国家食品药品检定研究院也开发了国家药品快检数据网络平台。在烟草领域，贵州中烟建设了 ACloud 烟草近红外光谱网络。同时，由郑州烟草研究院与贵州中烟联合承担，大连达硕信息技术有限公司实施开发了国家烟草专卖局烟草近红外光谱大数据网络。这些案例是近红外光谱网络化发展的不断探索与实践，对促进近红外光谱网络化具有重要意义。

3.21.1　光谱仪器管理的网络化

本节以基于 Internet 的近红外光谱网络为研究对象，介绍在 Internet 环境下，近红外光谱网络中光谱仪器管理、数据采集、数据管理、数据分析、建模结果应用，以及资源共享等方面的网络化及其关键问题。

光谱仪的入网及其有效管理，是确保近红外光谱网络化构建与成功应用的基础。由于入网光谱仪器分散在不同地域的不同企业，所以在网络化平台中，采用“申请 + 审核”的模式进行光谱仪的入网管理。

光谱仪入网申请时，提交的入网信息通常包括如表 3-21-1 所示的内容。

◆ 表 3-21-1　入网申请所提交的内容

项目	序号	内容	项目	序号	内容
企业相关信息	1	企业名称	近红外光谱仪设备相关信息	7	设备品牌
	2	企业地址		8	设备型号
	3	用户名		9	通信端口
	4	登录密码		10	仪器序列号
	5	联系电话		11	企业内部仪器编码
	6	联系邮箱		12	购买时间
				13	仪器负责人
				14	负责人联系电话

如表 3-21-2 所示，光谱仪入网申请审批通过后，将由网络化平台数据中心根据申请企业信息与光谱仪品牌、型号等信息，对申请入网的光谱仪进行编码，分发与光谱仪配套的专用控制与入网客户端软件及相关资料。

◆ 表 3-21-2　入网申请返回资料主要内容

序号	资料	资料描述
1	企业编码	唯一标志企业的“字符 + 数字”编码
2	仪器编码	唯一的“字符 + 数字”编码，包含企业、仪器信息与流水号信息
3	客户端软件	安装在仪器直连计算机上，可直接进行光谱仪控制，实现光谱仪状态的自动监控、光谱采集与上传、光谱质量监控、模型下载与应用等功能
4	软件说明书	客户端软件的安装与使用手册
5	样本制备规范	实验样本制备的相关流程、标准与规约
6	实验条件规范	光谱数据采集实验条件的相关流程、标准与规约
7	数据采集规范	光谱数据采集与质量控制的相关流程、标准与规约

企业在接收数据中心分发的编码、软件与规范标准后，打印编码信息，粘贴在对应仪器设备的醒目位置。同时在光谱仪直连计算机上安装客户端软件，录入企业编码与仪器编码，通过客户端软件完成光谱仪设备的入网

申请。

3.21.1.1 光谱数据采集的网络化

基于 Internet 的互联网近红外光谱网络中，将分散在各单位的各型号光谱仪及其直连计算机作为光谱网络节点，采集的光谱数据结合样本信息通过互联网传输至数据中心进行集中管控和应用。在此过程中，需要特别注意样本处理与实验条件的规范化问题、光谱数据的质量问题，以及光谱数据在 Internet 上传输的可靠性与安全性等问题。

3.21.1.2 样本制备与实验条件规范化

近红外光谱网络化平台中所采集的不同来源的数据，需要基于一致性的方法，从而确保数据间的可比性与可用性。通常是在近红外光谱实验分析探索，以及专家充分讨论验证的基础上，制定行业内近红外光谱样本的实验样本制备与实验条件规范，以确保其符合行业的特点与实际情况。同时需要适时进行更新与修订。企业在光谱数据采集时，应严格按照相关规定，进行样本处理与光谱采集。

3.21.1.3 光谱数据质量核查与评价

近红外光谱仪的硬件状态会不可避免地发生变化或衰减，影响光谱数据的质量。对此，可通过质控样品，绘制质量控制图，以核查与评价光谱数据质量。

（1）质控样品的制作与保管

将多个典型样本进行适量混合后，严格按照光谱制备规范制成质控样品，用于监控与核查近红外光谱检测的重复性和稳定性。根据质控样品特点，对质控样品进行适当保管，确保质控样品可重复使用。在正常样本实验时，取出适量的质控样品进行光谱数据质量核查，直至所有质控样品失效时，再制作下一批次质控样品。

（2）质量控制图的绘制

严格按照实验条件规范，多次采集质控样本的光谱数据，定性分析光谱数据的变化，或者定量分析每个光谱中所对应物质的含量变化，并据此构建 Levey-Jennings 质量控制图。

质量控制图的构建，需要基于上述规范，在不同实验环境下（如早、中、晚不同时间段），对同一（或同批次）质控样本进行多次检测，并对光谱或物质含量进行定性定量分析，采用统计分析的方法，计算得到其均值（mean）、标准差（SD）值，以及上限（upper limit）和下限（lower limit），如表 3-21-3

所示。

◆ 表 3-21-3　质量控制图中的相关参数

序号	参数	计算或说明
1	均值（mean）	$\text{mean}=\sum_{i=1}^{n}C_i/n$
2	标准差（SD）	$\text{SD}=\sum_{i=1}^{n}(C_i-\text{mean})^2/(n-1)$
3	上限（upper limit）	光谱变化或物质最低含量，根据经验或由专家讨论确定
4	下限（lower limit）	光谱变化或物质最高含量，根据经验或由专家讨论确定

（3）质量控制图的应用

实际样本的光谱采集过程中，规律性地插入质控样本进行检测，结合质量控制图，便可核查与评价近红外光谱数据的质量，如图 3-21-2 所示（以物质含量为例）。

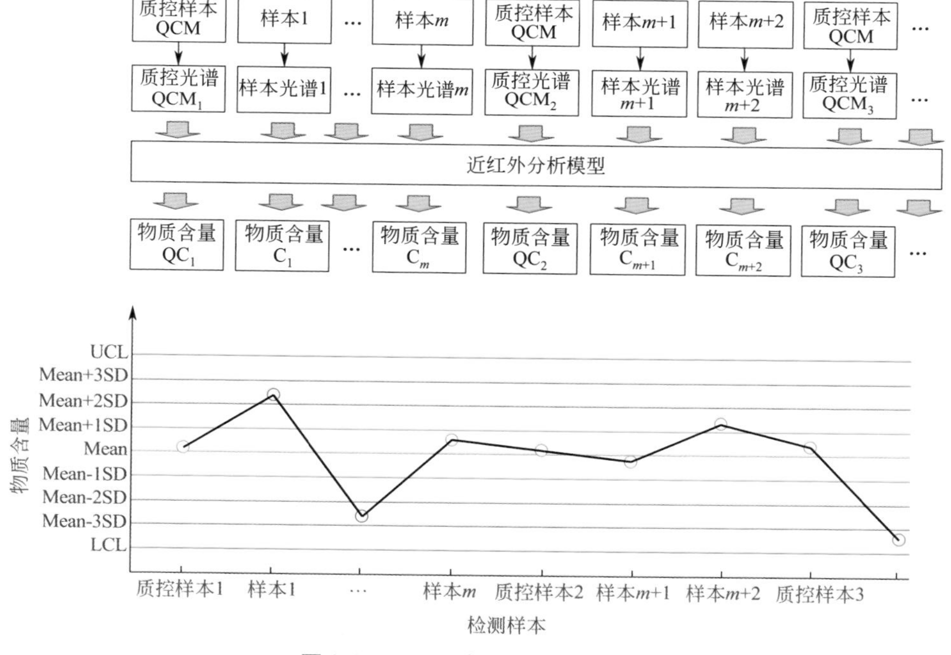

图 3-21-2　质量控制图的应用示例

同一（或同批次）质控样本规律性地穿插在正常样本的实验过程中，并在质量控制图中，观察质控样本的检测结果变化，以判断当前实验条件或者仪器状态是否发生异常。例如，在上图示例中，最后一次质控样本检测结果在质量控制图中存在明显偏差，表明后面 *m* 次实验在实验条件或者仪器状态上可能出现异常，其检测光谱质量并不可靠，需要进行数据校正，甚至重新量测。

3.21.1.4 网络传输的可靠性与安全性

Internet 在广域上实现了各地企业与数据中心的互联互通，但 Internet 存在可靠性与安全性等方面的隐患，要求近红外光谱网络必须采取严格的机制，保障光谱传输至数据中心过程中的安全有效性。

（1）光谱数据的可靠传输机制

网络传输异常与数据中心服务器不能提供正常服务，是影响光谱数据传输可靠性的两大主要影响因素，可以将心跳帧与断点重连机制用于监测网络传输的状态，保障光谱传输可靠性。

光谱数据传输过程的可靠性机制中，直连计算机定时向服务器发送心跳信号，并根据计算机是否正常接收心跳响应信号来判断网络传输的可靠性。若当前网络传输不可靠，则将新采集光谱保存在本地，直到通过心跳响应信号确认网络传输可靠，方将未上传的光谱可靠地发送至数据中心。

（2）光谱数据的安全传输机制

Internet 的公用性导致网络传输的光谱数据存在被监听或窃取的安全风险，对此需要对光谱数据进行加密处理。近红外光谱网络中可采用 https 协议中的高级加密标准（AES）加密机制加密光谱数据，以保障光谱数据的网络传输安全。而在数据中心，则基于解密机制，解密传输的加密数据。

AES 加密机制生成的公钥、私钥对（Key_{Public}、$Key_{Private}$）具有如下特性：

① 采用 Key_{Public} 加密的数据，只能通过 $Key_{Private}$ 进行解密，即使是 Key_{Public}，也无法解密采用 Key_{Public} 加密的数据；

② 无法通过 Key_{Public} 推导出 $Key_{Private}$。

此外，采用 Internet 中广泛使用的 https 协议提供的 AES 加密机制，可非常便捷地进行光谱数据加密，保证光谱数据的网络传输安全。

3.21.2 光谱数据管理的网络化

光谱数据采集的网络化导致近红外光谱网络具有光谱仪类型多样化、数据来源广、数据体量巨大、数据应用与安全需求多样化等特点，使得近红外光谱网络在光谱数据的存储、共享与安全性等方面遇到诸多新的问题，需要予以解决。

3.21.2.1 海量数据的分布式存储架构

近红外光谱网络中的光谱仪节点将产生大量光谱数据，需要构建符合近红外光谱网络数据特征的分布式存储架构，对包含结构化样本描述信息与非结构化光谱文件的各类型数据进行网络化的存储。

网络化光谱采集具有多源、异构、海量的数据特征，分析各种数据存储方案的优势，通常设计基于PostgreSQL、HBase、Couchbase、HDFS的混合部署模式，解决海量多源异构数据的存储和管理问题。数据存储模块的整体框架设计图3-21-3。

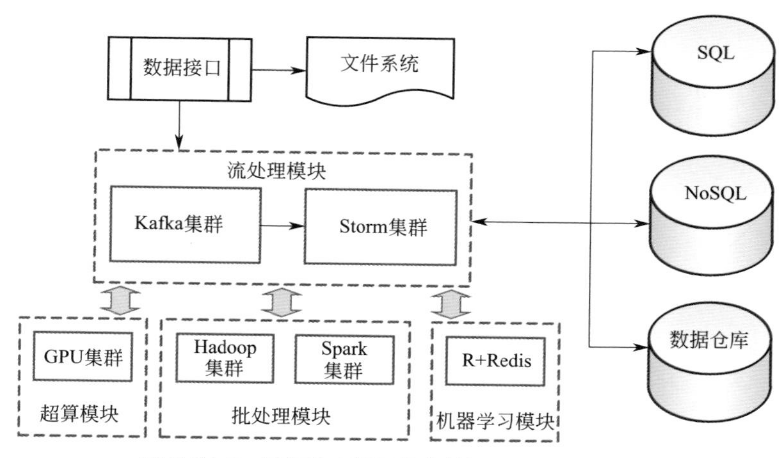

图3-21-3 近红外光谱网络化数据的存储体系结构

结构化光谱、样本描述型数据直接存储于PostgreSQL集群，非结构化的光谱文档数据存储于Couchbase集群中，HDFS为HBase提供底层分布式数据存储支撑。

3.21.2.2 光谱数据的安全控制体系

基于Internet的近红外光谱网络，数据采集的网络化、数据管控的网络化也必然带来网络化的数据安全威胁。具体而言，近红外光谱网络的安全威胁包括外部威胁与内部威胁两大类。前者是指来自近红外光谱网络外部的用户，截取互联网数据中传输的光谱信息，或窃取集中存储于数据中心的光谱信息；后者则是指参与近红外光谱网络共建的企业单位，既有获取光谱数据分析结果（如近红外光谱网络模型，光谱统计分析结果）的合法需求，也可能存在恶意获取其他单位光谱数据的潜在威胁。

应对近红外光谱网络内外部安全威胁，需要严格、全面的安全控制体系，以保障近红外光谱网络的数据安全，如图3-21-4所示。

① 安全保障协议　与入网企业签订安全保障协议，避免入网节点存在数据安全风险，从法律层面保障近红外光谱网络的数据安全。

② VPN物理隔绝　构建VPN网络，在安全性较低的Internet基础上，构建

安全性更高的虚拟专用网络，可在一定程度上避免互联网上未授权用户对传输数据的窥探。

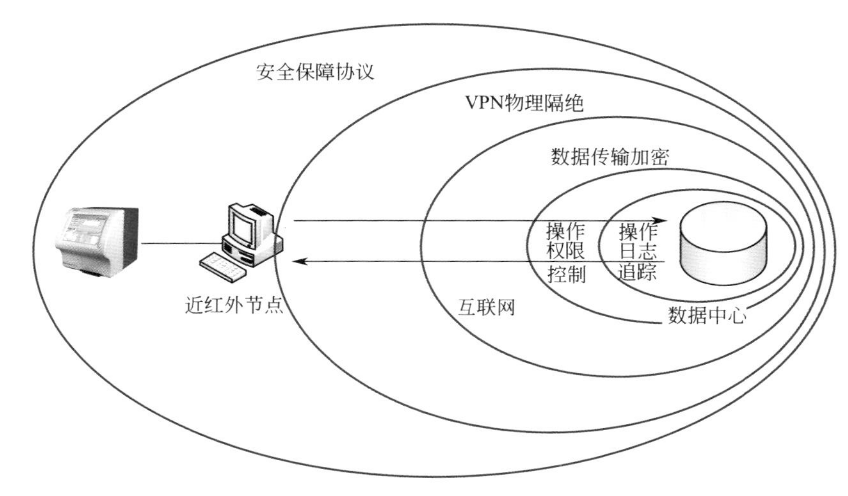

图 3-21-4 近红外光谱网络化的安全控制机制

③ 数据传输加密 采用 AES 等加密技术，加密网络传输数据，进一步保障 Internet 传输数据的安全性。

④ 操作权限控制 通过用户登录和权限控制的手段，避免使用近红外光谱网络的用户肆意窥探或窃取其他用户的数据资产。

⑤ 操作日志追踪 近红外光谱网络服务器与数据库会记录用户的所有操作日志，在发生数据泄露时，可通过日志进行数据安全事件追踪。

通过如上所述的多层级安全机制，为近红外光谱网络提供严格、全面的安全保障，以保障各用户企业的数据资产安全。

3.21.2.3 光谱建模应用的网络化

光谱数据采集的网络化可集中行业内外数据、计算和智力资源优势进行中心建模，从而为实现光谱建模应用的网络化奠定了基础。但各企业光谱的制造商、仪器型号，以及样本实验过程等均不可避免地导致光谱数据间存在差异，需要在中心建模基础上，通过模型转移，构建适合网络中不同光谱仪节点的近红外光谱模型。

3.21.2.4 标准样本的管理与应用

近红外光谱网络的构建：通过中心建模的方法，充分应用数据中心的数据资源、计算资源、智力资源等优势，可构建更好的近红外光谱模型；通过统一标准样本的制作、分发与应用，分析掌握各网络节点与数据中心中各仪器设备、样本处理与实验过程差异，为各网络节点的模型转移提供数据支持。

数据中心的构建：首先从各企业征集具有代表性的样本，通过筛选、混合和规范化处理后，制作标准样本，通过统一物流将标准样本分发给各地企业；数据中心与各地企业分别遵循统一的样本处理与实验条件规范，采集光谱数据并予保存。

3.21.2.5　中心化建模与模型转移

（1）中心化建模

管控中心从各企业收集代表性样本，构建“中心云”与“边缘云”平台，从行业内外邀约专家，为实现中心建模提供了丰厚的数据资源、计算资源和智力资源。集中各类资源实现中心化建模的具体思路如图 3-21-5 所示。

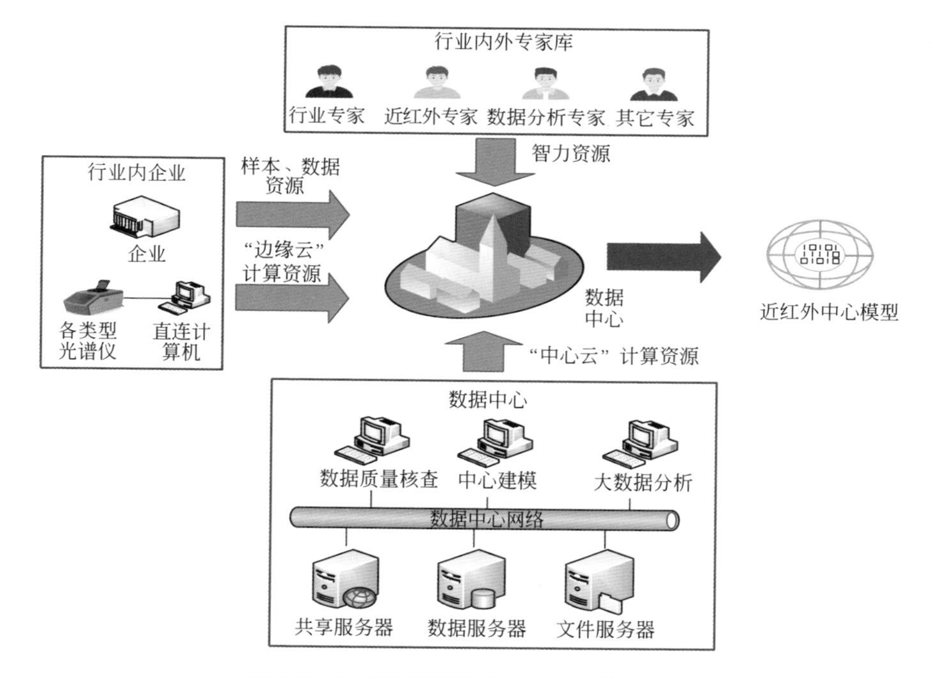

图 3-21-5　基于资源集中的中心化建模流程

数据资源方面：各企业遵循统一的样本处理与实验条件规范，从不同地区、不同生产制造环节采集的各类型样本及其实验光谱数据，极大地丰富了数据中心的样本信息库与光谱数据库，为行业内多视域的深层次分析挖掘，与大数据分析、人工智能分析等先进技术的应用，奠定坚实的数据基础[138,139]。

计算资源方面：近红外光谱网络集成数据中心网络计算资源组建的“中心云”，集成各网络节点直连计算机组建的“边缘云”。一般情况下，“中心云”对集成后海量近红外光谱数据的大数据进行分析挖掘与建模，提供足够强大的计算能力；极端情况下，协同“边缘云”可充分利用网络节点直连计算机的空闲计算资源，提供更强劲的计算能力。“中心云”与“边缘云”协作流程如图 3-21-6 所示。

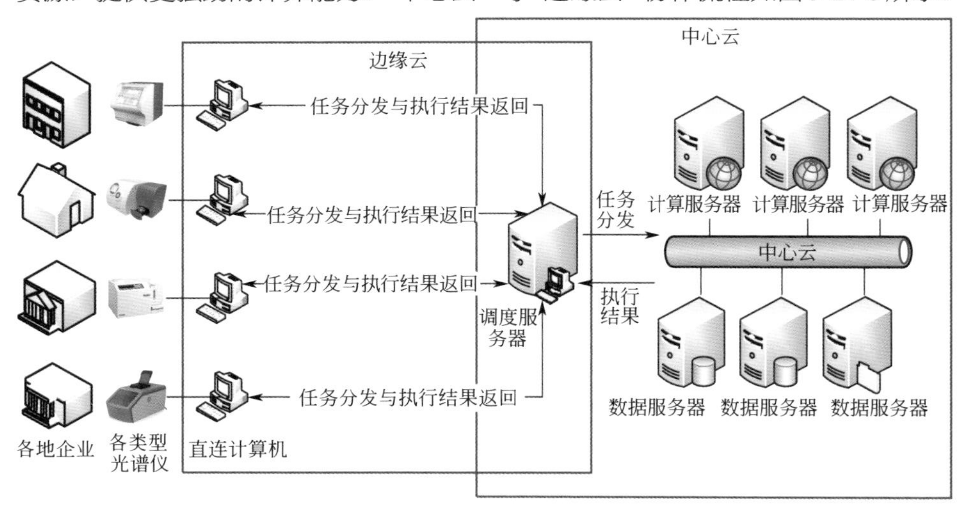

图 3-21-6 “中心云”与“边缘云”协作流程

智力资源方面：数据中心以行业发展的名义，更广泛地整合行业内外各类型专家资源，共同研究行业痛点与难点的近红外光谱解决方案，设计近红外光谱分析挖掘与建模方案，构建更稳健与更实用的近红外光谱模型。

如上所述，近红外光谱网络提供了单个企业难以企及的数据资源、计算资源与智力资源进行近红外光谱分析与建模，可以更有效地解决行业内的痛点与难点，有力推动近红外光谱技术在行业内的应用。

（2）模型转移

模型转移是实现近红外光谱网络化建模与网络化应用的关键[140,141]。首先针对上述标准样本，在近红外光谱主机上采集光谱数据，然后在不同企业内部的近红外光谱从机上采集相同批次样本的光谱数据。通过构建主机与从机间的近红外光谱数据转换模型，从而实现主机与从机光谱数据的转换，这也是不同近红外光谱量测时，实现分析结果可比性的前提。当然除了上述面向光谱转移的方法，还有一类面向模型转移的方法，即首先分别构建主机与从机模型，分析模型间的传递关系，进而再在量测从机的分析结果后，基于模型实现结果的转移。总之，模型转移是有效实现近红外光谱网络化的重要基础，如图 3-21-7 所示。

原则上，为同一企业、同型号光谱仪网络节点，分发相同从机模型；为不同企业或不同型号光谱仪，构建与分发不同从机模型。实际应用中，均需根据模型转移的实际情况，在网络化平台中分发不同的从机模型。

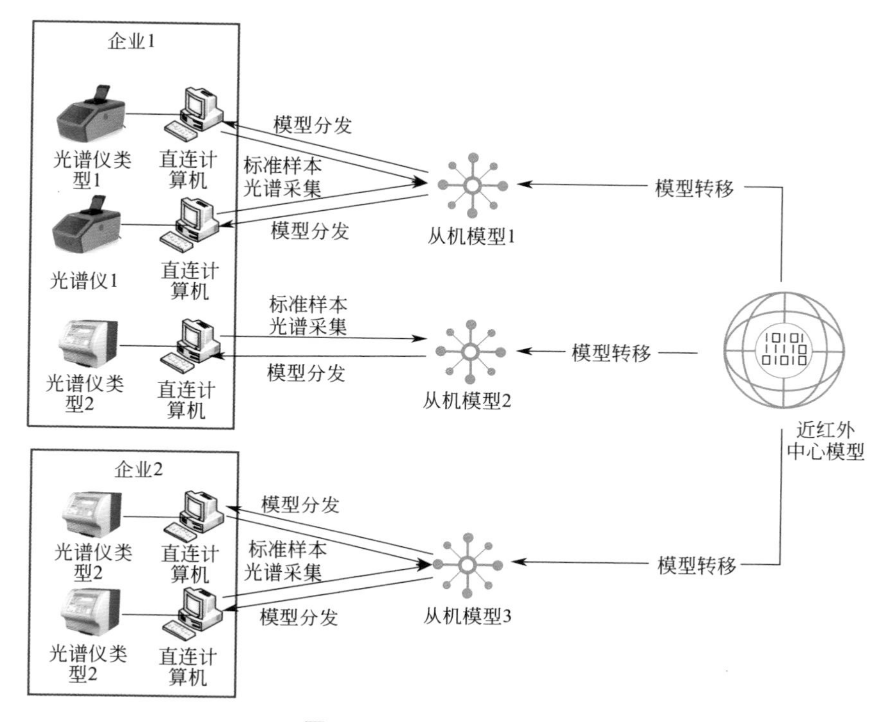

图 3-21-7　模型转移与分发

3.21.3　资源共享应用的网络化

近红外光谱网络汇聚来自不同企业网络节点的近红外光谱数据，出于各企业样本信息与光谱数据保密的需要，近红外光谱网络一般不直接共享原始数据，而是将基于海量数据基础的统计、分析与建模结果，以及计算服务以 API 函数、WebService 服务、HTML 页面等不同方式，反馈给参与近红外光谱网络建设的企业。

3.21.3.1　WebService 服务

WebService 服务是一种开放性、跨平台的网络数据传输接口，能运行在不同机器上的不同应用中，无须借助附加的、专门的第三方软件或硬件，便可相互实现数据交换、共享与集成。

WebService 服务接口的设计如图 3-21-8 所示。

构建好的 WebService 发布在服务端后，客户端通过注册表检索服务器端的 WebService 服务，并根据所获得的服务接口 WSDL 描述，通过 http 上传接口所需参数，并且获取 WebService 服务的结果，完成统计分析、模型构建以及分析结果与计算服务的应用。

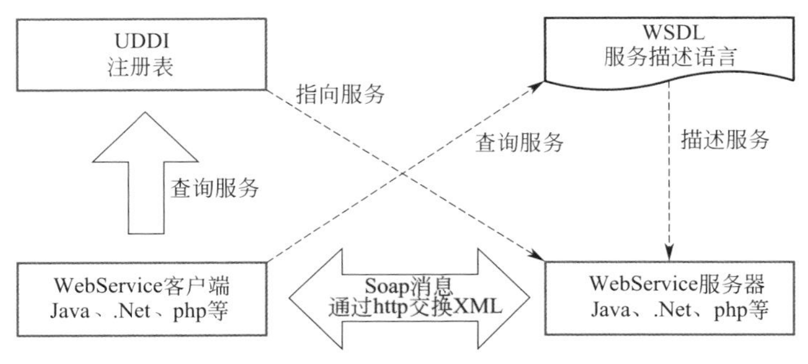

图 3-21-8 WebService 的服务接口

3.21.3.2 API 函数调用

针对无需使用具体光谱数据支持的服务应用与相关算法封装而成的标准 DLL 包，用户不需要连接数据中心服务器，即可直接在本地调用数据分析服务。

API 函数调用的设计如图 3-21-9 所示。

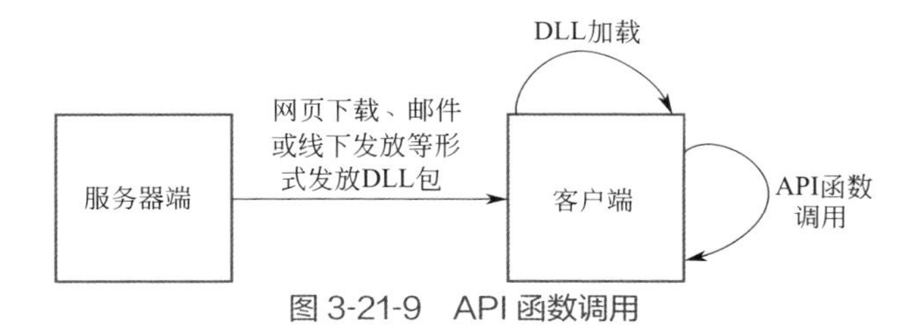

图 3-21-9 API 函数调用

API 函数无需通过网络调用数据分析服务，而只需要通过线上或线下的途径，获得 DLL 动态链接库文件后，即可使用数据分析服务。API 接口方式无法调用服务器端的数据资源与计算资源。因此，仅为一些可离线使用的数据分析算法或服务，提供 API 函数调用。

3.21.3.3 HTML 页面

WebService 与 API 函数均无法为客户提供可视化的服务。而 HTML 页面方式则直接返回给用户可视化界面，嵌入企业信息系统界面，可直接展示数据统计与数据分析结果。

HTML 页面接口设计如图 3-21-10 所示。

图 3-21-10 HTML 页面接口

HTML 页面接口形式下，由客户端发起 REST 请求，服务器端响应客户端的 REST 请求，将相应的 HTML 页面发送到企业信息系统客户端，客户端可直接展示 HTML 页面结果，也可将结果嵌入到系统已有页面中展示数据统计以及数据分析结果。

3.21.4 近红外光谱网络实验室的建设

近红外光谱网络实验室的建设，可从组织上保障近红外光谱网络化应用的高效运行，从而推进实现面向企业业务的近红外光谱分析目标。以烟草行业为例，贵州中烟早在 2015 年 10 月便正式设立了近红外光谱技术网络化实验室，以“互联网 + 烟草”的发展理念，系统深入地开展面向烟草的近红外光谱网络化创新性基础和应用研究，包括以近红外光谱等快速检测技术的网络平台为基础，基于云服务与云分析等技术，实现数据的分布式采集、共享、预测和开放式查询。

2019 年，贵州中烟技术中心按照 CNAS（China National Accreditation Service for Conformity Assessment，中国合格评定国家认可委员会）认证要求对近红外光谱法检测烟草及烟草制品中化学成分进行试运行，后经多次内审、外部预评审查找问题并逐渐完善，提交认可申请后，于 2020 年 12 月 30 日在烟草行业内首次通过 CNAS 认证。这既是对贵州中烟在近红外光谱检测管理工作方面的肯定，也对烟草行业近红外光谱数据的溯源性及如何获得高质量的近红外光谱数据具有重要参考价值，为近红外光谱技术在烟草领域的进一步应用拓展打下了坚实基础。本节以贵州中烟近红外光谱网络实验室为例，对近红外光谱网络实验室的构建以及 CNAS 认证申请流程进行介绍。

3.21.4.1 近红外光谱网络实验室的基本构成

近红外光谱网络实验室的构建主要包括通过 CNAS 认证的近红外光谱实验室、近红外光谱检测主机、ACloud 网络化平台和分布在各复烤厂的近红外光谱从机组成。近红外光谱网络实验室的基本构成如图 3-21-11 所示。

（1）CNAS 认证实验室

技术中心组建了由烟草、近红外光谱等行业专家构成的指导委员会，全面负责 CNAS 认证实验室的运行，进行样本含水率、环境温湿度、样本粒径等因素对近红外光谱检测影响的基础性研究，制定与实施近红外光谱网络相关人员培训计划，研究与制定样本处理标准、实验规范和操作指南，研究近红外光谱定性定量分析模型建立与维护技术。

（2）实验室近红外光谱主机

遵循 CNAS 相关标准与规范，从“人、机、料、法、环”等各方面，培训与管理近红外光谱主机操作人员，校准与检测仪器状态，规范化与标准化制样与实验流程，构建与验证近红外光谱主机模型，实时监测与控制实验环境，确保近红外光谱主机检测数据与相应模型质量。

（3）ACloud 网络化平台

采用信息化技术组建 ACloud 网络化平台，对网络实验室内相关人员、仪器、样本、数据、检测光谱等信息和数据进行全周期管理，实现光谱标准化、统计分析与数据挖掘的信息化。为网络实验室的全面管控与实施提供信息化管理工具。

（4）复烤厂近红外光谱从机

严格按照指导委员会制定的样本处理标准、实验规范和从机操作指南进行制样与光谱检测，利用从网络化平台下载模型对检测光谱进行处理与分析，将检测光谱以及模型预测结果上传至 ACloud 网络化平台进行存储、管理与共享。

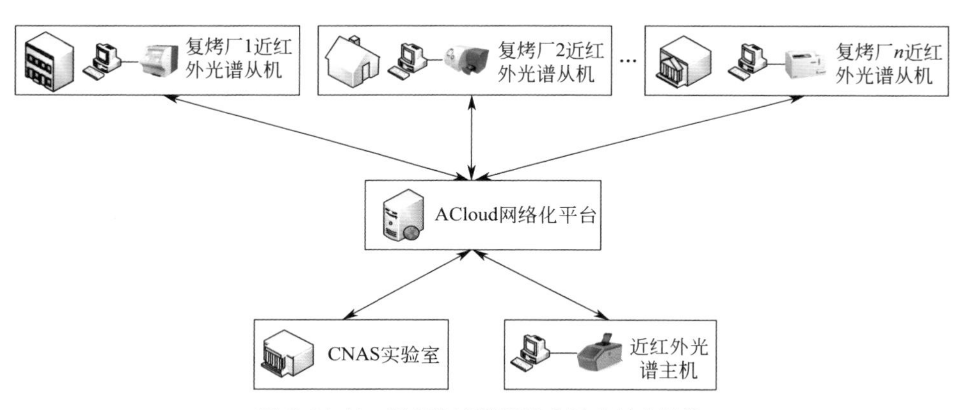

图 3-21-11　近红外光谱网络实验室基本结构

贵州中烟的近红外光谱网络实验室是近红外光谱网络在烟草行业的成功实践，建设与实施过程中形成的一系列流程方法与标准规范对近红外光谱网络在烟草及其他行业的推广应用，均有诸多可借鉴之处。

3.21.4.2　CNAS 认证的申请流程

通过 CNAS 认证的实验室在贵州中烟近红外光谱网络实验中有着举足轻重的作用。CNAS 代表中国在 IAF、ILAC、APLAC 和 PAC 的正式成员中互认协议签署方地位。CNAS 认证可规范实验室的和质量管理体系，确认实验室活动的权威性，同时提高实验室的规范性与竞争性。

在此，基于贵州中烟近红外光谱实验室的 CNAS 认证申请经验，梳理 CNAS 认证申请的流程。其中，CNAS 申请需遵守的文件在 www.cnas.org.cn 网站上查询，所建立的管理体系文件必须要满足基本的CNAS-CL01《检测与校准实验室能力认可准则》以及相关说明与规定。近红外光谱网络实验室申请CNAS认证是一个系统而长期的过程，建议至少用2年时间进行筹划准备，真正掌握和应用CNAS系统规范文件后，将极大程度促进实验室的规范管理及提高技术能力。

3.21.4.3 近红外光谱数据分析

近红外光谱具有多组分信息高度重叠的特点。因此基于近红外光谱数据的目标组分定性定量分析与全谱图定性分析，高度依赖化学计量学的手段和方法。可以毫不夸张地说，没有化学计量学的帮助，几乎无法完成基于近红外光谱的定性定量分析，也就无法用好近红外光谱技术[142,143]。

近红外光谱数据分析过程所涉及的步骤较多、每个步骤的算法选择也很多，甚至不同方法的使用顺序，都对分析结果产生极大的影响，如各种数据预处理方法。基于此，近红外光谱数据的建模分析对数学与统计学以及机器学习的分析方法，均有一定的要求。再加上对近红外光谱数据结构与数据特征的理解以及实际应用场景千差万别，对从事近红外光谱数据分析的人员提出了较大的挑战[144]。

特别地，近红外光谱网络化已经成为近红外光谱分析应用的一个大趋势。与传统单机版近红外光谱分析相比，具有完全不同的特点与优势，可概括为如下几个方面：

① 数据采集的方式　由单一光谱仪的采集与管理转变为多光谱仪的采集与管理，同时实现网络化的传输进行远距离数据核对与质量分析；

② 数据存储的方式　由文件形式转变为软件系统形式，由小数据存储转变为海量大数据的存储。因而对存储技术也提出了新的要求，如分布式的存储；

③ 数据管理的方式　由文件形式的简单管理，转变为面向数据中心的网络化、集成式管理，实现更简单、更便捷的管理与查询，同时满足数据分析的需求；

④ 数据建模的方式　由离线分析转变为在线分析，从小数据分析转变为大数据分析；

⑤ 数据应用的方式　由单一的简单场景，转变为融合多视角、综合性的场景，甚至行业性的大场景；

⑥ 数据的共享与服务　由封闭的数据使用，转变为开放式的数据共享，甚至可能提供面向全行业的数据服务。

由上可知，近红外光谱网络化的转变，极大地改变了数据的分析处理与建模分析的内涵与外延，甚至完全颠覆传统上极度依赖企业内部培养或组建数据分析团队的情况。以网络化的形式便可直接实现模型的构建与应用，变化不可谓不大。另一方面由于近红外光谱网络化的发展，采集体量可能更大，内容更丰富、数据变异也更大，这对数据分析提出了更高的要求，也为基于大数据与人工智能的近红外光谱数据分析提供无限的想象空间与潜在可能性。

下面从近红外光谱模型构建流程与方法、离线建模分析、优化建模分析等三个方面，阐释面向近红外光谱数据的建模分析以及数据分析软件系统的开发与应用。

3.21.4.4 近红外光谱模型的构建及其分析方法

（1）近红外光谱分析与影响分析结果的因素

基于近红外光谱技术的定性定量分析，从实验分析与数据分析两个方面，都存在诸多影响分析结果的因素。如表 3-21-4 所示，有人从操作者、样品和仪器三个实验相关的方面，进行了系统总结。如前所述，从建模分析的角度，也同样存在非常多的影响因素，包括分析流程的选择、分析方法的选择、方法参数的选择，甚至方法的使用顺序都对分析结果存在显著的影响。可以想象，即使是使用同一数据，不同的近红外光谱工作者，极可能得到不一样的数据分析或模型结果。这从侧面表达了获得近红外光谱数据的难度与挑战。

◆ 表 3-21-4 影响近红外光谱分析结果的因素

来源于操作者	来源于样品	来源于仪器
定标过程的差异	组分间的相互干扰	波长的准确性
标样的数量	化学组分对物理性状的影响	光谱的分辨率
标样的选择	材料的水分含量	波长的重现性
基础数据分析准确性	样品及测试环境的温度	温度控制系统
样本的预处理方法	样品粒度、堆密度	样品盒差异
制样方法	样品的质地、色泽及生长条件	吸光度的准确性
样品的均匀度		吸光度噪声
样品的存储方式		基线的稳定性
样品的装样差异		电源的稳定性
		软件处理功能

（2）近红外光谱建模分析的一般流程

近红外光谱谱带较宽，且具有多重共线性，导致光谱的解释能力较差。同时在近红外光谱仪器的实际使用过程中，还面临着环境的复杂变化，检测物质组分与仪器的差异以及数据的误差波动等一系列问题，这都极大地增加了建模分析的难度。此外，近红外光谱数据往往并不是简单的线性关系，而是一个组分未知、组分间的关系未知，甚至连组分数都未知的灰色分析体系。

一般地，一个成熟近红外光谱分析模型的建立，可由图 3-21-12 来表达，可以简单地理解为基于已知样本的模型构建以及面向未知样本的预测过程。此处的已知或未知是指样本的定性分类信息以及目标组分的定量含量信息为已知或未知。

由图 3-21-12 可知，构建一个理想的近红外光谱模型，是一个较为复杂的过程。一旦构建了具有高泛化能力的模型，即可实现基于该模型的预测分析与应用。

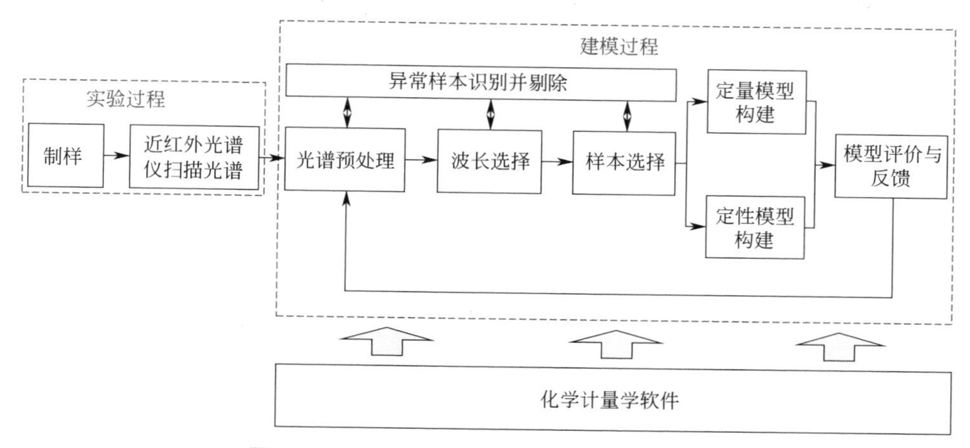

图 3-21-12　近红外光谱模型分析的基本流程图

（3）近红外光谱建模相关算法

如前所述，近红外光谱建模过程所涉及的环节较多，每个环节所涉及的化学计量学方法也非常丰富。采用的近红外光谱数据分析方法包括：光谱预处理方法，例如平滑、求导、标准正态变量变换（SNV）、多元散射校正（MSC）；波长选择方法，例如相关系数法、无变量消除法（UVE）、竞争性自适应权重取样法（CARS）、连续投影方法（SPA）、移动窗口偏最小二乘（MWPLS）；异常样本识别方法，例如浓度异常样本识别方法、光谱残差异常样本识别方法、最邻近距离异常样本识别方法；样本选择方法，例如 K-S 方法、SPXY 方法、聚类选择方法；定量模型构建方法，例如多元线性回归、主成分回归（PCR）、偏最小二乘回归、支持向量机回归（SVR）；定性模型构建方法，例如谱系聚类法（HCA）、K- 均值聚类法、K- 最邻近法、簇类独立软模式（SIMCA）。

以上仅仅列举了目前得到广泛使用的方法。事实上，针对近红外光谱数据分析的各个环节，不同的数据分析算法仍在不断发展，此处不再一一列举[138,145,146]。

3.21.4.5　近红外光谱模型的构建与离线分析软件

如前所述，近红外光谱数据的建模分析需要很好地理解数据的特点，同时需要熟悉各种化学计量学方法。若还要求将这些算法编写成应用程序，对大多数研究人员来说存在困难。同时也没有必要在这些方面消耗太多的精力。事实上，由于近红外光谱对数据分析的显著要求，仪器硬件公司一般都会配备简单的数据分析模块，实现数据的分析处理，比如 FOSS 公司的 WinISI 软件、Thermo Fisher 公司的 TQ Analyst 软件、Bruker 公司的 OPUS 软件、Buchi 公司的 NIRCal 软件等。除此之外，不少软件公司也开发了一些通用性的化学计量学建模分析软件，如 Camo 公司的 Unscrambler 软件、Eigenvector Research 公司的 PLS_Toolbox 软件、

InfoMetrix 的 Pirouette 软件、PRS 公司的 Sirius 软件等。在国内，大连达硕信息技术有限公司开发的 ChemDataSolution 软件，得到了较好的应用[147-149]。

相比较而言，ChemDataSolution 软件具有使用简单、算法丰富、功能强大等多方面的特点，在复杂情形下的数据批量载入、智能算法流、一键数据处理与多模型分析、同时模型构建、验证与预测、多线程与并行计算以及用户体验等诸多方面具有显著优势。该软件目前已成为多个仪器硬件型号的自带软件，现将其核心特色介绍如下。

（1）数据分析算法流

算法流是指构造包含不同数据处理方法的数据整合与优化流程，设置算法参数，在实际的数据分析处理中，仅需往算法流中添加数据即可获得最终结果，并完整保留中间计算结果以备查验，从而实现更快速便捷、准确智能的数据分析。特别是在工业过程分析或标准方法的应用中，用户通常熟知其数据分析步骤，采用固定的流程与参数处理数据，算法流可极大提高工作效率，减少重复工作。

（2）一键处理与多模型处理

算法流思想可实现数据处理方法的逐级串联与优化整合，通过将训练集、验证集或预测集数据添加到算法流中，达到一键处理即可获得分析结果的目的。若需要提高分析结果精度或修改参数重新计算，亦可通过编辑算法流快速实现，减少重复计算的麻烦。比如采用传统的数据分析系统，若需要修改第一步计算中的方法或参数，则整个分析过程均需要重新开始；而用算法流则仅需移动方法调用顺序或直接修改对应算法的参数，便可快速得到新的结果。多模型的应用亦类似，通过在算法流中加入多个不同的建模方法，可实现不同数据处理方法或参数下的结果比较，非常方便。

（3）同步建模、验证与预测

在算法流的使用中，用户可分别添加建模、验证与预测数据。系统先构造模型，然后将验证与预测数据进行相同的预处理或特征选择操作。基于已构建的模型获得计算结果，同样可极大减少用户的操作步骤。

（4）智能数据批量载入与数据库

数据载入是数据分析的基础，实现复杂情形下的数据批量载入是实现智慧型数据分析的前提。通过研究不同类型数据结构，尤其是数据自动载入时可能遇到的各种情形，比如数据长度、数据与字符关系、数据分隔符、化学坐标处理、数据头文件、数据排列方式、数据载入后是否放入已经存在的数据文件中，以及多个数据文件的上述处理方式是否存在差别等，提出了数据智能载入的整体解决方案。

在数据库方面，系统实现了数据库与基本数据文件的交互，从而可实现丰富的数据模型构建与应用，比如用户可用已经认可的高质量数据构建模型，并存储于数据库中，新样本数据则可与此比较分析，快速获得产品质量或关键成分的分析结果。

（5）用户体验

ChemDataSolution 实现了非常人性化的用户体验与功能，比如基于 xml 技术的参数预设值、保存与调用，用户偏好设置，自定义报表，特别是基于导航栏的文件式数据、图形、算法流与模型结果管理等。

近红外光谱数据的建模分析仍然具有较多非常具有挑战性的研究内容，尤其是近红外光谱应用走向小型化、网络化、智能化、便携式与在线化的当下，对化学计量学方法以及数据分析软件均提出了新的要求和方向，值得加以深入研究。

3.21.4.6 近红外光谱模型的优化构建与分析软件

近红外光谱处理与建模分析过程主要基于人工经验和优化分析等。前者根据研究者的历史经验来确定合适的近红外光谱处理与建模分析算法及其参数选定方案，要求研究者具有丰富的光谱处理经验和较强的领域研究专业性。优化分析方法则在较短的分析时间内，便可找到最优（或较优）的数据建模分析方案，是一种不依赖于研究人员数据处理经验和近红外光谱领域专业知识的策略，具有智能化、自动化等优点，是近红外光谱模型分析的重要研究方向。目前国内外已有诸多采用遗传算法（GA）、粒子群优化（PSO）等进行近红外光谱全局优化的研究，已经取得了较好的分析应用效果。

遵循《分子光谱多元校正定量分析通则》（GB/T 29858—2013），大连达硕信息技术有限公司研究并构建了基于 PSO 优化的近红外光谱数据全智能优化建模分析软件系统（NIR-SMART），为近红外光谱数据的简单高效分析提供了可能[150]。

基于 PSO 方法的近红外光谱全局优化分析，采用粒子群全局优化搜索的思想，在由近红外光谱模型各前处理算法、变量选择及其参数所构成的全域空间中进行快速搜索，最终确定与近红外光谱数据特征相匹配的算法选择、顺序优化与参数确定，达到提高近红外光谱模型的预测能力和稳健性的目的。

传统上，用于近红外光谱数据分析的工具型软件系统需要用户基于经验选择不同环节的方法及其参数，从而实现建模过程。然而，用户往往较难达到这样的水平，束手无策，也就难以用好软件。如前所述，根据《分子光谱多元校正定量分析通则》中的要求，NIR-SMART 系统将近红外光谱建模分析的过程，划分为 7 个步骤，在每个采用化学计量学方法分析处理数据的环节，采用 PSO 方法优化算法参数，用户无需选择算法以及算法参数，甚至无需选择算法的使用顺序，最后基于上述全局优化的策略构建最优化的数据模型，可谓非常简单、便捷。

3.21.5 近红外光谱模型的在线与集成分析系统

如前所述，近红外光谱技术的网络化发展，对其在线分析与集成分析提出了较高要求。前面已经对面向网络化的近红外光谱建模分析进行了比较系统的阐述，本节将基于郑州烟草研究院与贵州中烟联合承担、大连达硕信息技术有限公司实施的国家烟草专卖局烟草近红外光谱大数据分析软件系统，介绍面向近红外光谱在线分析与集成分析的数据分析、系统构建与实施关键技术，希望能对其他行业的近红外光谱网络化应用与发展有所助益。

3.21.5.1 烟草行业的近红外光谱应用与系统开发的目标

国家烟草专卖局直辖十几个大的烟草公司，以及数以百计的烟叶复烤企业和研究机构，每年产生海量的近红外光谱数据，是最具大数据应用潜质，是行业内可控的数据资源之一。近红外光谱技术在行业各中烟公司、复烤企业和研究机构均得到了广泛应用，为烟叶生产、原烟质量评价与控制，以及卷烟生产过程控制与优化提供了重要保障。然而，过往烟草行业近红外光谱数据仅仅停留在各烟草企业内部，没有从行业高度进行系统性数据分析与整合，也就没有达到近红外光谱数据的行业整体应用目标。具体来说体现在以下几个方面：

① 近红外光谱数据采集分散、管理分散，分布在各中烟公司、复烤企业和科研机构。这些数据为单位内部的质量控制工作发挥重要作用，但无法分析全国范围内或特定区域（如烟叶产区）的烟叶原料质量整体情况（如化学指标成分的分布特点、烟草品种特点、烟叶产区差异性），甚至辅助产品研发等。解决这些问题，亟待从全行业数据整合的角度分析与应用数据，辅助决策支持。

② 近红外光谱数据采集单位多，数据质量影响因素多。采集近红外光谱数据的烟草相关企业很多，同时影响近红外光谱数据采集质量的因素亦非常丰富，导致近红外光谱数据质量存在一定程度的差异性，且不同企业间数据采集和分析模型的构建存在差异性，导致各单位的近红外光谱预测结果存在系统性的偏差。基于此，需要将光谱数据采集全流程标准化与规范化，有效控制样本采集、仪器使用与操作，以及建模等多个环节的影响因素，降低数据、模型与分析结果间的不可比性。

③ 数据整合分析的挑战多、难度大。从烟草全行业的角度达到近红外光谱数据及其分析结果的有效应用，需要从样本采集、样本分析、数据采集、数据标准化以及模型构建等多个方面，实现流程标准化、方法标准化、全过程可控可追踪，从而最大程度地发挥近红外光谱大数据在烟草行业的应用价值。

针对上述问题，要全面突破烟草行业内近红外光谱数据采集与使用的孤岛化、离散化和碎片化现象，促进近红外光谱大数据分析软件系统的开发，达到数据有效融合与集成分析应用的目标。具体来说，体现在以下几个方面：

① 数据采集与集成管理 实现多种型号近红外光谱仪器的数据采集，包括参数设置、操作流程与方法，开发近红外光谱数据采集与数据传输软件，规范样品信息提交内容，实现近红外光谱检测终端与服务器的连接与数据传输，实现近红外光谱检测数据的实时采集、管理与共享。

② 数据质量监控与数据权限 针对近红外光谱数据的采集特点，实现近红外光谱数据质量的自动核查与质量反馈。对各中烟公司（以及复烤企业等）所采集的近红外光谱数据及其统计分析结果，按照预先定义的权限规则，实现数据权限管理。

③ 模型应用与结果预测 调用目标化学组分模型，分析预测组分指标值结果，有效管理分析模型与分析结果。存在多个分析模型时，基于不同预测结果优选分析模型，提升预测结果的准确性。

④ 数据场景应用 针对目标化学组分，采用大数据分析可视化分析的方法，全面表征其随时间、空间，或者其他因素变化的多维度、可视化图形，以直观的方式，表达全国范围内或者特定区域内烟草化学成分含量的变化，对比分析不同区域的差异性与相似性，为烟草种植区划、辅助配方与烟叶质量控制等提供数据支持，辅助管理决策。

为实现系统建设的上述目标，从以下几个方面进行了卓有成效的研究开发：

① 从数据采集、数据管理和数据共享的角度 基于项目对烟草行业近红外光谱模型分析、光谱数据统一集成管理与数据共享的需求，同时考虑到各企业光谱采集的独立性，系统性重构已有数据采集方案与功能，实现光谱数据采集与集成管理。

② 从近红外光谱大数据分析与应用的角度 对近红外光谱数据的深度场景应用与决策支持进行系统设计，支持烟草全行业近红外光谱数据的场景分析与应用需求，这也是系统开发的核心目标所在。

③ 从近红外光谱数据采集过程与数据使用过程所得数据信息的应用角度设计系列获取近红外光谱分析过程数据（属性数据），分析挖掘专题，实现仪器设备利用、光谱检测、模型应用、系统贡献等相关内容的统计分析、可视化分析，深度分析并挖掘主题，提供便捷化、智能化、数据化的集成统一管理支持。

④ 从系统平台安全性角度 实现系统安全体系以及数据传输与数据共享管理等多方面平台安全性。同时实现系统与国家烟草专卖局科研大数据平台间数据共享，实现系统接口的管理维护以及数据共享记录的统计分析等。

3.21.5.2 系统开发的总体架构

近红外光谱大数据分析软件系统采用C/S（Client/Server）+B/S（Browser/Server）混合结构，客户端为数据采集人员提供光谱数据采集、预测与管理服务，网页端为子机构管理员和系统管理员提供光谱数据、模型数据、化学组分数据管理服务，Server 端（服务器端）实现数据的集成管理、控制与共享。系统总体架构设计见图 3-21-13。

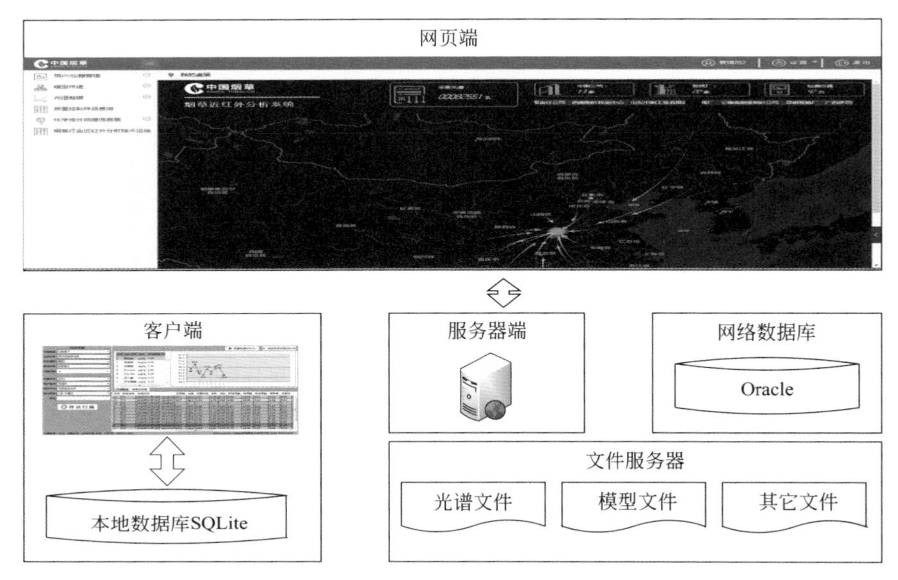

图 3-21-13　近红外光谱大数据分析系统总体结构

近红外光谱大数据分析系统可分为客户端软件、网页端界面、服务器端、网络数据库、文件服务器五个部分，系统技术架构见图 3-21-14。

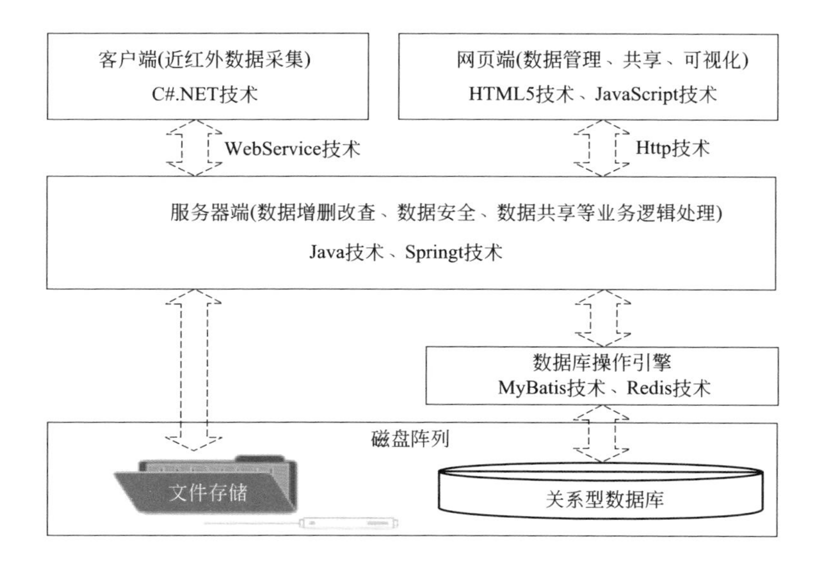

图 3-21-14　近红外光谱大数据分析系统技术架构

如图 3-21-14 所示，服务器端实现部分业务逻辑处理与支持数据共享，网络数据库提供结构化数据表信息的存储和管理服务，文件服务器实现系统中光谱等非结构化文件数据的存储和管理。服务器端、网络数据库、文件服务器共同为客户端与网页端提供数据与逻辑处理服务，客户端与网页端的功能结构设计如下所示。

（1）客户端的设计

客户端软件主要实现近红外光谱仪的注册、连接测试、自检及其自检结果管理，光谱数据采集、自动核查、预测结果展示以及采集过程的质量监控。客户端功能结构的设计如图 3-21-15 所示。

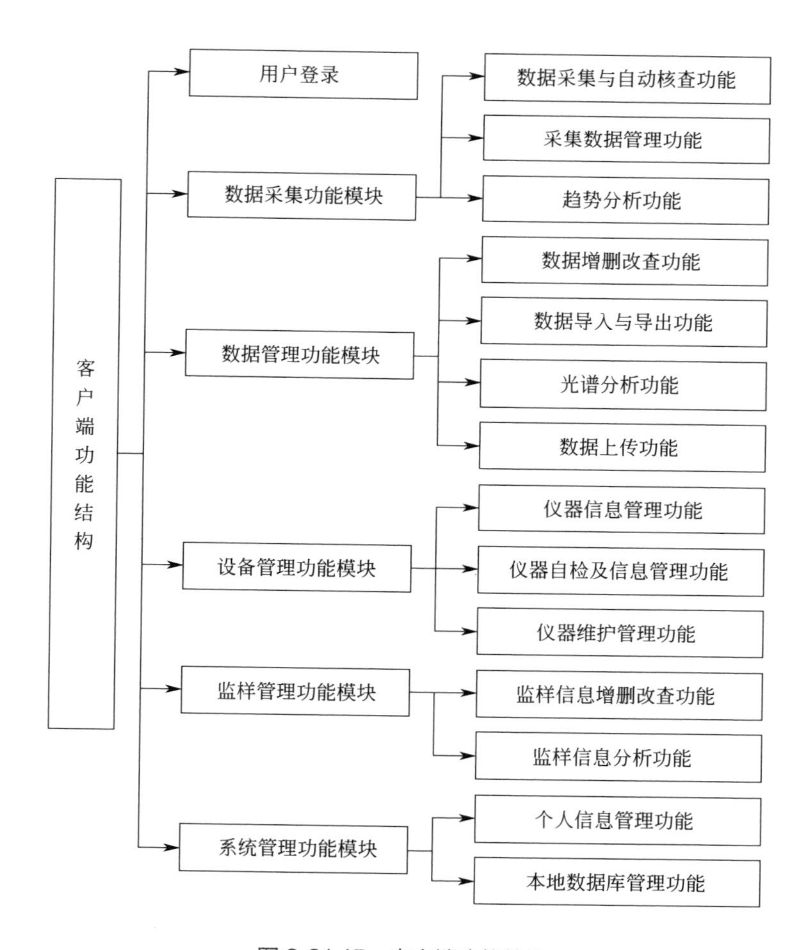

图 3-21-15　客户端功能结构

（2）网页端的设计

网页端主要实现光谱数据、化学组分数据、仪器设备信息和模型信息的分析应用与管理，以及为了保证系统安全、稳定、高效运行，所提供的组织结构管理、数据共享管理和系统管理等功能。网页端功能结构的设计如图 3-21-16 所示。

近红外光谱大数据分析软件系统的客户端为分散在各地的中烟公司、复烤企业和科研机构提供了统一与规范化的数据采集与质量控制接口。网页端提供了更加便捷的近红外光谱数据分析应用服务。服务器端实现了近红外光谱大数据的在线分析与集成分析。近红外光谱大数据分析软件系统 C/S + B/S 的混合结构设计，为实现烟草近红外光谱流程标准化、方法规范化、管控全程化，以及近红外光谱大数据在烟草行业应用价值最大化奠定坚实基础。

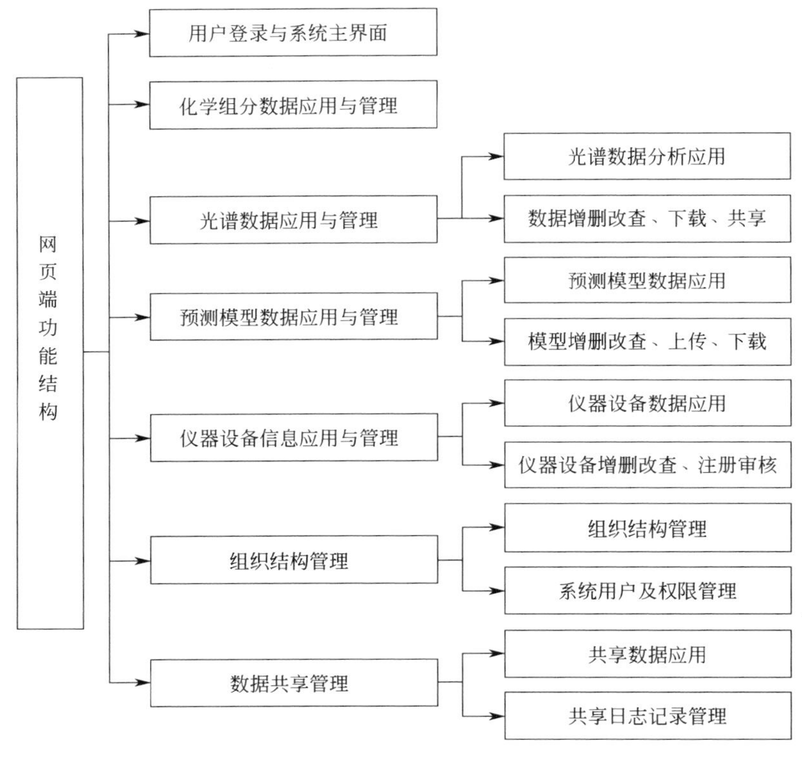

图 3-21-16 网页端功能结构

3.21.5.3 在线集成分析系统及其模型转移分析

近红外光谱大数据分析软件系统的结构设计与各部分功能的开发，为实现近红外光谱数据在线与集成分析提供了技术支持。基于近红外光谱大数据分析软件系统的在线分析与集成分析流程如图 3-21-17 所示。

由于模型转移在在线集成分析中具有非常重要的意义，因此下面的内容对此进行深入介绍。

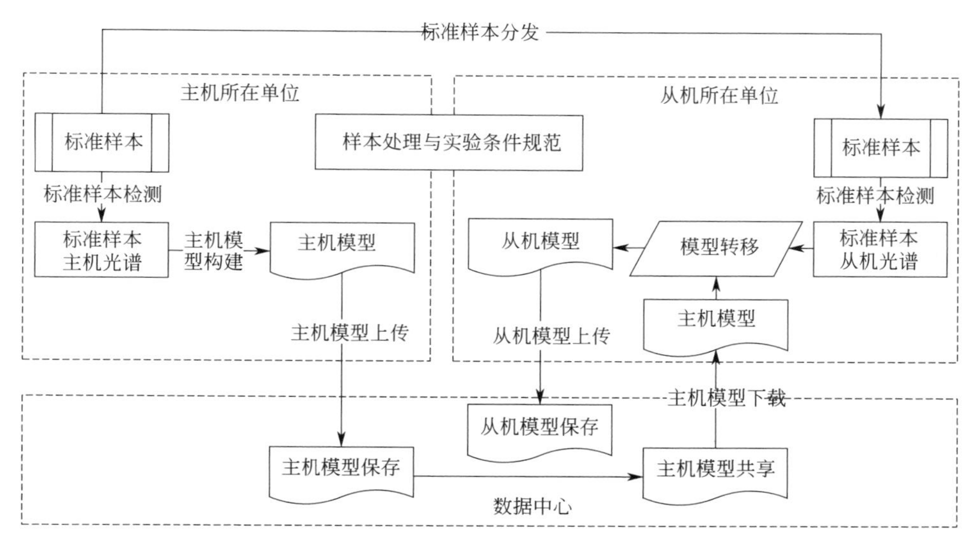

图 3-21-17　近红外光谱模型的在线集成分析流程

（1）主机模型构建

系统管理员在系统中录入标准样本描述信息，将其通过流动仪等方式检测的各组分含量信息录入并保存至系统数据库，制作与分发标准样本给各企业；主机的数据采集人员，采集主机光谱，光谱核查无误后，上传至数据中心。建模人员从数据中心下载标准样本的主机光谱，构建主机模型，实验测试无误后，上传主机模型至服务器，完成主机模型的构建。在借助近红外光谱大数据分析软件系统完成主机标样光谱数据集成管理后，完成主机模型的构建。

（2）从机模型构建

通过与主机光谱数据采集类似的流程，完成从机标准样本光谱检测与上传。由烟草行业专家、近红外光谱分析专家、数据分析专家确定模型转移策略后，选择模型转移的主机以及从机与主机对应标准样本光谱，通过近红外光谱大数据分析软件系统提供的模型转移接口，实现主机模型转移，完成从机模型的构建。

（3）模型的预测与应用

各近红外光谱仪器对应分析模型在服务器端进行集成管理。近红外光谱经采集并上传至服务器后，服务器自动调用相应模型对上传光谱数据进行预测，并将预测结果返回至客户端展示。

如上所示，近红外光谱大数据分析软件系统采用服务的方式，对集成了烟草行业、近红外光谱与数据分析领域专家知识的模型分析功能进行封装，提供模型构建、模型转移与模型预测对外接口，实现了近红外光谱模型的在线与集成分析，也有效避免了模型更新与近红外光谱分析技术优化对系统内近红外光谱分析应用的影响，具有较强的系统灵活性与可扩展性。

本节较为系统地介绍了面向近红外光谱网络化应用的流程、技术和方法，同时结合近红外光谱离线与在线建模分析中所涉及的数据处理方法及技术实施途径，希望能对近红外光谱数据分析、近红外光谱技术的更好应用，尤其是相关软件系统与大数据平台的开发有所裨益。

3.21.6 近红外光谱网络化与近红外光谱大数据的发展和展望

近红外光谱网络化是数据、计算、智力等资源的系统性融合，展现了独特的优势与强大的生命力，已经被广泛应用于农业、食品、烟草、饲料、石油化工等众多领域。通过对近红外光谱网络化与大数据驱动的展望，以期促进该领域的更快发展与更好应用。

（1）在技术上，深度融合先进信息技术与数据技术

近红外光谱网络是近红外光谱技术与互联网等信息技术深度融合的产物，互联网的发展不仅为促进近红外光谱网络化奠定技术基础，同时也为近红外光谱网络化的发展提供借鉴。

近红外光谱网络与人工智能技术整合，实现近红外光谱网络智能化发展。人工智能是使计算机模拟人脑思维过程，以及学习、推理、思考、规划等智能行为的技术。其在近红外光谱网络中可望得到深度应用，有利于解决近红外光谱数据处理、模型构建等方面的挑战。同时，近红外光谱网络化也为人工智能提供海量学习样本和应用场景。因此，与大数据与人工智能的紧密结合，是近红外光谱网络化发展的趋势。

近红外光谱网络与移动互联网的整合推动近红外光谱网络终端进一步前移。借助互联网技术，近红外光谱仪作为光谱采集的“传感器”，推动近红外光谱网络化发展。5G 网络的完善与普及，可以提供更高的数据传输带宽与更低的数据延迟，进一步打破了近红外光谱仪器布设与使用上的空间限制。因此，移动互联网技术的进步，必然进一步推动近红外光谱网络化的发展。

此外，近红外光谱网络与传感器技术、嵌入式系统技术、ZigBee 无线自组网等物联网技术的整合，亦可能为近红外光谱网络化发展提供更多的可能性，推动近红外光谱网络在更多场景中智慧化应用。

（2）在场景上，由监管监控向动态返控转变

近红外光谱网络采集与分析各生产环节的近红外光谱数据，实现从原料、生产加工、产品制成、成品检测到成品入库的全链条质量监管，让人们可以更好地了解生产过程中内在物质的转化规律，以及生产过程的质量波动情况。

然而，进一步地利用近红外光谱监控结果对生产过程进行反控的应用仍然不多，导致生产过程控制闭环上的缺失。近红外光谱网络与控制工程的结合，可望实现生产过程的质量实时监管，从而迈向生产过程自动化控制的转变，进一步推动生产过程的网络化、数据化、智能化发展。

（3）在终端用户上，有机会从 B 端走向 C 端

近红外光谱技术的应用仍然局限在企业或行业内，而面向终端消费者的近红外光谱应用很少。随着移动终端微型化、便携化、智能化水平的不断提高，近红外光谱检测元件等硬技术的持续发展，加上如前所述的高速移动互联技术的普及，结合近红外光谱检测无损、快速等独特优势，近红外光谱网络可望从企业应用走向终端消费服务，为最终消费者提供诸如质量检测、真伪鉴别等非常广泛的高附加值内容。很显然，近红外光谱技术在这些场景上的使用，离不开其网络化与“数据驱动”式的发展。

近红外光谱网络化兼具近红外光谱与互联网双重优势，随着二者的不断发展和完善，近红外光谱网络化与数据化必将具有更为广阔的应用前景，真可谓未来无可限量。

另一方面，近红外光谱网络的发展同样受到近红外光谱技术自身发展规律与发展水平的约束，需要着重下大力气解决以下几个方面的问题与挑战。

（1）近红外光谱技术本身尚有诸多问题待加解决

近红外光谱技术具有样本无损、成本低、速度快、可同时检测多个指标等优势，但其本身也仍有诸多问题尚未解决，比如，近红外光谱检测样本往往需要烘干、制粉等前处理，需要耗费较长时间，方可得到更好的分析检测结果；近红外光谱检测光谱质量受到光谱仪器一致性、温湿度和光照强度等因素的严重影响；近红外光谱数据的建模过程困难，且模型易受光谱数据质量的影响，亦存在模型转移困难等问题。这些问题的存在，制约近红外光谱技术的进一步应用，也影响近红外光谱网络化应用。

（2）近红外光谱标准化成为近红外光谱网络发展瓶颈

近红外光谱网络集中处理与分析不同来源近红外光谱数据，为用户提供高附加价值应用。然而不同来源的近红外光谱数据，必然导致近红外光谱数据的标准化问题。近红外光谱网络中的样本处理、实验环境、检测仪器、近红外光谱数据及处理、建模与模型转移等各个方面，都涉及标准化问题。未来伴随相关采样、处理、实验、定标、模型构建与维护、转移等一系列标准的完善，以及企业有经验技术人员根据自身需求建立相应 SOP 实验标准等，将会对近红外光谱的可持续使用起到重要的支撑作用。

（3）数据安全是近红外光谱网络化发展必须解决的问题

近红外光谱数据往往蕴含生产过程的关键质量问题，甚至是配方等机密信

息。为此，近红外光谱数据安全已成为企业组建近红外光谱网络时，最为关注的问题之一，也常常是企业不愿共享数据资源的重要影响因素。

如前所述，近红外光谱网络化的数据安全问题主要包括数据传输安全与存储安全两方面。近红外光谱数据在公共互联网络上的传输容易被窃取，导致光谱数据及其所含机密信息丢失。虽然可以利用数据加密技术解决数据传输的安全问题，但仍有企业心存顾虑。在数据存储方面，由于近红外光谱所蕴含信息对企业生产至关重要，企业总是对数据是否被滥用而心存疑虑。

光谱数据的集中管理与分析是近红外光谱网络的基石，对光谱数据安全性的顾虑直接影响企业共建近红外光谱网络的意愿。为此，如何加强光谱数据互联网传输的安全性，以及保证光谱数据的脱敏使用，直接影响近红外光谱网络化的进一步发展。

（4）复合型人才的培养是影响近红外光谱网络发展的根本性问题

近红外光谱网络化问题，一定程度上均可归结于人才缺乏问题。国内目前没有专门的近红外光谱技术相关专业，近红外光谱工作者大多毕业于化学相关专业。而近红外光谱网络技术涉及仪器、检测、数学、信息技术等多门学科，要求从业人员具有较广的知识面，仅有化学基础是远远不够的。

从近红外光谱网络应用现状与发展趋势来看，需要懂业务、分析检测、数据处理、数据可视化、数据分析、模型开发与维护、试验验证的复合型人才。而这种人才的匮乏，导致很多企业虽然看到了近红外光谱技术的巨大价值，也意识到近红外光谱技术能给企业带来可观的经济效益，也具备对在岗人员进行培训、培养的意愿，但人才数量与质量仍满足不了企业需求。

如前所述，近红外光谱网络的发展与应用，将为企业和消费者提供巨大价值，也必将进一步推进近红外光谱技术的发展。但与此同时，也不能忽视近红外光谱网络发展存在的诸多制约因素，需要近红外光谱从业人员共同努力，解决好近红外光谱网络发展过程中所遇到的诸多问题，共同推动近红外光谱网络化与数据化的进一步发展与应用。

3.22 近红外光谱分析在智能制造中的数字化应用和系统解决方案

3.22.1 近红外光谱在智能制造领域的应用现状

随着近红外光谱技术在制药、饲料、酿造、能源、烟草等行业的普及应用，以及我国的高质量发展、数字化经济转型等战略的实施，近红外光谱分析技术在传统制造产业升级进程中发挥着越来越核心的作用。“国家大数据战略”是国家“十三五”规划纲要提出的十四个国家级重大战略之一，明确指出把大数据作为基础性战略资源，全面实施促进大数据发展行动，加快推动数据资源共享开放和开发应用，助力产业创新转型升级和动能转换。

近红外光谱技术具有速度快、效率高、成本低、重现性好等特点，是一种优良的快速质量数据采集分析技术，特别适合于制造过程中原料、辅料、中间体及成品的综合质量数据的快速采集分析。我国在制药、饲料、烟草等行业对近红外光谱技术的研究与应用已有超过二十年的经验，已经陆续建立了企业和地方标准，相关的行业标准和国家标准体系正在形成。目前，近红外光谱技术在烟草、白酒、饲料行业内得到了广泛应用。

产品的品质和风格特征稳定性是生产质量的核心控制指标，但原料、工艺、配方的变化与调整，往往会对产品的品质和风格特征带来变动。因此，如何有效评价并保障产品品质和风格特征的一致性是行业的核心问题。

3.22.2 近红外光谱分析在智能制造领域的应用发展

在国家大力推动智能制造、高质量发展的战略下，各行业积极把握消费模式升级、产业政策调整等多期叠加机遇，探索产业融合，发展新模式，逐步在机械化、自动化的工艺基础上，通过物联网、工业互联网等技术彻底打通设备、数据采集、业务管理等系统间的信息通道，探索实现实时的“数据采集—数据分析—数据决策—数据驱动—工艺调整”智能闭环控制，构建了智能制造的基础业务和技术框架。

在此过程中，大部分企业在原辅材料、配方与产品的基础数据标准化等方面已经做了大量的基础性工作，如产品感官检测、理化检测、外观质量评价、辅助材料的物理检测等。国内外很多研究人员围绕该体系开展了一系列影响产品内在质量的理化性质、外观、物理等指标的定性、定量的相关性分析与研究，建立了某些方面的质量评价指标体系，为评价产品和配方质量提供了科学依据。从技术应用上看，质量评价体系相关技术应用多基于数字化技术和计算智能技术，缺乏全面、系统、客观、准确地建立产品工艺质量稳定性、投料质量配比均一性、原料批次可替代性的综合分析评价体系的相关应用，同时，已有近红外光谱技术应用过程大多是孤立的，未能彻底融合到产品生命周期中形成整体的系统数据分析及促进智能制造的应用。

当前近红外光谱检测应用趋于成熟，在原料质量、生产过程质量及成品质量控制各个环节越来越依赖近红外光谱实现。大多数业务生产系统已经完成信息化升级及自动化产线改造，但系统建设未统一考虑并规划近红外光谱分析设备的检测数据集成和数据应用，且近红外光谱分析设备的应用节点多集中在实验室和各个检测点，检测结果尚由一线质检人员进行手工维护。因此，质量检测结果数据的全面性、及时性、准确性都存在局限性。

3.22.3　近红外光谱分析在智能制造领域的系统解决方案

质量保障体系的构建是高质量发展的基石之一，为了更好地满足产品高质量发展管理机制改革的发展需求，实现信息化与业务的高质量融合发展，按照复杂问题“简单化—标准化—流程化—系统固化”的工作思路（如图 3-22-1 ～图 3-22-3 所示），我们在现有生产系统基础上规划建设近红外光谱自动化检测网络系统，并结合实验室及质量管理系统构建数字化质量评价和品控体系，重点实现体系内近红外光谱离线检测、在线检测的远程管控，并进一步拓展对不同品牌、型号近红外光谱检测终端的数据采集范围，保障整个近红外光谱检测业务的规范高效、准确稳定和安全可控，最终实现产品质量“看得见”“说得清”“管得好”“控得住”。

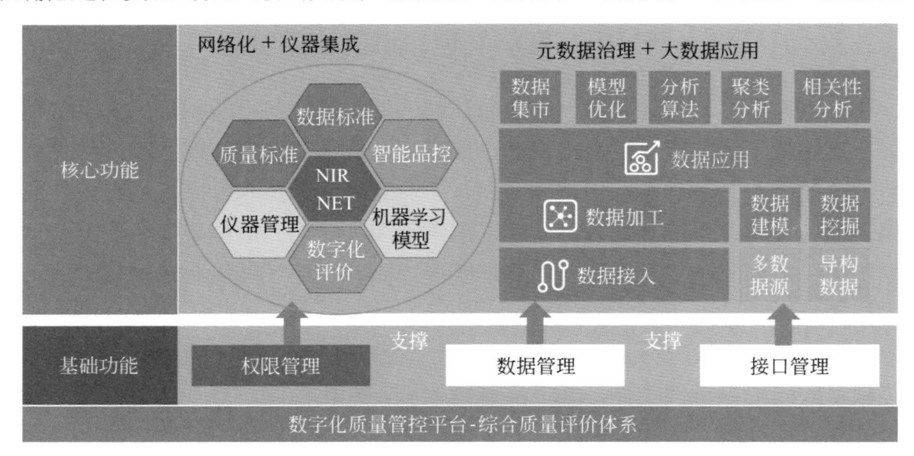

图 3-22-1　数字化质量管控平台规划图

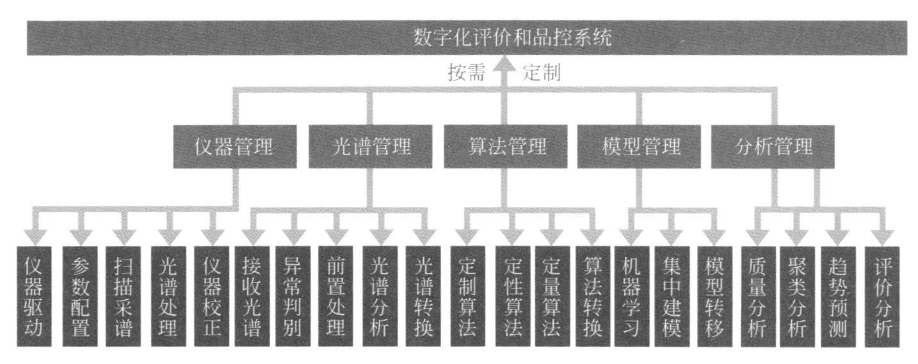

图 3-22-2　数字化质量评价和品控系统功能图

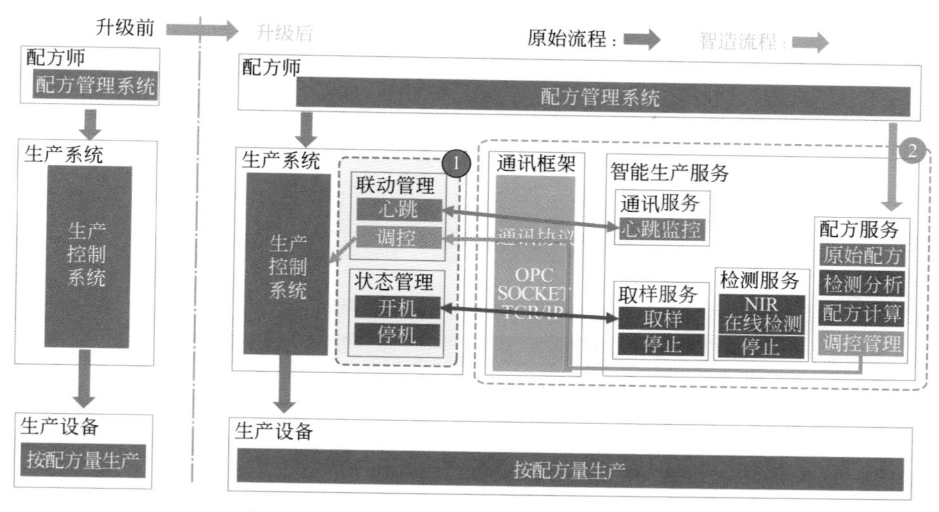

图 3-22-3　在线数字化驱动智能控制原理图

OPC—对象链接与嵌入的过程控制；SOCKET—套接字通讯；TCP/IP—传输控制协议 / 网际协议

数字化质量评价体系近红外光谱系统管理规划功能如下：

① 将各个检测单元的检测终端进行标准化。客户端运行在各检测实验室或检测点，实现检测设备与系统的连接。针对不同品牌、型号的近红外光谱检测设备，在系统中按照统一的操作模式，执行选择任务（样品）、光谱扫描、结果展示等操作。客户端通过 API 接口对近红外光谱检测设备进行控制，实现设备启动 / 关闭、自检、参数配置、驱动完成检测动作、回写检测过程数据等功能；客户端作为近红外光谱检测操作工作台，实现了在线选择检测任务，按照标准的操作流程完成样品检测工作，将检测结果直观展示在用户面前，输出检测报告。在检测过程中，执行终端依据检测任务信息，自动匹配和调用相应的检测参数和检测模型，确保检测操作的准确性。检测原始数据和过程信息通过近红外光谱网络实时传输至中心实验室，确保检测数据的真实性和准确性。

② 近红外光谱网络化控制中心部署在中心实验室面向广域范围的不同层级的近红外光谱检测实验室及检测点，以标准化检测单元的方式进行统一管理。与质量管控系统的取样检测任务管理协同，针对原料入库、配方投料、生产加工、成品下线及出入库等各环节的不同应用场景，定制近红外光谱检测过程管理模块，实现“检测任务—检测过程—近红外光谱模型—检测结果—检测分析—检测任务”的闭环管理。在近红外光谱检测网络中，依据检测任务（样品）类型对检测参数、检测模型进行有效关联和准确配置，并将其下发到各检测单元的采谱终端操作执行。

③ 在线检测管理模块实现了在线近红外光谱检测过程的自动执行，并依据业务逻辑规则，实现生产业务数据和近红外光谱检测数据的自动关联和实时数据

驱动的闭环控制。

数字化质量评价管理系统根据业务功能特性进行设计（图 3-22-4），采用轻量级微服务技术架构，每个服务聚焦到具体的业务实现，强化功能内聚，每个服务可独立开发、测试、部署、升级及发布，具有高容错、易扩展等特性。

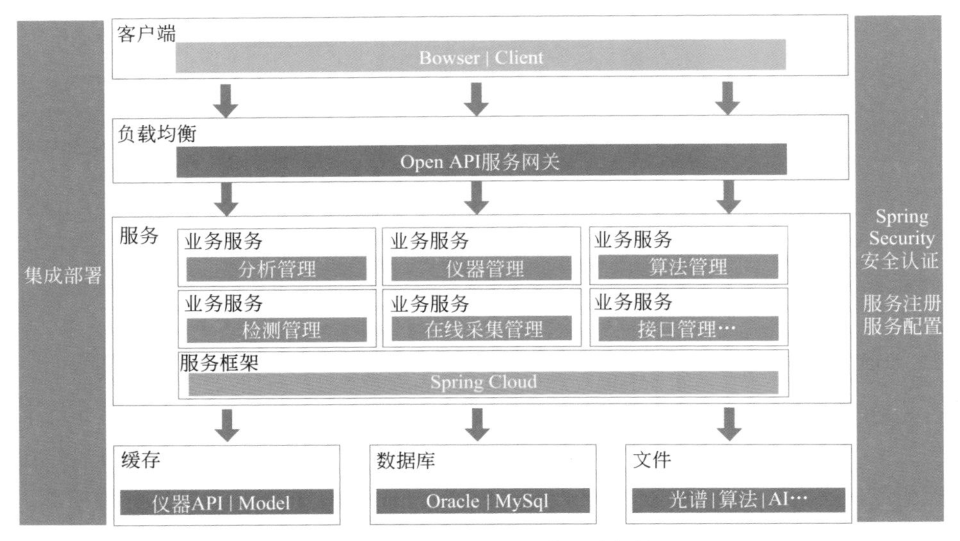

图 3-22-4　数字化质量评价系统架构图

① 存储层包含：a. 用于仪器通讯的 API 驱动及用于近红外光谱检测的模型库；b. 用于存储运行数据、配置数据及操作数据等系统数据的数据库，统一采用关系数据库存储；c. 用于存储近红外光谱仪器采集的光谱文件系统。

② 服务层提供了完整的服务注册和发现、服务消费、服务配置、服务网关、消息总线、容错管理、安全认证及集成部署等基础支撑组件，每个业务功能在独立的资源环境中运行。

③ 负载均衡层采用服务网关技术，提供验证与安全保障、审查与监控、动态路由、负载分配及静态响应处理等 API 网关服务功能。网关是系统唯一入口，为每个客户端提供一个 REST/HTTP 访问的定制 API，完整地封装了系统内部架构，减少请求环路并简化客户端逻辑。

④ UI 层集成了采谱终端，针对采谱终端的应用场景特性，采用 Client/Server 结构，最大化利用各工控 PC 的计算能力，高效地处理本地业务操作，采谱终端可以通过仪器 API 与各类型仪器建立通讯通道，驱动设备并进行相应操作及数据采集，涵盖驱动、执行、自检、交互、异常处理等管理功能。采谱终端部署在各业务节点的工控机上，具备交互能力强、业务耦合度低、系统数据安全性高等特点：a. 采用成熟的框架用于客户端的开发；b. 各类型仪器的 API 驱动及模型集中

备份存放在服务端缓存库，便于统一管理及更新升级；c. 客户端版本部署在服务端缓存库，便于各业务应用节点的更新与升级管理。

3.22.4 应用案例

3.22.4.1 近红外光谱网络化平台

基于原料质量管控平台构建了原料近红外光谱自动化检测网络平台。上线包括离线检测采谱执行终端、原料检测过程网络化管理、委外加工原料质量检测管理三大部分功能，对检测结果进行超限分析，并追溯检测过程信息（设备、样品、参数、模型、过程数据、人员），输出加工检测过程统计报表。

① 工商交接近红外光谱检测过程管理　基于烟叶调拨业务单据实时生成检测任务并分发到相应的检测单元，触发近红外光谱检测业务并对检测过程进行监控和管理。

② 工业分级与整理挑选近红外光谱检测过程管理　实现基于分级投入产出单实时生成检测任务并分发到相应的检测单元，触发近红外光谱检测业务并对检测过程进行监控和管理。

③ 复烤加工近红外光谱检测过程管理　包括在线检测和离线检测。在线检测实现复烤加工近红外光谱检测过程的自动执行，并依据业务逻辑规则，实现生产业务数据和近红外光谱检测数据的自动关联。离线检测基于复烤生产业务单据实时生成检测任务并分发到相应的检测单元，触发近红外光谱检测业务并对检测过程进行监控和管理。委外复烤加工原料质量检测管理子模块实现跨地域的检测数据跟踪填报，对委外复烤加工的原料质量检测数据进行统一采集和管理，对委外加工原料进行质量分析和评价，从而及时掌握委外复烤加工原料质量状况。

④ 检测模型管理和配置　针对不同烟叶类型、产地、设备和维护记录等，按照统一的调用和管理模式对近红外光谱检测模型进行解析和封装，开发实现针对不同设备模型统一管理和网络化配置及调用功能，编制统一的近红外光谱检测模型规范，建立统一的近红外光谱检测模型库。

3.22.4.2 劲酒集团——梦幻工厂智能酿造

劲酒集团创新上线了中国白酒行业第一条数字化生产线，在自动化生产线上挂载近红外光谱在线智能辅助生产系统，实时对酒醅、酒糟进行数据采集分析，并通过大数据分析模型智能匹配调整投料工艺段的投料配方，整个过程由系统自动完成，实现不间断生产（图 3-22-5）。

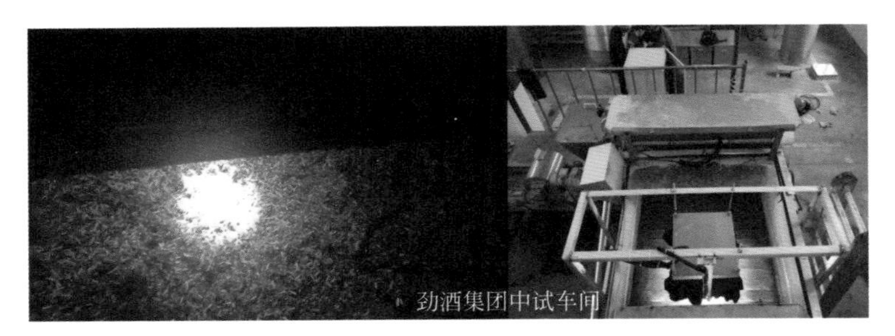

图 3-22-5 劲酒集团智能酿造辅助系统图

3.22.4.3 华西特驱集团——智能均质化系统

华西特驱集团上线了中国饲料行业第一套智能均质化系统，实现了生产过程同步质量监测、光谱实时分析、动态配方计算、自动调控等功能（图 3-22-7）：

① 实现业务 生产过程品质同步监测，经检测系统检测，经均质化系统计算，调整生产配方。

② 项目集成 近红外光谱在线检测系统、动态配方管理系统、工控系统和生产系统集成。

系统上线实施后，自动调控模式下每小时可置换 130kg 玉米，运行效果如图 3-22-6。

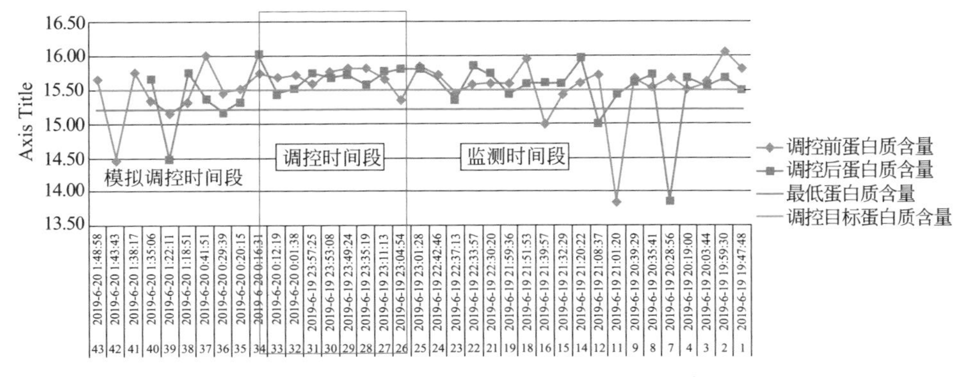

图 3-22-6 华西特驱集团 - 近红外光谱均质化系统调控图

3.22.5 近红外光谱分析在智能制造领域的应用展望

如图 3-22-7 所示，近红外光谱技术由于具有可以对大批量物料多品质指标进行快速、无损筛查的优点，对于生产决策的支撑作用是非常优异的。结合近年来近红外光谱的应用经验和技术积累，可以通过供应链、数字化生产、行业生命周期等相关数据，构建不同区域、产地、细分品牌的质量指纹图谱数据库，引导产业实现数字化决策、驱动产业决策模型升级。近红外光谱技术是产业高质量发展的核心基础，目前行业级应用成果亟待完善应用场景和推广，需要我们付出更多的努力，给予更多的支持。

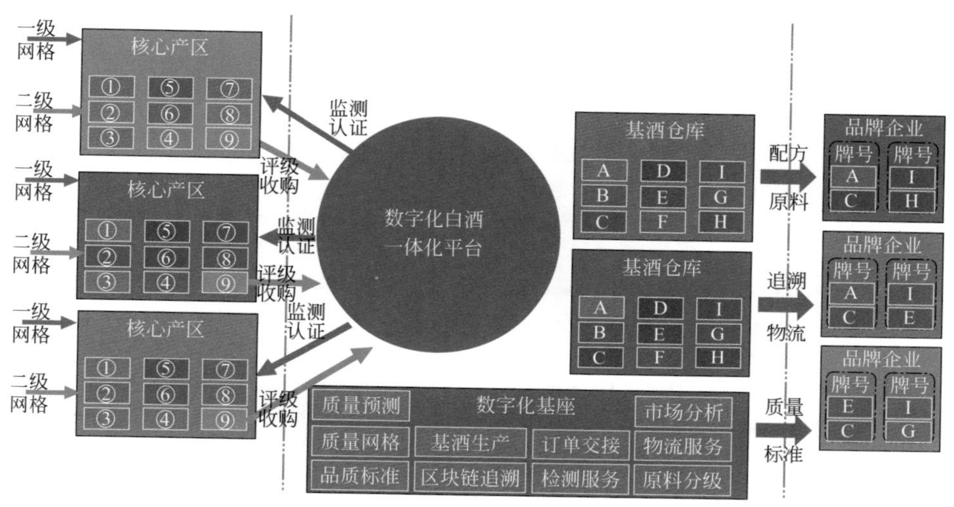

图 3-22-7　数字化白酒平台 - 近红外光谱大数据应用平台

参考文献

［1］国家发改委．十一部门推进成品油升级 强化炼油企业出厂检测［J］．分析测试学报，2016，35（3）：310.

［2］黄萍．快速检测技术在食品安全监管中的应用及发展［J］．食品安全导刊，2019（6）：97.

［3］徐广通．车用燃油快速检测体系的构建与技术可行性分析［J］．现代科学仪器，2021（1）：6.

［4］山东省市场监督管理局．车用汽油快速筛查技术规范：DB37/T 3635—2019［S］．北京：中国标准出版社，2019.

［5］山东省市场监督管理局．车用柴油快速筛查技术规范：DB37/T 3637—2019［S］．北京：中国标准出版社，2019.

［6］山东省市场监督管理局．车用乙醇汽油（E10）快速筛查技术规范：DB37/T 3639—2019［S］．北京：中国标准出版社，2019.

［7］山东省市场监督管理局．柴油发动机氮氧化物还原剂 - 尿素水溶液（AUS 32）快速筛查技术规范：DB37/T 4119—2020［S］．北京：中国标准出版社，2020.

［8］Bakeev K A. Process analytical technology：Spectroscopic tools and implementation strategies for the chemical and pharmaceutical industries［M］. John Wiley & Sons，2010.

［9］王金凤．肝素钠精制过程近红外光谱建模方法研究［D］．济南：山东大学，2014.

[10] 范长春，董俊明，陈为洪，等 . 在线近红外光谱法用于吡虫啉原药生产过程检测［J］. 中文科技期刊数据库（文摘版）工程技术，2020，11（2）：310-311.

[11] 江苏扬农化工集团有限公司，宁夏瑞泰科技股份有限公司，江苏瑞祥化工有限公司 . 基于近红外光谱分析吡虫啉原药主成分含量的测定方法：CN201510219396.3［P］. 2015-08-19.

[12] Armenta S，Garrigues S，Miguel DLG.Quality control of agrochemical formulations by diffuse reflectance near infrared spectrometry［J］. J. Near Infrared Spectrosc. 2008，16：129-137.

[13] 熊艳梅，李春子，王冬，等 . 近红外光谱法快速测定农药中溴氰菊酯含量［J］. 农药学学报，2010（3）：367-370.

[14] 吴厚斌，刘苹苹，吕宁，等 . 近红外光谱技术结合支持向量回归法测定嘧菌酯的含量［J］. 农药学学报，2011，13（6）：608-612.

[15] 熊艳梅，段云青，王冬，等 . 近红外光谱技术快速测定农药有效成分的研究［J］. 光谱学与光谱分析，2010，30（6）：1488-1492.

[16] Puneet M，Theo V，Ronald K. Improved prediction of minced pork meat chemical properties with near-infrared spectroscopy by a fusion of scatter-correction techniques［J］. Infrared Physics & Technology，2021，113：103643.

[17] Andueza D，Listrat A，Durand D，et al. Prediction of beef meat fatty acid composition by visible-near-infrared spectroscopy was improved by preliminary freeze-drying［J］. Meat science，2019，158：107910.

[18] 唐鸣，田潇瑜，王旭，等 . 基于近红外光谱特征波段的注水肉识别模型研究［J］. 农业机械学报，2018，49（S1）：440-446.

[19] Silva L C R，Folli G S，Santos L P，et al. Quantification of beef，pork，and chicken in ground meat using a portable NIR spectrometer［J］. Vibrational Spectroscopy，2020，111：103158.

[20] Parastar H，van Kollenburg G，Weesepoel Y，et al. Integration of handheld NIR and machine learning to "Measure & Monitor" chicken meat authenticity［J］. Food Control，2020，112：107149.

[21] 孙晓明，卢凌，张佳程，等 . 牛肉化学成分的近红外光谱检测方法的研究［J］. 光谱学与光谱分析，2011，31（2）：379-383.

[22] 杨建松，孟庆翔，任丽萍，等 . 近红外光谱法快速评定牛肉品质［J］. 光谱学与光谱分析，2010，3(3)：685-687.

[23] Zamora-Rojas E，Garrido-Varo A，De Pedro-Sanz E，et al. Monitoring NIRS calibrations for use in routine meat analysis as part of Iberian pig-breeding programs［J］. Food Chemistry，2011，129（4）：1889-1897.

[24] 成芳，樊玉霞，廖宜涛 . 应用近红外光谱漫反射光谱对猪肉肉糜进行定性定量检测研究［J］. 光谱学与光谱分析，2012，32（2）：354-359.

[25] Barbin D F，Elmasry G，Sun D- W，et al. Non-destructive determination of chemical composition in intact and minced pork using near-infrared hyperspectral imaging［J］. Food Chemistry，2013，138（2）：1162-1171.

[26] Liao Y T，Fan Y X，Cheng F. On-line prediction of fresh pork quality using visible/near-infrared reflectance spectroscopy［J］. Meat Science，2010，86（4）：901-907.

[27] Viljoen M，Hoffman L C，Brand T S. Prediction of the chemical composition of mutton with near infrared reflectance spectroscopy［J］. Small Ruminant Research，2007，69（1/3）：88-94.

[28] Kamruzzaman M，ElMasry G，Sun D W，et al. Non-destructive prediction and visualization of chemical composition in lamb meat using NIR hyperspectral imaging and multivariate regression［J］. Innovative Food Science & Emerging Technologies，2012，16：218-226.

[29] 刘晓琳，张梨花，花锦，等 . 近红外光谱技术快速检测冷鲜羊肉品质的研究［J］. 食品安全质量检测

学报，2018，9（11）：2734-2738.

[30] Berzaghi P，Dalle Zotte A，Jansson L M，et al. Near-infrared reflectance spectroscopy as a method to predict chemical composition of breast meat and discriminate between different n-3 feeding sources [J]. Poultry Science，2005，84（1）：128-136.

[31] Qu F，Ren D，He Y，et al. Predicting pork freshness using multi-index statistical information fusion method based on near infrared spectroscopy [J]. Meat science，2018，146：59-67.

[32] Ouyang Q，Wang L，Zareef M，et al. A feasibility of nondestructive rapid detection of total volatile basic nitrogen content in frozen pork based on portable near-infrared spectroscopy [J]. Microchemical Journal，2020，157：105020.

[33] Bonin M，Silva S，Bünger L，et al. Predicting the shear value and intramuscular fat in meat from Nellore cattle using Vis-NIR spectroscopy [J]. Meat Science，2020，163：108077.

[34] Fernández-Barroso M Á，Parrini S，Muñoz M，et al. Use of NIRS for the assessment of meat quality traits in open-air free-range Iberian pigs [J]. Journal of Food Composition and Analysis，2021，102：104018.

[35] Dias C M，Nunes H P，Melo T，et al. Application of near infrared reflectance（NIR）spectroscopy to predict the moisture，protein，and fat content of beef for gourmet hamburger preparation [J]. Livestock Science，2021，254：104772.

[36] Achata E M，Inguglia E S，Esquerre C A，et al. Evaluation of Vis-NIR hyperspectral imaging as a process analytical tool to classify brined pork samples and predict brining salt concentration [J]. Journal of Food Engineering，2019，246：134-140.

[37] Eddin A S，Ibrahim S A，Tahergorabi R. Egg quality and safety with an overview of edible coating application for egg preservation [J]. Food Chemistry，2019，296：29-39.

[38] Karoui R，Kemps B，Bamelis F，et al. Methods to evaluate egg freshness in research and industry：A review [J]. European Food Research and Technology，2006，222（5）：727-732.

[39] Dong X，Dong J，Li Y，et al. Maintaining the predictive abilities of egg freshness models on new variety based on Vis-NIR spectroscopy technique [J]. Computers and Electronics in Agriculture，2019，156：669-676.

[40] Cruz-Tirado J P，Medeiros M，Barbin D F. On-line monitoring of egg freshness using a portable NIR spectrometer in tandem with machine learning [J]. Journal of Food Engineering，2021，306：110643.

[41] Brasil Y L，Cruz-Tirado J P，Barbin D F. Fast online estimation of quail eggs freshness using portable NIR spectrometer and machine learning [J]. Food Control，2022，131：108418.

[42] Puertas G，Vázquez M. Fraud detection in hen housing system declared on the eggs' label：An accuracy method based on UV-Vis-NIR spectroscopy and chemometrics [J]. Food Chemistry，2019，288：8-14.

[43] 张伏，崔夏华，张亚坤，等. 多位置可见/近红外光谱检测与种鸡蛋受精信息的关系研究 [J]. 光谱学与光谱分析，2021，41（10）：3064-3068.

[44] Puertas G，Vázquez M. UV-Vis-NIR spectroscopy and artificial neural networks for the cholesterol quantification in egg yolk [J]. Journal of Food Composition and Analysis，2020，86：103350.

[45] Puertas G，Vázquez M. Cholesterol determination in egg yolk by UV-Vis-NIR spectroscopy [J]. Food Control，2019，100：262-268.

[46] Zhao Q，Lv X，Jia Y，et al. Rapid determination of the fat，moisture，and protein contents in homogenized chicken eggs based on near-infrared reflectance spectroscopy [J]. Poultry Science，2018，97（6）：2239-2245.

[47] Cattaneo T M P，Holroyd S E. New applications of near infrared spectroscopy on dairy products [J].

Journal of Near Infrared Spectroscopy，2013，21（5）：307-310.
［48］Pereira E，Fernandes D，MCUD Araújo，et al. In-situ authentication of goat milk in terms of its adulteration with cow milk using a low-cost portable NIR spectrophotometer［J］. Microchemical Journal，2021，163：105885.
［49］Munir M T，Yu W，Young B R，et al. The current status of process analytical technologies in the dairy industry［J］. Trends in Food Science & Technology，2015，43（2）：205-218.
［50］Munir M T，Wilson D I，Depree N，et al. Real-time product release and process control challenges in the dairy milk powder industry［J］. Current Opinion in Food Science，2017，17：25-29.
［51］Pu Y Y，O'Donnell C，Tobin J T，et al. Review of near-infrared spectroscopy as a process analytical technology for real-time product monitoring in dairy processing［J］. International Dairy Journal，2020，103：104623.
［52］Ejeahalaka K K，Mclaughlin P，On S L W. Monitoring the composition，authenticity and quality dynamics of commercially available Nigerian fat-filled milk powders under inclement conditions using NIRS，chemometrics，packaging and microbiological parameters［J］. Food Chemistry，2021，339：127844.
［53］皮付伟，王燕岭，鲁超，等. CCD 短波近红外光谱仪测定牛奶成分的可行性研究［J］. 现代科学仪器，2006，4：34-36.
［54］Saranwong S，Kawano S. System design for non-destructive near infrared analyses of chemical components and total aerobic bacteria count of raw milk［J］. Journal of Near Infrared Spectroscopy，2007，16（4）：389-398.
［55］Aernouts B，Polshin E，Lammertyn J，et al. Visible and near-infrared spectroscopic analysis of raw milk for cow health monitoring：reflectance or transmittance［J］. Journal of Dairy Science，2011，94（11）：5315-5329.
［56］Melfsen A，Hartung E，Haeussermann A. Accuracy of milk composition analysis with near infrared spectroscopy in diffuse reflection mode［J］. Biosystems Engineering，2012，112（3）：210-217.
［57］郑丽敏，张录达，郭慧媛，等. 近红外光谱波段优化选择在驴奶成分分析中的应用［J］. 光谱学与光谱分析，2007，27（11）：2224-2227.
［58］吴静珠，王一鸣，张小超，等. 基于近红外光谱的奶粉品质检测技术研究［J］. 光谱学与光谱分析，2007，27（9）：1735-1738.
［59］常敏，褚鹏蛟，徐可欣. 近红外光谱漫反射光谱无损检测乳粉蛋白质的研究［J］. 光谱学与光谱分析，2007，27（1）：43-45.
［60］Wu D，He Y，Feng S. Short-wave near-infrared spectroscopy analysis of major compounds in milk powder and wavelength assignment［J］. Analytica chimica acta，2008，610（2）：232-242.
［61］孙谦，王加华，韩东海. GA-PLS 结合 PC-ANN 算法提高奶粉蛋白质模型精度［J］. 光谱学与光谱分析，2009（7）：1818-1821.
［62］皮付伟，王加华，孙旭东，等. 基于聚乙烯膜包装奶酪成分的 NIRS 检测研究［J］. 光谱学与光谱分析，2008，28（10）：2321-2324.
［63］王建伟，陶飞，叶升. 基于近红外光谱技术在线检测 AD 钙奶关键指标［J］. 食品工业，2021，42（9）：312-315.
［64］Wang W，Peng Y，Sun H，et al. Real-time inspection of pork quality attributes using dual-band spectroscopy［J］. Journal of Food Engineering，2018，237：103-109.
［65］Kartakoullis A，Comaposada J，Cruz-Carrión A，et al. Feasibility study of smartphone-based near infrared spectroscopy（NIRS）for salted minced meat composition diagnostics at different temperatures［J］. Food

Chemistry，2019，278：314-321.
[66] Patel N，Toledo-Alvarado H，Bittante G. Performance of different portable and hand-held near-infrared spectrometers for predicting beef composition and quality characteristics in the abattoir without meat sampling [J]. Meat Science，2021，178：108518.
[67] Savoia S，Albera A，Brugiapaglia A，et al. Prediction of meat quality traits in the abattoir using portable and hand-held near-infrared spectrometers [J]. Meat Science，2020，161：108017.
[68] 国家统计局. 国家统计局关于2020年粮食产量数据的公告 [EB/OL]. [2020-12-10]. http：//www.stats.gov.cn/tjsj/zxfb/202012/t20201210_1808377.html.
[69] 亢霞，郝晓燕，袁舟航. 回首“十三五”展望“十四五”我国粮食产业发展蹄疾步稳 [J]. 中国粮食经济，2021（1）：27-30.
[70] 许宪春，唐雅，胡亚茹.“十四五”规划纲要经济社会发展主要指标研究 [J]. 中共中央党校（国家行政学院）学报，2021，25（4）：90-99.
[71] 孙永立. 尽快修订粮食应急预案 提升收储调控能力——解读“十四五”时期粮食和物资储备发展战略 [J]. 中国食品工业，2021（7）：33-37.
[72] 王晓君，何亚萍，蒋和平.“十四五”时期的我国粮食安全：形势、问题与对策 [J]. 改革，2020（9）：27-39.
[73] 王蕾. 粮食储藏过程中快速检测技术的应用研究 [J]. 中国食品，2021（18）：106-107.
[74] 王加华，王一方，屈凌波. 粮食品质近红外光谱无损检测研究进展 [J]. 河南工业大学学报（自然科学版），2011，32（6）：80-87.
[75] 韩赟，季苏丹，李成，等. 近红外光谱在线分析技术在粮食领域的应用 [J]. 粮食与食品工业，2021，28（3）：6-8.
[76] 慎石磊，杨伟伟，肖鑫龙，等. 粮食收储品质快速分析专用仪的网络化应用 [J]. 粮食与饲料工业，2017（12）：57-60.
[77] 后其军，鞠兴荣，何荣. 近红外光谱分析技术在粮油品质评价中的研究应用进展 [J]. 中国粮油学报，2015，30（7）：135-140.
[78] 刘亚超，李永玉，彭彦昆，等. 近红外光谱二维相关光谱的掺和大米判别 [J]. 光谱学与光谱分析，2020，40（5）：1559-1564.
[79] 梁亮，刘志霄，杨敏华，等. 基于可见/近红外光谱反射光谱的稻米品种与真伪鉴别 [J]. 红外与毫米波学报，2009，28（5）：353-356，391.
[80] 赵海燕，郭波莉，魏益民，等. 近红外光谱对小麦产地来源的判别分析 [J]. 中国农业科学，2011，44（7）：1451-1456.
[81] 张咏梅，汪洁. 近红外光谱在转基因玉米检测识别中的应用 [J]. 农机化研究，2022，44（08）：177-180，192.
[82] 雷渊雄，夏阿林，黄炜，等. 基于近红外光谱结合化学计量学的转基因大豆产地判别 [J/DL]. 食品与发酵工业，2021：1-10 [2022-05-09]. DOI：10.13995/j.cnki.11-1802/ts.028608.
[83] 刘岩，商永辉，李金平. 浅谈近红外光谱谷物分析仪在小麦收购质量检验中的应用 [J]. 粮食与饲料工业，2017，（10）：60-62.
[84] 朱大洲，黄文江，马智宏，等. 基于近红外光谱网络的小麦品质监测 [J]. 中国农业科学，2011，44（9）：1806-1814.
[85] Seo H Y，Ha J，Shin D B，et al. Detection of corn oil in adulterated sesame oil by chromatography and carbon isotope analysis [J]. Oil and Fat Industries，2010，87（6）：621-626.
[86] 冯丽丽，史水革，杨福明，等. 食用植物油中掺混棕榈油的定性与定量分析 [J]. 食品安全质量检测

学报，2015，6（3）：822-827.
[87] Diaz T G，Merás I D，Casas J S，et al. Characterization of virgin olive oils according to its triglycerides and sterols composition by chemometric methods [J] . Food Control，2005（16）：339-347.
[88] Sen I，Ozturk B，Tokatli F，et al. Combination of visible and mid-infrared spectra for the prediction of chemical parameters of wines [J] . Talanta，2016，161：130-137
[89] Xu L，Goodarzi M，Shi W，et al. A MATLAB toolbox for class modeling using one-class partial least squares（OCPLS）classifiers [J] . Chemometrics and Intelligent Laboratory Systems，2014，139：58-63.
[90] Han B，Li X，Yu T. Cruciferous vegetables consumption and the risk of ovarian cancer：A meta-analysis of observational studies [J] . Diagnostic Pathology，2014，9（1）：1-7.
[91] 郭燕枝，杨雅伦，孙君茂 . 我国油菜产业发展的现状及对策 [J] . 农业经济，2016（7）：44-46.
[92] 黄凤洪，刘昌盛，邓乾春，等 . 油菜多层次加工与综合利用技术 [J]. 中国食物与营养，2008（10）：4-8.
[93] 张芳，程勇，谷铁城，等 . 我国油菜种业发展现状及对策建议 [J]. 中国农业科技导报，2011，13（4）：15-22.
[94] 高建芹，张洁夫，浦惠明，等 . 近红外光谱法在测定油菜籽含油量及脂肪酸组成中的应用 [J] . 江苏农业学报，2007，23（3）：189-195.
[95] 杨传得，唐月异，王秀贞，等 . 傅里叶近红外光谱漫反射光谱技术在花生脂肪酸分析中的应用 [J] . 花生学报，2015，44（1）：11-17.
[96] 中国国家标准化管理委员会 . 白酒工业术语：GB/T 15109—2021 [S] . 北京：中国标准出版社，2021.
[97] 罗红群，刘绍璞 . 多波长叠加近红外光谱吸收光谱法直接测定酒精饮料中的乙醇 [J] . 分析化学，1988（1）：97-99.
[98] 逯家辉，滕利荣，蒋富明，等 . 短波近红外光谱法分析酒中乙醇含量 [J] . 吉林大学学报（理学版），2002（2），245-247.
[99] 赵东，李杨华 . 傅里叶变换近红外光谱仪在酒醅分析中的应用 [J] . 光谱实验室，2003（4）：614-616.
[100] 王莉，汪地强，汪华，等 . 近红外光谱透射光谱法和气相色谱法结合建立茅台酒指纹模型 [J] . 酿酒，2005（4）：18-20.
[101] 买书魁，杨洋，赵小波，等 . 基于 NIR 的白酒酿酒高粱中关键指标的定量分析 [J] . 食品科技，2019（2）：301-306.
[102] 王勇生，李洁，王博，等 . 基于近红外光谱技术评估高粱中粗蛋白质、水分含量的研究 [J] . 动物营养学报，2020（3）：1353-1361.
[103] 王勇生，李洁，王博，等 . 基于近红外光谱扫描技术对高粱中粗脂肪、粗纤维、粗灰分含量的测定方法研究 [J] . 中国粮油学报，2020（3）：181-183.
[104] 马群，张时云，刘杰 . 酒醅理化指标与酒质及出酒率关系的比较分析 [J] . 酿酒科技，2012（11）：65-68.
[105] 陈定崑，李巧玉，胡宇佳，等 . 近红外光谱技术在茅台酒酒醅检测中的应用 [J]. 酿酒科技，2021（1）：55-57.
[106] 胡心行，沈小梅，马雷，等 . 快速测定大曲水分新方法的研究 [J] . 酿酒，2017（5）：97-101.
[107] 王军凯，王卫东，蒋明，等 . 近红外光谱技术结合偏最小二乘法检测大曲糖化力 [J] . 酿酒科技，2018（3）：116-118.
[108] 苏鹏飞，刘丽丽，闫宗科，等 . 大曲水分、酸度和淀粉指标定量分析模型的建立研究 [J] . 酿酒科技，2020（8）：42-45.
[109] 何超，余东，李战国，等 . 近红外光谱技术在量质摘酒中的应用探索 [J] . 酿酒，2019（4）：58-60.
[110] 王海英，杨玉珍，任国军，等 . 利用近红外光谱技术对河套原酒入库指标的检测研究 [J] . 酿酒科技，

2017（1）：37-41.

[111] 范明明．基于近红外光谱技术的白酒摘酒在线检测装置开发［D］．镇江：江苏大学，2019：71-72.

[112] 田育红，王凤仙，吴青．基于近红外光谱分析技术快速检测白酒中的关键指标［J］．酿酒，2019（5）：93-96.

[113] 买书魁，吴镇君，陈红光，等．基于近红外光谱技术的白酒原酒中关键成分的定量分析［J］．食品与发酵工业，2018（11）：280-285.

[114] 马凯升．FTNIR 光谱结合化学计量学用于白酒品牌鉴别的快速判别分析［D］．广州：暨南大学，2016：1-4.

[115] 先春，陈仁远，王俊，等．近红外光谱结合聚类分析对不同风格酱香型白酒的研究［J］．酿酒科技，2016（3）：49-51.

[116] 沈怡方．白酒生产技术全书［M］．北京：中国轻工业出版社，1998.

[117] 周海燕，张宿义，敖宗华，等．白酒摘酒工艺的研究进展［J］．酿酒科技，2015（3）：105-107.

[118] 褚小立，陆婉珍．近五年我国近红外光谱分析技术研究与应用进展［J］．光谱学与光谱分析，2014，34（10）：2595-2605.

[119] 熊雅婷，李宗朋，王健，等．基于最小二乘支持向量机的白酒酒醅成分定量分析［J］．食品科学，2016，37（12）：163-168.

[120] Khinast J，Rantanen J. Continuous Manufacturing of Pharmaceuticals［M］.John Wiley & Sons Ltd，2017.

[121] Lee S L，O' Connor T F，Yang X，et al. Modernizing pharmaceutical manufacturing：From batch to continuous production［J］. J Pharm Innov，2015，10：191-199.

[122] 王芬，徐冰，刘雨，等．中药质量源于设计方法和应用：连续制造［J］．世界中医药，2018，13（3）：566-573.

[123] 省盼盼，罗苏秦，尹利辉．过程分析技术在药品生产过程中的应用［J］. 药物分析杂志，2018，38（5）：748-757.

[124] Vargasa J M，Nielsenb S，Cárdenasa V，et al. Process analytical technology in continuous manufacturing of a commercial pharmaceutical product［J］. Int J Pharm，2018，538（1/2）：167-178.

[125] Fonteyne M，Vercruysse J，Leersnyder F D，et al. Process analytical technology for continuous manufacturing of solid-dosage forms［J］. Trends Anal Chem，2015，67：159-166.

[126] Sierra-Vegaa N O，Román-Ospinob A，Scicoloneb J，et al. Assessment of blend uniformity in a continuous tablet manufacturing process［J］. Int J Pharm，2019，560：322-333.

[127] Hetrick E M，Shi Z，Barnes L E，et al. Development of near infrared（NIR）spectroscopy-based process monitoring methodology for pharmaceutical continuous manufacturing using an offline calibration approach［J］. Anal Chem，2017，89：9175-9183.

[128] Singh R，Ierapetritou M，Ramachandran R. System-wide hybrid MPC–PID control of a continuous pharmaceutical tablet manufacturing process via direct compaction［J］. Eur J Pharm. and Biopharm，2013，85（3）：1164-1182.

[129] Pereiral G C，Muddu S V，Román-Ospino A D，et al. Combined feedforward/feedback control of an integrated continuous granulation process［J］. J Pharm Innov，2018，14（15）：1-27.

[130] Rehrla J，Karttunenb A P，Nicolaïc N，et al. Control of three different continuous pharmaceutical manufacturing processes：Use of soft sensors［J］. Int J Pharm，2018，543：60-72.

[131] Howard W W，Daniel B，Mark P，et al. Monitoring blend potency in a tablet press feed frame using near infrared spectroscopy［J］. J Pharm Biomed Anal，2013，80：18-23.

[132] Warman M. Control strategy in continuous manufacturing of drug product [R]. Presentation at IFPAC 2014, Washington DC, IFPAC, 2014.

[133] 王家俊，杨家红，邵学广. 烟草近红外光谱分析网络化及其应用进展 [J]. 分析测试学报，2020，39 (10): 1218-1224.

[134] 朱锐. 近红外光谱仪的智能检测系统 [D]. 镇江：江苏大学，2006.

[135] 慎石磊，杨伟伟，肖鑫龙，等. 粮食收储品质快速分析专用仪的网络化应用 [J]. 粮食与饲料工业，2017 (12): 57-60.

[136] Igne B, Hurburgh J C R. Standardisation of near infrared spectrometers : Evaluation of some common techniques for intra- and inter-brand calibration transfer [J]. Journal of Near Infrared Spectroscopy, 2008. 16 (6): 539-550.

[137] Igne B, Hurburgh J C R. Using the frequency components of near infrared spectra : Optimising calibration and standardisation processes [J]. Journal of Near Infrared Spectroscopy, 2010. 18 (1): 39-47.

[138] Almanjahie I M, Kaid Z, Assiri K A, et al. Big data-driven for fuel quality using NIR spectrometry analysis [J]. Chiang Mai Journal of Science, 2021, 48 (4): 1161-1172.

[139] Li L, Pan X, Chen W, et al. Multi-manufacturer drug identification based on near infrared spectroscopy and deep transfer learning [J]. Journal of Innovative Optical Health Sciences, 2020, 13 (4): 2050016.

[140] Li X, Cai W, Shao X. Correcting multivariate calibration model for near infrared spectral analysis without using standard samples [J]. Journal of Near Infrared Spectroscopy, 2015, 23 (5): 285-291.

[141] Liu Y, Cai W, Shao X. Standardization of near infrared spectra measured on multi-instrument [J]. Analytica Chimica Acta, 2014, 836: 18-23.

[142] Rantanen J, Wikstrom H, Turner R, et al. Use of in-line near-infrared spectroscopy in combination with chemometrics for improved understanding of pharmaceutical processes [J]. Analytical Chemistry, 2005, 77 (2): 556-563.

[143] Roggo Y, Chalus P, Maurer L, et al. A review of near infrared spectroscopy and chemometrics in pharmaceutical technologies [J]. Journal of Pharmaceutical and Biomedical Analysis, 2007, 44 (3): 683-700.

[144] Small G W. Chemometrics and near-infrared spectroscopy : Avoiding the pitfalls [J]. Trac-Trends in Analytical Chemistry, 2006, 25 (11): 1057-1066.

[145] Xia J, Huang Y, Li Q, et al. Convolutional neural network with near-infrared spectroscopy for plastic discrimination [J]. Environmental Chemistry Letters, 2021, 19 (5): 3547-3555.

[146] Chen Y, Li L, Whiting M, et al. Convolutional neural network model for soil moisture prediction and its transferability analysis based on laboratory Vis-NIR spectral data [J]. International Journal of Applied Earth Observation and Geoinformation, 2021, 104: 102550.

[147] Meng Y, Wang S, Cai R, et al. Discrimination and content analysis of fritillaria using near infrared spectroscopy [J]. Journal of Analytical Methods in Chemistry, 2015 (2015): 752162.

[148] Ma L, Liu D, Du C, et al. Novel NIR modeling design and assignment in process quality control of Honeysuckle flower by QbD [J]. Spectrochimica Acta Part A: Molecular and Biomolecular Spectroscopy, 2020, 242: 118740.

[149] 曾仲大，陈爱明，梁逸曾，等. 智慧型复杂科学仪器数据处理软件系统 ChemDataSolution 的开发与应用 [J]，计算机与应用化学，2017，34 (1): 35-39.

[150] Kong B, Cai J, Tuo S, et al. Rapid construction of an optimal model for near-infrared spectroscopy (NIRS) by particle swarm optimization (PSO) [J]. Analytical Letters, 2022.DOI :

10.1080/00032719.2021.2021534.

（本章作者：3.1 节，中国中化蓝星智云科技有限公司朱志强、潘洋、冯恩波、任洁；3.2 节，中国石化石油化工科学研究院陈瀑；3.3 节，山东省产品质量检验研究院邹惠玲、夏攀登、翟中华、郑金凤、杜伯会、滕江波，济南弗莱德科技有限公司仇士磊、董海平；3.4 节，华东理工大学杜一平；3.5 节，天津九光科技发展有限责任公司倪勇；3.6 节，布鲁克（北京）科技有限公司王东、王金凤；3.7 节，西安建筑科技大学杨敏；3.8 节，华东交通大学刘燕德、王观田、欧阳思怡，浙江德菲洛智能机械制造有限公司张剑一；3.9 节，中国农业大学张丽英，李军涛；3.10 节，新希望六和股份有限公司隋莉；3.11 节，中国农业大学彭彦昆、陈雅惠；3.12 节，国家粮食和物资储备局科学研究院韩逸陶、宋晓杰、罗菲、李可敬；3.13 节，中国农业科学院油料作物研究所张良晓、原喆，布鲁克（北京）科技有限公司王东；3.14 节，白象食品股份有限公司娄杰；3.15 节，晨光生物科技集团股份有限公司石文杰；3.16 节、3.17 节，中国食品发酵工业研究院有限公司熊雅婷、王健、李子文、李宗朋；3.18 节，中国食品药品检定研究院邹文博、尹利辉，光瞻智能科技（上海）有限公司周桂勤、罗苏秦；3.19 节，苏州泽达兴邦医药科技有限公司王钧；3.20 节，山东大学药学院李连、钟亮、孙巧凤、臧恒昌；3.21 节，大连达硕信息技术有限公司曾仲大、文里梁，贵州中烟工业有限责任公司彭黔荣、张辞海，中国烟草总公司郑州烟草研究院赵乐；3.22 节，四川威斯派克科技公司杨钢）

Chapter

第4章 商品化的仪器

4.1 ABB（中国）有限公司

4.1.1 公司概况

ABB是全球技术领导企业，致力于推动社会与行业转型，实现更高效、可持续的未来。将智能技术集成到电气、机器人、自动化、运动控制产品及解决方案，不断拓展技术疆界。

公司由两家拥有100多年历史的国际性企业——瑞典的阿西亚公司和瑞士的布朗勃法瑞公司在1988年合并而成，总部位于瑞士苏黎世。ABB拥有130多年的卓越历史，业务遍布全球100多个国家和地区，员工人数达11万。迄今在中国已拥有37家企业、在109个城市设有销售与服务分公司及办事处，拥有研发、生产、工程、销售与服务全方位业务线上和线下渠道，覆盖全国约700个城市，员工人数约1.9万名。

公司是在线分析技术领域领先的国际性公司之一，几乎涵盖所有在线分析仪器。在线分析仪产品主要来自美国、德国、加拿大以及英国，凭借几十年的实践经验，开发出各种具有创新意义的仪器和系统，可满足各种不同应用的需求，其中包含傅里叶近红外光谱（FT-NIR）分析仪及相关系统成套技术。

4.1.2 技术特点

公司拥有近50年傅里叶近红外光谱仪制造经验，坚固耐用已成为ABB傅里叶近红外FT-NIR光谱仪的一个标志名片。仪器采用专利Wishbone干涉仪技术。此干涉仪为“叉骨”双悬臂三维立体角镜结构，由弹性钢片支撑，无摩擦力、无磨耗，拥有极高抗振性能且永久准直无需校准，相较于传统干涉仪更加稳定和可靠，保证了仪器间模型的无缝传递。

4.1.3　核心产品

（1）FTPA2000-260 多通道在线傅里叶变换近红外光谱仪

FTPA2000-260 是一款多通道在线傅里叶变换近红外光谱仪（FT-NIR），见图 4-1-1。用于远程实时监测连续或间歇工业过程，可为炼油、化工、半导体、食品、制药和其他行业的过程优化提供重要信息。

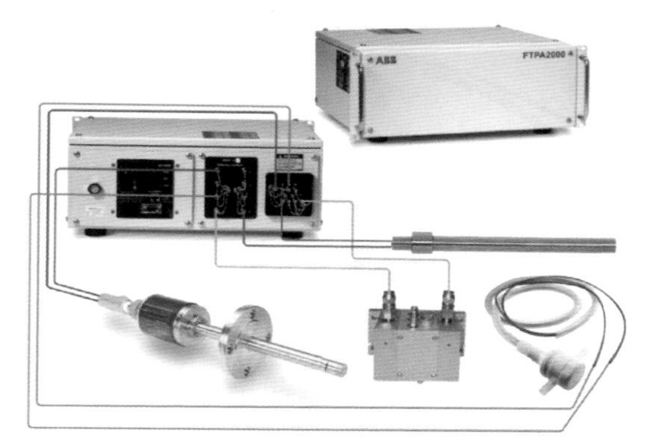

图 4-1-1　FTPA2000-260 多通道在线傅里叶变换近红外光谱仪

其特点如下：

① 安装地点灵活，使用更加安全。众所周知，过程环境通常是非常恶劣且充满危险的，但 FTPA2000-260 可灵活安装在任何一般过程环境中。通过光纤远程连接，其各个采样点可以位于距离分析仪 300m 范围内的任何地方。包括一个独特的 8 通道多检测器模块（可扩展到 12 个通道），并拥有足够高的光通量，能够实现 8 个通道“八进八出”。因此，一台分析仪可以同时监测 8 个监测点，并避免了机械多光路器磨损的缺陷。

② 灵活采样，可连接多种测试附件。FTPA2000-260 能连接多种可选附件。它能兼容由 ABB 及第三方供应商提供的光纤探头及各种流通池。采样附件可根据所分析样品的性质有针对性地选择，可以是简单的插入式探头，也可以是流通池。实际上，每个监测点可能会适用于不同的采样系统、光谱范围和分析方法。

③ 灵活的多检测器模块。每个监测点都通过独立的光纤传输信号至对应独立的检测器，从而提高了稳定性和灵敏度。每个监测点的检测器都可以从现有的多种检测器中选择以达到最佳契合度。由于来自各个检测器模块的信号以电子形式进行切换，没有任何活动部件，因此这比采用机械多光路器切换方式拥有更好的再现性、重复性以及长期可靠性。

（2）TALYS 单通道在线傅里叶变换近红外光谱仪

TALYS 是一款基于光纤的单通道在线傅里叶近红外光谱仪（图 4-1-2）。

TALYS 在仪器的设计上进行了优化，减小了仪器的尺寸，最大限度降低传统过程设备实现的复杂性，可采用简单壁挂式或机架式安装，通过光纤与采样接口连接进行实时测量。TALYS 可支持不同类型的插入式探头或流通池，以针对不同类型的过程（液体或固体）进行分析测量。

图 4-1-2 TALYS 单通道在线傅里叶变换近红外光谱仪

TALYS 系列具有嵌入式处理器，因此无需提供外部计算机。其中包含嵌入式软件，可根据预先确定的分析程序进行实时测量，并可实现过程控制的标准输入和输出。在操作过程中，过程工艺值和报警可通过 Modbus TCP、OPC 等通讯方式发送至工厂 IT 系统（DCS/PLC/ 控制器）。分析仪具有简单的操作显示功能（HMI），能够提供关于过程状态的关键信息。用户还能够随时根据实际应用需求在多种不同的过程监控配置间进行切换。当应用需求变化时，软件监控配置可远程更新，利用 USB key 上传至分析仪中。USB key 还能够轻松检索光谱数据和电子报告。TALYS 配备了旁路模式，可采集离线光谱进行模型开发和完善。另外 TALYS 还有防爆级别的型号，以供危险区域的安装和使用。

（3）FTSW100 在线分析软件

FTSW100 在线分析软件是一款综合性软件，可将公司任何 FT-NIR 分析仪完全集成到过程环境中。它可以进行实时过程跟踪，以实现闭环控制和质量保证，并可对调度、分析、控制和通信参数以及连通性选项进行定制。此软件已在 ABB 的 2000 套在线近红外分析仪器上进行了验证，完美证明了其可靠性和稳定性。软件采用可视化的组态管理器设计，所有设置无须编程，可根据时间或外部条件选择流路和分析循环，易于与外部传感器和变送器连接；组态信息存储在 SQL 数据库中，此数据库具有嵌入式管理系统和记录所有变化的功能；可以实时提供最新分析数据的图表趋势图和表格，并显示所有分析循环的状态和系统中所有 I/O 点及报警状态。

FTSW100 的用户界面操作便捷，可分级满足各个权限级别用户的操作使用需求。 在此，FT-NIR 技术的复杂性被完全隐藏，即使操作员对分析仪没有深入的了解也能进行操作。他们可以根据大型彩色编码状态显示，用户可轻松查看并判断系统是否运行正常。

FTSW100 采用 Microsoft™ 系统，可实现 21 CFR Part 11 安全实施，其可提供从密码保护到多级别访问等多方面安全保护。未经授权的用户不能使用高级功能，从而可防止操作者的误操作。

FTSW100 软件套件可以控制将组态集成到过程环境中的各个方面，并能全天候无人值守运行（每天 24h，每周工作 7 天），不需要 DCS 编程或单独的 PLC 解决方案。FTSW100 可支持行业标准通信协议，例如 ModBus 和 OPC，以实现系统控制。

4.1.4 应用领域

（1）石化 HPI

多年来，ABB 一直是石化工业傅里叶近红外（FT-NIR）分析解决方案领域的世界领导者。在线过程分析仪和实验室分析仪能够使炼油厂实现产品质量卡边的快速放行，同时为装置优化提供可靠、实时的分析数据，实现利益优化和最大化。

公司的在线分析仪能够为过程单元和成品调和优化过程提供实时质量数据，其中包括调和的汽油和柴油产品以及中间过程转化装置的进料和侧线物料。所在的行业需要对碳氢样品的性质进行快速实验室和在线测定。在实验室开发的标准模型必须能够直接传递到在线分析仪中。ABB 的制造技术能够确保所有模型在实验室和现场过程 FT-NIR 分析仪中具有高度的稳定性和良好响应，这确保了从实验室到现场过程的标定模型传递转移，无需进行其他定标或数据处理。

在线近红外可实现贯穿整个炼油加工的分析解决方案，包括原油快评、常减压、催化裂化、加氢、醚化、重整、烷基化、乙烯进料、沥青、醋酸和生物柴油等装置的在线分析以及成品油调和的在线分析。可针对在线 FT-NIR 分析平台，提供最宽泛和最灵活的收益组合。

（2）化工

ABB FT-NIR 在线过程分析仪在化工行业可用于在线分析大部分有机化合物，包括液体和固体样品。通过实时过程监测，可有效缩短反应周期，提高生产效率，改善产品质量。由于实现了在线分析检测，因此节省了人工离线取样，减少了人员与有毒化合物的接触，同时减少了试剂使用，实现了绿色环保。典型应用于以下工艺过程分析：

① 实时监测聚合物的羟值、酸值以确定聚合反应的终点，如聚酯和聚醚多元醇、乙氧基化物、氨基甲酸乙酯、脂肪酸、季戊四醇、乙二醇和相关化合物。在同一次分析中，还可以测定样品中的其他多种性质，例如异氰酸酯含量、皂化值、碘值、酸值和 EO/PO（环氧乙烷 / 环氧丙烷）比等。

② 氨纶纺丝原液预聚物的 NCO、氨类组分的实时监测。

③ MDI 改性装置生产过程的监测，用于改性 MDI、固化剂、油墨预聚体等的 NCO 等含量的测定。

④ PO/SM 联产法生产过程中实时监测氢过氧化物和 PO、SM 等关键组分含量。

⑤ 用于双酚 A 混合生产过程的实时监测，以确定混合终点，缩短生产周期。

⑥ 用于 PET 的纯度和水分测试，PP 薄膜纯度、等轨度和沙眼等分析项目的分析。

⑦ 用于农用化学品合成生产过程监控，如氯化反应过程中多种氯化反应物含量的实时监测。

⑧ 用于硝化反应工艺各种混酸及硝化物在线监测。

⑨ 用于溶剂回收工艺各种溶剂含量在线监测。

⑩ 用于各种有机物中水分含量的在线测试等。

（3）制药

ABB FT-NIR 在线过程分析仪能够满足欧洲药典、美国药典和中国药典的要求，可提供完整的 DQ、IQ、OQ、PQ 文档和程序。在线分析软件 FTSW100 也能够完全满足 21 CFR Part11 标准。典型应用于以下工艺过程分析：

① 干燥过程　适合于各类干燥塔（如搅拌干燥塔、流化床干燥塔、过滤干燥塔、旋转干燥塔等），还适用于冻干塔监控。过程实时监控可降低干燥循环时间，提高产率，节约成本。

② 混合过程　适合于液体、固体的混合均一性监控，如原料药和赋形剂的混合过程，保证混合终点的准确确定，使产品具有更好的一致性，缩短生产周期。

③ 反应过程　适合于合成 API 或中间体的化学反应，特别适合于液体体系。

④ 结晶和再结晶反应过程　监测母液中 API 的浓度，判断结晶终点及进料时间。

⑤ 发酵过程　适用于监控培养基、副产物、代谢物、生物量等，以确定化学诱导剂的最佳添加时间，消除取样和无菌问题，缩短生产周期。

⑥ 溶剂回收过程　适合于蒸馏塔、萃取塔、精制塔等，实时确定精馏终点，减少溶剂损失，降低溶剂再处理费用。

此外，还适用于造粒过程、挤出过程、包衣涂层、酶合成等过程监控。

在中药生产过程领域 FT-NIR 也可起到至关重要的作用。如中药提取阶段，通过在线检测提取液主要成分的变化情况，确定提取次数、溶剂用量、优化提取时间；用于中药浓缩、纯化过程检测，在线反映浓缩过程的状态，在线检测并反馈洗脱过程中的曲线，简便快速且预测精度能满足工业过程分析的要求，为中药质量控制提供了参考；中药混合液配制阶段，保证药物活性成分和其他各种添加剂的均匀分布，最终保证药品质量的一致性，使后续生产能顺利进行。

（4）半导体

在半导体制造业中，为了提高企业的生产能力和产品质量、降低生产成本，需要对相关的湿式工艺进行精确的控制。公司 FT-NIR 分析仪可以对各种刻蚀液、清洗液和去光刻胶液等化学药液的各组分浓度进行连续的在线监测，为浴槽药液提供终点报警判断，并为趋势分析提供有效的闭环化学计量。可提供超过 30 种常用药液的标准模型，还可以根据客户的具体需求定制相应的应用模型。FT-NIR 分析仪通过光纤连接 ClippIR+ 的 Teflon（特氟龙）专利测量池，一次最多可以使用 8 个 ClippIR+ 同时监测各种化学溶液。采用的专利非接触式 ClippIR+ 测量池，夹于机台管路上，不需要改造管路，可在不中断生产的条件下实现快速安装，ClippIR+ 测量池的创新设计，可以使其很容易地固定在现有管道的外表面上，从而直接监测管道内的化学物浓度，而不会给化学溶液槽体带来任何污染引入的风险。同时，全 Teflon（特氟龙）材质的 ClippIR+ 测量池具有耐化学腐蚀、耐高温的特性，可以在强腐蚀性环境以及高温工艺（例如 SPM 等）中长期稳定使用。

FT-NIR 分析仪采用实时过程监控，可以帮助客户改善工艺稳定性，提升化学溶液的使用寿命，降低换液频率，从而改进品质，节约成本。延长化学溶液使用寿命，减少其消耗和浪费，减轻实验室测量工作，从而帮助客户提高产出效益。实际应用表明，FT-NIR 分析仪可以将多种半导体用化学溶液的使用寿命延长 25% ～ 30%。

（5）食品

在食品加工生产链条中，近红外光谱技术的在线应用包括原料的检测、加工过程的分析和产品质量的保证，使关键的生产流程实现自动化。例如：油脂、乳品、白酒等行业。

ABB 针对油脂碘值（IV）和反式脂肪含量预先建立全球曲线，获得美国油脂化学协会（AOCS）认可的碘值标准近红外分析方法（标准号 Cd 1e_01），适用于多种油脂样本测定，包括原油和经过处理的植物油，并且还能够同时进行多种性质的在线分析。例如：油脂精炼过程中的酸价、过氧化值、含磷等指标；氢化、酯交换工艺过程中的碘价、SFC、熔点、酸价等指标；乳化过程中的水分含量；生产线油种切换过程、调和油生产过程、棕榈油分提过程中的碘价等指标。

豆浆粉生产过程中可在线监测水分、蛋白质、固形物、糖分等指标。

淀粉生产过程中可在线监测淀粉、玉米蛋白粉、玉米浆、淀粉乳的水分、蛋白质、粗脂肪和干物质灰分等指标。

用于原料牛乳蛋白、脂肪检测；乳粉、黄油、奶酪、奶油等乳制品生产过程的多指标在线检测，如水分、总固体量、乳糖、蛋白质和脂肪等指标的检测。

白酒蒸馏过程中可在线检测酒精等含量，实现精准分级及智能化量质摘酒。

4.2 福斯公司

4.2.1 公司概况

福斯（FOSS）是全球知名的分析解决方案供应商，产品涉及食品和农业等领域，通过对原材料到最终产品的分析检测，致力于帮助广大生产制造商最大限度地提升产品和质量。

全球众多实验室中有超过 50000 台福斯分析仪器在运行，包括工业实验室，公共实验室和第三方实验室。全球前 100 强食品和农业企业中的 90 多家都采用了福斯公司的解决方案。福斯实验室分析仪符合多个公认的世界标准，例如 GLP、GMP 和 ISO。

福斯是一家丹麦企业，全球范围内拥有 1200 多名员工。在全球 30 多个国家设有福斯直属销售服务公司，超过 50 个国家设有福斯专属授权代理商。在中国，福斯拥有一支优秀的售后服务团队，工程师分布在全国 32 个省市及自治区，为客户提供最快速优质的服务。

4.2.2 技术特点

随着科技的不断发展和现代化管理的需求变化，在线检测在越来越多的领域得到了应用。近红外分析技术作为一种快速的检测手段，也得到广泛的使用。

在线检测的应用场合为生产过程的某个工艺点，通过在线检测可以在 2 个方面获得巨大收益：

① 对生产进行连续的实时监控，第一时间发现生产的波动，及时进行干预调整，保证生产的平稳；

② 在生产平稳阶段，可以在线实时观察到生产状况，减少生产波动，提高稳定性，进而可以将生产目标向工艺界限控制推进，获得更合理的产品。

下面举一个例子来具体说明一下。某产品的水分上限是 4.0%，传统的控制手段是定时取样到化验室进行分析。由于存在取样误差和分析误差，这两部分误差导致的不确定性有 0.1%，以 95% 置信区间考虑，以 3.8% 为生产过程的水分实际控制标准。

如图 4-2-1 所示，每个红色点代表取样后化验室的分析结果，当前的生产是以蓝线水分含量（3.8%）控制的。

在实际过程中，也安装了在线检测装置，但是只记录了实时数据，并没有根据在线检测结果对生产进行干预，如图 4-2-2 的棕色曲线显示。

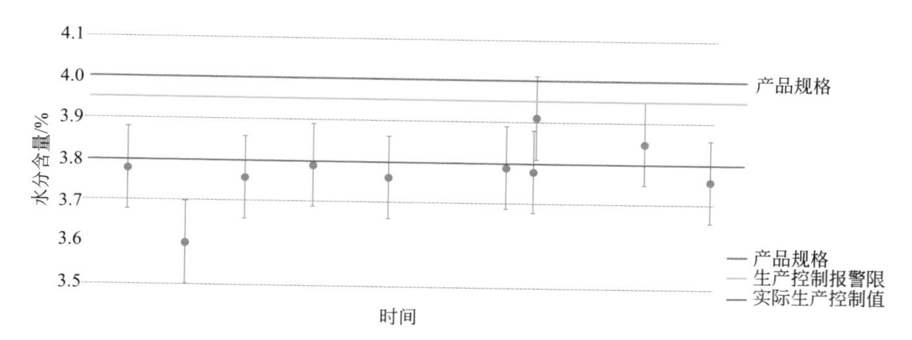

图 4-2-1　无在线分析进行反馈控制的效果图

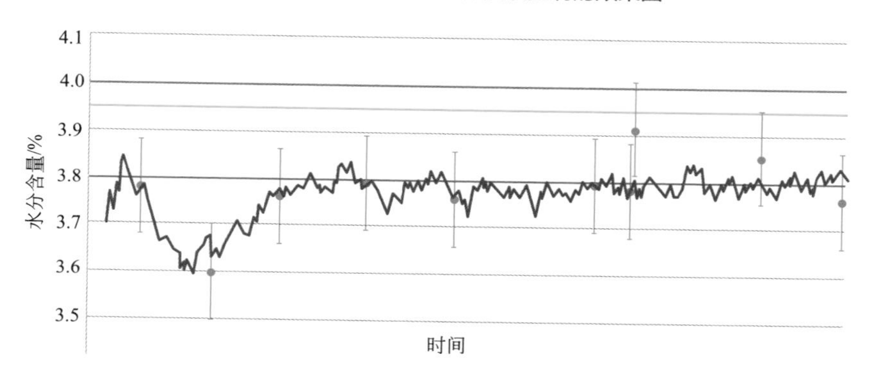

图 4-2-2　有在线分析无反馈控制的效果图

首先，很明显地可以从左端的数据中看出，在这一阶段生产出现了波动，水分在持续降低。直到第 2 次取样分析后发现问题，进行了调整，使水分回到正常的控制目标。而从在线数据可以很及时发现生产出现了趋势性的变化，从而在很早就开始干预，很快回到正常水平，减少损失。

其次，对比手工取样结果和在线检测结果，在整个过程中可以看出取样化验结果大部分情况下是可以真实反映生产状况的，但偶尔也会出现错误（比如第 8 个结果）。所以当采用取样化验的监控手段时，就要保留较大的安全边界。而通过在线结果可以完整地看到生产过程每时每刻的变化，没有了取样误差，就可以减少安全边界，从而获得收益。图 4-2-3 可以更直观地反映在线检测可以带来的收益。

4.2.3　核心产品

福斯作为专注于食品和农产品加工领域的专业厂商，近几十年来在粮油加工、饲料和乳制品等行业提供了非常成熟、基于不同技术的在线分析方案。下面重点介绍近红外光谱原理的在线分析仪。

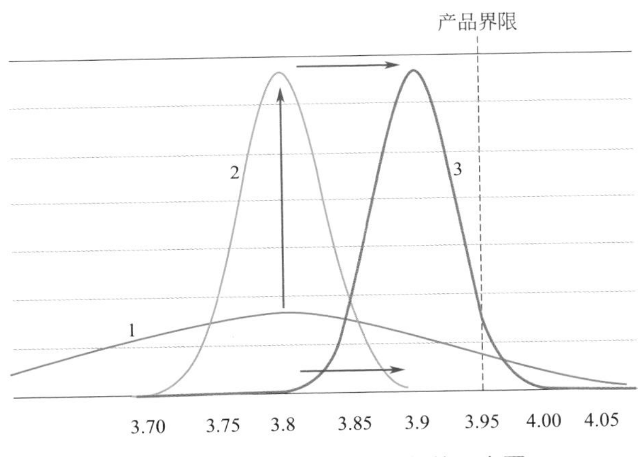

图 4-2-3　在线检测带来收益的示意图

（曲线 1 是没有在线检测时的生产波动正态分布，保留有较大的安全边界；曲线 2 是使用在线监测后的生产波动正态分布，由于波动减小，所以可以减少安全边界，向产品界限推进，达到曲线 3 的控制状态。）

ProFoss 是一款专门为生产现场使用而设计的在线分析仪，它具有 IP69k 的防护等级、IEX-CE（ATEX）-20/20 粉尘防爆认证、USDA 卫生认证，完全适合各种生产场合的使用。ProFoss 使用高精度 512 位二极管阵列检测器，且经过严格的标准化，保证仪器可以获得稳定、可靠的结果。仪器内置双光源，当一个光源出现问题后，自动切换到备用光源，确保更长的使用周期。ProFoss 可以通过多种方式与各类生产控制系统（PLC，DCS，SCADA 等）实现通信，性能参数见表 4-2-1。

◆ 表 4-2-1　ProFoss™ 仪器性能参数

测量方式	反射或横向透射
波长范围	反射：1100 ～ 1650nm；透射：850 ～ 1050nm
检测器	反射：InGaAs；透射：Si
带宽	9.5nm
数据点 / 扫描	1100
吸光度范围	0 ～ 1.5
扫描时间	反射样品扫描时间：3 ～ 15s；透射样品扫描时间：3 ～ 60s
波长准确度	＜ 0.5nm
波长精确度	＜ 0.02nm
波长稳定性	＜ 0.01nm/℃

根据具体应用场合的需要，ProFoss 专门设计了 4 种不同的样品界面（见图 4-2-4 ～图 4-2-13）。

（1）Window Reflectance 窗口反射

图 4-2-4　仪器外观

图 4-2-5　安装现场

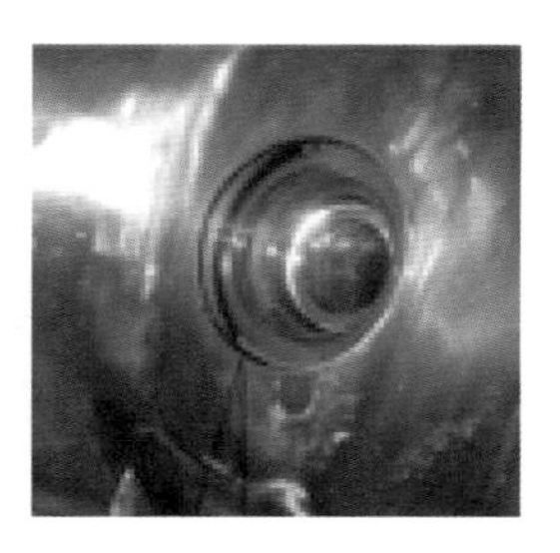

图 4-2-6　管道内扫描窗口

（2）Direct Light 直接照射

图 4-2-7　外观

图 4-2-8　安装现场

（3）Powder Probe 粉末探头

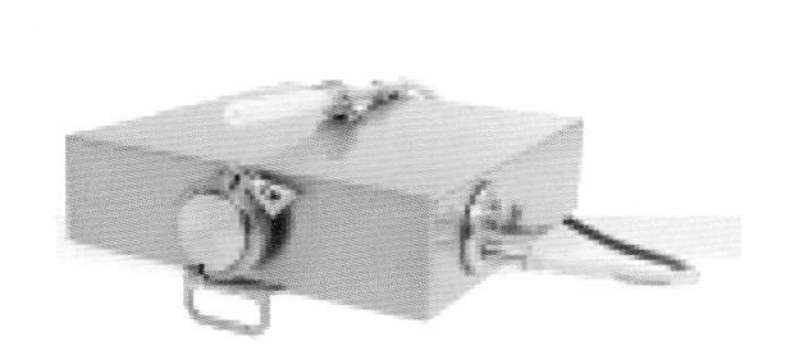

图 4-2-9　仪器外观

图 4-2-10　安装现场

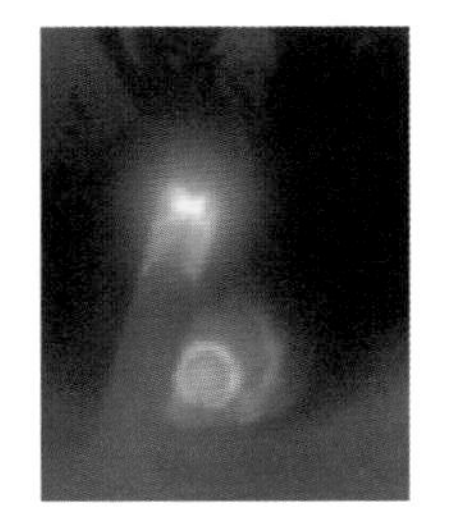

图 4-2-11　管道内

（4）Lateral Transmittance 横向透射

图 4-2-12　仪器外观

图 4-2-13　管道连接

4.2.4 应用领域

（1）饲料生产

饲料生产中可以在混合机对加工的过程进行监控，及时发现错误的投料，减少回机料。在条件允许的情况下，还可以进一步对水和油的添加进行控制，获得更大收益。如图 4-2-14 所示，在冷却机后，可以对成品水分进行检测，并根据结果对冷却机的生产参数进行调节，保证水分稳定。

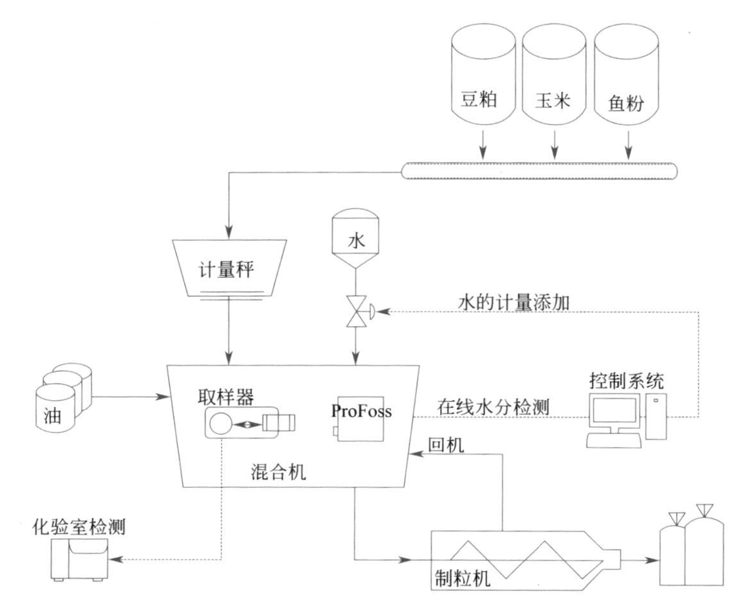

图 4-2-14 在线水分监测与反馈控制示意图

（2）大豆榨油

大豆榨油生产首先可以在对蛋白质进行在线检测。脱溶后的豆粕会根据成品蛋白质规格要求将豆皮回填，在线检测豆粕蛋白质含量。蛋白质规格低的，就需要加入更多豆皮。根据检测的结果可以调节豆皮添加的电机频率，使蛋白质含量符合要求，并尽量靠近规格要求。其次，在压榨前的调制工艺，也可以进行在线检测，监控水分含量，在合适的时机进行压榨。

（3）奶粉生产

在奶粉生产中，可以在前段配料进行标准化，控制蛋白质、脂肪、乳糖的正确配比。这是确保成品奶粉营养物质正确比例的关键。后段在流化床后可以对奶粉的水分进行在线检测，根据其结果可以对干燥塔的工艺参数进行调整，确保生产正常，使奶粉的水分含量稳定接近控制限，以获得最大收益。

化验室分析和在线检测是不同的，在线检测并不能简单理解为把化验室检测提前到车间。在线检测更重要的是实时观察到生产过程的波动和变化趋势。在这个过程中尤其重要的是可以对生产进行影响和调节的那 1 ～ 2 个参数。对这个参数的调节可以为业主带来丰厚的经济效益。

4.3 台湾超微光学公司

4.3.1 公司概况

台湾超微光学（OtO Photonics）成立于 2006 年，主要从事微型光谱仪的开发以及光谱技术的应用。公司拥有优秀的光学设计、微机电技术、机械工程、电子电机及软件设计人才，藉由光谱核心技术，整合不同领域专业知识，提供给客户完整的服务。公司除了自我产品技术开发不断精进外，更利用自身所累积的技术与能力，协助客户开发其各自领域内产品的应用，使“技术创新”与“创新应用”的核心价值与竞争优势得以落实，进而创造新的市场及价值。

公司具有多年的光学技术研发经验，商品设计更轻量化一直是公司的使命。为了达到此目标，最重要的技术核心是用“微型晶片光学结构”取代一般光谱仪的“准直面镜 - 平面光学结构 - 聚焦面镜”架构，且以单一元件与最小体积完成分光和聚焦功能，并达成 2nm 之内的光谱解析率。基于此，公司自行开发了光学演算法，实现了高精密的半导体制程及良好光机电的整合能力，通过简化光学结构来达到缩小仪器体积的目的，达到大型光谱仪水平的分辨率。

光谱仪微型化使得其应用更可扩大至四大产业，包含光电检测、环境监控、色彩侦测、生医量测等。相信微型光谱的诞生可带动光谱分析元件及光电相关产业的发展。

4.3.2 技术特点

光谱仪性能卓越。公司长期专注于发展结合微机电（MEMS）的精密光学技术，拥有独特的热动态平衡技术（dynamic thermal equilibrium，DTE）、半导体微型光栅技术、强大的消杂散光演算法、多重连续曝光模式及丰富的系统整合经验。光学与机构系统设有 CT 型光谱仪 OtO 的智能引擎，响尾蛇及鹰眼系列皆采用 Czerny-Turner 光学设计，提供高感度、高光学分辨率、低杂散光以及快速光谱反应。

MEMS 超微型光谱仪已成功自行开发“非球面、可量产”的微型凹面光栅；经专利演算法计算其曲率与光迹，可消除像差并提高分辨率；其硅基深蚀刻制程相容于现有半导体制程，具有制造优势。

4.3.3 核心产品

（1）SideWinder,SW 5 series 响尾蛇系列（图 4-3-1）

① 量测范围 900 ～ 1700nm；128/256/512 像素可选。

② 可切换高增益（high gain）或低增益（low gain）模式，高增益感度约为低增益的 18 倍。

（2）SideWinder，SW 8&SW 9 series 响尾蛇系列制冷型（图 4-3-2）

① 量测范围有 900 ～ 1700nm 一阶制冷，900 ～ 2500nm 二阶制冷；256/512 像素可选。

② 可选配内建快门。

③ 可切换高增益（high gain）或低增益（low gain）模式，高增益感度约为低增益的 18 倍。

（3）Pocket Hawk-NIR，PH-NIR series 口袋鹰近红外系列（图 4-3-3）

图 4-3-1 响尾蛇系列

图 4-3-2 响尾蛇系列制冷型

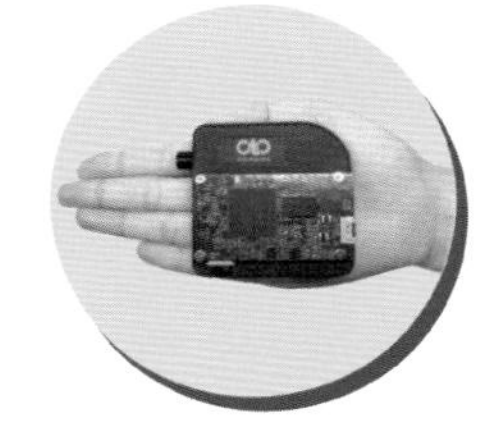

图 4-3-3 口袋鹰近红外系列

① 量测范围 900 ～ 1700nm；128/256/512 像素可选。

② 体积轻重量小，仅 65mm×65mm×29.8mm，同时实现在线与手持式光谱量测系统。

（4）Red Sparrow，RS series 红雀系列（图 4-3-4）

① 量测范围 900 ～ 1700nm；128/256 像素可选。

② 使用 MEMS 半导体微机电技术开发。

③ 体积 40mm×40mm×18mm，质量 40g，手持近红外量测仪器最佳选择。

（5）DragonFly，DFSeries 红蜻蜓系列（图 4-3-5）

图 4-3-4 红雀系列

图 4-3-5 红蜻蜓系列

① 波长范围 900 ～ 1700nm ；高信噪比。

② 光学系统基于 Texas 的 DLP 数字光处理技术与 DMD 数字微反射芯片来设计。

③ 可编程的成像系统，可在下列 3 种模式下进行编程：线性 / 行距（Linear/Column）模式、阿达马（Hadamard）模式，回转（SLEW）模式。

④ 提供 USB 接口和 UART 接口。

4.3.4 应用案例

智慧农业与光谱技术：利用光谱仪或高光谱依照颜色来分选水果、食物或谷物的食物分选机为常见且已大量使用的产品。谷物的成分分析，水果甜度、熟度或含水率与蛋白质含量等相关的检测便是通过近红外光谱技术进行。例如，建立水果的吸收光谱与糖度或果酸的关系式，可选用（1400±200）nm 范围内波长的吸收峰来进行测量，并将测量结果与高效液相色谱仪所测得的糖度与果酸值作比较，通过多重线性回归（MLR）来建立。将此技术在大型农产品公司的在线快速分级、在线仪搭配物联网、云端进行应用，可以降低劳动力人工成本，提高产品质量。

推出的近红外光谱仪响尾蛇系列、口袋鹰近红外系列、红雀系列准确度高，在 256pixels 与狭缝 50μm 的情况下分辨率平均 4.3nm，亦有良好的波长稳定性。响尾蛇系列制冷型 8 系列波长范围 900 ～ 1700nm，支持一阶制冷；响尾蛇系列制冷型 9 系列波长范围 900 ～ 2500nm，支持二阶制冷。口袋鹰近红外系列为体积更小的机种，其紧凑的体积非常适合系统整合，其性能表现不亚于大体积光谱仪。红雀系列基于 MEMS 架构开发，其体积仅 40mm×40mm×18mm，更加适合手持装置应用。

4.4 北京北分瑞利分析仪器（集团）有限责任公司

4.4.1 公司概况

北京北分瑞利分析仪器（集团）有限责任公司（以下简称北分瑞利公司），是北京控股集团有限公司旗下京仪集团高端制造板块的核心企业，1997 年由北京分析仪器厂和北京第二光学仪器厂合并组建，主要从事光谱、色谱、质谱、流程、环保、安全检测等系列 80 余种产品的研制生产。公司拥有 60 余年的分析仪器制造历史，于 20 世纪 90 年代先后研制成功中国第一台傅里叶变换中红外光谱仪和傅里叶变换近红外光谱仪，均填补了国内空白。目前公司仍是国内为数不多的具有完全自主知识产权且能够同时批量生产傅里叶变换中红外和近红外光谱仪的企业之一。

4.4.2　产品特点

WQF-600N 型傅里叶变换近红外光谱仪是公司自主研发的第二代傅里叶变换近红外光谱仪，见图 4-4-1。该仪器应用于在线监测，可以针对不同样品选配浸入式探头、反射探头或透射探头对等，以秒为单位直接联机，实时输出分析数据与结果，相关参数及实物照片如下：

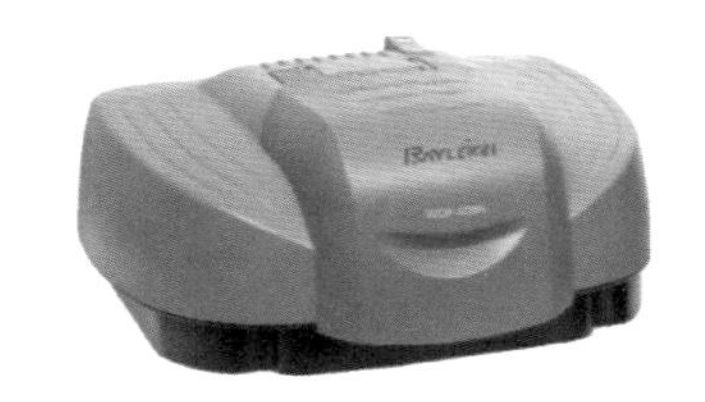

图 4-4-1　WQF-600N 型傅里叶变换近红外光谱仪

（1）技术指标

① 波数范围：3300 ～ 10000cm^{-1}。

② 探测器：InGaAs，可选其他。

③ 分束器：CaF_2。

④ 附件：提供多种附件，如光纤采集附件、光纤耦合液体池附件、旋转漫反射附件等，见图 4-4-2、图 4-4-3。

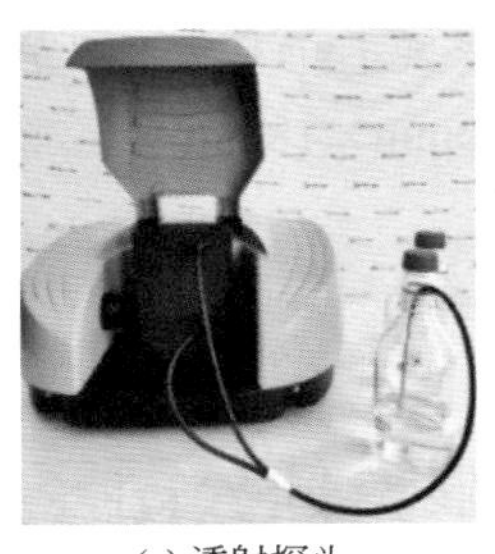

(a) 透射探头

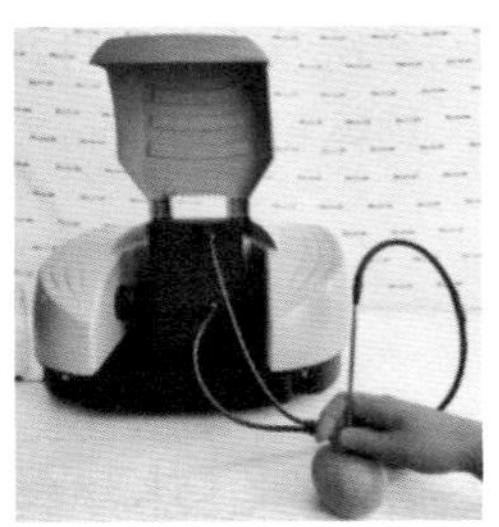

(b) 漫反射探头

图 4-4-2　光纤采集附件配置

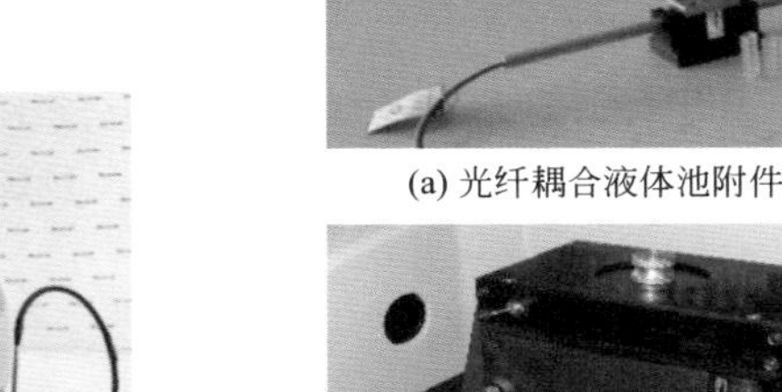

(a) 光纤耦合液体池附件

(b) 旋转漫反射附件

图 4-4-3　其他附件类型

（2）仪器特性及优势

① 针对不同样品状态选择特定附件，实现准确快速测定。

② 可靠的系统，可用于严酷环境和粗糙使用。

③ 符合 FDA 21 CFR Part 11 规范。

④ 功能齐全的化学计量学软件具备自动建模平台，实现零基础建模。

⑤ 提供高质量光谱，快速、简捷地实现不同仪器间模型转移。

4.4.3 应用领域

公司的傅里叶变换近红外光谱仪已广泛应用于制药工业、农业、食品加工、石油化工、纺织等多个领域。

（1）制药领域

北分瑞利公司严格提供符合相关法规的仪器，如符合 FDA21 CFR Part11 规范。制药工业中的药片生产涉及原辅料入库、干燥、制粒、包衣等。具体应用如下：

① 原辅料鉴别　对来源不同或物理性状具有微小差别的原料，通过建立原辅料标准近红外光谱库，实现快速筛选。

② 干燥过程　固体制剂生产过程中干燥环节的残留水分是最主要的检测指标。采用多点监测，所建立模型可成功用于干燥过程的终点监测。

③ 制粒过程　此过程可连续采集过程中的光谱，提供制粒过程中粒度、含水量变化的可靠数据，从而对制粒环节进行过程控制以及错误诊断。

④ 包衣　通过近红外光谱分析法可预测药物释放度是否符合要求，从而判断包衣终点。

（2）农业领域

北分瑞利公司产品在小麦、水稻、大豆等育种行业得到了广泛应用，通过对其蛋白质等含量的定量测定，可满足育种用户对未来育种方向的检测需求。

（3）食品加工领域

食品加工行业对生产成本的控制尤为重要，利用 WQF-600N 结合光纤采集附件可对提取的原油直接进行参数（如游离脂肪酸、磷脂等）分析，从而找到下一步精制工艺的最佳条件，避免不合规格的生产批次返工。光纤采集附件可配置透射或漫反射探头，从而实现对液体或固体样本的测试。

（4）石油化工领域

可实现各种油品、生产过程（如调和过程）各组分的质量指标监测，例如汽油调和的辛烷值、烯烃、芳烃等，柴油的十六烷值、闪点、凝点等。在化工领域，测定多元醇的羟基时采用近红外光谱分析技术，可以缩短分析时间，降低分析过程的分析成本，为企业带来显著的经济效益和社会效益。公司产品可以支持插入式探头或流通池，以针对不同类型的过程进行在线实时监测。

4.5 北京格致同德科技有限公司

4.5.1 公司概况

北京格致同德科技有限公司于 2015 年成立，是一家专业从事实验设备、科学器材贸易与研发的高科技企业，2019 年成为北京市高新技术企业。

格致同德以近红外光谱技术为主要发展方向，依托强大的近红外技术力量，代理了美国 VIAVI 公司的 MicroNIR^{TM} 系列近红外光谱仪，包括用于在线分析的 PAT-W、PAT-Wx、PAT-U、PAT-Ux、PAT-L、PAT-Lx 以及用于现场分析的手持式 MicroNIR OnSite-W 产品，并成功将该系列产品推广到制药、食品、粮油、烟草、化工等行业。2021 年销售数量大于 70 台（套）。

公司一直投入大量精力于产品创新及研发，截至目前，公司已经开发并推出了 OLNIR1700、OLNIR1700-Px、LVF1700 等一系列在线、台式、手持近红外光谱仪产品，同时申请并被授权相关专利 11 项，在审专利 3 项。

4.5.2　技术特点

MicroNIR 系列光谱仪采用线性渐变分光器作为分光元器件，其基本原理如图 4-5-1 所示。复合光经过楔形镀层的线性渐变分光器时，由于不同位置镀层厚度不同，依据多光路干涉的 Fabry-Perot 干涉原理，在不同位置透过的波长也不同，所以线性渐变分光器起到了分光的作用。

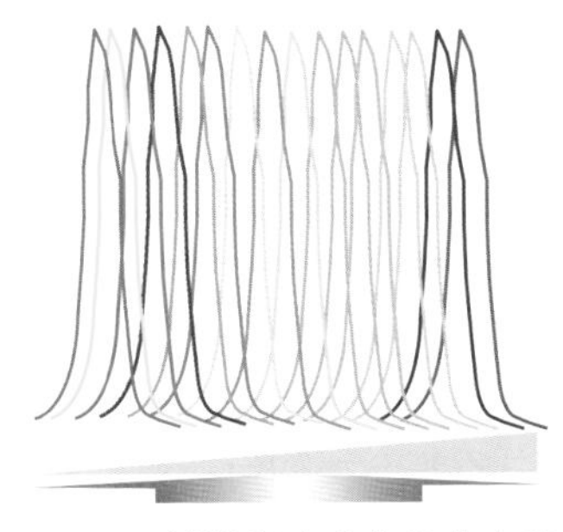

图 4-5-1　线性渐变分光器分光原理

该类光谱仪［图 4-5-2（c）］与传统的扫描光栅型［图 4-5-2（a）］和傅里叶变换型［图 4-5-2（b）］近红外光谱仪相比较，具有以下优势：

① 抗震性能好　MicroNIR 系列光谱仪与扫描光栅和傅里叶变换近红外光谱仪相比，无扫描反射镜和动镜等移动部件，其抗震性极好，不仅可以满足实验室的使用需求，更可以满足在工业现场条件下严苛工况的使用需求。

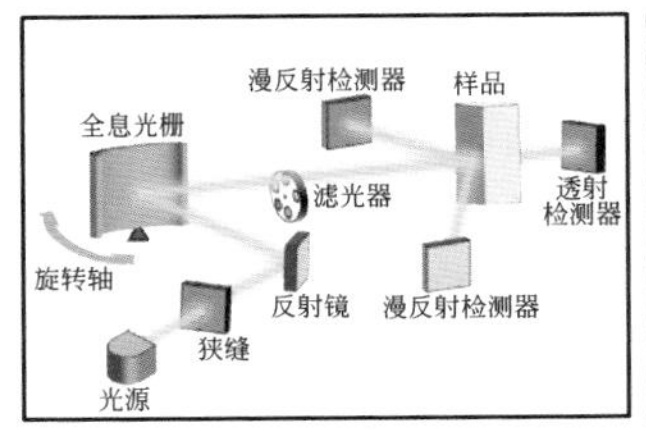

(a) 光栅分光型近红外光谱仪

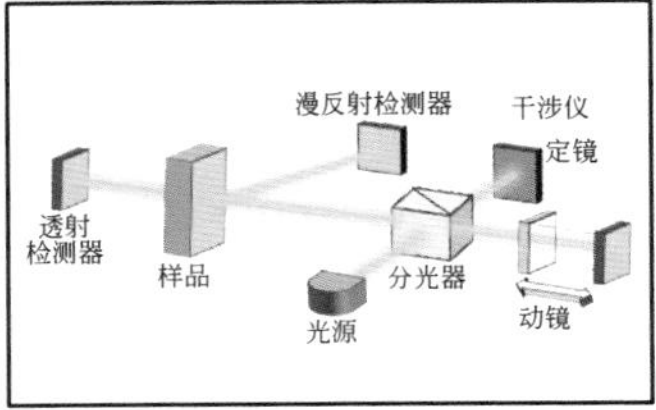

(b) 傅里叶变换型近红外光谱仪

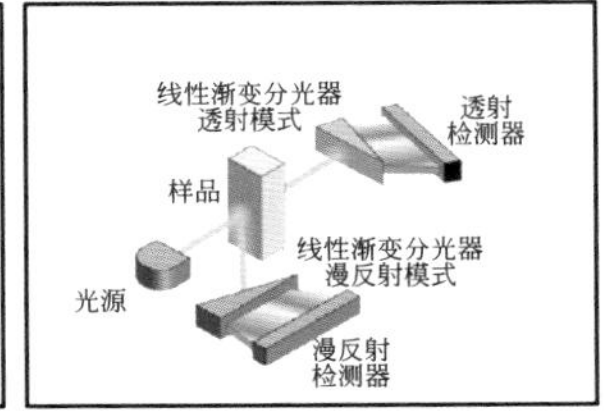

(c) 线性渐变分光型近红外光谱仪

图 4-5-2　不同近红外光谱仪原理图

② 扫描速度快　扫描光栅属于时间分光，即在不同时间点，检测器采集不同波长的能量信号；傅里叶变换与扫描光栅类光谱仪不同，其动镜每移动一个位置，就会采集到对应频率下的信号，但是如果要采集整张高质量光谱，其动镜要

移动一段距离，得到不同频率下的信号，然后将频率域信号转换成时间域信号，得到能解读的近红外光谱；因为动镜要在一定时间内移动一段距离，故傅里叶变换光谱仪可以视为类时间分光。与扫描光栅和傅里叶变换近红外光谱仪不同，MicroNIR 光谱仪是在同一时间点，在线性渐变滤光器的不同位置得到整条光谱，属于空间分光。因此其扫描速度极大提高了，一般都在毫秒级别，1s 内能扫描 100 条以上的近红外光谱；配合 MicroNIR Pro 软件，MicroNIR 光谱仪可以在 1s 内完成 3 次扫描、计算、输出计算结果的流程。

③ 光源寿命长　如图 4-5-2（c）所示，MicroNIR 光谱仪的光路结构简单，光学元器件少，光源能量损失非常少，因此不需要使用高功率的光源，从而极大增加了光谱仪的光源寿命。光谱仪的光源寿命超过 40000h，仪器几乎终身无需更换光源。

由于在线过程分析技术对仪器的抗震性和时效性有较严苛的实际要求，从以上仪器特点分析，MicroNIR 系列近红外光谱仪是在线过程分析的绝佳解决方案。

4.5.3　核心产品

MicroNIR 系列产品主要分为两大类：手持式近红外光谱仪（MicroNIR OnSite-W）、在线式近红外光谱仪（MicroNIR PAT-W、MicroNIR PAT-U、MicroNIR PAT-L）及对应的防爆版本（MicroNIR PAT-Wx、MicroNIR PAT-Ux、MicroNIR PAT-Lx），如图 4-5-3，技术指标如表 4-5-1 所示。

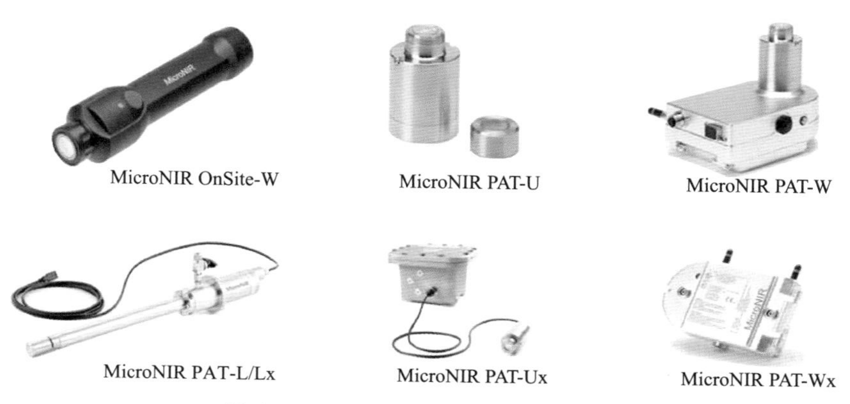

图 4-5-3　MicroNIR 系列近红外光谱仪

其中 MicroNIR OnSite-W 主要用于现场检测，仪器自带电池、蓝牙数据传输；MicroNIR PAT-U/Ux 主要用于固定位置的在线检测，比如固体制剂的制粒过程监测、流化床干燥过程监测以及压片、包衣、胶囊灌装过程监测等；与 MicroNIR PAT-U/Ux 相比，MicroNIR PAT-W/Wx 具有重力感应、Wi-Fi 数据传输、电池供电等功能，除了可以应用于 MicroNIR PAT-U/Ux 的传统固定位置监测点外，MicroNIR PAT-W/Wx 可以安装在旋转混合的混合罐体上，实时监测物料的混合均匀情况；MicroNIR PAT-L/Lx 是插入探头式设计，主要用于化工、制药等行业的液体对象监测，可以根据客户实际情况进行耐压、耐温、不同光程、特殊探头材料的定制。

MicroNIR Pro 是配合该类设备使用的近红外光谱采集、分析、控制的综合性软件，内置了基于 USP1856/EP2.2.40 的仪器 OQ/PQ 验证模块、基于工作流的方法设计模块、多级用户管理模块、满足 21CFR Part11 的数据可追踪、多层模型设计（MLM）、支持多种算法（PLS、PCA、MBM、SMV）。

◆ 表 4-5-1 MicroNIR 系列近红外光谱仪技术指标

参数指标	规格说明	参数指标	规格说明
光源	双集成真空钨灯	采样积分时间	10ms，最小 10μs
光源寿命	＞ 40000h	PAT-U 整机重量	0.22kg，带窗口 0.37kg
采样工作距离	距离蓝宝石窗口 0 ～ 15mm	PAT-W 整机重量	1.5kg
分光元器件	线性渐变滤光器	OnSite-W 整机重量	0.29kg
检测器	128 像元 InGaAs 阵列	仪器运行环境	-20 ～ 40℃（非凝结）
波长范围	950 ～ 1650nm	仪器存储环境	-20 ～ 50℃（非凝结）
像元间距	6.2nm	防尘防水级别	IP65 或 IP67
光谱带宽	＜ 2.5nm@1000nm	数据输出格式	Camo.unsb;Grams.spc;AscⅡ.csv
数模转换	16 位	抗冲击震动实验	MIL-PRE-28800FClass2
动态范围	1000∶1	软件	MicroNIR Pro
信噪比	25000	操作系统	Windows 10

4.5.4 应用案例

4.5.4.1 MicroNIR PAT-W 在判断混合终点中的应用

在药物生产过程中，混合是非常重要的生产环节，直接决定药物有效成分是否达到规定标准，是保证药物质量稳定的关键。混合时间不足或过长，都会造成有效成分分布不均匀。传统的混合均匀度检测方法主要为特定时间点停机后人工取样，使用 HPLC/UV 等方法测量样品的含量，不仅取样代表性有限，检测结果亦严重滞后，且其仅考察混合药物中的活性成分（active pharmaceutical ingredient，API）的浓度一致性。由于 API 和辅料具有独特的近红外吸收光谱，因此可通过近红外光谱的变化反映药物整体的混合均匀度。通过在线近红外光谱技术实时监测混合全过程，可以最大程度保证每批次药物的混合均匀度达到高度一致的状态。

在线近红外光谱判断药物混合均匀度的依据是：随着混合过程的进行，混合体系会逐渐趋于平衡状态，体系内各物质达到均匀状态，此时的近红外光谱信号变化趋于稳定，混合样品达到混合均匀终点。

光谱仪在混合罐上的安装示如图 4-5-4 所示，重力感应触发工作原理如图 4-5-5 所示。

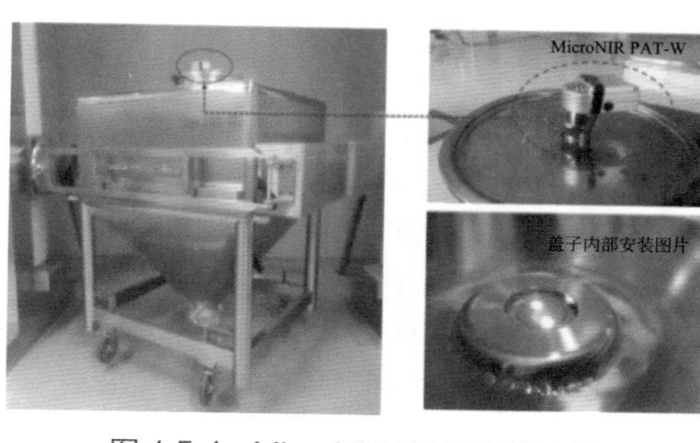

图 4-5-4　MicroNIR PAT-W 的安装

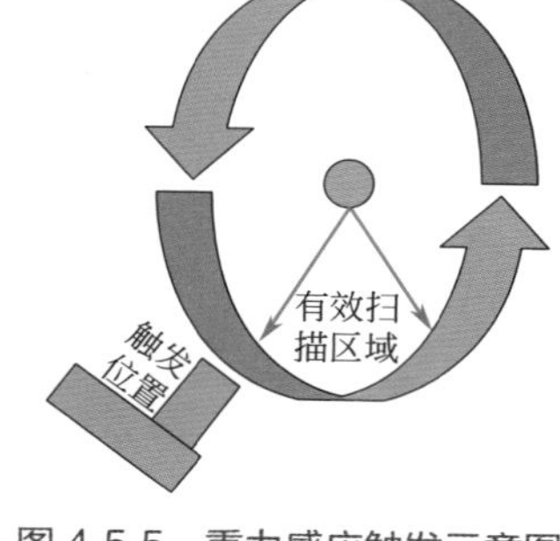

图 4-5-5　重力感应触发示意图

为了避免单一判断条件带来的假阳（阴）性，混合均匀判断方法结合预处理算法、特征波段筛选、F 检验、移动窗口数四个变量，组合成四种不同的判定条件对混合终点进行判断。当四种方法都判定为混合均匀，且持续 30s 时判定物料混合均匀，见图 4-5-6。

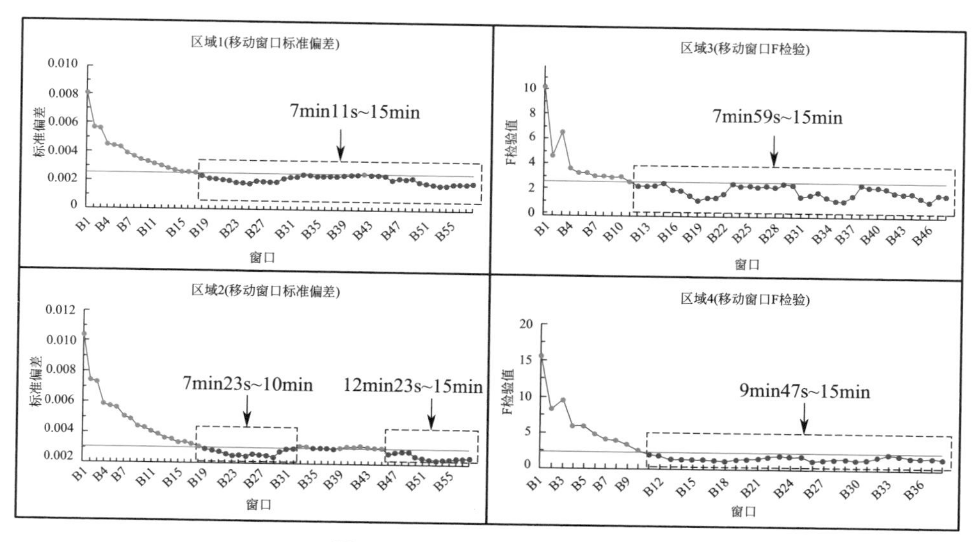

图 4-5-6　混合过程在线检测图

三个批次样本的取样验证结果如表 4-5-2 所示，在近红外光谱判断达到混合终点时，取样样本的 RSD 满足混合均匀的要求，即基于 MicroNIR PAT-W 判断物料在混合过程中的均匀状态是可靠的。

◆ 表 4-5-2 验证批次样本混合终点检测结果

项目	验证批次		
	批次一	批次二	批次三
1	86.34	86.91	83.92
2	83.29	84.36	87.16
3	86.39	85.38	85.17
4	84.01	81.34	84.32
5	86.21	87.48	81.93
6	85.74	85.29	86.33
7	86.94	85.23	84.12
8	86.80	86.21	86.76
9	85.64	88.11	84.66
10	86.26	87.01	86.41
11	86.44	84.32	85.34
RSD/%	1.342	2.201	1.801

4.5.4.2 MicroNIR PAT-W 在流化床制粒干燥中的应用

在流化床的制粒干燥过程中，水分含量不仅是颗粒增长动力学的关键参数，且会直接影响终产品的品质。在流化床制粒干燥过程中应用近红外光谱技术可以在保持产品质量稳定的情况下提高生产效率。MicroNIR PAT-W 在流化床上的安装如图 4-5-7 所示。采用非接触物料的方式进行安装可确保产品的生产符合卫生要求。

图 4-5-7 MicroNIR PAT-W 在流化床干燥中的安装图

基于 MicroNIR PAT-W 在线采集样本的光谱数据和取样参考值，建立产品水分和粒径［Dx（50）］模型如图 4-5-8 所示。

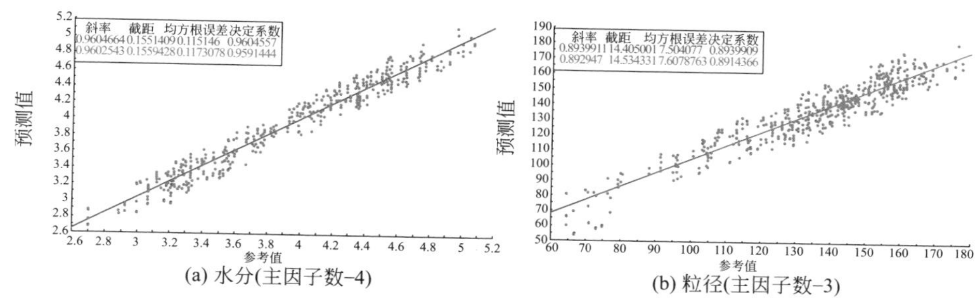

(a) 水分(主因子数–4)　　(b) 粒径(主因子数–3)

图 4-5-8　水分和粒径模型

将建立的水分模型和 Dx（50）模型用于新批次的监测，结果如图 4-5-9 所示。现场可实时显示流化床制粒干燥过程中物料的水分和 Dx（50）的变化趋势及预测结果，指导现场人员及时对控制参数进行调整，通过对每一批次样品的监测，实现对产品生产一致性的管控。

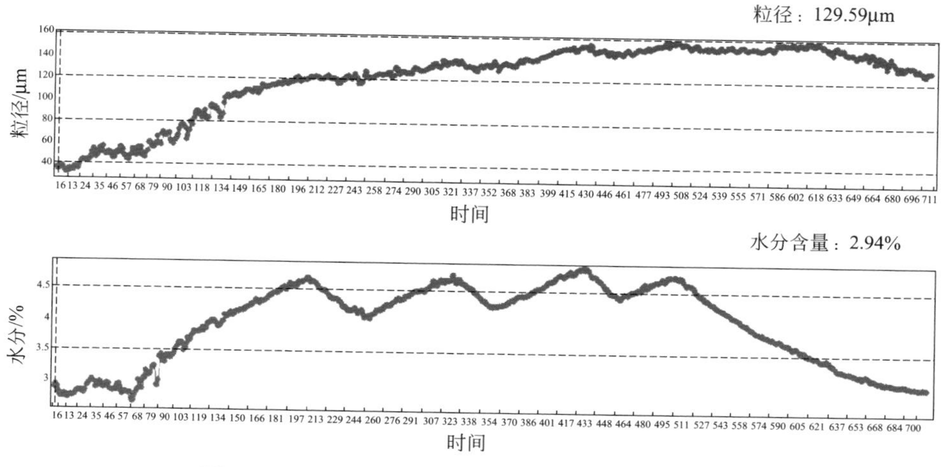

图 4-5-9　近红外光谱在线检测水分和粒径过程变化图

4.6　北京伟创英图科技有限公司

4.6.1　公司概况

北京伟创英图科技有限公司位于中关村科技园区丰台园，是一家专业从事近红外光谱应用技术、图像快速分析技术并集仪器研发制造、系统集成、销售和服务为一体的中关村高新技术企业。

公司秉承“信仰、勤奋、敬业、专注”的核心价值观，专注于制造与系统集成技术；专注于一对一定制化体验式服务；专注于关键核心技术的传承与发展；专注于现场快检技术的研发与融合。

公司吸收、传承了国内外先进制造技术和系统集成经验，推出了便携式、手持式、实验室式、在线式、特种行业应用等多款近红外光谱仪器系统及专业化学计量学软件、测量软件、在线综合监控软件等。

伟创英图公司近红外光谱应用技术骨干团队始建于 1997 年的英贤仪器公司，2007 年被聚光科技（杭州）股份有限公司收购，一路传承发展，在 20 余年的发展过程中，始终坚持走近红外光谱技术产业化道路，为推动发展国内近红外光谱技术作出了贡献。

公司主要产品如下：

Chemo Studio 化学计量学分析软件；

NIR Magic 近红外光谱测量软件与在线综合监控软件；

NIR Magic 1100/2100 便携 / 台式果品近红外光谱分析仪；

NIR Magic 2110 箱式果品病害近红外光谱分析仪；

NIR Magic 2300 台式液体近红外光谱分析仪；

NIR Magic 2600 台式固体近红外光谱分析仪；

NIR Magic 3100/3500 手持式近红外光谱分析仪；

NIR Magic 5700 便携式固体近红外光谱分析仪；

NIR Magic 6101R 研究型在线近红外光谱检测平台；

NIR Magic 6100G 水果在线无损检测分选设备；

NIR Magic 6701A 纺织品 / 塑料制品在线回收分选设备；

NIR Magic 6800 多模式多通道在线近红外光谱分析系统；

NIR Magic 7900 研究型台式近红外光谱分析仪。

4.6.2 技术特点

① 专业的化学计量学分析软件、测量软件、在线综合监控软件产品；

② 一对一的定制化研发制造、系统集成、培训服务及整体解决方案；

③ 提供多类型光谱仪技术支持及定型产品供用户个性化需求选择；

④ 支持用户对产品二次开发的服务需求。

4.6.3 核心产品

（1）Chemo Studio 化学计量学分析软件

化学计量学分析软件可实现近红外光谱分析模型的建立与预测评价。软件操作界面清晰简洁，具有向导式模型建立操作流程，交互式模型参数调整，可视化模型效果评价，智能模型参数推荐、智能模型优化建立功能。软件独有智能预测评价功能，在分析模型数据库中筛选最匹配分析模型用于谱图预测评价，提高谱图预测评价结果准确性，见图 4-6-1。

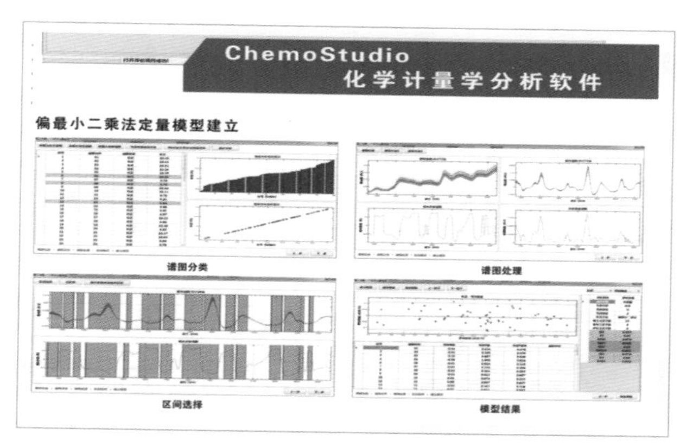

图 4-6-1　Chemo Studio 化学计量学分析软件

（2）NIR Magic 6800 在线近红外光谱分析系统

该系统为流程工业在线快速检测应用设计，可根据检测对象的不同需求进行定制化设计与系统集成。如液态、固态样品的检测；光纤探头远程检测；现场防爆环境需求等。检测速度快，集成化学计量学分析功能，可实现多模型同步及多通道快速检测。可满足医药、化工、饲料、粮食、油料作物、特种行业等领域的原辅料或产品检测及应用研究需求，见图 4-6-2。

（3）NIR Magic 6101R 研究型在线近红外光谱检测平台

该平台是专为科研院所研发的一款在线快速检测研究平台，适用于多种物料在线近红外光谱检测科研实验，如液态、固态等样品。集成化学计量学分析功能，可实现多模型同步快速无损检测。可满足果品、药品、谷物、饲料、茶叶、烟草、纤维制品等领域检测及应用研究需求，见图 4-6-3。

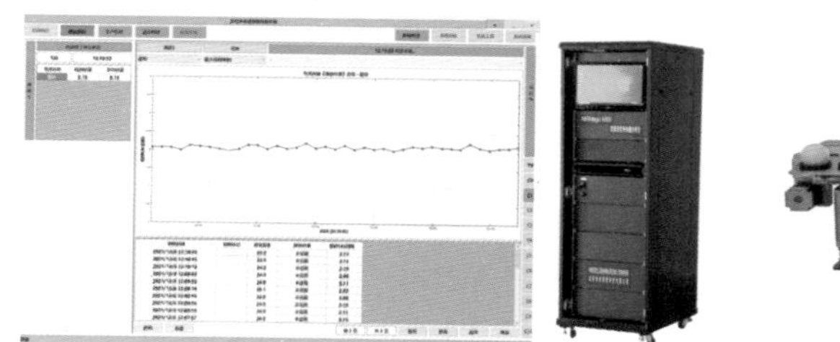

图 4-6-2　NIR Magic 6800

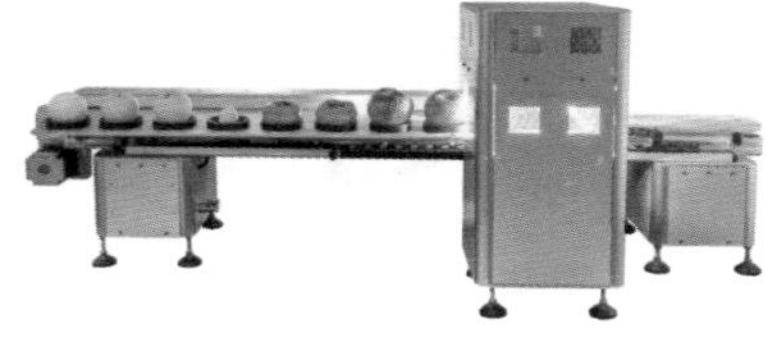

图 4-6-3　NIR Magic 6101R

（4）NIR Magic 6100G 水果在线无损检测分选设备

该设备为中小果品企业商品流通筛选应用而研发，可实现果品在线无损品质评优分选和病害定性判别，为果品种植管理、采摘分级、病变筛查、储运管理、商品流通及果品应用研究等环节提供质量保障，见图 4-6-4。

（5）NIR Magic 6701A 纺织品 / 塑料制品在线回收分选设备

该设备可实现纺织品与塑料制品快速回收分选，可解决现有回收方法分选周期长、成本高、环境污染、破坏样品等问题。为纺织品与塑料制品回收、加工生产及应用研究提供了有力保障，见图 4-6-5。

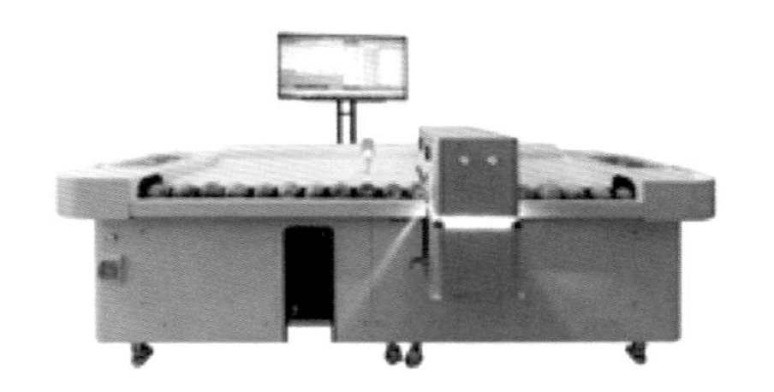

图 4-6-4 NIR Magic 6100G

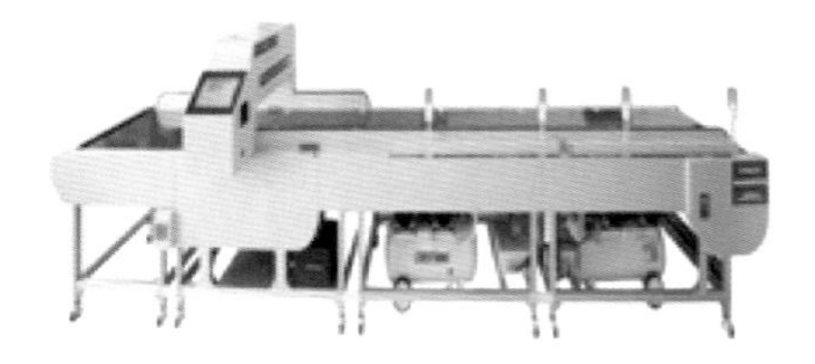

图 4-6-5 NIR Magic 6701A

（6）NIR Magic 3100/3500 手持式近红外光谱分析仪，见图 4-6-6。

（7）NIR Magic 2300 台式液体近红外光谱分析仪，见图 4-6-7。

图 4-6-6 NIR Magic 3100/3500

图 4-6-7 NIR Magic 2300

（8）NIR Magic 2600 台式固体近红外光谱分析仪，见图 4-6-8。

（9）NIRMagic 5700 便携式固体近红外光谱分析仪，见图 4-6-9。

图 4-6-8 NIR Magic 2600

图 4-6-9 NIR Magic 5700

4.6.4 应用领域

① 果品内部品质（糖度、病害等）无损检测分析、商品分选及研究应用；
② 医药、化工产品原辅料分类、产品质量分析及研究应用；
③ 粮食、饲料、油料作物的原料、产成品质量分析及研究应用；
④ 烟草、纤维制品、肉制品、茶叶等产品质量分析及研究应用；
⑤ 汽油、柴油、煤油等石油化工产品质量分析及研究应用；
⑥ 特种行业应用分析及研究。

4.7 滨松光子学商贸（中国）有限公司

4.7.1 公司概况

滨松公司于 1953 年成立，是光科学、光产业领域的领导性品牌，其光电产品被广泛用于分析仪器、医疗设备、核技术应用、科学研究、安全检查、民用消费电子等领域。其中光电倍增管、光电半导体产品曾三次助力诺贝尔物理学奖的诞生，为中微子、希格斯波色子的探测作出重要贡献。每年滨松集团也以销售额 10% 左右的费用投入产品、光电前沿技术的研发之中。滨松公司于 1988 年与北京核仪器厂共同投资兴建了北京滨松光子技术有限公司（简称北京滨松），现为国内著名的光产业基地，于 2011 年在北京成立全资子公司“滨松光子学商贸（中国）有限公司”（简称滨松中国），全面负责中国市场的销售、技术支持、售后服务等市场活动。并于 2012 年、2017 年、2020 年分别成立上海、深圳、武汉分公司。

4.7.2 产品特点

（1）光栅型微型光谱仪

光栅型微型光谱仪产品，波长范围覆盖 640 ～ 2500nm，其中短波近红外光谱仪有利用 MEMS 技术制造的 SMD 型超微型光谱仪 C14384MA-01（图 4-7-1），其质量小于 0.3g，给在线近红外光谱仪产品的小型化和低成本化带来了更多可能，可以期待它在需要现场实时测定的各种场景中的应用，如现场食

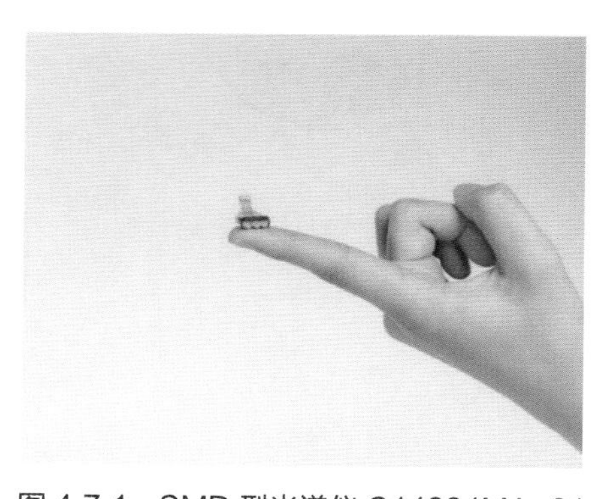

图 4-7-1　SMD 型光谱仪 C14384MA-01

品的实时测定、农作物的质量检查、无人机环境分析等。该产品曾入围国际光学“棱镜奖”，具体参数见表 4-7-1。

◆ 表 4-7-1 滨松 SMD 型超微型光谱仪 C14384MA-01 规格参数表

参数项目	参数值	参数项目	参数值
波长响应范围 /nm	640 ～ 1050	缝隙尺寸（H×V）/（μm×μm）	15×300
波长分辨率（半幅值）[①] /nm	最大值 20，典型值 17	开口数量	0.22
灵敏度[②]	50	外形尺寸（W×D×H）/（mm×mm×mm）	11.7×4.0×3.1
亮线杂散光 /dB	＜ -23（850nm 处）		

①波长 800nm 以上。

②波长 1000nm 时，MS 系列微型光谱仪的灵敏度参考为 1。

要实现比旧款的光谱仪更小的尺寸，需要使凹面的弯曲变大、减少与图像传感器之间的距离，但要在弯曲度大的凹面上形成光栅是很困难的。该产品由入射狭缝、1 次反射镜、2 次反射镜、光栅和图像传感器组成。普通光线在前进时会不断发生扩散，为了使通过入射狭缝的入射光可以平行前进，在 1 次反射镜上进行调整，并通过 2 次反射镜引导到光栅。通过光栅实现对不同波长的光的区分，同时借由凹面将其聚焦在图像传感器的各像素点上，并针对不同波长的光强度输出电信号。该光谱仪利用独特的光学设计技术，采用 1 次反射镜和 2 次反射镜的折返结构，在抑制凹面弯曲度的同时，减少了与图像传感器的距离（图 4-7-2）。

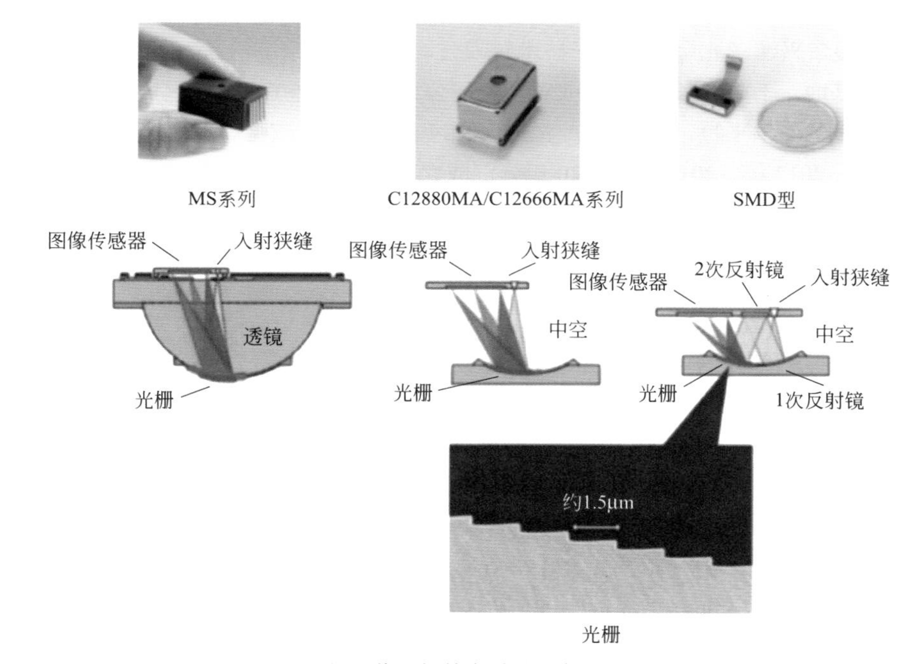

图 4-7-2 近几代近红外光谱微型光谱仪结构对比

产品采用了滨松新型高灵敏 APS 型 CMOS 图像传感器，提高了近红外光谱灵敏度，约是 MS 系列的 50 倍（图 4-7-3）。其光栅在封装上直接成形，并通过独特的工艺将入射狭缝、2 次反射镜、图像传感器高度集成于同一芯片上，大大减少了内部元件的数量，成功降低了整体器件的成本，批量生产成本有望进一步降低。

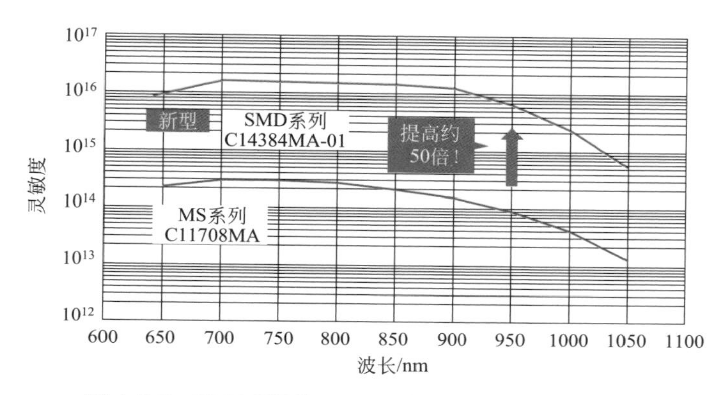

图 4-7-3　SMD 系列与 MS 系列的光谱响应灵敏度对比

（2）MEMS-FPI 近红外光谱探测器

MEMS-FPI 法布里珀罗腔型近红外光谱探测器（图 4-7-4）利用基于 MEMS 的可调节法布里珀罗腔来实现分光，可以用接近于单点探测器的尺寸和成本实现近红外光谱的探测，波长覆盖 1350 ～ 2150nm，如表 4-7-2。

图 4-7-4　滨松 MEMS-FPI 近红外光谱探测器

◆ 表 4-7-2　MEMS-FPI 近红外光谱探测器响应波长

型号	光谱响应范围 /nm	光谱分辨率（FWHM）(max) /nm
C14272	1350 ～ 1650	18
C13272-02	1550 ～ 1850	20
C14273	1750 ～ 2150	22

该器件使用的分光技术不是大家所熟知的光栅，而是极为罕见的方法——法布里珀罗标准具，使得该光谱仪仅使用单点 InGaAs 探测器就能够得到光谱图，大大节省了 InGaAs 材料、降低了制作成本、缩减了探测器部分体积；法布里珀罗标准具的制作，采用的是 MEMS 加工方法，从而使分光部分的体积也减小不少，而探测器部分和分光部分被封装在了一个器件之中（图 4-7-5），以此实现了小巧紧凑的特性。该产品曾入围国际光学“棱镜奖”。目前，该产品可提供模块产品（图 4-7-6）。所包含的评估软件具有设置测量条件、获取和保存数据、绘制图形等功能。此

外，还公开了动态链接库（DLL）功能规范，用户可创建其原始测量软件程序。

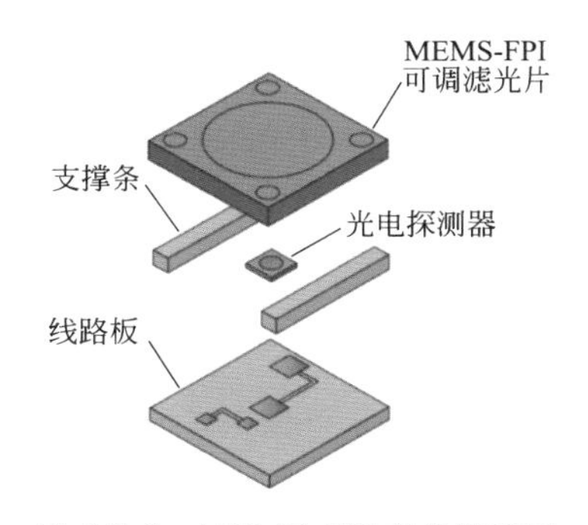

图 4-7-5　MEMS-FPI 结构示意图

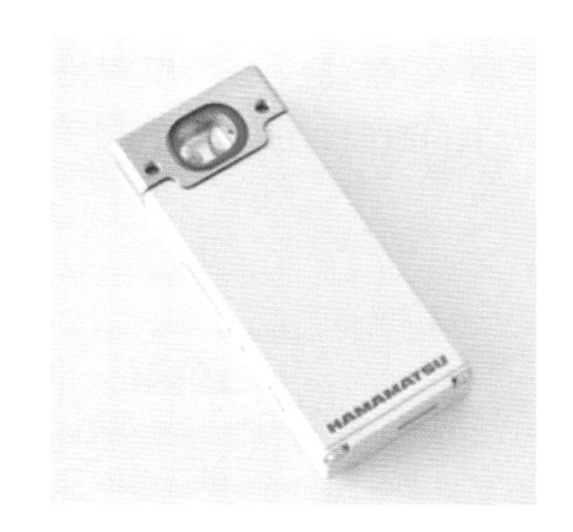

图 4-7-6　滨松 MEMS-FPI 光谱探测模块

（3）FTIR 引擎

FTIR 引擎 C15511-01（图 4-7-7）产品内部集成了迈克尔逊光谱干涉仪、控制电路，产品实现了在 1.1 ～ 2.5μm 区域超高的灵敏度，并拥有高信噪比表现（10000∶1）以及高光谱重现性。可内置于便携式或在线近红外光谱仪器中，实现整机小型化的同时，也可保证高性能。其主要规格指标见表 4-7-3。在内部结构设计上，除了迈克尔逊光谱干涉仪和近红外光谱探测器部分，该产品还集成了 VCSEL 激光二极管和用来检测其信号的 PD，如图 4-7-8 所示。通过监测激光二极管信号的变化，可以有效提高 FTIR 光谱引擎的波长准确性。

图 4-7-7　滨松 FTIR 引擎 C15511-01

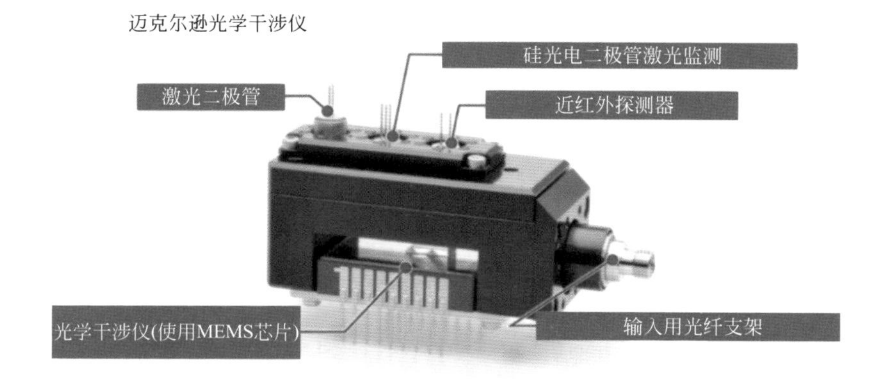

图 4-7-8　滨松 FTIR 引擎 C15511-01 内部结构

◆ 表 4-7-3　滨松 FTIR 引擎 C15511-01 参数规格表

项目	参数值	项目	参数值
波长范围 /nm	110 ～ 2500	信噪比	＞ 10000
分辨率 /nm	5.7（1533nm 处）	工作温度 /℃	5 ～ 50
波长准确性 /nm	±0.2	外形尺寸（*W*×*D*×*H*）/（mm×mm×mm）	49×57×76
波长温度漂移 /（nm/℃）	0.01		

4.7.3　应用案例

FTIR 引擎相关的 2 个检测性能试验包括硝酸根（NO_3^-）水溶液样品检测（透射）；家电中阻燃剂的检测（反射）。

（1）硝酸根（NO_3^-）水溶液样品检测（透射）

这是一组使用 FTIR 引擎 C15511-01 做的液体样品的透射测试，测试装置如图 4-7-9 所示（来自滨松中央研究所资料）。主要希望以此检测 C15511-01 的灵敏度、信噪比在实际应用中的表现。实验选取了高、中、低三组共 18 个不同浓度的硝酸根（NO_3^-）水溶液样品，采用常见的卤素灯，在 0.1mm 光程的石英比色皿中进行测试。共有 18 组样品（3 个浓度 ×6 组样品），具体情况如下：

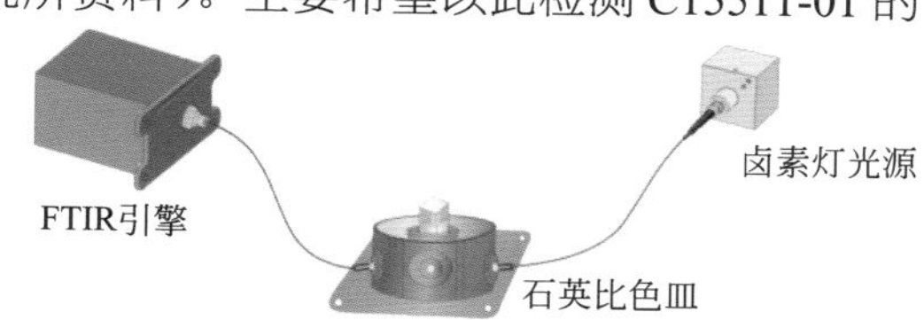

图 4-7-9　测试装置示意

① 高浓度（NO_3^-：0，2%，4%，6%，8%，10%）；

② 中等浓度（NO_3^-：0，0.2%，0.4%，0.6%，0.8%，1%）；

③ 低浓度（NO_3^-：0，0.02%，0.04%，0.06%，0.08%，0.1%）。

实验结果见图 4-7-10。可以看到，高浓度和中等浓度样品的测试中，在 2000nm 光谱带吸光度很高，而 2200nm 光谱带吸光度很低，存在明显的吸收高峰，能够比较容易地获得较高精度的定量效果。而低浓度的情况下，没有明显的吸收高峰，需要使用整个波长范围内的数据来获得校准曲线。而 C15511-01 即使在低浓度的情况下，也可获得基本正确的定量效果，信噪比是较为优秀的。

（2）家电中阻燃剂的检测（反射）

使用 FTIR 对一些家电中的塑料部件进行检测，2000 ～ 2500nm 中的一些光谱差异可以让我们区分这些塑料部件中使用的阻燃剂。实验中抽测了 3 种样品。

① 蓝色：PP+TBBA（20%）+Sb_2O_3（10%）；

② 绿色：PP+DBDE（20%）+Sb_2O_3（10%）；

③ 红色：PP+Talc（50%）。

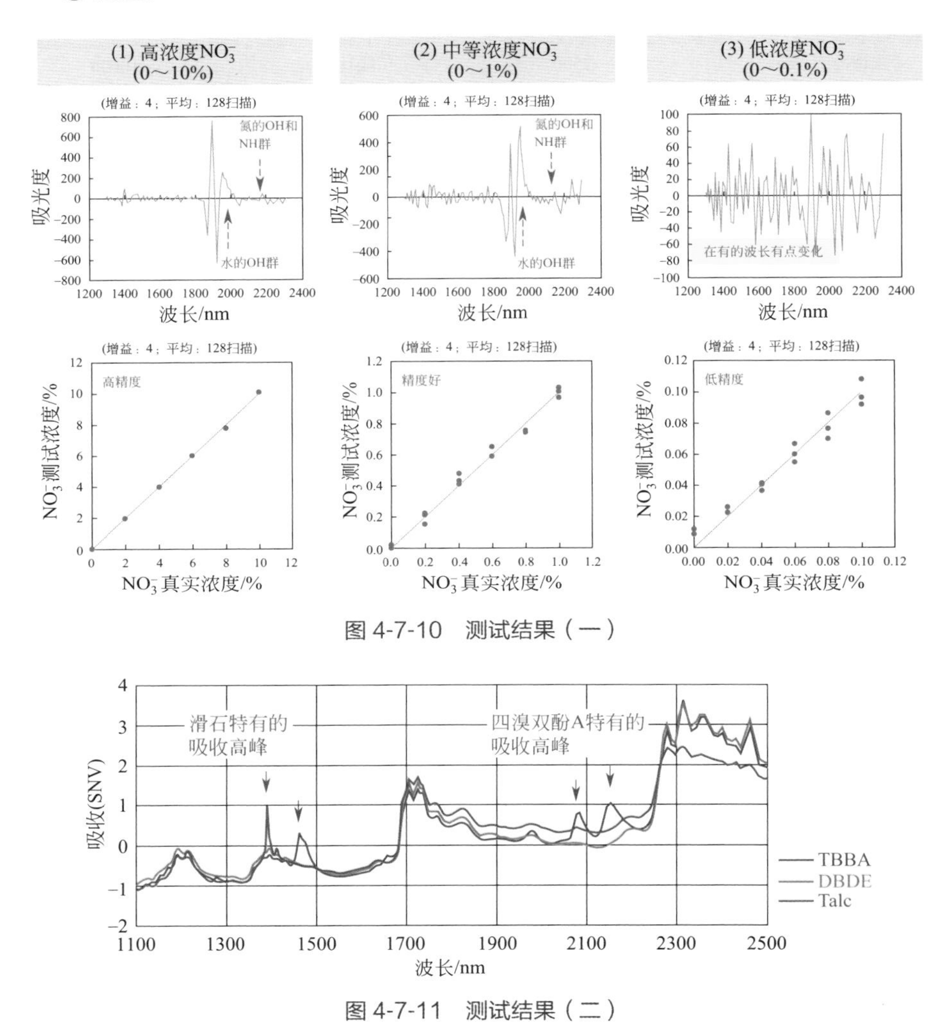

图 4-7-10 测试结果（一）

图 4-7-11 测试结果（二）

从抽测 3 种样品的光谱曲线（图 4-7-11）中可以看出，四溴双酚 A（TBBA）和滑石（Talcum）都有各自的特征吸收峰。对比之下，则可以把含有十溴二苯醚（DBDE）成分的样品区分出来。甚至可以通过 TBBA 的吸收特征，来实现定量检测（图 4-7-12）。这可能会在一些高精度的塑料检测中有所应用。也可以看到抽测的另外 3 种含有不同浓度 TBBA 样品的数据，情况如下：

① 浅蓝：PP+TBBA（5%）+Sb_2O_3（25%）；

② 正蓝：PP+TBBA（10%）+Sb_2O_3（5%）；

③ 深蓝：PP+TBBA（20%）+Sb_2O_3（10%）。

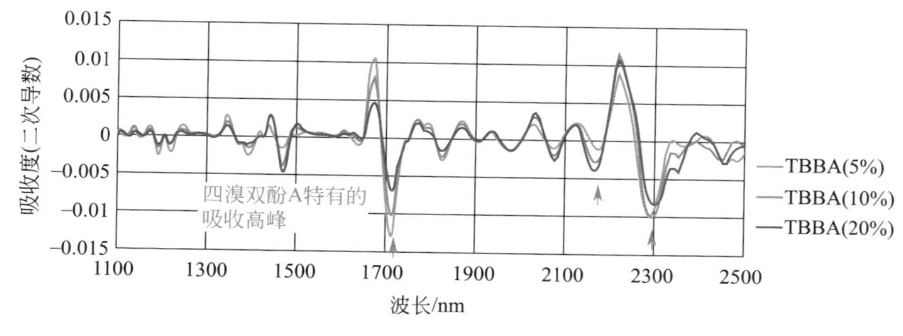

图 4-7-12　测试结果

以上为滨松公司在近红外光谱分析中的代表产品情况，未来将继续精进产品各项性能，并持续拓展探测器技术，以应对更广阔、更高性能要求的应用。

4.8 布鲁克（北京）科技有限公司

4.8.1　公司概况

布鲁克公司创立于 1960 年，是在纳斯达克上市的世界著名的高科技分析仪器跨国企业，以生产质谱仪、核磁共振谱仪、傅里叶红外 / 拉曼光谱仪、近红外光谱仪、傅里叶电子顺磁共振波谱仪等高水平、高精度分析仪器享誉全球科技界。公司始终秉持一条理念：为每个分析任务提供最佳技术解决方案。如今，公司遍布全球的 6000 多名员工正在五大洲逾 90 个地点，为应对这一永久的挑战积极努力着。布鲁克系统涵盖所有研发领域的广泛应用，被各种工业生产流程所采用，确保质量和流程的可靠性。

公司不断扩大其分析仪器产品和解决方案范围，具有广泛的已安装系统基础并在客户中享有强大声誉。事实上，如客户所预期，作为世界领先的分析仪器公司之一，持续开发先进的技术和创新解决方案，解决当今的分析问题，将德国制造的高可靠性、高稳定性的在线近红外光谱仪推广和介绍给中国客户并提供专业化的解决方案，是中国区近红外光谱团队的理念。国内独资子公司布鲁克（北京）科技有限公司近红外光谱部门目前共有 13 名专业技术支持人员，负责为国内客户提供全面的在线近红外光谱技术培训、技术支持和维修工作。

4.8.2　核心产品

MATRIX-F 型傅里叶变换近红外光谱仪，如图 4-8-1 所示，是专门为工业在线监控而设计的一款成熟、可靠产品。仪器设计紧凑、坚固耐用、性能优越，并获得 2000 年“美国科学技术创新（R&D100）”金奖，完全符合 ISO 9001 质量认证标准，并获得中国计量器具型式批准证书，被广泛应用于石油、化工、食品、药品、烟草等领域。创新性的一体化设计保证了测试结果的连续性、准确性，大大减少了仪器故障的发生频率，实现了仪器之间模型的传递与共享。同时，仪器还支持各种工业标准通信协议，可与 DCS 等控制系统实现信息传输。能够最大限度满足工业过程控制和车载流动分析的要求。目前，已在众多企业实现了在线近红外光谱分析系统的成功应用。此外，该光谱仪已被我国 SFDA 采纳为全国地市级以上药检系统设备，用于药品检测车流动分析。

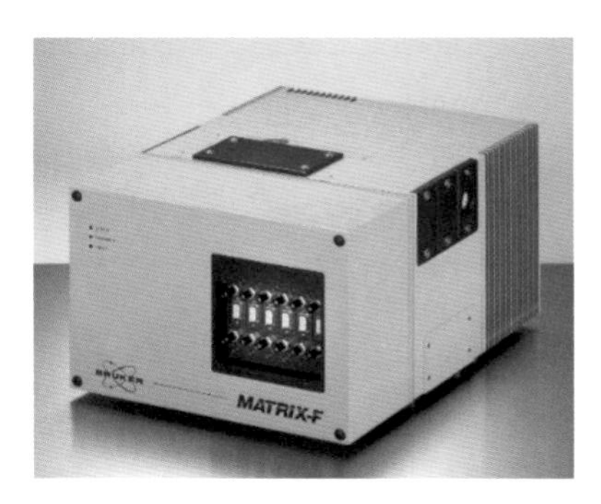

图 4-8-1　MATRIX-F 型傅里叶变换近红外光谱仪

4.8.3　技术特点

Matrix-F 具有以下性能特点：

① 高抗震干涉仪　光谱仪使用相同的专利干涉仪——RockSolid™ 干涉仪、三维立体角镜技术，保证光路永久准直（图 4-8-2）。集成了双立体角镜系统，安装在类似钟摆的弯曲结构上，整个枢轴位于质心处无磨损的运动。这种专利设计的光学系统消除了镜子倾斜影响，从机械方面防止了镜子的剪切运动。同时，它对震动和热效应不敏感。RockSolid™ 干涉仪的这种无磨损的天然特性确保了主机即使在苛刻的环境下，仍然可以保证杰出的稳定性和可靠性。高光通量的设计可以获得最高的信噪比，获取最快、最准确的测量结果。干涉仪运动部件十年质保。

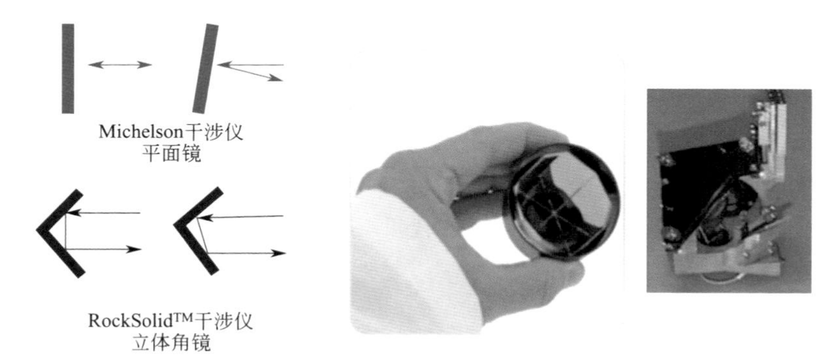

图 4-8-2　RockSolid™ 专利干涉仪

② 高波长准确度　为了保证光谱轴的准确度，即波长的准确度和精确度。在 $2cm^{-1}$ 高分辨下以自然界中水蒸气在 $7306.74cm^{-1}$ 处的吸收峰为标准（图 4-8-3），由仪器内部单一波长的激光控制仪器的波长准确度，X 轴的准确度是模型永久稳定预测和模型转移的基础，保证模型长期稳定应用以及模型在同类型仪器中的直接传递。仪器自身和仪器之间高度的一致性可有效避免由于仪器硬件导致的模型维护工作。

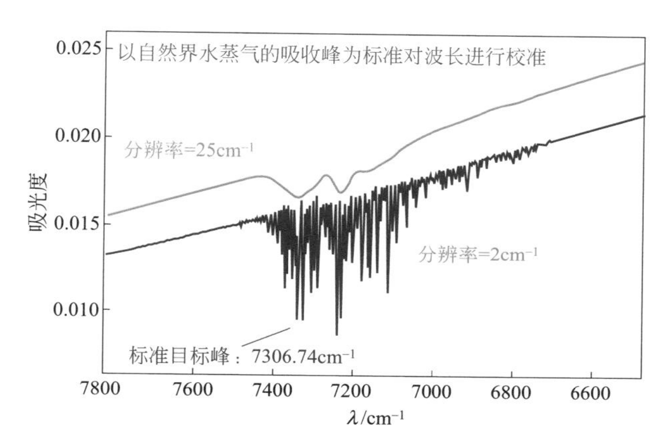

图 4-8-3　高分辨率 $2cm^{-1}$ 下以水蒸气吸收峰进行波长校准
（此法为 NIST 用于校准近红外光谱仪的标准方法）

③ 温控检测器　使用同一个高灵敏度制冷型 TE-InGaAs 检测器，检测器为温度控制，全谱区线性工作，通过最高的准确度和可靠性、最高的重复性进一步提高检测灵敏度。

④ 石英分束器　近红外专用的多层覆盖、石英分束器可以提供极佳的分光性能，并且该分束器不受环境湿度影响，不怕潮湿，不潮解，尤其适用于高湿环境及湿度变化大的地区。

⑤ 多通道多接口　提供 6 个检测通道，可监控 6 个测量点，从而降低投资成本。光纤探头可利用标准 SMA 接头或 BQC（快速接口）连接到光谱仪。多通道扩展模块采用连续、精确的光学转换机制，确保测量精确性和可靠性。

⑥ 高光通量　精密光路机械切换确保了每一路光能量都能与原始光能量相同，保证了每一通道都能有最高信噪比。不需要进行光路分光且由计算机控制自动切换，无机械磨损和能量损失，保证每个采样通道具有与主机相同的光通量，可以实现 150m 以上光纤长距离传输。

⑦ 一机多能　主机光路设计采用 Duplex 模式，可在两种不同的光路之间切换，一台主机可以同时实现两种完全不同的接触式和非接触式检测，满足液体样品和固体样品的检测要求。既可以使用仪器内置光源，也可以连接具备外置光源

的非接触式探头，方便买方后期扩展设备使用用途。

⑧ 全中文工作界面　行业唯一全汉化近红外软件界面，软件操作和建模均在一个平台完成，可以中、英文任意切换，所有工作在一个软件界面中完成，用户交互性极佳。为自主研发软件，每年都会进行升级。

⑨ 一键式建模软件　向用户提供并开放建模软件，且建模软件具有异常样品自动报警功能和一键式自动建模功能，可自动完成光谱预处理方法和波段的优化选择过程，并将优化结果按照交叉验证均方根误差（RMSECV）的大小顺序排列，便于操作人员快速优化和建立模型。

⑩ 在线过程控制软件　CMET 在线软件是基于几十年的光学在线分析应用和维护经验开发的独立过程控制软件。同时借助“看门狗”嵌入式监测功能，可保证 CMET 的可靠性和长期稳定性，确保软件无故障运行。设置界面部分由模块化的光谱仪设置、产品设置、输入-输出通信协议设置以及方案设置组成。可针对不同的应用，灵活结合各种必要功能设置不同应用方案。设置完成后，即可执行 Runtime 软件。Runtime 软件会为用户提供运行方案的完整视图，可查看当前任务以及所有指定产品的趋势图。

⑪ 防护等级　IP66 防护等级。主机可以做到整机防爆，并提供防爆证书。

⑫ 用户量及信誉保证　同型号在线仪器在中国境内用户量达到 700 台以上，具有良好的用户信誉，为客户项目成功投用保驾护航。

4.8.4　应用行业和案例

公司所有的过程近红外光谱仪均具有坚固、长期稳定和低维护成本的特点。化学、石化、聚合物行业、制药生产过程、食品和饲料制造领域的数千个成功安装案例，已经证实了产品的卓越性和应用实践经验。

① 化学　监测基础化学品的合成、蒸馏和精馏工艺，以及对化学反应的终点进行判定。

② 石化　轻、重石脑油和柴油、汽油等辛烷值（RON 和 MON）、密度和 PIONA 等的测定。

③ 聚合物行业　生产关键环节典型参数密度、熔融指数、羟值或游离单体含量等的测定。

④ 制药生产过程　中药生产，制剂工艺混合、造粒、干燥、压片和包衣等过程的监测。

⑤ 食品和饲料　谷物加工、奶粉生产、油料加工、生物发酵等过程的监测。

⑥ 过滤干燥终点检测　干燥步骤对于确保下一步生产需要控制的物料量（水分或溶剂含量）至关重要。测定水分含量的标准操作方法包括停止生产过程并取

样进行初步分析，或有固定产品干燥时间。两者都不能连续监测干燥过程，因此无法实现优化产品水分所需要的控制条件。结合在线漫反射探头，通过整改过滤干燥器，在过滤干燥器筒体设计插入口安装探头，可以连续监控干燥过程（如图 4-8-4 所示）。

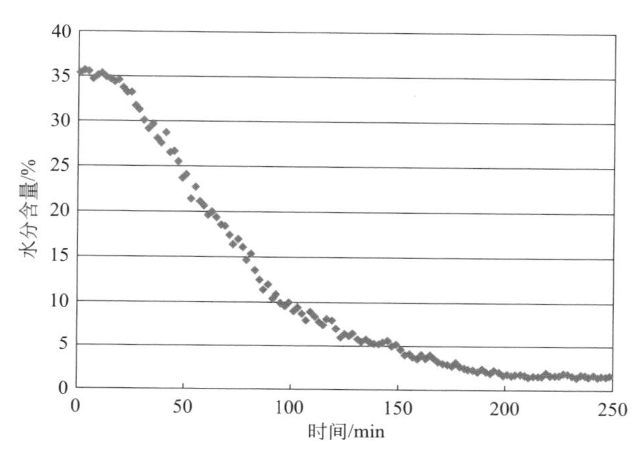

图 4-8-4　近红外光谱在线监测过滤干燥过程

⑦ 在线监测聚氨酯生产过程　聚合物和塑料工业需要快速、可靠、封闭和经济有效的分析方法来进行过程控制，而近红外在线分析提供了一个实时的分子级别的过程评估和监控手段。聚异氰酸酯与多元醇反应生成聚氨酯。聚异氰酸酯是端异氰酸酯的预聚物，是在早期的反应中生成的。为了确保生成的产物中有过量的活性异氰酸酯，这些活性异氰酸酯基团被测定为 NCO 含量（见图 4-8-5）。另外，在该配方反应中，反应物多元醇的羟基数是确定聚氨酯聚合配方的重要参数，该数可依据 ISO15063：2011 标准，通过近红外方法轻松测定。

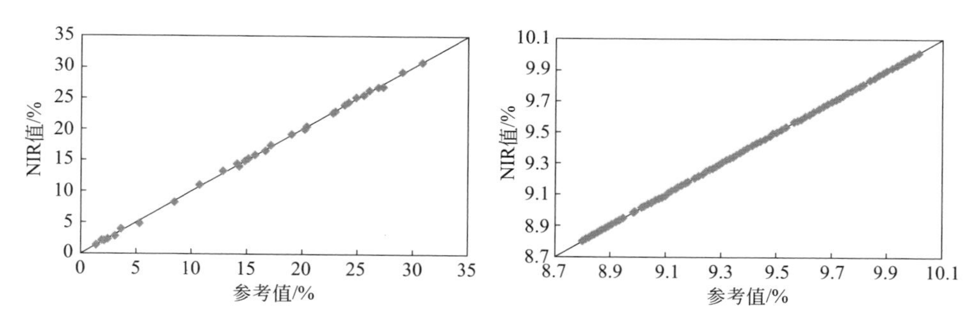

图 4-8-5　在线监控异氰酸酯含量的 NIR 模型　　图 4-8-6　在线监控醋酸含量的 NIR 模型

⑧ 在线监控半导体生产过程　半导体的需求正在逐步增长，优化生产过程和控制不规范的生产到最低限度是保持竞争力的必要条件，而近红外光谱分析技

术是实现这一目标的重要手段。生产中常使用强腐蚀性化学物质，例如各类酸类成分的测量。可以采用近红外光谱分析完成对酸含量的检测，图 4-8-6 为在线监控醋酸（CH_3COOH）含量的近红外光谱模型。公司提供在线耐腐蚀探头，带有蓝宝石窗口，保证探头长时间使用，用于监控例如清洁溶液、蚀刻溶液和光刻胶开发、光刻胶剥离等过程。

4.9 点睛数据科技（杭州）有限责任公司

4.9.1 公司概况

点睛数据科技（杭州）有限责任公司，致力于提供工业大数据分析和工业流程实时监控优化解决方案。公司与国内外多家软硬件企业紧密合作，为中国的各行业客户提供本土化的 PAT 解决方案及服务，共同推动中国市场 PAT 业务的落地。

通过实时在线分析（PAT）解决方案，企业可以获得如表 4-9-1 中的收益。

◇ 表 4-9-1 企业可获得的收益

产品研发	过程控制	生产优化	质量保证
实验设计（DoE）和多变量（MVA）分析套件使企业可以加快产品开发速度，加快上市时间或增强现有产品	过程监控系统可实时监视和控制生产过程的运行状况和性能，以确保批次生产的一致性和稳定性	DoE 和 MVA 套件方便企业对流程进行建模和优化，可以使企业更了解生产过程，以及哪些因素将对性能和结果产生最大的影响	实时监控确保过程中每个步骤的质量，并对产品进行精确评估，以确保可验证的质量保证

除了以上从 PAT 解决方案中可以获得的显性（直接）收益以外，PAT 还能给企业带来更有价值的隐性收益。在实施 PAT 解决方案以后，可以不断积累自有的工艺优化模型以及工艺知识库，企业特有的工艺模型和知识库将帮助企业构建起特有的核心竞争力，从而可以更好地赢得市场和客户。

4.9.2 PAT 系统的特点

图 4-9-1 给出了 PAT 系统的基础构成，包括：

① 分析仪器　近红外光谱、拉曼光谱、质谱、LIBS 等，也包含简单传感器如温度、压力，pH 等。

② 多变量分析建模工具　模型包括化学计量学模型、多变量模型以及批次模型等。

③ 实时在线监控平台　上述多变量分析软件建立了离线的分析模型，完成了对历史数据的学习和分析，把数据转化成了知识。对企业而言获取知识很重要但并不是最终目标。我们需要把离线模型应用到实时的在线过程监控中，才能把知识转化为效益。

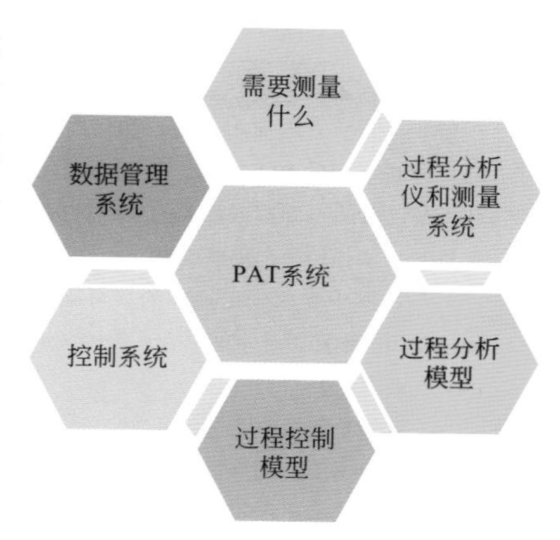

图 4-9-1　PAT 系统包含内容

④ PAT 数据管理和系统集成软件　光谱类分析仪的数据远多于传统的传感器，因此 PAT 系统需要有海量数据的管理能力，以便于后期进行历史性数据的回顾分析，同时为了满足法规的要求也需要对系统用户进行严格的分层管理。PAT 系统还需要能够连接整合不同的传感器以及控制系统。

4.9.3　应用方案

① 丰富的分析仪器接口　系统自带主流的各家光谱仪设备的接口，可开箱即用地连接不同光谱仪。

② 适合企业全生命周期的使用　从研发、小试、中试到商业生产，以及之后的维护、更新和转移等。

③ 匹配企业不同阶段的不同需求　从基础的工艺数字化，到工艺模型化，再到工艺控制智能化，最后到构建企业工艺知识系统。

④ 系统可扩展性强　系统可从单点光谱仪应用开始，到单设备工艺点应用，再到整条生产流水线以及整个工厂范围，乃至整个企业集团的多地部署。

⑤ 符合 21 CFR Part11 和 EU Annex11 的要求　成功实施 PAT 并非易事，必须解决各种挑战，而我们的工具和服务将帮助客户解决这些难题（见表 4-9-2）。

◇ 表 4-9-2　成功实施 PAT 面对的挑战和点睛数据科技能提供的解决方案

项目	挑战	解决方案
仪器	PAT 仪器作为特殊的分析仪，如何使用、维护这类仪器？	软件可以直接连接众多厂商的不同光谱仪； 以经验帮助企业做好维护工作
模型开发	如何开发光谱仪器重要的化学计量学模型？ 如何为复杂工艺开发合适的多变量模型？ 目前大部分企业都缺少专业的人员和工具开展这部分工作	强大的光谱数据分析、化学计量学模型分析、多变量分析为模型建立提供极大的帮助； 友善的人机界面，清晰的分析流程，丰富的预处理算法和分析方法，用户只需具备少量的知识即可快速上手

续表

项目	挑战	解决方案
系统整合	PAT并非独立的简单系统，如何用一个统一的平台和不同的PAT仪器、控制系统、建模软件以及已有的不同数据相关的系统对接和整合，也是PAT实施的一个重要难点	在线监控平台预设了主流的PAT仪器接口，能对接不同的控制系统。平台上也能通过特定接口连接已有的LIMS系统、PI系统等，非常方便地让用户整合已有的不同前后端系统
过程控制	过程控制中如何确定控制的许可操作空间？如过程控制不和设计空间结合，则极大地削弱了PAT带来的优势； PAT系统如何和品牌繁多的各类控制系统对接？	通过优秀的DoE设计软件，可以方便用户快速进行设计空间的开发； PAT平台集成的通用接口便于与各类主流的控制系统对接，分析结果能直接发送给控制系统
数据管理	数据密集型的PAT系统如何满足严格的数据要求？特别是制药行业，更有审计追踪等各项严格要求； 实时监控积累的众多数据后期如何利用才能为持续性改进提供帮助？	在线监控平台通过模型和方法的版本管理，能够准确标识不同模型和版本的历史修改记录，整个系统都能满足21 CFR Part11和EU Annex11的要求； 平台具有强大的历史数据查询整合功能，能够快速提供历史数据的追溯分析

PAT的实施是技术和人为因素等多种因素作用的复杂结果，这些因素的错误配置和实施都会导致项目的失败或不能达成全部的设定目标。相比国内现在的起步阶段，国外自2004年起就已经在这个方向上做了非常多的尝试，现在也已在国际知名制药企业内部有较多的成功实施案例。对国内有意实施PAT的药企来说，我们可以充分利用这些大厂的成功经验以及失败教训，帮助我们更快更好地落地PAT。表4-9-3是成功的PAT实施通常需要遵循的一套相似策略，各企业可根据需要进行调整以适应特定情况。

◆ 表4-9-3 成功的PAT实施需要遵循的策略

策略	内容	策略	内容
1.企业需要将PAT作为战略计划进行管理	PAT不等于PAT仪器，它是一个系统工程。为此它只有在高层的推动下协调企业内部的各类资源，才能在碰到困难时一如既往的前行	4.跨组织多部门的参与	成功实施PAT是一项团队合作项目，需要工艺设计、生产制造、质量和监管部门的共同参与
2.做好系统架构的规划	PAT是一个整体系统，除了分析仪器外还包括建模软件、数据管理平台、过程控制等的集成。在规划阶段就要充分考虑系统的灵活性和可扩展性，满足后期的不同发展需求	5.部署合适的技能人员	尽管依靠具有专业知识的第三方服务提供商前期能初步完成，但PAT实施无法完全依赖外部服务商，内部仍需适当水平的专业人员共同参与
3.量化收益和成本	PAT是一个高投入高产出的项目，如实施前忽略成本的量化，则会被实施过程中不断的成本投入而动摇	6.制定计划和规划	PAT实施不可能一蹴而就，必须制定好计划分阶段分目标实施。该计划也帮助参与人员和管理人员正确评估系统的表现

4.9.4 产品介绍

从前面各个部分的介绍，大家已了解到 PAT 的组成、实施后的效益、实施的挑战和成功实施的策略。虽然实施 PAT 不是一件易事，但现在国外已有很多的成功案例给我们展示了 PAT 的魅力。通过选择合适的合作伙伴也可以使 PAT 的实施过程变得更加容易（图 4-9-2）。

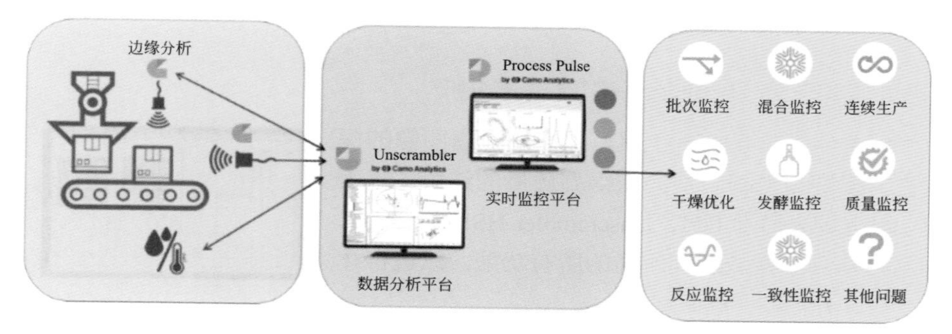

图 4-9-2　产品应用场景简介

点睛数据科技针对 PAT 实施的各个方面都配备了专业的软件平台工具，结合我们的专业知识以及优秀的服务，提供完整的解决方案协助企业做好 PAT 的实施。

4.9.4.1 Design Expert DoE 设计

Design Expert 是一款领先的 DoE 设计软件，集设计与分析功能为一体，帮助科学家们更好地研究实验，实验结果以直观的图形展现。它为用户提供一个混合物或因子与组件组合，奠定理想的实验的基础环境，在此环境下可以对实验产品流程进行进一步改进。

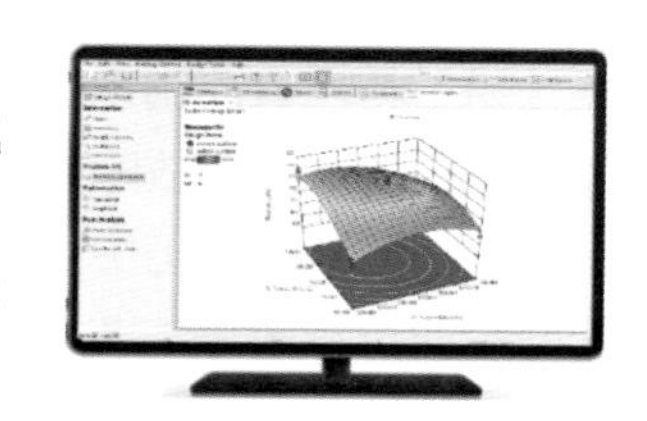

Design Expert 具有容易使用、设计简单、易于操作的特点，在研发阶段被广泛使用。通过选择适当的设计方法，可以有效减少所需的实验次数，获得稳健的实验结果。支持 Python 脚本，编写自定义代码，更灵活地应用软件自带的各个强大功能。

4.9.4.2 Unscrambler 多变量分析

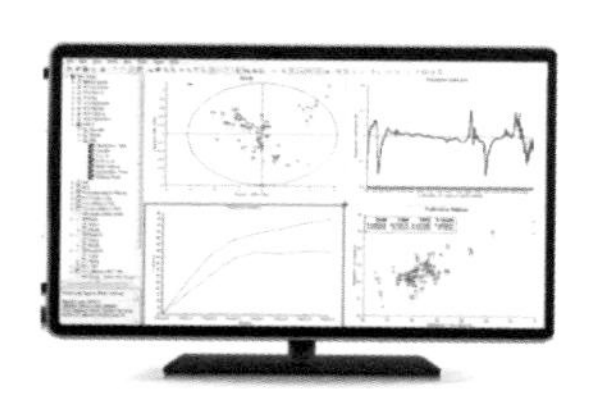

Unscrambler 是用于多元分析和光谱学的业界领先工具，包括 Python 支持和用于实验设计的 Design-Expert。强大的多变量分析和交互式可视化功能为

Unscrambler 奠定了行业标准地位。它是 25000 名研究人员、工程师和领域专家的首选工具。

Unscrambler 具有光谱学和化学计量学的独特功能，易于使用，可以处理多种类型的数据（过程和光谱数据），并读取 30 多种数据格式，对光谱数据和仪器完美支持。支持 Python 脚本的使用，可使用海量的预处理方法以及各类机器学习方法。独特的 Batch 批次分析功能可探索分析和解释批次处理过程，以生成具有置信度区间的轨迹模型。

4.9.4.3 Unscrambler HSI 高光谱分析

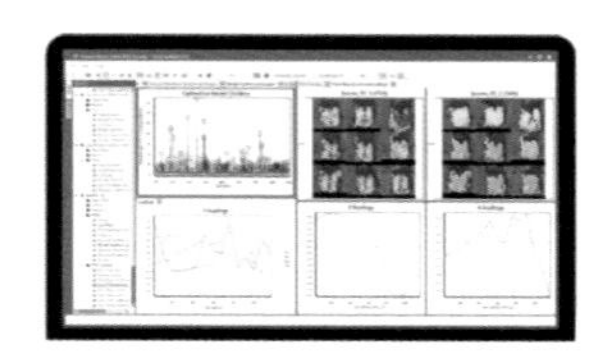

易于使用的多合一工具，用于高光谱图像的探索性、多变量分析，从而获得高质量的结果。基于行业领先的光谱学工具，Unscrambler HSI 具有转换、异常值检测和模型验证所需的所有功能，以进行化学定量、分类和目标识别。

通过在整个样本上采样，从而可以更全面地获得样本化学和物理性质在空间上的不同分布，也使 Unscrambler HSI 被广泛应用于食品、制药、化工和遥感等领域。

4.9.4.4 Unscrambler Process Pulse 实时过程分析和监控

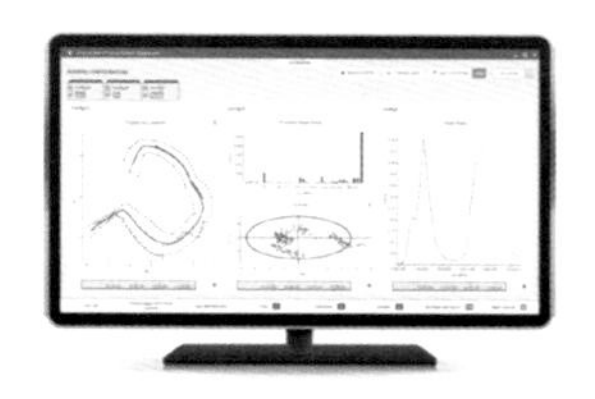

Unscrambler Process Pulse 是一个实时过程分析和监控工具，用于监视反应进度、检测过程终点、检测杂质或控制混合与制粒过程等。Process Pulse 灵活可扩展且易于与现有控制系统和过程集成，可实现完整的过程可视性、早期故障检测、过程偏差警告和持续改进。其功能强大的历史过程数据分析解读能力，能够帮助企业持续改进工艺过程，提高产品质量。独立于控制系统和仪器供应商的软件，可直接从分析仪或通过 OPC、OSI-PI 和 ODBC 等连接直接读取过程数据。符合 21 CFR Part 11 和 EU Annex11 的模型版本控制、审计跟踪和报告的要求。

4.10 国家农业信息化工程技术研究中心

4.10.1 系统介绍

CropSense 作物健康光谱检测仪（图 4-10-1）是在赵春江院士的带领下，基于定量遥感多年研究成果，于 2015 年成功研制的一款基于高通量光谱信号便携式作物健康分析设备，实现了小麦、玉米、水稻、苹果、茶叶等多种作物长势健康原位测量和决策，是一款高性能、易操作、低成本的专业仪器。目前已获得了国家专利、注册商标、软件著作权、新技术新产品证书、农业农村部新技术、新产品、新模式推介证书等，如图 4-10-2 所示。

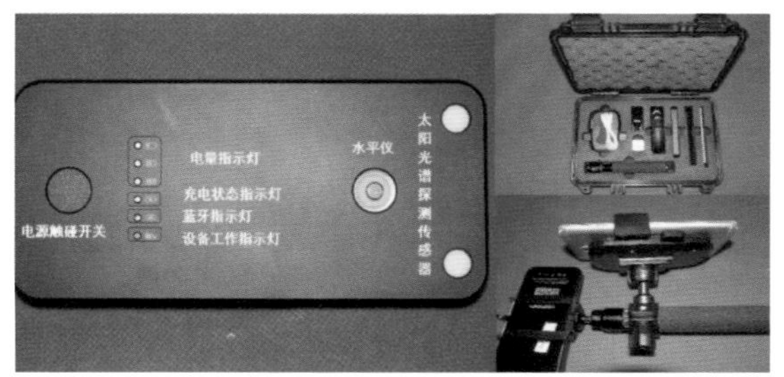

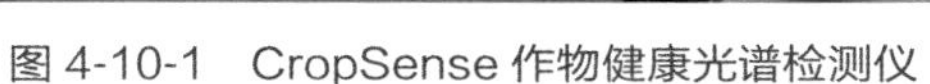
图 4-10-1 CropSense 作物健康光谱检测仪

图 4-10-2 CropSense 知识产权证书

4.10.2 性能指标

图 4-10-3 所示为设备主要性能参数及测量指标，其中包括估产量、推荐施肥、叶绿素含量、覆盖度、叶面积指数、NDVI 等，支持手持便携式观测，固定式观测和无人机载观测等三种测量模式。

性能指标	主要参数	性能指标	主要参数
光谱波段	■ 波段：650nm，810nm ■ 带宽：±10nm ■ 稳定性：±5%	数据采集	■光谱测量 ■经纬度 ■时间戳 ■照片或文字
测量指标	■通道光谱/NDVI ■叶绿素/氮素含量 ■覆盖度/生物量/LAI ■估算产量/潜在产量 ■推荐N、P、K施肥	尺寸重量	■整箱尺寸：(34×27×15) cm^3 ■仪器尺寸：(14×6×1.1)cm^3 ■重量：80g
测量对象	■ 小麦、玉米、水稻 ■ 用户自定义植被类型	工作方式	■蓝牙通信 ■单机/多机协同 ■模型自动更新

图 4-10-3 CropSense 作物健康光谱检测仪性能指标及测量方式

软件系统包括智能移动端 APP 软件，实现一键式光谱、作物、气象、土壤等数据的自动采集和分析；服务器端大数据管理平台，实现数据远程传输存储、数据分类及决策模型自动学习更新，自动生成生产处方图等，如图 4-10-4 所示。

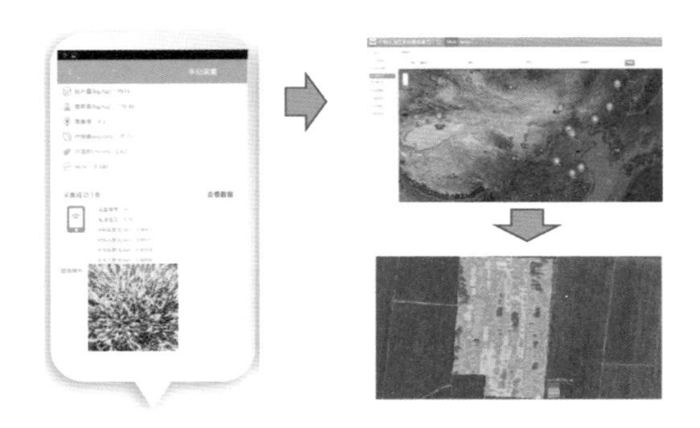

图 4-10-4　APP 数据采集—数据无线传输—后台生成处方图

4.10.3　推广应用

如图 4-10-5 所示，截至 2021 年，已累计在 20 多个省份推广近 500 套，主要涵盖百余个农技推广站、科研院所、国家现代农业产业园、高校及相关企业。产品出口到英国及马来西亚等多个国家。

图 4-10-5　CropSense 作物健康光谱检测仪推广示范应用

4.11　杭州谱育科技发展有限公司

4.11.1　公司概况

杭州谱育科技发展有限公司创立于 2015 年，总部位于浙江杭州，是一家专注于重大科学仪器研发和产业化创新应用的国家高新技术企业，推动以技术创新实现分析检测及监测的现场化、自动化、智能化，致力于成为全球领先的科学仪器制造商，实现科学仪器的“中国梦”。

4.11.2　技术特点

目前，公司拥有基于光栅扫描分光技术的传统型近红外光谱技术平台（图 4-11-1）和基于傅里叶分光技术的最新型近红外、中红外光谱技术平台。

基于光栅扫描分光技术的传统型近红外光谱仪产品技术路线，采用了全息凹面光栅分光技术，精密编码器进行波长编码，InGaAs 传感器探测其光信号，仪器的性能优越。基于傅里叶分光技术的近红外、中红外光谱仪平台的核心部件是迈克耳逊干涉仪（其结构如图 4-11-2 所示），采用了光学优化的物理自准直的双角锥迈克耳逊干涉仪进行干涉分光处理，保证了设备良好的光学性能。

图 4-11-1　光栅扫描型近红外光谱技术平台

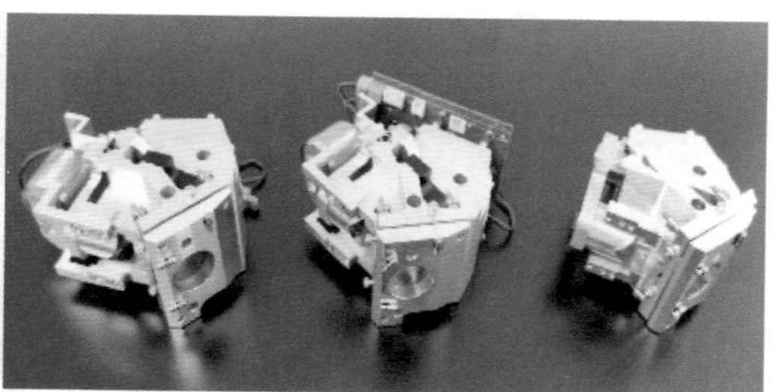

图 4-11-2　傅里叶型分光系统

4.11.3　核心产品

EXPEC 1340 在线近红外光谱分析仪主要用于流水生产线的生产过程中物料质量的在线监控分析，实时预警，并可将检测结果反馈给控制系统，用于过程控制。在线分析系统采用分体式设计，将光学精密敏感部件和工作于生产管道上的测量探头分离，有利于光学系统的防护，延长使用寿命，并且方便仪器操作与维护。探头可根据具体应用工况灵活定制设计，从而达到最佳测量效果，该系统适合于各种粮油加工及酿酒行业等应用领域。

饲料粮油加工行业所应用的在线近红外光谱分析仪器有两种基本形态：探头主机一体的型式和探头主机分体的型式（见图 4-11-3）。型式不同，但在应用上并无本质区别。

从仪器探头监测面到被测物料的距离上区分，有两种形态在线仪器（见图 4-11-4）：探头紧贴物料的 Inline 型和探头与物料相隔一定距离的 Online 型。这两种形态的装备分别适用于不同工艺点。如 Online 型的仪器适用于刮板机、传送带等输送物料过程的在线监测。Inline 形态的仪器适用于溜管、溜槽、绞龙等输送物料过程的在线监测。

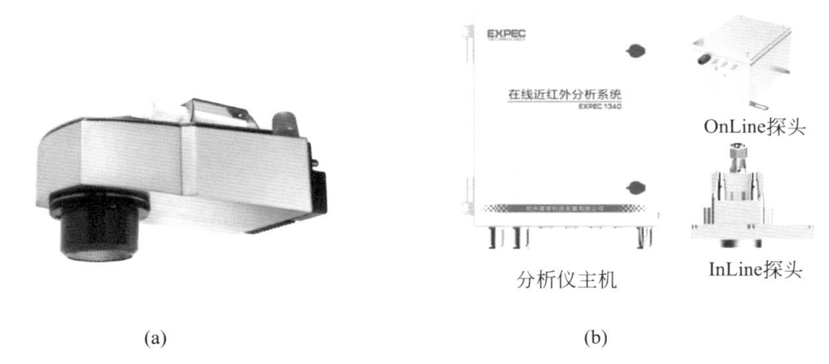

(a) (b)

图 4-11-3 一体式机型在线近红外光谱仪系统（a）与分体式机型在线近红外光谱仪系统（b）

(a) (b)

图 4-11-4 在线监测传送带上物料（a）与监测绞龙内物料（b）

从在线仪器的预处理和安装方式上看，一般有三种在线分析系统形态：a. 无预处理，直接将探头安装在物料的输送管道上的分析系统；b. 将部分物料从旁路引出，探头安装在旁路物料输送管道上的分析系统；c. 全自动取样制样的在线分析系统（见图 4-11-5）。

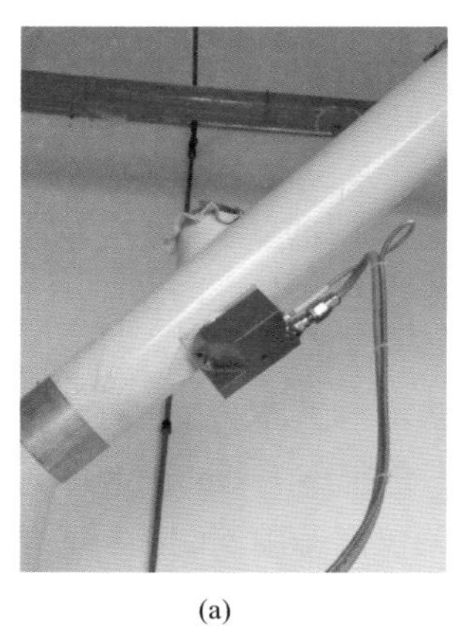

(a)

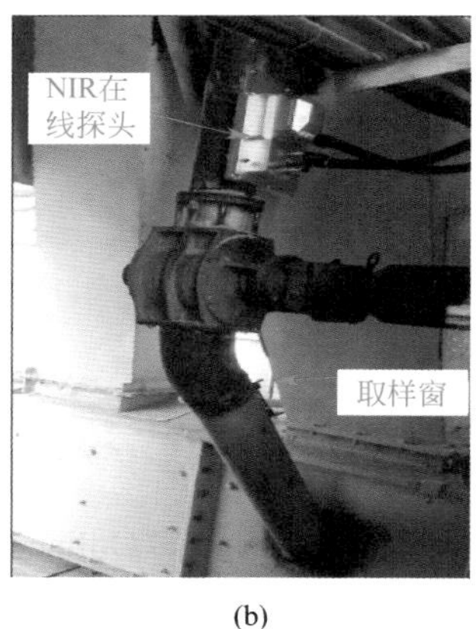

(b)

(c)

图 4-11-5 直接安装的在线系统（a）、旁路安装的在线系统（b）与全自动在线分析系统（c）

4.11.4　应用案例

4.11.4.1　农业生产中的应用

近红外、中红外光谱分析仪器可在数秒内获得样品分析结果，具备快速、高通量、无损、低成本和操作方便等显著优点，其中近红外光谱分析仪器（如 EXPEC 1330、EXPEC 1340、EXPEC 1350、EXPEC 1370 等仪器）广泛应用于工农业生产的检测，包括粮油、饲料、育种等行业的原料、成品、半成品的品质检测。该类科学仪器服务的产业链长，应用点多，应用数量巨大。如图 4-11-6 所示，在农产品加工产业链上各个环节，均有该类设备的身影。

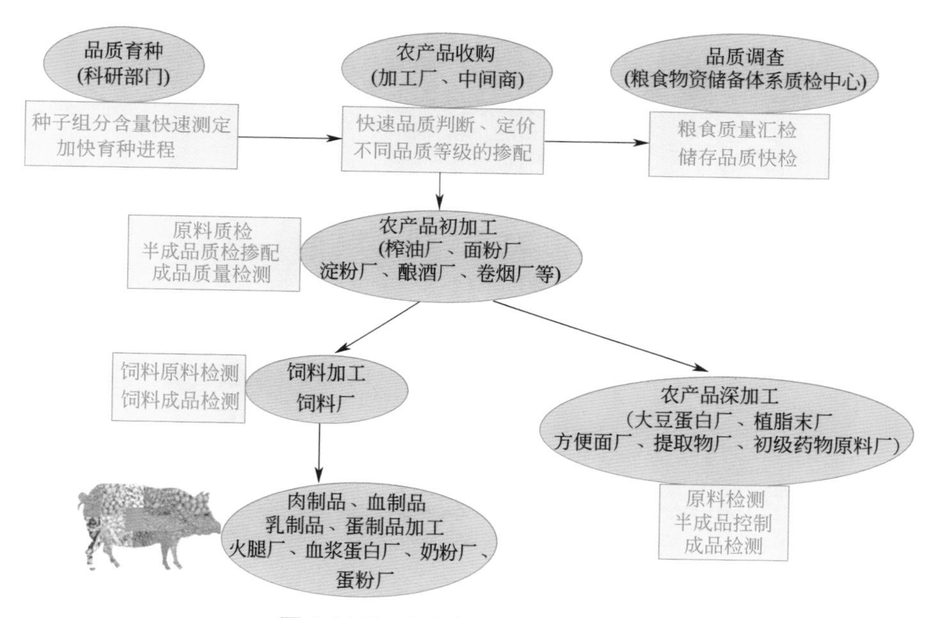

图 4-11-6　在农产品产业链上的应用

4.11.4.2　石油化工行业中的应用

近红外、中红外光谱分析仪器也广泛应用于石油化工行业（图 4-11-7）。其中近红外光谱分析仪器，如 EXPEC 1360、EXPEC 1360A 以及 FT-NIR 油品分析仪 EXPEC1360B 等仪器已经成功应用于石化行业、质检系统、汽车行业等，为中石化、中石油成品汽油市场快速质量监控作出了贡献，提高了检测效率，加大了检测力度，规范了油品市场。同时，EXPEC 1680 系列便携式傅里叶中红外分析仪用于环境空气应急和固定污染源多种应用场景下的无机、有机气体检测，无需制样、直接采样，能在现场进行长时间的监测，无需值守，符合 HJ 920—2017《环境空气　无机有害气体的应急监测　便携式傅里叶红外仪法》、HJ 919—2017

《环境空气 挥发性有机物的测定 便携式傅里叶红外仪法》、HJ 76—2017《固定污染源烟气（SO_2、NO_x、颗粒物）排放连续监测系统技术要求及检测方法》、HJ 75—2017《固定污染源烟气（SO_2、NO_x、颗粒物）排放连续监测技术规范》和 HJ 1240—2021《固定污染源废气气态污染物（SO_2、NO、NO_2、CO、CO_2）的测定 便携式傅里叶变换红外光谱法》等标准要求。

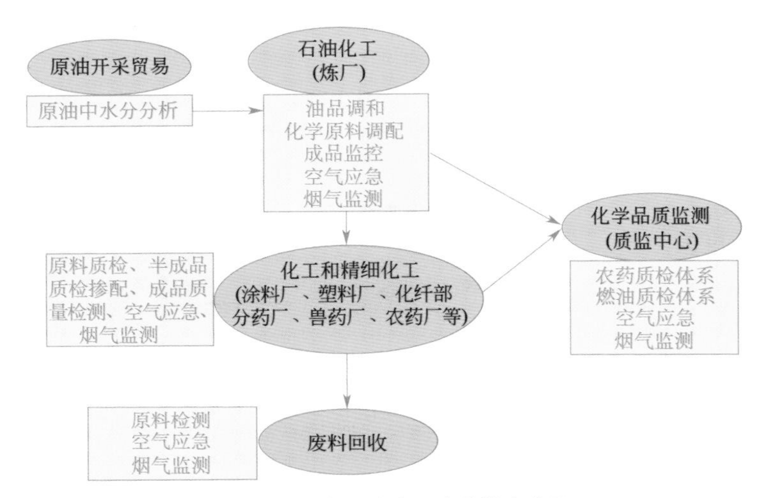

图 4-11-7 在石油产品产业链上应用

4.12 济南弗莱德科技有限公司

4.12.1 公司概况

（1）中国成品油流通领域快检模式的开创者

2014 年，济南弗莱德科技有限公司开展了近红外仪器在石化领域的应用研究，2016 年油品综合分析仪开始在炼油企业应用。

2018 年初，山东省政府受到中央环保督察组反馈意见："流通领域成品油监管严重缺失，检测时间严重滞后。"省政府要求山东省市场监督管理局创新成品油监管模式，省市场监管局安排弗莱德公司开展流通领域成品油数据库建设。

公司立足炼化企业数据库基础，在流通领域对数据库的准确性及适用性等方面进行模型补充验证，从硬件、建模算法、收集样品的选择等方面进行提高。2018 年 8 月由山东省质检院开始验证成品油快检设备及数据库。2018 年 10 月～2019 年 3 月，山东省质检院开始在东营市进行验证实验，经过一千多个批次的现场检测实践及数据比对，决定在山东省正式开展成品油快速检测试点。2019 年 3 月～ 9 月，山东滨州、淄博、潍坊等六地市展开验证工作，主要验证车载仪器特别是其近红外数据的准确性及适用性、车载近红外主机及数据库的长期稳定性、快检执法实施的具体方案等。

（2）国内第一个成品油流通领域的快检标准的起草者之一

2019 年 4 月，公司联合山东省质检院申请成品油快检标准立项。同年 9 月，山东省市场监管局正式发布 6 个成品油快检标准及实施规范，同时宣布山东省正式启动成品油快检。这是国内第一个流通领域成品油快检模式；数据库是国内第一个通过上万批次实际样品验证的数据库；六个标准也是国内第一个成品油流通领域的快检标准。

2019 年 12 月，山东省市场监管局发布了加强成品油快速检测能力建设的通知，规定至 2021 年底，省、市、县三级全部实施快检模式，成品油监管实现三级全覆盖与三级不定期抽检相结合的强力监管手段。

（3）中国政府监管部门成品油快检车的市场占有率达 90% 以上

截至 2020 年 12 月，济南弗莱德成品油快检车及快检服务已配备到山东省级及地市级质检部门，广东、上海、天津、河南、河北、辽宁、湖南、山西等地的十几个省级市场监管、质检、环保部门均采用弗莱德快检车及设备。弗莱德完成全国十几个省的成品油检测批次 10 万个以上，不合格样品分布在十几个省市，不合格数量超 1500 个，不合格样品复测一致率 100%。

（4）重视数据库的验证校准工作

经过大量的实际验证证明，弗莱德提出数据库只有经过适应性验证、准确性验证、异常样本置信度识别这三方面的考核，才是一个合格的快检数据库。弗莱德与一些国家石油化工产品质量监督检验中心（包括北京、济南、大庆、广东、东营、河南等地）建立了友好合作关系，弗莱德数据库全部经过以上部门的权威验证。

（5）积极推动快检标准建立

截止到 2021 年 12 月，济南弗莱德参与起草、颁布的标准有：

山东省：

DB37/T 3637—2019《车用柴油快速筛查技术规范》

DB37/T 3638—2019《车用柴油快速检测近红外光谱法》

DB37/T 3639—2019《车用乙醇汽油快速筛查技术规范》

DB37/T 3640—2019《车用乙醇汽油快速检测近红外光谱法》

DB37/T 3635—2019《车用汽油快速筛查技术规范》

DB37/T 3636—2019《车用汽油快速检测近红外光谱法》

河南省：

T/HNPCIA 22—2020《车用柴油快速筛查技术规范》

T/HNPCIA 21—2020《车用乙醇汽油（E10）快速筛查 技术规范》

河北省：

DB13/T 5382—2021《车用柴油快速筛查技术规范》

DB13/T 5383—2021《车用乙醇汽油（E10）快速筛查技术规范》

DB13/T 5381—2021《柴油尿素水溶液（AUS32）快速筛查技术规范》

吉林省：

T/JTAIT 2—2021《车用乙醇汽油（E10）快速检测　近红外光谱法》

T/JTAIT 3—2021《车用乙醇汽油（E10）快速筛查技术规范》

T/JTAIT 4—2021《车用柴油快速检测　近红外光谱法》

T/JTAIT 5—2021《车用柴油快速筛查技术规范》

T/JTAIT 6—2021《柴油发动机氮氧化物还原剂 - 尿素水溶液（AUS 32）快速检测　近红外光谱法》

T/JTAIT 7—2021《柴油发动机氮氧化物还原剂 - 尿素水溶液（AUS 32）快速筛查技术规范》

天津市

DB12/T 1108—2021《车用乙醇汽油（E10）快速筛查技术规范》

DB12/T 1109—2021《车用柴油快速筛查技术规范》

中国质量检验协会团体标准：

T/CAQI 232—2021《车用汽油快速筛查技术规范》

T/CAQI 233—2021《车用柴油快速筛查技术规范》

T/CAQI 234—2021《车用乙醇汽油（E10）快速筛查技术规范》

T/CAQI 235—2021《柴油发动机氮氧化物还原剂 - 尿素水溶液 (AUS 32）快速筛查技术规范》

有弗莱德参与的已经立项快检标准的省市还有：广东省、山西省、湖南省、甘肃省、上海市等。

（6）成品油流通检测领域市场占有率 90% 以上

济南弗莱德是中国第一家参与制定近红外成品油快速检测标准的公司，也是中国第一家能提供成品油市场监督检测数据库的公司，是唯一一家经过四年以上近十万批次政府监管部门验证的公司，现阶段在成品油流通检测领域的市场占有率在 90% 以上。

2021 年 4 月，国家市场监督管理总局网络学院已经正式推荐山东成品油快检经验。11 月，国家市场监督管理总局产品质量安全监督管理司正式发文要求全国市场监管系统成品油检测优先采用山东快检模式。2021 年 9 月，中央环保督察组在山东督查时，征用山东各地市场监管局 11 台成品油快检车（弗莱德用户）进行成品油质量督查，山东成品油快检车得到中央环保督察组领导高度认可。

4.12.2　技术特点

公司围绕核心的近红外光谱数据库，配以常规快检设备，根据油品性质特点与常规检测中较突出的油品问题，从覆盖环保、安全、质量等多维度质量管控需求出发，兼顾分析检测的成本、效率和速度，以现代分析技术为基础构建了车用燃料重点项目现场快速检测的技术架构。快检车及车载仪器如图 4-12-1 所示。

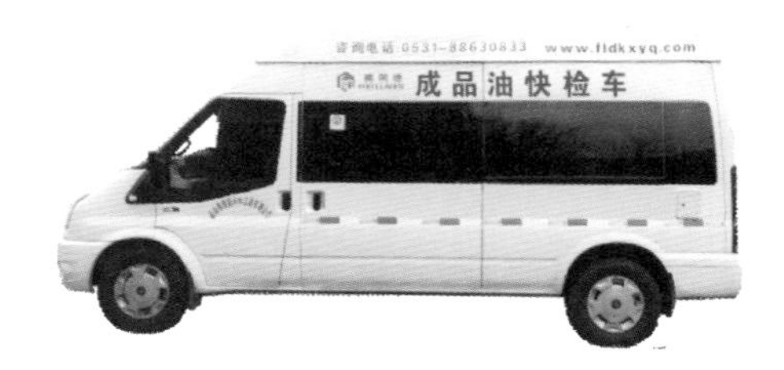

图 4-12-1　成品油快检车外观与车载仪器展示

快检车具体检测项目如下：

① 安全指标　闪点、凝点、硅等；

② 环保指标　硫、芳烃、烯烃、苯、多环芳烃、氯等；

③ 质量指标　辛烷值、十六烷值、十六烷指数、冷滤点、密度等。

相比于传统的检测方法，快检方法具有极大的优越性。

在检测周期上，常规方法完成关键指标检测一般需要 15 ～ 20 天，检测周期过长，为违法经营者留下了干预检测工作的空间；快检方法检测仅需 10 ～ 20min，缩短了检测周期，大幅提高了工作效率。

在检测成本上，常规方法检测成本高，每个样品检测成本在 4000 ～ 6000 元；快检方法检测成本低，仅不到 1000 元即可完成重点指标检测。

在检测指标上，常规方法检测各地指标不统一，随意性大，个别关键指标不一定检测得到；快检方法涵盖重要安全、质量和环保指标，对重要指标作出快速判别，针对性更强。

在检测效果上，常规方法形式单一，模式固定，违法行为易于逃避，不足以形成有力震慑；快检方法灵活性强，可随时随地抽检，能够有力震慑违法经营者。

在不合格油品处置上，常规方法检测期间不合格油品继续销售造成大气污染；快检方法发现涉嫌不合格油品可及时查封，有效杜绝不合格油品继续流向市场造成大气污染。

4.12.3 核心产品

（1）适用于全国的成品油数据库

公司深耕于近红外光谱在石油炼化行业的应用，历经五年时间不断地补充完善，建成了成品油流通领域数据库。目前，数据库中油品类型已覆盖中石化、中石油、中海油、中化集团及全国各地地方炼厂油品生产企业及全国各地质检院、质检所、油品检测第三方等机构，数据库通过 6 家国家级油品检测中心对数据库适应性与准确性的验证，并在全国各地得到了广泛的应用。

迄今为止，经过全国范围内几千批次实际样品准确性验证，通过独创专利的置信度算法进行异常样本的识别，异常样本识别率达 95% 以上，数据库适应性 95% 以上，数据库整体准确度达 95% 以上。数据库参数如图 4-12-2 所示。

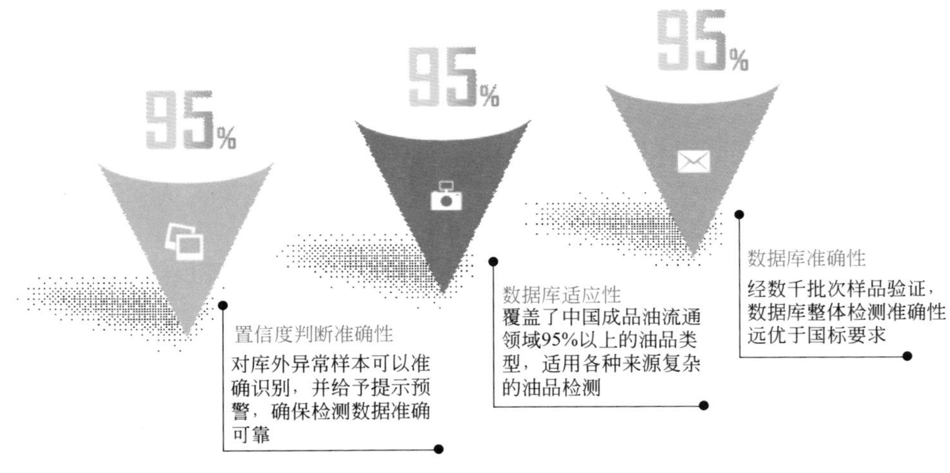

图 4-12-2　数据库参数

（2）成品油快检车

成品油快检车是我国首家经过四年以上实际抽检应用试验，经过全天候试验，在不同温湿度、海拔气压、路况等严苛测试后，仍旧保持极佳稳定性的快检车。该车良好的稳定性保证了检测数据的准确可靠，确保了快检车在市场监管、环保、能源等部门对成品油质量的快速筛查结果准确可信。

依托成品油快检车，建立了全国第一家成品油云监管平台，可对所有涉油单位实现智能风险预警与网格化管理，快检车所有检测数据、运动轨迹、抽检视频数据形成可追溯数据链，随时可查，部分功能如图 4-12-3 所示。

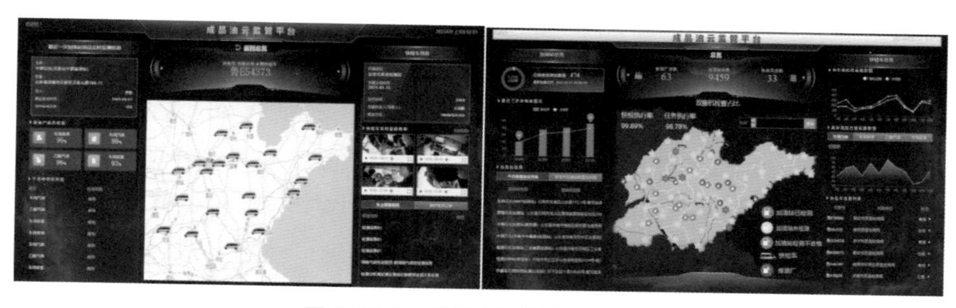

图 4-12-3　成品油云监管平台展示

（3）FISA-2000 油品综合快速分析仪

FISA-2000 油品综合快速分析仪采用国际领先的傅里叶变换平面镜电磁驱动干涉仪，DSP 控制，每秒 13 万次高速动态准直；可消除温度及震动带来的测量误差，保证仪器长时间的稳定性及准确性。

仪器目前主要应用于石油炼化企业、油库的原料入厂，生产环节中间产品质量控制，成品质量快速筛查，或放置于快检车内用于市场监管、环保、能源等部门对成品油质量快速筛查。

4.12.4　应用案例

（1）炼厂原料入厂环节应用

可用于调和原料快速入厂。在原料进厂检测环节，常规运输的槽车很难做到全检，通常是抽检（十抽一或更少），一方面增加了产品不合格风险，另一方面也滞后了原料进厂，继而影响后续的生产连续性。FISA-2000 仪器可以辅助工作人员快速完成原料检测，大大加快了原料进厂速度，为企业进厂原料的质量保障保驾护航。除油品常规快检项目之外，通过安装专用的原油测样器件，可以测定原油的近红外光谱，使用国家权威的近红外光谱原油数据库，对企业加工的原油进行快速评价，在缩短原油评价周期的同时，也大大降低了企业原油评价的成本。

应用单位：中石化长沙石油分公司、富海集团、万达天弘化学等。

（2）炼厂生产过程的质量控制

对于目前炼化企业实验室来说，生产过程的稳定性直接影响最终汽、柴油产品是否合格，为保障装置的平稳运行，往往需要增加中控分析的频次。而对工艺稳定性的监控需要现场操作人员、取样人员及化验室三方协作才能完成。传统的分析方法往往耗时长、分析成本高，分析数据经常滞后于装置的控制需求。油品综合快速分析仪的使用由于具有分析速度快、效率高的特点可以为汽、柴油的生产过程提供有力的支撑。

应用单位：中海外能源科技（山东）有限公司，山东华星石油化工集团有限公司、山东海科化工集团等。

（3）成品油质量快速筛查

我国目前常规以抽检的方式进行成品油质量的监督，但按照产品标准中规定的检测方法，检验周期长，检验费用高，已不适用于大批量快速检测要求，亦不能满足国家监管力度的要求。

自2018年起山东省开始使用济南弗莱德的快检车进行成品油快速检测试点，先后历经7个地市几千个批次的现场检测实践及数据比对，总结出完善的成品油快检流程方案并于2019年9月6日正式发布世界上第一个近红外成品油快速检测标准及实施规范。2019年12月，山东省市场监管局发布通知，至2021年底全省、市、县三级全部实施弗莱德成品油快检模式。迄今为止，已有50余套弗莱德的成品油快检车在全国各地运行，执行涉油站点抽检任务。

截至2021年12月，济南弗莱德成品油快检车及快检服务配备到山东十一个省级市场监管部门，广东、上海、天津、河南、河北、吉林、辽宁、湖南、山西、宁夏、贵州、四川、内蒙古等十几个省级市场监管及省级质检部门全部采用弗莱德快检车及设备。

4.13 晶格码（青岛）智能科技有限公司

4.13.1 公司概况

晶格码（青岛）智能科技有限公司［Pharmavision（Qingdao）Intelligent Technology Ltd］成立于2014年，是一家由国家千人计划特聘专家和归国博士、博士后创办的高新技术企业，在青岛和英国也设有研发中心。公司致力于开发拥有自主知识产权的在线过程分析（PAT）仪器和先进控制技术。拳头产品包括基于超声波衰减原理的探头式微米和纳米颗粒粒度测量仪，基于成像和图像处理技术的在线粒形粒度仪，三维立体成像系统，探头式在线紫外、红外、近红外、拉曼光谱仪，在线浊度仪，造粒模拟软件，高通量智能晶型筛选平台和智能结晶平台等产品。晶格码强大的技术团队可为企业提供多种服务：高通量和计算机模拟相结合的智能化合物晶型筛选，结晶过程（降温冷却、反溶剂结晶、连续结晶、共晶、pH调节结晶、蛋白质结晶）和颗粒研磨、造粒、干燥的模拟、优化控制及放大。公司PAT仪器和技术已应用到上百家企业的生产监控、实验室产品及新工艺开发与科学研究中，在化学制药、中药、生物药、含能材料（军工）、石油化工、食品、可燃冰、新材料等领域均有涉及，见图 4-13-1。

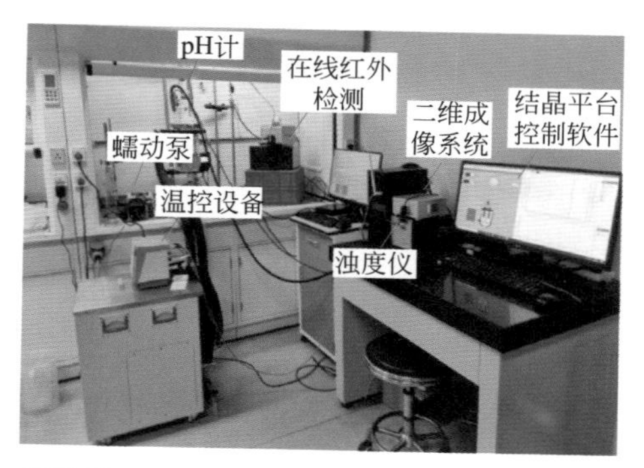

图 4-13-1 智能结晶平台监测和控制系统用于某上市药企的新药研发

其中 JGM-NIR 系列近红外光谱产品，是全新一代的原位光栅型阵列检测器非扫描近红外在线光谱仪测量系统，集探测器（多种量程可选）、卤素灯、各种类型光纤探头、分析软件于一体的多用途光谱仪。最明显的优势在于信号处理和建模，拥有丰富的在线仪器模型现场应用的经验，从仪器的现场安装、光谱的采集、光谱数据的处理、波段的选择、模型方法的选择、模型的建立、模型的应用及维护、模型的转移等方面，形成了完整的系统工程方法。

4.13.2 技术特点

4.13.2.1 JGM-NIR 系列产品

JGM-NIR 是一款原位在线近红外光谱测量系统，见图 4-13-2。针对环境恶劣、测量条件复杂的现场快速检测而设计，连接透射、漫反射和 ATR 衰减全反射光纤探头，配合工业探头插入抽取清洗装置实现“即插即用”，可实现颗粒、粉末、液体、高浓度糨糊样本成分的无损快速检测。

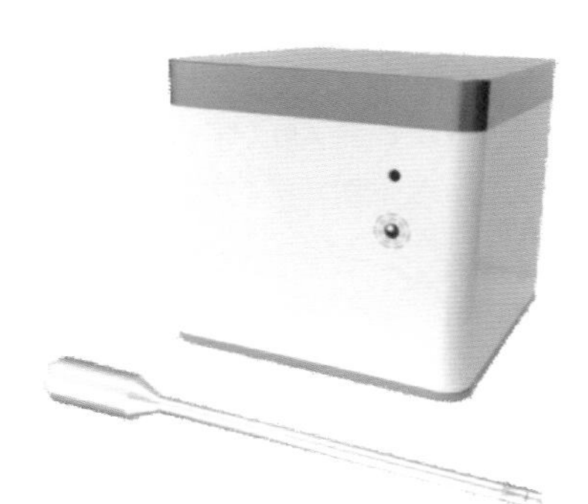

产品参数

仪器型号：JGM-NIR1700、JGM-NIR2200、JGM-NIR2500

波长范围：900～1700nm、900～2200nm、900～2500nm

分辨率：3nm、5nm、6nm

检测器：InGaAs阵列

采样方式：光纤探头，实现原位在线测量

建模软件：JGM-SpectralAnalysisExpert

图 4-13-2 JGM-NIR 在线近红外测量系统及参数

JGM-NIR 系列产品有如下特点：

① 在线光谱仪，即插即用，样品无需预处理，实现无损检测；

② 拥有高性能光学平台，较低的电子噪声，紧凑的平台设计，采用光栅阵列非扫描分光原理；

③ 高稳定性、低噪声的卤素灯为光源，带半导体制冷温控的 InGaAs 传感器为检测器，性能稳定、测量精度高；

④ 可连接多类型探头（透反射、漫反射、ATR 全反射），直径、长度、光程等参数可根据需求定制；

⑤ 模块化操作平台，具有光谱预处理、波段选择、线性和非线性 PLS 及 SVM 等多种智能化学计量学建模方法；

⑥ 监控模块样品各组分浓度实时显示，可实现异常光谱的识别；

⑦ 具有工业探头插入抽取清洗装置；

⑧ 通过“光谱采集—数据处理—模型建立—模型应用—模型维护”的流程，为用户形成了一套完整和连续的过程监控解决方案。

4.13.2.2 浸入式光纤探头

系统采用光纤探头，实现原位测量，探头和主机通过出、入射光纤连接，采用国际通用 SMA 或 FC 接口。单、双光程，ATR 衰减全反射，漫反射探头通光原理见图 4-13-3。根据工况需求可定制探管与密封材料、窗体材质、探管直径、长度。可实现水体、有机物、燃油、酒精、溶剂中的水的测量。漫反射探头可实现固体颗粒和粉末的测量，公司推荐探头选项配置如表 4-13-1 所示。

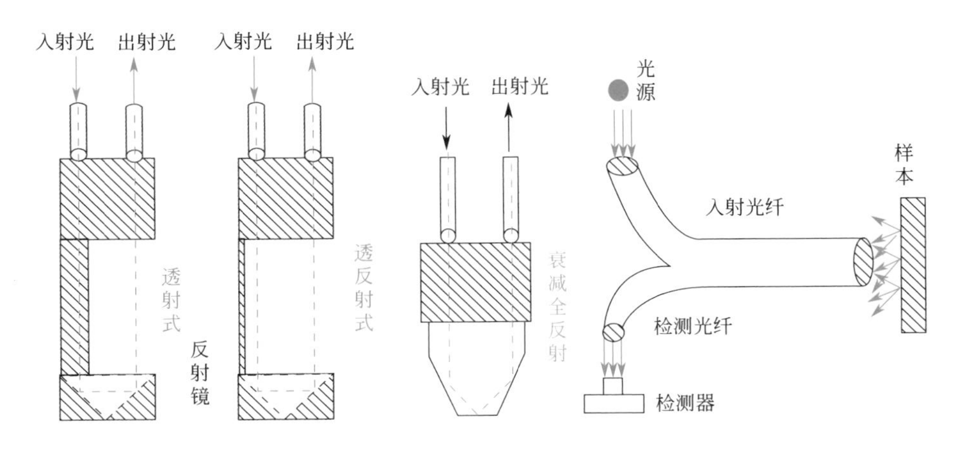

图 4-13-3 各类光纤探头原理图

◆ 表 4-13-1　推荐探头选项配置

序号	探头类型	待测样品需求	安装方式
1	透射式	均匀透明液体（如汽油，白酒等）	插入生产线，焊接法兰固定
2	透反射	透明、半透明或含有固体颗粒的液体（中药浓缩液中固含量）	插入生产线或引流支路，焊接法兰固定
3	漫反射	固体颗粒、粉末等样品	插入生产线，焊接法兰固定
4	衰减全反射（ATR）	直接测量强吸收的液体样品（如染料、纯墨水和原油样品等），通常由三块蓝宝石晶体组成，光程极短而有效	插入生产线，焊接法兰固定
5	流通池	流动性强液体测量	与生产线管道匹配

4.13.2.3　化学计量学建模软件

（1）高度集成建模软件

在线近红外光谱测量系统明显的优势在于信号处理和建模。JGM-NIR 系列近红外光谱仪拥有目前国际上最先进的建模软件工具箱，集成了数据剔除、光谱信号预处理、特征波段选择和建模方法选择模块，能够建立最准确、可靠和扩展性好的模型，以满足在线模型的建立和模型维护的需求。主要包括以下模块：异常数据剔除模块，包含马氏、欧式等距离判别，主成分分析、自组织神经网络等聚类分析以及多变量统计分析 T^2 方法等；光谱数据处理模块，包含一阶求导、二阶求导、归一化、平滑处理、去趋势化、基线消除、标准正态变量校正、多元散射校正、小波变换、正交信号校正等二十余种算法；特征波段选择模块，包括遗传算法、移动窗口偏最小二乘、间隔偏最小二乘、随机蛙、竞争自适应重加权采样、无信息变量消除法等方法；建模模块，包括了线性方法［偏最小二乘（PLS）、主成分回归（PCR）、多元线性回归（MLR）等］和非线性方法［神经网络（ANN）、支持向量机（SVM）等算法］。

（2）模型转移

近红外模型在使用中对环境条件和设备要求严苛，当检测条件、环境或仪器设备变化时，吸光度会出现差异或出现波长漂移的现象，使得原模型对于新数据不再有预测效果或出现误差大。模型转移可以解决由于更换仪器部件、检测条件（环境）变化、随时间推移而产生的一些变化所导致的原有模型预测准确度降低的问题，从而确保模型的长期有效性。在线应用中，模型转移对近红外光谱技术的推广应用显得尤为重要。

按照是否需要在主仪器（已有模型仪器）和从仪器（待转移模型仪器）上采集一一对应的标准光谱，模型转移可分为有标样模型转移和无标样模型转移。但在工业生产中，难以在主仪器和从仪器上均采集统一样品的光谱，而使用无标样算法对于一般研究对象的模型转移预测效果差。基于此，本公司使用应用较为广泛的有标样模型算法直接标准化（DS）法，结合 PCA 降维，在无法获取标准样品的情况下，创新使用以与从仪器样品化学值相同或相近的主仪器光谱作为虚拟标样进行有标样转移，解决工业生产过程中无法采集一一对应的标准样品，并且无标样算法预测效果差的问题，实现工业应用上模型的在线转移。

4.13.2.4　实时在线监控界面

自主开发的质量监控界面，选择待测样本模型后，可实时显示该样本组分浓度值，见图 4-13-4。

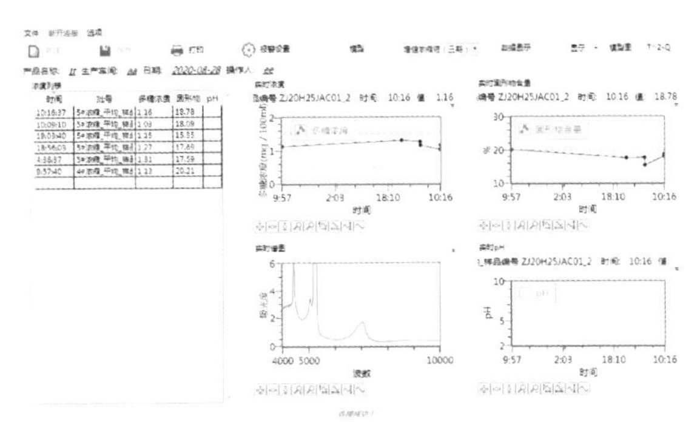

图 4-13-4　清晰简洁的用户界面

① 主界面　窗口“浓度列表”显示该次采集光谱的信息，如采样时间、样品信息和模型预测浓度指标。浓度指标显示图设置警戒上下限，当预测值超出预警线时会有报警提示，相邻时间点预测值用线连接，可以清楚看出在生产过程中每个指标的变化趋势，从而判断产品质量的波动。

② 菜单栏　通过菜单栏获取数据，通过采集软件保存在本地存储盘里的光谱。

③“模型”、模型库　保存所有建立的模型，使用过程中根据待测样品选择不同的模型。软件中内置模型的建立费时、费力，晶格码公司可提供建模服务和建模培训。

④ PCA 分布和 T^2-Q 统计　用来判断现场采集的光谱是否出现异常。

4.13.3　应用案例

4.13.3.1　近红外光谱在中草药口服液品质检测中的应用

（1）应用现场

实现了某企业 6 个产品共计 32 个质量指标（多糖、固含量、pH）的实时监控，其工艺流程和现场采集见图 4-13-5。本案例近红外光谱仪器是波长范围

1000 ～ 2500nm、光程 1mm 的在线透反射式浸入式探头，光纤长度 50m，探头插入浓缩罐取样槽中，现场采集 180 批次样品，并采用蒽酮 - 硫酸法测量了 180 组样品的多糖含量。用晶格码公司建模软件和方法建立了工业现场应用模型。

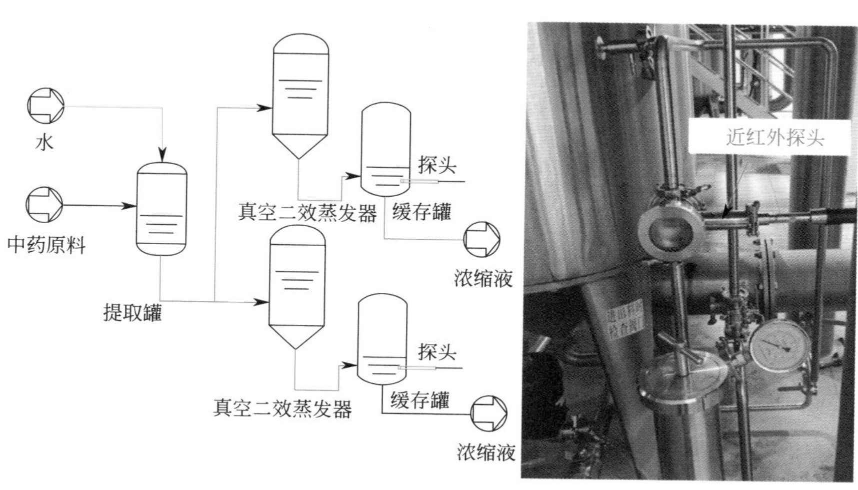

图 4-13-5 中草药口服液浓缩工艺流程图和近红外光谱采集现场

首先是预处理方法的选择，根据模型评价指标均方根误差和相关系数，选择的预处理方法为一阶微分和 Detrend 的组合。口服液中有效成分是多糖，其结构复杂，在近红外区没有特征吸收峰，而且近红外光谱的重叠峰严重，采用有效的自动选择变量的方法筛选有效的变量范围并剔除冗余信息能够在一定程度上提高模型的准确度。遗传算法（GA）建立的模型表现出良好的拟合能力，建立多糖含量的定量模型。该模型对所有的数据、模型预测值和化学参考的相对误差均可控制在 ±10% 之内。所有验证过的模型，均可以保存在实时在线浓度显示界面中。

晶格码开发的系统操作方便，检测过程无耗材，可在线、快速对质量指标做出准确的预测，检测时间由化学法的 1 ～ 2 天，缩短为 3s。从光谱的采集，数据的处理，模型的建立、验证、上线使用、检验，模型的更新及后续的转移等方面，实现了中草药口服液生产过程重要指标的快速无损检测，加速实现自动化、智能化、无人化、不间歇连续生产，促进企业完成升级转型。

（2）模型转移

因生产计划调整，某产品生产从一期车间转到二期，光谱采集的探头类型、光纤长度均不同。重新采集数据、处理、模型建立、验证、维护需要耗费大量时间，因此提出模型转移的思想，以适应现场的各种变化，而不是模型重建。晶格码公司通过有标样模型算法直接标准化（DS）法，结合 PCA 降维，解决工业生产过程中无法采集一一对应的标样的问题，实现工业上模型的转移。

模型转移前后结果见图 4-13-6 与图 4-13-7。光谱转移前多糖预测偏差均偏高，最大相对误差到 160%，通过转移矩阵计算后，原模型中对 41 组盲样预测的相对误差 95%（39/41）的数据最大误差为 −11.22%。

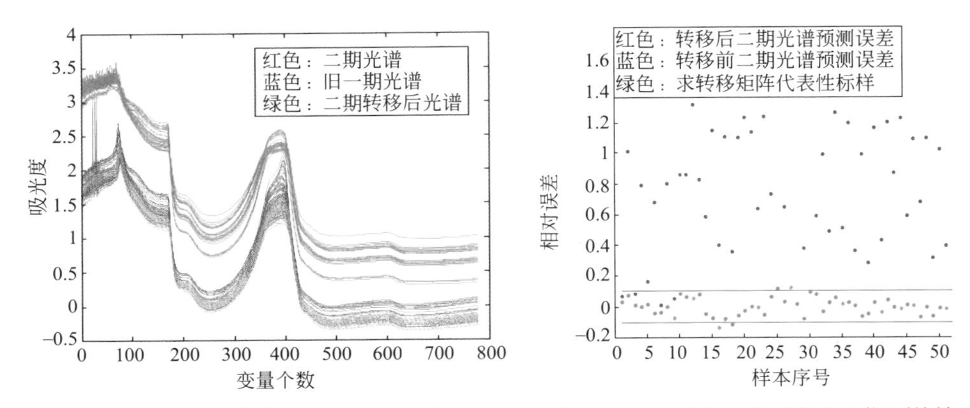

图 4-13-6 二期光谱转移前后与一期光谱区别　图 4-13-7 二期光谱转移前后模型预测相对偏差

4.13.3.2 在制药造粒中的应用

近红外光谱仪在制药行业中的应用发展迅速，可在线监测混合、造粒、压片、干燥等药物制剂生产工艺的关键质量参数。本案例使用在线近红外光谱仪连接漫反射光纤探头，搭配晶格码在线二维成像系统，对整个高剪切湿法造粒（微晶纤维素和甘露醇体系）过程的工艺参数实时在线监控，见图 4-13-8。NIRS 对粉体混合均匀度、颗粒含水量等关键产品质量参数进行建模预测，找到过程终点，

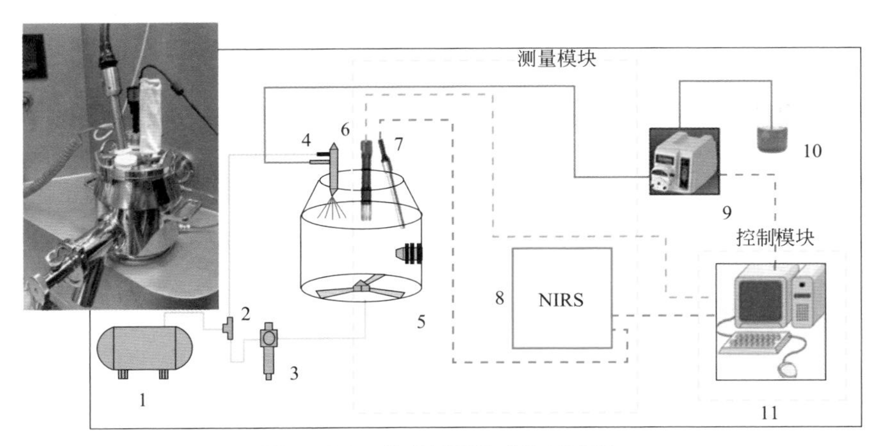

图 4-13-8 造粒过程集成 PAT 平台

1—空气压缩机；2—空气分离阀；3—油水分离器；4—喷雾器；5—制粒机；6—颗粒成像探头；7—近红外探头；8—近红外光谱仪；9—蠕动泵；10—黏合剂；11—控制系统

避免一味延长操作时间达到混合均匀的目的，见图 4-13-9，通过 NIR 模型预测甘露醇的含量，判定过程终点检测。

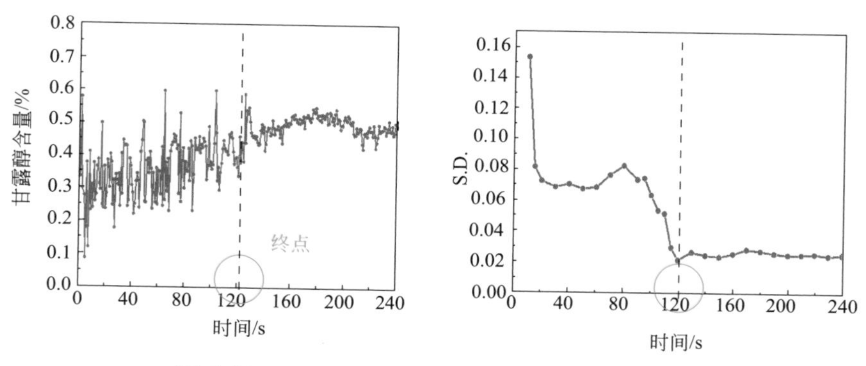

图 4-13-9　NIR 用于造粒过程粉体混合均匀度监测

4.14 天津九光科技发展有限责任公司

4.14.1 公司概况

天津九光科技发展有限责任公司（Nine Light Science&Technology Co.，Ltd）是集研发、设计、制造于一身的专业红外光谱仪器制造商，拥有多项自主知识产权，并为光谱仪器在实验室检测和工业在线分析提供完整的解决方案。公司已有发明和实用新型专利 20 余项，软件著作权 11 项。2020 年入选天津市“雏鹰”科技型企业。技术人员均拥有 10 年以上红外光谱技术硬件集成、应用研发及软件开发经验，参加过 2014 年科技部重大开发近红外专项、2018 年政府间国际科技创新合作重点专项（“一带一路”合作项目）等。

以客户为中心，以客户需求为导向，以帮助客户成就更大价值为理念，公司有专业的研发团队和生产基地，确保出厂产品的一致性、稳定性和耐用性，为客户提供优质的产品。公司专注于核心光谱仪的研发，已先后研发制造多款近红外光谱分析仪、中红外光谱分析仪。

公司现有 DA100、DA200、DA300 等多款固定光栅近红外光谱分析仪，FT100、FT200 在线气体、液体中红外光谱分析仪等。今后，公司将继续加大研发力度，为客户提供更多优质的产品，助力民族品牌的发展。

4.14.2 技术特点

主要产品采用固定光栅二极管阵列分光方式，特别适合应用于在线检测，对现场的适配度高，已广泛应用于粮油食品、石油化工、发酵等多个领域，其主要特点有：

① 仪器自主研发生产，具有很好的生产和质量控制体系，确保仪器的一致性和稳定性，并可根据需要对仪器进行有针对性的改进设计，具有独立知识产权的操作软件功能强大、操作简单，更增加了各种统计功能、仪器远程维护功能等许多其他适应本土需求的功能。

② 仪器内置光学校准系统，可以自动校准吸光度和波长，消除各种环境因素带来的检测结果的飘移，确保长期使用的稳定性和可靠性。

③ 仪器的分光系统无任何移动部件，抗震性强，稳定性高，有粉尘防爆设计，适应大部分工业现场要求。还有专用的气体防爆型在线分析仪，满足整机气体防爆要求，均已获得国家防爆产品质量检验检测中心认证证书。

④ 仪器采用大光斑、非接触式设计，扫描面积大，光能利用率高，不需要很大功率的光源即可获得很高的信噪比。不但可测量粉末、液体等均匀样品，还特别适于大颗粒、不均匀或有气泡的物料（大多数待测样品的形态）的测量。非接触式设计适用于强酸碱腐蚀、高温状态的物料，维护简单，且对仪器的任何操作都不会对生产线的正常生产产生影响。

⑤ 良好的安装是在线近红外光谱仪器得到较好应用的前提，其往往是起决定性的因素。非接触式采样方式使其可以灵活地安装在传送带、输送管路、发酵罐、流化床、反应釜、斜溜槽、水平刮板、绞龙等各种生产环节。公司有很成熟的安装方案。

4.14.3 核心产品

DA100 水分在线光谱仪（图 4-14-1）以其稳定性能好、性价比高而广受用户青睐。在用户生产过程中，水分是部分产品关键且唯一控制指标。DA100 满足用户单一参数检测需求，为用户带来较高投资回报。其性能参数见表 4-14-1。

图 4-14-1 DA100 水分在线光谱仪

◇ 表 4-14-1 DA100 水分在线光谱仪性能参数

项目	性能参数	项目	性能参数
波长范围	900 ～ 1700nm	检测器	CCD 检测器，扫描速度快
光学系统	MEMS 部件，微型光学分光系统，无可移动部件	有效光斑	光斑直径 50mm

图 4-14-2 是 DA200、DA300 近红外光谱仪，其性能参数见表 4-14-2。

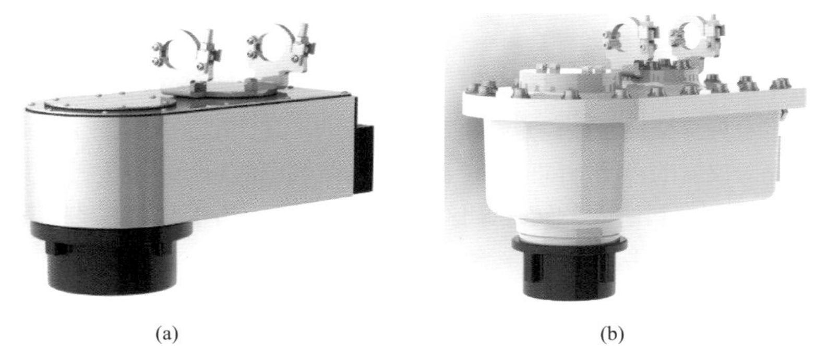

(a)　　(b)

图 4-14-2　DA200 粉尘防爆型（a）和 DA300 气体防爆型（b）

◆ 表 4-14-2　DA200、DA300 近红外光谱仪性能参数

项目		性能参数
光学特性	波长范围	900 ～ 1700nm
	波长准确性	＜ 0.5nm
	波长稳定性	＜ 0.2nm
	分光方式	二极管阵列 InGaAs 检测器（电恒温制冷），镀金全息固定光栅
通信方式	4 ～ 20mA、Modbus TCP/RTU、OPC、Profibus DP 等	

FT100 在线气体光谱仪（图 4-14-3）采用自主研发的傅里叶变换红外光谱仪及高温耐腐蚀镀金多次反射气室，实现对多种气体的连续高精度测量，可广泛用于工业过程控制及污染源排放监测。其性能参数见表 4-14-3。

图 4-14-3　FT100 在线气体分析仪

◆ 表 4-14-3　FT100 在线气体分析仪性能参数

项目	性能参数	项目	性能参数
光谱范围	900 ～ 5000cm^{-1}	响应时间	不大于 100s（3L/min 典型气体环境下）
分辨率	2cm^{-1}	气室温度	≤ 180℃

该产品具有测量精度高、稳定性好、可靠性高、响应时间快等特点，主要应用场合如下：

① 烟气排放检测（分析 CO、CO_2、CH_4、O_2）；

② 垃圾焚烧烟气排放检测（分析 CO、CO_2、O_2）；

③ 机动车尾气排放检测（分析 CO、CO_2、碳氢化合物）。

4.14.4 应用案例

（1）淀粉水分自控

淀粉中水分是出厂验证合格的一个重要参数，也是生产过程中关键控制指标。为了将水分含量控制在稳定合格的控制限内，某大型玉米深加工企业采用在线近红外光谱仪实时检测，同时将检测数据与前端湿淀粉喂料绞龙的变频器频率联锁，从而控制喂料绞龙的转速。这样，便形成了淀粉水分自控的闭环控制逻辑，见图 4-14-4、图 4-14-5。

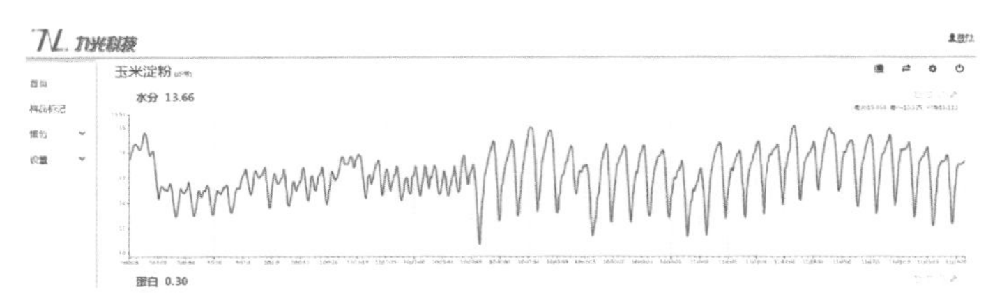

图 4-14-4　自控前水分生产趋势图

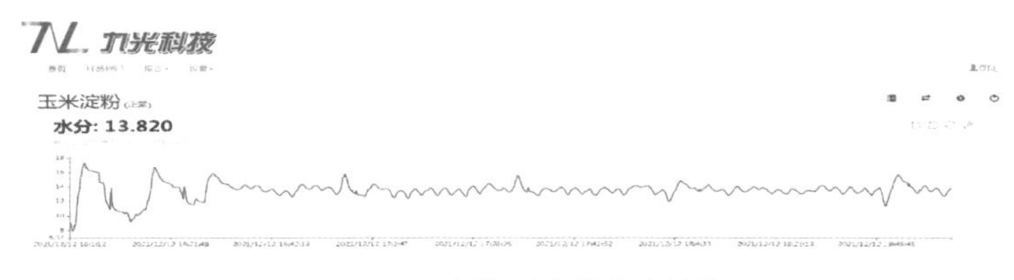

图 4-14-5　自控后水分生产趋势图

淀粉水分通过 DA200 在线近红外光谱仪实现自控生产，获得了如下效益：a. 控制产品质量稳定；b. 保证产品质量合格前提下，以最低合格下限生产，获得最高投入产出比；c. 提高生产自动化水平；d. 节约人力成本和安全成本，间接提高企业收益；e. 减少取样频率和测样频率，降低劳动强度。

（2）乳酸发酵

近年来，随着石化资源的不断紧缺，众多化学合成的高分子材料的生产受到了限制。以生物质资源为基础的乳酸被大量加工生产成聚乳酸等环境友好型生物可降解材料。

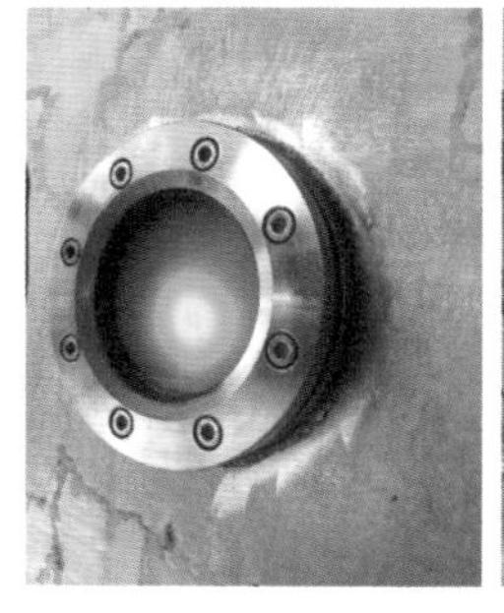

图 4-14-6　DA200 在乳酸发酵罐安装图

在乳酸发酵过程中，不仅要对温度、压力、pH、溶氧等参数监控，同时还要对菌落总数、葡萄糖、钙含量和乳酸等进行检测。九光科技 DA200 在线近红外光谱仪可实时检测 OD 值（获得菌浓度）、氨氮、总氮、还原糖、总糖、目标产物、前体、乙酸、乳酸、甲醇、效价含量等参数，同时可将数据传输至 DCS 系统，达到发酵过程中自控流加的目的。

乳酸发酵通过 DA200 在线近红外光谱仪的应用，安装见图 4-14-6，建立的检测项目模型如图 4-14-7。

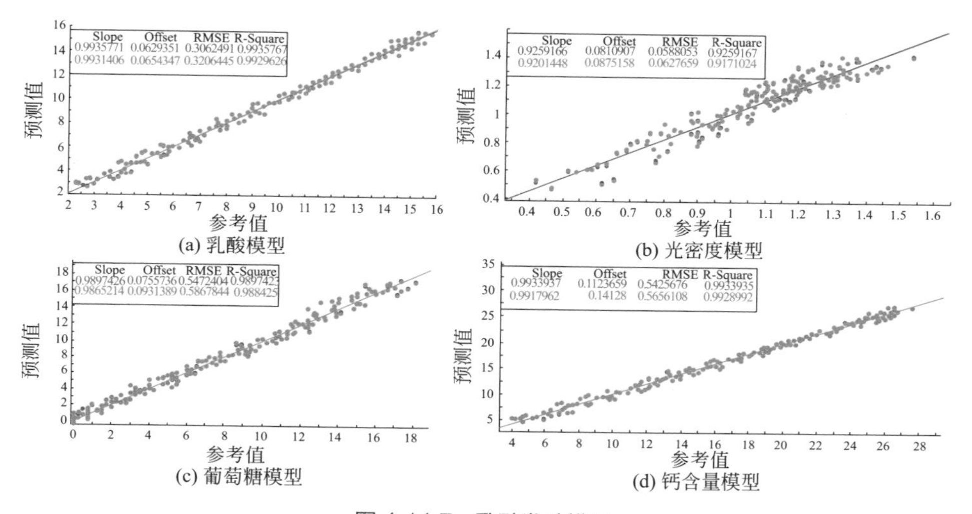

图 4-14-7　乳酸发酵模型

乳酸发酵生产应用近红外光谱分析技术可带来诸多益处：a. 可作为现代智能制造和工业 4.0 的关键环节；b. 由粗放式一次投料向精确化流加工艺转变；c. 缩短发酵周期，提高产率和收率，节省能源等成本；d. 发酵曲线的可视化数据展示对优化工艺、调整工艺条件和原料配比提供科学的指导；e. 节约劳动力，提高效率，节省试剂，减少污染。

4.15 上海巨哥科技股份有限公司

4.15.1 公司概况

上海巨哥科技股份有限公司成立于 2008 年，长期致力于近红外光谱仪、红外热像仪、短波相机等光电产品及核心器件的开发，拥有包括 MEMS 芯片、光电系统、软件算法及解决方案的自主知识产权，获多项美国和中国发明专利，获上海市科技进步一等奖、上海市科技小巨人工程、国家级海外高层次人才等荣誉。

公司产品覆盖可见光、近红外、中短波红外和长波红外的全波段解决方案，光谱仪系列包括微型光栅光谱仪、MEMS 扫描光谱仪，以及针对不同应用的台式光谱仪。

4.15.2 核心产品

SG1700 近红外微型光谱仪充分体现了 SWaP-C（尺寸、重量、功耗及成本）的设计原则，集成度高，体积小，便于部署（图 4-15-1）。加之实时、稳定、数据可迁移等特点，为在线实时快检提供了解决方案。SG1700 采用以太网口输出，便于组网和数据传输，云服务可为建模和大数据分析提供平台基础和算法支持，还提供多种光谱仪配套附件可供选择，通过光纤灵活连接，见图 4-15-2。

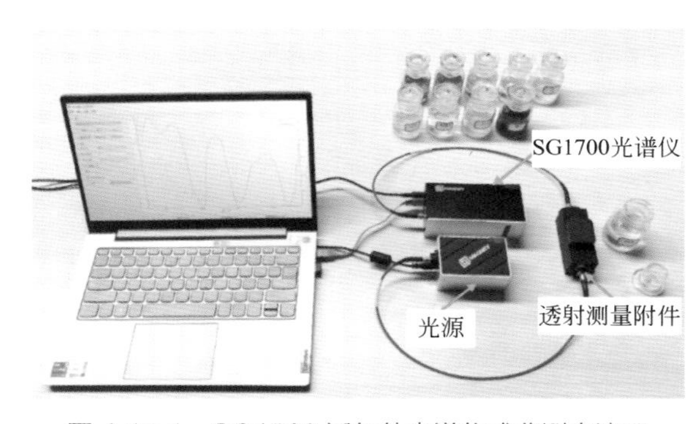

图 4-15-1 SG1700 近红外光谱仪成分测定演示

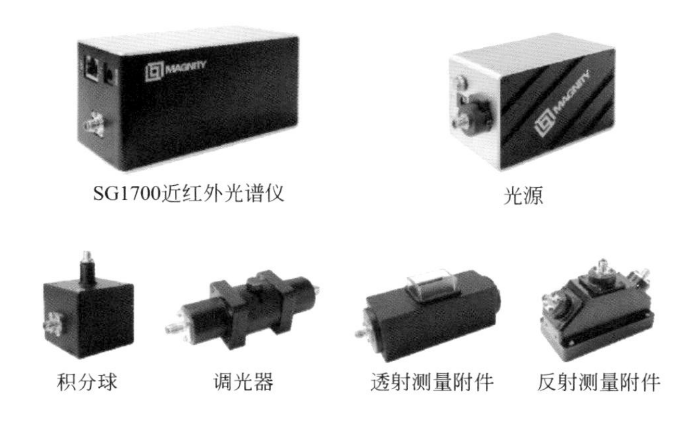

图 4-15-2 SG1700 近红外光谱仪及附件

SG1700 近红外光谱仪（900 ～ 1700nm）操作简便，使用灵活，具有优异的稳定性和准确性，可选择高灵敏度和高速模式，积分时间和平均次数可调，最短积分时间可达微秒级，适用于实时在线的成分分析。

4.15.3　技术特点

SG1700 近红外光谱仪具有以下特点：

① 波长范围 900 ～ 1700nm，波长分辨率 6nm，可满足大部分成分检测需求；

② 采用光栅分光，无需内部扫描，读出时间达到毫秒级，积分时间可达微秒级，适用于实时在线快检；对于相对均匀的产线，还可通过滚动平均来提高实时测量的精度；

③ 针对高灵敏度需求，静态测量时可延长积分时间和采用多次平均来提高信噪比，获得更高的准确度，信噪比高达 10000 : 1；

④ 采用优化的光路设计，光学耦合效率为传统反射光路微型光谱仪的 3 倍，对外部光照强度的要求大大降低，或在相同光强下达到更高信噪比；

⑤ 温度稳定性高，内置自补偿模块，无需用户进行额外的温度修正；没有运动部件，抗干扰性强，重复性好，适用于严苛的现场环境；

⑥ 台间差小，不同设备之间的光谱模型数据可直接转移。

4.15.4　应用案例

SG1700 近红外光谱仪适用于食品粮油、石化产品、药物、烟草、饲料等物质的快速成分检测，巨哥科技还可提供模型支持。

（1）调和食用油成分定量分析

在日常饮食中，为了身体健康，往往需要均衡摄入三种脂肪酸。各大食用油厂家也都推出了不同比例的调和油，以满足人们的需求。SG1700 近红外光谱仪通过对大豆油、玉米油、花生油、葵花籽油、芝麻油等五种常见植物油进行 900 ～ 1700nm 光谱采集和建模，快速获得调和食用油的光谱信息和成分比例，模型准确性高，如图 4-15-3 所示。

（2）塑料分类识别

使用 SG1700 近红外光谱仪采集 5 种塑料光谱进行建模。模型建立后，针对实际样本进行分类。样品包括早餐豆花包装、雪碧瓶和瓶盖、密封袋、PP 零件、可口可乐包装纸和瓶盖瓶身、农夫山泉包装纸和瓶盖瓶身、银行卡、校园卡、卡套、港澳台通行证、身份证、计算器、剪刀柄、电子门卡、PVC 管等，共 200 多种。使用上述模型对实际样本进行分类识别，准确率达到 100%。图 4-15-4 所示为 5 种塑料在主成分空间的分布。

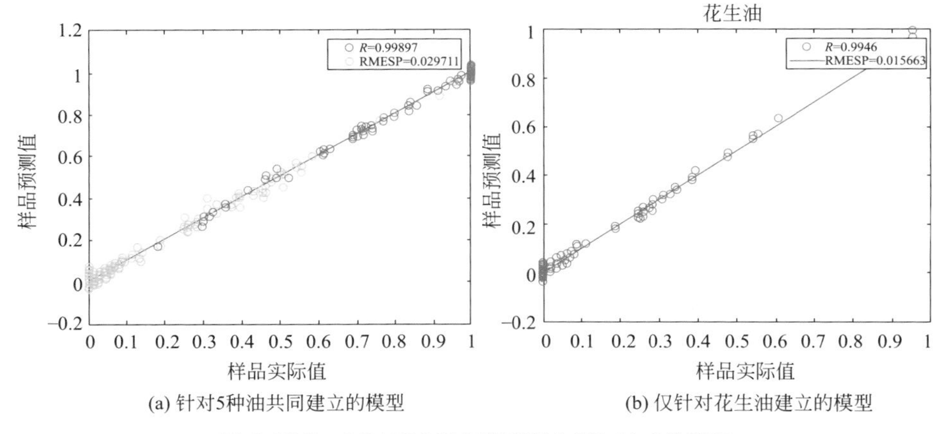

图 4-15-3 SG1700 近红外光谱仪调和油成分模型
（*R* 为相关系数，RMSECV 为交叉验证均方根误差）

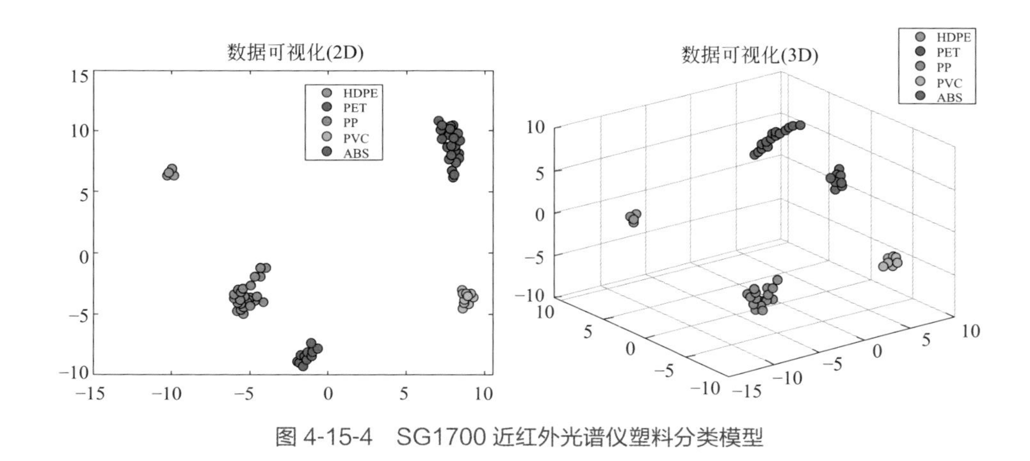

图 4-15-4 SG1700 近红外光谱仪塑料分类模型

4.16 瑞士万通中国有限公司

4.16.1 公司概况

瑞士万通公司于 1943 年在瑞士 Herisau 创立。Metrohm Applikon 是瑞士万通集团专门从事在线分析的仪器品牌。中国区的在线事业部位于上海，主要产品有在线滴定、在线近红外光谱、在线离子色谱等。

瑞士万通公司有着 50 年的近红外光谱在线分析仪研发、生产、使用经验。

基于 XDS 近红外光谱分析技术，瑞士万通开发了一系列新一代的过程分析仪，为制药和化工等领域的用户提供实验室型、旁线以及在线近红外光谱分析提供解决方案。

4.16.2　技术特点

近红外光谱在线分析仪的主要设计和技术特点为：

① 核心器件采用全新的数控同步式全息光栅系统，具有极高的动态范围，波长范围为 800 ～ 2200nm，可扩展到可见区（400 ～ 2200nm），并且在各谱段都有一致的分辨率。

② XDS 近红外光谱在线分析仪是采用标准性能认证（IPCTM）的过程验证分析仪。所有测试均使用 NIST 可溯源标准品，校正横轴波长准确性的同时，也校正纵轴吸光度。

③ 仪器的精确匹配性能保证了在线和实验室近红外模光谱之间的无缝转移。

④ 多通道设计，最多可以扩展到 16 个测样点。

⑤ 提供丰富的配置选择，可提供不同材质和温度压力耐受性能的流通池和测样探头，可检测透明液体、不透明液体、浆液、悬浮液、粉末或气体。

⑥ 独家特有的“40+40”微光纤束，提高了光的通量，使得检测低至 1 ‱的物质含量组分成为可能。

⑦ 符合 NEMA4X/IP65，欧洲防爆认证（ATEX 认证）的防爆要求。

⑧ 仪器耐热耐湿抗震，维护工作简单。近红外光谱分析仪采用数字偏移全息光栅分光，不怕潮湿和震动，对使用环境的要求低。同时，光栅的设计无需更换干燥剂和激光器，减小了维护工作量。可放置在分析现场，电脑可安装在中央控制室。操作人员在中央控制室远程控制仪器，减少人员去现场的次数，达到安全生产的目的。

⑨ 仪器软件可以通过网络操作并配有化工和制药专用版本。

4.16.3　核心产品

（1）NIRS XDS 近红外光谱在线分析仪

NIRS XDS 过程分析仪（图 4-16-1）的典型性能见表 4-16-1，各参数是使用放置在分析仪样品界面中的标准材料测得的。

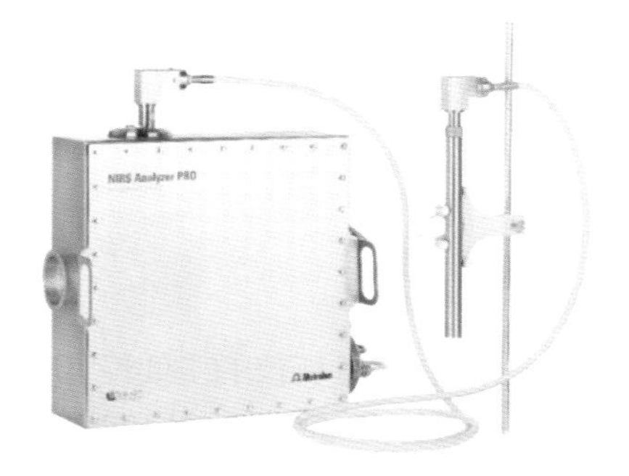

图 4-16-1 NIRS XDS 过程分析仪

图 4-16-2 NIRS Pro 过程分析仪

◆ 表 4-16-1 NIRS XDS 过程分析仪性能参数

项目	技术参数	
测量模式	参比	反射、透反射、透射
样品接口	光学探头	光学探头、流通池
波长范围 /nm	800 ～ 2200	800 ～ 2200
检测器	exInGaAs	exInGaAs
数据采集速率	0.5s/ 次	0.5s/ 次
光谱数值间隔 /nm	0.5	0.5
波长准确性 /nm	< 0.08	< 0.08
波长精度 /nm	< 0.004	< 0.004
杂散光	< 0.1%	< 0.1%
光谱带宽	9.0+1.0	9.5+1.0
线性范围 /au	0 ～ 6	0 ～ 6

（2）NIRS Pro 近红外光谱在线分析仪

NIRS Pro 过程分析仪（图 4-16-2）的典型性能如下（表 4-16-2），各参数是通过将标准材料放在分析仪中和样品界面处进行测量的。

◆ 表 4-16-2 NIRS Pro 过程分析仪性能参数

项目	技术参数	项目	技术参数
波长范围 /nm	1100 ～ 1650	波长稳定性 /（nm/℃）	< 0.01
检测器	InGaAs 二极管阵列	光谱带宽 /nm	9.5
光谱色散 /（nm/像素）	1.1	噪声 /μAu	< 60
分析时间	每积分时间内 5 ～ 50ms 典型计算时间 1 ～ 15s	测量模式	反射，接触式、非接触式
波长准确性 /nm	< 0.5	样品接口	光学探头
波长精度 /nm	< 0.02	光源寿命 /h	17500

4.16.4　应用领域

公司近红外光谱在线分析仪在国内应用起步早，现已经有多家石化企业使用 XDS 近红外光谱在线分析仪进行汽、柴油调和，以及相关指标的实时分析。亦有石化公司采用 Pro 光纤探头型近红外光谱分析仪分析分子筛颗粒催化剂水分，与烘干法测水分相比，大大节约了测试时长。

化工方面，XDS 近红外光谱分析仪在 POSM、生物发酵法制乙醇、甲醇碳基化制工业醋酸、聚酯多元醇等化工项目中也有广泛的应用。

制药方面，某知名制药公司已经采用多台 XDS 近红外在线分析仪分析其喷雾干燥中的水分含量。

（1）中试造粒工艺中利用 NIRS 进行在线水分分析

顶部喷雾造粒是制药工业中常用的造粒方法。粉末在流化床干燥器中流化，并将液体黏合剂溶液喷雾到产品上。将液体喷入制剂并形成颗粒后，必须将产品干燥至适当的湿度水平。如果颗粒过度干燥，则流化床中的运动会导致颗粒破裂（产生不合需要的细颗粒），并且会由于一些活性成分和赋形剂中的水合作用改变而损害制剂。如果颗粒含有过多的残留水分，产品将不能正常流动并可能结块。这可能会导致随后的加工问题，包括黏性产品和存储期间的产品不稳定性。

样品通常在加工过程中由取样器从流化床中取出，并在实验室离线分析水分含量。在分析结果提供给操作员之前无法获得最佳的产品湿度信息，这种延迟会给诸如终点决定这样的关键处理决策带来不利影响。顶部喷雾造粒终点通常基于时间或产品温度而非水分含量。

使用近红外光谱（NIRS）技术可以在在线监测流化床干燥器中的干燥过程中获得更好的过程认识、控制和终点确定。将 NIRS 与实验室中进行的参比方法相关联，用于建立水分测定的校准模型。使用专门针对用于这些应用的流化床而设计的探头（图 4-16-3），探头末端有“勺子”和吹扫排气口。在收集每个近红外光谱后，通过探头端口吹出的空气清扫“勺子”以测试新样品。

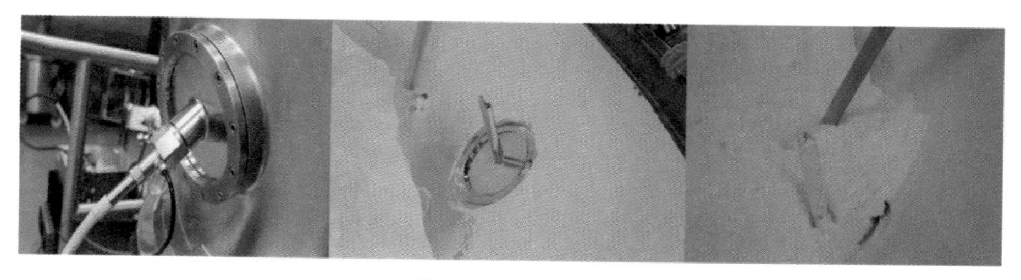

图 4-16-3　探头

（2）在流化床干燥器中 NIR“勺子”探头的推荐位置

干燥样品的原始光谱显示在1400nm附近有很强的水吸收峰，这在二阶导数光谱中是非常明显的。使用二阶导数强度来建立的预测模型如图4-16-4所示。

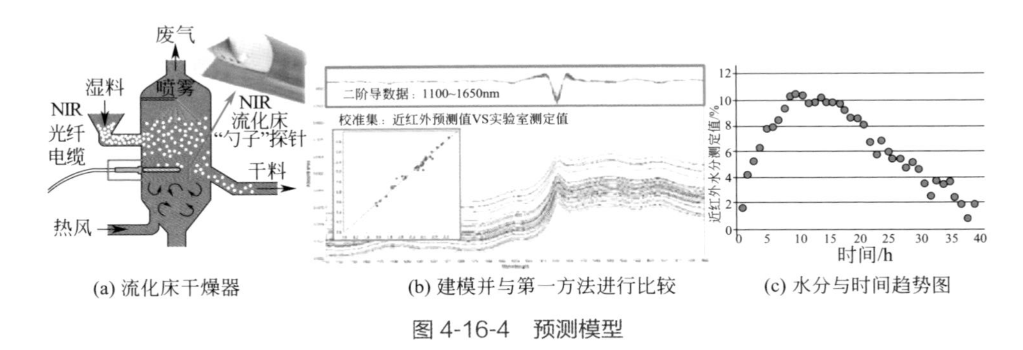

(a) 流化床干燥器　(b) 建模并与第一方法进行比较　(c) 水分与时间趋势图

图4-16-4　预测模型

当干燥过程中湿度水平逐渐接近下限时，可进行终点确定。在产品损坏或降解之前，操作员将协助做出停止干燥操作的决定。这样可以最小化或消除由于等待实验室结果而导致的产品后续加工中的延迟。过程分析仪的输出可以由流化床干燥器的可编程逻辑控制器（PLC）利用，也可以集成到SIPAT中进行闭环过程控制决策。后处理步骤的减少节省了时间和资金成本，提高了产品质量，带来了更高的利润。

4.17　山东金璋隆祥智能科技有限公司

4.17.1　公司概况

山东金璋隆祥智能科技有限公司由济南金宏利实业有限公司改制而成，主要从事过程分析技术在制药、石化、农副产品等行业的在线应用，具有二十多年行业经验，为客户提供整体解决方案，与客户自控系统形成闭环控制，为企业产品质量保驾护航。为响应国家2025战略部署，助力智能制造，大力推广国产仪器，公司研发出具有完全自主知识产权的GSA系列近红外智能检测系统。2019年3月，通过中国仪器仪表学会专家团队鉴定，鉴定意见认为：GSA金光近红外光谱智能监测系统，填补了混合均匀度在线监测的国内空白，达到了国内先进水平。

2021年5月1日，T/CIS 11001—2020《中药生产过程中粉体混合均匀度在线检测　近红外光谱法》团体标准正式颁布实施，山东金璋隆祥智能科技有限公司是团体标准的起草单位。

4.17.2　技术特点

公司完全自主研发的 GSA 近红外光谱智能检测系统，采用微型芯片分光光谱模块，是体积最小的近红外光谱分光系统。仪器内部无机械移动部件，可靠性高，重复性好，稳定性好，可以实现生产线从加料到出料整体生产工艺的闭环控制，见图 4-17-1。

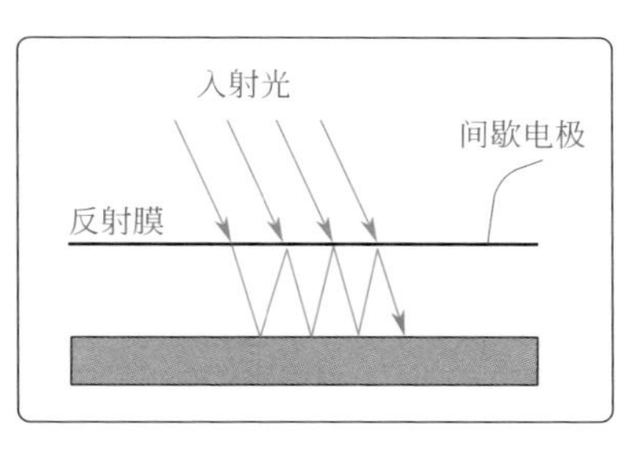

图 4-17-1　微型芯片分光原理图

光谱分析软件基于 C 语言设计，数据安全，灵活丰富，可移植性好；具有完全自主知识产权，全中文界面，操作简单，具有微分、平滑等多种光谱预处理方法及 KS 样本划分方式，建模方法为主流的 PLS、PCR、PCA 等算法以及 ANN 神经网络算法，一键建模，科学高效。软件具有 OPC 等主流通信协议，可以与中控系统实现无缝衔接。

4.17.3　核心产品

产品分为三大类：在线式近红外光谱仪 GSA101、GSA102、GSA103；实验室近红外光谱仪 GSA201；手持式近红外光谱仪 GSA301，见图 4-17-2。

GSA101型均匀度分析仪　GSA102型在线仪器　GSA301型手持机

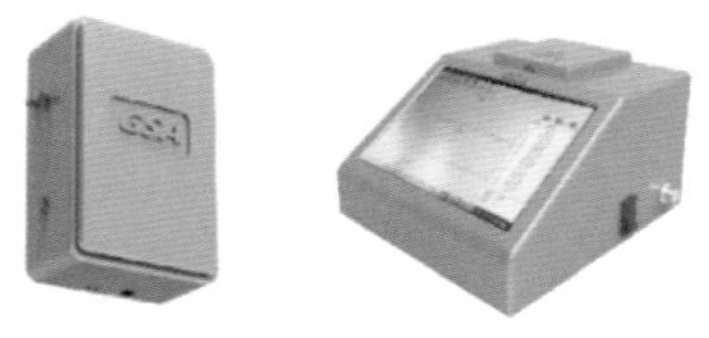

GSA103型在线仪器　GSA201型台式机

图 4-17-2　GSA 全系列产品

4.17.4　应用案例

（1）混合均匀度终点判断

GSA101 型近红外光谱仪是专门为混合均匀度分析研发的一款仪器。小型化高度集成，通过蓝宝石视窗进行检测，Wi-Fi 远距离传输，待机时长 15h，无需建模，快速高效，为在线混合均匀度分析提供了更为灵活的解决方案，见图 4-17-3。

在药物生产过程中，混合是非常重要的生产环节，混合时间不足或是过长都会造成有效成分分布不均匀。近红外光谱检测系统可以通过物料吸光度的 MBSD 值来反映药物整体的混合均匀度（团体标准指定方法），实现监测全过程，最大程度保证每批次药物的混合均匀程度，达到高度一致的状态。

步长脑心通
陕西步长制药

健胃消食片
江中集团

桂枝茯苓胶囊
康缘药业

图 4-17-3　在线混合均匀度分析现场应用图片

陕西步长制药脑心通胶囊通过 GSA101 型近红外光谱分析仪对混合均匀度终点进行判断，检测结果与国标方法完全一致（图 4-17-4）。

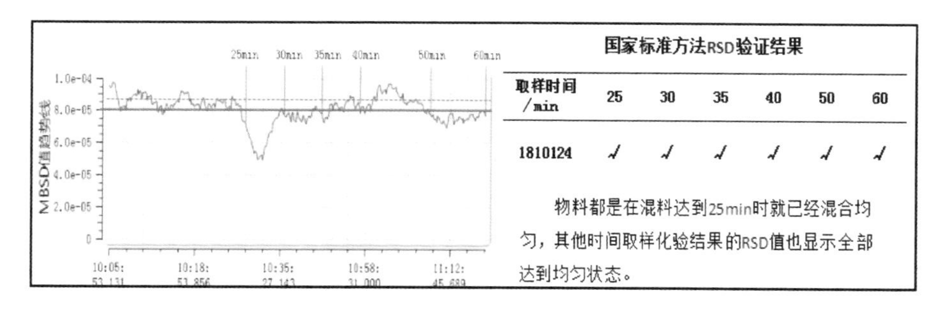

国家标准方法RSD验证结果

取样时间/min	25	30	35	40	50	60
1810124	√	√	√	√	√	√

物料都是在混料达到25min时就已经混合均匀，其他时间取样化验结果的RSD值也显示全部达到均匀状态。

图 4-17-4　验证结果

（2）流化床制粒工艺

在流化床的制粒干燥过程中，水分含量、粒径大小分布会直接影响产品的药效。GSA102 型仪器具有背景自动校正功能，微马达精准控制，PTFE 高反射参比，通过 OPC 协议实现数据上传，可应用于喷雾干燥、流化床、制粒机、带式干燥等生产工艺，提质增效。

GSA102 型光谱仪已在国家卫生健康委员会项目“中药固体口服制剂在

线监测与质量控制设备”中通过验收（图 4-17-5），检测结果见表 4-17-1、表 4-17-2。

图 4-17-5　天津翰林航宇（国家卫健委项目）现场安装图

◆ 表 4-17-1　水分验证结果

样品编号	理化值 /%	预测值 /%	绝对误差	样品编号	理化值 /%	预测值 /%	绝对误差
1	10.73	11.22	0.49	7	10.93	10.9	0.03
2	11.78	11.65	0.13	8	7.42	7.54	0.12
3	11.86	11.98	0.12	9	12.61	12.56	0.05
4	8.31	8.35	0.04	10	14.55	14.57	0.02
5	12.5	12.49	0.01	平均绝对误差			0.103
6	12.3	12.28	0.02				

◆ 表 4-17-2　粒径分布验证结果

样品编号	理化值 /%	预测值 /%	相对误差 /%	样品编号	理化值 /%	预测值 /%	相对误差 /%
1	52.81	53.42	1.15	7	56.05	56.64	1.05
2	62.27	61.84	0.69	8	60.89	61.26	0.6
3	59.57	58.39	1.97	9	65.89	66.3	0.61
4	56.71	57.14	0.75	10	64.17	63.97	0.31
5	57.28	56.7	1.01	平均相对误差			0.895
6	61.62	61.12	0.81				

（3）GSA103 型光谱仪在提取和浓缩中的应用

GSA103 型近红外光谱仪内置 10000h 稳定光源，具有 SMA905 接口，仪器可直接放置在现场，通过流体测样器及光纤进行远程快速检测，可应用于制药、石化、高分子等行业的液体在线检测分析，仪器安装见图 4-17-6。

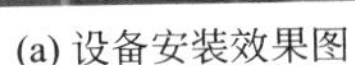

(a) 设备安装效果图　　(b) 离线、在线流体测样器

图 4-17-6　现场安装及附件图

广州汉方白云山现代油脂定量检测，结果见表 4-17-3。

◆ 表 4-17-3　油脂定量检测结果

序号	样品编号	实测值	预测值	绝对误差	相对误差 /%
1	6	48.6176	49.8845	1.2669	2.606
2	7	52.1954	50.5555	−1.6399	3.142
3	8	51.9382	53.4250	1.4868	2.863
4	9	53.9802	52.6913	−1.2888	2.388
5	13	52.6829	52.2532	−0.4296	0.815
预测结果统计分析：平均误差				1.2224	2.363%

（4）现场快速检测应用

GSA301 型号是手持便携式近红外光谱仪，拥有嵌入式微计算机，具备条码和二维码扫描器，内置相关数据模型，可连续工作 10h 以上，数据可通过蓝牙打印或者远距离传输。可用于土壤分析、原辅料现场检测、农产品收购、药品打假、海关安检等外场环境，是现场快检的理想工具。

① 药材定性判别　现场进行朱砂品质鉴定、驴皮真假鉴别等、黄芪产地鉴别等，见图 4-17-7。

② 安徽广和制药定量检测　白芍样品水分预测结果见表 4-17-4。

◆ 表 4-17-4　白芍样品水分预测结果

序号	样品编号	实测值	预测值	绝对误差	相对误差 /%
1	25	2.3000	2.2828	−0.0172	0.750
2	34	2.3000	2.4133	0.1133	4.927
3	46	2.4000	2.3030	−0.0970	4.041
4	50	2.3000	2.2365	−0.0635	2.762
5	55	2.5000	2.4609	−0.0391	1.564
预测结果统计分析：平均误差				−0.027	2.808

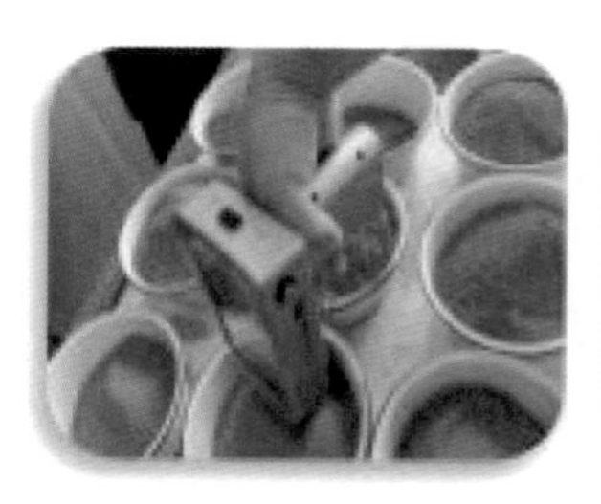

(a) 朱砂品质鉴定

(b) 驴皮真假鉴别

(c) 黄芪产地鉴别

图 4-17-7　定性鉴别案例

4.18 上海如海光电科技有限公司

4.18.1　公司概况

上海如海光电科技有限公司创立于 2011 年，专注于光纤光谱仪、拉曼光谱仪、激光器、探头关键部件等光谱仪器的研发和生产。历经十年的发展，获得高新技术企业、专精特新“小巨人”企业、浦东新区研发机构、仪器仪表光学分会理事单位等称号，通过 ISO 9001：2015 质量管理体系、ISO 54001 和 OHSAS18001 管理体系认证等。已申请或获得授权专利 50 多项，参与国家级、省市级项目 20 余项。

4.18.2　技术特点

近红外光谱仪采用透射光路，相比平面反射式光路，大大提高了光通量和衍射效能。波长覆盖范围 900 ～ 2500nm，有源信噪比＞ 1000 : 1（全光谱），分辨率小于 6nm（全光谱），开放各种接口，适合集成厂商和科研院校的系统搭建。

4.18.3　核心产品

短波近红外光纤光谱仪 TS9214（图 4-18-1）光谱范围为 900 ～ 1700nm，主要用于大气研究、地表土壤研究、水果分选、近红外二区荧光标记等领域。

长波近红外光纤光谱仪 TS11478（图 4-18-2）光谱范围为 1700～2500nm，主要用于大气研究、土壤研究、石油石化、制药在线检测等领域。

图 4-18-1 短波近红外光纤光谱仪 TS9214

图 4-18-2 长波近红外光纤光谱仪 TS11478

4.18.4 应用场景

研究大气中 NO_x、SO_2、VOC 的含量、复原古画等艺术品、稀土含量的研究、药物 API 含量的在线检测、活体荧光标记物研究。

4.19 赛默飞世尔科技公司

4.19.1 公司概况

赛默飞世尔科技公司（Thermo Fisher Scientific）分子光谱部门作为全球最大的傅里叶变换红外光谱仪生产厂家，继承了世界上最早的傅里叶变换红外技术生产厂家 Nicolet 在光谱分析领域近 50 年的经验，总结了不同应用领域专家以及用户的不同需求，建立了满足不同分析任务的工业级傅里叶变换近红外分析仪器的新体系。公司以领先的技术为基础，采用相同的软件平台和灵活多变的模块化设计、性能认证体系、设计和制造标准及技术支持计划作为共同平台，建立起 Antaris 产品线。其中 Antaris MX 在线傅里叶变换近红外光谱仪是其中的一个代表性产品，被广泛应用于近红外工业在线分析领域。

4.19.1.1 Antaris MX 在线傅里叶变换近红外光谱仪

赛默飞世尔科技公司全新设计的新一代在线过程分析近红外光谱仪 Antaris MX（见图 4-19-1）改变了 Antaris 的“Multiplexing”多光纤通道切换方式，采用“ParaLux™ NIR Illumination”实现“Simultaneous”多通道同步测试（图 4-19-2），光谱仪主机内部拥有 5 个高灵敏度 InGaAs 检测器，其中 1 个检测器用于仪器背景实时测试，无需占用外部通道，另外 4 个 InGaAs 检测器同时检测 4 个通道的近红外信号，做到同时检测、实时扣除背景。每个通道又可连接 10 个通道的外接扩展模块，可最多实现 40 通道测试。可选择多种工业标准的通信协议与 DCS

等控制系统实现信息实时传送。在线检测能够实时反映单元操作过程中物料、产物或整体状态的变化趋势，为工艺参数的调整和优化、消除产品质量隐患提供及时的反馈信息；在线检测是实现生产过程自动控制的基础，对于提高产品合格率、改善生产效率具有重要意义。

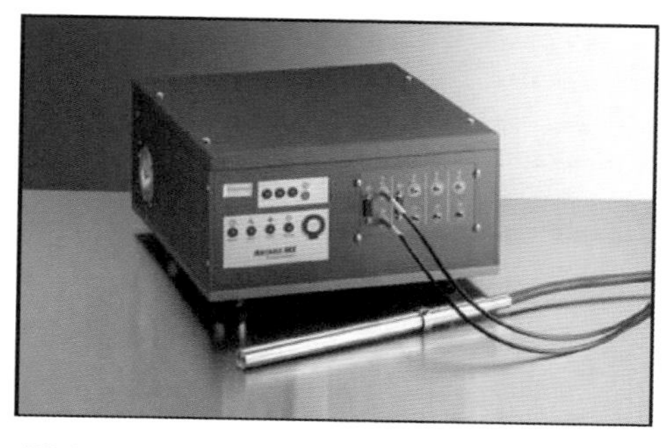

图 4-19-1　Antaris MX 近红外光谱仪主机

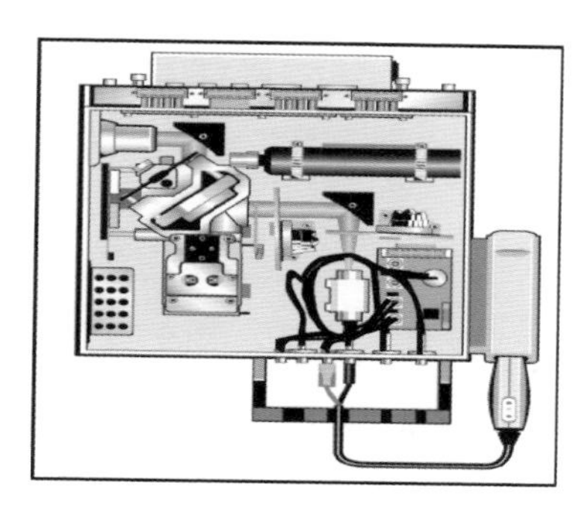

图 4-19-2　Antaris MX 的光路图

Antaris 系列的干涉仪为自动准直干涉仪，无需人工调整；光路传输只用 2 面金刚石切削的反射镜，镜面采用预准直针法定位和永久固定安装，无需人工调整光路，是真正抗振动设计。

Antaris MX 在线过程分析近红外光谱仪配备 5 个高灵敏度 InGaAs 检测器，该检测器包括 8 级前置增益，满足各种规格（不同长度、直径和光通量）的近红外光纤和各种规格的近红外探头。

4.19.1.2　近红外光谱软件

公司的近红外光谱软件是拥有自主产权的专业分析软件，按照不同权限和操作员水平将软件设计为包括三个模块化软件包（RESULT Integration、RESULT Operation 和 TQ Analyst），其中 RESULT Integration 是分析工作流程开发软件包，RESULT Operation 是操作软件包，TQ Analyst 是光谱分析的化学计量学软件包。

上述软件包能够在 Win10 中文和英文操作系统下正常运行，RESULT Integration、RESULT Operation 具有中文操作界面，拥有美国药典 USP<1119> 和欧洲药典 EP2.2.40 验证软件和工具，符合 21CFRPart11 和 GMP 要求。

（1）RESULT Integration 分析工作流程开发软件包

RESULT Integration 将 TQ Analyst 模型开发软件包中建立定量和定性模型与光谱采集、样品分析、设置报告和电子存档或打印报告等工作关联在一起，创建了一个符合用户个性化要求的标准工作流程（Workflow），具体界面如图 4-19-3。

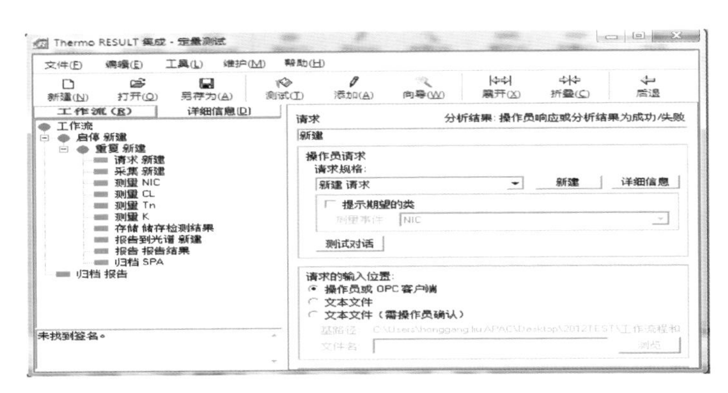

图 4-19-3　RESULT Integration 软件界面

（2）RESULT Operation 操作分析软件包

针对操作员开发的 RESULT Operation 软件包界面简单，点击界面上的执行按钮即可按照工作流程（Workflow）自动完成样品分析，分析结果和光谱数据自动保存，也可以自动传递给 DCS 或 PLC 控制系统。

（3）TQ Analyst 光谱分析的化学计量学软件包

通用的光谱分析化学计量学软件，可以为近红外、中红外、远红外和拉曼光谱分析的应用提供各种定性和定量分析工具。

主要化学计量学方法包括：

① 定量分析算法：一元回归 - 简单的朗伯比尔定律（$y=a+bx$）；经典最小二乘算法（CLS）；多元线性回归（MLR）；偏最小二乘法（PLS）；主成分回归（PCR）。

② 定性分析算法：相似度匹配；距离匹配；判别分析；检索；QC 比较。

用户可根据工作需要选择不同的计量学算法，更好地完成工作。

4.19.2　应用案例

公司近红外光谱在线分析的应用例子不胜枚举，仅以 3 例进行简述。

4.19.2.1　同分异构体分离过程在线监测

近红外光谱与中红外光谱在同分异构体分析中具有得天独厚的优势，因为这两种分子振动光谱主要负载的是有机物基团振动的信息，分子式相同但结构不同，很容易从基团振动上得到很好的解析。大家都知道二苯甲基二异氰酸酯（MDI）有 3 种同分异构体，即：4,4′-MDI、2,4′-MDI 和 2,2′-MDI，这 3 种同分异构体的反应活性和熔点不同，工业生产需要进行分离提纯。赛默飞世尔科技公司将在线傅里叶近红外光谱仪成功应用于分离监控中。图 4-19-4 为在线测得的管道中 MDI 的原始近红外光谱图，图 4-19-5 是经过一阶导数处理后的光谱图。可以看出在线测试的光谱具有很高的信噪比。

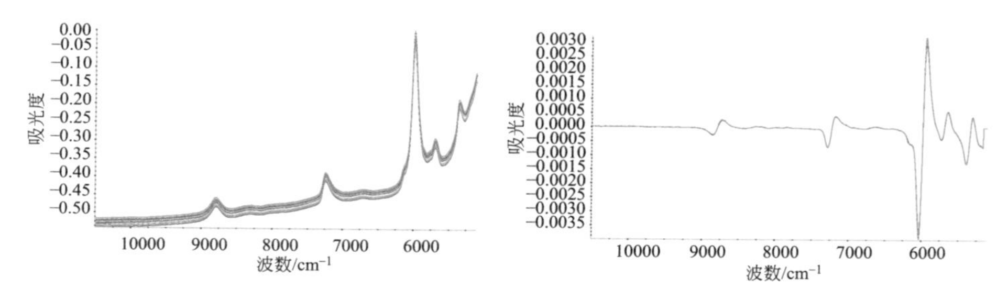

图 4-19-4　MDI 的在线原始光谱　　图 4-19-5　MDI 的一阶导数光谱

采用在线测定的近红外光谱和对应取样的实验室化学分析数据建立近红外光谱模型，图 4-19-6 是 2,4′-MDI 模型交叉验证的相关图，图 4-19-7 是 2,4′-MDI 模型交叉验证的误差分布图。2,4′-MDI 的含量小于 1.0%，交叉检验的均方差为 0.08%，满足工业在线监控的需求。

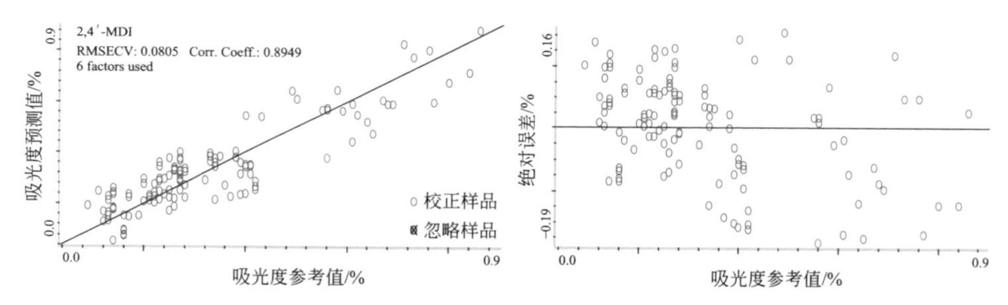

图 4-19-6　2,4′-MDI 模型交叉验证的相关图　图 4-19-7　2,4′-MDI 模型交叉验证的误差分布图

图 4-19-8 是 4,4′-MDI 模型交叉验证的相关图，图 4-19-9 是 4,4′-MDI 模型交叉验证的误差分布图，4,4′-MDI 的含量在 59% ～ 93% 之间，交叉检验的均方差为 0.204%，准确度非常高。

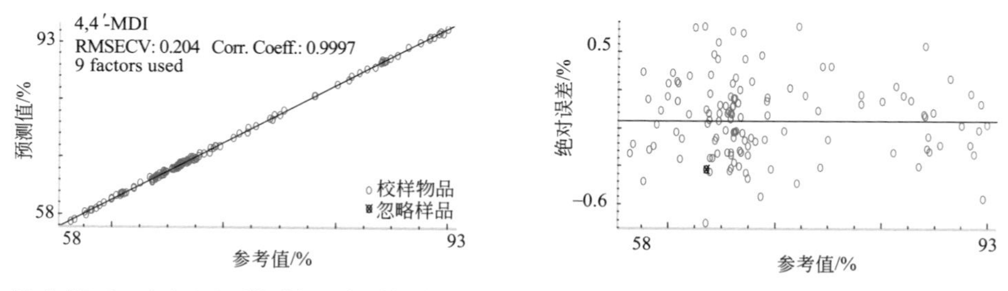

图 4-19-8　4,4′-MDI 模型交叉验证的相关图　图 4-19-9　4,4′-MDI 模型交叉验证的误差分布图

4.19.2.2 硝硫混酸 - 强酸的在线分析

很多化工工业经常用到诸如硫酸、硝酸、盐酸等强酸，有的用作催化剂，有的用作反应原料，控制这些强酸的浓度非常重要，常规采用现场取样，实验室化验，既有时效性的问题也存在取样的危害风险，采用近红外光谱在线分析的主要难点是样品的腐蚀性对流通池或探头有损坏，而且各种酸在不同浓度、不同温度下的腐蚀性不同，选择探头的材料需要非常慎重！

下面的应用实例是采用哈氏合金 C22 材料的流通池、80m 以上的近红外光纤做的硝硫混酸在线监控。图 4-19-10 是采集连接到管道上哈氏合金流通池中混酸样品的近红外光谱在线谱图，图 4-19-11 是一阶导数光谱。从一阶导数光谱明显看到由于样品的浓度不同而引起的光谱变化。强酸的信号在近红外光谱中表现得不是很强，测定光谱的参数设定非常重要。

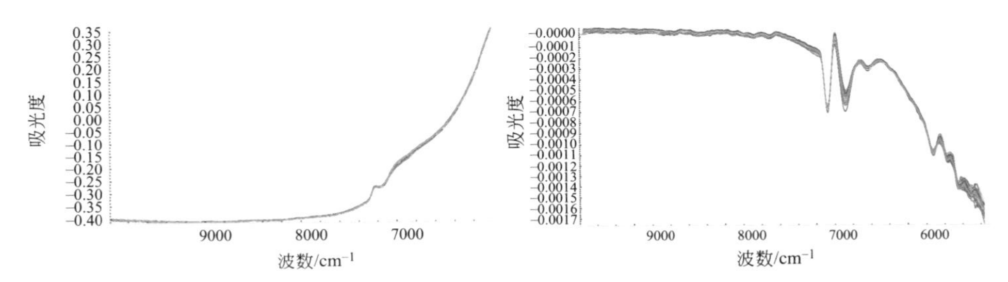

图 4-19-10 混酸样品的近红外在线光谱图　　图 4-19-11 混酸样品的一阶导数光谱图

图 4-19-12 是硫酸含量在线建立模型交叉检验的相关图，图 4-19-13 是误差分布图，硫酸的含量为 76% ～ 79%，交叉检验的均方差为 0.12%。

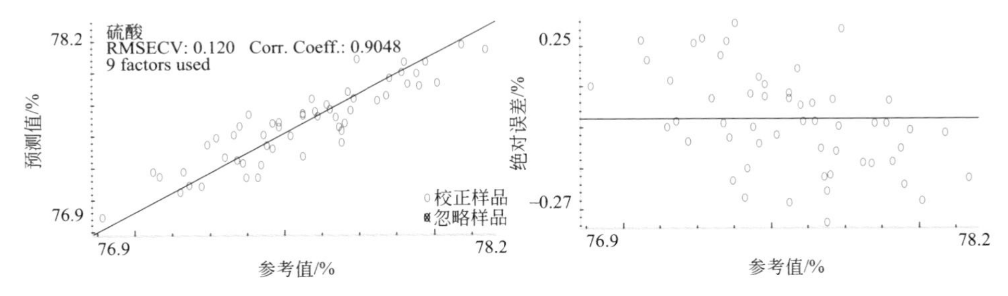

图 4-19-12 硫酸含量模型交叉检验的相关图　　图 4-19-13 硫酸含量的误差分布

图 4-19-14 为硝酸含量在线建立模型交叉检验的相关图，图 4-19-15 是其误差分布图，硝酸的含量为 1.5% ～ 2.2%，交叉检验的均方差为 0.094%。

4.19.2.3 反应底物浓度的在线检测

反应底物浓度的变化速度体现反应动力学的快慢，反应速度下降导致产率降低，消耗大量的生产时间，得到的产物产量与生产效率不成正比，影响企业的经

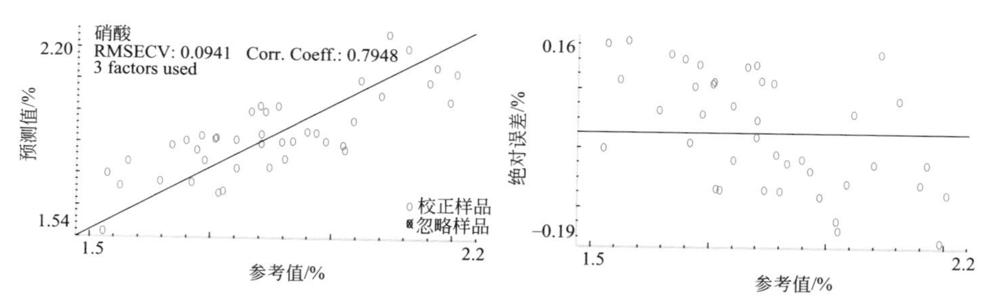

图 4-19-14　硝酸含量模型交叉检验的相关图　　图 4-19-15　硝酸含量的误差分布图

济效益。下面的近红外在线监控案例说明当反应底物越来越低，低至一定浓度时，反应已经没有产出，可以此优化反应进程。

在连续生产的一个监测点管道上安装流通池，图 4-19-16 为在线测得的近红外光谱图，图 4-19-17 是经过一阶导数处理的光谱图，图中显示反应物丰富的信息和很高的信噪比。

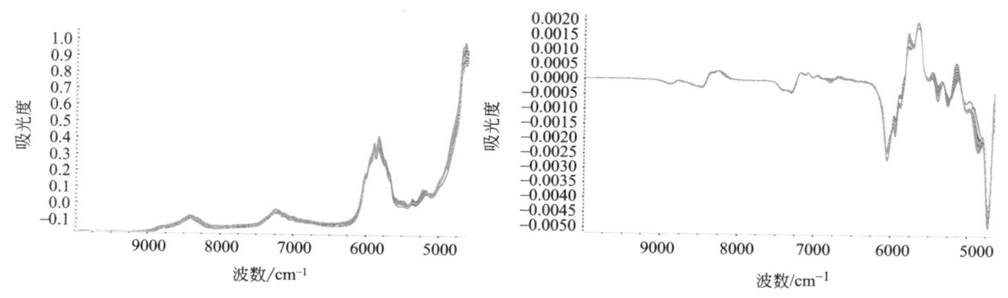

图 4-19-16　在线测得的近红外原始光谱图　　图 4-19-17　经过一阶导数处理的光谱图

反应液中添加的反应物纯度都很高，副产物很少，建立模型耗费的时间很短。图 4-19-18 是在线建立模型交叉检验的相关图，图 4-19-19 是误差分布图，底物的浓度范围为 7% ～ 22%，交叉检验的均方差（RMSECV）0.038%。

图 4-19-20 是反应物在不同反应时间化学分析数据与近红外光谱预测数据的对比图，图 4-19-21 显示：随时间变化，底物浓度值反映的反应速度越来越慢。

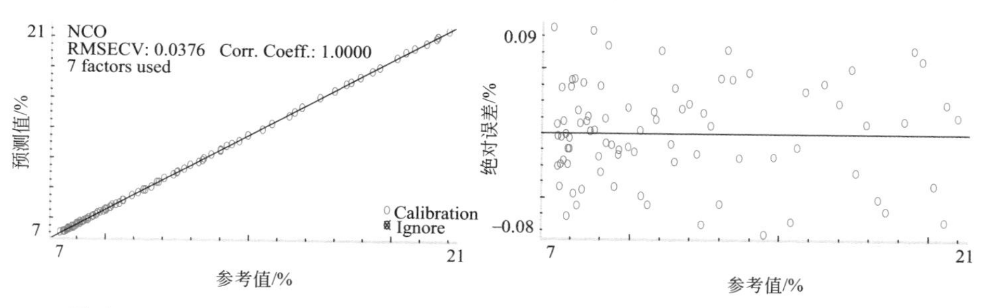

图 4-19-18　反应物模型交叉检验的相关图　　图 4-19-19　反应物的误差分布图

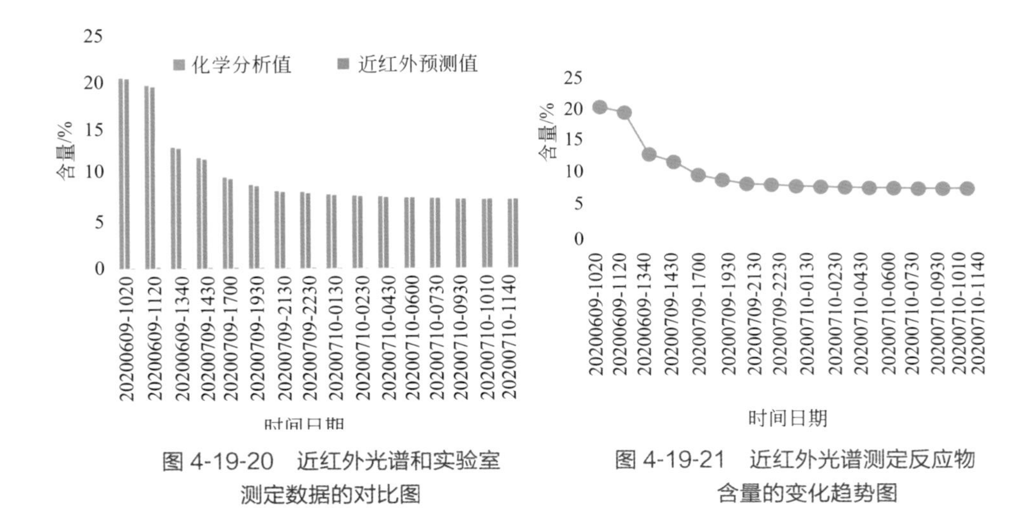

图 4-19-20　近红外光谱和实验室测定数据的对比图

图 4-19-21　近红外光谱测定反应物含量的变化趋势图

4.20　四川威斯派克科技有限公司

4.20.1　公司概况

四川威斯派克科技有限公司成立于2013年。公司成立以来，以“实力、诚信、分享”为核心价值，致力于为各行业提供全生命周期的整体解决方案，核心业务覆盖饲料、烟草、食药、酿造、农产品、茶业及煤炭等行业，是首家综合应用快速检测、物联网、工业 4.0、大数据分析、云计算等技术，为各行业提供全生命周期系统解决方案的领军企业。公司响应国家科技创新的号召，为企业实现降本增效、精益生产、升级转型提供一站式服务。通过服务体系建立覆盖行业全生命周期的信息通道，彻底打通各生产节点，统一通信标准消除信息孤岛；在各个生产环节综合应用近红外快速检测等技术实时采集核心生产数据，最终通过区块链将各个节点数据进行无损存储，汇聚成行业全生命周期的大数据；针对不同发展阶段和用途匹配应用、定制分析方法，为行业发展提供决策依据和数据支撑。

公司拥有近 20 年的核心技术团队，专业从事以光谱分析检测、自动化和信息化为核心的系统集成业务。公司现有员工近百人，其中博士 10 人，高级工程师 15 人，硕士 20 余人，本科学历 20 余人，其中资深近红外及拉曼技术开发服务人员 40 人，电控、自动化工程师 15 人，软件开发工程师 30 人。研发人员具备多学科交叉背景，涉及光学仪器、物理、精密仪器、工业自动化、电子信息工程、软件工程、化学计量学等专业。

公司拥有多项核心技术专利及自主知识产权，其中全球 PCT 专利 2 项，发明专利 4 项，新型实用专利 7 项，软件著作权 10 项。

4.20.2 技术特点

（1）优秀的硬件系统

在线傅里叶变换近红外光谱分析仪是基于 PermAlign™ 技术开发的非接触式在线过程测量仪器。采用独创 PermAlign™ 干涉仪技术，永久准直，抗震动，适应各种环境温度变化等性能。仪器在实验室、工业现场、野外都能进行稳定分析，即使是面对最苛刻的环境条件，亦能最大程度地满足不同用户产品质量工业在线生产的需求。仪器完全无摩擦扫描轴承，扫描系统稳定且部件寿命超长。QuasIR-2000E 的高分辨率、超强的波长准确度和精度确保仪器间的光学一致性和模型的成功传递与资源共享。

永久准直、抗震动的 PermAlign™ 干涉仪见图 4-20-1（a）。如图 4-20-1（b）所示，在镀金三维立体角动镜前面加上镀金反射镜，这样使反射光永久从原路返回，可完全消除动镜扫描的机械误差，以及强震动导致的动镜偏转对干涉光谱的影响。

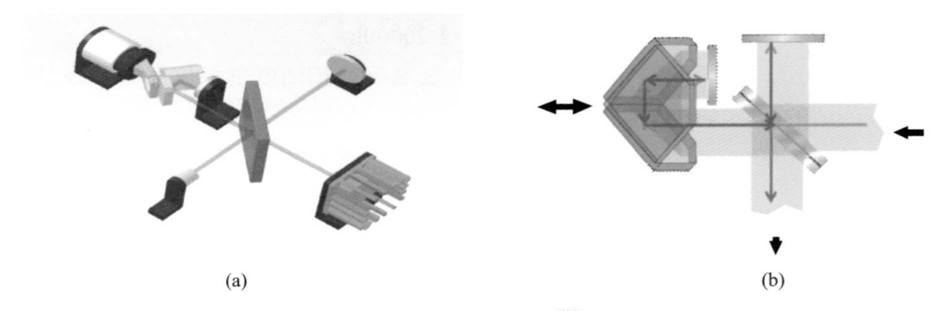

图 4-20-1　干涉仪 PermAlign™ 专利示意图

仪器抗震试验，在震动台上进行 *X* 轴、*Y* 轴、*Z* 轴进行震动和冲击后仪器运行正常。硝化甘油药片检测的相似度均在 0.999 以上，符合检测要求。

如图 4-20-2（a）所示（*X* 轴为波长，*Y* 轴为吸光度），仪器在震动、冲击试验后采集的药片光谱图经一阶导数处理后相似度非常高。与稳定状态下的标准图谱对比计算光谱的相关系数，各状态下的光谱相关性都在 0.999 以上，见图 4-20-2（b）。

采用 PermAlign™ 干涉仪技术的近红外光谱仪，不仅能保证在复烤生产线上长期稳定的工作，还能保证模型在两台仪器之间成功传递。

（2）产品特点

① 高性能　傅里叶变换型近红外光谱仪具有高分辨率、高灵敏度、全谱区扫描特点。

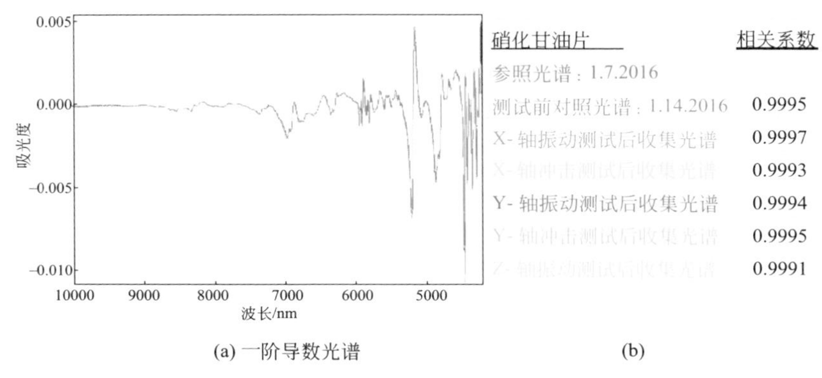

(a) 一阶导数光谱　(b)

图 4-20-2　仪器抗震动试验光谱和数据

② 抗干扰　光路永久准直，抗震动，适应各种环境温度变化等性能。温度范围 0 ～ 40℃，湿度范围≤ 85%，无凝结。

③ 多探头　主机带有 SMA 连接器，可以扩展连接 4 路光纤探头。如需增加测量通道，可配上 8 通道多路连接器，最多可扩展 32 个测量通道。

④ 长寿命、易维护　完全无摩擦扫描轴承，扫描系统稳定且部件寿命超长。干涉仪寿命十年，质保十年。半导体激光器作为参比激光，平均寿命可达十年，质保十年。长寿命光源系统，平均寿命超过 20000h。

⑤ 均一化　仪器高分辨率、超强的波长准确度和精度确保仪器间的光学一致性和模型的成功传递与资源共享。

⑥ 仪器自动校正　每台仪器拥有自检组件。该系统采用综合标准来检查和记录系统各方面性能。提供了一个简单、自动化的验证过程，为日常使用的工作流程减少文件统计负担。

⑦ 防尘设计的外置式、长寿命、大光斑采样探头。

（3）开放的软件系统（图 4-20-3）

① 面向企业的网络化光谱采集和分析系统；

② 支持实验室、现场、在线等多种近红外仪器；

③ 支持多个主流厂家的近红外仪器；

④ 集成光谱采集、数据分析、结果共享功能模块；

⑤ 统一的数据格式、分析模型和评价标准；

⑥ 集中式管理，一键式检测；

⑦ 分析算法丰富，定量分析、定性判别。

4.20.3　核心产品

（1）QuasIR 2000E 傅里叶变换在线近红外光谱仪

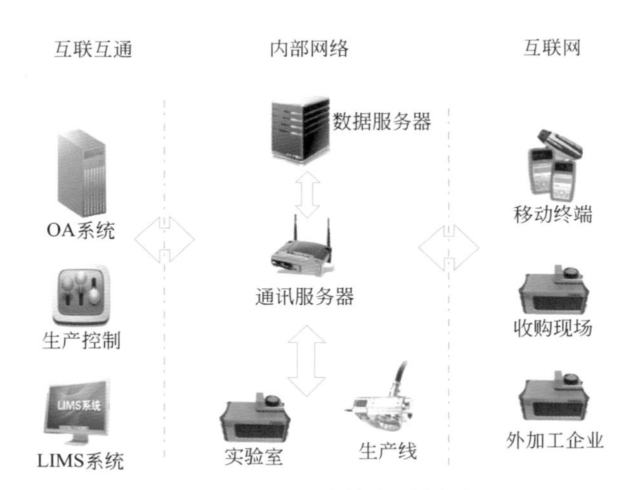

图 4-20-3　开放的软件系统部署

QuasIR 2000E（图 4-20-4），是专为连续测量分析传送带上、管道中或溜槽里输送的物料而设计的。采样光斑大小可根据应用需要定制，光斑直径可达 300mm。工作距离、光斑尺寸、照明范围可根据需要进行修改。

(a) QuasIR 2000E主机　(b) 漫反射探头　(c) 探头大光斑

图 4-20-4　QuasIR 2000E 傅里叶变换在线近红外光谱仪组成

QuasIR 2000E应用傅里叶变换近红外技术提供最可重复和准确的实时分析结果。坚固的 PermAlign ™光学干涉仪能在其他干涉仪失败的环境中坚持工作并提供可靠分析结果。同大众的过程控制和化学计量学软件完全兼容，意味着 QuasIR 2000E 可以集成到几乎任何过程控制环境中。实时了解混合、干燥、固化、烘烤、聚合和过程中的成分浓度，监控关键质量参数的过程。

（2）QuasIR 2000 傅里叶变换光纤探头近红外光谱仪

QuasIR 2000 有两个标准的 SMA 905 光纤接口，使它能够同市面上可买到的任何其他采用 SMA 接口的探头一起使用［图 4-20-5（a）、（c）、（d）］。它还能够同光纤耦合准直器、透射池及其他配件联合使用。可以用于物料掺假鉴别、流体在线检测、PAT 过程控制等。

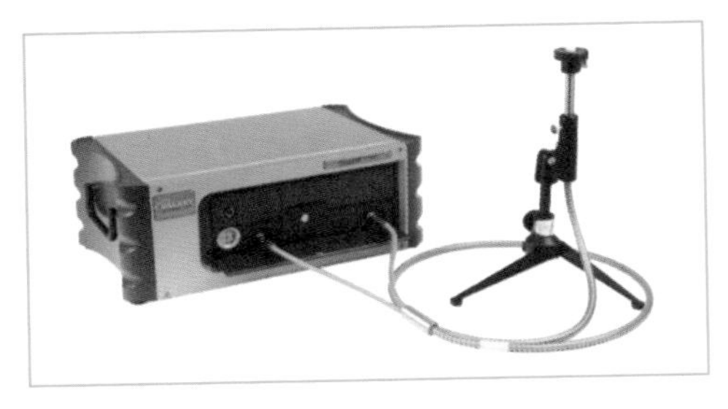

(a) QuasIR 2000主机

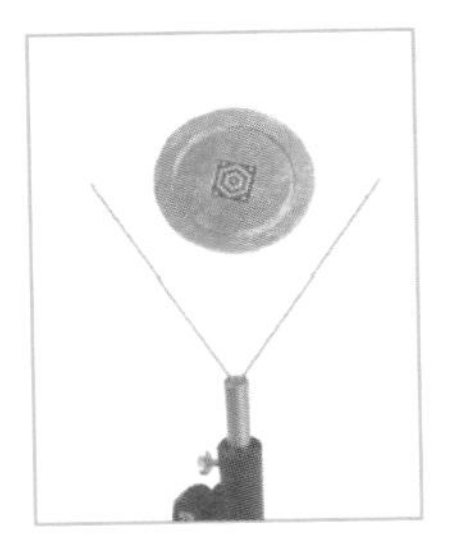

(b) 集束光纤排布

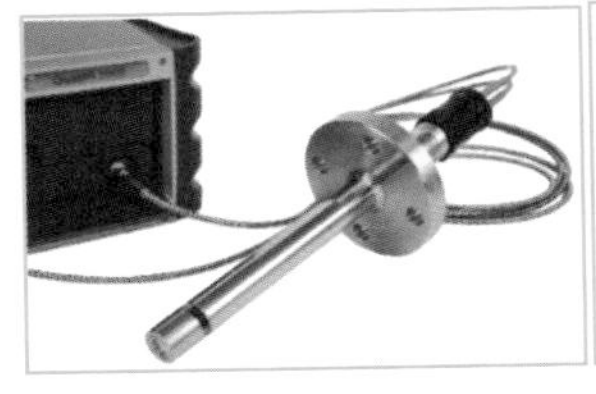

(c) 液体透射探头

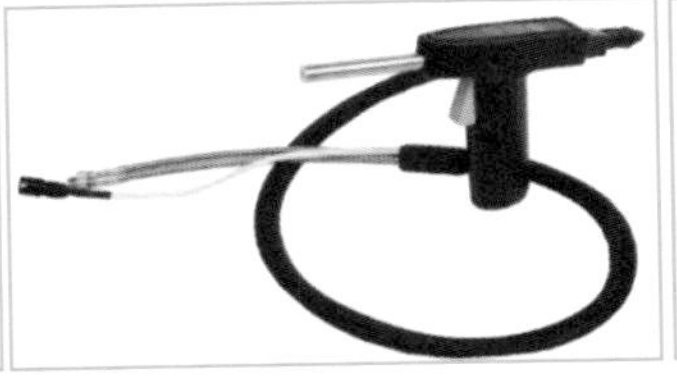

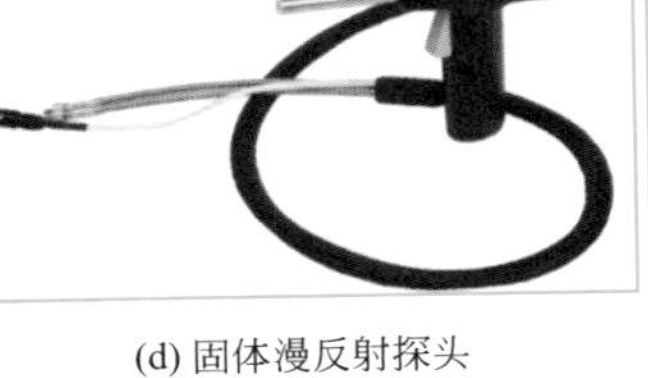

(d) 固体漫反射探头

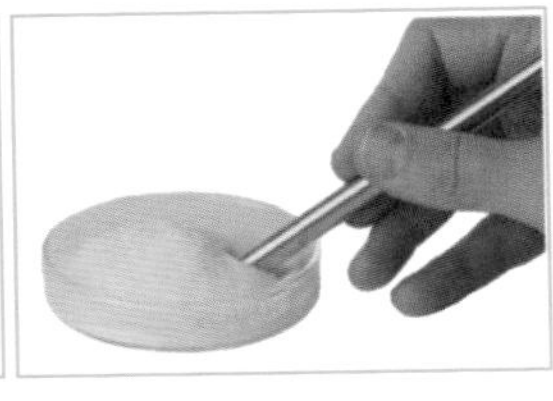

(e) 粉末测试

图 4-20-5 QuasIR 2000 仪器部件

专有探头设计采用了可复制的光纤排布，这增加了各探针之间的一致性。这个光纤阵列确保除了边缘的 6 个光纤之外，所有的发射光纤都被采集光纤所包围，如图 4-20-5（b）所示。这使探头的反射光采集能力最大化。发射光纤的数量和直径都根据干涉仪的光通量来设计，以获取最好的性能表现。

（3）QuasIR A2 插入式探头系统

QuasIR A2 独创插入式近红外检测，拥有 PCT 全球专利。系统是专为连续测量，分析堆状、包状物料而设计的，适合于原料入库、生产过程控制、渥堆发酵监控等环节使用。插入式探头可根据应用需要进行定制，探头长度、材质、辅助设备可根据实际需求进行变更，插入式近红外探头如图 4-20-6 所示。

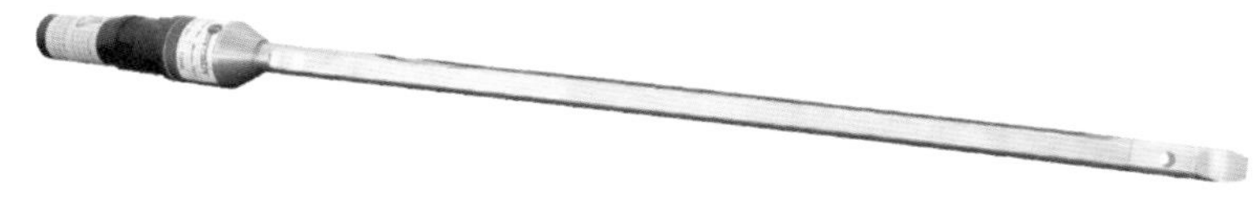

图 4-20-6 插入式近红外探头

QuasIR A2 系统将近红外技术与各种复杂的现场应用环境相结合，为客户量身定制最优的近红外应用方案，在插入和拔出的过程中连续检测，检测结果代表性高、重现性好、准确度高。配合辅助的自动化设备可以实现无人化操作，无需人工取样，提高检测效率，将抽检变为逐检。

4.20.4　应用领域

目前，公司近红外光谱分析技术的应用领域包括烟草、酿酒、医药等行业，具体内容详见表 4-20-1。

◇ 表 4-20-1　公司近红外光谱分析技术应用领域

行业	品种	环节	检测指标
烟草行业	原烟、复烤片烟、烟丝等	收购、复烤、陈化、制丝、过程控制	烟碱、水分、总糖、还原糖、总氮、钾、氯等
酿酒行业	大米、玉米、高粱、小麦、大麦、酒醅、基酒、成品酒等	原料收购、酿造过程、酒曲评价、基酒分级并坛、成品打假	原料：水分、淀粉、脂肪、蛋白 酒醅：水分、酸度、残糖、残淀 基酒和成品酒：酒精度、总酸、总酯 酒曲：酸度、糖化力、液化力
医药行业	中药、西药	原料药分析、PAT 过程控制、反应终点判断、混合均匀度测定等	水分、活性成分、提取物
油脂行业	植物油、动物油原料及其对应的各种粕类和成品油	原料收购、加工过程、成品检测	水分、蛋白质、脂肪、纤维素、灰分、碘值、酸价、过氧化值、脂肪酸等
谷物交易	稻类、麦类、玉米、豆类、薯类等	谷物收购、仓储安全	水分、蛋白质、脂肪、纤维、淀粉等
饲料行业	豆粕、鱼粉、玉米、小麦、麸皮等，猪料、禽料、水产料等	原料收购、均质化加工、压线生产、成品检测	水分、蛋白质、灰分、脂肪、纤维、淀粉、氨基酸、消化能等
育种研究	小麦、大豆、水稻、玉米、油菜籽、花生等	种子筛选、新品评价	蛋白质、脂肪、纤维、淀粉、脂肪酸、氨基酸等
石油化工	汽油、柴油、润滑油、化肥、化工产品	生产过程质量控制	辛烷值、羟值、芳烃、水分含量等

图 4-20-7　近红外应用现场实例

目前，公司在烟草、白酒、饲料、矿产等领域的在线应用实例如图 4-20-7 所示。

4.21 无锡迅杰光远科技有限公司

4.21.1 公司概况

无锡迅杰光远科技有限公司（IAS）成立于 2016 年 4 月，是一家从事近红外光谱分析仪器研发及提供行业定制化解决方案的高新技术企业。公司围绕着近红外光谱分析技术全生命周期，针对不同的用户特点提供个性化、智能化的产品及服务。公司针对工业制造过程全链条研发光谱分析技术，将产品不断应用于食品加工过程质量分析、粮油贸易品质定价、石油化工工艺过程分析、基础化工材料分析和制药过程关键指标在线分析等领域，使原有无数据化的制造过程数据化、智能化，并且通过数据分析产生相应的工艺优化方案，使用户价值最大化。公司一直在努力将创新的产品和技术用于提高生产价值和客户效益。成立至今，迅杰光远与华东理工大学、江苏大学、南开大学、国家农业信息化工程技术研究中心、中国农业科学院油料作物研究所、中国食品发酵工业研究院、国家粮食科学院、中国农科院果树研究所等高校及科研院所建立了长期且稳定的战略合作关系。

2017 年研发团队创造了微组装技术，基于 MEMS 技术的微型近红外光谱仪实现量产。

2018 年突破性创造了漫反射光谱混样分析技术，解决了传统短波透射型近红外谷物分析仪分析指标数量少，对颜色干扰敏感的问题，使谷物分析精度和指标数量大大提高。

2019 年，近红外产品累计服务客户超 1000，研发团队突破多项在线近红外分析技术难题，在线仪器传感化进程正式启动。

2020 年，在线近红外光谱分析仪、水果内部品质近红外快速无损分析系统以及便携式近红外光谱分析仪通过鉴定委员会的技术鉴定，在线产品正式进入大客户端全面应用。

2021 年，自主研发的多种仪器得到行业内认可。IAS-3120 便携式近红外光谱分析仪和 IAS-online S100 在线近红外光谱分析仪均获得了中国仪器仪表行业协会“CISILE 自主创新金奖”；便携式近红外光谱分析仪技术获得中国仪器仪表学会“科技进步三等奖”；IAS-3300 便携式饲料近红外分析仪与 IAS-online S 100 饲料近红外实时在线分析仪荣获中国高科技产业化研究会饲料分会“饲料行业科学技术创新”一等奖；同时，自主研发的仪器配套嵌入式软件荣获第十二届无锡市优秀软件产品“飞凤奖”。自主开发产品得到以上诸多肯定认同，积极推动企业继续提高核心创新力。2022 年，迅杰光远成功当选为无锡市“瞪羚企业”。

4.21.2 产品特点

① 基于 MEMS 光栅 + 阵列探测器的技术。可实现高速测量，20 ～ 60ms 即可采集完成一张近红外光谱图，满足流程行业的在线过程监控需求。可根据需求定制多路光谱采集系统，同步采集样品不同位置信息，提高测量重复性。

② 多种自主研发技术结合，实现仪器极端条件下的稳定工作。将光谱仪与恒温结构一体化，显著提高光谱重复性；集成可变焦用均匀化的光源系统设计，光谱输出更加稳定，且光斑可调节，适用于不同的场景；杂散光吸收屏蔽技术显著降低高速采集下的干扰问题。

③ 恒温封装方式设计。整机在不同环境温度条件下可以稳定地采集光谱，波长准确性和重复性均可得到保障，波长温漂＜ 0.005nm/℃，可以在 −10 ～ 45℃下稳定工作。

4.21.3 核心产品

（1）IAS-online S100 在线近红外光谱分析仪

如图 4-21-1 所示，仪器适用波段为 950 ～ 1650nm，是针对质量和过程控制设计的工业化分析仪器。

仪器采用一体化方式设计而成，与传统分立元件搭建的近红外光谱分析仪相比，重复性更好，温度特性更加稳定；系统中分光组件均采用恒温处理，可实现不同温度条件下稳定工作；引入了自动标定系统，更有利于仪器全自动检测和修正。该仪器设计有网络化工作模式，配套的 IAS-pro 在线分析软件支持一台计算机管理多个设备的形式，操作简单，数据管理方便。

应用领域：a. 粮食收储环节中水分、蛋白质、脂肪等指标的实时监控；b. 油料作物收购环节含油量、水分的快速分析；c. 食品加工过程中水分、油脂变化的监控；d. 饲料原料、半成品品质在线监控，成品一致性监控；e. 白酒行业酒醅在线监控；f. 制药过程中混合均匀度在线监控。

（2）IAS-PATL1 在线式近红外光谱分析仪

如图 4-21-2 所示，仪器适用波段为 950 ～ 1650nm，支持 1300 ～ 2100nm 拓展波长范围定制。仪器自带结果输出功能，无需额外计算机；支持现场查看结果和远端实时分析同步进行，支持设备网络化级联，一台主机可实现 128 个现场检测点的数据管理功能；支持本机远距离光纤输出，可在数公里范围外实现稳定数据传输；IP66 防护等级，支持防爆；配套流通池采用耐强腐蚀的 316L 不锈钢、哈氏合金或 PEEK 材料，根据不同的场景可适配不同的密封结构，内置蓝宝石光学系统，采用特殊镀膜工艺，具有良好的透过率和耐磨特性，满足多种有特殊要求的应用场景。

图 4-21-1　IAS-online S100 在线近红外光谱分析仪

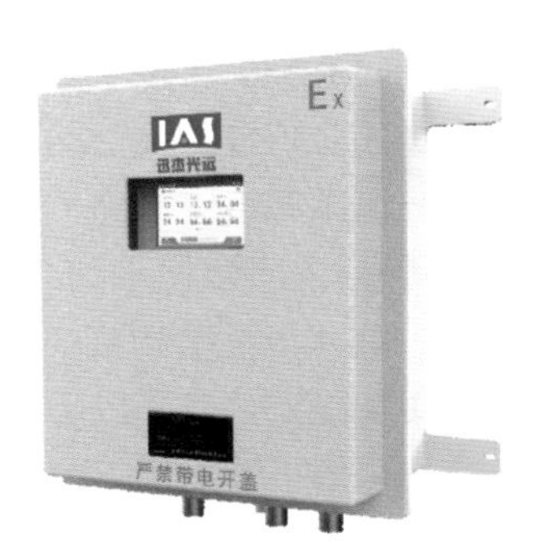

图 4-21-2　IAS-PATL1 在线式近红外光谱分析仪

仪器内部光谱仪结构采用恒温封装方式设计，使整机在不同温度条件下可以稳定采集光谱，波长准确性和重复性均可得到保障；光路内置自动参比和自动标定功能，设计的光路切换装置与参比标定装置进行一体化处理，既能实现参比与样品光路的切换，又能实现仪器的光谱性能自动监测，无需人为干预即可保证波长准确性和实现基线自动标定；光源输出采用特殊材料处理，可大大降低光纤扰动对光谱稳定性的影响，使输出结果更稳定。

仪器处理器采用车规级的 ARM 处理器以及 16bit 高速 AD 采样器，确保输出结果精度。内部运行 Linux 系统及 IAS 自主开发的 TISO 软件，用于控制仪器各项功能，丰富的接口选择可轻松对接至 PLC、MES 系统及 DCS 系统中。

应用领域：a. 制药过程在线监控；b. 精细化工生产中有效氯、游离碱含量实时监测；c. 煎炸食品加工过程中油脂变化监控；d. 发酵过程中原料、中间产物、最终产物含量控制；e. 石油化工油品辛烷值等指标的在线分析控制。

（3）IAS-F100 水果内部品质近红外快速无损分析系统

如图 4-21-3 所示，IAS-F100 首次将多通道近红外光谱分析仪应用在水果分选领域，在原有外观分选、重量分选、尺寸分

图 4-21-3　IAS-F100 水果内部品质近红外快速无损分析系统

选基础上增加了无损分析内部品质的功能。在果园摘果的过程中可以实现不同等级水果的分级，使果园收益在原来的基础上大大提高。另外在仓储环节由于有些水果存在后熟现象，后熟出仓的水果经过分选处理分级，可将后熟的水果按照质量等级进行分级销售，使产值效率大大提高。

系统适用波段范围为 650 ～ 950nm，采用 FPGA 高速处理系统，引入了多点采集光纤探头，可对不同位置的水果信息进行同步采集，实时采集和传输多点光谱信息，采集过程无拖影干扰，比传统光谱仪采集方式测量精度提高一倍以上；系统内置 TEC 恒温机构，确保光谱仪核心光学模组可以稳定工作在不同环境温度下。系统使用 Linux 系统，内置高速 TISO 处理软件，能在 1s 内实现多个水果内部品质的无损分析。

该系统不但可以与新的水果分选产线进行适配，也可以直接在原有产线上进行加装。独特的多通道采集方式，解决了水果尺寸、水果果蒂、内部均匀性、密度等因素对测量精度的干扰，比同类国外进口设备测量精度和抗干扰能力有了长足的进步。目前所设计的多通道近红外光谱分析系统，检测精度上可以做到 ±0.4，检测速度上大果可以达到大果 1 ～ 2 个 /s，中果 5 ～ 10 个 /s，不但可以满足大规模水果分选需求，也可以大幅度地提升分选效率。

应用领域：a. 苹果、梨、橙子、橘子、西红柿等中型果内部品质快速分选；b. 柚子、西瓜、哈密瓜等大型果内部品质快速分选。

（4）基于近红外的数字孪生智能控制系统

通过上述在线近红外光谱分析仪器在线实时采集流程在生产中从加工原料、中间产品到最终产品各阶段的多种关键性质参数，再以数字孪生技术进行生产工艺的建模仿真和工艺规划，实现以数字孪生为中枢，与以 PCT 为核心的过程控制系统、生产大数据进行有效衔接，并通过建模、预测反馈控制对工艺状况进行实时调优，形成以数字孪生为智能大脑的新型生产过程的在线闭环控制方案，达到指导操作生产，使整个生产过程运行处于最优状态的目的。同时，该系统通过标准协议可与 ERP 为核心的商业决策系统和以 MES 为核心的制造执行管理软件系统集成，形成生产、计划、销售全流程的智能制造架构，实现企业利润最大化。

4.21.4　应用案例

（1）水果行业

水果检测指标包括糖度、酸度、水分、内部病变、成熟度、硬度。其中，芒果分选如图 4-21-4，苹果分选如图 4-21-5，硒砂瓜分选如图 4-21-6，哈密瓜分选如图 4-21-7 所示。

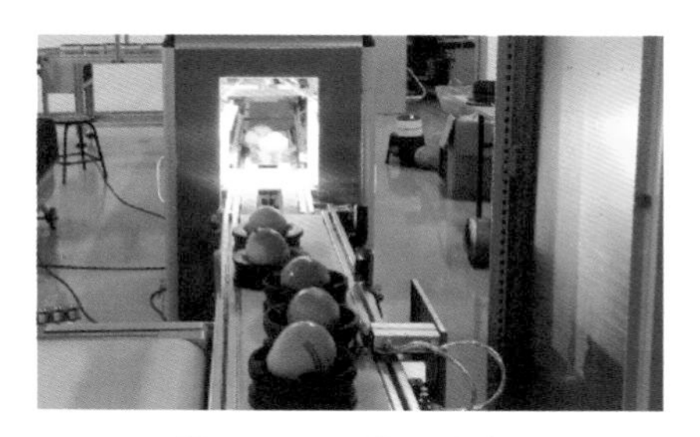

图 4-21-4 芒果分选

图 4-21-5 苹果分选

（2）粮油及其加工副产物行业

IAS-online S 100 在线近红外光谱分析仪可应用在多种粮油工业场景，如花生、菜籽、棉籽、小麦、玉米等农产品，生产食用油、饲料、蛋白粉及其他深加工的离线、在线分析，检测指标包括脂肪、蛋白质、水分、纤维、灰分、淀粉，可覆盖粮食加工行业全产业链条应用需求。IAS-online S100 在线近红外光谱分析仪用于饲料在线分析如图 4-21-8，用于谷类入库分析如图 4-21-9 所示。

图 4-21-6 硒砂瓜分选

图 4-21-7 哈密瓜分选

图 4-21-8 饲料在线分析

图 4-21-9 谷类入库分析

（3）食品行业

食品行业的应用对象和检测指标见表 4-21-1。其中，烘焙食品加工数字孪生控制系统如图 4-21-10 所示。IAS-online S 100 用于造酒原粮在线检测如图 4-21-11，用于酒醅在线检测如图 4-21-12 所示。

◆ 表 4-21-1　食品行业应用对象与分析指标

分析对象	分析指标
葡萄酒	乙醇，含糖量，有机酸，含氮值，pH 值等
白酒	原料中水分，淀粉，支链淀粉；酒醅中水分，pH 值，淀粉和残糖等
啤酒	大麦原料中水分，麦芽糖；啤酒中乙醇和麦芽糖等
饮料（可乐、果汁等）	咖啡因，糖分，酸度，果汁真伪鉴别
调味品（酱油、醋等）	蛋白质，氨基酸总量，总糖，还原糖，氯化钠，总酸，总氮，品质分级，真伪鉴别
乳制品（牛奶等）	乳糖，脂肪，蛋白质，乳酸，灰分，固体含量
玉米浆，蜂蜜	果糖，水分，葡萄糖，多糖类
食用油（花生、豆和菜籽油等）	原料中油分含量；食用油中的脂肪酸，水分，蛋白质，过氧化值，碘值，真伪鉴别
烘焙食品（饼干、面包等）	脂肪，蛋白质，水分，淀粉，面筋等
肉类（猪、牛、鸡肉，鱼类，香肠等）	蛋白质，脂肪，水分，各种氨基酸，脂肪酸等以及新鲜及冷冻程度，产品种类，真伪鉴别
咖啡	咖啡因，水分，种类、产地鉴别，品质分级
茶叶	老嫩度，氨基酸、茶多酚、咖啡碱，水分，总氮，品质分级，真假识别，品种鉴定
制糖	蔗汁、碎蔗、蔗渣、原糖、成品糖的旋光度、锤度、糖度、色度、浊度、粒度、固形物和水分含量等

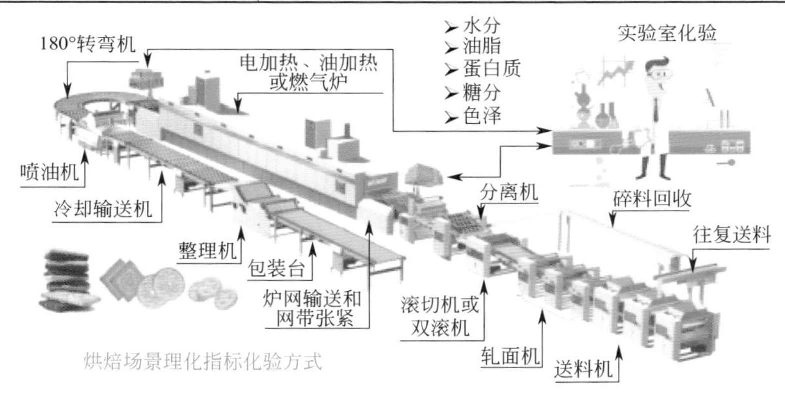

图 4-21-10　烘焙食品加工数字孪生控制系统

图 4-21-11　酿酒原粮在线分析

图 4-21-12　酒醅在线分析

（4）化工行业

化工行业的应用对象和检测指标见表 4-21-2。IAS-PATL1 用于化工在线分析检测示例如图 4-21-13 所示。

◇ 表 4-21-2 化工行业应用对象与分析指标

分析对象	分析指标
石化产品	汽油、柴油、煤油中辛烷值、十六烷值、芳烃等成分
农药	反应过程原料及生成物的在线定量分析
纺织品	材质成分快速分析
高分子产品	原料、联产物成分分析
化妆品	成品品质一致性

图 4-21-13 IAS-PATL1 用于化工在线分析

4.22 荧飒光学公司

4.22.1 公司概况

荧飒光学公司成立于 2018 年 2 月。荧飒光学致力于傅里叶变换红外光谱仪的研发和国产化生产，是一家专业从事傅里叶红外光谱技术开发与服务、软件开发与应用、仪器仪表和自动化设备系统集成的，集研发、销售、服务于一体的创新型科技公司。

目前，公司提供 FOLI10 系列、Master10 系列以及 FTPL10 系列 3 大分类，涉及傅里叶中红外、近红外光谱分析，光致发光型号的共十几种产品。产品应用于实验室，工业现场在线以及便携式分析仪等各种不同的场景。

公司已经通过 ISO 9001—2015 质量管理体系认证，拥有十几项发明及实用新型专利证书，并参与了多项相关行业标准的制定。通过在各个行业多年的应用经验，为用户提供不仅仅是一台机器硬件，而更多的是一套完整的方案，一种解决问题的思路和理念。

4.22.2　技术特点

① 理论上保证了光路的准直（图 4-22-1）　运用傅里叶变换技术使 X 轴准确度达到 0.1cm^{-1} 以内，保证了多台设备间 X 轴的一致性和模型传递的准确性。

② 自动建模功能　自主开发的近红外建模软件 S-Cal 界面操作智能简单，建模参数优化全部自动操作，用户可快速掌握原本复杂烦琐的建模过程。

③ 在线软件及配套功能　S-Online 的界面（图 4-22-2）适合工业仪表用户的使用习惯，测量结果、仪器状态、历史趋势等信息显示直观，报警设置、DCS 通讯输出设置简单明了。

④ 应用售后服务　为了能让用户把设备用好，我们提供免费的前期应用开发和现场实验，让用户有最直接的体验；根据应用特点，提供完整的方案，使用户把仪器用好；以解决实际问题为导向，在优质的硬件支持之外，还提供多年经验的分享。

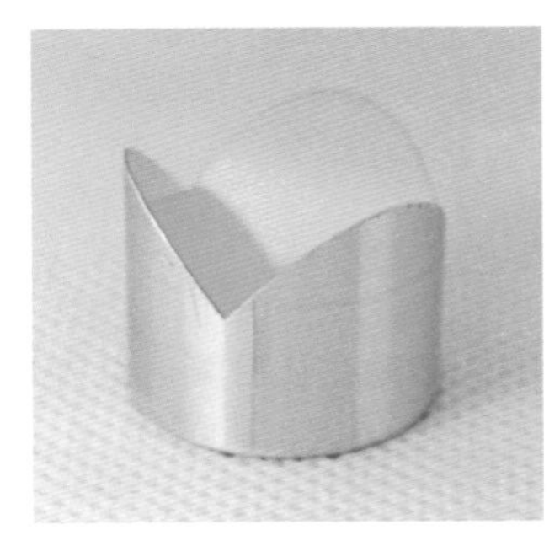

图 4-22-1　立体角镜模块保证光路的准直

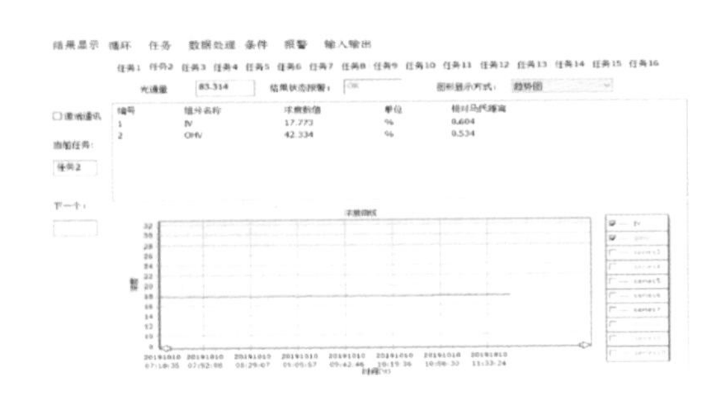

图 4-22-2　S-Online 软件界面

4.22.3　核心产品

Master10 系列傅里叶近红外产品是主要产品线之一。包含实验室液体样品检测为主的 Master10-M、固体样品的检测为主的 Master10-F、Master10-D 以及 Master10-S 和适合工业在线检测的多通道产品 Master10-Pro，见图 4-22-3。

Master10 系列产品的主要参数如下。

光谱范围：12500 ～ 4000cm^{-1}（800 ～ 2500nm）。

最高分辨率：2cm^{-1}。

X 轴准确度：优于 0.1cm^{-1}。

Master10-D

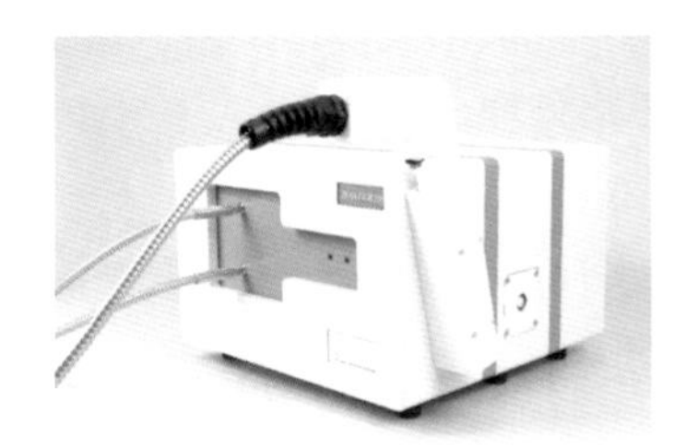

Master10-F

Master10-S

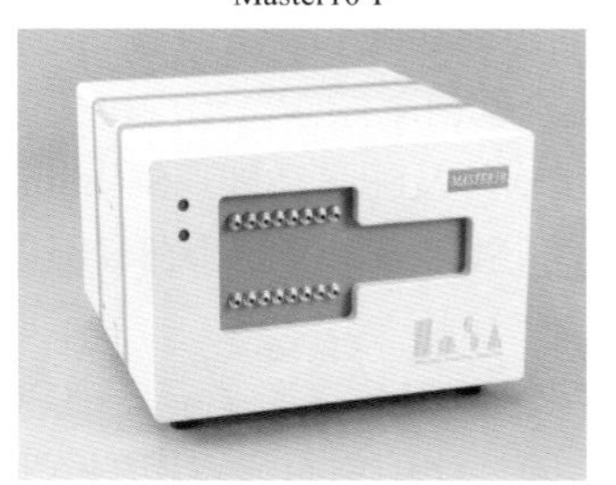

Master10-Pro

图 4-22-3 Master10 系列傅里叶近红外产品

干涉仪：自主研发高稳定立体角镜（图 4-22-1）干涉仪，恒久准直。

光源：高性能近红外光源。

激光器：固态激光器，使用寿命 10 年。

分束器：近红外专用 CaF_2 分束器。

检测器：高灵敏度电制冷 InGaAs 检测器。

在线产品 Master10-Pro 是为工业在线用户设计的 8 通道在线检测近红外光谱仪。每个通道通过 SMA905 接口和光纤与各种固体探头、液体探头、非接触式探头相连，完成现场光谱的采集。

光谱仪主机整体集成在一体化机柜中（图 4-22-4），机柜内部同时集成了触摸工控机、温控模块以及跟 DCS 通讯的 PLC 模块，共同构成一个一体化的在线分析系统。此系统可以独立完成光谱数据采集、模型预测以及数据上传，为工业在线控制分析提供便捷而完整的操作支持。一体化机柜可以安放于桌面上，也可通过轨架固定，挂靠于墙面等任何便于操作的位置。

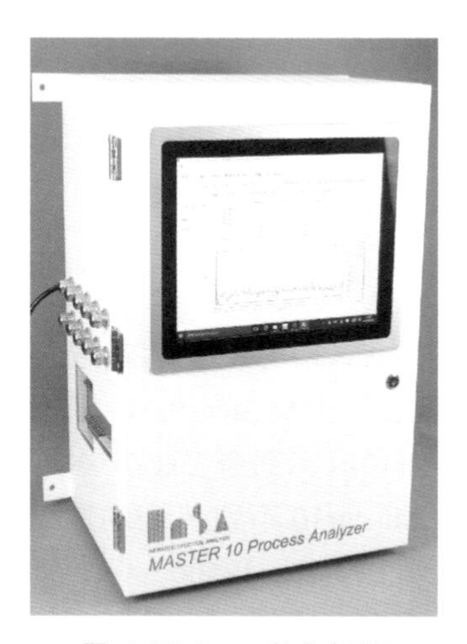

图 4-22-4 一体化机柜

机柜尺寸：540mm×344mm×650mm（长×宽×高）。

机柜重量：10kg（不含光谱仪）。

结合工业在线分析的实际应用，Master10-Pro 整套产品有如下特点：

① 实现最多 8 通道的测量　Master10-Pro 可以对生产现场的 8 个不同测量点进行循环检测，充分提高光谱仪主机的利用率。

② 现场一键光谱采样方案　在建模和日常校验维护阶段，通常需要不定期地进行人工采样同时记录对应的光谱。按钮安装在采样点附近，操作员取样时只需按下该按钮，仪器软件就会自动记录和保存该采样点对应的光谱，方便后期模型的建立和维护工作。

③ 功能强大的 S-Online 软件　该软件可自动完成对光谱的测量、不同通道任务的循环控制、模型的调用以及结果的预测和输出。主界面上可以实时显示组分含量变化的趋势图。此外，软件可以实现与 DCS 的数据通信，各组分含量、仪器状态、报警信息等均可进行设置。

④ 产品模型切换功能　对于同一个测量点，特殊用户会生产不同类型产品，需要调整切换模型，有时这种调整是十分频繁的。用户 DCS 可以触发软件模型切换功能，满足切换产品和调整模型的实际需求。

4.22.4　应用举例

① 聚氨酯具有耐高温、耐化学性、耐磨等许多优良特性，广泛应用于家居、建筑、日用品、交通、家电等领域。异氰酸酯是生产聚氨酯的主要原料，它是含有 NCO 基团的化合物的统称，NCO 是衡量聚氨酯产品品质的重要指标，也是研究反应动力学、优化工艺参数的关键控制点。图 4-22-5 是国内某知名聚氨酯企业测量异氰酸根（NCO）含量的样品光谱图和在线含量变化趋势。通过监测反应终点 NCO 含量的变化，可以控制不同 NCO 含量的系列产品，以满足不同客户的应用需求。相比于传统的滴定分析方法，过程控制时间大大缩短，为用户产品质量的精确控制提供了非常及时的数据支持。

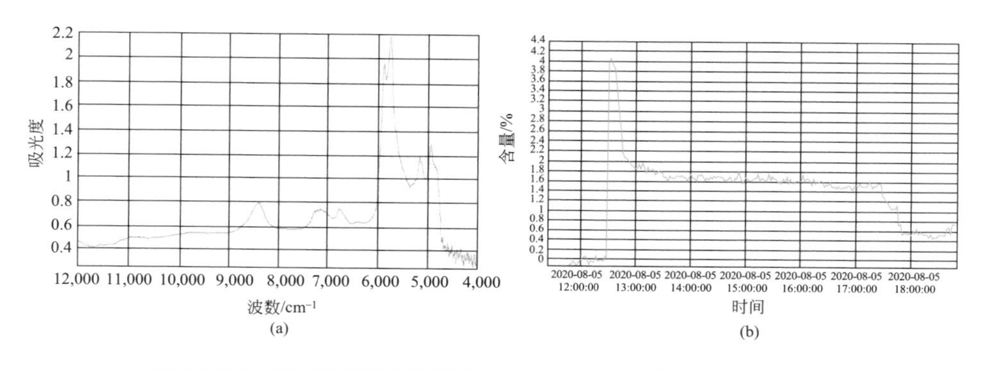

图 4-22-5　聚氨酯样品光谱图（a）和 NCO 在线含量变化趋势（b）

② 某企业产生大量酸性有毒气体，工艺中使用高浓度的 NaOH 吸收废气。随着碱液的消耗，需要在达到报警值时及时补充新鲜的碱液。采用在线近红外光谱分析的方法，成功对其中的 NaOH 和 NaClO 组分建立了模型（图 4-22-6 和图 4-22-7），对 NaOH 的浓度进行监控，几十秒就可以更新一组数据，能更及时地对碱液进行排放控制，同时免去了任何滴定试剂和废液的处理，大大减少了人工的维护工作。

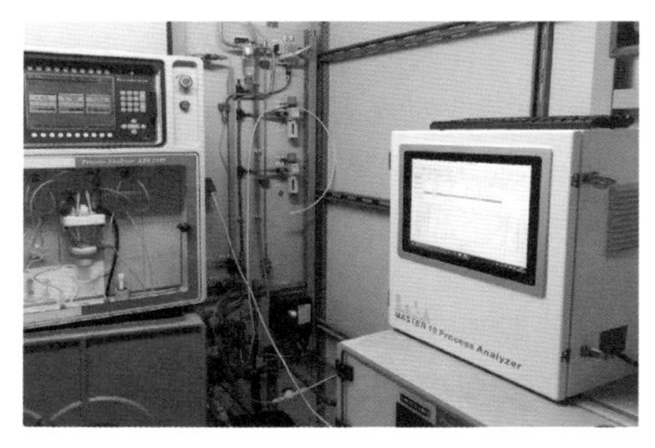

图 4-22-6 现场测量

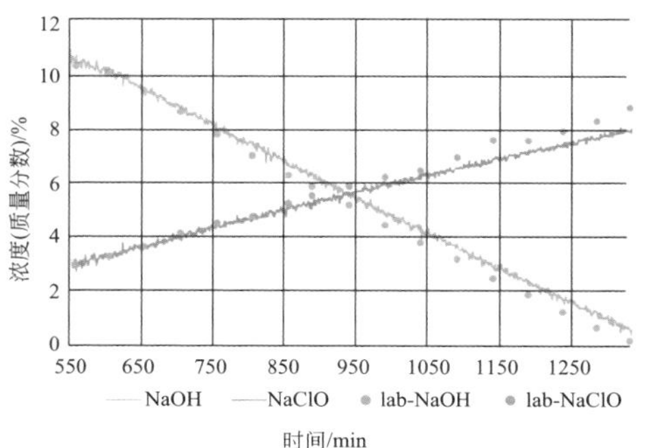

图 4-22-7 在线近红外光谱与滴定测量值的比较

4.23 上海中科航谱光电技术有限公司

4.23.1 公司概况

上海中科航谱光电技术有限公司是由中科院上海技术物理研究所和嫦娥火星探测光谱团队联合设立的国家级高科技创新型企业。公司拥有 AOTF 全技术链条产业研发能力，具备国际先进的自主知识产权。技术团队拥有研究员 4 名，硕博士 10 多名，具有 20 多年高端光谱载荷研制经验。公司致力于提供高质量的红外光谱仪，一直投入大量精力于产品创新及研发。截至目前，公司已经开发并推出了 AOTF 双光路漫反射光谱分析仪、100nm ～ 70μm 的膜厚仪等一系列台式和在线近红外光谱仪产品。

4.23.2 技术特点

采用了 AOTF（声光可调谐滤光器）分光，全固态组件，抗震性能好。全封闭光学组件设计，环境温湿度影响小；使用了双光路设计，内置光源和驱动电机，确保了稳定的光谱采集，如图 4-23-1 所示；设备均采用双光路设计，采用了两个 InGaAs 制冷型探测器，通过分光设计同时采集双路光谱，大大提高了光谱数据的准确性和稳定性。工作原理如图 4-23-1 所示。

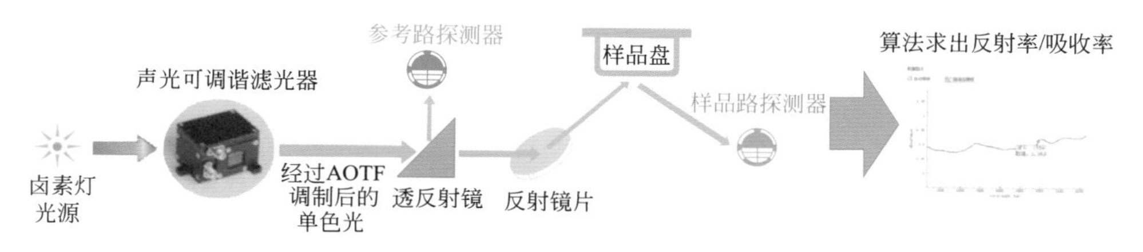

图 4-23-1　双光路检测原理

① 双光路设计，仪器环境稳定性超强；
② 内置光源，预准直校准总成；
③ TE-2 制冷型 InGaAs 探测器，信噪比高；
④ 波长扫描速度快，大于 4000 个波长点 /s ；
⑤ 软件具备建模和算法功能，通过配置后直接得到理化数据。

4.23.3　核心产品

AOTF 反射式近红外光谱仪如图 4-23-2 所示。图 4-23-2（a）为用于实验室环境的产品，（b）适用于工业在线监测，均配备建模工具以及模型分析库，通过内嵌数据分析模型可快速分析各种固体粉末的组分及品质。其中在线式近红外过程分析仪可用于生产线实时检测产品特性，快速反馈数据并指导生产。仪器采用全铝合金设计，能够很好应用在小型真空干燥器、管道、流化床等狭小空间，也能够集成在不同的分析空间内以满足检测需求。

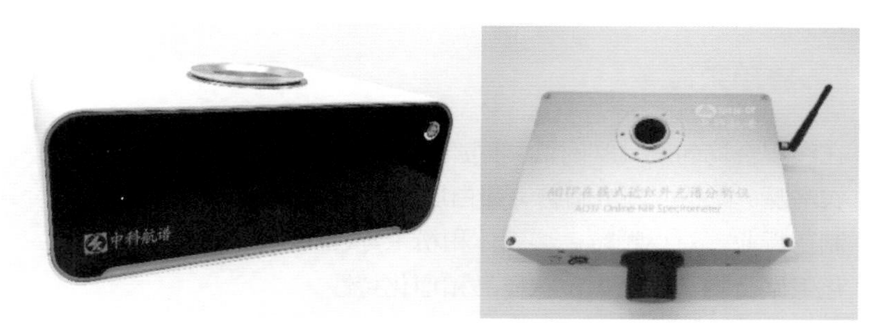

(a) 台式漫反射　　(b) 工业在线式

图 4-23-2　近红外光谱仪实物图

控制软件集成了专业的建模软件模块，可以批量化处理模型文件，将光谱数据直接转化为多项理化数据输出，见图 4-23-3。仪器的详细数据见

表 4-23-1。

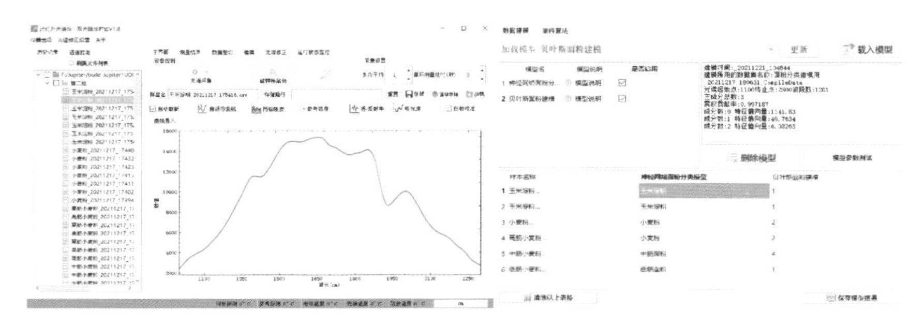

图 4-23-3　适用于工业在线的双光路 AOTF 光谱分析仪软件

◆ 表 4-23-1　AOTF 光谱仪参数性能

项目	参数
波长范围	900 ～ 1700nm、1100 ～ 2300nm、1300 ～ 2500nm
光谱分辨率	2 ～ 8nm
波长准确性	±0.5nm
波长增量	1 ～ 10nm（软件可调）
杂散光抑制比	10E6
信噪比	90dB
光谱稳定性	＞ 99%
采样速率	4000 波长点 /s
操作方式	内置嵌入式操作界面、外接计算机
可靠性	双光路探测、内置光谱定标、内置辐射定标
测量区域	Φ15mm
供电	24V/1.5A

4.23.4　应用领域

① 在线混合均匀度　实时监测同质化混合过程。
② 农产品 / 食品　分析脂肪、蛋白质、水分淀粉等。
③ 制药行业　对小颗粒、半固体和粉末等检测。
④ 化工聚合物　测量颗粒状样品和理化特性。
⑤ 干燥过程　流化床干燥器直接检测。
⑥ 烟草行业　烟丝、打叶复烤等在线监测。

红外技术系列产品

基于现有光栅和傅里叶两大红外技术平台，谱育科技开发出一系列满足不同应用场景需求的红外光谱
f仪器，产品参数对比见下表。

仪器型号	EXPEC 1330	EXPEC 1370	EXPEC 1340	EXPEC 1350
仪器主机				
分光原理	光栅（近红外）	光栅（近红外）	光栅（近红外）	光栅（近红外）
检测方式	漫反射	漫反射	漫反射	漫反射、透反射
波段	1000~1800 nm	1000~1800nm 1000~2500 nm	1000~1800nm 1000~2500 nm	1000~1800nm
定样品类型	固体	固体	固体	固体、液体
型应用行业	粮油收购	谷物、饲料、粮油、食品、化工等领域化验室快检	粮油、饲料、酿造等工业生产过程监控	纺织品等质检系统、科研系统

仪器型号	EXPEC 1360	EXPEC 1360A	EXPEC 1360B	EXPEC 1680
仪器主机				
分光原理	光栅（近红外）	光栅（近红外）	FT-NIR（近红外）	FT-IR（中红外）
检测方式	透射	透射	透射	反射
波段	1000~1800 nm	1000~1800nm	4000~11000cm^{-1}	900~4500cm^{-1}
定样品类型	澄清液体	澄清液体	澄清液体	气体
型应用行业	食用油、燃油等化工领域	燃油、半导体蚀刻液等领域	燃油、半导体蚀刻液等领域	空气应急、烟气监测领域

微型近红光谱仪模块

昊量光电提供一款基于光波导设计的微型光谱仪，整块光路在一个chip上，保证了优越的产品性能。

产品特点

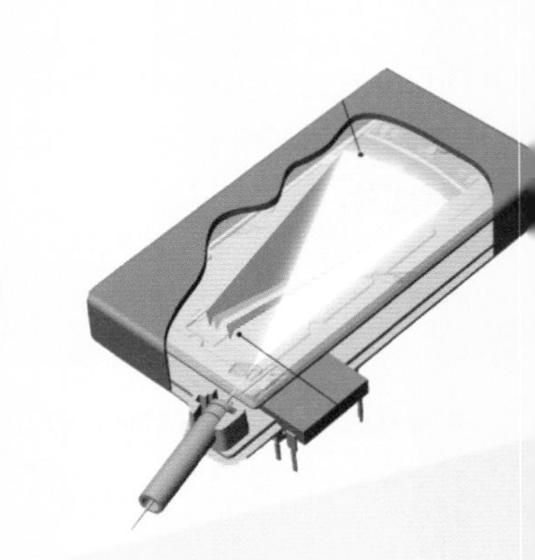

- ◆ 体积小，大批量生产成本低
- ◆ 复制化生产保证每台产品之间差异极小
- ◆ 光路是一个整体，在长期而剧烈的震动下表现好
- ◆ 罗兰圆结构使产品在不同温度下光栅分光后的位置不变，热稳定性优秀
- ◆ 产品自出厂校准后，终身免校准，避免使用中需要周期性拆机校准。

主要参数

型号	aMSM UV VIS SENS /HR3	NIR NT H	aMSM NIR NT
波长范围（nm）	350 ~ 1050	900 ~ 1700	950 ~ 1700
分辨率（nm）	8nm/3nm	＜16nm	＜10nm
探测器	S-CMOS; 512/1024 像元	InGaAs 阵列; 128 像元	InGaAs 阵列; 256 像元
信噪比	＞5000	＞5000	＞5000

主要应用

✓医疗POCT ✓血液检测

✓谷物检测 ✓面粉检测

✓烟草在线品质监测 ✓粮食在线品质监测

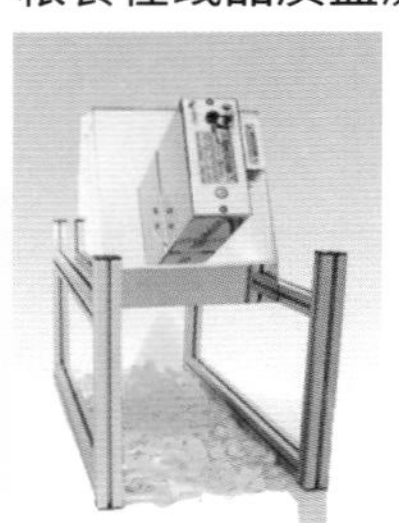

✓饲料快速检测 ✓肉类蛋白质快检

✓草料快检 ✓化工检测